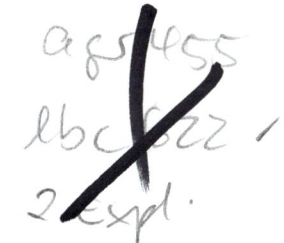

Landwirtschaftliche
Standorttheorie

Landnutzung in
Raum und Zeit

1. Auflage

von

Prof. Dr. Dr. h.c. Friedrich Kuhlmann

VERLAG

Bibliographische Information Der Deutschen Nationalbibliothek

Die Deutsche Nationakbibliothek verzeichnet diese Publikation in der Deutschen National-
bibliographie; detaillierte bibliographische Daten sind im Internet über http://dnb.ddb.de
abrufbar.

Abbildungsverzeichnis:

alle Fotos vom Autor

@ 2015 DLG-Verlag GmbH, Eschborner Landstraße 122, D-60489 Frankfurt am Main

ISBN 978-3-7690-0830-2

Satz: DLG-Verlag, Frankfurt am Main
Herstellung: Daniela Schirach, Frankfurt am Main
Lektorat: Nina Eichberg, Frankfurt am Main

Printed in Czech Republik

Dieses Buch ist zum einen auf der Basis von Vorlesungen entstanden, die ich über 30 Jahre für Studierende der Agrarwissenschaften an der Justus-Liebig-Universität Gießen und als Gastdozent an verschiedenen anderen Universitäten gehalten habe. Grundlage dafür bildete die klassische (beginnend mit JOHANN HEINRICH VON THÜNEN) und die neuere Literatur zur landwirtschaftlichen Standorttheorie. Zum Zweiten basiert dieses Buch auf Erkenntnissen, die ich als Leiter des Teilprojektes zur Entwicklung eines GIS-basierten, bioökonomischen Modells zur Vorhersage von Landnutzungsveränderungen in Abhängigkeit unterschiedlicher natürlicher, technologischer und politökonomischer Rahmenbedingungen des Sonderforschungsbereiches der DFG 299 „Landnutzungskonzepte für periphere Regionen" in den Jahren 1997 bis 2008 gewonnen habe. Zum Dritten basiert das Buch schließlich auf umfangreichen Reisen durch Europa, die ich zur eigenen Anschauung über die verschiedenen Landnutzungsmuster und Landnutzungsintensitäten an den Agrarstandorten dieses Kontinentes unternommen habe.

Auf diesen Grundlagen ist ein Text entstanden, der – im 2. Kapitel – zunächst einen raschen, ohne quantitative Methodik auskommenden Überblick über die Kräfte vermittelt, die auf die Gestaltung der Landnutzungsmuster und Landnutzungsintensitäten in Raum und Zeit Einfluss nehmen. Im anschließenden Hauptteil des Buches werden dann die Wirkungen dieser Kräfte, nämlich der Standort- und der Betriebsfaktoren, mittels verschiedener quantitativer Methodiken anhand ausführlicher Beispiele eingehend analysiert.

Die landwirtschaftliche Standorttheorie war und ist ein Kernbereich der Agrarökonomie als wissenschaftlicher Disziplin und dürfte dies auch zukünftig bleiben. Ich habe das vorliegende Buch in dem Bemühen um eine Darstellung wesentlicher Teile des derzeitigen Wissensstandes geschrieben.

Gießen im Juni 2015   Friedrich Kuhlmann

4   Der Einfluss der Betriebsfaktoren auf das Landnutzungsprogramm, die Landnutzungsintensität und die Bodenrente

1
Fragestellungen der landwirtschaftlichen Standorttheorie

1.1 An wen wendet sich dieses Buch

Die landwirtschaftliche Standorttheorie befasst sich mit den Ursachen der räumlichen und zeitlichen Variabilität von Landnutzungsprogrammen und Landnutzungsintensitäten in marktwirtschaftlich orientierten Wirtschaftsräumen und mit den Möglichkeiten der politischen Einflussnahme auf die Gestaltung der Landnutzungsprogramme und Landnutzungsintensitäten in diesen Räumen. Die landwirtschaftliche Standorttheorie sucht also – etwas salopper ausgedrückt – nach Antworten auf die Frage, warum, welche landwirtschaftlichen Produkte wo, wie und wann erzeugt werden und wie die Politik das beeinflussen kann.

Das vorliegende Buch wendet sich deshalb an den folgenden Personenkreis:

(1) An den politischen Entscheidungsträger als Agrar-, Wirtschafts- oder Umweltpolitiker, der Anregungen dafür sucht, ob und wie sich auf die Landnutzungsprogramme und Landnutzungsintensitäten staatlicherseits Einfluss nehmen lässt, und mit welchen Maßnahmen diesbezügliche Ziele des Staates bestmöglich und möglichst ohne unerwünschte Nebenwirkungen erreicht werden können;

(2) an die Studierenden der Agrarwissenschaften, der Geographie, der Regionalwissenschaften und der Umweltwissenschaften, die sich eine Wissensbasis über die Ursachen unterschiedlicher, regionaler und betrieblicher, Landnutzungsprogramme und Landnutzungsintensitäten einschließlich ihrer Beeinflussbarkeit durch politische Entscheidungsträger verschaffen möchten;

(3) an den einzelnen landwirtschaftlichen Unternehmer, der Anregungen dafür sucht, wie er an seinem Betriebsstandort das Landnutzungsprogramm und die Landnutzungsintensität gestalten sollte, wenn er ein nachhaltig möglichst hohes Einkommen erwirtschaften möchte und

(4) nicht zuletzt an den interessierten Laien, der auf seinen Reisen bemerkt, dass das Bild der Landwirtschaft, d. h. die Art der Landnutzung, von Region zu Region Unterschiede aufweist und der wissen möchte, warum das eigentlich so ist.

1.2 Fragen der landwirtschaftlichen Standorttheorie mit Blick auf den Raum

Wenn man Europa vom Nordkap bis Gibraltar durchreist, kann man beobachten, dass die Landnutzung ganz im Norden des Kontinents durch Wald und Tundra mit einer extensiven Futternutzung durch Rentiere gekennzeichnet ist. Ab dem nördlichen Rand des Bottnischen Meerbusens wird man auf der finnischen ebenso wie auf der schwedischen Seite eine stärker geordnete Landnutzung in Form von Dauergrünland, aber auch in Form eines mehrjährigen Wechsels zwischen Grasland und Ackerbau mit Sommergerste und Kartoffeln feststellen. Das ist die Feldgraswirtschaft. Bis Helsinki im Süden Finnlands verändern sich am Küstenstreifen die Landnutzungsmuster. Sie werden vielfältiger: Neben Feldgras, Sommergerste, Hafer und Kartoffeln finden sich Roggen, später Weizen und sogar Zuckerrüben (siehe Beispiele der Abbildungen 1 und 2).

Abbildung 1
Landnutzung am Polarkreis in Finnland: Sommergerste und Graslandnutzung durch Rinder bei 400 – 500 mm Jahresniederschlag und 0 – 2°C Jahresmitteltemperatur (Foto Autor vom 30. Juni 2009).

Abbildung 2
Zuckerrüben in Süd-West-Finnland bei 400 – 500 mm Jahresniederschlag und 4 – 6 °C Jahresmitteltemperatur (Foto Autor vom 27. Juni 2009).

Entlang der schwedischen Küste des Bottnischen Meerbusens erreicht man eine ausgeprägte Agrarregion um Uppsala, gekennzeichnet durch Weizen, Futtererbsen, Raps und Sommergerste. Südschweden umfasst mit Schonen eine sehr intensiv bewirtschaftete Agrarregion. Weizen, Gerste, Zuckerrüben, Raps, Erbsen und in gewissem Umfang auch schon Mais zur Gewinnung von Ganzpflanzensilage herrschen in dieser Agrarregion vor (siehe Beispiele der Abbildungen 3 und 4).

Abbildung 3
Feldgraswirtschaft in Mittelschweden bei 500 – 600 mm Jahresniederschlag und 2 – 4 °C Jahresmitteltemperatur (Foto Autor vom 02. Juli 2009).

Abbildung 4
Intensiver Ackerbau in Schonen/Südschweden bei 600 – 700 mm Jahresniederschlag und 6 – 8 °C Jahresmitteltemperatur (Foto Autor vom 10. Juli 2009).

Ähnliches kann man bei einer Reise durch Norwegen beobachten. Im Norden und in hohen Lagen ist die Landnutzung durch Wald und Tundra geprägt. Weiter nach Süden – z. B. südlich von Stavanger (in der Region „Jaeren") oder an dem großen Binnensee „Mjosa" südlich von Lillehammer – gelangt man in ausgeprägte Agrarregionen mit Getreide und Feldfutterbau sowie umfangreicher Wiederkäuerhaltung. Die Region rund um den Mjosa-See ist durch hohe Anteile des Feldgemüsebaus geprägt (siehe Beispiele der Abbildungen 5 bis 7).

Abbildung 5
Extensive Landnutzung durch Beweidung der Tundra mit Rentieren bei 1.000 – 1.200 mm Jahresniederschlag und 0 – 2 °C Jahresmitteltemperatur, Beispiel: Dovre Fjeli-Hochebene in Norwegen (Foto Autor vom 03. Juli 2011).

Abbildung 6
Intensive Feldgraswirtschaft mit Rinderhaltung an der südlichen Westküste Norwegens („Jaeren") bei 2.500 – 3.000 mm Jahresniederschlag und 4 – 6 °C Jahresmitteltemperatur (Foto Auto vom 25. Juni 2011).

Abbildung 7
Feldgraswirtschaft mit Feldgemüsebau nördlich von Oslo am Mjosa-See bei 600 – 700 mm Jahresniederschlag und 4 – 6 °C Jahresmitteltemperatur (Foto Autor vom 04. Juli 2011).

Nach der Überwindung des Skagerrak mit der Fähre von Norwegen auf das dänische Jütland findet man kaum noch Wald. Charakteristisch für Jütland ist ein umfangreicher Ackerbau mit Getreide und Feldfutter. Sämtliche Getreidearten werden angebaut. Der Raps nimmt eine beherrschende Stellung ein.

In Deutschland angekommen, steht man vor einer Fülle unterschiedlicher Agrarregionen. In Ostholstein und in den Marschen an der Nordsee dominiert der Winterweizen mit dem Raps das Landnutzungsmuster. Auf dem holsteinischen Mittelrücken finden sich neben Dauergrünland vor allem Feldfutterfrüchte (Mais und Kleegras), verbunden mit umfangreicher Wiederkäuerhaltung.

In Richtung auf die deutschen Mittelgebirge liegen je nach Höhenlage mehrere Agrarregionen mit ganz unterschiedlichen Landnutzungsmustern: Die Hildesheimer Börde mit Weizen, Zuckerrüben und etwas Wintergerste, die Köln-Aachener-Bucht mit ähnlichem Landnutzungsmuster. Die Mittelgebirge des südlichen Niedersachsens und des nördlichen Hessens sind je nach Höhenlage durch mehr oder weniger hohe Dauergrünlandanteile und umgekehrt durch weniger oder mehr Ackerbau gekennzeichnet.

Im Süden Hessens gelangt man dann in die Wetterau mit umfangreichem Getreide-, Mais- und Zuckerrübenbau. Südlich von Frankfurt schließt sich das Hessische Ried mit höheren Anteilen von Feldgemüsebau und Sonderkulturen an. Am Mittelrhein findet sich mit dem Rheingau ein Weinbaugebiet, kombiniert mit Obst- und Feldgemüsebau. Getreide spielt hier nur eine untergeordnete Rolle.

Durchquert man dann das Oberrheintal von Mainz bis Basel, kann man beobachten, dass die Landnutzungsmuster vergleichsweise kleinräumlich stark variieren. Neben Wein- und Obstbaugebieten gibt es in der Vorderpfalz eine Region mit ausgedehntem Gemüse- und Frühkartoffelbau. Nach Süden befindet sich mit dem Kaiserstuhl ein geschlossenes Weinbaugebiet, umgeben von Ackerbau mit hohen Anteilen an Körnermais. Auf der gegenüberliegenden Rheinseite liegt das Elsass. Hier ist der Körnermaisbau noch stärker ausgeprägt.

Durchquert man nun Frankreich, wird man im Norden zunächst – z. B. in der Champagne – Agrarregionen entdecken, die durch Ackerbau mit Weizen, Körnermais, Raps und Zuckerrüben geprägt sind. Außerdem wird der Weinbau in Richtung Süden i. d. R. umfangreicher.

Weiter im Süden Frankreichs wird der Getreidebau zunehmend durch den Körnermais abgelöst. In Richtung Mittelmeer finden sich in den Höhenlagen des Zentralmassivs dagegen ausgedehnte Grünlandgebiete. In den niederen Lagen der Provence setzt in großem Umfang der Acker- und Dauerkulturanbau mit künstlicher Bewässerung zur Mais- und Obstproduktion ein.

Die sich im Süden anschließenden Pyrenäen sind in ihren verschiedenen Höhenlagen durch zunehmende Anteile an Dauergrünland und entsprechend abnehmender Anteile an Ackerbau gekennzeichnet. In den oberen Höhenlagen herrscht der Wald vor.

In Spanien finden sich je nach Höhenlage und Klimabedingungen ganz unterschiedliche Agrarregionen, die von extensiver Rinder- und Schweinehaltung auf Standweiden unter Korkeichen sowie Olivenhainen bis zum höchst intensiven Reis-, Obst- und Gemüseanbau mit künstlicher Bewässerung im Freiland und unter Plastikgewächshäusern reichen (siehe Beispiele der Abbildungen 8 bis 13).

Abbildung 8
Fleischrinderhaltung auf Dauerweiden in der Extremadura/Spanien bei 400 – 500 mm Jahresniederschlag und 16 – 18 °C Jahresmitteltemperatur (Foto Autor vom 08. Mai 2013).

Abbildung 9

Regenfeldbau mit Oliven als Dauerkulturen auf trockenen und warmen Standorten in Andalusien/Spanien nördlich der Sierra Nevada bei 400 – 500 mm Jahresniederschlag und 14 – 16°C Jahresmitteltemperatur (Foto Autor vom 03. Mai 2013).

Abbildung 10

Extensiver Regenfeldbau in Nord-West-Spanien (Provinz Castilla-Léon) bei 300 – 400 mm Jahresniederschlag und 10 – 12 °C Jahresmitteltemperatur (Foto Autor vom 10. Mai 2013).

Abbildung 11
Reisanbau als Bewässerungskultur im Mündungsgebiet des Ebro (Provinz Katalonien/Spanien) bei 400 – 500 mm Jahresniederschlag und 16 – 18 °C Jahresmitteltemperatur (Foto Autor vom 30. April 2013).

Abbildung 12
Hochintensive Bewässerungslandwirtschaft mit vielseitigem Landnutzungsmuster, schwerpunktmäßig bestehend aus Obst- und Gemüseanbau in Freiland und unter Glas in der Provinz Murcia/Spanien bei 300 – 400 mm Jahresniederschlag und 16 – 18 °C Jahresmitteltemperatur (Foto Autor vom 01. Mai 2013).

Abbildung 13

Das „Plastik-Meer" bei Almeria/Spanien: Ganzjähriger Gemüsebau mit Bewässerung in Plastik-Gewächshäusern an der Mittelmeerküste Andalusiens/Spanien bei 200 – 300 mm Jahresniederschlag und 18 – 20 °C Jahresmitteltemperatur (Foto Autor vom 02. Mai 2013).

In Großbritannien treten in kleinerem Raum unterschiedliche Landnutzungsmuster prinzipiell ebenso auf wie im gesamten Kontinentaleuropa. Im regenreichen und größtenteils bergigen Schottland herrscht eine mehr oder weniger extensive Grünlandnutzung mit Rindern und Schafen vor. Weiter südlich, im Norden Englands, wird die Grünlandwirtschaft intensiver. Großflächige sehr extensive Standweiden werden durch kleinere Koppeln für eine intensive Schafmast abgelöst. Zudem bestehen die Landnutzungsmuster nicht mehr nur aus Grünland, vielmehr wechseln sich Acker- und Grünlandflächen ab. Noch weiter südlich in East Anglia und in den an die Südküste Englands grenzenden Grafschaften sind die Landnutzungsmuster durch einen intensiven Ackerbau vornehmlich mit Weizen, Gerste, Raps und Zuckerrüben geprägt. Im nahezu subtropischen Klima unmittelbar an die Südküste Englands finden sich Obst- und Gemüsekulturen (siehe Beispiele der Abbildungen 14 bis 17).

Abbildung 14
Extensive Weideflächen für Rinder und Schafe in den Scottish Highlands/UK bei 1.300 – 1.500 mm Jahresniederschlag und 4 – 6 °C Jahresmitteltemperatur (Foto Autor vom 27. Juni 2010.

Abbildung 15
Weidefläche mit Erosionsgräben auf einem in früheren Jahrhunderten zu Gunsten der Schafzucht entwaldeten Hang in den Scottish Highlands/UK bei Jahresniederschlägen von 2.500 bis 3.000 mm und Jahresmitteltemperaturen von 6 – 8 °C (Foto Autor vom 30. Juni 2010).

Abbildung 16

Intensiver Getreidebau (Winterweizen) in East Anglia/UK bei 500 – 600 mm Jahresniederschlag und 8 – 10 °C Jahresmitteltemperatur (Foto Autor vom 22. Juni 2010).

Abbildung 17

Intensiver Getreide-Blattfrucht-Anbau auf kalkreichen Böden in Süd-West-England/UK (Devonshire) bei 600 – 700 mm Jahresniederschlag und 8 – 10 °C Jahresmitteltemperatur (Foto Autor vom 07. Juli 2010).

Wie auch immer man die Länder Europas durchquert, stets wird man auf zahlreiche durch ganz unterschiedliche Landnutzungsmuster geprägte Agrarregionen stoßen. Aus diesem Tatbestand ergibt sich die erste Frage der landwirtschaftlichen Standorttheorie:

Warum gibt es regional unterschiedliche Landnutzungsmuster?

Besucht man dann in den unterschiedlichen Agrarregionen einzelne landwirtschaftliche Betriebe, wird man feststellen, dass keineswegs in allen Betrieben das gleiche Landnutzungsprogramm – als Landnutzungsmuster des Betriebes – verfolgt wird. Neben meist flächenmäßig kleineren Betrieben, die in ihren Landnutzungsprogrammen höhere Anteile an Feldfutter für die Nutztierhaltung (je nach Region Luzerne, Kleegras und vor allem Mais) aufweisen, finden sich flächenmäßig größere, reine Ackerbaubetriebe ohne jeden Feldfutterbau. Je nach Region wird der Feldfutterbau durch Körnermais, Sonnenblumen, Raps oder Zuckerrüben abgelöst. Aus diesen Beobachtungen ergibt sich die zweite Frage der landwirtschaftlichen Standorttheorie:

Warum werden in den landwirtschaftlichen Betrieben unterschiedliche Landnutzungsprogramme verfolgt?

Bei den Besuchen landwirtschaftlicher Betriebe wird man des Weiteren feststellen, dass in den einzelnen Betrieben in aller Regel mehr als nur ein pflanzliches Produkt erzeugt wird. Im westlichen Mitteleuropa finden sich neben verschiedenen Getreidearten i. d. R. auch Raps oder Kartoffeln, Zuckerrüben und Mais.

Andererseits weisen die Betriebe je nach Region aber auch bestimmte Anbauschwerpunkte auf. In Ostholstein und Mecklenburg dominiert ganz klar der Weizen. Andere Feldfrüchte spielen nur eine vergleichsweise geringe Rolle. Im Elsass dominiert ebenso klar der Körnermais, während die klassischen Getreidearten nur geringe Anteile an den Landnutzungsprogrammen der Betriebe einnehmen. Aus diesen Beobachtungen ergeben sich die dritte und die vierte Frage der landwirtschaftlichen Standorttheorie:

Warum werden auf den Nutzflächen der landwirtschaftlichen Betriebe in aller Regel gleichzeitig mehrere pflanzliche Produkte erzeugt?

Und:

Warum sind die Anbauschwerpunkte in den Landnutzungsprogrammen der landwirtschaftlichen Betriebe je nach Region unterschiedlich?

Des Weiteren wird man bei Besuchen in landwirtschaftlichen Betrieben verschiedener Agrarregionen feststellen, dass die Nutzflächen ganz unterschiedlich intensiv bewirtschaftet werden: In einem Extremfall – etwa im Norden Skandinaviens, oder auf den Höhenlagen in Frankreich und Spanien – werden auf dem vorherrschenden Dauergrünland keine Mineraldüngemittel und kaum Maschinen eingesetzt. Der natürliche Aufwuchs wird durch Rentiere bzw. durch Schafe und Ziegen genutzt. Der Arbeitseinsatz je ha Nutzfläche ist sehr gering.

In einem anderen Extremfall – etwa im Hessischen Ried in Deutschland oder im spanischen Andalusien – werden die Nutzflächen mit künstlicher Bewässerung und hohem Maschinen-, Dünger- sowie Pflanzenschutzmitteleinsatz durch den Gemüsebau mit jährlich mehreren Ernten bewirtschaftet. Der Arbeitseinsatz je ha Nutzfläche ist sehr hoch.

Zwischen diesen beiden Extremen finden sich in Europa in zahlreichen Abstufungen die unterschiedlichsten Intensitäten der Landnutzung. Daraus erwächst die fünfte Frage der landwirtschaftlichen Standorttheorie:

Warum gibt es regional unterschiedliche Intensitäten der Landnutzung?

Betrachtet man dann einzelne landwirtschaftliche Betriebe innerhalb einer Region, wird man feststellen, dass die Nutzflächen der Betriebe auch innerhalb der Region mit durchaus unterschiedlichen Intensitäten bewirtschaftet werden. Zum Beispiel variieren in den Betrieben des Hessischen Rieds die Nutzflächenanteile intensiven Gemüsebaus von Betrieb zu Betrieb. Daraus ergibt sich die sechste Frage der landwirtschaftlichen Standorttheorie:

Warum wird in landwirtschaftlichen Betrieben mit unterschiedlichen Landnutzungsintensitäten gearbeitet?

1.3 Fragen der landwirtschaftlichen Standorttheorie mit Blick auf die Zeit

Bisher wurde nach der räumlichen Variabilität bzw. Differenzierung der Landnutzungsprogramme und Landnutzungsintensitäten der Betriebe und Regionen gefragt. Neben dieser räumlichen Differenzierung kann man aber auch eine zeitliche Differenzierung dieser Phänomene beobachten. Im Zeitablauf verändern sich die Landnutzungsprogramme und die Landnutzungsintensitäten der Betriebe, die in einer Region bewirtschaftet werden. Diese Verände-

Übersicht 1.1
Anteile pflanzlicher Produkte an der Ackerfläche des Landes Niedersachsen in den Jahren 1949 und 2009 und deren Veränderung von 1949 bis 2009 in Prozentpunkten

Pflanzenprodukt	Ackerflächenanteile in % 1949	Ackerflächenanteile in % 2009	Veränderung 1949 bis 2009 in %-Punkten
Weizen	5,98	23,45	17,48
Gerste	2,52	12,32	9,80
Roggen	25,77	8,06	-17,71
Hafer	15,57	0,80	-14,77
Triticale u. Mengetreide	4,76	4,34	-0,42
Raps u. Rübsen	1,43	6,88	5,45
Hülsenfrüchte	0,84	0,13	-0,70
Körnermais	0,05	5,40	5,36
Silomais	0,00	20,26	20,26
Feldgras[1]	5,26	4,70	-0,55
Kartoffeln	18,94	6,36	-12,57
Zuckerrüben	5,14	5,51	0,36
Sonst. Intensivblattfrüchte[2]	13,76	1,78	-11,98
Ackerland (ohne Brache)	100,00	100,00	

[1] incl. Klee, Kleegras und Luzerne.
[2] Futterrüben, Rüben zur Samengewinnung und Feldgemüse.
Quelle: n. Daten des Landesbetriebes für Statistik und Kommunikationstechnologie Niedersachsen, Fachgebiet 324 - Landwirtschaft

rungen in den Betrieben wirken sich selbstverständlich auch auf die Landnutzungsmuster und Landnutzungsintensitäten der Regionen oder auch ganzer Staaten aus. Am Beispiel des Landes Niedersachsen zeigt Übersicht 1.1, wie sich die Anbauflächenanteile wichtiger pflanzlicher Produkte in den abgelaufenen sechs Jahrzehnten nach dem 2. Weltkrieg verändert haben. Starken Zunahmen der Anbauflächenanteile von Silo- und Körnermais, Weizen, Gerste und Raps stehen ebenso starke Abnahmen der Anbauflächenanteile von Roggen, Hafer, Kartoffeln und sonstigen Intensivblattfrüchten (in der Hauptsache Futterrüben) gegenüber. Prinzipiell ähnlich drastische Veränderungen der betrieblichen Landnutzungsprogramme und der regionalen Landnutzungsmuster können fast überall in Europa festgestellt werden. Daraus ergibt sich die siebente Frage der landwirtschaftlichen Standorttheorie:

Warum verändern sich im Zeitablauf die Landnutzungsprogramme der landwirtschaftlichen Betriebe und daraus folgend auch die regionalen Landnutzungsmuster?

Ähnlich gravierende Veränderungen lassen sich auch bei den Landnutzungsintensitäten feststellen. Übersicht 1.2 zeigt wiederum am Beispiel des Landes Niedersachsen, dass die Ertragsniveaus wichtiger pflanzlicher Produkte in den abgelaufenen sechs Jahrzehnten durchweg deutlich angestiegen sind. Die Zunahmen reichen von gut 100% bei Raps bis fast 400% bei Körnermais. Diese Ertragsteigerungen können aber nur realisiert werden, wenn auch die je Flächeneinheit eingesetzten Nährstoffmengen und Pflanzenschutzaufwendungen sowie das Maß der Bodenbearbeitung erhöht werden. Mit anderen Worten: Die Intensität der Bodennutzung ist substantiell angestiegen. Insbesondere für die durch Ackerbau geprägten Betriebe und Regionen lässt sich diese Intensitätssteigerung für ganz Europa beobachten. Daraus ergibt sich die achte Frage der landwirtschaftlichen Standorttheorie:

Warum ändern sich die Landnutzungsintensitäten der landwirtschaftlichen Betriebe im Zeitablauf und daraus folgend auch die regionalen Landnutzungsintensitäten?

Übersicht 1.2
Veränderung der Ertragsniveaus pflanzlicher Produkte im Land Niedersachsen von 1949 bis 2009

Pflanzenprodukt	Ertrag in t/ha 1949	Ertrag in t/ha 2009	Veränderung 1949 bis 2009 in %
Winterweizen	3,003	8,496	183
Wintergerste	2,722	7,135	162
Winterroggen	1,955	6,408	228
Hafer	2,268	4,647	105
Sommergerste	2,065	5,185	151
Körnermais	1,984	9,235	365
Winterraps	2,142	4,42	106
Kartoffeln	18,038	46,785	159
Zuckerrüben	30,026	70,074	133

Quelle: n. Daten des Landesbetriebes für Statistik und Kommunikationstechnologie Niedersachsen, Fachgebiet 324 - Landwirtschaft

1.4 Positive und normative Fragestellungen der landwirtschaftlichen Standorttheorie

Bei den bisher abgeleiteten Fragen zur landwirtschaftlichen Standorttheorie handelt es sich durchweg um Fragen nach den Ursachen für die zu beobachtenden räumlichen und zeitlichen Differenzierungen der Landnutzungsprogramme und Landnutzungsintensitäten. Das sind die erklärenden oder positiven Fragestellungen der landwirtschaftlichen Standorttheorie.

Aus der Sicht agrarpolitischer Entscheidungsträger, etwa einer Gebietskörperschaft für ein (Staats-)Gebiet, ergibt sich daraus aber auch eine normative Fragestellung. Aus verschiedenen Gründen können diese Entscheidungsträger bestimmte Landnutzungsmuster und bestimmte Landnutzungsintensitäten als mehr oder weniger erstrebenswert ansehen. Das führt zur neunten – normativen – Frage der landwirtschaftlichen Standorttheorie:

Wie lassen sich regionale Landnutzungsmuster und betriebliche Landnutzungsprogramme sowie die Landnutzungsintensitäten durch agrarwirtschafts- und agrarumweltpolitische Maßnahmen beeinflussen bzw. steuern?

Es leuchtet ein, dass diese Frage in all ihrer Komplexität nur beantwortet werden kann, wenn vorher geklärt ist, aufgrund welcher Ursachen die Landnutzungsprogramme und Landnutzungsintensitäten räumlich und zeitlich variieren. Man kann – oder besser – sollte Dinge nur verändern, wenn man sie verstanden hat.

2

Ein Überblick über Antworten der landwirtschaftlichen Standorttheorie

Im Hauptteil dieses Kapitels wird – an dieser Stelle zunächst ohne quantitative Methodik – ein Überblick über die Antworten der landwirtschaftlichen Standorttheorie zu den im 1. Kapitel aufgeworfenen Fragen gegeben. Die Standortfaktoren, die Betriebsfaktoren sowie die individuellen Befähigungen und Verhaltensweisen der Landwirte werden als Bestimmungsgrößen für die Gestaltung der Landnutzungsprogramme und Landnutzungsintensitäten und deren räumlichen und zeitlichen Differenzierungen identifiziert und in ihren Wirkungen skizziert. Vorher wird das erwerbswirtschaftliche Oberziel der Landwirte in Form der nachhaltigen Bodenrentenmaximierung abgeleitet.

Schließlich wird auf die Problematik eingegangen, die sich bei Abschätzungen der Konsequenzen von Veränderungen der durch die Politik beeinflussbaren Standortfaktoren ergibt.

2.1 Das erwerbswirtschaftliche Ziel der Landwirte: Nachhaltige Maximierung der betrieblichen Bodenrente

Wenn man verstehen will, warum es die räumlichen und zeitlichen Differenzierungen der Landnutzungsprogramme und Landnutzungsintensitäten gibt, dann muss man sich zunächst vergegenwärtigen, welche Ziele diejenigen Menschen verfolgen, die für die jeweilige Form und Intensität der Landnutzung primär verantwortlich sind. Das sind die Landwirte. Welche Ziele verfolgen sie mit ihren Betrieben bei der Landbewirtschaftung?

Abgesehen von einigen wenigen Menschen, die die Landbewirtschaftung als Hobby betreiben, betrachten die Landwirte ihre Betriebe als Erwerbsquelle und Wirtschaftsunternehmen, mit denen sie ihre dauerhafte Existenzgrundlage so gut wie möglich sichern wollen und mit denen sie deshalb ein nachhaltig möglichst hohes Einkommen erwirtschaften möchten. Mit anderen Worten: Die Landwirte streben mit ihren Betrieben die nachhaltige Maximierung des Einkommens für konsumtive ebenso wie für investive Zwecke an.

Dazu versuchen sie zu jedem Zeitpunkt auf den dann gegebenen Nutzflächen ihrer Betriebe diejenigen Handlungsalternativen im Hinblick auf das Landnutzungsprogramm und die Landnutzungsintensität umzusetzen, die diesem Ziel am besten entsprechen. Die konkrete Zielgröße dafür, d. h. das Entscheidungskriterium für die Auswahl der optimalen Handlungsalternative, ist die Differenz aus den monetär bewerteten Produktmengen als den betrieblichen Leistungen und den dazu erforderlichen ebenfalls monetär bewerteten Produktionsfaktormengen als den Produktionskosten.

Bei der Bestimmung dieser Leistungs-Kosten-Differenzen für die ins Auge gefassten Handlungsalternativen bleiben die Kosten für die Verfügung des Landwirts über seine Nutzflächen, nämlich die Pachtkosten für gepachtete Flächen bzw. die Opportunitätskosten als Zinsansatz für die Eigentumsflächen sowie die mit den Nutzflächen verbundenen Substanzsteuern und Lasten, unberücksichtigt, weil sie aus seiner Sicht unabhängig von der gewählten Handlungsalternative in gleichbleibender Höhe als Fixkosten anfallen und deshalb die relative Vorzüglichkeit der Handlungsalternativen nicht beeinflussen. Auf der Leistungsseite bleiben eventuell staatlicherseits gewährte Flächenprämien unberücksichtigt, weil es sich um fixe Leistungen handelt, die unabhängig von der gewählten Handlungsalternative gezahlt werden. Diese so definierte Kosten-Leistungs-Differenz wird in diesem Buch als die Bodenrente des Betriebes definiert.

Es lässt sich deshalb auch sagen: Mit der Auswahl des Landnutzungsprogramms und der Landnutzungsintensität für ihre Betriebe streben die Landwirte die nachhaltige Maximierung der betrieblichen Bodenrente an. Damit verwirklichen sie ihr erwerbswirtschaftliches Ziel in bestmöglicher Weise.

Diese Aussage gilt zunächst für alle erwerbswirtschaftlich tätigen Landwirte unabhängig davon, in welchem Ausmaß sie dieses Ziel auch tatsächlich erreichen, d. h. unabhängig von der Befähigung des Einzelnen zur Auswahl der zielwirksamsten Handlungsalternativen und auch unabhängig von ihren persönlichen Vorlieben und Verhaltensweisen. Welchen Einfluss diesbezügliche Unterschiede der Landwirte auf die ausgewählten Handlungsalternativen und ihre Zielwirksamkeiten ausüben können, wird im Abschnitt 2.5 dieses Kapitels diskutiert.

Schließlich bleibt anzumerken, dass mit dem Begriff „Landwirt" in diesem Buch durchweg der betriebliche Entscheidungsträger gemeint ist, d. h. diejenige Person oder Personengruppe, die im Betrieb die Entscheidungen zur Gestaltung des Landnutzungsprogramms und der Landnutzungsintensität trifft.

2.2 Die Standortfaktoren

Determinanten der räumlichen und zeitlichen Differenzierungen der Landnutzungsprogramme und Landnutzungsintensitäten sind die Standortfaktoren. Im Folgenden wird gezeigt,

(1) worum es sich bei diesen Faktoren handelt,

(2) weshalb die Landwirte sie bei der Gestaltung ihrer Landnutzungsprogramme und Landnutzungsintensitäten berücksichtigen und

(3) wie sie sich auf die Landnutzungsprogramme und Landnutzungsintensitäten auswirken.

Die Standortfaktoren sind aus der Sicht der Landwirte exogene Variable, an deren Werte sie sich anpassen müssen, die sie aber umgekehrt in ihren Ausprägungen nicht beeinflussen können. Zu einem bestimmten Zeitpunkt ebenso wie im Zeitablauf sind deshalb die dann jeweils realisierten Landnutzungsprogramme und Landnutzungsintensitäten die Ergebnisse der Anpassung der Landwirte an die dann herrschenden Werte der Standortfaktoren.

Die Standortfaktoren und wichtige ihrer stärker operationalisierten „Unterfaktoren" sind in Übersicht 2.1 aufgeführt. Vier Gruppen von Standortfaktoren lassen sich gegeneinander abgrenzen: die natürlichen, die technologischen, die strukturellen und die marktlichen Standortfaktoren. Die Werte sämtlicher Standortfaktoren variieren räumlich und – bis auf wenige natürliche Unterfaktoren – auch zeitlich.

Übersicht 2.1
Überblick über für die Landnutzung bedeutsame Standortfaktoren

Natürliche Standortfaktoren
- Höhe der jährlichen Niederschläge
- Verteilung der Niederschläge innerhalb des Jahres
- Höhe der jährlichen Sonnenenergiezufuhr
- Länge der jährlichen Vegetationsperiode
- Bodenart
- Wasserspeichervermögen des Bodens
- Geländerelief
- Steinigkeit des Bodens

Technologische Standortfaktoren
- Genetische Potenziale der Nutzpflanzen
- Genetische Potenziale der Nutztiere
- Arten der Roh- und Hilfsstoffe (Dünge- u. Pflanzenschutzmittel)
- Arten der Betriebsmittel (Maschinen u. technische Anlagen)

Strukturelle Standortfaktoren
- Äußere Verkehrslage (Erreichbarkeit der Produkt- u. Faktormärkte)
- Innere Verkehrslage (Hof-Feld-Entfernung)
- Größen und Formen der Feldstücke

Marktliche Standortfaktoren
- Produktpreis-Relationen
- Faktorpreis-Relationen
- Produktpreis-Faktorpreis-Relationen
- Außerlandwirtschaftlicher Arbeitsmarkt

2.2.1 Zum Begriff des Standortes

Vor der Betrachtung der Standortfaktoren muss der Begriff des Standortes klar definiert werden: In der landwirtschaftliche Standorttheorie wird ein landwirtschaftlicher Standort als ein Ort bezeichnet, der zu einem bestimmten Zeitpunkt durch eine eindeutige Konstellation der Werte sämtlicher Standortfaktoren gekennzeichnet ist. Ein landwirtschaftlicher Standort unterscheidet sich von einem anderen Standort bereits dann, wenn der Wert von nur einem Standortfaktor unterschiedlich ist. Bei dem Begriff des landwirtschaftlichen Standortes handelt es sich deshalb um eine Idealdefinition; denn schon innerhalb eines einzelnen Feldstückes und erst recht innerhalb eines landwirtschaftlichen Betriebes variieren die Werte insbesondere der natürlichen Standortfaktoren räumlich. Innerhalb eines Feldstückes können aufgrund wechselnder Bodeneigenschaften und unterschiedlicher Exposition die Wasserangebotsmengen und die Temperaturgegebenheiten kleinräumige Unterschiede aufweisen. Innerhalb eines Betriebes variieren die Entfernungen der Feldstücke vom Hof und die Größen und Formen der Feldstücke. Unterschiedliche Standorte können aber – wie nachfolgend gezeigt wird – zu unterschiedlichen Landnutzungsprogrammen und Landnutzungsintensitäten führen. Gleichwohl ist der Begriff des Standortes nützlich und auch unabdingbar, weil er die Basis für die Ableitung der Konsequenzen unterschiedlicher Werte von Standortfaktoren auf die Gestaltung der Landnutzungsprogramme und Landnutzungsintensitäten bildet.

2.2.2 Die natürlichen Standortfaktoren

Die natürlichen Standortfaktoren lassen sich durch die in Übersicht 2.1 aufgeführten acht Unterfaktoren näher beschreiben. Sämtliche Unterfaktoren variieren in ihren Werten groß- und kleinräumig, d. h. von Region zu Region, von Betrieb zu Betrieb, von Feldstück zu Feldstück und – bei den bodengebundenen Faktoren – sogar innerhalb der Feldstücke. Daraus resultieren einerseits zunächst unterschiedliche Angebotsmengen der für das Pflanzenwachstum essentiellen Produktionsfaktoren Wasser und Sonnenenergie. Andererseits haben die einzelnen Nutzpflanzenarten zur Realisierung artentypisch hoher Erträge unterschiedliche Ansprüche an diese Produktionsfaktoren. Beispielsweise stellt der Mais relativ hohe Ansprüche an das pflanzenverfügbare Wasser und die Sonnenenergiezufuhr, wenn er artentypisch hohe Erträge erbringen soll. Im Unterschied dazu kann der Roggen auch noch bei geringeren Wassermengen und weniger Sonnenenergie artentypisch hohe Erträge liefern. Der Landwirt wird sich deshalb bei der Auswahl seiner Nutzpflanzenarten an die für ihn geltenden Werte der natürlichen Standortfaktoren anpassen und im Extremfall nur diejenige Nutzpflanzenart wählen, die unter seinen Gegebenheiten die höchste Bodenrente erwarten lässt.

Das während der Vegetationsperiode pflanzenverfügbare Wasser setzt sich aus den zu Beginn der Vegetationsperiode im Boden gespeicherten Vorräten der Winterniederschläge sowie aus der Höhe und Verteilung der während der Vegetationsperiode auftretenden Niederschläge zusammen. Bei etwa gleicher Niederschlaghöhe und -verteilung kann die pflanzenverfügbare Wassermenge wegen der unterschiedlichen Wasserspeicherfähigkeit der Bodenarten trotzdem stark variieren. So ist z. B. die pflanzenverfügbare Wassermenge in den beiden unmittelbar benachbarten Regionen der „Lüneburger Heide" und der „Hildesheimer Börde" in Niedersachsen oder auch des „Fleming" und der „Magdeburger Börde" in Sachsen-Anhalt sehr unterschiedlich, weil die sandigen Böden der Heide und des Fleming im Winter wenig, die aus Löss entstandenen Lehmböden der Hildesheimer und Magdeburger Börde dagegen sehr viel Wasser speichern können. In den Börden werden die Landnutzungsprogramme deshalb durch die wasseranspruchsvollen Pflanzen Zuckerrüben und Weizen bestimmt, wohingegen auf den sandigen Böden der Roggen und die Kartoffeln die Landnutzungsprogramme prägen.

Die Bodenart und das Geländerelief wirken sich auf die Produktionskosten der Nutzpflanzenarten sehr unterschiedlich aus. Schwere, tonige Böden in Verbindung mit größeren Hangneigungen in Mittelgebirgslagen führen zwar bei allen Nutzpflanzenarten zu steigenden Produktionskosten, aber je nach Art zu durchaus unterschiedlichen Beträgen. Nutzpflanzenarten, die vergleichsweise zahlreiche Bodenbearbeitungs- und Pflegevorgänge erfordern, sind bei zunehmend schweren und/oder hängigen Böden gegenüber solchen, die weniger Arbeitsgänge verursachen, kostenmäßig immer stärker im Nachteil. In vielen Mittelgebirgslagen Europas finden sich deshalb nur noch Nutzpflanzen mit oberirdischem Erntegut und wenig Bodenbearbeitungsaufwand. Kartoffeln und Zuckerrüben werden durch Blattfrüchte wie Mais und Raps ersetzt.

Im Extremfall gibt man den Ackerbau ganz auf und geht zur Mähweide mit einem Schnitt für die Grassilage als Winterfutter und nachfolgender Beweidung über. Die jährliche Einsaat entfällt. Es verbleibt nur ein mechanischer Erntevorgang. In sehr hängigen Lagen findet sich schließlich die Dauerweide ohne jeden mechanischen Erntevorgang.

Generell werden sich also die Landwirte mit ihrem Streben nach der maximalen Bodenrente durch die Wahl der Nutzpflanzen an ihre jeweils gegebenen natürlichen Standortgegebenheiten anpassen und sich im Extremfall nur noch auf eine Nutzungsart beschränken. Gleichzeitig passen sie damit selbstverständlich auch ihre Landnutzungsintensität an.

An die Sonnenenergiezufuhr stellen die Ackerfrucht Körnermais und die Dauerkultur Wein besonders hohe Ansprüche. Wirtschaftlich vorzüglich sind deshalb beide Kulturen nur in der Südhälfte Deutschlands und in weiter südlichen Ländern Europas. Der Weinbau kann in Deutschland weiter nördlich nur auf Südhängen wirtschaftlich betrieben werden (z. B. an der Mosel in Rheinland-Pfalz und an der Elbe in Sachsen), um die dort stärkere Sonneneinstrahlung und die Kälte abmildernde Wirkung der Flüsse zu nutzen.

Der Obstbau wird wirtschaftlich erfolgreicher als andere Landnutzungsalternativen in Regionen mit milden Nachttemperaturen im Frühjahr betrieben, um der Gefahr des Abfrierens der Knospen und Blüten zu begegnen. Er konzentriert sich deshalb auf den Süden Europas und im Norden nur auf Regionen an großen Binnengewässern, die die Nachtabsenkung der Temperaturen abmildern (z. B. in Deutschland an der Unterelbe im „Alten Land", am Rhein im „Vorgebirge" bei Bonn und im Rheingau sowie am Bodensee, aber auch in Norwegen an den Hängen des Sogne- und des Sör-Fjords.

Insgesamt führen mithin die räumlich variierenden Werte der natürlichen Standortfaktoren dazu, dass sich die Landnutzungsprogramme einerseits von Region zu Region unterscheiden, also räumlich differenziert sind und andererseits in jeder Region auf die dort jeweils wirtschaftlich vorzüglichen Nutzpflanzenarten beschränkt, also jeweils spezialisiert sind. Das Gleiche gilt auch für die einzelnen landwirtschaftlichen Betriebe in den Regionen.

Selbstverständlich werden durch diese Anpassung der Landnutzungsprogramme an die jeweils vorherrschenden Werte der natürlichen Standortfaktoren auch die Landnutzungsintensitäten beeinflusst. Dauergrünland in Mittelgebirgslagen und Roggen auf sandigen Böden verursachen im Vergleich zu Zuckerrüben, Weizen und erst recht im Vergleich zum Feldgemüse-, Obst- und Weinbau geringere Arbeits- und Maschinenaufwendungen und damit geringere Kosten je Nutzflächeneinheit. Sie werde also mit geringeren Landnutzungsintensitäten betrieben.

2.2.3   Die technologischen Standortfaktoren

Die technologischen Standortfaktoren können im Unterschied zu den natürlichen Standortfaktoren zwar durch menschliche Einflussnahme, d. h. durch Forschungs- und Entwicklungsaktivitäten, nicht aber durch den einzelnen Landwirt in ihren Werten verändert werden. Für die Landwirte sind sie deshalb ebenfalls Standortfaktoren.

In Übersicht 2.1 sind vier wichtige Unterfaktoren der technologischen Standortfaktoren aufgeführt. Diese Faktoren variieren in ihren Werten, d. h. in ihrem jeweiligen „Stand der Technologie", in gewissem Ausmaß zunächst eher großräumig. Zum Beispiel sind die jeweils an die natürlichen Standorte angepassten Nutzpflanzensorten und Nutztierrassen in ihren genetischen Leistungspotenzialen aufgrund unterschiedlichen Standes der Züchtungsbemühungen durchaus unterschiedlich.

Vor allem aber lässt sich für diese technologischen Standortfaktoren eine zeitliche Variabilität beobachten. Technische und züchterische Fortschritte bewirken, dass sich die maximal realisierten Erträge und die Widerstandsfähigkeit gegen Krankheiten im Zeitablauf verändern. So konnten durch züchterische Aktivitäten die Sonnenenergie- und Wasserbedarfe je Ertragseinheit vieler Nutzpflanzen mit der Konsequenz erheblich gesenkt werden, dass bei gegebenen Angebotsmengen an Wasser und Sonnenenergie die maximal realisierbaren Erträge im Zeitablauf kontinuierlich anstiegen oder einige Nutzpflanzen dadurch erst an bestimmten Standorten wirtschaftlich anbauwürdig wurden. Andere Züchtungserfolge haben bewirkt, dass die Nutzpflanzen je Vegetationsperiode mehr Wasser und Sonnenenergie produktiv in höhere Erträge umwandeln können. An Standorten mit hinreichenden Angebotsmengen an diesen Produktionsfaktoren führte das im Zeitablauf ebenfalls zu Steigerungen der maximal realisierbaren Erträge.

Durch Züchtungserfolge in Richtung eines geringeren Wärmebedarfs wurde der Mais sukzessive von Süd- nach Mittel- und sogar nach Nordeuropa (Schleswig-Holstein, Litauen, Südschweden) ausgedehnt und ist dort im Vergleich zu ursprünglich besser angepassten Nutzpflanzenarten, wie Feldgras, Kleegras, Futterrüben, Futtererbsen, Ackerbohnen und Gerste, zur dominierenden Futterpflanze als Ganzpflanzensilage für Wiederkäuer und die Biogasgewinnung und mancherorts sogar als Körnermais für die Schweine- und Geflügelhaltung geworden.

Durch Erfindungen und Verbesserungen im Bereich der Chemie haben sich bei der Ernährung der Nutzpflanzen sowie bei der Bekämpfung der Unkräuter und Pflanzenkrankheiten im Zeitablauf neue und erweiterte Möglichkeiten der Nutzpflanzenerzeugung ergeben.

Sämtliche Nutzpflanzen benötigen Stickstoff als Nährstoff. Für deren Bereitstellung gibt es nur zwei Möglichkeiten: Entweder man baut Luftstickstoff bindende Leguminosen (Luzerne, Klee, Erbsen, Bohnen etc.) an, von deren im Boden angesammelten Stickstoffvorräten die nachfolgenden anderen Nutzpflanzenarten zehren können, oder man führt den Stickstoff als Mineraldünger zu. Die dritte Möglichkeit der Zufuhr von tierischen Exkrementen als organischem Dünger ergibt sich bei fehlendem Mineraldünger nur in Verbindung mit dem Leguminosenanbau. Durch die Entdeckung der chemischen Bindung des Luftstickstoffs in Mineraldüngern wurde der Leguminosenanbau stark zurückgedrängt. Als Folge ergeben sich Landnutzungsprogramme, die im Vergleich zu vorher weniger vielseitig oder – wie man auch sagen kann – weniger diversifiziert bzw. stärker spezialisiert sind.

Die Entdeckung und Verbesserung von chemischen Pflanzenschutzmitteln war und ist nicht für alle Pflanzenarten gleich erfolgreich. Die Landwirte passen sich mit ihren Landnutzungsprogrammen zu jedem Zeitpunkt schwerpunktmäßig an diejenigen Nutzpflanzenarten an, die durch die jeweils verfügbaren Pflanzenschutzmittel besonders wirksam und kostengünstig unkrautfrei und gesund erhalten werden können. Vor der Entdeckung der chemischen

Pflanzenschutzmittel musste die Unkrautregulierung durch vielgliedrige Fruchtfolgen und die Feldgraswirtschaft durchgeführt werden, um die einseitige Anreicherung von an bestimmte Nutzpflanzenarten gebundene Unkräuter zu unterbinden. Mit den chemischen Pflanzenschutzmitteln erübrigen sich diese Maßnahmen weitestgehend. Die Fruchtfolgen werden kürzer, die Feldgraswirtschaft wird zurückgedrängt, die Landnutzungsprogramme werden mithin weniger diversifiziert.

Durch technische Fortschritte verändern sich im Zeitablauf die Mengengerüste der Produktionsverfahren. Die Maschinen werden leistungsfähiger. Damit wird je Nutzflächeneinheit weniger menschliche Arbeit zu ihrer Bedienung erforderlich. Durch Erfindungen kommen neuartige Maschinen für Arbeitsvorgänge hinzu, die vorher mit der Hand erledigt werden mussten (z. B. für die Obst- und Weinernte).

Diese Fortschritte und Innovationen ergeben sich zwar im Laufe der Zeit für die Arbeitsvorgänge sämtlicher Nutzpflanzenarten. Aber das Tempo kann zeitweise je Nutzpflanzenart sehr unterschiedlich sein. Deshalb werden sich die Landwirte zu einem bestimmten Zeitpunkt c. p. für diejenigen Nutzpflanzenarten entscheiden, die bei dem dann herrschenden Stand der Technologien aufgrund besonderer Kosteneinsparungen die höchsten Bodenrenten versprechen.

Auch dadurch wurden in vielen Regionen Europas z. B. die Futterrüben, die Luzerne und das Feldgras durch den Mais als Hauptfutterpflanze verdrängt. Der Mais kann im Vergleich zu Futterrüben arbeitssparender und damit zu geringeren Kosten geerntet und eingelagert werden und erfordert im Vergleich zu Luzerne und Feldgras nur einen jährlichen – ebenfalls Kosten senkend wirkenden – Erntevorgang. Die Folge sind auch hier im Vergleich zu vorher weniger stark diversifizierte Landnutzungsprogramme.

Insgesamt führen also die im Zeitablauf variierenden Werte der technologischen Standortfaktoren c. p. zu zunehmend stärker spezialisierten Landnutzungsprogrammen.

2.2.4 Die strukturellen Standortfaktoren

Die strukturellen Standortfaktoren lassen sich gemäß Übersicht 2.1 in die drei Unterfaktoren äußere Verkehrslage, innere Verkehrslage sowie Formen und Größen der Feldstücke untergliedern. Ebenso wie die technologischen Standortfaktoren, aber im Unterschied zu den natürlichen Standortfaktoren, können die Werte der strukturellen Standortfaktoren zwar durch menschliche Einflussnahme verändert werden, nicht aber durch die einzelnen Landwirte. Für sie handelt es sich deshalb ebenfalls um Standortfaktoren.

Der Einfluss der äußeren Verkehrslage eines landwirtschaftlichen Betriebes auf sein Landnutzungsprogramm, seine Landnutzungsintensität und die erzielbare Bodenrente wurde zuerst von JOHANN HEINRICH V. THÜNEN (1783 – 1850) in seinem für die Ökonomie bahnbrechenden Buch „Der isolierte Staat in Beziehung auf Landwirtschaft und Nationalökonomie" untersucht.

Der Begriff der äußeren Verkehrslage umschreibt den Tatbestand, dass die einzelnen Landwirte mit ihren Betrieben unterschiedlich aufwändige Zugänge zu ihren Produkt- und Faktormärkten haben. Da es sich bei den landwirtschaftlichen Betrieben in Europa um sehr viele und vergleichsweise kleine Betriebe handelt, kann der einzelne Landwirt seine Produkt- und Faktorpreise nicht beeinflussen. Die Preise bilden sich vielmehr an den jeweiligen Marktorten. Die für den Landwirt relevanten Verkaufspreise als Preise ab Hoftor für seine Produkte ergeben sich deshalb aus den Marktpreisen nach Abzug der vom Hof zum Marktort anfallenden Transportkosten (Kosten für die Be- und Entladung, für den eigentlichen Transport sowie ggf. für eine Zwischenlagerung). Umgekehrt ergeben sich die für den Landwirt relevanten Ankaufspreise als Preise frei Hoftor für die von anderen Herstellern beschafften Produktionsfaktoren unter Hinzufügung der von diesen Marktorten bis zum Hof anfallenden Transportkosten. Da die Transportkosten mit zunehmender Entfernung eines Betriebes von seinen Marktorten ansteigen, sinken die Verkaufspreise und steigen die Ankaufspreise mit zunehmender Entfernung eines Betriebes von seinen Marktorten.

Wenn z. B. ein Biogasbetreiber einen bestimmten Preis für das Substrat Maissilage frei Lagerung bei der Biogasanlage bietet, dann ist der Hoftor-Preis für die nahe der Biogasanlage liegenden Maisproduzenten höher als für die weiter entfernt wirtschaftenden Kollegen, weil ihre Transportkosten geringer sind.

Die unterschiedlichen Transportkosten in Abhängigkeit von der Marktentfernung beeinflussen aber die relative wirtschaftliche Vorzüglichkeit der einzelnen Nutzpflanzenarten. Ein Landwirt, der auf seinen Nutzflächen Kulturen mit vergleichsweise hohen Produkt- und/oder Faktormengen je Nutzflächeneinheit anbaut, hat bei gleichem betrieblichen Nutzflächenumfang und gleicher Marktentfernung höhere Transportkosten zu tragen, als sein Berufskollege, der auf seinen Nutzflächen Produkte mit geringeren Produkt- und/oder Faktormengen je Nutzflächeneinheit erzeugt.

Die Höhe der Transportkosten hängt deshalb nicht nur von der zu überwindenden Entfernung, sondern selbstverständlich auch von den zu transportierenden Produkt- und Faktormengen ab: Landwirte, deren Betriebe relativ weit von ihren Marktorten entfernt liegen, werden schwerpunktmäßig Produkte mit vergleichsweise geringen Produkt- und/oder Faktormengen je Nutzflächeneinheit erzeugen, weil sie dadurch die Transportkostenbelastung ihrer Produkte und ihrer von außerhalb bezogenen Produktionsfaktoren senken können. Das wirkt sich auf die Landnutzungsprogramme und die Landnutzungsintensitäten aus. Sie verändern sich in Abhängigkeit von der äußeren Verkehrslage der Betriebe dergestalt, dass bei zunehmender Marktferne sukzessive Produkte mit relativ großen Produkt- und/oder Faktormengen je Nutzflächeneinheit aus den Landnutzungsprogrammen ausscheiden. Die Landnutzungsprogramme sind deshalb räumlich differenziert und werden mit zunehmender Marktentfernung immer einseitiger. Das hat auch Konsequenzen für die Landnutzungsintensität. Sie nimmt mit zunehmender Marktentfernung sukzessive ab.

Neben dieser räumlichen Differenzierung ergibt sich auch eine zeitliche Differenzierung der Landnutzungsprogramme und Landnutzungsintensitäten durch im Zeitablauf entstehende Veränderungen der äußeren Verkehrslage. Durch das Bevölkerungswachstum mit ihrer ansteigenden nichtlandwirtschaftlichen Bevölkerung rücken die Marktorte sozusagen näher an die landwirtschaftlichen Betriebe heran. Durch Konzentration der Verarbeitungsbetriebe für landwirtschaftliche Produkte an immer weniger Standorten und ganz allgemein durch Wanderung der nichtlandwirtschaftlichen erwerbstätigen Bevölkerung in die städtischen Ballungsräume kann sich die äußere Verkehrslage der landwirtschaftlichen Betriebe jedoch auch wieder verschlechtern. Durch die Schließung zahlreicher kleinerer Zuckerfabriken und die Konzentration auf wenige Großfabriken ist z. B. für Zuckerrüben erzeugende Landwirte die Entfernung ihrer Betriebe zu den Marktorten größer geworden.

Verbesserungen der äußeren Verkehrslage ergeben sich im Verlauf der Zeit insbesondere durch Infrastrukturinvestitionen der Öffentlichen Hände (Bau von neuen und/oder leistungsfähigeren Straßen, Bahnstrecken und Kanälen). Diese Maßnahmen bewirken Senkungen der Transportkosten. Neuere Transportformen, wie etwa die Luftfracht, erleichtern den Transport über weitere Entfernungen oder machen den Transport leichtverderblicher sog. „Frischeprodukte" überhaupt erst möglich.

Diese Verbesserungen der äußeren Verkehrslage beeinflussen die relative wirtschaftliche Vorzüglichkeit der einzelnen Nutzpflanzenarten in unterschiedlichen Maßen. Nutzpflanzenarten mit relativ hohen Produkt- und/oder Faktormengen je Nutzflächeneinheit profitieren von den Transportkostensenkungen stärker als solche mit relativ geringen Produkt- und/oder Faktormengen. Erstere gewinnen damit an Wettbewerbsfähigkeit. Die Landwirte passen sich mit ihren Landnutzungsprogrammen an diese veränderten Wettbewerbsverhältnisse der Nutzpflanzenarten an. Gleichzeitig verändern sie damit auch ihre betrieblichen Landnutzungsintensitäten. Im Zeitablauf auftretende Veränderungen der äußeren Verkehrslage führen mithin zu zeitlichen Differenzierungen der Landnutzungsprogramme und Landnutzungsintensitäten.

Eine prinzipiell ähnliche Wirkung auf die Landnutzungsprogramme und Landnutzungsintensitäten entfaltet die innere Verkehrslage der Betriebe. Mit dem Begriff der inneren Verkehrslage wird die Lage und Entfernung der einzelnen Feldstücke eines Betriebes zu seiner Hofstelle umschrieben. So genannte arrondierte Betriebe, deren Feldstücke direkt um den Hof angeordnet sind, weisen eine gute innere Verkehrslage auf. Dabei entstehen vergleichsweise geringe Kosten für den Transport der Produkte und Werkstoffe sowie der Maschinen und Arbeitskräfte von den Feldern zum Hof und umgekehrt. Relativ hohe Transportkosten entstehen dagegen in Betrieben, deren Felder in Streulage und weit entfernt von der Hofstelle liegen. Es ist naheliegend, dass bei den Landwirten zur Minimierung der jeweiligen innerbetrieblichen Transportkosten die Tendenz besteht, Nutzpflanzenarten, die relativ hohe Produktmengen je Nutzflächeneinheit liefern und/oder vergleichsweise viele Arbeitsgänge erfordern, auf den Feldstücken anzubauen, die sich nahe der Hofstelle befinden und umgekehrt Nutzpflanzen mit geringeren Produktmengen und/oder weniger Arbeitsgänge auf die weiter entfernt liegenden Feldstücke zu verlagern.

Da es nun in Europa – ursprünglich vornehmlich aufgrund unterschiedlicher Erbsitten (Anerbenrecht vs. Realteilung) – sowohl Regionen mit arrondierten Betrieben als auch Regionen gibt, in denen die Feldstücke der Betriebe weit verstreut um die Hofstelle liegen, wirkt sich das auf die Landnutzungsprogramme aus. In den Regionen mit arrondierten Betrieben besteht wegen relativ geringer innerbetrieblicher Transportkosten die Tendenz zur Konzentration auf Landnutzungsprogramme mit solchen Nutzpflanzenarten, die relativ hohe Produkt- und/oder Faktormengen je Nutzflächeneinheit erzeugen bzw. benötigen und relativ viele Arbeitsgänge erfordern. Da das gleichzeitig die intensiveren Kulturen sind, ist auch die Landnutzungsintensität in den Regionen mit arrondierten Betrieben relativ hoch.

In den Regionen mit Betrieben, deren Feldstücke mehr oder weniger weit verstreut liegen, besteht dagegen wegen der vergleichsweise hohen innerbetrieblichen Transportkosten die Tendenz zur Konzentration auf Landnutzungsprogramme mit Nutzpflanzenarten, die relativ geringe Produkt- und/oder Faktormengen je Nutzflächeneinheit aufweisen und relativ wenig Arbeitsgänge erfordern. Mit diesen Landnutzungsalternativen ist i. d. R. auch eine geringere Landnutzungsintensität verbunden.

Die Formen und Größen der Feldstücke beeinflussen ebenfalls die Auswahl der Landnutzungsprogramme und Landnutzungsintensitäten. Große, rechtwinklig geformte Feldstücke verursachen im Vergleich zu kleinen, unregelmäßig geformten Feldstücken zunächst geringere Arbeitserledigungskosten für sämtliche Nutzpflanzenarten. Allerdings profitieren diejenigen Nutzpflanzenarten kostenmäßig am stärksten, die relativ viele Arbeitsgänge erfordern. Letztere sind i. d. R. die intensiveren Kulturen. Die Landwirte passen sich mit ihren Landnutzungsprogrammen und Landnutzungsintensitäten dadurch an, dass sie bei großen und regelmäßig geformten Feldstücken verstärkt auf die intensiveren Kulturen setzen. In Regionen mit kleinen und unregelmäßig geformten Feldstücken besteht dagegen die Tendenz zum verstärkten Anbau extensiverer Kulturen.

Neben dieser räumlichen Differenzierung der Landnutzungsprogramme und Landnutzungsintensitäten in Abhängigkeit von den Formen und Größen der Feldstücke lässt sich auch eine zeitliche Differenzierung beobachten. Durch Flurneuordnungsverfahren mit dem Ziel der

Schaffung arrondierter Betriebe und größerer, regelmäßig geformter Feldstücke verändern sich die Landnutzungsprogramme in Richtung auf den verstärkten Anbau intensiverer Kulturen. Damit steigt gleichzeitig die Landnutzungsintensität der Regionen, in denen derartige Flurordnungsmaßnahmen umgesetzt wurden.

Umgekehrt kann der Agrarstrukturwandel, der die jeweils verbleibenden Betriebe zur kontinuierlichen Flächenausdehnung zwingt, dazu führen, dass die innere Verkehrslage der Betriebe ungünstiger wird, weil zusätzliche Flächen nicht in unmittelbarer Nähe der bisher bewirtschafteten Nutzflächen beschaffbar sind. Daraus entsteht dann eine Tendenz zur Realisierung von Landnutzungsprogrammen mit geringeren Anteilen an intensiveren Kulturen.

In die gleiche Richtung können schließlich Agrarumweltmaßnahmen wirken, z. B. durch die verordnete Anpflanzung von Hecken und Feldgehölzen. Infolge der damit verbundenen „Flurzersplitterung" steigen die Arbeitserledigungskosten, wobei die intensiven Kulturen, die relativ viele Arbeitsgänge erfordern, besonders betroffen sind. Die Landwirte müssen sich anpassen, indem sie die Anteile der extensiveren Kulturen an ihren Landnutzungsprogrammen erhöhen und damit gleichzeitig ihre betrieblichen Landnutzungsintensitäten senken.

2.2.5   Die marktlichen Standortfaktoren

Aus Übersicht 2.1 geht hervor, dass die marktlichen Standortfaktoren als Unterfaktoren die Produktpreis-Relationen, die Faktorpreis-Relationen, die Produktpreis-Faktorpreis-Relationen sowie den außerlandwirtschaftlichen Arbeitsmarkt umfassen.

Während sich die drei zuerst genannten Unterfaktoren auf die Produkte beziehen, die in den landwirtschaftlichen Betrieben erzeugt werden und auf die Produktionsfaktoren, die in den landwirtschaftlichen Betrieben verbraucht werden, wird mit dem außerlandwirtschaftlichen Arbeitsmarkt ein Standortfaktor angesprochen, der ggf. Nachfrage nach Arbeitskräften entfaltet, die bisher ausschließlich in der Landwirtschaft tätig sind. Bilden sich im Zuge dieser Nachfrage bestimmte Preise als Entgeltsätze für nichtlandwirtschaftliche Erwerbstätigkeiten, dann entsteht für die landwirtschaftlichen Erwerbstätigen die Frage, ob und inwieweit sie ihre Arbeitskapazitäten für landwirtschaftliche und nichtlandwirtschaftliche Tätigkeiten verwenden sollten.

Wie bereits zu Beginn des vorhergehenden Abschnitts erwähnt, besteht die Landwirtschaft in Europa aus sehr vielen, vergleichsweise kleinen Betrieben. Mit sehr wenigen Ausnahmen sind in den Betrieben nur eine oder wenige Familien oder eine Familie mit einigen Mitarbeitern tätig. Die Leiter dieser Betriebe können deshalb weder auf der Angebotsseite noch auf der Nachfrageseite Marktmacht ausüben. Sie sind vielmehr reine Preisnehmer. Das bedeutet aber, dass die Landwirte in ihre Entscheidungen die jeweils herrschenden Produktpreis- und Faktorpreis-Relationen sowie die Relationen zwischen den Produkt- und den Faktorpreisen (die „Preis-Kosten-Verhältnisse") einbeziehen, sich also mit ihren Landnutzungsprogrammen und Landnutzungsintensitäten an diese marktlichen Standortfaktoren anpassen müssen.

Die in der Regel großräumlich variierenden Produktpreis-Relationen führen dazu, dass ebenso großräumlich unterschiedliche Nutzpflanzenarten wirtschaftlich vorzüglich sind. Ohne die Berücksichtigung der Wirkungen der übrigen Standortfaktoren würden sich damit großräumlich differenzierte Landnutzungsprogramme mit jeweils angepassten Landnutzungsintensitäten herausbilden.

Prinzipiell die gleichen Wirkungen entfalten räumlich variable Faktorpreis-Relationen. Sind z. B. in einem Gebiet die Kosten für die menschliche Arbeit aufgrund hoher Löhne im Vergleich zu den Kosten für maschinelle Arbeit besonders hoch, werden Nutzpflanzenarten, die vergleichsweise viel menschliche Arbeit benötigen, in ihren Anteilen an den Landnutzungsprogrammen zugunsten von Nutzpflanzenarten, die vergleichsweise wenig menschliche Arbeit erfordern, zurückgedrängt. Umgekehrte Tendenzen ergeben sich, wenn menschliche Arbeit im Vergleich zu maschineller Arbeit billig ist.

Die betrieblichen Landnutzungsintensitäten werden sowohl durch die jeweiligen Nutzpflanzenarten mit ihren jeweils artspezifischen Landnutzungsintensitäten, als auch durch das Verhältnis der Produktpreise zu den Faktorpreisen bestimmt. Sind die Produktpreise im Vergleich zu den Faktorpreisen hoch, werden die Landnutzer die Faktoreinsatzmengen und damit ihre Landnutzungsintensität erhöhen, weil selbst noch geringe Ertragssteigerungen aufgrund der hohen Produktpreise zur Steigerung der betrieblichen Bodenrente beitragen. Grundsätzlich werden die Landnutzer den Faktoreinsatz so weit treiben, bis die Kosten der letzten Einsatzmengenerhöhung den damit erzielbaren zusätzlichen Leistungen entsprechen, bis also Grenzkosten gleich Grenzleistungen sind. Insgesamt führen damit günstige Preis-Kosten-Verhältnisse zu vergleichsweise hohen und ungünstige Preis-Kosten-Verhältnisse zu vergleichsweise geringen Landnutzungsintensitäten.

Die Produktpreis- und Faktorpreis-Relationen sowie die Produktpreis-Faktorpreis-Relationen variieren aber nicht nur räumlich, sondern auch im Zeitablauf. Infolge steigenden Wohlstandes der Bevölkerung verändern sich die Nachfragestrukturen nach Nahrungsmitteln. Zum Beispiel werden Obst und Gemüse im Vergleich zu Kartoffeln und Zucker stärker nachgefragt. Die Produktpreis-Relationen verändern sich zugunsten der erstgenannten Produkte. Die Landwirte passen sich an diese Entwicklungen durch entsprechende Neugestaltungen ihrer Landnutzungsprogramme an. Daraus ergibt sich eine zeitliche Differenzierung der Landnutzungsprogramme.

Auf der anderen Seite können sich die Faktorpreis-Relationen im Zeitablauf ebenfalls verändern. Knapper werdende Ressourcen, wie z. B. Erdöl, verteuern die daraus hergestellten Betriebsstoffe (Diesel- und Schmieröl) im Vergleich zu anderen Produktionsfaktoren. Technische Neuerungen bei Maschinen und Pflanzenschutzmitteln können umgekehrt dazu führen, dass sich die Preise dieser Produktionsfaktoren im Vergleich zu anderen Faktoren verbilligen.

Je nach Veränderung der Faktorpreis-Relationen werden die Landwirte ihre Landnutzungsprogramme generell so verändern, dass sie die Anteile der Nutzpflanzenarten, die vergleichsweise viel von den relativ billig gewordenen Produktionsfaktoren benötigen, ausdehnen und umgekehrt die Anteile der Nutzpflanzenarten, die vergleichsweise viel von den relativ teurer gewordenen Produktionsfaktoren erfordern, einschränken. Wiederum ergibt sich eine zeitliche Differenzierung der Landnutzungsprogramme.

Im Laufe der wirtschaftlichen Entwicklung kontinuierlich einsetzenden Lohnsteigerungen einerseits und die relative Verbilligung der sukzessive wirksamer werdenden Unkrautbekämpfungsmittel andererseits führen bspw. dazu, dass sich die Landwirte verstärkt den Nutzpflanzenarten zuwenden, deren Bestandespflege nicht durch Handarbeit erfolgen muss, sondern der chemischen Unkrautbekämpfung zugänglich sind. So genannte „kleine Kulturen", für die die Pflanzenschutzmittelindustrie aus Gründen ihrer Wirtschaftlichkeit wenig Forschung und Entwicklung betreibt, werden zugunsten der „großen Kulturen", für die sich die Entwicklung effizienterer Pflanzenschutzmittel aus Sicht der Industrie besonders lohnt, zurückgedrängt.

Insgesamt konzentrieren sich die Landwirte an jedem Ort und zu jedem Zeitpunkt auf den Anbau derjenigen Nutzpflanzenarten, die bei den dort und dann herrschenden Produktpreis-Relationen, Faktorpreis-Relationen und Produktpreis-Faktorpreis-Relationen wirtschaftlich vorzüglich sind. Die marktlichen Standortfaktoren drängen damit wie alle übrigen Standortfaktoren prinzipiell in Richtung auf spezialisierte Landnutzungsprogramme mit deutlichen Anbauschwerpunkten, deren qualitative und quantitative Zusammensetzungen und deren Schwerpunkte aber räumlich und zeitlich differenziert sind.

Schließlich hat auch ein wirksamer Arbeitsmarkt für Arbeitskräfte, die bisher in der Landwirtschaft tätig sind, bestimmte Auswirkungen auf die Landnutzungsprogramme, die Landnutzungsintensitäten und die Bodenrenten namentlich der landwirtschaftlichen Familienbetriebe. Wenn Teile der Arbeitskapazitäten der Landwirtsfamilien außerhalb des Betriebes Arbeitsentgelte erzielen können, die über denjenigen liegen, die im Betrieb erzielbar sind, dann werden – mit dem Ziel der Freisetzung von bisher im Betrieb eingesetzten Arbeitsstunden – die Landnutzungsprogramme in Richtung auf weniger Arbeit beanspruchende, d. h. in der Regel extensivere Landnutzungsverfahren, angepasst. Tendenziell nehmen dadurch auch die betrieblichen Landnutzungsintensitäten und die Bodenrenten ab. In Regionen mit entwickelten außerlandwirtschaftlichen Arbeitsmärkten werden deshalb Landnutzungsprogramme, Landnutzungsintensitäten und Bodenrenten verwirklicht, die sich von denjenigen in Regionen ohne solche Arbeitsmärkte mehr oder weniger deutlich unterscheiden. Insbesondere werden die Landnutzungsintensitäten und die erzielbaren Bodenrenten tendenziell geringer sein.

2.2.6 Die Standortfaktoren als Determinanten spezialisierter, räumlich und zeitlich differenzierter Landnutzungsprogramme

Fasst man die in den vorhergehenden Abschnitten beschriebenen Wirkungen der Standortfaktoren zusammen, dann lässt sich folgendes festhalten:

Sämtliche Standortfaktoren wirken darauf hin, dass der einzelne Landwirt unter allen zur Auswahl stehenden Nutzpflanzenarten nur diejenige oder diejenigen in sein Landnutzungsprogramm aufnimmt, die bei den für seinen Betrieb gültigen Werten der Standortfaktoren die höchste betriebliche Bodenrente erwarten lässt bzw. lassen. Damit drängen die Standortfaktoren generell in Richtung auf die Gestaltung weniger stark diversifizierter bzw. – umgekehrt – stärker spezialisierter Landnutzungsprogramme. Da sich zu einem bestimmten Zeitpunkt auf verschiedenen Standorten – gekennzeichnet durch unterschiedliche Werte von Standortfaktoren – eine jeweils andere Rangfolge der Nutzpflanzenarten bezüglich ihrer Bodenrenten ergeben kann, bewirken die Standortfaktoren eine räumliche Differenzierung der Landnutzungsprogramme. Da an jedem Standort im Zeitablauf Veränderungen der Werte eines oder mehrerer Standortfaktoren auftreten können, die zu Veränderungen der Rangfolge der Nutzpflanzenarten bezüglich ihrer Bodenrenten führen, bewirken die Standortfaktoren auch eine zeitliche Differenzierung der Landnutzungsprogramme. An allen Orten und zu allen Zeiten würden die Landnutzungsprogramme aber auf eine oder wenige Nutzpflanzenarten beschränkt, also spezialisiert, bleiben.

Damit ergibt sich als Fazit:
(1) Die Standortfaktoren sind die Determinanten für wenigseitige, d. h. spezialisierte, Landnutzungsprogramme.

(2) Die Standortfaktoren sind die Determinanten für die räumliche und zeitliche Differenzierung der Landnutzungsprogramme.

(3) Da die Standortfaktoren über die Landnutzungsprogramme auch die Landnutzungsintensitäten beeinflussen, sind sie gleichzeitig die Determinanten für die räumliche und zeitliche Differenzierung der Landnutzungsintensitäten.

Obwohl die Standortfaktoren in Richtung auf die Spezialisierung der betrieblichen Landnutzungsprogramme drängen, bleibt aber festzuhalten, dass diese im Allgemeinen nicht aus reinen Monokulturen bestehen. Auch wenn man davon ausgehen kann, dass die Werte aller außer den natürlichen Standortfaktoren betriebseinheitlich sind, würden bei alleiniger Wirkung der Standortfaktoren nur dann Monokulturbetriebe entstehen, wenn auch die Werte der natürlichen Standortfaktoren betriebseinheitlich wären. Das ist in der Regel nicht der Fall. Die Werte der natürlichen Standortfaktoren variieren mehr oder weniger von Feldstück zu Feldstück eines Betriebes. Dadurch kann auf jedem Feldstück eine andere Nutzpflanzenart zur wirtschaftlich vorzüglichen Anbaualternative werden. Unter diesen Bedingungen würden sich zwar „Monokulturfeldstücke" jedoch keine „Monokulturbetriebe" herausbilden, weil sich das betriebliche Landnutzungsprogramm aus mehreren Landnutzungsarten zusammensetzt.

Nur im gedanklichen Extremfall, dass sämtliche Feldstücke eines Betriebes die gleichen Werte aller Standortfaktoren, also auch der natürlichen Standortfaktoren, aufweisen, würden deshalb bei alleiniger Wirkung der Standortfaktoren tatsächlich Monokulturbetriebe entstehen. Sind dann in einem weiteren gedanklichen Extremfall die Werte aller Standortfaktoren in einer Region gleich, würden sich bei alleiniger Wirkung der Standortfaktoren sogar Monokulturregionen ergeben.

Die Monokulturen der Betriebe und Regionen könnten wegen der zeitlichen Variabilität der meisten Standortfaktoren zwar im Zeitablauf variieren, prinzipiell würden jedoch Monokulturbetriebe bzw. -regionen erhalten bleiben.

Tatsächlich würde aber auch unter dieser extremen Annahme einheitlicher Werte aller Standortfaktoren in einem Betrieb oder gar in einer Region kein Monokulturbetrieb bzw. keine Monokulturregion entstehen, weil die Landwirte nicht nur die Standortfaktoren, sondern auch andere Kräfte, die hier als Betriebsfaktoren bezeichnet werden sollen, in ihre Entscheidungen zur Gestaltung der Landnutzungsprogramme und Landnutzungsintensitäten einbeziehen. Die Betriebsfaktoren bilden gewissermaßen eine Gegenkraft zu den spezialisierend wirkenden Standortfaktoren. Sie drängen in Richtung auf vielseitige, d. h. diversifizierte, Landnutzungsprogramme und i. d. R. in Richtung auf geringere Landnutzungsintensitäten.

2.3 Die Betriebsfaktoren

Im Unterschied zu den Standortfaktoren handelt es sich bei den Betriebsfaktoren nicht um exogene Variable, an deren Werte sich der Landwirt mit der Gestaltung seines Landnutzungsprogramms und seiner Landnutzungsintensität anpassen muss, sondern um – von Raum und Zeit unabhängige – allgemeine Organisationsprinzipien, mit deren Einhaltung der Landwirt für seinen Betrieb eine nachhaltige Wirtschaftsweise bei gleichzeitig bestmöglicher Nutzung seiner menschlichen und sachlichen Ressourcen sichern möchte.

Die Betriebsfaktoren und wichtige ihrer „Unterfaktoren" sind in Übersicht 2.2 aufgeführt. Vier Gruppen können unterschieden werden: Die Betriebsfaktoren zur Erhaltung der Leistungsfähigkeit des Bodens, zur Sicherung der wirtschaftlichen Existenz des Landwirtes, zur Sicherung der Versorgung und zur Sicherung der bestmöglichen Nutzung verfügbarer Produktionskapazitäten.

2.3.1 Die Betriebsfaktoren zur Erhaltung der Leistungsfähigkeit des Bodens

Der Boden ist der wichtigste und i. d. R. auch knappste Produktionsfaktor des Landwirtes. Seine Rente möchte er deshalb – wie gesagt – maximieren. Wie sämtliche über längere Zeiträume und mehrfach einsetzbaren Produktionsfaktoren (Gebäude, Maschinen, langlebiges Nutzvieh) nutzt sich auch der Boden im Verlaufe seiner Einsatzzeit in seiner Leistungsfähigkeit

> ## Übersicht 2.2
> ### Überblick über die für die Landnutzung bedeutsamen Betriebsfaktoren
>
> **Betriebsfaktoren zur Erhaltung der Leistungsfähigkeit des Bodens**
> Erhaltung der organischen Substanz des Bodens (Humusausgleich)
> Bewahrung des Bodens vor Anreicherungen mit Unkraut- und Krankheitserregern (Schädigungsausgleich)
> Erhaltung der Nährstoffvorräte des Bodens (Nährstoffausgleich)
>
> **Betriebsfaktoren zur Sicherung der wirtschaftlichen Existenz**
> Minderung von Einkommensschwankungen, verursacht durch Preisvolatilität (Marktrisikoausgleich)
> Minderung von Einkommensschwankungen, verursacht durch Ertragsvolatilität (Produktionsrisikoausgleich)
>
> **Betriebsfaktoren zur Sicherung der Versorgung**
> Sicherung der Nährstoffversorgung von Nutztieren (Futterausgleich)
> Sicherung der Substratversorgung von Bioenergieanlagen (Substratausgleich)
> Sicherung der Bedürfnisbefriedigung der Landnutzer (Bedürfnisausgleich)
>
> **Betriebsfaktoren zur bestmöglichen Nutzung verfügbarer Produktionskapazitäten**
> Bestmögliche Nutzung begrenzt verfügbarer Arbeitskräfte (Arbeitsausgleich)
> Bestmögliche Nutzung begrenzt verfügbarer Betriebsmittel (Betriebsmittelausgleich)

ab. Seine Ertragsfähigkeit und seine Bearbeitbarkeit vermindert sich nach und nach, wenn keine Gegenmaßnahmen getroffen werden. Die wichtigsten Gegenmaßnahmen sind in Übersicht 2.2 mit der Erhaltung der organischen Substanz des Bodens, nämlich dem Humusausgleich, mit der Bewahrung des Bodens vor Anreicherungen mit Unkrautsamen und Verursachern von Pflanzenkrankheiten, nämlich dem Schädigungsausgleich, und mit der Erhaltung der Nährstoffvorräte des Bodens, nämlich dem Nährstoffausgleich, aufgeführt.

Landwirtschaftlich genutzte Flächen benötigen – je nach Bodenart unterschiedlich – bestimmte Gehalte an organischer Substanz (Humus), wenn ihre Leistungsfähigkeit auf Dauer erhalten bleiben soll. Die organische Substanz schützt die Nährstoffe vor der Auswaschung in den Unterboden, erhöht die Wasserspeicherfähigkeit des Bodens und erleichtert seine Bearbeitbarkeit bei Pflugfurche und Saatbettbereitung.

In den Böden findet ein kontinuierlicher Humusabbau durch die Bodenflora und -fauna statt. Die organische Substanz dient diesen Lebewesen als Nahrung. Der Humusabbau wird durch Bodenlockerungsmaßnahmen (Pflügen, Grubbern, Hacken, etc.) weiter verstärkt, weil die damit verbundene Bodendurchlüftung das Wachstum und die Vermehrung der (aeroben) Bodenlebewesen fördert.

Dieser Humusabbau muss durch entsprechende Zufuhren an organischer Substanz wieder ausgeglichen werden, weshalb man vom Humusausgleich spricht. Primär erfolgt die Zufuhr über Erntereste und das Wurzelwerk von oberirdisch geernteten Nutzpflanzen. Organische Dünger (Stallmist und Gülle aus der Nutztierhaltung sowie Substratreste aus Biogasanlagen) sind weitere Quellen für die Humuszufuhr.

Unter den Nutzpflanzen befinden sich solche, wie z. B. Zuckerrüben, Kartoffeln und Wurzelgemüse, die durch Abfuhr von praktisch der gesamten Pflanze als Erntegut kaum organische Substanz zurücklassen und durch vergleichsweise häufige Bodenlockerungsmaßnahmen den Humusabbau noch verstärken. Der alleinige Anbau dieser „Humus zehrenden" Nutzpflanzen würde mithin zu einem sukzessiven Humusabbau im Boden führen.

Demgegenüber gibt es jedoch auch Nutzpflanzenarten, deren Anbau relativ wenige Bodenbearbeitungsmaßnahmen erfordert und die dem Boden durch nicht geerntetes Wurzelwerk sowie auf dem Feld verbleibende Erntereste (insbesondere Stroh) viel organische Substanz nachliefert (z. B. beim Getreide-, Körnermais-, Raps- und Feldgrasanbau). Durch den alleinigen Anbau dieser „Humus mehrenden" Nutzpflanzen würde sich mithin eine sukzessive Humusanreicherung des Bodens ergeben.

Unter den meisten ökonomischen Rahmenbedingungen erbringen aber gerade diejenigen Nutzpflanzen relativ hohe Bodenrenten, deren Anbau zum Humusabbau führt. Die Landwirte werden deshalb für den Humusausgleich auf ihren Feldstücken eine Abfolge der Nutzpflanzen anbauen müssen, die unter der Bedingung der Erhaltung der organischen Bodensubstanz noch die höchste betriebliche Bodenrente verspricht. Dafür müssen sie Fruchtfolgen betreiben, die sowohl aus Humus zehrenden als auch aus Humus mehrenden Nutzpflanzenarten bestehen.

Zusätzlich können Nutzpflanzenarten in die betrieblichen Landnutzungsprogramme aufgenommen werden, die als Futtermittel für Wiederkäuerhaltungen und/oder als Substrate für Biogasanlagen dienen. Die dabei anfallenden organischen Düngemittel können ebenfalls zum Humusausgleich beitragen.

Der Betriebsfaktor zur Erhaltung der Leistungsfähigkeit des Bodens drängt mithin in Richtung auf diversifizierte Landnutzungsprogramme und – da es sich bei den Humus mehrenden Nutzpflanzen in aller Regel um die weniger intensiven Kulturen handelt – in Richtung auf geringere betriebliche Landnutzungsintensitäten.

Das Maß des Humusabbaus hängt aber auch von den Werten natürlicher Standortfaktoren, namentlich den Klimabedingungen, ab. Vorwiegend humide atlantische Klimate mit wenigen Frosttagen und nur unwesentlichen Trockenperioden fördern das Wachstum und die Entwicklung der Bodenlebewesen und damit den Humusabbau stärker als kontinentale Klimate mit trockenen Sommern und durchgehenden Frostperioden im Winter. Längere Trockenheits- und Frostperioden bewirken eine zeitweilige Inaktivität der Bodenlebewesen.

Damit beeinflussen die natürlichen Standortfaktoren in Form der Klimafaktoren das erforderliche Maß an zuzuführender organischer Substanz und folglich das Maß des Zwanges zur Gestaltung diversifizierter Landnutzungsprogramme und geringerer Landnutzungsintensitäten. Die Auswirkung des Betriebsfaktors Humusausgleich auf die Landnutzungsprogramme variiert räumlich in Abhängigkeit von der räumlichen Variabilität der Werte natürlicher Standortfaktoren.

Mehrjährige Monokultur führt bei allen Nutzpflanzenarten zu mehr oder weniger starken Anhäufungen von Samen nutzpflanzenspezifischer Unkräuter und von Erregern nutzpflanzenspezifischer Krankheiten im Boden und an den auf der Nutzfläche verbliebenen Ernteresten (Pilze, Viren, Bakterien, Nematoden, Insektenlarven, etc.). Durch den damit sukzessive ansteigenden Unkraut- und Krankheitsdruck gehen die Erträge und – bei unveränderten Produktionskosten – auch die Bodenrenten nach und nach zurück. Würde ein Landwirt auf einem Feldstück wiederholt nur diejenige Nutzpflanze als Monokultur anbauen, die er ohne Berücksichtigung des längerfristig einsetzenden Unkraut- und Krankheitsdrucks als die wirtschaftlichste ermittelt hat, würde er sich früher oder später mit dem Tatbestand konfrontiert sehen, dass andere Nutzpflanzenarten, die diesem pflanzenspezifischen Druck nicht ausgesetzt sind, höhere Bodenrenten erbringen.

Um diesen nachteiligen Auswirkungen zu begegnen, muss die Monokultur durch den Anbau einer oder mehrerer anderer Nutzpflanzenarten unterbrochen werden. Es entstehen mehr oder weniger vielgliedrige Fruchtfolgen. Der Betriebsfaktor Schädigungsausgleich drängt also ebenso wie der Betriebsfaktor Humusausgleich in Richtung auf diversifizierte Landnutzungsprogramme mit i. d. R. geringeren Landnutzungsintensitäten.

Diese Aussage gilt in voller Konsequenz zunächst nur für den organischen Landbau, bei dem auf den Einsatz chemischer Pflanzenschutzmittel verzichtet wird. Im konventionellen Landbau können inzwischen viele, bei weitem aber nicht alle der durch die Monokultur sich verstärkt ausbreitenden Unkräuter und Pflanzenkrankheiten erfolgreich unterdrückt werden. Die Nematodenverseuchung bei zu enger Stellung von Zuckerrüben und Kartoffeln in der Fruchtfolge, die Ausbreitung von schwer bekämpfbaren „Wildrüben" bei zu enger Stellung der

Zuckerrübe, die Überhandnahme bestimmter Unkräuter und bodenbürtiger Pilzkrankheiten bei einseitigem Weizenanbau und die Ausbreitung verschiedener Arten von Rauken (Kreuzblütler wie der Raps) bei zu enger Stellung des Rapses in der Fruchtfolge, sind nur einige Beispiele dafür. Sie alle bewirken auf die Dauer Ertragsminderungen.

Insgesamt hat die Pflanzenschutzindustrie im Verlaufe der Zeit jedoch kontinuierlich neue und verbesserte Pflanzenschutzmittel entwickelt, so dass sich der Zwang zur Durchführung vielgliedriger Fruchtfolgen im konventionellen Landbau gelockert hat. Der Einfluss des Betriebsfaktors Schädigungsausgleich variiert in seiner Stärke also zeitlich, weil der technologische Standortfaktor, hier als Stand der Pflanzenschutztechnologie, in seinen Werten zeitlich variiert.

Das Ausmaß des Unkrauts- und Krankheitsdrucks wird auch durch die Klimabedingungen beeinflusst. Unter humiden, atlantischen Klimabedingungen vermehren sich pflanzenspezifische Unkräuter und bodenbürtige Pilzkrankheiten rascher als unter kontinentalen Klimaten. Umgekehrt bauen sich Nematodenpopulationen unter kontinentalen Klimabedingungen schneller auf. Der Einfluss des Betriebsfaktors Schädigungsausgleich variiert mithin räumlich in Abhängigkeit von den Werten natürlicher Standortfaktoren.

Schließlich wird die Wirkungsstärke des Betriebsfaktors Schädigungsausgleich auch durch marktliche und strukturelle Standortfaktoren beeinflusst. Sind in bestimmten Regionen die Marktpreise der chemischen Pflanzenschutzmittel im Vergleich zu den Preisen der pflanzlichen Produkte hoch und/oder haben Landwirte mit ihren Betrieben infolge langer Transportwege und wenig entwickelter Verkehrsinfrastruktur nur einen kostenintensiven Zugang zu ihren Marktorten, sinkt die wirschaftliche Vorzüglichkeit des chemischen Pflanzenschutzes im Vergleich zur Umsetzung vielgliedriger Fruchtfolgen. Der Einfluss des Betriebsfaktors Schädigungsausgleich in Richtung auf diversifizierte Landnutzungsprogramme variiert mithin räumlich in Abhängigkeit von den Werten marktlicher und struktureller Standortfaktoren.

Die Erhaltung der Nährstoffbodenvorräte ist ebenfalls eine unabdingbare Voraussetzung für die Erhaltung der Leistungsfähigkeit des Bodens. Vor der Entdeckung des Nutzens der mineralischen Düngemittel und heute noch im organischen Landbau, der auf den Einsatz der meisten dieser Düngemittel verzichtet, mussten bzw. müssen die Nährstoffbodenvorräte durch betriebseigene Maßnahmen erhalten werden. Der Anbau von tief wurzelnden Nutzpflanzen, die Nährstoffe aus dem Unterboden lösen und in die im Oberboden befindlichen Wurzelmassen transportieren können (z. B. Luzerne) und die Aufnahme von Stickstoff sammelnden Leguminosen in die Fruchtfolge sind Beispiele dafür. Die Leguminosen dienen vorrangig als Futter für das im Betrieb gehaltene Nutzvieh. Deren Exkremente sind dann eine weitere Quelle für die Nährstoffversorgung. Unter diesen Bedingungen führt also auch der Betriebsfaktor Nährstoffausgleich zu diversifizierten Landnutzungsprogrammen mit i. d. R. abnehmenden Landnutzungsintensitäten.

Auch im konventionellen Landbau gilt zwar nach wie vor die generelle Forderung nach dem Nährstoffausgleich, sie kann jedoch durch betriebsfremde Maßnahmen, nämlich durch den Mineraldüngereinsatz, in vollem Umfange erfüllt werden. Der Landwirt kann sich auf die wirtschaftlichsten Nutzpflanzen konzentrieren. Der Betriebsfaktor Nährstoffausgleich muss deshalb im konventionellen Landbau nicht mehr zu vielseitigen Landnutzungsprogrammen führen.

Allerdings ergibt sich ebenso wie für den Schädigungsausgleich auch für den Betriebsfaktor Nährstoffausgleich in Abhängigkeit von marktlichen und strukturellen Standortfaktoren eine räumliche Variabilität seiner Wirkung. Sind die Preise der Mineraldüngemittel in bestimmten Regionen im Vergleich zu den Preisen der pflanzlichen Produkte hoch und/oder haben die Landwirte mit ihren Betrieben einen erschwerten Zugang zu ihren Marktorten, sinkt die wirtschaftliche Vorzüglichkeit des Nährstoffausgleichs durch Mineraldüngemittel im Vergleich zum Nährstoffausgleich durch vielgliedrige Fruchtfolgen. Der durch den Betriebsfaktor Nährstoffausgleich ausgelöste Zwang zur Durchführung diversifizierter Landnutzungsprogramme mit geringeren Landnutzungsintensitäten ist also räumlich in Abhängigkeit von den Werten marktlicher und struktureller Standortfaktoren unterschiedlich stark ausgeprägt.

2.3.2 Die Betriebsfaktoren zur Sicherung der wirtschaftlichen Existenz

Die Betriebsfaktoren zur Sicherung der wirtschaftlichen Existenz der Landwirte umfassen – wie Übersicht 2.2 zeigt – zwei wesentliche Unterfaktoren, nämlich die Minderung der Auswirkungen von Einkommensschwankungen, verursacht durch Preisvolatilität, und die Minderung der Auswirkungen von Einkommensschwankungen, verursacht durch Ertragsvolatilität. Der erste Unterfaktor kann kurz als Marktrisikoausgleich, der zweite als Produktionsrisikoausgleich bezeichnet werden.

Preisvolatilität, d. h. schwankende Preise der einzelnen landwirtschaftlichen Produkte, wird durch temporäre Angebots- und Nachfrageüberhänge verursacht. Ertragsvolatilität, d. h. schwankende Erträge, sind durch unterschiedliche Jahreswitterungen bedingt.

Würde ein Landwirt nur eine Nutzpflanzenart anbauen – womöglich diejenige, die aufgrund seiner vergangenen Erfahrungen im längerfristigen Durchschnitt die höchste Bodenrente, d. h. den höchsten Erwartungswert der Bodenrente erbracht hat, – dann wäre er zukünftig den Preis- und Ertragsschwankungen in vollem Umfange ausgesetzt. Längere Perioden mit Tiefpreisen und/oder mehrere schlechte Ernten in Folge können sogar zum Verlust der wirtschaftlichen Existenz des Landwirts führen.

Indessen variieren die Preise der einzelnen pflanzlichen Produkte im Zeitablauf nicht sämtlich gleich gerichtet. Der Landwirt kann deshalb den Jahresschwankungen der betrieblichen Bodenrente dadurch begegnen, dass er in sein Landnutzungsprogramm mehr als eine Nutzpflanzenart aufnimmt. Da diese zusätzlichen Nutzpflanzenarten jedoch geringere pflanzenspezifische Bodenrenten erwarten lassen, sinkt dadurch der Erwartungswert der betrieblichen Bodenrente. Es vermindert sich indessen auch deren Varianz. Die durchweg mehr oder weniger risikoscheuen Landwirte erkaufen sich also geringere Jahresschwankungen mit geringeren Erwartungswerten der betrieblichen Bodenrente. Infolge dieses Verhaltens führt der Betriebsfaktor Marktrisikoausgleich zu diversifizierten Landnutzungsprogrammen.

Prinzipiell die gleiche Wirkung auf die Bodenrente geht bei einseitigem Anbau von dem Produktionsrisiko aus. Die Prozesse der Nutzpflanzenerzeugung unterscheiden sich von den meisten anderen – vor allem den industriellen – Produktionsprozessen u. a. dadurch, dass die Produktionsergebnisse, d. h. die Qualitäten und Quantitäten der erzeugten Produkte, durch den Menschen nur teilweise gesteuert werden können. Während bei der industriellen Produktion sämtliche für die Produktherstellung erforderlichen Produktionsfaktoren in ihren Mengen und Qualitäten kontrollierbar sind, wirken auf die pflanzlichen Produktionsprozesse neben den kontrollierbaren Faktoren, wie etwa das Saatgut, die Dünge- und Pflanzenschutzmittel sowie der Arbeits- und Maschineneinsatz, in erheblichem Maße nichtkontrollierbare Faktoren, wie das zur Nährstoffaufnahme aus dem Boden erforderliche Wasser der Niederschläge und die zur Assimilation benötigte Sonnenenergie ein. Da die Angebotsmengen dieser Produktionsfaktoren von Jahr zu Jahr schwanken, schwanken auch die Produktmengen und -qualitäten, ohne dass der Landwirt darauf Einfluss nehmen kann.

Indessen schwanken auch die Erträge der einzelnen Nutzpflanzenarten aufgrund unterschiedlicher Ansprüche an die Witterungsbedingungen nicht jährlich gleichgerichtet. Da der Landwirt die jeweils eintretenden Witterungsbedingungen nicht vorhersehen kann, wird er mehrere Nutzpflanzenarten in sein Landnutzungsprogramm aufnehmen, um die Jahresschwankungen der betrieblichen Bodenrente zu mildern. Auch in diesem Falle opfert der risikoscheue Landwirt gewisse Anteile des Erwartungswertes der betrieblichen Bodenrente zugunsten einer geringeren Varianz dieser Größe. Der Betriebsfaktor Produktionsrisikoausgleich führt mithin ebenfalls zu diversifizierten Landnutzungsprogrammen und geringeren Landnutzungsintensitäten.

Der Einfluss der Betriebsfaktoren zum Risikoausgleich variiert in seiner Stärke jedoch räumlich und zeitlich in Abhängigkeit verschiedener natürlicher und marktlicher Standortfaktoren. Vergleichsweise geringe Jahreswitterungsschwankungen unter maritimen Klimabedingungen erleichtern den Produktionsrisikoausgleich. Die Landnutzungsprogramme können weniger vielseitig werden. Vergleichsweise geringe Preisschwankungen, etwa durch staatliche Eingriffe in die Agrarmärkte, erleichtern den Marktrisikoausgleich, so dass die Vielseitigkeit des Landnutzungsprogramms eingeschränkt werden kann.

2.3.3 Die Betriebsfaktoren zur Sicherung der Versorgung

Die Betriebsfaktoren zur Sicherung der Versorgung umfassen als wichtige Unterfaktoren die Sicherung der Nährstoffversorgung des Nutzviehs, die Sicherung der Substratversorgung von Biogasanlagen und die Sicherung der Bedürfnisbefriedigung der Landwirte. Sie können deshalb kurz auch als Futterausgleich, Substratausgleich und Bedürfnisausgleich bezeichnet werden (vgl. Übersicht 2.2).

Der Betriebsfaktor Futterausgleich trägt dem Tatbestand Rechnung, dass die Ansprüche der im Betrieb gehaltenen Nutztiere an die Nährstoffe, bzw. an die Wert bestimmenden Bestandteile der Futterrationen, andere quantitative Zusammensetzungen aufweisen, als sie in den einzelnen Futterpflanzen enthalten sind. Geht man davon aus, dass im Betrieb Nutzvieh gehalten wird und des Weiteren davon, dass die dafür benötigten Futterpflanzen sämtlich oder zumindest überwiegend im Betrieb erzeugt werden sollen, dann müssen im Betrieb mehrere Futterpflanzenarten mit unterschiedlichen Nährstoffkombinationen, also z. B. eiweißreiche neben energiereichen Pflanzen wie Luzerne, Futtererbsen und Ackerbohnen einerseits und Mais sowie Getreide andererseits, angebaut werden. Damit drängt der Betriebsfaktor Futterausgleich prinzipiell zu diversifizierten Landnutzungsprogrammen.

Zunächst gilt diese Aussage allerdings in voller Konsequenz nur für den organischen Landbau, der auf den Zukauf bestimmter Futterkomponenten verzichtet. Im konventionellen Landbau können Futterkomponenten dagegen von den Märkten beschafft werden. Die Nutzvieh haltenden Landwirte können sich deshalb prinzipiell auf die Erzeugung derjenigen Futterkomponenten konzentrieren, die bei den für sie geltenden Werten der Standortfaktoren besonders wirtschaftlich sind und die übrigen Futterkomponenten zukaufen.

Der Einfluss des Betriebsfaktors variiert in seiner Stärke jedoch auch im konventionellen Landbau sowohl räumlich als auch zeitlich in Abhängigkeit von den Werten verschiedener Standortfaktoren. Wenig entwickelte Futtermittelmärkte aufgrund unzulänglicher Werte der strukturellen Standortfaktoren und hohe Preise für Zukauffuttermittel als marktliche Standortfaktoren verstärken den Einfluss des Betriebsfaktors Futterausgleich zur Gestaltung diversifizierter Landnutzungsprogramme. Gut entwickelte Futtermittelmärkte und/oder relativ geringe Preise der Zukauffuttermittel im Verhältnis zu den daraus erzeugten tierischen Produkten schwächen den Einfluss dieses Betriebsfaktors. Die betrieblichen Landnutzungsprogramme können aus weniger Nutzpflanzenarten bestehen. Insgesamt variiert die Vielseitigkeit der Landnutzungsprogramme unter dem Einfluss des Betriebsfaktors Futterausgleich mithin räumlich in Abhängigkeit räumlich unterschiedlicher Werte struktureller und marktlicher Standortfaktoren.

Daneben lässt sich auch eine zeitliche Variabilität beobachten. Im Zuge der wirtschaftlichen Entwicklung verbessern sich die Marktzugänge der Betriebe und sinken die Hoftor-Preise der Zukauffuttermittel. Der Zukauf von Futterkomponenten gewinnt gegenüber der Eigenerzeugung an Wettbewerbsfähigkeit. Die Landnutzungsprogramme können weniger stark diversifiziert sein.

Wenn ein Landwirt in seinem Betrieb eine Biogasanlage betreibt, ergibt sich prinzipiell der gleiche Tatbestand: Die Ansprüche an die Substratzusammensetzung sind so, dass sie bei optimaler Funktionsweise der Anlage nicht durch eine einzige Substratart befriedigt werden können. Deshalb drängt auch der Betriebsfaktor Substratausgleich in Richtung auf diversifizierte Landnutzungsprogramme.

Zur Bestimmung des Einflusses des Betriebsfaktors Bedürfnisausgleich auf die Gestaltung der Landnutzungsprogramme wird davon ausgegangen, dass die Landwirte möglichst viele ihrer Grundbedürfnisse (Nahrung, Kleidung, Heizung, Baumaterial) mit im eigenen Betrieb hergestellten Erzeugnissen befriedigen möchten bzw. müssen. Dieser Betriebsfaktor entfaltet eine besondere Wirksamkeit deshalb in Wirtschaftsräumen mit unterentwickelten Konsum- und Investitionsgütermärkten und folglich wenig entwickelter Arbeitsteilung der Wirtschaft. Ein solcher Entwicklungsstand eines Wirtschaftsraumes äußert sich in relativ hohen Marktpreisen für Zukaufsgüter und zusätzlich in relativ hohen Transportkosten von den Marktorten zu den landwirtschaftlichen Betrieben. Je höher die sich daraus ergebenden Hoftor-Preise für Zukaufsgüter sind, desto eher wird die betriebliche Erzeugung von Holz als Heiz- und Baumaterial, von Faserpflanzen und Schafwolle für die Herstellung von Kleidungsstücken und von unterschiedlichen pflanzlichen und tierischen Produkten für die eigene Lebensmittelbereitung wirtschaftlich vorzüglich, desto diversifizierter werden mithin die Landnutzungsprogramme.

Der Betriebsfaktor Bedürfnisausgleich spielt deshalb aber in den hoch entwickelten Volkswirtschaften Westeuropas kaum mehr eine Rolle, wohingegen er z. B. in Rumänien und Bulgarien durchaus noch von Bedeutung ist. Insgesamt lässt sich mithin festhalten, dass die Stärke des Einflusses dieses Betriebsfaktors auf die Gestaltung diversifizierter Landnutzungsprogramme räumlich und zeitlich in Abhängigkeit von den Werten struktureller und marktlicher Standortfaktoren variiert.

2.3.4 Die Betriebsfaktoren zur bestmöglichen Nutzung verfügbarer Produktionskapazitäten

Diese Betriebsfaktoren umfassen zwei wesentliche Unterfaktoren, nämlich die bestmögliche Nutzung der in den landwirtschaftlichen Betrieben verfügbaren Arbeitskräfte, kurz auch als Arbeitsausgleich zu bezeichnen, und die bestmögliche Nutzung der in den Betrieben verfügbaren Betriebsmittel (insbesondere Maschinen), kurz auch als Betriebsmittelausgleich zu bezeichnen (vgl. Übersicht 2.2).

Die Relevanz des Arbeits- und Betriebsmittelausgleichs erwächst aus bestimmten Eigenheiten der Nutzpflanzenerzeugung, die diesen Produktionstyp von praktisch allen anderen Produktionstypen unterscheidet. Während die industriellen Produktionsprozesse und auch die Prozesse der tierischen Veredlung, da wetterunabhängig, jederzeit im Jahresverlauf begonnen und auch beendet werden können, müssen die Prozesse der Nutzpflanzenerzeugung, wetterbedingt, an bestimmten Terminen im Jahr begonnen und auch beendet werden. Während bei den mehr oder weniger kontinuierlichen Prozessen der industriellen Produktion, bezogen auf jeweils einzelne Produkte, eine ganzjährig gleichmäßige Auslastung der dafür benötigten Arbeitskräfte und Produktionsanlagen relativ einfach erreichbar ist, werden bei der Nutzpflanzenerzeugung die dafür erforderlichen Arbeitskräfte und Maschinen nur während bestimmter Zeitspannen – unterbrochen durch mehr oder weniger lange „Leerzeiten" – im Jahr beansprucht.

Bei der Nutzpflanzenerzeugung lässt sich eine im Jahresverlauf gleichmäßige Auslastung der Arbeitskräfte und Maschinen deshalb nur dadurch erreichen, dass man sich den Tatbestand zunutze macht, dass die Produktionsprozesse für die einzelnen Nutzpflanzenarten an unterschiedlichen Terminen im Jahr begonnen und beendet werden müssen. Zur Verdeutlichung zeigt Übersicht 2.3 als Beispiel einen sog. Anbaukalender für pflanzliche Produkte, wie er für weite Teile Deutschlands zutrifft. Würde nun in einem landwirtschaftlichen Betrieb bspw. nur Körnermais erzeugt, wären die Arbeitskräfte und Maschinen nur in der Zeit von April bis November mit deutlichen Arbeitsspitzen bei der Aussaat (April/Mai) und der Ernte (Oktober/November) beschäftigt, wobei sich überdies noch mehr oder weniger lange beschäftigungslose Zeitabschnitte zwischen Aussaat und Ernte einschieben würden.

Würden in dem Betrieb hingegen bei verminderten Nutzflächenanteilen für den Körnermais zusätzlich z. B. Winterraps, Winterweizen und Ackerbohnen angebaut, könnten die Arbeitskräfte und Maschinen fast während des ganzen Jahres (mit Ausnahme einer kurzen Winterpause für den Urlaub und die Maschinenpflege) nahezu gleichmäßig ausgelastet werden. Sollen nun in einem Familienbetrieb die arbeitsfähigen Familienmitglieder und in einem Lohnarbeitsbetrieb die Stammbelegschaft bei ihren vorgegebenen Entlohnungsansprüchen im Zeitablauf möglichst gleichmäßig produktiv beschäftigt werden, dann muss der Landwirt

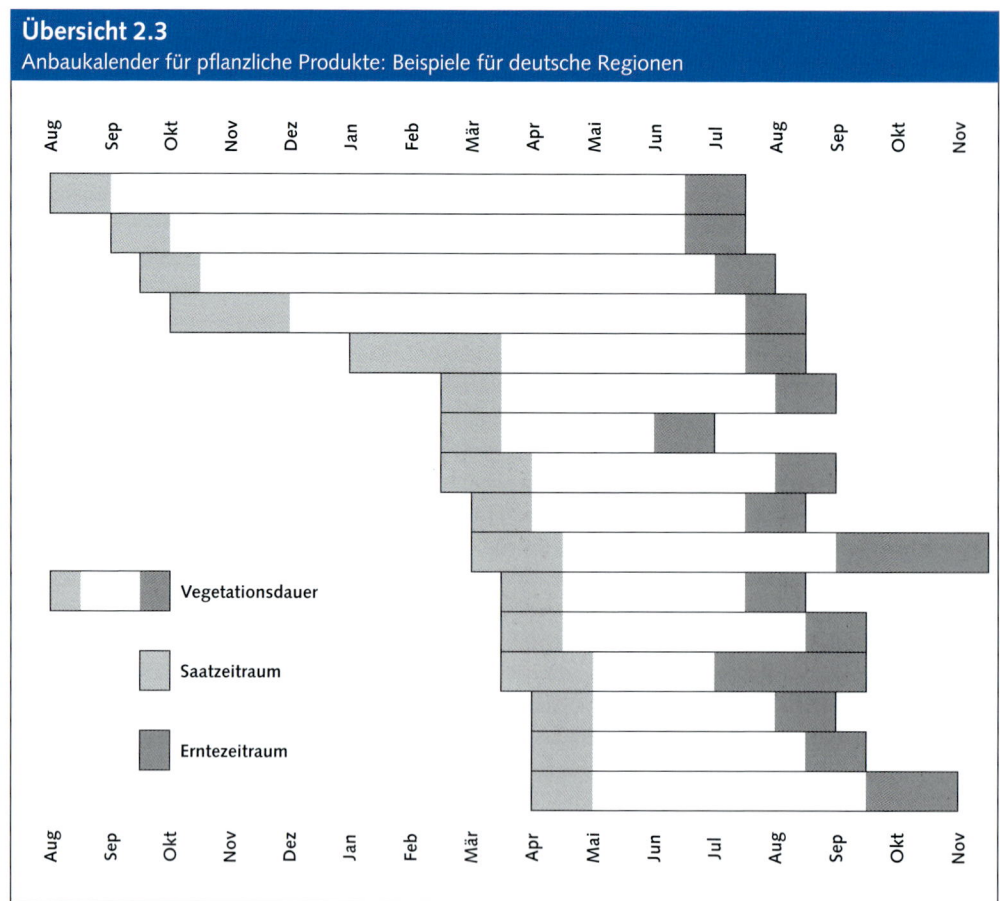

Übersicht 2.3
Anbaukalender für pflanzliche Produkte: Beispiele für deutsche Regionen

Vegetationsdauer

Saatzeitraum

Erntezeitraum

mehrere Nutzpflanzenarten mit unterschiedlichen Aussaat-, Bestandespflege- und Ernteterminen in sein Landnutzungsprogramm aufnehmen. Das Gleiche gilt für eine möglichst vollständige Beanspruchung der im Betrieb vorhandenen Maschinen.

Diese möglichst vollständige Auslastung von Familienarbeitskräften bzw. von fest angestellten Lohnarbeitskräften sowie von im Besitz des Landwirts befindlichen Maschinen senkt die Lohn- und Maschinenstückkosten, weil es sich bei den Einkommens- bzw. Lohnansprüchen sowie bei einem substantiellen Teil der Maschinenkosten um Fixkosten handelt, die je hergestellter Produkteinheit umso geringer sind, je mehr Produkteinheiten damit jährlich erzeugt werden.

Allerdings ergibt sich für landwirtschaftliche Betriebe eine zusätzliche Problematik insofern, als ja nicht nur eine, sondern mehrere Produktarten erzeugt werden sollen. Für eine zunehmende Auslastung der menschlichen und maschinellen Produktionskapazitäten müssen sukzessive mehr Nutzpflanzenarten in die Landnutzungsprogramme aufgenommen werden. Selbstverständlich werden die Landwirte bei der Gestaltung ihrer Landnutzungsprogramme mit der Nutzpflanzenart beginnen, die die höchste Bodenrente erwarten lässt und dann als zweite Nutzpflanzenart diejenige mit der zweithöchsten Bodenrente und als dritte Nutzpflanzenart diejenige mit der dritthöchsten Bodenrente usw. hinzufügen.

Damit ergeben sich bezüglich der betrieblichen Bodenrente zwei gegenläufige Tendenzen. Einerseits führt die bessere Auslastung der Produktionskapazitäten durch vielseitigere Landnutzungsprogramme zu sinkenden Stückkosten und damit zu steigenden betrieblichen Bodenrenten. Andererseits sinkt aber mit zunehmender Vielseitigkeit des Landnutzungsprogramme die betriebliche Bodenrente, weil sukzessive weniger wirtschaftliche Nutzpflanzenarten in das Landnutzungsprogramm aufgenommen werden müssen. Der optimale Grad der Diversifizierung des Landnutzungsprogramms ist mithin dann erreicht, wenn bei gegebener betrieblicher Gesamtnutzfläche die letzte zusätzlich in das Landnutzungsprogramm aufgenommene Nutzpflanzenart durch Verdrängung von Anteilen anderer Nutzpflanzenarten keinen Nettozuwachs der betrieblichen Bodenrente mehr erbringt. Es steigt zwar die betriebliche Bodenrente durch die bessere Auslastung der Produktionskapazitäten, sie sinkt jedoch durch zunehmende Nutzflächenanteile für Nutzpflanzenarten mit relativ geringen Bodenrenten.

Grundsätzlich führen aber die Betriebsfaktoren Arbeitsausgleich und Betriebsmittelausgleich zu diversifizierten Landnutzungsprogrammen und darüber hinaus – da die Nutzpflanzenart mit den höchsten Bodenrenten i. d. R. auch die intensiveren Kulturen sind – zu geringeren Landnutzungsintensitäten.

Das Ausmaß der Diversifizierung von Landnutzungsprogrammen variiert jedoch räumlich und zeitlich in Abhängigkeit von den Werten verschiedener Standortfaktoren. In Regionen, in denen Saisonarbeitskräfte für die Bewältigung von Arbeitsspitzen jederzeit und kostengünstig verfügbar sind, kann man sich auf die Nutzpflanzenarten mit den höchsten Bodenrenten konzentrieren. Die bei solchen spezialisierten Landnutzungsprogrammen auftretenden Arbeitsspitzen werden durch die Saisonarbeitskräfte „gebrochen". Bei den Maschinen haben die Landwirte in vielen Regionen die Möglichkeit, sie entweder selbst anzuschaffen oder die damit zu bewältigenden Arbeiten durch Lohnunternehmer erledigen zu lassen. Umgekehrt können sie über Nachbarschaftshilfe oder Aufträge vermittelnde Maschinenringe mit ihren Maschinen Arbeiten bei anderen Landnutzern erledigen, um eine bessere Maschinenauslastung zu erreichen.

Die Stärke des Einflusses der Betriebsfaktoren Arbeitsausgleich und Betriebsmittelausgleich in Richtung auf diversifizierte Landnutzungsprogramme variiert also räumlich und zeitlich in Abhängigkeit von den Werten marktlicher Standortfaktoren. Die relative Vorzüglichkeit der verschiedenen dargelegten Handlungsmöglichkeiten wird von der Faktorpreisstruktur, konkret vom Verhältnis der Kosten für den Einsatz eigener Maschinen im eigenen Betrieb zu den Kosten der Arbeitserledigung durch Lohnunternehmer und den Leistungen, die ein Landnutzer mit dem

Einsatz seiner Maschinen bei anderen Landnutzern erreichen kann, bestimmt. Je effizienter die zugehörigen Märkte funktionieren, desto weniger stark wirken die Betriebsfaktoren in Richtung auf diversifizierte Landnutzungsprogramme und abnehmende Landnutzungsintensitäten.

2.3.5 Die Betriebsfaktoren als Determinanten diversifizierter, räumlich und zeitlich uniformer Landnutzungsprogramme

Fasst man die in den vorhergehenden Abschnitten beschriebenen Wirkungen der Betriebsfaktoren zusammen, dann lässt sich folgendes festhalten:

Die Betriebsfaktoren als Organisationsprinzipien für nachhaltiges Wirtschaften bei gleichzeitig bestmöglicher Nutzung der menschlichen und sachlichen Ressourcen des Landwirts drängen gegen die Einflüsse der Standortfaktoren in Richtung auf diversifizierte Landnutzungsprogramme mit relativ geringen Landnutzungsintensitäten. Würden von den Landwirten ausschließlich die Betriebsfaktoren und nicht auch die Standortfaktoren bei der Gestaltung ihrer Landnutzungsprogramme berücksichtigt, ergäben sich sehr vielseitige betriebliche Landnutzungsprogramme. Die Landnutzungsprogramme und damit auch die Landnutzungsintensitäten würden sich von Betrieb zu Betrieb nicht unterscheiden. Folglich wären die regionalen Landnutzungsmuster und Landnutzungsintensitäten mit den einheitlichen betrieblichen Landnutzungsprogrammen und Landnutzungsintensitäten identisch. Räumliche und zeitliche Differenzierungen dieser Phänomene würden nicht auftreten.

Als Fazit ergibt sich damit:

(1) Die Betriebsfaktoren sind die Determinanten für vielseitige, d. h. diversifizierte Landnutzungsprogramme.

(2) Die Betriebsfaktoren sind die Determinanten für eine räumliche und zeitliche Einheitlichkeit, d. h. Uniformität, der Landnutzungsprogramme.

(3) Da die Landnutzungsprogramme ohne eine Berücksichtigung der Standortfaktoren einheitlich wären, ergäbe sich ohne die Berücksichtigung der Standortfaktoren auch eine einheitliche Landnutzungsintensität.

2.4 Die Landnutzungsprogramme und die Landnutzungsintensitäten als Resultante aus den antagonistischen Wirkungen der Standort- und Betriebsfaktoren

In der Realität sind nun weder sehr einseitige aber räumlich und zeitlich differenzierte Landnutzungsprogramme und Landnutzungsintensitäten, noch sehr vielseitige, aber räumlich und zeitlich nicht differenzierte Landnutzungsprogramme und Landnutzungsintensitäten zu beobachten. Tatsächlich berücksichtigen die Landwirte bei der Gestaltung ihrer Landnutzungsprogramme und Landnutzungsintensitäten sowohl die Standortfaktoren als auch die Betriebsfaktoren. Die jeweils zu bestimmten Zeitpunkten an bestimmten Orten entstehenden Landnutzungsprogramme sind deshalb die Resultante aus den nach stärkeren Schwerpunktbildungen und Spezialisierungen drängenden Standortfaktoren und den nach stärker diversifizierten Landnutzungsprogrammen drängenden Betriebsfaktoren. Die Landnutzungsprogramme sind weder so diversifiziert, wie es bei alleiniger Berücksichtigung der Wirkungen der

Betriebsfaktoren durch die Landwirte zu erwarten wäre, noch so spezialisiert, wie es bei alleiniger Berücksichtigung der Wirkungen der Standortfaktoren durch die Landwirte zu erwarten wäre. Vielmehr bilden sich – je nach den zutreffenden Werten der Standortfaktoren – mehr oder weniger vielseitige Landnutzungsprogramme mit mehr oder weniger hohen Landnutzungsintensitäten aus.

Generell gilt: Bei gegebenen Werten der Standortfaktoren ist – gemessen am Ziel der Bodenrentenmaximierung – ein betriebliches Landnutzungsprogramm dann optimal, wenn jede Veränderung des Landnutzungsprogramms bezüglich seiner qualitativen (Arten der Nutzpflanzen) und quantitativen (Anbauflächenanteile der Nutzpflanzen) Zusammensetzung zu Minderungen der Bodenrente des Betriebes führt.

Und: Bei gegebenen Werten der Standortfaktoren ist – gemessen am Ziel der Bodenrentenmaximierung – eine betriebliche Landnutzungsintensität dann optimal, wenn jede Veränderung dieser Intensität zu Minderungen der Bodenrente des Betriebes führt.

Da die Werte der Standortfaktoren räumlich variieren, variieren auch die Landnutzungsprogramme und Landnutzungsintensitäten im Raum. Da überdies die meisten Standortfaktoren zeitlich variieren, variieren die Landnutzungsprogramme und Landnutzungsintensitäten auch im Zeitablauf. Die Landnutzungsprogramme und Landnutzungsintensitäten sind räumlich und zeitlich differenziert.

In einer Region mit regionsweit einheitlichen oder zumindest ähnlichen Werten der Standortfaktoren sind auch die Landnutzungsprogramme und Landnutzungsintensitäten der Betriebe dieser Region einheitlich oder zumindest ähnlich. Die regionalen Landnutzungsmuster und Landnutzungsintensitäten entsprechen dann im Großen und Ganzen den Landnutzungspro-

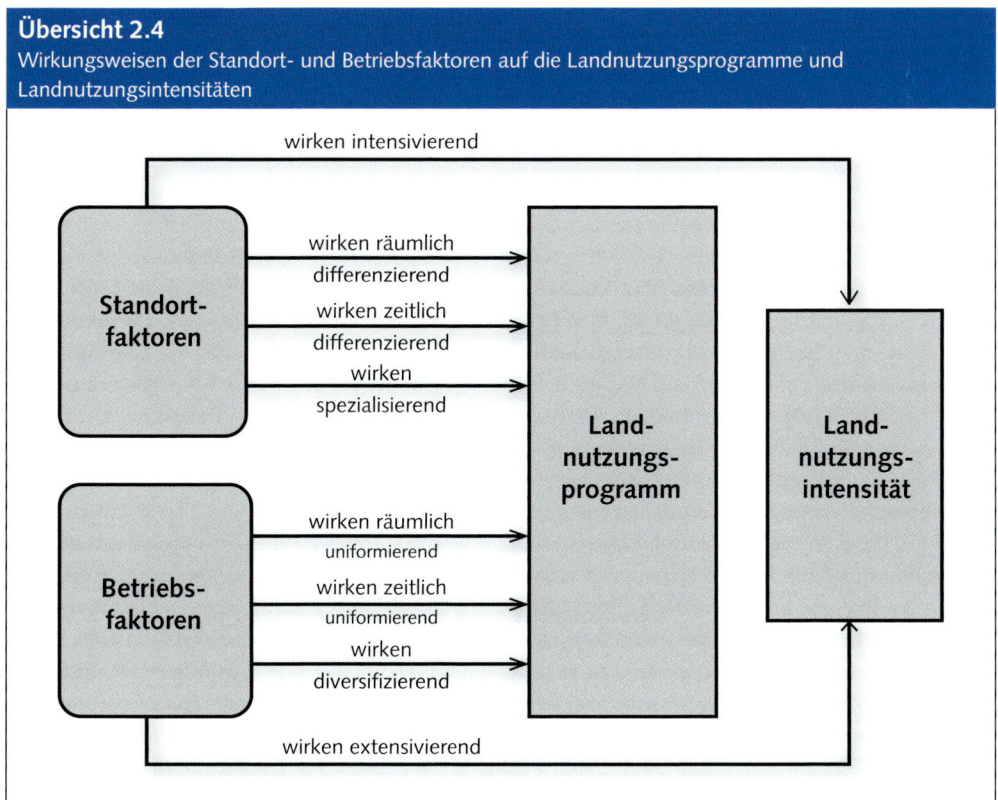

Übersicht 2.4
Wirkungsweisen der Standort- und Betriebsfaktoren auf die Landnutzungsprogramme und Landnutzungsintensitäten

grammen und Landnutzungsintensitäten der Betriebe dieser Region. Unterschiedliche Werte der Standortfaktoren zwischen zwei Regionen führen zu unterschiedlichen Landnutzungsprogrammen und Landnutzungsintensitäten der Betriebe in den beiden Regionen. Folglich unterscheiden sich auch die beiden regionalen Landnutzungsmuster und Landnutzungsintensitäten.

In allen Fällen spiegeln jedoch zu jedem Zeitpunkt die betrieblichen Landnutzungsprogramme und Landnutzungsintensitäten ebenso wie die regionalen Landnutzungsmuster und Landnutzungsintensitäten das Streben der Landwirte nach Bodenrentenmaximierung in Anpassung an die jeweils für sie gültigen Werte der Standortfaktoren unter Berücksichtigung der Betriebsfaktoren wider. Ändern sich im Zeitablauf die Werte der Standortfaktoren, ändern sich auch die Landnutzungsprogramme und Landnutzungsintensitäten.

Bei den Werten der technologischen, strukturellen und marktlichen Standortfaktoren ergeben sich in einem Wirtschaftsraum wie Europa zwischen den Mitgliedsstaaten Unterschiede, weil die technologischen und wirtschaftlichen Entwicklungsstände unterschiedlich sind. Geht man davon aus, dass diese Entwicklungsstände in allen Mitgliedsstaaten im Zeitablauf weiter zunehmen, dann spiegelt das (groß-)räumliche Nebeneinander von mehr und weniger vielseitigen Landnutzungsprogrammen und von mehr oder weniger hohen Landnutzungsintensitäten gleichsam auch das zeitliche Nacheinander dieser Größen in einem einzelnen Mitgliedsstaat wider.

Zum Abschluss dieses Abschnittes seien die eben abgeleiteten Wirkungsweisen der Standort- und Betriebsfaktoren auf die Landnutzungsprogramme und Landnutzungsintensitäten mit der Übersicht 2.4 grafisch zusammengefasst.

2.5 Der Einfluss unterschiedlicher Befähigungen und Verhaltensweisen der Landwirte auf die Gestaltung der Landnutzungsprogramme und Landnutzungsintensitäten

Bisher wurde stillschweigend unterstellt, dass sich die aus der Berücksichtigung der Standort- und Betriebsfaktoren jeweils ergebenden optimalen Landnutzungsprogramme und Landnutzungsintensitäten von den Landwirten auch tatsächlich erreicht werden. In der Realität dürfte das jedoch nur mit Einschränkungen zutreffen. Insbesondere sind dafür die individuell unterschiedlichen Befähigungen der Landwirte bei der Erreichung technischer und ökonomischer Effizienz, ihr individuell unterschiedliches Risiko- und Zeitpräferenzverhalten sowie die individuell unterschiedlich rigorose Beachtung von Nebenbedingungen bei der Verfolgung des erwerbswirtschaftlichen Ziels verantwortlich (vgl. Übersicht 2.5). Sie bewirken letztlich, dass die tatsächlichen betrieblichen Landnutzungsprogramme und Landnutzungsintensitäten von ihren optimalen Ausprägungen mehr oder weniger stark abweichen.

Erstens kann man davon ausgehen, dass die Befähigung der Landwirte zur Erreichung technischer Effizienz der eingesetzten Landnutzungsverfahren unterschiedlich ausgeprägt ist. Ein Landnutzungsverfahren wird dann mit technischer Effizienz betrieben, wenn von keinem der benötigten Produktionsfaktoren größere Mengen als mindestens erforderlich eingesetzt werden, also keine Faktorverschwendung vorliegt. Beobachtungen der Realität zeigen indessen, dass sich die Betriebsleiter diesem „Bestwert" nur in unterschiedlichen Ausmaßen annähern können.

Zweitens kann man davon ausgehen, dass auch die Befähigung der Landwirte zur Erreichung ökonomischer Effizienz unterschiedlich ausgeprägt ist. Ökonomische Effizienz liegt in einem Betrieb dann vor, wenn das – nach Maßgabe des Zieles der Bodenrentenmaximierung – optimale Landnutzungsprogramm und die optimale Landnutzungsintensität realisiert sind.

> **Übersicht 2.5**
> Individuell ausgeprägte Befähigungen und Verhaltensweisen der Landwirte bei den Entscheidungen zur Gestaltung des Landnutzungsprogramms und der Landnutzungsintensität
>
> Befähigung der Landnutzer zur Realisierung technischer Effizienz
>
> Befähigung der Landnutzer zur Realisierung ökonomischer Effizienz
>
> Risikoverhalten der Landnutzer
>
> Zeitpräferenzverhalten der Landnutzer
>
> Verhalten der Landnutzer bei der Setzung von Nebenbedingungen für das erwerbswirtschaftliche Ziel

Zahlreiche Untersuchungen zeigen, dass die tatsächlichen Landnutzungsprogramme und Landnutzungsintensitäten der Betriebe mehr oder weniger stark davon abweichen. Unterschiedliche intellektuelle Fähigkeiten, unterschiedliche Verfügbarkeit über Planungshilfsmittel, unterschiedliche als notwendig erachtete Informationsbasen und unterschiedliche Einschätzungen zukünftiger und damit unsicherer Werte der für den Betrieb zutreffenden Standortfaktoren sind Gründe für diese Abweichungen.

Drittens unterscheiden sich die betrieblichen Entscheidungsträger in ihrem Verhalten gegenüber Markt- und Produktionsrisiken. Risikoscheue Entscheidungsträger werden andere Landnutzungsprogramme und Landnutzungsintensitäten verfolgen, als ihre risikoneutralen oder gar risikofreudigen Berufskollegen, nämlich – wie bereits in Abschnitt 2.3.2 angesprochen – solche, die zu Lasten der Höhe des Erwartungswertes der betrieblichen Bodenrente im Zeitablauf von Jahr zu Jahr weniger stark schwanken. Selbst wenn man davon ausgehen kann, dass die ganz überwiegende Zahl der Entscheidungsträger risikoscheu ist, bleiben doch noch individuelle Unterschiede des Ausmaßes der Risikoscheu. Auch bei gleichen Werten der Standortfaktoren können diese Unterschiede deshalb zu unterschiedlichen Landnutzungsprogrammen und Landnutzungsintensitäten zwischen den Betrieben führen.

Viertens unterscheiden sich die Landwirte in ihrem Zeitpräferenzverhalten. Wer weniger langfristige Vorsorge betreibt, weil er z. B. längerfristig zu erwartende Ertragsdepressionen als Folge steigenden Unkraut- und Krankheitsdrucks weniger Bedeutung beimisst, wird andere – und insbesondere stärker spezialisierte – Landnutzungsprogramme verfolgen als sein Berufskollege, der diesem Prinzip der Nachhaltigkeit größere Bedeutung beimisst und damit zugunsten langfristiger auf kurzfristige Vorteile verzichtet.

Schließlich ist nicht jeder erwerbswirtschaftlich tätige Landwirt ein reiner „Bodenrentenmaximierer". Vielmehr dürfte mancher von ihnen dieses Ziel durch Nebenbedingungen, wie etwa die Aufrechterhaltung einer als angemessen empfundenen Freizeit oder die Verwirklichung der Vorliebe für bestimmte Landnutzungsformen, in seinem Erreichungsgrad mehr oder weniger stark begrenzen. Darüber hinaus bestehen von Individuum zu Individuum Unterschiede bei der Gewichtung dieser Nebenbedingungen. Trotzdem wird man aber wohl davon ausgehen können, dass Landwirte auch dann, wenn sie bei der Planung ihrer Landnutzungsprogramme und Landnutzungsintensitäten derartige Nebenbedingungen einhalten, grundsätzlich weiterhin das Ziel der Bodenrentenmaximierung im Auge behalten. Diese Aussage erscheint schon deshalb realistisch, weil Beobachtungen immer wieder bestätigen, dass Menschen von z. B. zwei Handlungsalternativen, die beide realisierbar wären, in aller Regel diejenige mit dem höheren Zielerreichungsgrad wählen.

Über die Wirkungsweisen der individuellen Befähigungen und Verhaltensweisen der Landwirte auf die Landnutzungsprogramme und Landnutzungsintensitäten lassen sich – im Unterschied zu denjenigen der Standort- und Betriebsfaktoren – keine generellen Aussagen machen. Je nach Landwirt können die Befähigungen und Verhaltensweisen auf das Landnutzungsprogramm entweder spezialisierend oder diversifizierend und auf die Landnutzungsintensität entweder steigernd oder senkend wirken.

2.6 Die Landnutzungsprogramme und Landnutzungsintensitäten als Resultante aus den Einflüssen der Standort- und Betriebsfaktoren sowie der individuellen Befähigungen und Verhaltensweisen der Landwirte

Insgesamt führt die Variabilität der Fähigkeiten und Verhaltensweisen der Landwirte jedoch dazu, dass die in der Realität vorzufindenden Landnutzungsprogramme und Landnutzungsintensitäten nur im Großen und Ganzen, nicht jedoch exakt denjenigen entsprechen, die sich bei alleiniger Berücksichtigung der Werte der Standortfaktoren und der Betriebsfaktoren ergeben würden. Als dritte Ursache für die räumliche und zeitliche Variabilität der Landnutzungsprogramme und Landnutzungsintensitäten sind deshalb die räumlichen und zeitlichen Variabilitäten der individuellen Fähigkeiten und Verhaltensweisen der betrieblichen Entscheidungsträger anzusehen.

Damit können im Prinzip die im 1. Kapitel aufgeworfenen ersten acht (positiven) Fragen nach den Ursachen für die räumlichen und zeitlichen Unterschiede bei den Landnutzungsprogrammen und Landnutzungsintensitäten beantwortet werden: Die Landnutzungsprogramme und Landnutzungsintensitäten sind das Ergebnis der Berücksichtigung der Standort- und der Betriebsfaktoren durch die Landwirte sowie ihrer Fähigkeiten und Verhaltensweisen bei der darauf bezogenen Entscheidungsfindung. Die räumliche und zeitliche Variabilität der Werte der Standortfaktoren, der Fähigkeiten und Verhaltensweisen der Landwirte sowie die von ihnen beachteten Betriebsfaktoren bewirken die räumliche und zeitliche Differenzierung der Landnutzungsprogramme und Landnutzungsintensitäten.

2.7 Die Wirkungen agrarpolitischer Maßnahmen auf die Landnutzungsprogramme und die Landnutzungsintensitäten

Die neunte (normative) Frage nach den Einflussmöglichkeiten der Agrarpolitik (inkl. der zugehörigen Umweltpolitik) kann erst nach einer näheren Betrachtung dieses staatlichen Aktionsfeldes beantwortet werden. Agrarpolitik ist nach HENRICHSMEYER und WITZKE „die Gesamtheit aller Bestrebungen und Maßnahmen, die darauf abzielen, die ordnungspolitischen Rahmenbedingungen für den Agrarsektor zu gestalten und den Ablauf der ökonomischen Prozesse im Agrarsektor zu beeinflussen" (HENRICHSMEYER, WITZKE, 1991). Demgemäß kann die Agrarpolitik in die beiden Bereiche der Agrarordnungspolitik und der Agrarablaufpolitik gegliedert werden.

Im Rahmen der Agrarordnungspolitik gestalten die staatlichen Träger der Agrarpolitik den Rechtsrahmen für die Agrarunternehmen und deren Zusammenschlüsse (Genossenschaften usw.) sowie die rechtlichen Rahmenbedingungen für das Geschehen auf den Agrarmärkten. Unter anderem geht es dabei um die Codifizierung des Eigentums- und Nutzungsrecht am Grund und Boden, das Erbrecht, das Pachtrecht, das Steuersystem für die Landwirte und die Marktordnungen.

Im Rahmen der Agrarablaufpolitik greifen die staatlichen Träger der Agrarpolitik mit Ge- und Verboten, mit Zöllen und Abschöpfungen, mit positiven und negativen finanziellen Anreizen (Kostensteuern und Subventionen) sowie mit direkten Mengensteuerungen (Produktionsquoten und -kontingentierungen) in die landwirtschaftlichen Produkt- und Faktormärkte oder sogar in die Art der Ressourcennutzung durch die Landwirte und ihre Wirtschaftsweise ein.

Schließlich übernehmen die verschiedenen Gebietskörperschaften als Träger der Agrarpolitik auch staatliche Leistungen bei der landwirtschaftlichen Fachausbildung, dem landwirtschaftlichen Beratungswesen, in der Agrarforschung und im Ausbau der ländlichen Infrastruktur (Meliorationen, Flurneuordnungen, Wegebau usw.).

Während die Agrarordnungspolitik kaum einen direkten Einfluss auf die Gestaltung der Landnutzungsprogramme und der Landnutzungsintensitäten ausübt, haben sich die Agrarablaufpolitik und die staatlichen Leistungen bei Ausbildung, Beratung, Forschung und Infrastrukturentwicklung zu Instrumenten entwickelt, die geeignet sind, die Wirtschaftsweise der Landwirte, d. h. deren Landnutzungsprogramme und deren Landnutzungsintensitäten, deutlich zu beeinflussen bzw. zu steuern.

Dabei wirken die agrarablaufpolitischen Maßnahmen indirekt auf die Gestaltung der Landnutzungsprogramme und Landnutzungsintensitäten ein, indem sie die Werte der natürlichen, der technologischen, der strukturellen und der marktlichen Standortfaktoren sowie der Betriebsfaktoren und der Befähigungen der Landwirte beeinflussen. Die dadurch jeweils entstehenden veränderten Werte der Standort- und Betriebsfaktoren werden dann bei den Entscheidungen der Landwirte für die Gestaltung ihrer Landnutzungsprogramme und Landnutzungsintensitäten berücksichtigt.

Zölle und Abschöpfungen bei Importen und Exporten von Agrarprodukten in Verbindung mit staatlicher Lagerhaltung sorgen für verminderte Volatilitäten der Agrarproduktpreise, was für die Landwirte zu abnehmenden Marktrisiken und in der Folge zu Veränderungen der Landnutzungsprogramme führen kann.

Produktionssteuern und Subventionen verteuern bzw. verbilligen bestimmte Produktionsfaktoren und/oder Produkte. Die dadurch veränderten Werte der marktlichen Standortfaktoren zwingen die Landwirte zu Anpassungsentscheidungen bei ihren Landnutzungsprogrammen und Landnutzungsintensitäten. So dürften z. B. Subventionen für Agrardiesel („Gasölverbilligung") zur Ausdehnung derjenigen Landnutzungsverfahren führen, die einen vergleichsweise hohen Maschineneinsatz, verbunden mit entsprechend hohem Kraftstoffverbrauch, erfordern. Umgekehrt würde die – aus Ressourcenschutzgründen – immer wieder diskutierte Einführung einer Stickstoffsteuer dazu führen, dass die Landwirte ihre Landnutzungsprogramme in Richtung auf den verstärkten Anbau solcher Nutzpflanzenarten verändern, die je Produkteinheit einen relativ geringen oder gar keinen (Leguminosen) Mineraldüngerstickstoff für ihr Wachstum benötigen. Da Stickstoff von den Nutzpflanzen vor allem für die Eiweißbildung benötigt wird, wären eiweißreiche Nichtleguminosen (z. B. Raps) von der Stickstoffsteuer besonders betroffen.

Die sonstigen Leistungen des Staates für die Ausbildung, Beratung, Forschung und die Infrastrukturentwicklung beeinflussen die fachlichen Befähigungen der Landwirte (Ausbildung und Beratung) und beeinflussen die Werte der technologischen Standortfaktoren durch höhere Fortschrittsraten (Agrarforschung). Des Weiteren beeinflussen sie die Werte der natürlichen Standortfaktoren durch Meliorationen mit einer verbesserten Bodenwasserführung und schließlich die Werte der strukturellen Standortfaktoren durch die Flurneuordnungsverfahren (Vergrößerung und Arrondierung betrieblicher Nutzflächen, verkürzte und verbesserte Wege von den Nutzflächen zum Hof). In allen Fällen werden dadurch Anpassungsentscheidungen der Landwirte ausgelöst, die im Zeitablauf immer wieder zu Veränderungen der Landnutzungsprogramme und Landnutzungsintensitäten führen.

Nach dieser kurzen Übersicht kann prinzipiell auch die neunte (normative) Frage beantwortet werden: Über die vielfältigen Möglichkeiten zur Veränderung der Werte von Standort- und Betriebsfaktoren sowie auch der Befähigungen der Landwirte kann die staatliche Agrarpolitik sehr wohl Einfluss auf die Landnutzungsprogramme und die Landnutzungsintensitäten nehmen.

2.8 Zur Problematik der Abschätzung von Veränderungen der Landnutzungsprogramme und Landnutzungsintensitäten als Folge agrarpolitischer Maßnahmen

Für die Beantwortung der neunten (normativen) Frage ergibt sich aus den in Abschnitt 2.5 identifizierten individuell unterschiedlichen Fähigkeiten und Verhaltensweisen der Landwirte allerdings eine zusätzliche Problematik: Die politischen Entscheidungsträger wollen – in der Regel auf der Basis von Modellkalkulationen – abschätzen, welche Veränderungen der durch sie beeinflussbaren Werte der Standort- und Betriebsfaktoren zu welchen Veränderungen der Landnutzungsprogramme und Landnutzungsintensitäten führen. Dabei sollen in aller Regel mehrere Szenarien durchgerechnet werden, damit man sich anschließend für diejenigen agrarpolitischen Maßnahmen entscheiden kann, die die – im Sinne der politischen Ziele – günstigsten Auswirkungen auf die Landnutzungsprogramme und Landnutzungsintensitäten zeitigen. Für diese Abschätzungen müssten jedoch neben den Standort- und Betriebsfaktoren tatsächlich auch die individuellen Fähigkeiten und Verhaltensweisen der Landwirte – räumlich und zeitlich zugeordnet – in vollen Umfängen berücksichtigt werden.

Während die allgemeinen Organisationsprinzipien der Betriebsfaktoren berücksichtigt werden können und sich die räumliche und zeitliche Zuordnung der Werte der Standortfaktoren sachgerecht bewältigen lässt, steht man bei der räumlichen und zeitlichen Zuordnung der individuellen Fähigkeiten und Verhaltensweisen der Landwirte vor einer unlösbaren Aufgabe: Man kann schlechterdings nicht flächendeckend ermitteln, wo und wann welcher Landwirt mit welchen Fähigkeiten und Verhaltensweisen tätig ist.

Aus diesem Grunde lassen sich Abschätzungen der Auswirkungen von agrarpolitischen Maßnahmen auf die Landnutzungsprogramme und Landnutzungsintensitäten nur unter Berücksichtigung der Standortfaktoren und der Betriebsfaktoren durchführen, wohingegen über die individuellen Fähigkeiten und Verhaltensweisen der Landwirte nur bestimmte, auf alle Landwirte zutreffende Annahmen zugrunde gelegt werden können.

Zu diesen Annahmen zählen insbesondere, dass (1) sämtliche Landwirte in der Lage sind, einen einheitlichen Grad der technischen Effizienz zu realisieren, dass (2) sämtliche Landwirte in der Lage sind, die nach Maßgabe des Zieles der Bodenrentenmaximierung optimalen Landnutzungsprogramme und Landnutzungsintensitäten sowie deren Veränderungen bei Veränderungen der Werte der Standortfaktoren auch zu finden, also alle Landwirte die ökonomische Effizienz erreichen, dass (3) sämtliche Landwirte bei ihren Entscheidungen das gleiche Risikoverhalten aufweisen und dass (4) sämtliche Landwirte die Betriebsfaktoren in gleichen Umfängen in ihre Entscheidungen einbeziehen und damit ein bestimmtes, einheitliches Zeitpräferenzverhalten an den Tag legen.

Es versteht sich von selbst, dass diese Annahmen die Realität der Entscheidungsfindung vereinfachen. Die Abschätzungen von Veränderungen der Landnutzungsprogramme und Landnutzungsintensitäten als Folge von Veränderungen der Werte von Betriebs- und/oder Standortfaktoren durch agrarpolitische Maßnahmen können deshalb nur die Veränderungsrichtungen, nicht aber die quantitativen Veränderungen selbst realitätsgerecht vorhersagen.

Man kann zwar durch anschließende Variation der Fähigkeitsgrade und Verhaltensweisen der Landnutzer zusätzliche Einsichten in den komplexen Ergebnisraum gewinnen, aber damit lässt sich nur eine gewisse Bandbreite der Ergebnisse abstecken. Ihre eigentlich wünschenswerte exakte räumliche und zeitliche Zuordnung gelingt auf diese Weise jedoch nur näherungsweise.

Indessen können auch Abschätzungen ohne die genaue räumliche und zeitliche Zuordnung der individuellen Fähigkeiten und Verhaltensweisen der Landwirte für die politischen Entscheidungsträger durchaus wertvoll sein, weil sie zumindest die Unterschiede zwischen den Entwicklungsrichtungen in Abhängigkeit unterschiedlicher agrarpolitischer Maßnahmen aufzeigen können und damit eine Reihung der Vorzüglichkeit unterschiedlicher Szenarien ermöglichen.

Deshalb werden auch in diesem Buch die standorttheoretischen Analysen mit den oben genannten Annahmen über die individuellen Fähigkeiten und Verhaltensweisen der Landwirte durchgeführt. Anschließende, jeweils einheitliche, Veränderungen dieser Annahmen sollen weitere Einsichten in den Ergebnisraum vermitteln.

2.9 Zum weiteren Aufbau dieses Buches

Nach diesem ersten – rein verbalen – Überblick über die Antworten der landwirtschaftlichen Standorttheorie zu den im 1. Kapitel aufgeworfenen Fragen beginnt mit dem nachfolgenden 3. Kapitel der Einstieg in die quantitative Methodik der landwirtschaftlichen Standorttheorie. Es werden Begriffe, die für die landwirtschaftliche Standorttheorie von zentraler Bedeutung sind, exakt definiert: Landwirtschaftlicher Betrieb, Bodenrente, Landnutzungsintensität, Landnutzungsprogramm und Produktionsfunktion für pflanzliche Erzeugnisse. Des Weiteren wird die in diesem Buch verwendete Form der Leistungs-Kosten-Rechnung als Instrument zur vergleichenden Bewertung der Wirtschaftlichkeit von Landnutzungsprogrammen und Landnutzungsintensitäten vorgestellt. Schließlich wird der Ablauf standorttheoretischer Analysen mittels der komparativ-statischen Vorgehensweise skizziert.

Im 4. Kapitel werden die Betriebsfaktoren in ihren auf Vielseitigkeit der betrieblichen Landnutzungsprogramme drängenden Wirkungen analysiert.

In den Kapiteln 5 bis 8 werden dann die Einflüsse der Standortfaktoren – wobei diese tatsächlich jeweils aus Gruppen von mehreren Unterfaktoren bestehen – auf die Landnutzungsprogramme und die Landnutzungsintensitäten untersucht. Dabei handelt es sich um die natürlichen, die technologischen, die strukturellen und die marktlichen Standortfaktoren. Im 9. Kapitel wird auf die Auswirkungen unterschiedlicher fachlicher Befähigungen der Landwirte auf die Gestaltung ihrer Landnutzungsprogramme und Landnutzungsintensitäten eingegangen. Damit sind dann die im 1. Kapitel aufgeworfenen Fragen 1 bis 8 beantwortet.

Im abschließenden 10. Kapitel wird dann die 9. Frage beantwortet: Welche der agrarpolitischen Maßnahmen wirken – indirekt über die Veränderung der Werte der Standort- und Betriebsfaktoren sowie der Befähigungen der Landwirte – wie auf die Gestaltung der Landnutzungsmuster und Landnutzungsintensitäten ein?

2.10 Literaturbasis für dieses Buch

Aus Gründen der besseren Lesbarkeit habe ich auf Literaturzitate im Text weitestgehend verzichtet. Selbstverständlich basiert der Buchinhalt jedoch nur zu geringen Anteilen auf eigenen Ergebnissen. Bei der Ausarbeitung habe ich mich insbesondere auf die nachfolgend angegebenen älteren und neueren Werke zur landwirtschaftlichen Standorttheorie gestützt:

1. ANDREAE, B. (1985): Allgemeine Agrargeographie. Walter de Gruyter, Berlin (Sammlung Göschen; 2624)
2. ANDREAE, B.; E. GREISER (1978): Strukturen deutscher Agrarlandschaft, Landbaugebiete und Fruchtfolgezonen in der Bundesrepublik Deutschland, 2. Aufl., Trier
3. BRINKMANN, TH. (1922): Ökonomik des landwirtschaftlichen Betriebes. In: Grundriss der Sozialökonomik, Tübingen
4. DUNN, E. S. (1967): The Location of Agricultural Production. University of Florida Press, Gainesville
5. EGGERS, H.W. (1958): Zur Theorie des landwirtschaftlichen Standortes, Berichte über Landwirtschaft (36), 355-378
6. – (1958): Einige statische und dynamische Aspekte der Theorie des landwirtschaftlichen Standortes, Berichte über Landwirtschaft (36), 803 - 816
7. HENRICHSMEYER, W. (1988): Agrarwirtschaft: räumliche Verteilung. Handwörterbuch der Wirtschaftswissenschaft (HdWW)
8. HERLEMANN, H.-H. (1961): Grundlagen der Agrarpolitik. Verlag Franz Vahlen, Berlin
9. THÜNEN, J. H. v. (1921): Der isolierte Staat in Beziehung auf Landwirtschaft und Nationalökonomie, 2. Aufl., Jena
10. WEINSCHENCK, G.; W. HENRICHSMEYER (1966): Zur Theorie und Ermittlung des räumlichen Gleichgewichts der landwirtschaftlichen Produktion. Berichte über Landwirtschaft. (44), 201-242

Im Rahmen des Sonderforschungsbereiches 299 der DFG „Landnutzungskonzepte für periphere Regionen" habe ich in den Jahren 1996 bis 2008 mit meiner Arbeitsgruppe das IT-gestützte Landnutzungsprogramm ProLand entwickelt und auf verschiedene Sachfragestellungen angewendet. Auf der Grundlage dieser multidisziplinären Arbeiten zur landwirtschaftlichen Standortforschung sind u. a. die folgenden Beiträge entstanden:

1. KRUMPHOLZ, M. (2012): Auswirkungen agrarordnungs- und -finanzpolitischer Maßnahmen auf die regionale Landnutzung. Analyse und Prognose mit Hilfe des bio-ökonomischen Simulationsmodells ProLand. Cuvillier Verlag Göttingen (Dissertation)
2. KUHLMANN, F. (2003): Potenziale, Probleme und Umsetzungsstrategien der Vergrößerung ackerbaulicher Bewirtschaftungseinheiten aus organisatorisch-ökonomischer Sicht. In: Landwirtschaftliche Rentenbank (Hrsg.), Aktuelle Probleme der landwirtschaftlichen Flächennutzung
3. KUHLMANN, F. (2004): Land Use Developments and Options: A European Perspective. Proceedings of the 2004 Triennial Conference, Change in Rural America, Social and Management Challenges. Lexington, KY/USA, June 14 – 16
4. KUHLMANN, F. (2014): Boden- und arbeitssparende Fortschritte: Wie beeinflussen sie die Einkommensentwicklung in der Landwirtschaft? Berichte über Landwirtschaft, Band 91, Ausgabe 1
5. KUHLMANN, F., BRODERSEN, C. (2001): Information Technology and Farm Management: Developments and Perspectives. Computers and Electronics in Agriculture 30, 71 – 83
6. KUHLMANN, F., MÖLLER, D., WEINMANN, B. (2002): Modellierung der Landnutzung: Regionshöfe oder Raster-Landschaft? Berichte über Landwirtschaft 80 (3), 351 – 392

7. Möller, D., Fohrer, N., Steiner, N. (2002): Quantifizierung regionaler Multifunktionalität land- und forstwirtschaftlicher Nutzungssysteme. Berichte über Landwirtschaft 80 (3), 393 - 418

8. Möller, D., Fohrer, N., Weber, A. (1999): Methodological Aspects of Integrated Modelling in Land Use Planning. European Federation for Information Technology in Agriculture, Food and the Environment EFITA Sep. 27- 30, 1999, Bonn, Germany. In: Schiefer, G., Helbig, R., Rickert, U. (Hrsg.), Perspectives of modern information and communication systems in agriculture, food production and environmental control. Vol. A, 109 – 118

9. Möller, D., Weinmann, B. (2001): Multifunktionalität von Landschaften: Räumlich differenzierte Landnutzungsprognosen als Informationsgrundlage zur Abschätzung von Umweltwirkungen. Berichte der Gesellschaft für Informatik in der Land-, Forst- und Ernährungswirtschaft, Band 14, 93 – 96

10. Möller, D., Weinmann, B., Kirschner, M., Kuhlmann, F. (1999): Auswirkungen von Politik und Strukturmaßnahmen auf die räumliche Verteilung und Erfolgskennzahlen der Landnutzung: GIS-basierte Simulation mit ProLand. Zeitschrift für Kulturtechnik und Landentwicklung, 40 (5/6), 197 – 201

11. Möller, D., Weinmann, B., Kirschner, M., Kuhlmann, F. (2000): Modelling regional trade offs using a true position land use prognosis approach economic outputs versus landscape aesthetics versus groundwater recharge. In: Peters, G. H., Pingali, P. (Eds): Tomorrow's Agriculture: Incentives, Institutions, Infrastructure and Innovations. Proceedings of the 24th International Conference of Agricultural Economists 766

12. Möller, D., Weinmann, B., Kirschner, M., Kuhlmann, F. (2000): Zur Bedeutung von Umweltauflagen für die räumliche Verteilung land- und forstwirtschaftlicher Nutzungssysteme: GIS-basierte Modellierung mit ProLand. Schriften der Gesellschaft für Wirtschafts- und Sozialwissenschaften des Landbaus 'Agrarwissenschaft auf dem Weg in die Informationsgesellschaft', Band 36, 213 – 220

13. Plata, A. (2012): Quantitative, räumlich explizite Analyse der Wettbewerbsfähigkeit des Energiepflanzenanbaus (Dissertation Gießen)

14. Sheridan, P. (2010): Das Landnutzungsmodell ProLand – Erweiterungen, Operationalisierungen, Anwendungen (Dissertation Gießen)

15. Sheridan, P., Waldhardt, R. (2006): Spatially explicit approaches in integrated land use and phytodiversity modeling at multiple scales. In: Meyer, B.C. (Hrsg.), Sustainable Land Use in Intensively Used Agricultural Regions, Landscape Europe, Wageningen, Alterra Report No. 1338

16. Weber, A., Fohrer, N., Möller, D. (2001): Long-term land use changes in a mesoscale watershed due to socio-economic factors – effects on landscape structures and functions. Ecological Modelling 140, 125 – 140

17. Weinmann, B. (2002): Mathematische Konzeption und Implementierung eines Modells zur Simulation regionaler Landnutzungsprogramme. Agrarwirtschaft, Sonderheft 174

18. Weinmann, B., Borresch, R., Kuhlmann, F., Schmitz, M. (2005): Model based Assessment of Multifunctionality. Proceedings of the Joint EFITA/WCCA conference, CD-ROM (ISBN: 972-669-646-1)

19. Weinmann, B., Kuhlmann, F. (2004): Neue Herausforderungen der Landnutzungsmodellierung: Standorttheoretische Überlegungen zur Abbildung der Multifunktionalität von Landschaften. Schriften der Gesellschaft für Wirtschafts- und Sozialwissenschaften des Landbaues e. V. 39

20. WEINMANN, B., SCHROERS, J. O., SHERIDAN, P. (2005): Spatially explicit land use model-ling as basis for multifunctional land use evaluation. International Conference Multi-functional land use – meeting future demands for landscape goods and services, Tartu, Estland

21. WEINMANN, B., SCHROERS, J. O., SHERIDAN, P., KUHLMANN, F. (2005): Die Auswirkun-gen der Reform der gemeinsamen Agrarpolitik auf die regionale Landnutzung. Schrif-ten der Gesellschaft für Wirtschafts- und Sozialwissenschaften des Landbaues e. V. 41

22. WEINMANN, B., SCHROERS, J. O., SHERIDAN, P., KUHLMANN, F. (2005): Modelling the CAP reform at the regional level with ProLand. Proceedings of the European Associa-tion of Agricultural Economists (EAAE) Congress 2005 at the Royal Veterinary and Agricultural University in Copenhagen, Denmark

Zahlreiche der in diesen Beiträgen enthaltenen Ergebnisse zur Standortforschung sind in dieses Buch eingegangen.

3
Methodische Grundlagen quantitativer Analysen der landwirtschaftlichen Standorttheorie

In diesem Kapitel werden die wesentlichen methodischen Grundlagen für standorttheoretische Analysen behandelt. Nach der Definition eines für Standortanalysen geeigneten Begriffs des landwirtschaftlichen Betriebes und seiner produktionswirtschaftlichen Entscheidungsebenen wird die Leistungs-Kosten-Rechnung als quantitatives Werkzeug zur Bestimmung der betrieblichen Bodenrente von unterschiedlichen Landnutzungsprogrammen und Landnutzungsintensitäten vorgestellt. Ein ausführliches Zahlenbeispiel verdeutlicht ihre Handhabung. Anschließend werden die Landnutzungsintensität und das Landnutzungsprogramm operational definiert und die für standorttheoretische Analysen bedeutsame Methodik der Kostenaufspaltung in ihre ertrags- und nutzflächenabhängige Bestandteile dargestellt.

Zur Bestimmung der relativen wirtschaftlichen Vorzüglichkeit einzelner Landnutzungsverfahren in einem Landnutzungsprogramm müssen die damit maximal realisierbaren Erträge in Abhängigkeit der Werte natürlicher Standortfaktoren als den durch den Landwirt nicht kontrollierbaren Produktionsfaktoren bekannt sein. Die dafür relevante Produktionsfunktion wird beschrieben. Schließlich wird als „Fahrplan" für standorttheoretische Analysen die komparativ-statische Vorgehensweise bei partieller Variation der Werte einzelner Standortfaktoren abgeleitet.

3.1 Der Begriff des Betriebes in der landwirtschaftlichen Standorttheorie

Voraussetzung für standorttheoretische Analysen ist ein darauf bezogener Begriff des landwirtschaftlichen Betriebes. Dafür wird der landwirtschaftliche Betrieb in diesem Buch zunächst als eine Ansammlung von Feldstücken als den landwirtschaftlichen Nutzflächen aufgefasst, deren Bewirtschaftung nach Maßgabe einer einheitlichen Leitung erfolgt, also von einem Entscheidungsträger (als Person oder Personengruppe) für das betriebliche Landnutzungsprogramm und die Landnutzungsintensität geführt wird.

Innerhalb eines landwirtschaftlichen Betriebes variieren räumlich i. d. R. nur die Werte der natürlichen Standortfaktoren, während die Werte der technologischen, strukturellen und marktlichen Standortfaktoren und selbstverständlich auch die allgemeinen Organisationsprinzipien der Betriebsfaktoren für den gesamten Betrieb gelten.

Der Betrieb umfasst bei dieser Definition des Weiteren neben den Nutzflächen nur die Arbeitskräfte und Maschinen für die Durchführung der pflanzlichen Produktionsprozesse sowie die Gebäude und baulichen Anlagen zur Lagerung und Unterbringung der Werkstoffe und Produkte bzw. der Maschinen sowie der Betriebsverwaltung. Damit wird angenommen, dass die in vielen Betrieben tatsächlich anzutreffenden zusätzlichen Produktionsstufen der Veredlungsproduktion, wie Nutztierhaltung oder Biogasanlagen, nicht Bestandteile des Betriebes, sondern eigenständige Einheiten ebenso wie andere Marktteilnehmer sind.

Generell können pflanzliche Produkte als Rohstoffe für die Weiterverarbeitung wahlweise an diese „Veredlungseinheiten" oder an dritte, d. h. an andere Marktteilnehmer, abgesetzt werden. Umgekehrt kann die Veredlungseinheit die benötigten pflanzlichen Produkte wahlweise von dritten oder von dem hier definierten Betrieb beschaffen. Welcher Weg gewählt wird, hängt von den an den zugehörigen Märkten sich bildenden Preisen für die pflanzlichen Produkte ab.

Da es in diesem Buch um die Bestimmungsgründe für die Landnutzungsprogramme und Landnutzungsintensitäten geht, vereinfacht diese Annahme die diesbezüglichen Analysen, ohne die Realität zu verfälschen. Realistisch ist die Annahme deshalb, weil ein Landnutzer nur dann die Einrichtung einer Veredlungseinheit ins Auge fassen wird, um seine pflanzlichen Produkte teilweise oder ganz dort zu verwerten, wenn er von dieser Alternative einen höheren Preis erwarten kann als vom Markt. Das ist aber nur dann der Fall, wenn der sog. „Veredlungswert" der pflanzlichen Produkte in der Veredlungseinheit höher ist, als der am Markt erzielbare Preis.

Der Veredlungswert ergibt sich rechnerisch, wenn man von den erwarteten Leistungen der Veredlungseinheit sämtliche damit verbundenen Kosten außer den Kosten für das benötigte pflanzliche Produkt subtrahiert und die verbleibende Differenz durch dessen benötigte Menge dividiert. Man erhält auf diese Weise den Preis für das pflanzliche Produkt, den die Veredlungseinheit maximal tragen könnte, wenn sie mindestens kostendeckend arbeiten soll (selbstverständlich einschließlich einer angemessenen Verzinsung des dafür investierten Kapitals).

In jedem Falle ist also ein Preis das Kriterium für den zu wählenden Absatzweg. Überdies bildet der höhere der beiden Preise auch das Kriterium dafür, ob und in welchem Umfang der Landnutzer das für die Veredlungsproduktion benötigte pflanzliche Produkt in sein Landnutzungsprogramm aufnimmt. Er würde es nur dann aufnehmen, wenn dieser höhere Preis so hoch ist, dass das pflanzliche Produkt im Vergleich zu anderen pflanzlichen Produkten, die alternativ auf den betrieblichen Nutzflächen erzeugt werden können, wirtschaftlich wettbewerbsfähig ist.

Ein Sonderfall könnte sich auf den ersten Blick für das Produkt „Gras" (direkt genutzt im Weidegang durch Wiederkäuer oder aufbereitet als Grünfutter, Heu oder Grassilage für die Stallfütterung oder als Substrat für Biogasanlagen) ergeben, wenn es auf sog. „absoluten Grünland" erzeugt wird. Dabei handelt es sich um Nutzflächen, die aufgrund produktionstechnischer Hemmnisse (steinige Böden, hoher Grundwasserstand etc.) nicht als Ackerland mit wechselnden Kulturen verwendbar sind. Bei diesen Gegebenheiten entfällt zwar der Wettbewerb mit anderen Kulturen um die Nutzflächen, gleichwohl kann sich für das Produkt des absoluten Grünlandes in manchen Fällen ein Markt und damit ein Preis bilden, wenn dafür nicht nur von einer seitens des betrachteten Betriebes ins Auge gefassten Veredlungseinheit, sondern auch seitens anderer Marktteilnehmer Nachfrage besteht.

Da das Produkt des absoluten Grünlandes nur über Veredlungseinheiten genutzt werden kann, hängt dessen sich ggf. bildender Preis von der Wirtschaftlichkeit der Erzeugung der Veredlungsprodukte in diesen Veredlungseinheiten ab. Je höher deren Wirtschaftlichkeit ist, d. h. letztlich je höher sich bei gegebenen Kosten die Preise für die Produkte der Veredlungseinheiten (Milch, Fleisch, Biogas, Wärmeenergie etc.) stellen, desto mehr Nachfrage entwickelt sich nach dem Grünlandprodukt und desto höher wird folglich dessen sich bildender Preis.

Für den einzelnen Landwirt, der eine Veredlungseinheit für das Produkt seines absoluten Grünlandes ins Auge fasst, sind jedoch nicht nur dessen sich ggf. am Markt gebildeter Preis, sondern auch in diesem Fall dessen Veredlungswert als Entscheidungskriterium von Bedeutung. Für diesen Landwirt ergeben sich daraus – bei längerfristiger Betrachtungsweise – die folgenden Entscheidungsfälle:

(1) Liegen der ggf. am Markt gebildete Preis und auch der Veredlungswert für das Grünlandprodukt unter dessen Erzeugungskosten, wird das absolute Grünland gar nicht genutzt, weil seine Nutzung im Vergleich zur Nichtnutzung zu Verlusten, d. h. zu negativen Bodenrenten, führen würde.

(2) Liegt der Veredlungswert über den Erzeugungskosten, aber unterhalb des ggf. am Markt gebildeten Preises, wird das absolute Grünland genutzt und dessen Produkt am Markt abgesetzt. Dieser Absatz lässt eine höhere Bodenrente erwarten, als dessen Nutzung in einer durch den Landwirt ins Auge gefassten Veredlungseinheit.

(3) Liegt der Veredlungswert schließlich über dessen Erzeugungskosten und oberhalb des ggf. am Markt gebildeten Preises, würde das Grünlandprodukt an die dann vom Landwirt einzurichtende Veredlungseinheit abgesetzt. Die Andienung an die Veredlungseinheit lässt eine höhere Bodenrente erwarten als die Andienung an den Markt.

Im Rahmen standorttheoretischer Analysen zur möglichen Nutzung absoluter Grünlandflächen und zur Bestimmung von deren Bodenrenten ist also letztlich nur entscheidend, ob der Preis des Grünlandproduktes – unabhängig davon, ob er sich am Markt bildet oder sich aus dessen Veredlungswert ergibt – bei mindestens einer Veredlungsalternative über dessen Erzeugungskosten liegt. Wenn das der Fall ist, wird das absolute Grünland genutzt, weil dessen Nutzung im Vergleich zur Nichtnutzung eine positive Bodenrente erwarten lässt. Nebenbei bemerkt ist es naheliegend, dass sich die Veredlungseinheiten in Form der Wiederkäuerhaltung schwerpunktmäßig in Regionen mit hohen Anteilen an absolutem Grünland befinden.

Den Gedankengang abschließend ist festzuhalten, dass die eingangs genannte vereinfachende Annahme des reinen Pflanzenbaubetriebes – mit oder ohne absolute Grünlandflächen – aufgrund der erläuterten Preisbildungen für die pflanzlichen Produkte die Realität nicht verfälscht. Sie führt mit oder ohne das explizite Einbeziehen der Veredlungsproduktion bei der Bestimmung der betrieblichen Landnutzungsprogramme und Landnutzungsintensitäten nach Maßgabe des Zieles der Maximierung der betrieblichen Bodenrente zu den gleichen Ergebnissen.

3.2 Entscheidungsebenen in der Produktionswirtschaft landwirtschaftlicher Betriebe

Das Landnutzungsprogramm eines landwirtschaftlichen Betriebes besteht aus den Nutzpflanzenarten, die auf den betrieblichen Nutzflächen angebaut werden. Es wird – wie gesagt – definiert durch die Nutzflächenanteile, die für die einzelnen Nutzpflanzenarten verwendet werden. Zum Beispiel kann das Landnutzungsprogramm eines norddeutschen Ackerbaubetriebes aus jeweils 33,3% Winterraps, Winterweizen und Wintergerste und dasjenige eines süddeutschen Ackerbaubetriebes aus jeweils 25% Zuckerrüben, Körnermais, Winterweizen und Sommergerste bestehen.

Die Produkte des Landnutzungsprogramms werden mittels Landnutzungsverfahren als den Produktionsverfahren erzeugt. Ein Landnutzungsverfahren wird durch das damit hergestellte Produkt sowie durch die Arten und Mengen der dafür eingesetzten Arbeitskräfte, Betriebsmittel und Werkstoffe konkret definiert. In jedem Landnutzungsverfahren werden neben verschiedenen Roh- und Hilfsstoffen (z. B. Saatgut bzw. Pflanzenschutzmittel) i. d. R. mehrere Betriebsmittel (Traktoren und Arbeitsmaschinen) im Verlaufe einer Produktionsperiode auf der Nutzfläche eingesetzt. Sie werden von Arbeitskräften bedient und benötigen zur Abgabe ihrer Dienste Betriebsstoffe als Kraft- und Schmierstoffe. Um also die Produktion durchführen zu können, liefern die Arbeitskräfte und Betriebsmittel Dienste in Form menschlicher und maschineller Arbeiten.

Jedes Landnutzungsverfahren besteht seinerseits aus einer mehr oder weniger großen Anzahl von Elementarprozessen, mit denen die einzelnen Arbeitsvorgänge durchgeführt werden. Ein Elementarprozess ist durch ein Betriebsmittel oder eine notwendige Kombination von Betriebsmitteln (z. B. Traktor plus Pflug für den Elementarprozess „Pflügen der Nutzfläche") gekennzeichnet, mit dem ein bestimmter (Teil-)Arbeitsvorgang innerhalb des Landnutzungsverfahrens erledigt werden kann. Grundsätzlich können Elementarprozesse gemäß dem Schema der Übersicht 3.1 definiert werden:

Für die Erstellung eines (Teil-)Produktes (z. B. „gepflügtes Land" oder „gedüngter Pflanzenbestand") werden Rohstoffe, Hilfsstoffe und Dienste verbraucht. Die Dienste werden durch Arbeitskräften und ein Betriebsmittel geliefert. Das Betriebsmittel benötigt zur Erzeugung seiner Dienste Betriebsstoffe. Zur Erstellung des Teilproduktes werden also unmittelbar nur die Roh- und Hilfsstoffe sowie die Dienste der Arbeitskräfte und Betriebsmittel verwendet.

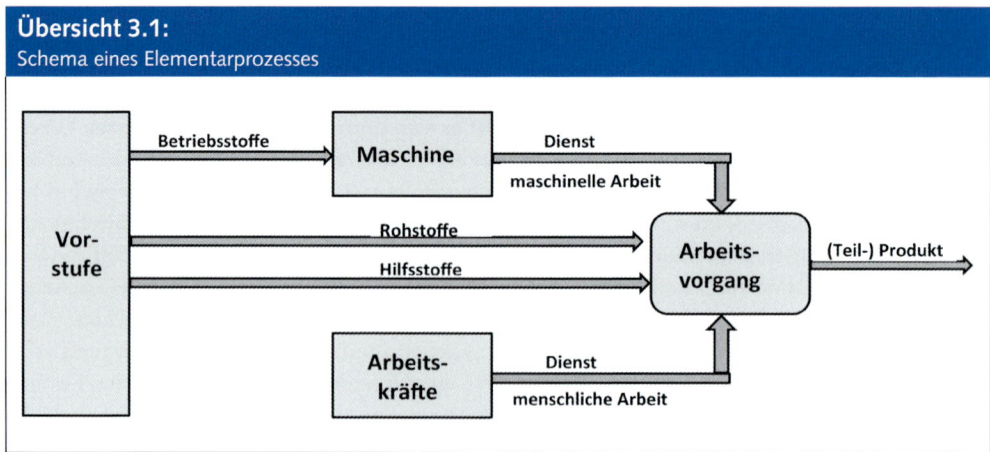

Übersicht 3.1:
Schema eines Elementarprozesses

Für jeden Elementarprozess existieren i. d. R. zahlreiche Alternativen insofern, als für die Arbeitserledigung unterschiedlich leistungsfähige Betriebsmittel mit unterschiedlich hohem menschlichen Bedienungsaufwand zur Verfügung stehen und überdies unterschiedliche Roh- und Hilfsstoffe eingesetzt werden können. Da die Landnutzungsverfahren aus Elementarprozessen zusammengesetzt sind, ergibt sich daraus eine sehr große Anzahl unterschiedlicher Landnutzungsverfahren zur Herstellung ein und desselben Produktes. Schließlich kann der Landwirt nicht nur zwischen verschiedenen Elementarprozessen und Landnutzungsverfahren, sondern auch zwischen einer Vielzahl unterschiedlicher Landnutzungsprogramme wählen. Für den Landwirt ergeben sich damit drei Entscheidungsebenen:

(1)   Die Gestaltung der Elementarprozesse;

(2)   die Gestaltung der Landnutzungsverfahren;

(3)   die Gestaltung des Landnutzungsprogramms.

Dabei bedingen Entscheidungen zur Gestaltung des Landnutzungsprogramms ihrerseits Entscheidungen zur Gestaltung der Landnutzungsverfahren und diese wiederum Entscheidungen zur Gestaltung der Elementarprozesse. Je nach den betrieblichen Werten der Standort- und der Betriebsfaktoren wird sich der Landwirt nach Maßgabe seines erwerbswirtschaftlichen Zieles der Maximierung der Bodenrente für bestimmte Elementarprozesse, bestimmte Landnutzungsverfahren und ein bestimmtes Landnutzungsprogramm entscheiden. Gleichzeitig legt er damit die Landnutzungsintensität seines Betriebes fest.

3.3 Leistungs-Kosten-Rechnungen als Werkzeuge quantitativer standorttheoretischer Analysen

3.3.1 Die Begriffe der Leistungen und Kosten

Um die im Hinblick auf das genannte Ziel der Maximierung der Bodenrente relative Vorzüglichkeit von Elementarprozessen, Landnutzungsverfahren und Landnutzungsprogrammen bestimmen zu können, müssen deren Wirtschaftlichkeiten ermittelt werden. Das geschieht mithilfe von Leistungs-Kosten-Rechnungen.

Als Kosten sind dabei definiert die bewerteten Verbrauchsmengen an Produktionsfaktoren, d. h. an Roh- und Hilfsstoffen sowie an menschlichen und maschinellen Diensten, zur Erstellung von bestimmten Leistungen. Kosten werden rechnerisch durch Multiplikation der Faktorverbrauchsmengen mit ihren Ankaufspreisen ermittelt.

Bei den Leistungen kann es sich je nach Kalkulationsebene um physische Einheiten (z. B. 1 ha gepflügtes Land) oder um geldlich bewertete Produktmengen handeln. Letztere werden rechnerisch durch Multiplikation der Produktmengen mit ihren Verkaufspreisen bestimmt.

3.3.2 Die Bestimmung der Bodenrenten eines Landnutzungsverfahren

Die Landnutzungsverfahren bestehen – wie gesagt – aus Elementarprozessen. Mit den Elementarprozessen werden Teilprodukte erzeugt. Da es sich dabei nicht um Produkte handelt, die am Markt abgesetzt werden sollen, brauchen die Teilprodukte nicht geldlich bewertet zu werden. Zur Ermittlung der Wirtschaftlichkeit von Elementarprozessen genügt vielmehr die Berechnung der Kosten für eine definierte physische Teilleistung. Dabei müssen sich allerdings die Teilleistungen für alle Alternativen eines Elementarprozesses und für sämtliche Elementarprozesse eines Landnutzungsverfahrens auf einen gemeinsamen Nenner beziehen. Nur so lässt sich die relative wirtschaftliche Vorzüglichkeit der Handlungsalternativen bestimmen. Da letztlich die Bodenrenten der für ein Landnutzungsverfahren bestehenden Handlungsalternativen ermittelt werden wollen, bezieht man zweckmäßigerweise die Kosten und die physischen Leistungen der Elementarprozesse auf den gemeinsamen Nenner „Nutzflächeneinheit", d. h. konkret auf einen 1 ha Nutzfläche.

Für die Kosten eines einzelnen Produktionsfaktors, der Bestandteil eines Elementarprozesses ist, gilt deshalb in formaler Notation:

(3.1) $\qquad KP_j = r_j \cdot pr_j$

Darin sind:

KP_j = Kosten für den j-ten Produktionsfaktor, gemessen in € je ha Nutzfläche;

r_j = Verbrauchsmenge des j-ten Produktionsfaktors, gemessen in Mengeneinheiten je ha Nutzfläche;

pr_j = Ankaufspreis des j-ten Produktionsfaktors, gemessen in € je Mengeneinheit.

Die Gesamtkosten eines Elementarprozesses ergeben sich durch Aufsummierung der Kosten sämtlicher dafür verbrauchter Produktionsfaktoren. Es gilt:

(3.2) $\qquad KE_k = \sum_{j=1}^{J} KP_j$

Darin ist:

KE_k = Kosten des k-ten Elementarprozesses, in dem insgesamt J Produktionsfaktoren verbraucht werden, gemessen in € je ha Nutzfläche.

Die Kosten eines Landnutzungsverfahrens ergeben sich dann durch Summierung der Kosten sämtlicher zugehörigen Elementarprozesse. Sie werden ebenfalls je ha Nutzfläche bestimmt. Es gilt deshalb:

(3.3) $\qquad KV_m = \sum_{k=1}^{K} KE_k$

Darin ist:

KV_m = Kosten des m-ten Landnutzungsverfahren, das aus insgesamt K Elementarprozessen besteht, gemessen in € je ha Nutzfläche.

Mit dem gesamten Landnutzungsverfahren wird nun ein Verkaufsprodukt (z. B. Weizen oder Zuckerrüben) als geldlich zu bewertende Leistung erzeugt. Für diese Leistung gilt:

(3.4) $\qquad LV_m = py_m \cdot y_m$

Darin sind:

LV_m	=	Leistung des m-ten Landnutzungsverfahren, gemessen in € je ha Nutzfläche;
y_m	=	Produktmenge, gemessen in Mengeneinheiten je ha Nutzfläche;
py_m	=	Verkaufspreis des mit dem m-ten Landnutzungsverfahrens hergestellten Produktes, gemessen in € je Produktmengeneinheit.

Davon ausgehend, dass die mit Gleichung (3.3) definierten Kosten des Landnutzungsverfahrens sämtliche Kosten außer den Nutzflächenkosten umfassen, ergibt sich als Differenz aus den Leistungen und den Kosten des Landnutzungsverfahren seine Bodenrente. Es gilt:

(3.5) $\qquad BR_m = LV_m - KV_m$

Darin ist:

BR_m	=	Bodenrente des m-ten Landnutzungsverfahren, gemessen in € je ha Nutzfläche.

Diese Aussage bedarf jedoch einer Qualifizierung: Die Kosten eines Landnutzungsverfahren bestehen aus drei großen Gruppen, nämlich erstens den Kosten für die Roh- und Hilfsstoffe, die als Direktkosten bezeichnet werden, zweitens den Kosten für die benötigten menschlichen und maschinellen Arbeiten, die als Arbeitserledigungskosten bezeichnet werden und drittens den sog. Betriebsgemeinkosten. Sie entstehen für die betrieblichen Bauten zur Lagerung der Werkstoffe und Produkte sowie zur Unterbringung der Maschinen und der Betriebsverwaltung. Hinzu kommen die direkten Arbeits- und Sachkosten für die Betriebsleitung und -verwaltung.

In der mit Gleichung (3.5) bestimmten Bodenrente des Landnutzungsverfahrens soll die dritte Gruppe der Gemeinkosten nicht inbegriffen sein, weil sie sich zum einen im Unterschied zur ersten und zweiten Kostengruppe nicht direkt – bzw. nur über Anteilsschlüssel – dem Landnutzungsverfahren zuordnen lässt, und man zum anderen davon ausgehen kann, dass die Entscheidungen zur Gestaltung der Elementarprozesse, der Landnutzungsverfahren und des Landnutzungsprogramms von der dritten Kostengruppe nicht berührt werden, weil sich deren Beträge unabhängig von den diesbezüglichen Entscheidungen in ihrer Höhe nicht verändern.

Prinzipiell das gleiche Problem ergibt sich auf der Leistungsseite von Landnutzungsverfahren. Durch die Europäische Union werden an die Landnutzer Transferzahlungen in Form von entkoppelten Flächenprämien je ha Nutzfläche der Betriebe (in Deutschland gegenwärtig (2014) ca. 300,00 €/ha) geleistet. Diese Prämien sind in ihren Beträgen unabhängig von den Landnutzungsprogrammen und Landnutzungsintensitäten der Betriebe. Sie beeinflussen deshalb ebenso wie die Gemeinkosten auf der Kostenseite nicht die Entscheidungen der Landnutzer zur Gestaltung ihrer Landnutzungsprogramme und Landnutzungsintensitäten. Die Flächenprämien sollen mithin bei der Bestimmung der Bodenrenten ebenfalls nicht berücksichtigt werden.

Andererseits ist deshalb aber auch festzuhalten, dass es sich bei den zahlenmäßigen Ergebnissen der mittels Gleichung (3.5) bestimmten Bodenrente quasi um eine Brutto-Bodenrente handelt, die – wie gesagt – um den Gemeinkostenanteil zu hoch und um die Flächenprämien zu niedrig ausgewiesen wird. Da sowohl die Gemeinkostenanteile als auch die entkoppelten Flächenprämien für den Landnutzer nicht entscheidungsrelevant sind, wird jedoch in diesem Buch stets mit der Brutto-Bodenrente gerechnet. Lediglich aus Gründen der Lesbarkeit wird sie durchgehend als Bodenrente bezeichnet.

In Wiederholung von Ausführungen des Abschnitts 2.2 sei schließlich hier nochmals darauf hingewiesen, dass die mit der Verfügbarkeit über den Boden für den Landwirt entstehenden Kosten (Pacht, Zinsanspruch usw.) in den mit Gleichung (3.5) definierten Kosten ebenfalls nicht enthalten sind.

3.3.3 Die Bestimmung der Bodenrente des Betriebes

Mit der Leistungs-Kosten-Rechnung soll letztlich die Bodenrente des gesamten Betriebes bestimmt werden. Sie ergibt sich unter Berücksichtigung des für den Betrieb ausgewählten Landnutzungsprogramms. Letzteres setzt sich aus einer mehr oder weniger großen Anzahl von Landnutzungsverfahren zusammen und wird auf mehr oder weniger großen Teilflächen der Nutzfläche des Betriebes verwirklicht. Für die Bodenrente des Gesamtbetriebes gilt deshalb:

$$(3.6) \qquad BRB = \sum_{m=1}^{M} BR_m \cdot x_m, \text{ wobei } \sum_{m=1}^{M} x_m \leq LFB$$

Darin sind:

BRB	=	Bodenrente eines Betriebes, gemessen in €;
x_m	=	Nutzflächenumfang des Betriebes, auf dem das m-te Landnutzungsverfahren realisiert wird, gemessen in ha Nutzfläche;
LFB	=	Nutzflächenumfang des Betriebes, gemessen in ha.

Die bei Gleichung (3.6) aufgeführte Nebenbedingung besagt also, dass – logischerweise – die Summe der Nutzflächenumfänge für die verschiedenen Landnutzungsverfahren höchstens so groß sein darf, wie der gesamte Nutzflächenumfang des Betriebes.

Anschließend lässt sich die durchschnittliche betriebliche Bodenrente bilden, wenn man die betriebliche Gesamtbodenrente durch den Nutzflächenumfang des Betriebes dividiert und man auf diese Weise die Bodenrente je ha Nutzfläche erhält. Es gilt:

$$(3.7) \qquad MBR = \frac{BRB}{LFB}$$

Darin ist:

MBR	=	Durchschnittliche betriebliche Bodenrente, gemessen in € je ha betrieblicher Nutzfläche.

3.3.4 Ein ausführliches Beispiel zur Ermittlung der betrieblichen Bodenrente

Für die zahlenmäßige Bestimmung von Bodenrenten werden die (zahlenmäßigen) Mengen- und Preisgerüste von Elementarprozessen und Landnutzungsverfahren benötigt. Sie werden z. B. vom Kuratorium für Technik und Bauwesen in der Landwirtschaft (KTBL) auf der Basis empirisch ermittelter Daten im Internet zur Verfügung gestellt (KTBL-online). In diesem Buch wird für sämtliche Kalkulationen auf diese Datenbasis zurückgegriffen. Nachfolgend soll anhand eines ausführlichen Beispiels für den Winterweizen gezeigt werden, wie damit Bodenrenten berechnet werden.

Für ein Landnutzungsverfahren zur Erzeugung von Winterweizen werden vom KTBL z. B. die in Übersicht 3.2 aufgeführten 22 Elementarprozesse mit den zugehörigen Produktionsfaktorbedarfsmengen und den Maschinenkosten angegeben.

Übersicht 3.2:

Elementarprozesse eines Landnutzungsverfahrens zur Erzeugung von Winterweizen – Produktionsfaktorbedarfsmengen und Maschinenkosten –

Verfahrensspezifikation: Winterweizen als Brotweizen, wendende Bodenbearbeitung, gezogene Saatbettbereitung, Saat, konventioneller Landbau, Schlaggröße 10 ha, Ertragsniveau mittel, mittlerer Boden, 102-kW-Mechanisierung, Hof-Feld-Entfernung 3 km.

Sp. > 1 Prozess Nr.	2 Häufigkeit	3 Zeitraum	Art¹	4 Elementarprozess = Arbeitsvorgang	5 Menge	6 Arbeitszeitbedarf	7 Dieselbedarf	8 Abschreibung	9 Zinsansatz	10 Sonstiges	11 Reparaturen	12 Betriebsstoffe	13 Dienstleistung
					€/ha	h/ha	l/ha	€/ha					
1	0,2	SEP1		Bodenprobe									
			BP	Entnahmegerät an Traktor; 33 kW		0,05	0,01	0,28	0,04	0,01	0,33	0,10	0,00
2	1	SEP1		Mineraldünger ausbringen, loser Dünger									
			BLA	Düngerförderschnecke		0,01	0,00	0,05	0,01	0,00	0,01	0,01	0,00
			FA	Anbauschleuderstreuer, 1,5 m³; 67 kW		0,15	0,79	1,40	0,31	0,06	1,15	0,57	0,00
	0			PK 18-10	400,00 kg								
3	1	SEP2		Pflügen mit Drehpflug									
			FA	6 Schare, 2,1 m, aufgesattelt; 102 kW		1,14	22,95	18,02	4,67	0,59	20,39	16,53	0,00
4	1	OKT1		Eggen mit Saatbettkombination									
			FA	6 m; 102 kW		0,28	5,15	6,35	1,68	0,15	6,10	3,71	0,00
5	1	OKT2		Saatguttransport	180,00 kg								
			BLA	Radlader, 67 kW; Leichtgutschaufel, 2,2 m³		0,00	0,01	0,02	0,00	0,00	0,01	0,01	0,00
			TR	Dreiseitenkippanhänger, 6 t; 54 kW		0,06	0,19	0,30	0,08	0,02	0,39	0,14	0,00
6	1	OKT2		Säen von Winterweizen mit Sämaschine	180,00 kg								
			FA	4,5 m; 67 kW		0,49	4,92	8,80	2,11	0,16	6,15	3,54	0,00
	0			Z-Saatgut	120,00 kg								
	0			Nachbausaatgut	60,00 kg								
7	1	OKT2		Unkrautbonitur									
			FA	Visuelle Bonitur; Fahrten mit Pick-up		0,11	0,07	0,25	0,03	0,16	0,04	0,05	0,00
8	1	OKT2		Pflanzenschutzmaßnahme									
			FA	Anbaupflanzenschutzspritze, 24 m, 1 500 l; 67 kW		0,18	0,90	4,16	0,87	0,16	2,11	0,65	0,00
	0			Wasser (Pflanzenschutz)	300,00 l								
	0			Herbizide									
9	1	FEB2		Bestandesbonitur									
			FA	Visuelle Bonitur; Fahrten mit Pick-up		0,10	0,04	0,19	0,02	0,12	0,03	0,03	0,00
10	1	FEB2		Mineraldünger ausbringen, loser Dünger									
			BLA	Düngerförderschnecke		0,01	0,00	0,04	0,01	0,00	0,01	0,01	0,00
			FA	Anbauschleuderstreuer, 1,5 m³; 67 kW		0,14	0,74	1,18	0,27	0,05	1,00	0,53	0,00
	0			KAS	320,00 kg								
11	1	MRZ2		Bestandesbonitur									
			FA	Visuelle Bonitur; Fahrten mit Pick-up		0,10	0,04	0,19	0,02	0,12	0,03	0,03	0,00
12	1	APR1		Mineraldünger ausbringen, loser Dünger									
			BLA	Düngerförderschnecke		0,01	0,00	0,02	0,00	0,00	0,00	0,00	0,00
			FA	Anbauschleuderstreuer, 1,5 m³; 67 kW		0,10	0,63	0,74	0,17	0,03	0,71	0,46	0,00
	0			KAS	160,00 kg								
13	1	APR1		Pflanzenschutzmaßnahme									
			FA	Anbaupflanzenschutzspritze, 24 m, 1 500 l; 67 kW		0,18	0,90	4,16	0,87	0,16	2,11	0,65	0,00
	0			Wasser (Pflanzenschutz)	300,00 l								
	0			Wachstumsregler									
14	1	APR2		Pflanzenschutzmaßnahme									
			FA	Anbaupflanzenschutzspritze, 24 m, 1 500 l; 67 kW		0,18	0,90	4,16	0,87	0,16	2,11	0,65	0,00
	0			Wasser (Pflanzenschutz)	300,00 l								
	0			Fungizide									

Fortsetzung Übersicht 3.2:
Elementarprozesse eines Landnutzungsverfahrens zur Erzeugung von Winterweizen – Produktionsfaktorbedarfsmengen und Maschinenkosten –

Prozess Nr.	Häufigkeit	Zeitraum	Art¹	Elementarprozess = Arbeitsvorgang	Menge	Arbeitszeitbedarf	Dieselbedarf	Abschreibung	Zinsansatz	Sonstiges	Reparaturen	Betriebsstoffe	Dienstleistung
Sp. >	1	2	3	4	5 €/ha	6 h/ha	7 l/ha	8	9	10 €/ha	11	12	13
15	1	MAI1		**Bestandesbonitur**									
			FA	Visuelle Bonitur; Fahrten mit Pick-up		0,10	0,04	0,19	0,02	0,12	0,03	0,03	0,00
16	1	JUN1		**Mineraldünger ausbringen, loser Dünger**									
			BLA	Düngerförderschnecke		0,01	0,00	0,02	0,00	0,00	0,00	0,00	0,00
			FA	Anbauschleuderstreuer, 1,5 m³; 67 kW		0,10	0,63	0,74	0,17	0,03	0,71	0,46	0,00
	0			KAS	160,00 kg								
17	1	JUN1		**Pflanzenschutzmaßnahme**									
			FA	Anbaupflanzenschutzspritze, 24 m, 1 500 l; 67 kW		0,18	0,90	4,16	0,87	0,16	2,11	0,65	0,00
	0			Wasser (Pflanzenschutz)	300,00 l								
	0			Fungizide									
	0			Insektizide									
18	1	AUG1		**Mähdrusch von Weizen, Roggen, Triticale**									
			FA	Mähdrescher, 7 500 l, 175 kW; Schneidwerk, 6 m		0,70	17,96	48,71	9,74	0,14	13,35	12,93	0,00
	0			Ernteprodukt	8,00 t								
19	1	AUG1		**Korntransport**	8,00 t								
			TR	Doppelzug je 14 t, Dreiseitenkippanhänger; 67 kW		0,17	0,95	4,00	1,15	0,16	2,71	0,69	0,00
	1	AUG1		Winterweizen, Lagern und Trocknen	8,00 t								
			TL	Lagern und Trocknen von Druschfrüchten		0,99	0,00	52,81	16,21	0,00	0,00	22,07	0,00
20	0,33	AUG2		**Kalk ab Feld streuen**									
			BLA	Radlader, 67 kW; Mineraldüngerschaufel, 1,4 m³		0,02	0,17	0,21	0,05	0,00	0,12	0,12	0,00
			FA	Anhängeschleuderstreuer, 6 m³; 67 kW		0,03	0,62	2,25	0,46	0,03	0,46	0,44	0,00
	0			Kalk	3,00 t								
21	1	AUG2		**Stoppelbearbeitung, flach, schräg (30°)**									
			FA	Scheibenegge, 3 m; 102 kW		0,51	6,57	7,05	1,80	0,26	8,76	4,73	0,00
22	1	SEP2		**Stoppelbearbeitung, tief, schräg (30°)**									
			FA	Scheibenegge, 3 m; 102 kW		0,57	7,43	7,56	1,92	0,30	9,22	5,35	0,00
				Zinsansatz (4 %, 3 Monate)							0,80	0,75	0,00
				Summen für Landnutzungsverfahren		6,67	73,51	178,01	44,42	3,15	80,95	75,89	0,00

¹) Art der Elementarprozesse, Abkürzungen: FA = Feldarbeit, TL = Trocknen und lagern, TR = Transport, BLA = Beladen, BP = Bodenprobe
Quelle: KTBL-Online, Kalkulationsdaten, Stand August 2011

Zur Bestimmung der einzelnen Zahlenwerte muss das Landnutzungsverfahren zunächst im Hinblick auf verschiedene Kriterien spezifiziert werden. Aus dem Kopf der Übersicht 3.2 geht hervor, dass die Zahlenwerte für das Verfahren Winterweizen als Brotweizen bei Einsatz einer wendenden Bodenbearbeitung, einer gezogenen Saatbettbereitung im konventionellen Landbau, einer Schlaggröße von 10 ha und einem gegenwärtig zutreffenden mittleren Ertragsniveau, einem (bezüglich des Zugwiderstandes) mittleren Boden, einer Mechanisierung, deren stärkster Traktor aus einer 102-kW-Maschine besteht, und einer Hof-Feld-Entfernung von 3 km gilt.

Andere Spezifikationen, z. B. ein hohes Ertragsniveau oder eine andere Schlaggröße oder eine andere Hof-Feld-Entfernung, führen zu veränderten Faktorbedarfswerten und Maschinenkosten.

Des Weiteren ist festzulegen, welche Elementarprozesse mit welcher Häufigkeit und welcher Arbeitsart mit welcher Maschinenkonfiguration durchgeführt werden sollen (siehe Spalten 1 bis 4 der Übersicht 3.2). In Spalte 5 der Übersicht 3.2 werden die benötigten Mengen an Roh- und Hilfsstoffen sowie des erzeugten Produktes festgelegt. Spalte 6 zeigt den notwendigen Arbeitsbedarf und Spalte 7 den Bedarf an Dieselöl. In den Spalten 8 bis 12 sind die Maschinenkosten für die einzelnen Elementarprozesse und – in der letzten Zeile der Übersicht – deren Summen aufgeführt.

In Spalte 13 werden die Kosten für eventuelle Dienstleistungen – z. B. für einen Lohnunternehmer, der den Mähdrusch durchführt – ausgewiesen. Im vorliegenden Beispiel fallen jedoch keine derartigen Kosten an.

Wie kommen nun die Maschinenkosten im Einzelnen zustande? Das soll für das Beispiel des Elementarprozesses Nr. 3 „Pflügen mit Drehpflug" anhand der Übersicht 3.3 gezeigt werden.

Die Maschinenkombination für diesen Elementarprozess besteht aus einem 102-kW-Traktor mit Allradantrieb und einem aufgesattelten sechsscharigen Drehpflug mit einer Arbeitsbreite von 2,10 m. Die Maschinenkosten für den Traktor werden zunächst in € je Traktorarbeitsstunde bestimmt und anschließend in € je ha Nutzfläche umgerechnet (siehe unterer linker Zahlenteil der Übersicht 3.3). Der Dieselölbedarf (ausgewiesen in Zeile 5) für das Pflügen wird vom KTBL mit 20,2363 l/h angegeben. Durch Multiplikation mit einem Preis von 0,70

Übersicht 3.3:
Maschinenkosten für den Elementarprozess „Pflügen mit Drehpflug" des Landnutzungsverfahrens zur Erzeugung von Weizen

Z.	Spezifikation der Maschinen	Standardtraktor mit Allradantrieb 102 kW		Drehpflug 6 Schare; 210 cm aufgesattelt		
1	Anschaffungspreis	83.000,00	€	31000,00	€	
2	Zinssatz	4,00	%	4,00	%	
3	Haftpflichtversicherung	430,00	€/Jahr	0,00	€/Jahr	
4	Reparatur/ Instandsetzung	7,40	€/h	12,00	€/ha	
5	Diesel(0,70 €/l)	20,236	l/h	0,00	€/ha	
6	Öl(2,00 €/l)	0,202	l/h	0,00	€/ha	
7	Nutzungsumfang/ nach Zeit	12,00	Jahre	14,00	Jahre	
8	Nutzungsumfang/ nach Arbeit	10000,00	h	3600,00	ha	
9	Auslastungsschwelle	833,33	h	257,14	ha	Maschinen- kosten des Elementar- prozesses
10	Angenommener jährlicher Einsatz- umfang	833,33	h	257,14	ha	
11	Maschinenzeitbedarf[1]	1,134	Mh/ha			
	Kosten der Maschinen	**€/h**	**€/ha**		**€/ha**	**€/ha**
12	Diesel	14,17	16,06		0,00	16,06
13	Öl	0,40	0,46		0,00	0,46
14	Reparaturen	7,40	8,39		12,00	20,39
15	Abschreibung	8,30	9,41		8,62	18,03
16	Zinsansatz	1,99	2,26		2,41	4,67
17	Haftpflichtversicherung	0,52	0,59		0,00	0,59
18	**Summen Maschinenkosten**	**32,78**	**37,17**		**23,03**	**60,20**

[1] Im Unterschied zum Arbeitszeitbedarf, der für diesen Elementarprozess 1,14 h/ha beträgt (siehe Elementarprozess Nr. 3 in Übersicht 3.2), wird der Maschinenzeitbedarf vom KTBL bisher nicht ausgewiesen. Laut mündlicher Auskunft des KTBL gilt dafür in Z.11 angegebene Wert. Der im Vergleich zum Maschinenzeitbedarf geringfügig höhere Arbeitszeitbedarf ergibt sich durch die Berücksichtigung des Zeitbedarfes für das Betanken des Traktors.
Quelle: nach Daten von KTBL-Online, Kalkulationsdaten, Stand August 2011

€/l (abzüglich Dieselölbeihilfe) ergeben sich die Kosten für den Betriebsstoff – siehe Zeile 12 – in Höhe von 14,17 €/h. Als weiterer Betriebsstoff wird Motorenöl benötigt. Das KTBL gibt dafür eine Menge von 1% des Dieselölbedarfes, hier also – siehe Zeile 6 – 0,2024 l/h an. Bei einem Preis von 2,00 €/l ergeben sich daraus Kosten für das Öl – siehe Zeile 13 – in Höhe von 0,40 €/h. Für die anfallenden Reparaturen des Schleppers werden vom KTBL 7,40 €/h angegeben (siehe Zeilen 4 und 14).

Die Abschreibungen sind die Kosten für die Abnutzung des Traktors durch seinen Einsatz. Zu ihrer Berechnung werden der Anschaffungspreis des Traktors (Zeile 1) und sein (maximaler) Nutzungsumfang, gemessen nach Arbeit (Zeile 8) bis zum vollständigen Verschleiß benötigt. Außerdem wird der hier mit Null angenommene Schrottpreis für die abgenutzte Maschine berücksichtigt. Bei einem maximalen Nutzungsumfang von 10.000 Stunden (Zeile 8) wird also je Traktoreinsatzstunde 1/10.000 des Anschaffungspreises verbraucht und ist als Abschreibung für die Abnutzung anzusetzen. Für die Abschreibung gilt mithin:

$$(3.8) \qquad Afa = \frac{AP - SP}{Nmax}$$

Darin sind:

Afa = Abschreibung (Absetzung für Abnutzung), gemessen in € je Traktorarbeitsstunde;

AP = Anschaffungspreis, gemessen in €;

SP = Schrottpreis, gemessen in €;

Nmax = Maximaler Einsatzumfang, gemessen in Traktorarbeitsstunden.

Für das Beispiel der Übersicht 3.3 ergibt sich:

$$Afa = \frac{83.000\ € - 0,00\ €}{10.000\ h} = 8,30\ €/h$$

Dieser Betrag ist in Zeile 15 der Übersicht 3.3 ausgewiesen.

Als weitere Maschinenkosten sind der Zinsansatz (Zeile 16) und die Haftpflichtversicherung des Traktors (Zeile 17) zu berücksichtigen. Der Zinsansatz wird hier mit einem Zinssatz von 4% p.a. (Zeile 2) berechnet. Der Zinsansatz ist der Kostensatz für den entgangenen Nutzen des in den Traktor und nicht anderweitig (z. B. Zins bringend auf der Bank) investierten Kapitals (Opportunitätskosten). Der Zinsansatz wird wie folgt bestimmt: Das in den Schlepper investierte Kapital beträgt bei seiner Anschaffung 83.000,00 € und nach seiner vollständigen Abnutzung 0,00 €. Es wird nun davon ausgegangen, dass der gebundene Kapitalbetrag im Durchschnitt der Lebensdauer des Traktors die Hälfte des Anschaffungspreises, also im Beispiel 41.500,00 €, beträgt. Multipliziert mit dem Zinssatz von i = 0,04 (4,0%, siehe Zeile 2) ergibt sich daraus ein jährlicher Zinsansatz in Höhe von 1.660,00 €.

Benötigt wird jedoch nicht der Jahreszinsansatz, sondern der Zinsansatz je Traktoreinsatzstunde. Um diesen berechnen zu können, muss eine Annahme über den jährlichen Arbeitsumfang des Traktors gemacht werden. Dazu wird vom KTBL die sog. Auslastungsschwelle (Zeile 9) verwendet. Sie ergibt sich aus folgender Überlegung: Der Traktor kann maximal – wie gesagt – 10.000 Stunden genutzt werden. Außerdem veraltet er aber auch technisch. Das KTBL geht davon aus, dass der Traktor nach 12 Jahren (Zeile 7) technisch so veraltet ist, dass auch dann, wenn er in diesem Zeitraum noch nicht seinen maximalen in Stunden gemessenen Nutzungsumfang erreicht hat, seine weitere Verwendung nicht mehr wirtschaftlich ist, er mithin auch keinen Verkaufspreis bei einem eventuellen Verkauf mehr erzielen würde. Das KTBL macht nun die Annahme, dass der jährliche Einsatzumfang des Traktors gerade so hoch ist, dass der Traktor nach Beendigung des zeitlichen Nutzungsumfanges auch gerade seinen maximalen in Stunden gemessenen Nutzungsumfang erreicht hat.

Der dabei sich ergebende jährliche Nutzungsumfang ist die sog. Auslastungsschwelle. Man errechnet sie, indem man den maximalen Nutzungsumfang nach Traktorstunden durch den Nutzungsumfang nach Zeit dividiert. Formal gilt:

(3.9) $$AS=\frac{Nmax}{NZ}$$

Darin sind:

AS   =   Auslastungsschwelle, gemessen in Traktorarbeitsstunden je Jahr;
Nmax=   maximaler Arbeitsumfang, gemessen in Traktorarbeitsstunden;
NZ   =   Arbeitsumfang des Traktors, gemessen in Jahren.

Im vorliegenden Beispiel ist:

$$AS=\frac{10.000\ h}{12a}=833,33\ h/a$$

Der Betrag ist in Zeile 9 der Übersicht 3.3 ausgewiesen. Der gesuchte Zinsansatz je Traktorstunde ergibt sich dann wie folgt:

(3.10) $$ZA=\frac{(AP-AS)\cdot 0,5\cdot i}{AS}$$

Darin sind:

ZA   =   Zinsansatz, gemessen in € je Traktorarbeitsstunde;
i   =   Zinssatz, gemessen in %/100.

Für das vorliegende Beispiel ergibt sich:

$$ZA=\frac{(83.000\ \text{€}-0,00\ \text{€})\cdot 0,5\cdot 0,04}{833,33\ h}=1,99\ \text{€}/h$$

Dieser Betrag ist in Zeile 16 der Übersicht 3.3 angegeben.

Die je Traktoreinsatzstunde anzusetzende Haftpflichtversicherung wird prinzipiell auf die gleiche Weise wie der Zinsansatz berechnet, indem die Jahreshaftpflichtsumme durch die Auslastungsschwelle dividiert wird. Allgemein gilt:

(3.11) $$HV=\frac{HVJ}{AS}$$

Darin sind:

HV   =   Kosten der Haftpflichtversicherung, gemessen in €/h;
HVJ   =   Kosten der Haftpflichtversicherung, gemessen in €/a.

Für das vorliegende Beispiel gilt:

$$HV = \frac{430{,}00\ €/a}{833{,}33\ h/a} = 0{,}52\ €/h$$

Der Wert für die Jahreskosten der Haftpflichtversicherung ist in Zeile 3 und derjenige für die Kosten der Haftpflichtversicherung je Traktoreinsatzstunde in Zeile 17 der Übersicht 3.3 angegeben.

Bei der Verwendung der Auslastungsschwelle für die Bestimmung des Zinsansatzes und der Haftpflichtversicherungskosten je Traktoreinsatzstunde handelt es sich um eine notwendige – aber auch plausible – Annahme. Die Werte der beiden errechneten Größen wären – wie man sich anhand der Gleichungen (3.10) und (3.11) leicht klar machen kann – bei einer jährlichen Auslastung unterhalb der Auslastungsschwelle höher und bei einer Auslastung oberhalb der Auslastungsschwelle geringfügig niedriger. Auslastungen in der Nähe der Auslastungsschwelle, wie in der Praxis meistens anzutreffen, würden die gesamten Maschinenkosten des Traktors nur so unwesentlich beeinflussen, dass die obige Annahme gerechtfertigt erscheint.

Letztlich benötigt werden jedoch nicht die Maschinenkosten je Traktorarbeitsstunde, sondern die Maschinenkosten je ha Nutzfläche. Diese Werte, die im unteren Teil der Spalte für den Traktor, rechts neben den Werten je Einsatzstunde aufgeführt sind, ergeben sich durch Multiplikation der Stundenwerte mit dem in Spalte 11 aufgeführten Maschinenarbeitszeitbedarf je ha. Dieser Zeitbedarf wird vom KTBL bisher nicht explizit ausgewiesen[1]. Er liegt geringfügig unter dem in Spalte 6 der Übersicht 3.2 für den Elementarprozess Nr. 3 angegebenen Wert für den Arbeitszeitbedarf in Höhe von 1,14 h. Der geringfügig höhere Arbeitszeitbedarf ergibt sich laut Auskunft des KTBL für den Bedarf zum Betanken des Traktors.

Die Maschinenkosten für den Pflug sind in der mittleren Zahlenspalte der Übersicht 3.3 berechnet worden. Die im oberen Teil der Spalte aufgeführten Eingangswerte werden vom KTBL im Unterschied zu den Arbeitsmaschinen direkt in Beträgen je ha Nutzfläche angegeben. Diesel- und Motorenöl fallen für den Pflug nicht an (Zeilen 5 und 6 sowie 12 und 13). Für die Reparatur kann der Eingangswert direkt übernommen werden (Zeile 4 und Zeile 14). Die Abschreibung und der Zinsansatz werden für den Pflug prinzipiell ebenso wie für den Traktor berechnet. Der Wert von 8,61 €/ha für die Abschreibung ergibt sich durch Division des Anschaffungspreises des Pfluges (31.000,00 €, siehe Zeile 1) durch den (maximalen) Nutzungsumfang nach Arbeit (3600 ha, siehe Zeile 8), also gemäß Gleichung (3,8), wobei allerdings der maximale Einsatzumfang jetzt nicht in Stunden, sondern direkt in ha gemessen wird.

Der Zinsansatz errechnet sich gemäß der Gleichungen (3.9) und (3.10), wobei die Auslastungsschwelle nicht nach Einsatzstunden, sondern direkt in ha Einsatzfläche gemessen wird. Die benötigten Eingangswerte für die Auslastungsschwelle bzw. den angenommenen jährlichen Einsatzumfang gehen aus den Zeilen 9 und 7 der Übersicht 3.3 hervor. Schließlich fällt eine Haftpflichtversicherung für den Pflug nicht an.

Addiert man die Maschinenkostenbestandteile, gemessen in €/ha, für den Traktor und den Pflug, ergeben sich in der rechten Spalte die Maschinenkostenbestandteile für den Elementarprozess des „Pflügens mit Drehpflug". Sie stimmen mit den Werten für den Elementarprozess Nr. 3 – abgesehen von Rundungsfehlern im Centbereich – in Übersicht 3.2 überein.

Die Maschinenkosten sämtlicher der in Übersicht 3.2 aufgeführten Elementarprozesse werden nun prinzipiell so, wie eben am Beispiel gezeigt, berechnet. Durch Aufsummierung der Werte für die Elementarprozesse ergeben sich in der letzten Zeile der Übersicht 3.2 die Werte

---

[1] Zum besseren Nachvollziehen der KTBL-Kalkulationen wäre es wünschenswert, dass dieser Faktor explizit vom KTBL ausgewiesen wird.

für den Arbeitszeitbedarf, den Dieselölbedarf und die Positionen der Maschinenkosten für das gesamte Landnutzungsverfahren.

Zusammen mit den in Spalte 5 der Übersicht 3.2 aufgeführten Werten für die Roh- und Hilfsstoffe sowie für die Produktmenge werden diese Beträge zur Bestimmung der Bodenrente des Landnutzungsverfahrens benötigt. Die Bestimmung der Bodenrente ist in Übersicht 3.4 dargestellt.

In Zeile 1 dieser Übersicht wird zunächst die Leistung des Landnutzungsverfahrens bestimmt. Bei dem vom KTBL angegebenen mittleren Ertragsniveau von derzeit 7,89 t/ha und einem angenommenen Produktpreis von 180,00 €/t ergibt sich in der rechten Zahlenspalte eine Leistung von 1.420,20 €/ha.

Im darunter liegenden oberen Teil der Übersicht 3.4 (Zeilen 2 bis 14) werden die Roh- und Hilfsstoffkosten als Direktkosten berechnet.

Übersicht 3.4:
Leistungs-Kosten-Kalkulation für ein Landnutzungsverfahren zur Erzeugung von Weizen

Verfahrensspezifikation: Winterweizen als Brotweizen, wendende Bodenbearbeitung, gezogene Saatbettbereitung, Saat, konventioneller Anbau, Schlaggröße 10 ha, Ertragsniveau mittel, mittlerer Boden, 102-kW-Mechanisierung, Hof-Feld-Entfernung 3 km.

Z.	Leistungs-/Kostenart	Menge		Preis		Betrag	
1	**Leistung (Erntegut Brotweizen)**	7,89	t/ha	180,00	€/t	**1.420,20**	**€/ha**
2	Z-Saatgut	120,00	kg/ha	0,45	€/kg	54,00	€/ha
3	Nachbausaatgut	60,00	kg/ha	0,22	€/kg	13,20	€/ha
4	Nachbaugebühr	0,06	t/ha	37,86	€/t	2,27	€/ha
5	Kalk	1,00	t/ha	59,00	€/t	59,00	€/ha
6	KAS	640,00	kg/ha	0,23	€/kg	147,20	€/ha
7	PK 18-10	400,00	kg/ha	0,20	€/kg	80,00	€/ha
8	Fungizide					62,00	€/ha
9	Herbizide					44,00	€/ha
10	Insektizide					13,00	€/ha
11	Wachstumsregler					2,00	€/ha
12	Wasser (Pflanzenschutz)	1,20	m³/ha	2,50	€/m³	3,00	€/ha
13	Hagelversicherung	870,00	€/ha	9,34	€/1000 €	8,13	€/ha
14	Zinsansatz (3 Monate)	121,95	€/ha	0,04	€/€	4,88	€/ha
15	**Direktkosten**					**492,68**	**€/ha**
16	Betriebsstoffe					75,89	€/ha
17	Reparaturen					80,95	€/ha
18	Dienstleistung					0,00	€/ha
19	Abschreibung					178,01	€/ha
20	Zinsansatz					44,42	€/ha
21	Sonstiges (haftplichtversicherung)					3,15	€/ha
22	Lohnkosten	6,67	AKh/ha	15,00	€/Akh	100,05	€/ha
23	**Arbeitserledigungskosten**					**482,47**	**€/ha**
24	**Bodenrente[1]**					**445,05**	**€/ha**

[1] Leistung abzüglich Direkt- und Arbeitserledigungskosten
Quelle: nach Daten von KTBL-Online, Kalkulationsdaten, Stand August 2011, Produktpreis verändert.

Die in der linken Zahlenspalte angegebenen Mengen werden aus den Angaben der Spalte 5 der Übersicht 3.2 (teilweise nach Aufsummierung, z. B. für den in drei Gaben verabreichten Stickstoffdünger Kalkammonsalpeter (KAS)) übernommen. Multipliziert mit den in der mittleren Zahlenspalte der Übersicht 3.4 angegebenen Preisen ergeben sich in der rechten Zahlenspalte die Beträge der einzelnen Direktkostenarten. Sie wurden in Zeile 15 aufsummiert.

In den Zeilen 16 bis 21 der Übersicht 3.4 sind dann die aus Übersicht 3.2 (letzte Zeile) übernommenen Maschinenkosten im Einzelnen aufgeführt. Schließlich werden in Zeile 22 die Lohnkosten bestimmt. Der Arbeitszeitbedarf wurde wieder aus Übersicht 3.2 (letzte Zeile) übernommen. Bei einem angenommenen Lohnsatz von 15,00 €/h ergeben sich die Arbeitskosten mit 100,05 €/ha.

Die in Zeile 24 aufgeführte Bodenrente des Landnutzungsverfahrens errechnet sich gemäß Gleichung (3.5) nach Abzug der Kosten von den Leistungen mit 445,05 €/ha.

Neben den Bodenrenten der einzelnen Landnutzungsverfahren ist die Gesamtbodenrente eines Betriebes und die im Durchschnitt je ha Nutzfläche realisierbare Bodenrente zu ermitteln. Dazu müssen sämtliche in einem Betrieb durchgeführten Landnutzungsverfahren mit ihren jeweiligen Nutzungsumfängen bestimmt und zahlenmäßig bekannt sein.

Verfügt ein Landwirt mit einem Ackerbaubetrieb z. B. über eine Gesamtnutzfläche von LFB = 200 ha AF und führt er auf dieser Fläche die vierjährige Fruchtfolge „Zuckerrüben, Körnermais, Winterweizen und Sommergerste" durch, dann werden jeweils x_m = 50 ha (m =1 … 4) für die vier Landnutzungsverfahren verwendet. Unter der Annahme, dass für die drei zusätzlichen Landnutzungsverfahren prinzipiell die gleichen Spezifikationen gelten, wie sie oben für den Winterweizen dargestellt wurden, kann sich zur Bestimmung der betrieblichen Bodenrente die Übersicht 3.5 ergeben.

Übersicht 3.5:
Bestimmung der Bodenrenten und der Landnutzungsintensitäten eines Betriebes mit mittlerem Ertragsniveau

Sp.>	1	2	3	4	5	6	7
Z.	Landnutzungsverfahren	Zuckerrüben	Körnermais	Winterweizen	Sommergerste	Betriebliche Gesamtwerte	Durchschnitts- werte je ha
1	Anbauumfang in ha [x_m]	50,00	50,00	50,00	50,00	200,00	1,00
2	Produktmenge in t/ha [y_m]	60,00	9,77	7,89	5,92	***	***
3	Verkaufspreis in €/t [py_m]	35,00	185,00	180,00	200,00	***	***
4	Leistung in €/ha [LV_m] (Z.2*Z.3)	2.100,00	1.807,45	1.420,20	1.184,00	325.582,50	1.627,91
5	Direktkosten in €/ha	765,55	416,47	492,68	335,25	100.497,50	502,49
6	Maschinenkosten in €/ha	444,55	726,62	382,42	348,42	95.100,50	475,50
7	Arbeitskosten in €/ha	75,30	97,95	100,05	86,55	17.992,50	89,96
8	Gesamtkosten in €/ha [KV_m] (Z.3+Z.4+Z.5)	1.285,40	1.241,04	975,15	770,22	213.590,50	1.067,95
9	Bodenrente in €/ha [BR_m] (Z.1-Z.6)	814,60	566,41	445,05	413,78	111.992,00	559,96

Quelle: nach Daten von KTBL-Online, Kalkulationsdaten, Stand August 2011, Produktpreise verändert.

In Zeile 1 dieser Übersicht sind zunächst die Anbauumfänge der vier im Kopf der Übersicht genannten Landnutzungsverfahren sowie die betriebliche Gesamtnutzfläche angegeben. In den Spalten 2 bis 5 sind dann in den Zeilen 2 bis 4 die angenommenen Produktmengen je ha Nutzfläche, die angenommenen Verkaufspreise und die sich aus der Multiplikation der Produktmengen mit den Verkaufspreisen ergebenden Leistungen je ha Anbaufläche der vier Landnutzungsverfahren aufgeführt.

Des Weiteren werden mit den Werten der Zeilen 5 bis 9 in den Spalten 2 bis 5 die Bodenrenten der vier Landnutzungsverfahren je ha Anbaufläche, sowie in den Spalten 6 und 7 die Gesamtbodenrente des Betriebes bzw. die durchschnittliche betriebliche Bodenrente je ha Nutzfläche bestimmt. Die in Spalte 6 aufgeführten Gesamtwerte ergeben sich durch Multiplikation der ha-Werte mit den Anbauumfängen der Landnutzungsverfahren in den Spalten 2 bis 5 und anschließender Aufsummierung. Die Durchschnittswerte je ha Nutzfläche in Spalte 7 ergeben sich durch Division der Gesamtwerte in Spalte 6 durch die Gesamtnutzfläche.

Die höchste verfahrensspezifische Bodenrente wird im Beispiel der Übersicht 3.5 mit dem Landnutzungsverfahren „Zuckerrüben", die geringste mit dem Verfahren „Sommergerste" erzielt. Die durchschnittliche Bodenrente des Betriebes beträgt 559,96 €/ha.

3.4 Quantitative Definition der Landnutzungsintensität

Das im vorhergehenden Abschnitt durch die Übersicht 3.5 dargestellte Beispiel eines betrieblichen Landnutzungsprogramms soll auch als Beispiel für die quantitative Definition und die Berechnung der Landnutzungsintensität dienen.

Allgemein wird in den Wirtschaftswissenschaften die Intensität als Quotient der Einsatzmengen von zwei Produktionsfaktoren definiert. Wegen der Nichtaddierbarkeit der Mengen von unterschiedlichen Faktorarten (unterschiedliche physische Mengeneinheiten) können auf diese Weise nur partielle Intensitäten gebildet werden, z. B. die Stickstoffintensität als Stickstoffdüngermenge je ha Nutzfläche oder die Arbeitsintensität als Arbeitszeitbedarf je ha Nutzfläche.

Will man zumindest im Zähler des Quotienten mehrere Produktionsfaktorarten zusammenfassen, müssen die Faktormengen addierbar gemacht werden. Dies geschieht über den gemeinsamen Nenner des Geldes, d. h. über die Ankaufspreise der Faktoren, um ihre Kosten bestimmen zu können. Im Anschluss an THEODOR BRINKMANN wird deshalb für die landwirtschaftliche Produktion der Quotient aus den Kosten (ohne die Kosten für die Nutzung des Bodens) und der Nutzfläche verwendet (BRINKMANN, 1922, S. 30). Für die Landnutzungsintensität gilt allgemein mithin der folgende Ausdruck:

(3.12) $\qquad IL = \dfrac{K}{F}$

Darin sind:

IL	=	Landnutzungsintensität, gemessen in €/ha betrieblicher Nutzfläche;
K	=	Kosten der Landnutzung des Betriebes, gemessen in €;
F	=	Nutzfläche des Betriebes, gemessen in ha.

Die Landnutzungsintensität des mit Übersicht 3.5 dargestellten Betriebes beträgt demgemäß:

$$IL = \frac{213.590,50 \, €}{200,00 \, ha} = 1.067,95 \, €/ha$$

Dieser Betrag wurde in der Spalte 7 der Zeile 8 der Übersicht 3.5 berechnet.

Die Höhe der betrieblichen Landnutzungsintensität wird ihrerseits durch die „spezielle Intensität" und durch das betriebliche Landnutzungsprogramm bestimmt. Sie ist deshalb die Resultante aus diesen beiden Einflussgrößen.

Die spezielle Intensität bezieht sich auf ein Landnutzungsverfahren. Sie ist durch die Kosten je ha Anbaufläche des Landnutzungsverfahrens definiert. Formal gilt:

(3.13) $\qquad IS_m = KV_m$

Darin sind:

IS$_m$ = Spezielle Intensität des m-ten Landnutzungsverfahrens, gemessen in €/ha Nutzfläche;

KV$_m$ = Kosten des m-ten Landnutzungsverfahren, gemessen in €/ha Nutzfläche.

Die speziellen Intensitäten der vier Landnutzungsverfahren des Beispiels sind in den Spalten 2 bis 5 der Zeile 8 der Übersicht 3.5 angegeben. Die höchste spezielle Intensität weist der Zuckerrübenanbau mit 1.285,40 €/ha, die geringste der Sommergerstenanbau mit 770,22 €/ha auf.

Selbstverständlich lässt sich die spezielle Intensität nicht nur – wie hier verfahren – direkt aus den ha-Werten für die Kostenarten ableiten, sondern auch aus den Gesamtkosten und der Gesamtanbaufläche eines Landnutzungsverfahrens. Für die spezielle Intensität eines Landnutzungsverfahrens gilt dann:

(3.14) $$IS_m = \frac{TK_m}{x_m} = \frac{KV_m \cdot x_m}{x_m} = KV_m$$

Darin sind:

TK$_m$ = Gesamtkosten des m-ten Landnutzungsverfahrens, gemessen in €;

x$_m$ = Anbauumfang des m-ten Landnutzungsverfahrens, gemessen in ha.

Die Ausdrücke (3.13) und (3.14) sind also identisch. Gegenüber Gleichung (3.14) wurde bei Gleichung (3.13) die Division durch die Anbauflächen bereits bei den einzelnen Eingangsgrößen zur Berechnung der Kosten vorgenommen.

Zur Verdeutlichung des Einflusses der Höhe der speziellen Intensitäten auf die Höhe der betrieblichen Landnutzungsintensität möge die Übersicht 3.6 dienen. Im Vergleich zu Übersicht 3.5 wurde bei unverändertem Landnutzungsprogramm von einem natürlichen Standort ausgegangen, dessen Klimabedingungen höhere Ertragsniveaus ermöglichen. Übersicht 3.6 zeigt in den Zeilen 2 bis 4 die höheren Naturalerträge und die sich daraus bei unveränderten Produktpreisen ergebenden höheren Leistungen der Landnutzungsverfahren. Aus den Zeilen 5 bis 8 geht hervor, dass die höheren Erträge ihrerseits höhere Kosten verursachen. Da jedoch die Leistungen stärker als die Kosten ansteigen, ergeben sich im Vergleich zu den Werten der Übersicht 3.5 höhere Bodenrenten.

Übersicht 3.6:
Bestimmung der Bodenrenten und der Landnutzungsintensitäten eines Betriebes mit hohem Ertragsniveau

Sp.>	1	2	3	4	5	6	7
Z.	Landnutzungsverfahren	Zuckerrüben	Körnermais	Winterweizen	Sommergerste	Betriebliche Gesamtwerte	Durchschnittswerte je ha
1	Anbauumfang in ha [x$_m$]	50,00	50,00	50,00	50,00	200,00	1,00
2	Produktmenge in t/ha [y$_m$]	70,00	11,40	9,86	6,91	***	***
3	Verkaufspreis in €/t [py$_m$]	35,00	185,00	180,00	200,00	***	***
4	Leistung in €/ha [LV$_m$] (Z.2*Z.3)	2.450,00	2.109,00	1.774,80	1.382,00	385.790,00	1.928,95
5	Direktkosten in €/ha	853,09	502,24	600,12	367,87	116.166,00	580,83
6	Maschinenkosten in €/ha	483,21	807,09	421,46	364,81	103.828,50	519,14
7	Arbeitskosten in €/ha	80,70	106,80	109,80	89,10	19.320,00	96,60
8	Gesamtkosten in €/ha [KV$_m$] (Z.3+Z.4+Z.5)	1.417,00	1.416,13	1.131,38	821,78	239.314,50	1.196,57
9	Bodenrente in €/ha [BRm] (Z.1-Z.6)	1.033,00	692,87	643,42	560,22	146.475,50	732,38

Quelle: nach Daten von KTBL-Online, Kalkulationsdaten, Stand August 2011, Produktpreise verändert.

Durch Vergleich der Kosten der Landnutzungsverfahren in den Zeilen 8 der Übersichten 3.5 und 3.6 erkennt man, dass der Betrieb mit den höheren Naturalerträgen auch mit höheren speziellen Intensitäten – gemessen als Kosten je ha Anbaufläche der Landnutzungsverfahren – wirtschaftet. Die höheren speziellen Intensitäten wirken sich in gleicher Richtung auf die betriebliche Landnutzungsintensität aus. Ein Vergleich der Durchschnittswerte je ha für die Kosten (Zeile 8, Spalte 7) zeigt, dass die durchschnittliche betriebliche Landnutzungsintensität von 1.067,95 auf 1.196,57 €/ha ansteigt. Umgekehrte Aussagen würden sich selbstverständlich für Standorte ergeben, auf denen nur geringere Erträge erzielt werden können.

Die speziellen Intensitäten der einzelnen Landnutzungsverfahren sind unterschiedlich hoch. Die Zusammensetzung des betrieblichen Landnutzungsprogramms hat deshalb ebenfalls Einfluss auf die betriebliche Landnutzungsintensität. Das zeigt ein Vergleich der Übersichten 3.5 und 3.7.

Übersicht 3.7:
Bestimmung der Bodenrenten und der Landnutzungsintensitäten eines Betriebes mit mittlerem Ertragsniveau (Anbauverhältnis gegenüber Übersicht 3.5 verändert)

Sp.>	1	2	3	4	5	6	7
Z.	Landnutzungsverfahren	Zuckerrüben	Körnermais	Winterweizen	Sommergerste	Betriebliche Gesamtwerte	Durchschnitts- werte je ha
1	Anbauumfang in ha [x_m]	66,67	66,67	66,67	0,00	200,00	1,00
2	Produktmenge in t/ha [y_m]	60,00	9,77	7,89	0,00	***	***
3	Verkaufspreis in €/t [py_m]	35,00	185,00	180,00	0,00	***	***
4	Leistung in €/ha [LV_m] (Z.2*Z.3)	2.100,00	1.807,45	1.420,20	0,00	355.176,67	1.775,88
5	Direktkosten in €/ha	765,55	416,47	492,68	0,00	111.646,67	558,23
6	Maschinenkosten in €/ha	444,55	726,62	382,42	0,00	103.572,67	517,86
7	Arbeitskosten in €/ha	75,30	97,95	100,05	0,00	18.220,00	91,10
8	Gesamtkosten in €/ha [KV_m] (Z.3+Z.4+Z.5)	1.285,40	1.241,04	975,15	0,00	233.439,33	1.167,20
9	Bodenrente in €/ha [BRm] (Z.1-Z.6)	814,60	566,41	445,05	0,00	121.737,33	608,69

Quelle: nach Daten von KTBL-Online, Kalkulationsdaten, Stand August 2011, Produktpreise verändert.

In Übersicht 3.7 wurde das betriebliche Landnutzungsprogramm dahingehend verändert, dass das Landnutzungsverfahren mit der geringsten speziellen Intensität – im Beispiel Sommergerste – aufgegeben wurde und die drei verbleibenden Landnutzungsverfahren auf jeweils 33,33% oder – bei 200 ha Gesamtnutzfläche – auf jeweils 66,67 ha Anbaufläche ausgedehnt werden. Unter der Annahme, dass die daraus resultierende Veränderung der Fruchtfolge keinen Einfluss auf die Erträge und die Kosten hat, steigt die Landnutzungsintensität um etwa 100,00 € von 1.067,95 auf 1.167,20 €/ha an, verbunden mit einer Steigerung der durchschnittlichen betrieblichen Bodenrente von 559,96 auf 608,69 €/ha (vgl. Zeilen 7 und 8 in Spalte 7 der Übersichten 3.5 und 3.7). Selbstverständlich würde sich eine Verminderung der betrieblichen Landnutzungsintensität ergeben, wenn Landnutzungsverfahren mit relativ geringen speziellen Intensitäten größere Anteile am betrieblichen Landnutzungsprogramm eingeräumt würden.

Übersicht 3.8 zeigt im Vergleich zu Übersicht 3.5 schließlich als Resultante die kombinierten Wirkungen veränderter spezieller Intensitäten und veränderter Landnutzungsprogramme. Im Beispiel wurde also sowohl der Standort mit den höheren Naturalerträgen als auch die Herausnahme des Landnutzungsverfahrens „Sommergerste" angenommen. Dadurch steigt die betriebliche Landnutzungsintensität von 1.067,55 auf 1.321,50 €/ha an, verbunden mit einer Steigerung der durchschnittlichen betrieblichen Bodenrente von 559,96 auf 789,76 €/ha.

Übersicht 3.8:
Bestimmung der Bodenrenten und der Landnutzungsintensitäten eines Betriebes mit hohem Ertragsniveau
(Anbauverhältnis gegenüber Übersicht 2.6 verändert)

Sp.>	1	2	3	4	5	6	7
Z.	Landnutzungsverfahren	Zuckerrüben	Körnermais	Winterweizen	Sommergerste	Betriebliche Gesamtwerte	Durchschnitts- werte je ha
1	Anbauumfang in ha [x_m]	66,67	66,67	66,67	0,00	200,00	1,00
2	Produktmenge in t/ha [y_m]	70,00	11,40	9,86	0,00	***	***
3	Verkaufspreis in €/t [py_m]	35,00	185,00	180,00	0,00	***	***
4	Leistung in €/ha [LV_m] (Z.2*Z.3)	2.450,00	2.109,00	1.774,80	0,00	422.253,33	2.111,27
5	Direktkosten in €/ha	853,09	502,24	600,12	0,00	130.363,33	651,82
6	Maschinenkosten in €/ha	483,21	807,09	421,46	0,00	114.117,33	570,59
7	Arbeitskosten in €/ha	80,70	106,80	109,80	0,00	19.820,00	99,10
8	Gesamtkosten in €/ha [KV_m] (Z.3+Z.4+Z.5)	1.417,00	1.416,13	1.131,38	0,00	264.300,67	1.321,50
9	Bodenrente in €/ha [BR_m] (Z.1-Z.6)	1.033,00	692,87	643,42	0,00	157.952,67	789,76

Quelle: nach Daten von KTBL-Online, Kalkulationsdaten, Stand August 2011, Produktpreise verändert.

3.5 Quantitative Definition des Landnutzungsprogramms und Messung des Grades seiner Diversifizierung

Ein Landnutzungsprogramm wird generell durch die auf der betrieblichen Nutzfläche gleichzeitig angebauten Nutzpflanzenarten, durch die Anzahl dieser Nutzpflanzenarten und durch ihre Anteile an der betrieblichen Nutzfläche definiert. Die Anzahl der Nutzpflanzen und ihre Anbauanteile bestimmen den Grad der Diversifizierung eines Landnutzungsprogramms. Zum einen ist ein Landnutzungsprogramm umso stärker diversifiziert, je größer die Anzahl der gleichzeitig angebauten Nutzpflanzenarten ist. Zum anderen ist es bei gegebener Anzahl der gleichzeitig angebauten Nutzpflanzenarten umso stärker diversifiziert, je ähnlicher ihre Anbauanteile an der Nutzfläche sind.

Ein Maß für diese nach zwei Kriterien definierte Diversifizierung eines betrieblichen Landnutzungsprogramms lässt sich mit einer Kennzahl zur Konzentrationsmessung finden. Die Statistik stellt mehrere derartiger Kennzahlen bereit. Für den vorliegenden Zweck erscheint der HERFINDAHL-Index am besten geeignet (wikipedia.org/wiki/HERFINDAHL-Index). Er ist wie folgt definiert:

$$(3.15) \qquad H = \sum_{n=1}^{N} a_n^2 \qquad \text{mit} \qquad a_n = \frac{x_n}{LFB} \text{ und} \qquad LFB = \sum_{n=1}^{N} x_n$$

Darin sind hier:

H = HERFINDAHL-Index;
X_n = Anbaufläche der n-ten Nutzpflanzenart, gemessen in ha;
N = Anzahl der gleichzeitig angebauten Nutzpflanzenarten;
LFB = betriebliche Nutzfläche, gemessen in ha.

Der Index umfasst den Wertebereich $0 < H \leq 1$. Bei einer gegen unendlich gehenden Anzahl von Nutzpflanzenarten in einem Landnutzungsprogramm, also dessen größtmöglicher Diversifizierung, geht der Wert des Index gegen Null. Bei nur einer Nutzpflanzenart im Landnutzungsprogramm, also dessen geringst möglicher Diversifizierung bzw. absoluter Spezialisierung, hat der Index den Wert H = 1. Weiterhin muss die Summe der Anbauflächen der Nutzpflanzenarten der betrieblichen Nutzfläche entsprechen.

Übersicht 3.9:

Grad der Diversifizierung unterschiedlicher Landnutzungsprogramme, gemessen mit HERFINDAHL-Index – Beispiele für eine betriebliche Nutzfläche von 200 ha –

Z.	Nutzpflanzenart	Dimension	Landnutzungsprogramme						
			1	2	3	4	5	6	7
1	Zuckerrüben	ha	20,00	20,00	20,00	50,00	66,67		
2	Körnermais	ha	20,00	50,00	100,00	50,00	66,67	100,00	200,00
3	Winterweizen	ha	20,00	20,00	10,00	50,00	66,67	100,00	
4	Sommergerste	ha	20,00	20,00	10,00	50,00			
5	Winterraps	ha	20,00	20,00	10,00				
6	Silomais	ha	20,00	20,00	10,00				
7	Kartoffeln	ha	20,00	20,00	10,00				
8	Wintergerste	ha	20,00	10,00	10,00				
9	Winterroggen	ha	20,00	10,00	10,00				
10	Triticale	ha	20,00	10,00	10,00				
11	Betriebliche Nutzfläche	ha	200,00	200,00	200,00	200,00	200,00	200,00	200,00
12	HERFINDAHL-Index	***	0,10	0,13	0,28	0,25	0,33	0,50	1,00

Die Anwendung des HERFINDAHL-Index zur Messung der Vielseitigkeit von Landnutzungsprogrammen soll an einem Beispiel verdeutlicht werden. Übersicht 3.9 zeigt für einen landwirtschaftlichen Betrieb mit einer Nutzfläche von insgesamt 200 ha sieben unterschiedliche Landnutzungsprogramme.

Im Landnutzungsprogramm Nr. 1 werden auf der betrieblichen Nutzfläche sämtliche der im Beispiel zur Auswahl stehenden Nutzpflanzenarten (von Zuckerüben bis Triticale) im Umfang von jeweils 20 ha angebaut. Der in Zeile 12 der Übersicht 3.9 aufgeführte HERFINDAHL-Index weist einen Wert von H = 0,10 aus, was einen relativ hohen Grad an Diversifizierung andeutet.

Im Landnutzungsprogramm Nr. 2 werden zwar nach wie vor sämtliche Nutzpflanzenarten angebaut, allerdings in Bezug auf deren Anbauflächen nicht mehr gleichverteilt. Zulasten des auf 50 ha ausgedehnten Körnermaises wurden Wintergerste, Winterroggen und Triticale auf jeweils 10 ha reduziert. Durch die Ausdehnung des Körnermaises entsteht eine gewisse Schwerpunktbildung im Landnutzungsprogramm. Das Landnutzungsprogramm ist dadurch weniger diversifiziert, was sich durch den gestiegenen Wert des HERFINDAHL-Index von H = 0,13 ausdrückt.

Im Landnutzungsprogramm Nr. 3 wurde der Körnermais zulasten weiterer Nutzpflanzenarten auf 100 ha ausgedehnt. Er steht damit in jedem 2. Jahr auf denselben Feldstücken des Betriebes. Die Schwerpunktbildung im Landnutzungsprogramm ist dadurch noch stärker ausgeprägt. Der HERFINDAHL-Index drückt das durch den auf H = 0,28 gestiegenen Wert aus.

Im Unterschied zu dem gleichverteilten Landnutzungsprogramm Nr. 1 wurde mit den Programmen Nr. 4 bis Nr. 7 zwar die Gleichverteilung der Anbauflächen beibehalten, aber die Anzahl der angebauten Nutzpflanzenarten sukzessive eingeschränkt. Die Landnutzungsprogramme Nr. 4 und Nr. 5 entsprechen dabei den in den Übersichten 3.5 und 3.7 als Beispiele verwendeten Landnutzungsprogrammen.

Im Landnutzungsprogramm Nr. 4 wurde der Grad der Diversifizierung auf vier Nutzpflanzenarten zurück genommen, wodurch der Wert des HERFINDAHL-Index im Vergleich zum Landnutzungsprogramm Nr. 1 von H = 0,10 auf nunmehr H = 0,25 steigt. Wie weitere Reduzierungen der Anzahl der Nutzpflanzenarten in den Landnutzungsprogrammen Nr. 5 bis Nr. 7 zeigen, steigt der HERFINDAHL-Index sukzessive an. Bei dem Körnermaisanbau als Monokultur (Landnutzungsprogramm Nr. 7) wird der Extremwert von H = 1,00 erreicht.

Der HERFINDAHL-Index ist also eine Kennzahl, mit der sich Grade der Diversifizierung, d. h. der Vielseitigkeit und der Schwerpunktbildung, von Landnutzungsprogrammen in geeigneter Weise zusammenfassend kennzeichnen lassen.

3.6 Die Aufspaltung der Kosten in ihre ertrags- und flächenabhängigen Bestandteile

Für standorttheoretische Analysen ist die Aufteilung der Produktionskosten von Landnutzungsverfahren in ertragsniveauabhängige und bearbeitungsflächenabhängige oder – kürzer

Übersicht 3.10:
Leistungs-Kosten-Rechnung für Winterweizen in Abhängigkeit vom Ertragsniveau

Spezifikationen: Brotweizen, wendend, gezogene Saatbettbereitung, Saat , konventionell, Schlaggröße 10 ha, 102-kW-Mechanisierung, Hof-Feld-Entfernung 3 km

Z.	Leistungs-/Kostenart	Preis			Niedriges Ertragsniveau		Betrag €/ha	Mittleres Ertragsniveau		Betrag €/ha	Hohes Ertragsniveau		Betrag €/ha
					Menge			Menge			Menge		
1	Erntegut	180,00	€/t		5,92	t/ha	1.065,60	7,89	t/ha	1.420,20	9,86	t/ha	1.774,80
2	Summe Leistung (Z.1)						1.065,60			1.420,20			1.774,80
3	Z-Saatgut	0,45	€/kg		120,00	kg/ha	54,00	120,00	kg/ha	54,00	120,00	kg/ha	54,00
4	Nachbausaatgut	0,22	€/kg		60,00	kg/ha	13,20	60,00	kg/ha	13,20	60,00	kg/ha	13,20
5	Nachbaugebühr	37,86	€/t		0,06	t/ha	2,27	0,06	t/ha	2,27	0,06	t/ha	2,27
6	Saatgutkosten (Sa. Z.3 - Z.5)						69,47			69,47	69,47	€/ha	69,47
7	Kalk	59,00	€/t		1,00	t/ha	59,00	1,00	kg/ha	59,00	1,00	t/ha	59,00
8	KAS	0,23	€/kg		480,00	kg/ha	110,40	640,00	kg/ha	147,20	800,00	kg/ha	184,00
9	PK 18-10	0,20	€/kg		300,00	kg/ha	60,00	400,00	kg/ha	80,00	500,00	kg/ha	100,00
10	Düngemittelkosten (Sa. Z.7 - Z.9)						229,40			286,20			343,00
11	Fungizide						41,00			62,00			86,00
12	Herbizide						31,00			44,00			55,00
13	Insektizide						0,00			13,00			13,00
14	Wachstumsregler						2,00			2,00			3,00
15	Wasser (Pflanzenschutz)	2,50	€/m³		1,20	m³/ha	3,00	1,20	m³/ha	3,00	1,20	m³/ha	3,00
16	Pflanzenschutzmittelkosten (Sa. Z.11 - Z.15)						77,00			124,00			160,00
17	Hagelversicherung	9,34	€/1000 €		650,00	€/ha	6,07	870,00	€/ha	8,13	1.090,00	€/ha	10,18
18	Zinsansatz (3 Monate)	0,04	€/€		95,49	€/ha	3,82	121,95	€/ha	4,88	148,55	€/ha	5,94
19	Sonstige Direktkosten (Z.17+Z.18)						9,89			13,00			16,12
20	Summe Direktkosten (Z.6+Z.10+Z.16+Z.19)						385,76			492,68			588,59
21	Maschinenkosten						326,55			382,42			421,46
22	Sachkosten (Z.20 +Z.21)						712,31			875,10			1.010,05
22	Lohnkosten	15,00	€/Akh		6,29	AKh/ha	94,35	6,67	AKh/ha	100,05	7,32	Akh/ha	109,80
23	Summe Arbeitserledigungskosten (Z.21+Z.22)						420,90			482,47			531,26
24	Summe Kosten (Z.20+Z.23)						806,66			975,15			1.119,85
25	Bodenrente (Z.2-Z.24)						258,94			445,05			654,95

Quelle: nach Daten von KTBL-Online, Kalkulationsdaten, Stand August 2011, Produktpreis u. Saatgutkosten bei hohem Ertragsniveau verändert

– in ertrags- und flächenabhängige Bestandteile von zentraler Bedeutung. Während ein Teil der Kosten mit dem erzielbaren Ertragsniveau zunimmt, bleibt ein anderer Teil davon unberührt, steigt vielmehr nur proportional zur bearbeiteten Nutzfläche an. Ersteres gilt überwiegend für die Dünger- und Pflanzenschutzmittelkosten sowie für kleinere Teile der Arbeitserledigungskosten. Letzteres gilt überwiegend für die Saatgutkosten sowie für große Teile der Arbeitserledigungskosten.

Wie die beiden Kostenbestandteile bestimmt werden können, soll anhand eines Beispiels für das Landnutzungsverfahren des Winterweizens gezeigt werden. In Übersicht 3.10 sind Leistungs-Kosten-Rechnungen für drei Ertragsniveaus, nämlich für derzeit in Europa repräsentative niedrige, mittlere und hohe Ertragsniveaus, aufgeführt. Die Erträge umfassen einen Bereich von 5,92 bis 9,86 t/ha, woraus sich bei einem Produktpreis von 180,00 €/t Leistungen von 1.065,60 bis 1.774,80 €/ha ergeben (siehe Zeilen 1 und 2 der Übersicht). Bei den in den Zeilen 3 bis 24 der Übersicht 3.10 aufgeführten Kosten der Landnutzungsverfahren fällt auf, dass einige Kostenarten in Abhängigkeit vom Ertragsniveau gar nicht oder nur geringfügig, andere dagegen deutlich stärker zunehmen.

Fasst man – wie in Übersicht 3.11 erfolgt – die Kosten nach den Gruppen der Arbeits- und der Sachkosten zusammen, dann lassen sich daraus sehr genau mittels linearer Einfachregression die flächenabhängigen und die ertragsabhängigen Kostenbestandteile für diese beiden Kostengruppen voneinander abgrenzen. Die im rechten Teil der Übersicht aufgeführten Angaben zur Statistik zeigen, dass die Achsenabschnitte der Kostenfunktionen – nämlich die flächenabhängigen Kostenbestandteile – im Beispiel für die Arbeit 70,4608, für die Sachgüter 269,5843 und für die Gesamtkosten 340,0451 €/ha betragen, während die ertragsabhängigen Kostenbestandteile Steigungen von 3,9213 für die Arbeit, von 75,6385 für die Sachgüter und von 79,4898 €/t Ertrag für die Gesamtkosten aufweisen. Die zugehörigen Bestimmtheitsmaße von nahezu 1,0000 belegen die Genauigkeit der Rechnungen.

Übersicht 3.11:
Bestimmung der Leistungs-, Kosten- und Bodenrentenfunktionen mittels Einfachregression in Abhängigkeit vom Ertragsniveau für Landnutzungsverfahren des Winterweizens (Verfahren gemäß Übersicht 3.10)

Bezeichnung	Dimen-sion	Ertragsniveau			Statistik		
		Niedrig	Mittel	hoch	Achsenabschnitt	Steigung	Bestimmtheitsmaß
Ertrag	t/ha	5,92	7,89	9,86	***	***	***
Produktpreis	€/t	180,00	180,00	180,00	***	***	***
Leistung	€/ha	1.065,60	1.420,20	1.774,80	0,0000	180,0000	1,0000
Arbeitskosten	€/ha	94,35	100,05	109,80	70,4608	3,9213	0,9776
Sachkosten	€/ha	712,31	875,10	1.010,05	269,5843	75,5685	0,9971
Kosten	€/ha	806,66	975,15	1.119,85	340,0451	79,4898	0,9981
Bodenrente	€/ha	258,94	445,05	654,95	-340,0451	100,5102	***

Naturgemäß beträgt der Achsenabschnitt der Leistungsfunktion 0,00 €/ha. Die Leistung steigt in Abhängigkeit vom Ertragsniveau mit dem angenommenen Produktpreis in Höhe von 180,00 €/t an. Das Bestimmtheitsmaß dafür ist selbstverständlich 1,000.

Die Bodenrentenfunktion ergibt sich als Differenz aus der Leistungs- und der Kostenfunktion. Bei einem Ertrag von 0 t/ha beträgt die Bodenrente als Achsenabschnitt der Funktion im Beispiel logischerweise -340,0451 €/ha. Die Bodenrente steigt je t Ertrag – als Differenz aus den Steigungen der Leistungs- und der Kostenfunktion – um 100,5102 €/t Ertrag an.

In Übersicht 3.12 sind die Leistungs- und die Kostenfunktionen – letztere in ihren ertrags- und flächenabhängigen Bestandteilen – in Abhängigkeit vom Ertragsniveau grafisch abgetragen. Die Leistungsfunktion des Beispiels lautet in Anwendung der Gleichung (3.4):

$$LV_m = py_m \cdot y_m = 180{,}00 \cdot y_m$$

Für ein m-tes Landnutzungsverfahren gilt nunmehr als Funktion der Arbeitskosten unter Berücksichtigung der beiden Kostenbestandteile:

(3.16) $\qquad KVA_m = KVFA_m + MKVA_m \cdot y_m$

Für die Funktion der Sachkosten gilt entsprechend:

(3.17) $\qquad KVS_m = KVFS + MKVS_m \cdot y_m$

Die Gesamtkosten sind dann die Summe der Arbeits- und Sachkosten. Für sie gilt:

(3.18) $\qquad KV_m = KVA_m + KVS_m = KVFA_m + KVFS_m + (MKVA_m + MKVS_m) \cdot y_m$

Im Beispiel sind die Arbeitskosten:

$$KVA_m = 70{,}4608 \ \text{€/ha} + 3{,}9213 \ \text{€/t} \cdot y_m$$

Die Sachkosten sind:

$$KV_m = 269{,}5843 \ \text{€/ha} + 75{,}5685 \ \text{€/t} \cdot y_m$$

Und die Gesamtkosten sind:

$$KV_m = 340{,}0541 \ \text{€/ha} + 79{,}4898 \ \text{€/t} \cdot y_m$$

Für die Bodenrente eines m-ten Landnutzungsverfahren gilt durch Einsetzen der Gleichungen (3.4) und (3.18) in Gleichung (3.5) nunmehr:

(3.19) $\qquad BR_m = (py_m - MKVA_m - MKVS_m) \cdot y_m - (KVFA_m + KVFS_m)$

Die Bodenrente des Beispiels ist:

$$BR_m = 100{,}5102 \ \text{€/t} \cdot y_m - 340{,}0451 \ \text{€/ha}$$

In den Gleichungen (3.18) und (3.19) sind:

LV_m	=	Leistung des m-ten Landnutzungsverfahrens, gemessen in €/ha;
py_m	=	zugehöriger Produktpreis, gemessen in €/t;
y_m	=	Ertrag des m-ten Landnutzungsverfahrens, gemessen in t/ha;
KV_m	=	Kosten des m-ten Landnutzungsverfahrens, gemessen in €/ha;
$KVFA_m$	=	flächenabhängige Arbeitskosten des m-ten Landnutzungsverfahrens, gemessen in €/ha;
$KVFS_m$	=	flächenabhängige Sachkosten des m-ten Landnutzungsverfahrens,

gemessen in €/ha;

$MKVA_m =$ ertragsabhängiger Arbeitskostensatz des m-ten Landnutzungsverfahrens, gemessen in €/t Ertrag;

$MKVS_m =$ ertragsabhängiger Sachkostensatz des m-ten Landnutzungsverfahrens, gemessen in €/t Ertrag;

$BR_m =$ Bodenrente des m-ten Landnutzungsverfahrens, gemessen in €/ha.

Die ertragsabhängigen Kostensätze sind nichts anderes als die ertragsabhängigen Arbeits- und Sachstückkosten der Landnutzungsverfahren – wie gesagt –, gemessen in €/t Ertrag.

Übersicht 3.12:
Leistung, Kosten und Bodenrente in Abhängigkeit vom Ertragsniveau für Landnutzungsverfahren des Winterweizens

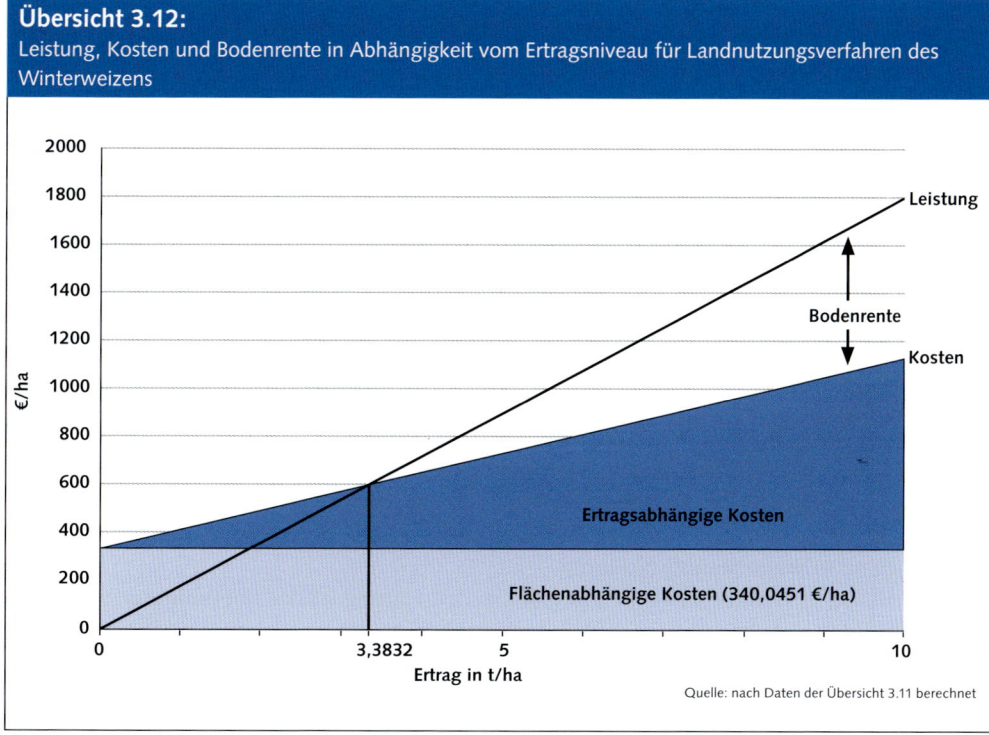

Quelle: nach Daten der Übersicht 3.11 berechnet

Übersicht 3.12 zeigt u. a., dass eine positive Bodenrente erst ab einem bestimmten Ertragsniveau – im Beispiel bei 3,3832 t/ha – erzielt werden kann. Das Ertragsniveau, bei dem die Bodenrente in den positiven Bereich umschlägt, lässt sich durch Nullsetzung der Gleichung (3.19) einfach errechnen. Es gilt nach wenigen Umformungen:

$$y_m = \frac{KVFA_m + KVFS_m}{py_m - MKVA_m - MKVS_m}$$

Der Ausdruck unter dem Bruchstrich ist nichts anderes als die „ertragskostenfreie Stückleistung" der Landnutzungsverfahren. Sie ist die Steigung der Bodenrentenfunktion.

Durch Einsetzen der Werte des Beispiels ergibt sich:

$$y_m = \frac{340,0451}{100,5102} = 3,3832 \text{ t/ha}$$

In den Analysen der nachfolgenden Kapitel dieses Buches werden die hier abgeleiteten Leistungs-, Kosten- und Bodenrentenfunktionen für sämtliche betrachteten Landnutzungsverfahren gebildet und zur Bestimmung der Landnutzungsprogramme und Landnutzungsintensitäten verwendet. Je nach den Werten der Standort- und Betriebsfaktoren ergeben sich für die Landnutzungsverfahren unterschiedliche Verläufe der Bodenrentenfunktionen, was gemäß dem Ziel der Maximierung der betrieblichen Bodenrente zu unterschiedlichen Landnutzungsprogrammen und Landnutzungsintensitäten führt.

3.7 Maximal erzielbare Erträge in Abhängigkeit kontrollierbarer und nichtkontrollierbarer Produktionsfaktoren: Die Produktionsfunktion

3.7.1 Einige agronomische Gegebenheiten der Nutzpflanzenerzeugung

Im vorhergehenden Abschnitt wurde von unterschiedlichen Ertragsniveaus der Nutzpflanzen ausgegangen. Wodurch ergeben sich aber diese unterschiedlichen Ertragsniveaus?

Wie jede Pflanze, so benötigt auch jede Nutzpflanze für ihr Systemwachstum und die Ertragsbildung eine gewisse Anzahl essentieller Produktionsfaktoren. Dabei gilt für die Nutzpflanzenerzeugung im Feldbau, dass die Erträge nicht nur durch Produktionsfaktoren bestimmt werden, deren Einsatzmengen und -zeiten der Landwirt steuern kann (kontrollierbare Faktoren wie z. B. die Pflanzennährstoffe N, P, K, Ca usw.), sondern auch durch solche Faktoren, die er nicht steuern kann (nichtkontrollierbare Faktoren wie Wasser (im Regenfeldbau), Sonnenenergie in Form von Strahlung für Licht und Wärme sowie das genetische Ertragspotenzial). Die nichtkontrollierbaren Produktionsfaktoren sind die bereits im 2. Kapitel angesprochenen natürlichen Standortfaktoren.

Das zentrale Systemmerkmal der Nutzpflanzenerzeugung ist das kombinierte System aus dem Boden (der Nutzfläche) und dem darauf wachsenden Pflanzenbestand. Dieses Systemmerkmal bedingt für eine Reihe der kontrollierbaren ebenso wie der nichtkontrollierbaren Produktionsfaktoren, dass sie nicht direkt dem Ertrag bildenden Pflanzenbestand, sondern dem Boden zugeführt werden. Das gilt für die Nährstoffe und das Wasser.

Der Boden hat für diese Produktionsfaktoren die Funktion eines Lagers, wobei das Lager durch die Düngungsmaßnahmen und die Niederschläge aufgefüllt wird. Der Pflanzenbestand entnimmt die Faktoren dann aus dem Lager, wobei die entnommenen Faktormengen mit den dem Lager zugeführten Mengen weder quantitativ noch zeitlich übereinstimmen. Es ist deshalb für eine Vegetationsperiode zwischen Lagerbeständen zu Periodenbeginn und Zufuhren während der Periode als den Faktorangebotsmengen einerseits und den Faktorverbrauchsmengen durch den Pflanzenbestand während der Vegetationsperiode andererseits zu unterscheiden (vgl. zum Nachfolgenden insbesondere Kuhlmann, F., 2010).

3.7.2 Die linear-limitationale Produktionsfunktion als „Minimumgesetz" nach Sprengel und Liebig

Bei der Pflanzenertragsbildung verhalten sich die Faktorverbrauchsmengen aufgrund (bio-)chemischer Gegebenheiten (Satz von der Erhaltung der Masse, Satz der konstanten Proportionen, Massenwirkungsgesetz) streng komplementär, was bedeutet, dass die Verbrauchsmengen der Faktoren je Produkteinheit, ausgedrückt durch die Input-Output-Koeffizienten, unabhängig vom Ertragsniveau konstant sind. Das Fehlen nur eines essentiellen Produktionsfaktors bewirkt deshalb bereits, dass kein Pflanzenwachstum mehr stattfinden kann. Das Pflanzenwachstum erfolgt gemäß dem Minimumgesetz nach SPRENGEL und LIEBIG: Der Pflanzenertrag je Flächeneinheit wird durch denjenigen Produktionsfaktor begrenzt, dessen Angebotsmenge sich im Vergleich zu den Angebotsmengen der übrigen Produktionsfaktoren im Minimum befindet. Das Ertragsniveau steigt proportional zu den Angebotsmengen des Minimumfaktors, bis ein anderer Produktionsfaktor ins Minimum gerät.

Da die kontrollierbaren Produktionsfaktoren dem Pflanzenbestand im modernen Landbau grundsätzlich in beliebigen Mengen zugeführt werden können, liegt es nahe, dass der maximal auf einer Flächeneinheit erzielbare Ertrag durch einen nichtkontrollierbaren Faktor begrenzt wird. Eine absolute Ertragsobergrenze ist durch das genetische Ertragspotenzial der Nutzpflanze vorgegeben. Diese Obergrenze wird in der Realität wegen anderer vorher begrenzend wirkender Faktoren jedoch niemals erreicht. Der je Flächeneinheit maximal erzielbare Ertrag wird vielmehr durch den Wert eines natürlichen Standortfaktors – entweder das pflanzenverfügbare Wasser oder die Sonnenenergie – begrenzt. Da nun aber die Angebotsmengen der natürlichen Standortfaktoren von Standort zu Standort unterschiedlich sind, ergeben sich daraus räumlich unterschiedliche maximal erzielbare Erträge.

Der quantitative Ausdruck, der die genannten Gegebenheiten der Pflanzenertragsbildung in einer Vegetationsperiode sachgemäß erfasst, ist die linear-limitationale Produktionsfunktion. Sie enthält konstante Input-Output-Koeffizienten. Mit ihr lässt sich deshalb sowohl die strenge Komplementarität der Wachstumsfaktoren beschreiben als auch die Differenz zwischen angebotenen und tatsächlich durch den Pflanzenbestand verbrauchten Faktormengen abbilden. Es gilt:

$$(3.20) \qquad y = \min\left(\frac{1}{a_1} \cdot r_1, \frac{1}{a_2} \cdot r_2, \ldots, \frac{1}{a_n} \cdot r_n, \ldots, \frac{1}{a_N} \cdot r_N\right)$$

Darin sind:

Y	= Maximal erzielbarer Ertrag, gemessen in Mengeneinheit je Nutzflächeneinheit, z. B. in t/ha;
a_n, (n=1…N)	= kontante Input-Output-Koeffizienten der N essentiellen Produktionsfaktoren, gemessen als deren Verbrauchsmengen je Produkteinheit;
r_n, (n=1…N)	= Angebotsmengen der N essentiellen Produktionsfaktoren, gemessen in Mengeneinheiten je Nutzflächeneinheit.

Festzuhalten ist an dieser Stelle, dass die mit Gleichung (3.20) beschriebenen maximal erzielbaren Erträge in Abhängigkeit von den Angebotsmengen der essentiellen Produktionsfaktoren nur dann tatsächlich erzielt werden, wenn auch die übrigen Teilleistungen des für die Ertragsbildung eingesetzten Landnutzungsverfahrens, wie etwa die Saatbettbereitung, der Pflanzenschutz und die Ernte in bestmöglicher Weise und zu optimalen Zeitpunkten erfolgen. Die Erträge bleiben unter den maximal erzielbaren Erträgen, wenn bei den Teilleistungen sachlich und zeitlich fehlerhaft gearbeitet wird.

Des Weiteren umfasst Gleichung (3.20) sowohl die kontrollierbaren als auch die nichtkontrollierbaren essentiellen Produktionsfaktoren. Geht man – wie gesagt – davon aus, dass im modernen Landbau der maximal erzielbare Ertrag ausschließlich durch nichtkontrollierbare Faktoren als den natürlichen Standortfaktoren begrenzt wird, kann Gleichung (3.20) auch so gelesen werden, dass sie nur noch diese Faktoren enthält. Geht man schließlich realistischerweise davon aus, dass der maximal erzielbare Ertrag entweder durch die Angebotsmengen des nichtkontrollierbaren Faktors Sonnenenergie oder des nichtkontrollierbaren Faktors Wasser begrenzt wird, vereinfacht sich Gleichung (3.20) zu:

$$(3.21) \qquad y = \min\left(\frac{1}{aw} \cdot rw, \frac{1}{as} \cdot rs\right)$$

Darin sind:

y	=	Maximal erzielbarer Ertrag, gemessen in Mengeneinheiten je Nutzflächeneinheit;
aw, as	=	Input-Output-Koeffizienten für das Wasser und die Sonnenenergie;
rw	=	Angebotsmenge je Nutzflächeneinheit an pflanzenverfügbarem Wasser in der Vegetationsperiode;
rs	=	Angebotsmenge je Nutzflächeneinheit an Sonnenenergie in der Vegetationsperiode.

Die Angebotsmenge an Sonnenenergie auf einem Standort kann durch die Temperatursumme der Vegetationsperiode approximiert werden. Dabei werden (für das Getreide) die Durchschnittstemperaturen aller Vegetationstage über 5°C summiert. Beträgt also z. B. an einem Vegetationstag die Durchschnittstemperatur 20°C, dann werden der Temperatursumme für diesen Tag 20°C – 5°C = 15°C hinzugefügt.

Die Angebotsmenge an Wasser kann in m³ je ha gemessen werden. Sie besteht prinzipiell aus zwei Komponenten, nämlich aus den Niederschlägen während der Vegetationsperiode und den Bodenwasservorräten zu Beginn der Vegetationsperiode im Frühjahr (i. d. R. die aufgefüllte nutzbare Feldkapazität des Bodens nFk). Dabei verhalten sich die beiden Wasserkomponenten zumindest teilweise substitutional. Ein hoher Bodenwasservorrat in einem tiefgründigen aus Löss entstandenen Boden kann einen Mangel an Niederschlägen während der Vegetationsperiode ausgleichen. Umgekehrt kann ein geringer Bodenwasservorrat in einem Sandboden durch höhere Niederschläge während der Vegetationsperiode ausgeglichen werden.

Nimmt man nun im einfachsten Fall an, dass sich der Bodenwasservorrat und die Niederschläge rein additiv verhalten, ihre jeweiligen Mengen bei der Ertragsbildung also vollständig substituierbar sind, dann gilt für die pflanzenverfügbare Wassermenge einer Vegetationsperiode:

$$(3.22) \qquad rw = rwb + rwn$$

Darin sind:

rwb	=	pflanzenverfügbarer Wasserbodenvorrat zu Beginn der Vegetationsperiode (i. d. R. die aufgefüllte nutzbare Feldkapazität), gemessen in m³/ha:
rwn	=	Niederschläge während der Vegetationsperiode, gemessen in m³/ha;

In Abhängigkeit der beiden Variablen „pflanzenverfügbares Wasser" und „Temperatursumme" lassen sich die maximal erzielbaren Erträge z. B. für den Winterweizen mit Hilfe von konkreten Werten für die Input-Output-Koeffizienten des Wassers und der Temperatur in Form der Ertragstabelle in Übersicht 3.13 darstellen. Dabei ist anzumerken, dass hier für den Winterweizen als „Vegetationsperiode" nur die Nachwinterperiode von April bis einschließlich Juli gemeint wird.

In der Tabelle der Übersicht 3.13 sind die einzelnen in t/ha gemessenen Erträge in Abhängigkeit von den Angeboten an pflanzenverfügbarem Wasser und Temperatursumme gemäß den Gleichungen (3.21) und (3.22) bestimmt worden. Für die Input-Output-Koeffizienten wur-

Übersicht 3.13:
Maximal erzielbare Erträge bei unterschiedlichen Angebotsmengen der Produktionsfaktoren „pflanzenverfügbares Wasser" und „Temperatursumme"

Angebot an pflanzenverfügbarem Wasser in m³/ha	150	300	450	600	750	900	1050	1200	1350	1500	1650	1800
6000	1	2	3	4	5	6	7	8	9	10	11	12
5500	1	2	3	4	5	6	7	8	9	10	11	11
5000	1	2	3	4	5	6	7	8	9	10	10	10
4500	1	2	3	4	5	6	7	8	9	9	9	9
4000	1	2	3	4	5	6	7	8	8	8	8	8
3500	1	2	3	4	5	6	7	7	7	7	7	7
3000	1	2	3	4	5	6	6	6	6	6	6	6
2500	1	2	3	4	5	5	5	5	5	5	5	5
2000	1	2	3	4	4	4	4	4	4	4	4	4
1500	1	2	3	3	3	3	3	3	3	3	3	3
1000	1	2	2	2	2	2	2	2	2	2	2	2
500	1	1	1	1	1	1	1	1	1	1	1	1
0	150	300	450	600	750	900	1050	1200	1350	1500	1650	1800

Angebot an Temperatursumme in °C

den die aufgrund von Versuchsergebnissen für Weizen plausible Werte von $a_w = 500$ (d. h. 500 m³/ha Wasserverbrauch des Pflanzenbestandes je t Ertrag) und $a_s = 150$ (d. h. 150°C Temperatursumme je t Ertrag) verwendet.

Die grau unterlegten Einzelerträge zeigen, dass z. B. für einen Ertrag von 6 t/ha eine Temperatursumme von mindestens 900°C und eine pflanzenverfügbare Wassermenge von mindestens 3.000 m³/ha erforderlich sind. Übersteigt das pflanzenverfügbare Wasserangebot seine Mindestangebotsmenge, wirkt die Temperatursumme begrenzend. Das Ertragsniveau verharrt bei 6 t/ha. Übersteigt umgekehrt die Temperatursumme die Mindestsumme, wirkt das Wasserangebot begrenzend. Das Ertragsniveau verharrt ebenfalls bei 6 t/ha. Nur in den jeweils blau gekennzeichneten Feldern wurden deshalb die jeweiligen Ertragsniveaus ohne Verschwendungen von angebotenen Faktormengen erzielt. Diese verschwendungslosen Faktorkombinationen repräsentieren die sog. produktionstechnischen Effizienzpunkte der linear-limitationalen Produktionsfunktion. Nur an diesen Punkten wird bei der linear-limitationalen Produktionsfunktion produktionstechnische Effizienz in Bezug auf sämtliche Produktionsfaktoren erreicht.

Höhere Ertragsniveaus können nur bei höheren Angebotsmengen beider Faktoren realisiert werden. Für ein Ertragsniveau von 8 t/ha ist mindestens eine pflanzenverfügbare Wassermenge von 4.000 m³/ha und eine Temperatursumme von 1.200°C erforderlich, für ein Ertragsniveau von 10 t/ha liegen die Mindestmengen bei 5.000 m³/ha und 1.500°C, wie Übersicht 3.13 zeigt.

Die jeweils mindestens erforderlichen Faktorangebotsmengen für die Sicherstellung bestimmter Ertragsniveaus lassen sich auch grafisch in Form von sog. Winkel-Isoquanten darstellen (Isoquanten sind Kurven gleicher Mengen, d. h. hier gleicher Erträge). Für das vorstehende Zahlenbeispiel ist das in Übersicht 3.14 erfolgt. Links bzw. unterhalb einer Winkel-Isoquante liegen Faktormengen, mit denen der Ertrag, den die Winkel-Isoquante repräsentiert, nicht erreicht werden kann. Rechts bzw. oberhalb der jeweils betrachteten Winkel-Isoquante liegen Faktormengen, mit denen höhere Ertragsniveaus realisiert werden können. Im jeweiligen Knick der Winkel-Isoquanten liegen die jeweils mindestens erforderlichen Ange-

Übersicht 3.14:
Winkel-Isoquanten der linear-limitationalen Produktionsfunktion (abgeleitet aus Übersicht 3.13).

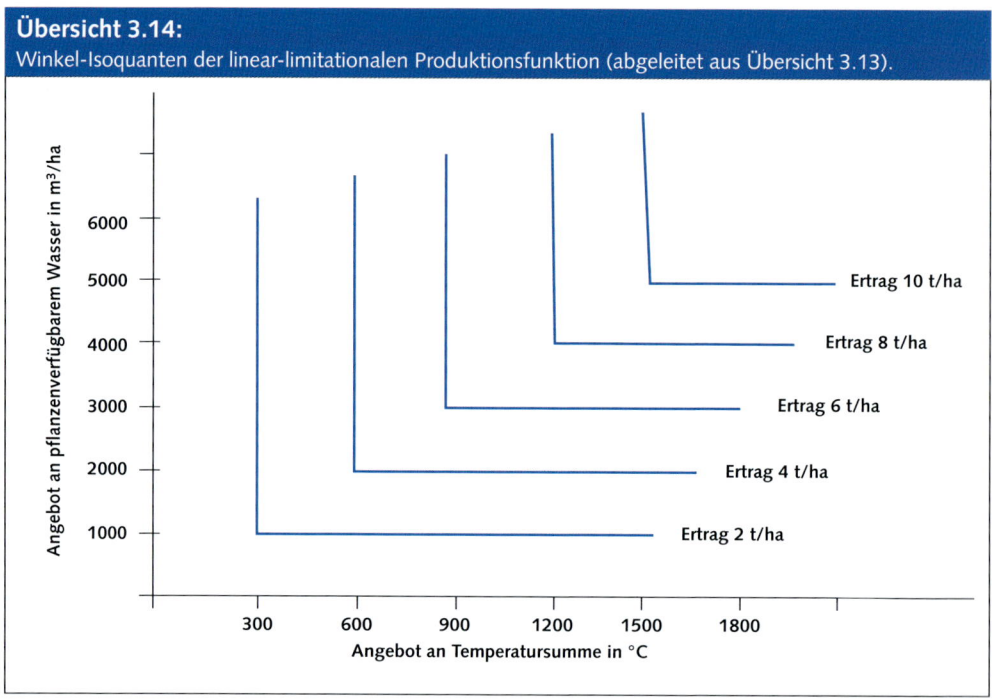

botsmengen beider Produktionsfaktoren, d. h. die Mengenkombinationen, bei denen keine Faktorverschwendung auftritt, bei denen also die produktionstechnische Effizienz erreicht wird (die Knickpunkte entsprechen den blau unterlegten Feldern in Übersicht 3.13).

Bei den in Deutschland herrschenden Boden-Klima-Verhältnissen liegen die Temperatursummen in der Vegetationsperiode außerhalb der bewaldeten Hochgebirgs- und Mittelgebirgslagen je nach Region und Jahr mindestens etwa bei 800 und höchstens bei etwa 1.600°C und im langjährigen Durchschnitt je nach Region zwischen etwa 900 und 1.500°C.

Die (zu Beginn der Vegetationsperiode i. d. R. aufgefüllten) nutzbaren Feldkapazitäten der Böden liegen je nach Bodenart zwischen minimal 500 m³/ha (für Sandböden) und maximal 2.500 m³/ha (für Lehmböden). Innerhalb von Feldstücken können sogar Teilflächen mit nutzbaren Feldkapazitäten bis maximal 3.500 m³/ha auftreten.

Die Niederschläge liegen außerhalb der genannten Hochgebirgs- und hohen Mittelgebirgslagen in der Vegetationsperiode bei etwa mindestens 1.000 und höchstens 4.000 m³/ha und im langjährigen Durchschnitt je nach Region grob zwischen mindestens 1.500 und höchstens 3.000 m³/ha. Daraus ergeben sich in den beiden Extremfällen Wasserangebotsmengen in Höhe von minimal etwa 1.500 bis maximal etwa 6.500 m³/ha.

Zum Beispiel lagen bei der Klimastation Frankfurt(Main)-Flughafen im 30jährigen Durchschnitt für die Jahre von 1982 und 2011 die Temperatursummen (oberhalb 5°C) für die Monate April bis Juli bei rund 1.300°C mit minimalen und maximalen Jahreswerten von 1.000 bzw. 1.500°C. Die Niederschläge lagen im Durchschnitt dieses Zeitraums bei rund 2.200 m³/ha, bei minimalen und maximalen Jahreswerten von 1.340 bzw. 3.400 m³/ha.

In landwirtschaftlichen Regionen, in denen der Winterweizen in Deutschland im Vergleich zu anderen Nutzpflanzenarten wettbewerbsfähig ist, liegen die Temperatursummen etwa zwischen 900 und 1.500°C und die Angebote an pflanzenverfügbarem Wasser etwa zwischen 3.000 und 6.000 m³/ha. Die Winkel-Isoquanten der Übersicht 3.14 zeigen, dass damit je nach

Region und Jahr maximale Erträge zwischen ca. 6 und 10 t/ha erzielt werden können. Das entspricht dem gegenwärtigen Ertragsniveau für Weizen in Deutschland.

Die produktionstechnisch effizienten Knickpunkte der Winkel-Isoquanten werden in der Realität jedoch nur durch Zufall und an wenigen Orten erreicht. Die Regel sind entweder Wasser- oder Temperaturüberschüsse.

Begibt man sich deshalb z. B. auf eine virtuelle Reise durch Europa von Norden nach Süden (etwa auf dem 10. Längengrad), dann werden die maximal erzielbaren Erträge von Weizen in den für den Ackerbau geeigneten Regionen Skandinaviens i. d. R. durch die vergleichsweise geringen Temperatursummen und nicht durch das Wasserangebot begrenzt. Ertragsniveaus von ca. 4 t/ha werden in Finnland mit Mengenkombinationen der beiden Produktionsfaktoren erreicht, die auf dem waagerechten Arm der zugehörigen Winkel-Isoquante in Übersicht 3.14 liegen.

Im westlichen Mitteleuropa werden aufgrund der höheren Temperatursummen auch bei gleichen Wasserangeboten deutlich höhere Ertragsniveaus realisiert. Die maximal erzielbaren Erträge liegen auf der Winkel-Isoquanten für 8 bis 10 t/ha. Aber auch hier werden die Knickpunkte der Isoquanten nur selten getroffen. Je nach Jahr und Region wirkt letztlich entweder die Temperatursumme oder das pflanzenverfügbare Wasser ertragsbegrenzend.

Weiter in Richtung Süden des Kontinents werden wieder geringere Ertragsniveaus von 4 bis 6 t/ha erzielt. Die Faktorangebotsmengen für diese Erträge liegen nunmehr jedoch auf den senkrechten Armen der zugehörigen Winkel-Isoquanten. Aufgrund der geringen Niederschläge und zusätzlich aufgrund der hohen (unproduktiven) Evaporation wirkt das Angebot an pflanzenverfügbarem Wasser ertragsbegrenzend.

Insgesamt steigen also die Erträge in Europa von Norden bis zur Mitte, weil die Temperatursumme sukzessiv weniger ertragsbegrenzend wirkt; sie fallen dann wieder von der Mitte nach Süden, weil nunmehr das pflanzenverfügbare Wasser zum sukzessive stärker ertragsbegrenzenden Minimumfaktor wird.

Ähnliches lässt sich auch bei einer virtuellen Reise durch Europa von Westen nach Osten (etwa auf dem 52. Grad nördlicher Breite) feststellen, allerdings mit dem Unterschied, dass die maximal erzielbaren Erträge von Westen (in Irland) nach Osten (in Russland) mehr oder weniger kontinuierlich zurückgehen. Bei den vergleichsweise hohen Wasserangeboten werden die im Westen erzielbaren hohen Erträge letztlich durch die Temperatursumme begrenzt. Je weiter man in den Osten des Kontinents gelangt, desto geringer werden i. d. R. die Wasserangebotsmengen und desto höher werden gleichzeitig in den zunehmend kontinentaleren Sommern die Temperatursummen. Das Wasser wirkt nun immer stärker ertragsbegrenzend. Die maximal erzielbaren Erträge nehmen ab.

In den Übersichten 3.13 und 3.14 wurde der maximal erzielbare Ertrag in Abhängigkeit der beiden Produktionsfaktoren „pflanzenverfügbares Wasser" und „Temperatursumme" im Rahmen der sog. totalen Faktorvariation für die linear-limitationale Produktionsfunktion dargestellt. Diese Funktion lässt sich jedoch auch bei partieller Faktorvariation, d. h. bei Variation nur eines Produktionsfaktors und Vorgabe der Angebotsmenge des anderen Produktionsfaktors, darstellen. Übersicht 3.15 zeigt die maximal erzielbaren Erträge in Abhängigkeit der variierten Temperatursumme bei Vorgabe von unterschiedlichen Angebotsmengen an pflanzenverfügbarem Wasser, nämlich von 3.000, 4.000 und 5.000 m³ha. Für die Input-Output-Koeffizienten wurden die bisher verwendeten Werte von $aw = 500$ und $as = 150$ beibehalten.

Aus der Darstellung der Übersicht 3.15 wird deutlich, dass sämtliche Funktionen bis zu einem Ertrag von 6 t/ha in gleicher Weise ansteigen. Die Funktionen knicken danach je nach den Angebotsmengen an pflanzenverfügbarem Wasser bei Erträgen von 6, 8 und 10 t/ha ab. Im Anstiegsbereich der dargestellten Funktionen bestehen Überschüsse beim Wasserangebot, die

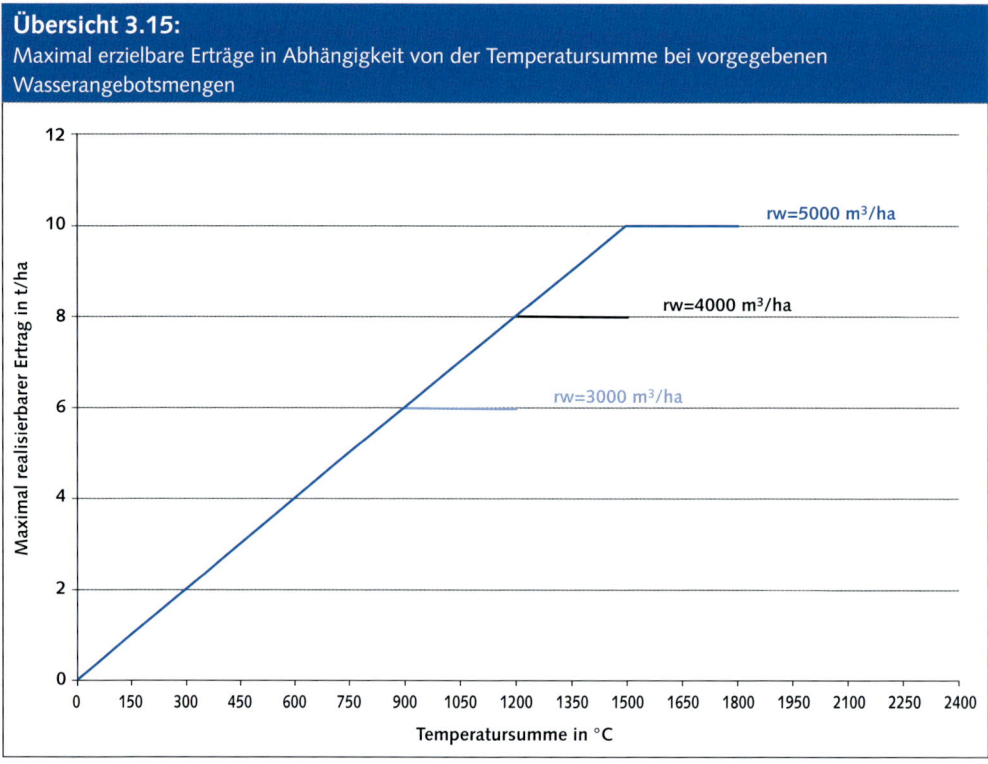

Übersicht 3.15:
Maximal erzielbare Erträge in Abhängigkeit von der Temperatursumme bei vorgegebenen Wasserangebotsmengen

Erträge werden durch die Temperatursumme begrenzt. Im jeweiligen Knickpunkt der Funktionen werden beide Faktorangebotsmengen gerade vollständig genutzt. Die Knickpunkte der Funktionen entsprechen bei dieser Darstellung der linear-limitationalen Produktionsfunktion den Winkeln der Winkel-Isoquanten in Übersicht 3.14. Nur dort ist also produktionstechnische Effizienz gegeben Die Knick- bzw. Effizienzpunkte der Funktionen werden bei den angebotenen Mengen an pflanzenverfügbarem Wasser von – wie gesagt – 3.000, 4.000 und 5.000 m³/ha bei den Temperatursummen von 900, 1.200 und 1.500 °C erreicht, wie man aus der Übersicht 3.15 ablesen und durch Anwendung der Gleichung (3.19) leicht nachrechnen kann.

Über die jeweiligen Effizienzpunkte der Funktionen hinausgehende Temperatursummen bewirken keine weiteren Ertragszuwächse. Die Wasserangebotsmengen wirken nunmehr ertragsbegrenzend.

Im Unterschied zu den nichtkontrollierbaren Produktionsfaktoren verursacht der Einsatz der kontrollierbaren Faktoren Kosten für den Landwirt. Für die bisherigen Ableitungen wurde davon ausgegangen, dass der Landwirt die erforderlichen kontrollierbaren Produktionsfaktoren in solchen Umfängen einsetzt, dass sie nicht ihrerseits zu Minimumfaktoren werden. Diese Annahme ist auch ökonomisch gerechtfertigt, wie das folgende Beispiel verdeutlichen soll. Geht man im einfachsten Fall davon aus, dass an einem Standort das pflanzenverfügbare Wasser der nichtkontrollierbare Minimumfaktor ist und die zugehörige ökonomisch optimale Angebotsmenge des kontrollierbaren Produktionsfaktors Stickstoff bestimmt werden soll, dann gilt für diesen Zwei-Faktoren-Fall die linear-limitationale Produktionsfunktion in der folgenden Form:

(3.23) $\qquad y = \min\left(\dfrac{1}{aw} \cdot rw, \dfrac{1}{an} \cdot rn\right)$

Darin sind:

y	=	maximal erzielbarer Ertrag, gemessen in t/ha;
aw, an	=	Input-Output-Koeffizienten für Wasser und Stickstoff;
rw	=	pflanzenverfügbares Wasser, gemessen in m³/ha;
rn	=	Angebotsmenge an pflanzenverfügbarem Stickstoff, gemessen in t/ha.

Um die ökonomisch optimale Stickstoffmenge bestimmen zu können, müssen neben der pflanzenverfügbaren Wassermenge und den Input-Output-Koeffizienten auch der Produktpreis (py) und der Stickstoffpreis (pn) zahlenmäßig bekannt sein. Damit können dann die Leistung, die Kosten und die Differenz aus beiden, hier in Form der stickstofffreien Leistung, berechnet werden.

Die Stickstoffkosten als mathematisches Produkt aus Stickstoffpreis und Stickstoffangebotsmenge sind:

$$(3.24) \qquad K = pn \cdot rn$$

Die Leistung als mathematisches Produkt aus Produktpreis und Ertrag ist:

$$(3.25) \qquad L = py \cdot y$$

Durch Einsetzen der Gleichung (3.23) ergibt sich:

$$(3.26) \qquad L = py \cdot \min\left(\frac{1}{aw} \cdot rw, \frac{1}{an} \cdot rn\right)$$

Trägt man nun im Rahmen einer partiellen Faktorvariation die Leistung und die Kosten in Abhängigkeit von der Stickstoffangebotsmenge grafisch ab, ergibt sich prinzipiell das Bild der Übersicht 3.16. Bei den dabei angenommenen Werten für das pflanzenverfügbare Wasser mit rw = 4.000 m³/ha, für die Input-Output-Koeffizienten mit aw = 500 für das Wasser und an = 0,025 für den Stickstoff (d. h. 25 kg Stickstoff je t Weizenertrag) sowie für den Produktpreis mit py = 200,00 €/t steigt die Leistung in Abhängigkeit der Stickstoffangebotsmenge linear an, bis bei voller Nutzung des pflanzenverfügbaren Wassers die maximale Leistung mit 1.600,00 €/ha bei einem Stickstoffangebot von 0,2000 t/ha erreicht wird. Darüber hinaus gehende Angebotsmengen des Stickstoffs führen zu keinen weiteren Steigerungen der Leistung. Das Wasserangebot wirkt nunmehr als Minimumfaktor.

Zusätzlich ist in Übersicht 3.16 die Kostenfunktion für den Stickstoff abgetragen. Die lineare Kostenfunktion hat ein Steigungsmaß in Höhe des Stickstoffpreises, der für das Beispiel mit pn = 2.000,00 €/t angenommen wurde.

Aus der Übersicht 3.16 ist nun unmittelbar ersichtlich, dass die maximale stickstoffkostenfreie Leistung bei voller Nutzung des pflanzenverfügbaren Wassers und dazu komplementäre Angebotsmenge des Stickstoffs erreicht wird. Mit anderen Worten: Bei der linearlimitationalen Produktionsfunktion ist das ökonomische Optimum, d. h. ökonomische Effizienz, dann erreicht, wenn produktionstechnische Effizienz vorliegt. Technische und ökonomische Effizienz ergeben sich bei der gleichen quantitativen Konstellation der Produktionsfaktoren.

Auch bei veränderten Input-Output-Koeffizienten und Wasserangeboten behält diese Aussage ihre Gültigkeit. Wie man sich leicht verdeutlichen kann, können sich dadurch zwar Veränderungen der Lage des Effizienzpunktes der Leistungsfunktion mit veränderten optimalen Stickstoffangebotsmengen ergeben, stets aber liegt die maximale stickstoffkostenfreie Leistung

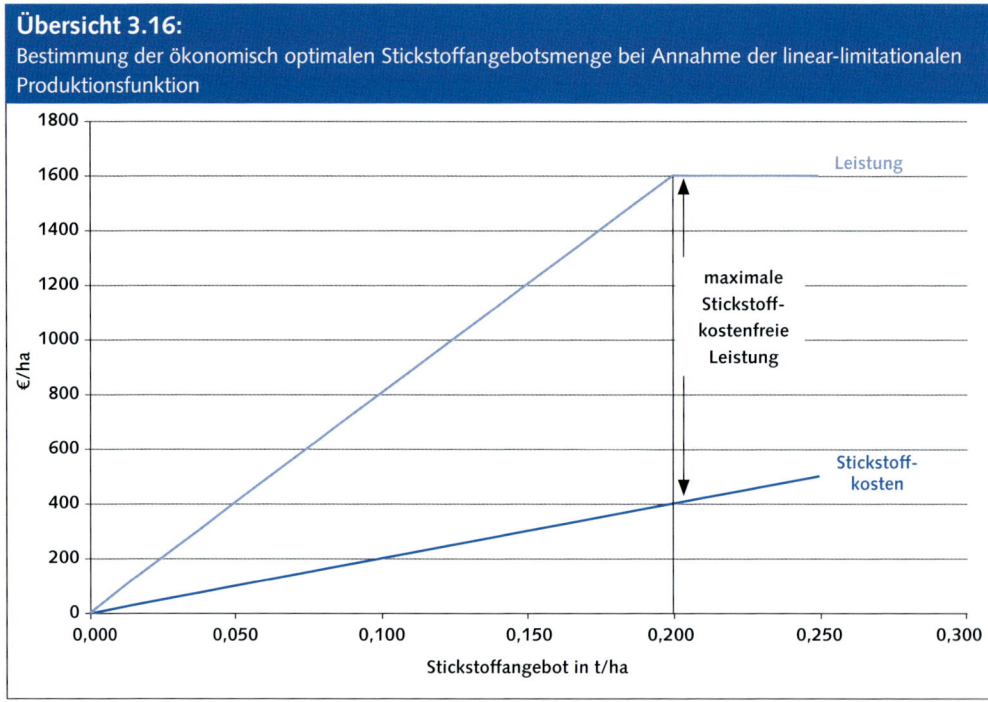

Übersicht 3.16:
Bestimmung der ökonomisch optimalen Stickstoffangebotsmenge bei Annahme der linear-limitationalen Produktionsfunktion

beim Knickpunkt der Leistungsfunktion, d. h. dort, wo die maximale Leistung und damit auch der maximale Ertrag gerade erreicht werden.

Schließlich bleibt die Gültigkeit der Aussage auch bei veränderten Preisen – allerdings mit einer Ausnahme – erhalten. Steigende/fallende Stickstoffpreise und fallende/steigende Produktpreise führen c. p. nur zu Verminderungen/Erhöhungen der stickstoffkostenfreien Leistung, nicht jedoch zu Veränderungen der optimalen Stickstoffangebotsmenge. Die Ausnahme ist dann gegeben, wenn der Stickstoffpreis im Vergleich zum Produktpreis so hoch wird, dass die Kostenfunktion stärker als die Leistungsfunktion ansteigt. In diesem unrealistischen Fall wäre die Unterlassung der Produktion die ökonomisch optimale Lösung.

Selbstverständlich würden sich auch die für das vorliegende Beispiel bei der totalen Faktorvariation wieder die oben abgeleiteten Winkel-Isoquanten ergeben. Die ökonomisch optimalen Faktorkombinationen liegen an den jeweiligen Knicken der Winkel-Isoquanten. Bei vorgegebenen Angebotsmengen des nichtkontrollierbaren Produktionsfaktors ist die Angebotsmenge des kontrollierbaren Produktionsfaktors also so anzupassen, dass bei beiden Faktoren die Angebotsmengen ihren Verbrauchsmengen entsprechen, also keine Faktorverschwendung vorliegt.

Damit erscheint die in den vorhergehenden Abschnitten implizit gemachte Annahme gerechtfertigt, dass zur Erreichung des ökonomischen Optimums die Angebotsmengen der kontrollierbaren Produktionsfaktoren so bemessen sein müssen, dass der durch einen natürlichen Standortfaktor als Minimumfaktor determinierte, maximal erzielbare Ertrag gerade erreicht werden kann.

3.7.3 Das „Wirkungsgesetz der Wachstumsfaktoren" nach MITSCHERLICH als Gesetz vom abnehmenden Ertragszuwachs

Die Aussage, dass produktionstechnische und ökonomische Effizienz bei derselben und nur bei jeweils einer Faktorkombination erreicht werden, gilt jedoch nur für die linear-limitationale Produktionsfunktion. Häufig wird indessen als Produktionsfunktion für die Nutzpflanzenerzeugung das Gesetz vom abnehmenden Ertragszuwachs (kurz: Ertragsgesetz) verwendet. So hat MITSCHERLICH auf der Basis von agronomischen Versuchen dargelegt, dass nicht die der SPRENGEL-LIEBIG-Hypothese zugrunde liegende linear-limitationale Produktionsfunktion, sondern das Ertragsgesetz für die Pflanzenertragsbildung zutreffend sei (MITSCHERLICH, 1909, S. 537 ff). MITSCHERLICH hat dafür die folgende, von ihm als „Wirkungsgesetz der Wachstumsfaktoren" bezeichnete, Differentialgleichung vorgeschlagen:

$$(3.27) \qquad \frac{dy}{dr} = k \cdot (A - y)$$

BAULE hat diese Gleichung unter Verwendung des dekadischen Logarithmus integriert (BAULE, 1916, S. 341 ff). Dabei ergibt sich:

$$(3.28) \qquad y = A \cdot (1 - 10^{-c \cdot r})$$

Durch die Verwendung des dekadischen Logarithmus für die Integration unterscheidet sich die Konstante k in Gleichung (3.27) von der Konstanten c in Gleichung (3.28) um den konstanten Faktor log e. Es ist also $c = k \cdot \log e$

In den Gleichungen (3.27) und (3.28) sind:

y =   Ertrag, gemessen in t/ha;

A =   Höchstertrag, der auch bei sehr hohen Angebotsmengen des variierten (kontrollierbaren) Produktionsfaktors nicht überschritten werden kann, gemessen in t/ha;

r =   Angebotsmenge des kontrollierbaren Produktionsfaktors, je nach Faktorart, gemessen in unterschiedlichen Mengeneinheiten;

k und c =   Konstante, die von MITSCHERLICH als „Wirkungsgrößen" bezeichnet wurden.

Der jeweils standortspezifische Höchstertrag kann z. B. durch das Angebot an pflanzenverfügbarem Wasser bedingt sein.

Gibt man nun z. B. die Höchsterträge (A) mit 6, 8 und 10 t/ha für unterschiedliche Standorte vor und nimmt man – wie schon im vorhergehenden Beispiel – als variierten (kontrollierbaren) Produktionsfaktor den Stickstoff an, dann ergeben sich bei Annahme der Wirkungsgröße mit c = 6 aus Gleichung (3.28) die Ertragsverläufe der Übersicht 3.17. Der maximal erzielbare Ertrag steigt degressiv, d. h. mit „abnehmenden Ertragszuwächsen" an und nähert sich asymptotisch dem jeweils vorgegebenen Höchstertrag.

Auch mit dieser Ertragsfunktion lässt sich – wie im vorhergehenden Beispiel – wieder das ökonomische Optimum herleiten. Für die Leistungsfunktion gilt – unter Verwendung des Stickstoffs (rn) als dem variierten Faktor (r) und der zugehörigen Wirkungsgröße (cn) für (c):

$$(3.29) \qquad L = py \cdot A \cdot (1 - 10^{-cn \cdot rn})$$

Für die Kostenfunktion gilt nach wie vor die Gleichung (3.24).

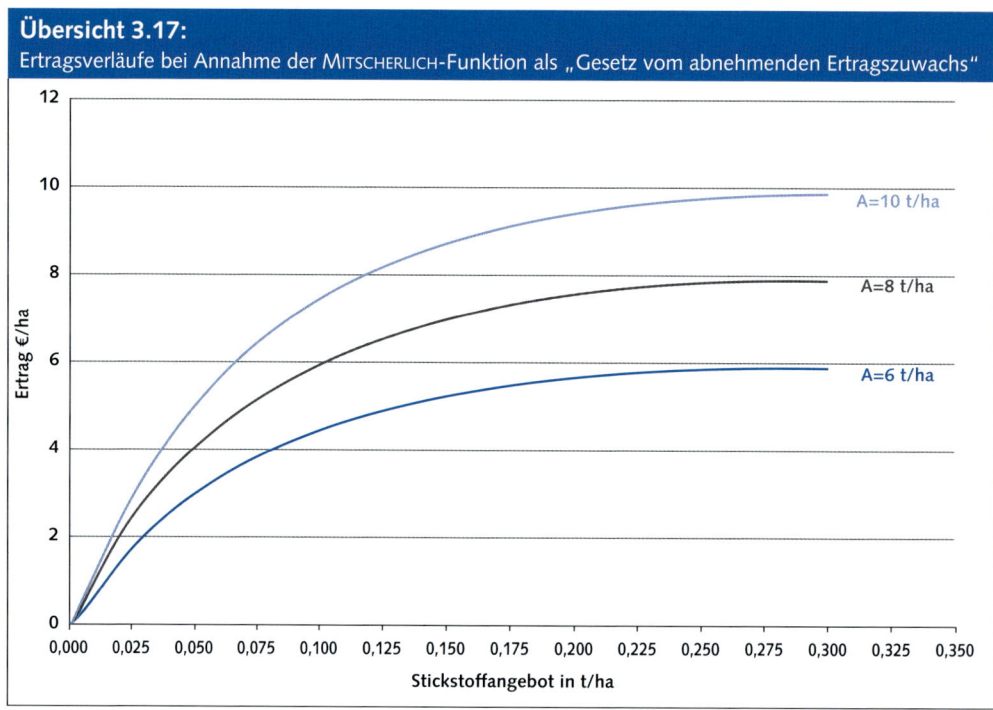

Trägt man nun die Leistungen und Kosten grafisch ab, ergibt sich prinzipiell das Bild der Übersicht 3.18. Bei dem hier angenommenen Wert für den Höchstertrag von A = 8 t/ha, für die Wirkungsgröße von cn = 6 und für den bereits verwendeten Preis von py = 200,00 €/t für den Weizen nähert sich die Leistung asymptotisch der jeweiligen Höchstleistung. Letztere ergibt sich als mathematisches Produkt aus Weizenpreis und Höchstertrag. Für die Kostenfunktion wurden drei unterschiedliche Stickstoffpreise in Höhe von 1.000,00, 2.000,00 und 4.000,00 €/t angenommen.

Die optimalen Stickstoffangebotsmengen – und damit die maximalen stickstoffkostenfreien Leistungen – ergeben sich bei den drei Stickstoffpreisen jeweils dort, wo die Steigung der Leistungsfunktion der Steigung der jeweiligen Kostenfunktion entspricht, wo also die Grenzleistung (als 1. Ableitung der Leistungsfunktion) gleich ist den Grenzkosten (als 1. Ableitung der Kostenfunktion). Man kann die ökonomisch optimalen Stickstoffangebotsmengen deshalb grafisch näherungsweise dadurch bestimmen, dass man die Kostenfunktionen parallel zu sich selbst nach oben verschiebt, bis sie die Leistungsfunktion gerade tangieren und dann von diesen Tangentialpunkten das Lot auf die Abszisse fällt. Das ist in Übersicht 3.18 angedeutet. Die exakten Stickstoffangebotsmengen bei den jeweiligen ökonomischen Optima können rechnerisch mittels der Gleichung (3.24) und (3.29) bestimmt werden. Sie sind in Übersicht 3.18 als rn_1, rn_2 und rn_3 angegeben.

Prinzipiell der gleiche Zusammenhang gilt auch für unterschiedliche Produktpreise, weil dadurch die Steigung der Leistungsfunktion beeinflusst wird. Unterschiedliche Steigungen führen zu Veränderungen der Grenzleistungen und damit zu veränderten ökonomisch optimalen Faktoreinsatzmengen und Erträgen. Auf die detaillierte Ableitung dieses Sachverhaltes wird hier verzichtet.

Es wird deutlich, dass sich beim Ertragsgesetz, abweichend von der linear-limitationalen Produktionsfunktion, unterschiedliche Preise nicht nur auf die Höhe der stickstoffkosten-

Übersicht 3.18:
Bestimmung der ökonomisch optimalen Stickstoffangebotsmenge bei Annahme der MITSCHERLICH-Funktion als Produktionsfunktion

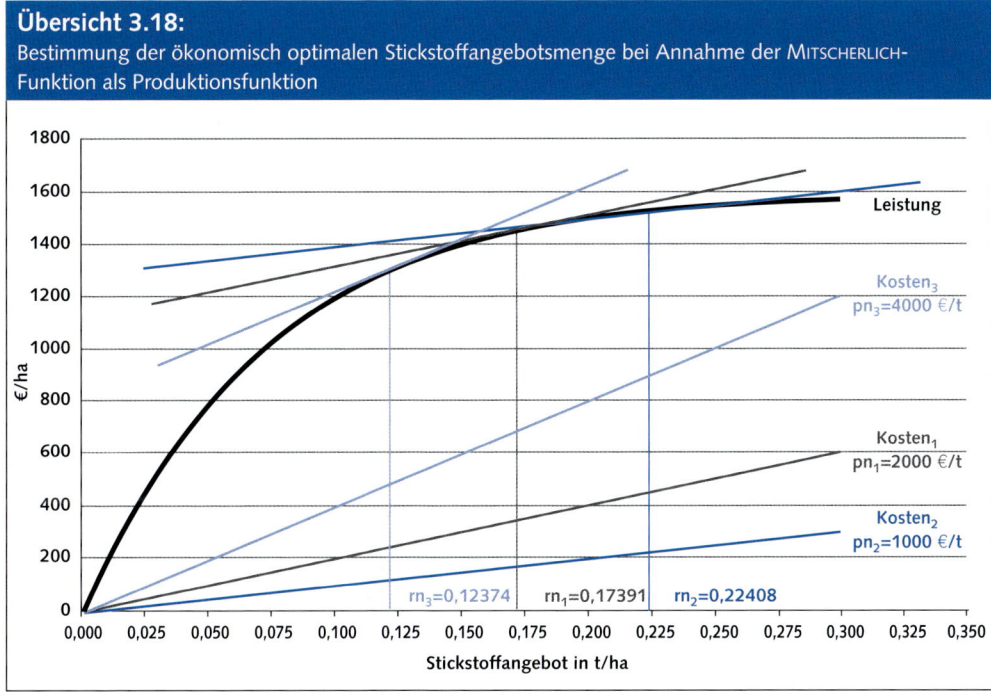

freien Leistung, sondern auch auf die ökonomisch optimale Stickstoffangebotsmenge auswirken. Beim Ertragsgesetz können deshalb die ökonomisch optimalen Angebotsmengen der kontrollierbaren Produktionsfaktoren nicht – wie bei der linear-limitationalen Produktionsfunktion – vom Ertragsniveau abhängig gemacht werden, weil diese Angebotsmengen und damit auch das zugehörige ökonomisch optimale Ertragsniveau von den Produkt- und Faktorpreisen abhängen. Im Unterschied zur linear-limitationalen Produktionsfunktion wird beim Ertragsgesetz je nach Produktpreis und Preis des variierten Produktionsfaktors ökonomische Effizienz bei unterschiedlichen Erträgen und unterschiedlichen Angebotsmengen des variierten Faktors erreicht

Aus den Ertragsverläufen bei partieller Faktorvariation des MITSCHERLICH'schen „Wirkungsgesetzes der Wachstumsfaktoren" ergeben sich darüber hinaus bei der totalen Faktorvariation Isoquanten, die sich von den Winkel-Isoquanten der linear-limitationalen Produktionsfunktion ebenfalls unterscheiden. Das lässt sich zeigen, wenn man die von BAULE im Anschluss an MITSCHERLICH formulierte Fassung des Ertragsgesetzes zugrunde legt. BAULE hat das auf jeweils einen Produktionsfaktor bezogene „Wirkungsgesetz der Wachstumsfaktoren" zum sämtliche Produktionsfaktoren umfassenden „Allgemeinen Wirkungsgesetz der Wachstumsfaktoren" erweitert. Da für jeden einzelnen Produktionsfaktor Gleichung (3.26) gilt, ergibt sich nach BAULE dafür der folgende Ausdruck:

$$(3.30) \qquad y = A_M \cdot (1 - 10^{-c_1 \cdot r_1}) \cdot (\ldots) \cdot (1 - 10^{-c_m \cdot r_m}) \cdot (\ldots) \cdot (1 - 10^{-c_M \cdot r_M})$$

Darin sind:

y	=	Ertrag, gemessen in t/ha;
A_M	=	absoluter Höchstertrag, der bei keinen Angebotsmengen der Produktionsfaktoren überschritten werden kann, gemessen in t/ha;

c_m = faktorspezifische „Wirkungsgrößen" (m = 1…M);
r_m = Angebotsmengen der Produktionsfaktoren (m = 1 ... M), je nach Faktorart in unterschiedlichen Mengeneinheiten gemessen.

Der absolute Höchstertrag lässt sich als das genetische Ertragspotenzial interpretieren, dem man sich auch bei sehr großen Angebotsmengen der Produktionsfaktoren nur asymptotisch nähern kann. Der absolute Höchstertrag variiert von Nutzpflanzenart zu Nutzpflanzenart und innerhalb der Nutzpflanzenarten von Sorte zu Sorte.

Für den hier betrachteten einfachen Fall, dass der Ertrag nur von zwei Produktionsfaktoren abhängt, nämlich dem pflanzenverfügbaren Wasser und dem Stickstoff, vereinfacht sich Gleichung (3.30) unter Berücksichtigung der bisher verwendeten Notation zu:

(3.31) $\quad y = A_2 \cdot (1-10^{-cw \cdot rw}) \cdot (1-10^{-cn \cdot rn})$

Man erhält daraus den Ausdruck für die Isoquante, indem man den Ertrag vorgibt und dann Gleichung (3.31) nach rw auflöst. Es ergibt sich:

(3.32) $\quad rw = \log(1-y \cdot (A_2 \cdot (1-10^{-cn \cdot rn}))^{-1}) \cdot (-cw)^{-1}$

Übersicht 3.19 zeigt als Beispiel mit Werten von A_2 = 10 t/ha, cn = 0,025, cw = 0,0005 und einem Ertrag von y = 8 t/ha die zugehörige Isoquante. Anhand der Isoquante lässt sich ablesen, dass sich die beiden Produktionsfaktoren bei der Ertragsbildung gegenseitig (peripher) ersetzen können. So kann z. B. – wie in der Übersicht angedeutet – der Ertrag von 8 t/ha sowohl mit 4.000 m³/ha Wasser und 0, 675 t/ha Stickstoff, als auch mit 1.403 m³/ha Wasser und 0,100 t/ha

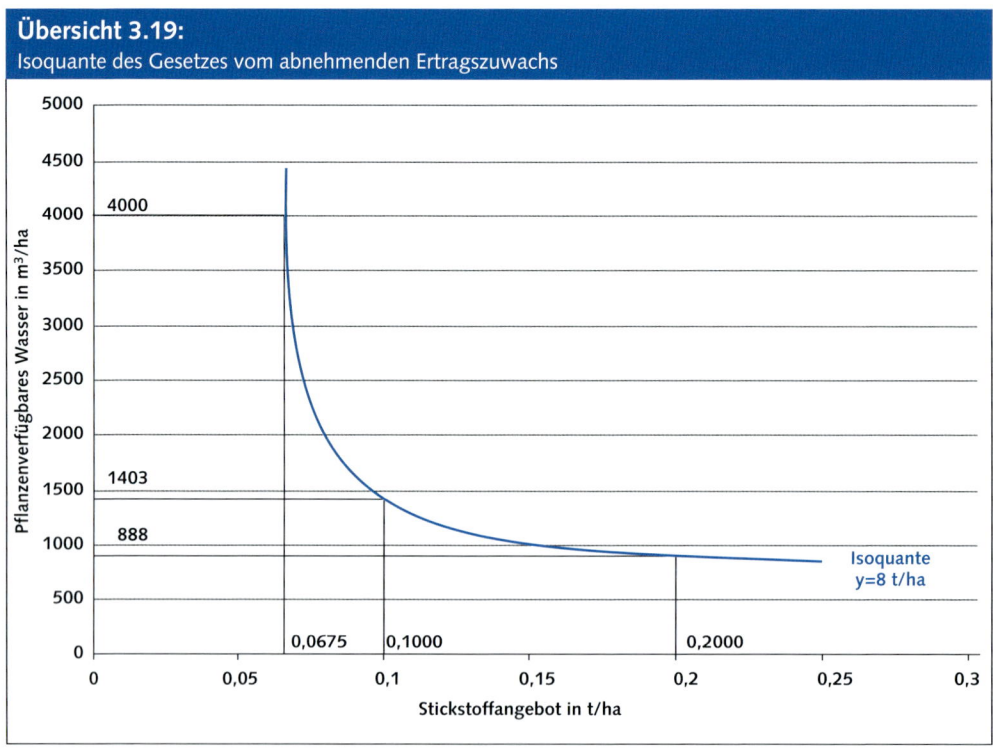

Übersicht 3.19:
Isoquante des Gesetzes vom abnehmenden Ertragszuwachs

Stickstoff, als auch mit 888 m³/ha Wasser und 0,200 t/ha Stickstoff erzielt werden. Offensichtlich steht diese periphere Substituierbarkeit von Produktionsfaktoren des Ertragsgesetzes im Widerspruch zu der – naturwissenschaftlich begründeten – strengen Komplementarität der Produktionsfaktoren in der linear-limitationalen Produktionsfunktion.

Aus dieser peripheren Substituierbarkeit folgt nun zum einen, dass beim Ertragsgesetz keine Faktorverschwendungen auftreten können und deshalb kein Unterschied zwischen angebotenen und tatsächlich verbrauchten Faktormengen gemacht wird. Stets werden die angebotenen Faktormengen als vollständig verbraucht angenommen, wenn auch je nach Faktorkombination mit unterschiedlichen Wirksamkeiten.

Daraus ergibt sich aber zum Zweiten, dass beim Ertragsgesetz im Unterschied zur linear-limitationalen Produktionsfunktion nicht nur eine Faktorkombination, sondern sämtliche auf der Isoquante liegenden Faktorkombination und ebenso sämtliche auf der Ertragsfunktion liegenden Faktorkombinationen als produktionstechnisch effizient angenommen werden. Faktorverschwendung ergibt sich bei keiner dieser Faktorkombinationen. Ökonomisch effizient ist also jeweils nur eine der technisch effizienten Faktorkombinationen. Die ökonomisch effizienten Faktorkombination variiert in Abhängigkeit von den Produkt- und Faktorpreisen.

Daraus folgt dann zum Dritten, dass das Ertragsgesetz mit der – den Naturgesetzen ebenfalls widersprechenden – Annahme variabler Werte der Input-Output-Koeffizienten verbunden ist. So beträgt etwa bei der Faktorkombination 4.000 m³/ha Wasser und 0,0675 t/ha Stickstoff in Übersicht 3.19 der Input-Output-Koeffizient des Wassers $4.000/8 = 500$, und derjenige des Stickstoffs $0,0675/8 = 0,00844$, wohingegen sich bei der Faktorkombination 888 m³/ha Wasser und 0,200 t/ha Stickstoff veränderte Input-Output-Koeffizienten mit Werten von $888/8 = 111$ für das Wasser und $0,200/8 = 0,025$ für den Stickstoff ergeben.

Schließlich sind die peripheren Substituierbarkeiten der Produktionsfaktoren und die variablen Werte der Input-Output-Koeffizienten auch die Ursachen für den degressiven Anstieg des Ertrages in Abhängigkeit von den Angebotsmengen eines Produktionsfaktors im Rahmen der partiellen Faktorvariation.

3.7.4 Die Herleitung des Gesetzes vom abnehmenden Ertragszuwachs aus der linear-limitationalen Produktionsfunktion

Diese Widersprüche zwischen dem Ertragsgesetz und der naturwissenschaftlich begründeten linear-limitationalen Produktionsfunktion legen den Schluss nahe, dass es sich bei dem Ertragsgesetz im strengen Sinne nicht um eine Produktionsfunktion, sondern lediglich um eine – allerdings aus zahllosen agronomischen Experimenten immer wieder hervorgehende – Beschreibung des Ertragsverlaufes in Abhängigkeit der variierten Angebotsmengen von Produktionsfaktoren handelt. Allgemein erfassen Produktionsfunktionen den Zusammenhang zwischen erzeugten Produktmengen und den dafür verbrauchten Faktormengen. Durch die Gleichsetzung von den einem Pflanzenbestand angebotenen mit den von ihm verbrauchten Faktormengen wird im Ertragsgesetz die erzeugte Produktmenge tatsächlich zu den angebotenen Faktormengen in Beziehung gesetzt und somit der Unterschied zwischen angebotenen und verbrauchten Faktormengen vernachlässigt.

Im Folgenden sollen diese Aussage begründet und ihre daraus sich ergebenden Konsequenzen für die im Rahmen standorttheoretischer Analysen zu verwendende Produktionsfunktion anhand eines einfachen Beispiels abgeleitet werden:

Bisher wurde bei der Analyse der linear-limitationalen Produktionsfunktion stillschweigend unterstellt, dass die einem Pflanzenbestand angebotenen Wassermengen an jedem Ort

Übersicht 3.20:
Produktionsbeziehungen eines Nutzpflanzenbestandes bei räumlich variablem Angebot an pflanzenverfügbarem Wasser in Abhängigkeit des Stickstoffangebotes

Teil I: Gleichverteilte Bodenwasservorräte

Wasservorratsklassen	1	2	3	4	5	6	7		
Wasservorräte[1] m³/ha [rwb$_j$]	0	500	1000	1500	2000	2500	3000	I-O-K.[2] Wasser [aw]	500
Nutzflächenanteile [fj]	0,143	0,143	0,143	0,143	0,143	0,143	0,143	I-O-K. Stickstoff [an]	0,025
								Niederschlag m³/ha [rwn]	2500

Angebotsmengen an Stickstoff t/ha [rn$_k$]	Ertragsmatrix: Einzelerträge [y$_{jk}$] für die Angebotsmengen an Bodenwasser [rwb$_j$], Niederschlag [rwn] und Stickstoff [rn$_k$]							Gesamtertrag t/ha [y$_k$]	Genutzter Stickstoff in %[3] [rng$_k$]	Genutztes Wasser in %[3] [rwg$_k$]
0,00	0,00	0,00	0,00	0,00	0,00	0,00	0,00	0,000		0,00
0,05	2,00	2,00	2,00	2,00	2,00	2,00	2,00	2,000	100,00	25,00
0,10	4,00	4,00	4,00	4,00	4,00	4,00	4,00	4,000	100,00	50,00
0,15	5,00	6,00	6,00	6,00	6,00	6,00	6,00	5,857	97,62	73,21
0,20	5,00	6,00	7,00	8,00	8,00	8,00	8,00	7,143	89,29	89,29
0,25	5,00	6,00	7,00	8,00	9,00	10,00	10,00	7,857	78,57	98,21
0,30	5,00	6,00	7,00	8,00	9,00	10,00	11,00	8,000	66,67	100,00
0,35	5,00	6,00	7,00	8,00	9,00	10,00	11,00	8,000	57,14	100,00

Teil II: „Normalverteilte" Bodenwasservorräte

Wasservorratsklassen	1	2	3	4	5	6	7		
Wasservorräte[1] m³/ha [rwb$_j$]	0	500	1000	1500	2000	2500	3000	I-O-K. Wasser [aw]	500
Nutzflächenanteile [f$_j$]	0,050	0,083	0,167	0,400	0,167	0,083	0,050	I-O-K. Stickstoff [an]	0,025
								Niederschlag m³/ha [rwn]	2500

Angebotsmengen an Stickstoff t/ha [rn$_k$]	Ertragsmatrix: Einzelerträge [y$_{jk}$] für die Angebotsmengen an Bodenwasser [rwb$_j$], Niederschlag [rwn] und Stickstoff [rn$_k$]							Gesamtertrag t/ha [y$_k$]	Genutzter Stickstoff in %[3] [rng$_k$]	Genutztes Wasser in %[3] [rwg$_k$]
0,00	0,00	0,00	0,00	0,00	0,00	0,00	0,00	0,000		0,00
0,05	2,00	2,00	2,00	2,00	2,00	2,00	2,00	2,000	100,00	25,00
0,10	4,00	4,00	4,00	4,00	4,00	4,00	4,00	4,000	100,00	50,00
0,15	5,00	6,00	6,00	6,00	6,00	6,00	6,00	5,950	99,17	74,38
0,20	5,00	6,00	7,00	8,00	8,00	8,00	8,00	7,517	93,96	93,96
0,25	5,00	6,00	7,00	8,00	9,00	10,00	10,00	7,950	79,50	99,38
0,30	5,00	6,00	7,00	8,00	9,00	10,00	11,00	8,000	66,67	100,00
0,35	5,00	6,00	7,00	8,00	9,00	10,00	11,00	8,000	57,14	100,00

Teil III: Einheitliche Bodenwasservorräte

Wasservorratsklassen	1	2	3	4	5	6	7		
Wasservorräte[1] m³/ha [rwb$_j$]	0	500	1000	1500	2000	2500	3000	I-O-K. Wasser [aw]	500
Nutzflächenanteile [f$_j$]	0,000	0,000	0,000	1,000	0,000	0,000	0,000	I-O-K. Stickstoff [an]	150
								Niederschlag m³/ha [rwn]	2500

Angebotsmengen an Stickstoff t/ha [rn$_k$]	Ertragsmatrix: Einzelerträge [y$_{jk}$] für die Angebotsmengen an Bodenwasser [rwb$_j$], Niederschlag [rwn] und Stickstoff [rn$_k$]							Gesamtertrag t/ha [y$_k$]	Genutzter Stickstoff in %[3] [rng$_k$]	Genutztes Wasser in %[3] [rwg$_k$]
0,00	0,00	0,00	0,00	0,00	0,00	0,00	0,00	0,000		0,00
0,05	2,00	2,00	2,00	2,00	2,00	2,00	2,00	2,000	100,00	25,00
0,10	4,00	4,00	4,00	4,00	4,00	4,00	4,00	4,000	100,00	50,00
0,15	5,00	6,00	6,00	6,00	6,00	6,00	6,00	6,000	100,00	75,00
0,20	5,00	6,00	7,00	8,00	8,00	8,00	8,00	8,000	100,00	100,00
0,25	5,00	6,00	7,00	8,00	9,00	10,00	10,00	8,000	80,00	100,00
0,30	5,00	6,00	7,00	8,00	9,00	10,00	11,00	8,000	66,67	100,00
0,35	5,00	6,00	7,00	8,00	9,00	10,00	11,00	8,000	57,14	100,00

[1] Bodenwasservorräte zu Beginn der Vegetationsperiode; [2] Input-Output-Koeffizient; [3] in % der angebotenen Mengen.

innerhalb der zugehörigen Nutzflächeneinheit identisch, also schlageinheitlich sind. Man kann diese Annahme i. d. R. für die in einer Vegetationsperiode fallenden Niederschläge machen (selbst das nicht in jedem Fall, z. B. bei variierender Exposition innerhalb des Feldstücks, oder bei kleinräumigen Niederschlagsereignissen auf großen Feldstücken), nicht jedoch für die zu Beginn der Vegetationsperiode verfügbaren Bodenwasservorräte. Generell variieren die nutzbaren Feldkapazitäten auch innerhalb von Feldstücken mehr oder weniger kleinräumig. Dadurch variieren zwangsläufig auch die in der einer Vegetationsperiode insgesamt verfügbaren Wasserangebotsmengen innerhalb von Nutzflächeneinheiten, d. h. innerhalb einzelner Feldstücke oder sogar innerhalb kleiner Pflanzenversuchsparzellen.

Übersicht 3.20 zeigt unter Verwendung der linear-limitationalen Produktionsfunktion mit ihren drei Teilen beispielhaft die Auswirkungen unterschiedlicher Verteilungen der Bodenwasservorräte innerhalb eines Feldstückes auf den Ertrag des Feldstückes. In den Kopfzeilen der drei Übersichtsteile wird davon ausgegangen, dass innerhalb des Feldstückes sieben Klassen unterschiedlicher Bodenwasservorräte (rb_j, j = 1 ... 7) bestehen, die in Schritten von 500 m³/ha von Null bis 3.500 m³/ha variieren (grau unterlegte Zellen). Die Flächenanteile (f_j) des oberen Teils I der Übersicht sind über die gesamte Spanne gleich verteilt, betragen also – wie in der Übersicht angegeben – jeweils 1/7 bzw. 0,1429 ... (Zellen ebenfalls grau unterlegt). Unterhalb der Kopfzeilen sind in der linken Spalte diskrete Werte des variierten Produktionsfaktors Stickstoff (rn_k) aufgeführt. Rechts oben sind die – wie bisher – angenommenen Werte für die Input-Output-Koeffizienten mit aw = 500 und an = 0,025 angegeben, sowie die als schlageinheitlich angenommenen Niederschlagsmenge von rwn = 2.500 m³/ha aufgeführt (Zellen ebenfalls grau unterlegt).

Aus den Bodenwasservorräten, dem Niederschlag und dem Stickstoffangebot ergibt sich die im jeweiligen Zentralteil der drei Tabellenteile aufgeführte Ertragsmatrix. Die Einzelergebnisse der Ertragsmatrix errechnen sich – in Anwendung der oben abgeleiteten Gleichungen (3.21) und (3.22) mit:

(3.33) $\qquad y_{jk} = \min\left(\dfrac{1}{aw} \cdot rw_j, \dfrac{1}{as} \cdot rs_k\right)$, wobei $\quad rw_j = rb_j + rn$

Darin sind:

y_{jk}	=	Maximal erzielbarer Ertrag bei dem j-ten Bodenwasservorrat und der k-ten Niederschlagssumme, gemessen in t/ha;
rwb_j	=	j-ter Bodenwasservorrat (j = 1 ... J, mit hier J = 7), gemessen in m³/ha;
rn_k	=	k-ter diskreter Wert des Stickstoffangebotes (k = 1 ... K, mit hier K = 8), gemessen in t/ha;
rwn	=	schlageinheitlicher Niederschlag, gemessen in m³/ha;
aw, an	=	Input-Output-Koeffizienten für Wasser und Stickstoff.

Bei dem angenommenen Niederschlag und den zur Verfügung stehenden Bodenwasservorräten ergibt sich der auf der Nutzflächeneinheit je ha maximal erzielbare Gesamtertrag (y_k) in Abhängigkeit vom Stickstoffangebot in der Spalte unmittelbar rechts neben der Ertragsmatrix. Der Gesamtertrag wurde gemäß der folgenden Gleichung (3.34) bestimmt:

(3.34) $\qquad y_k = \sum\limits_{j=1}^{J} f_j \cdot y_{jk}$

Aus der Spalte „Gesamtertrag" des Teils I der Übersicht geht hervor, dass der auf dem Feldstück je ha maximal erzielbare Ertrag in Abhängigkeit des steigenden Stickstoffangebotes bis zu einem Angebot von 0,10 t/ha und einem zugehörigen Gesamtertrag von 4 t/ha linear ansteigt, um dann bis zu einem Stickstoffangebot von 0,30 t/ha einen degressiv steigenden Verlauf anzunehmen. Bei darüber hinaus gehenden Stickstoffangeboten erfolgt kein weiterer Ertragsanstieg mehr. Die verfügbaren Wassermengen und deren Verteilung innerhalb des Feldstücks lassen weitere Ertragssteigerungen nicht zu.

Im mittleren Teil II der Übersicht 3.20 wurde gegenüber dem Teil I nur die Verteilung der Bodenwasservorräte von der Gleichvereilung in eine Verteilungsform verändert, die grob eine Normalverteilung widerspiegelt und damit eine geringere Streuung als die Gleichverteilung aufweist. In Teil III wurde die Streuung schließlich auf Null gesetzt. Für das Feldstück gilt einheitlich der mittlere Wert des Bodenwasservorrates von 1.500 m^3/ha.

Trägt man nun die Gesamterträge der drei Übersichtsteile in Abhängigkeit vom Stickstoffangebot grafisch ab, ergeben sich für die drei Verteilungen der Bodenwasservorräte die Funktionsverläufe der Übersicht 3.21: Obwohl für die Bildung der Einzelerträge linear-limitationale Produktionsfunktionen angenommen wurden, ergibt sich für den Gesamtertrag der Nutzflächeneinheit nur dann ein Ertragsverlauf gemäß dieser Funktion, wenn die Bodenwasservorräte innerhalb der Nutzflächeneinheit nicht streuen. Bei jeder positiven Streuung ergeben sich dagegen Ertragsverläufe, die einen Bereich abnehmender Ertragszuwächse aufweisen und damit dem Bild des „Gesetzes vom abnehmenden Ertragszuwachs" entsprechen. Dabei ist der ertragsgesetzliche Verlauf umso ausgeprägter, je stärker die Bodenwasservorräte streuen. Geht man des Weiteren davon aus, dass die Bodenwasservorräte einer Nutzflächeneinheit in der Realität keine diskrete, sondern eher eine kontinuierliche Verteilung aufweisen und berücksichtigt man, dass das „Stickstoffangebot" tatsächlich eine kontinuierliche Variable ist, ergeben sich auch kontinuierliche Ertragsverläufe mit stetig abnehmenden Ertragszuwächsen.

Schließlich zeigen die drei Teile der Übersicht 3.20 in den (rechten) Spalten „Genutzter Stickstoff in %" und „Genutztes Wasser in %", dass bei steigenden Stickstoffangeboten in zunehmen-

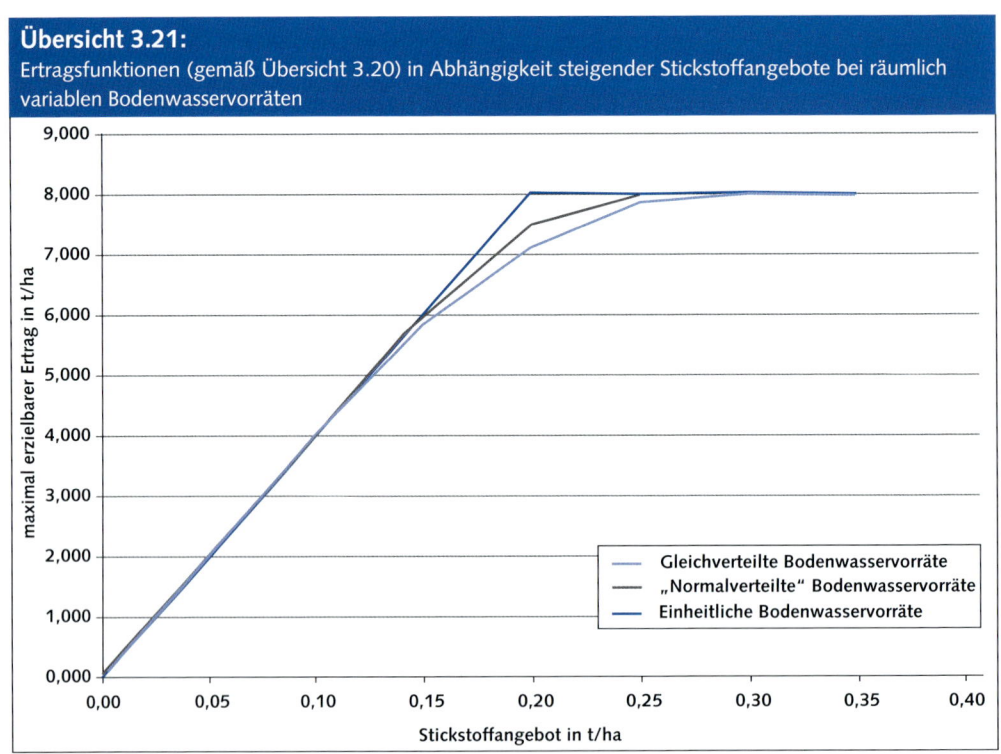

Übersicht 3.21:
Ertragsfunktionen (gemäß Übersicht 3.20) in Abhängigkeit steigender Stickstoffangebote bei räumlich variablen Bodenwasservorräten

dem Maße Teile dieses Produktionsfaktors ungenutzt bleiben, also verschwendet werden. Wenn höhere Stickstoffangebotsmengen auf Flächenteile mit geringen Wasserangebotsmengen treffen, kann der angebotene Stickstoff aufgrund des fehlenden Wassers nicht mehr vollständig produktiv in Ertrag umgesetzt werden. Umgekehrt gilt für geringe Stickstoffangebotsmengen, dass die Wasserangebotsmengen nicht voll genutzt, also teilweise verschwendet werden.

Die in der Übersicht 3.20 aufgeführten Größen „Genutzter Stickstoff in % (rng_k)" und „Genutztes Wasser in % (rwg_k)" wurden nach Maßgabe der Gleichungen (3.35) und (3.36) bestimmt. Für den genutzten Stickstoff gilt:

$$(3.35) \qquad rng_k = y_k \cdot \frac{an}{rn_k} \cdot 100$$

Und für das genutzte Wasser gilt:

$$(3.36) \qquad rwg_k = y_k \cdot \frac{aw}{rwn + \sum\limits_{j=1}^{J} f_j \cdot rwb_j} \cdot 100$$

3.7.5 Die linear-limitationale Produktionsfunktion als produktionstechnische Grundlage standorttheoretischer Analysen

Insgesamt kann damit folgendes festgehalten werden: Die Widersprüche zwischen der linear-limitationalen Produktionsfunktion und dem Gesetz vom abnehmenden Ertragszuwachs lassen sich auflösen, wenn man davon ausgeht, dass das empirisch gefundene Gesetz vom abnehmenden Ertragszuwachs keine Produktionsfunktion ist, die den Zusammenhang zwischen tatsächlich verbrauchten Faktormengen und den damit erzeugten Produktmengen abbildet, sondern lediglich eine Beschreibung des Ertragsverlaufes in Abhängigkeit steigender Angebotsmengen – nicht steigender Verbrauchsmengen – eines Produktionsfaktors. Bei der experimentellen Überprüfung des Ertragsgesetzes werden die in der Realität gegebenen Streuungen der Angebotsmengen von bodengebundenen Produktionsfaktoren innerhalb von Feldstücken, bzw. Versuchsparzellen, nicht berücksichtigt. Sie sind jedoch die Ursache für die degressiv steigenden Verläufe der empirisch gefundenen Ertragsfunktionen.

Tatsächlich werden also bei der empirischen Herleitung des Ertragsgesetzes gleichzeitig mehrere Standorte – hier mit unterschiedlichen Werten natürlicher Standortfaktoren – in die zugehörigen Feldversuche einbezogen. Im Unterschied dazu ist aber in der landwirtschaftlichen Standorttheorie ein Standort durch eine eindeutige quantitative Konstellation sämtlicher Standortfaktoren definiert. Deshalb wird für die nachfolgenden standorttheoretischen Analysen stets die linear-limitationale Produktionsfunktion zugrunde gelegt und damit angenommen, dass sich bei den betrachteten Verfahren der pflanzlichen Produktion die Angebotsmengen der – mit Kosten verbundenen – kontrollierbaren Produktionsfaktoren nach dem jeweils auf einem Standort maximal erzielbaren, nutzpflanzenspezifischen Erträgen richten. Der maximal auf einem Standort für eine Nutzpflanzenart erzielbare Ertrag wird durch einen natürlichen Standortfaktor als nichtkontrollierbarem Minimumfaktor bestimmt. Die erforderlichen Angebotsmengen der kontrollierbaren Produktionsfaktoren für ein Produktionsverfahren dieser Nutzpflanzenart hängen von dem auf dem Standort für die Nutzpflanzenart maximal erzielbaren Ertrag ab. Dieser Zusammenhang gilt für sämtliche Nutzpflanzenarten. Hinzuzufügen bleibt, dass bei der Darstellung der Leistungs-Kosten-Rechnung und der Aufspaltung der Produktionskosten in ihre ertrags- und flächenabhängigen Bestandteile in den Abschnitten 3.3 bzw. 3.6 des vorliegenden Kapitels diese Gegebenheit bereits implizit unterstellt wurde.

3.8 Zur Methodik quantitativer, standorttheoretischer Analysen

Quantitative, standorttheoretische Analysen werden generell und auch in diesem Buch in komparativ-statischer Vorgehensweise durchgeführt. Diese Vorgehensweise geht bereits auf J. H. von THÜNEN in seinem bahnbrechenden Werk „Der isolierte Staat in Beziehung auf Landwirtschaft und Nationalökonomie" von 1826 zurück (THÜNEN, J.H.v., 1920).

Bei der rein statischen Vorgehensweise werden einzelne ökonomische Gleichgewichtszustände modellhaft untersucht. Dabei beziehen sich sämtliche Modellvariablen auf ein und denselben Zeitpunkt oder Zeitraum. Entwicklungen in der Zeit bleiben unberücksichtigt. Bei der komparativ-statischen Vorgehensweise werden zwei oder mehrere unterschiedliche Gleichgewichtszustände miteinander verglichen. Auch dabei beziehen sich sämtliche Modellvariablen auf den gleichen Zeitpunkt bzw. Zeitraum. Die Gleichgewichtszustände unterscheiden sich durch die Wirkungen unterschiedlicher Werte von einer oder mehreren Variablen und/oder von einem oder mehreren Parametern.

Im Rahmen einer komparativ-statischen Vorgehensweise wird z. B. zunächst ermittelt, welches optimale Landnutzungsprogramm (erster Gleichgewichtszustand) ein Landwirt verfolgen sollte, wenn sein Betrieb nahe den Marktorten der für ihn in Frage kommenden Produkte liegt. Im Vergleich dazu wird dann ermittelt, welches optimale Landnutzungsprogramm (zweiter Gleichgewichtszustand) in dem gleichen Betrieb für den Fall verfolgt werden sollte, wenn der Betrieb weiter entfernt von seinen Marktorten liegt, also höhere Kosten für den Transport der Produkte zum Markt in Kauf nehmen muss.

Mit dieser vergleichenden – nämlich komparativ-statischen – Vorgehensweise wird die Wirkung der Marktentfernung als einem (strukturellen) Standortfaktor auf die Ausprägung von Landnutzungsprogrammen und – in direkter Verbindung damit – auf die Landnutzungsintensität und die Bodenrente abgeleitet. Um im Beispiel zu bleiben: Mit der komparativ-statischen Analyse kann die Entwicklung von Landnutzungsprogrammen, Landnutzungsintensitäten und Bodenrenten in Abhängigkeit von der Entfernung landwirtschaftlicher Betriebe zu ihren Marktorten im Form funktionaler, quantitativer Zusammenhänge bestimmt bzw. vorhergesagt werden.

Die komparativ-statische Vorgehensweise wird zur Ermittlung der Wirkungen sämtlicher Standortfaktoren und auch sämtlicher Betriebsfaktoren auf die Landnutzungsprogramme, die Landnutzungsintensität und die Bodenrente eingesetzt. Dabei wird – unter sog. „ceteris-paribus-Bedingungen" (abgekürzt c. p.) – in jeder Analyse jeweils nur der Wert eines Standortfaktors oder eines Betriebsfaktors variiert, um dessen Wirkung isoliert ermitteln zu können.

Vor der Analyse der Wirkungen der Standortfaktoren werden in diesem Buch im nachfolgenden 4. Kapitel zunächst die Wirkungen unterschiedlicher Werte der einzelnen Betriebsfaktoren zur Einhaltung einer nachhaltigen Wirtschaftsweise auf die Landnutzungsprogramme, die Landnutzungsintensität und die Bodenrente untersucht. Dafür wird dann ein konstanter Wertekranz für die Standortfaktoren ebenso wie für die nicht variierten Betriebsfaktoren vorgegeben.

In den darauf folgenden Kapiteln dieses Buches werden dann die Wirkungen unterschiedlicher Werte der einzelnen Standortfaktoren zunächst ohne die Berücksichtigung der Betriebsfaktoren analysiert. Ohne deren Berücksichtigung ergeben sich – wie bereits im 2. Kapitel gezeigt wurde – stets Monokulturbetriebe, die indessen je nach dem Wert des betrachteten, variierten Standortfaktors unterschiedliche Landnutzungsverfahren im Monokulturanbau aufweisen. Mit solchen Untersuchungen lassen sich Aussagen über die Produktionsrichtungen sowie die regionalen Produktionsschwerpunkte in Abhängigkeit von den Werten des Standortfaktors machen und diesbezügliche funktionale Zusammenhänge ableiten. Dabei gelten diese

Aussagen stets unter „ceteris-paribus-Bedingungen", d. h. bei Konstanthaltung der Werte der übrigen Standortfaktoren.

In einem weiteren Schritt werden dann im Rahmen der komparativ-statischen Vorgehensweise die Wirkungen unterschiedlicher Werte der einzelnen Standortfaktoren bei gleichzeitiger Berücksichtigung der Betriebsfaktoren mit ihren jeweils konstant vorgegebenen Werten untersucht. Dabei ergeben sich dann Landnutzungsprogramme, die wegen der Wirkungen der zur Vielseitigkeit der Landnutzung drängenden Betriebsfaktoren aus mehreren Landnutzungsverfahren bestehen. Die Zusammensetzung der Landnutzungsprogramme verändert sich jedoch c. p. in Abhängigkeit veränderter Werte des betrachteten Standortfaktors.

Es werden hier also funktionale Zusammenhänge zwischen den Landnutzungsprogrammen, den Landnutzungsintensitäten und den Bodenrenten als den abhängigen Variablen und den Werten eines Standortfaktors als der unabhängigen Variablen bei Berücksichtigung der Wirkungen der Betriebsfaktoren abgeleitet.

Letztlich ist jeder einzelne landwirtschaftliche Betrieb bestimmten Werten sämtlicher Betriebsfaktoren und sämtlicher Standortfaktoren ausgesetzt, die zu einem betriebsindividuellen Gleichgewichtszustand bezüglich seines Landnutzungsprogramms, seiner Landnutzungsintensität und seiner Bodenrente führen sollten. Die komparativ-statischen Analysen der landwirtschaftlichen Standorttheorie liefern mit den eben beschriebenen funktionalen Zusammenhängen Hinweise für den einzelnen Landwirt, wie er seinen Betrieb angesichts der für ihn gültigen Werte der Betriebs- und Standortfaktoren im Hinblick auf das Ziel der nachhaltigen Maximierung der Bodenrente möglichst zweckmäßig organisieren sollte. Für die politischen Entscheidungsträger liefern sie Hinweise dafür, wie sie die Werte eines oder mehrerer Standortfaktoren mittels agrarpolitischer Maßnahmen verändern sollten, wenn sie bestimmte Ziele in Bezug auf die Gestaltung der Landbewirtschaftung erreichen wollen.

4

Der Einfluss der Betriebsfaktoren auf das Landnutzungsprogramm, die Landnutzungsintensität und die Bodenrente

In diesem Kapitel wird gezeigt, wie sich die Betriebsfaktoren als den allgemeinen Organisationsprinzipien zur Einhaltung einer nachhaltigen Wirtschaftsweise bei gleichzeitig bestmöglicher Nutzung der betrieblichen Ressourcen auf das Landnutzungsprogramm, die Landnutzungsintensität und die Bodenrente landwirtschaftlicher Betriebe konkret auswirken. Dazu werden die Betriebsfaktoren zunächst quantitativ definiert, um ihre Wirkungsweise dann anhand eines mathematischen Optimierungsmodells abzuleiten.

Im Vergleich zu ihrer Nichtberücksichtigung führt die Berücksichtigung der Betriebsfaktoren durch den Landwirt kurzfristig zu geringeren betrieblichen Bodenrenten und geringeren Landnutzungsintensitäten sowie zu vielseitigeren Landnutzungsprogrammen. Längerfristig ergeben sich durch die Beachtung der Betriebsfaktoren bei der Gestaltung der Landnutzungsprogramme jedoch wirtschaftliche Vorteile, die die kurzfristigen Nachteile deutlich überkompensieren. Schließlich werden im Rahmen von Sensitivitätsanalysen Konsequenzen unterschiedlicher Wirkungsstärken der Betriebsfaktoren abgeleitet.

4.1 Das quantitative Modell zur Bestimmung des Einflusses der Betriebsfaktoren zur Einhaltung einer nachhaltigen Wirtschaftsweise

4.1.1 Auswahl der Betriebsfaktoren

In den folgenden Abschnitten werden zunächst die Betriebsfaktoren zur Einhaltung einer nachhaltigen Wirtschaftsweise quantitativ erfasst. Die Betriebsfaktoren zur bestmöglichen Nutzung der betrieblichen Ressourcen, d. h. der Arbeits- und der Betriebsmittelausgleich, werden anschließend betrachtet. Hier wird deshalb angenommen, dass der Landwirt die erforderlichen menschlichen und maschinellen Dienste zur Durchführung seiner Landnutzungsverfahren jederzeit in den jeweils benötigten Mengen zu geltenden Marktpreisen beschaffen kann. Dem Landwirt entstehen daher für die Durchführung der Landnutzungsverfahren Arbeitskosten für die menschlichen Dienste und Sachkosten für die maschinellen Dienste prinzipiell in der Form, wie sie für das Beispiel des Winterweizens bereits in Abschnitt 3.6 des vorhergehenden Kapitels auf der Basis von KTBL-Daten abgeleitet wurden.

Anhand eines konkreten Beispiels werden – pars pro toto – die Betriebsfaktoren „Schädigungsausgleich", „Humusausgleich", „Produktionsrisikoausgleich" und „Marktrisikoausgleich" in ihren Wirkungen modellhaft abgeleitet. Der Betriebsfaktor „Nährstoffausgleich" wird hier nicht weiter behandelt, weil der Nährstoffausgleich im modernen Landbau ganz überwiegend durch Mineraldünger erfolgt, also nicht durch betriebseigene Maßnahmen, wie etwa den Leguminosenanbau, bewerkstelligt werden muss. Der Nährstoffausgleich wäre allerdings für den organischen Landbau zu beachten. Es sei dem Leser überlassen, sich nach der Lektüre des vorliegenden Kapitels ein den Nährstoffausgleich berücksichtigendes quantitatives Modell zu konstruieren.

Auch der Betriebsfaktor „Bedürfnisausgleich" wird nicht berücksichtigt. Er spielt im modernen Landbau Europas kaum mehr eine Rolle. Allerdings ist er in wenig entwickelten Regionen der Erde ohne gesicherten Marktzugang, d. h. in Regionen, in denen nach wie vor die Subsistenzwirtschaft vorherrscht, durchaus noch von Bedeutung. Es sei jedoch auch in diesem Falle dem Leser überlassen, dafür ein geeignetes Modell zu konstruieren.

Schließlich wird der Betriebsfaktor „Futterausgleich" hier nicht berücksichtigt, weil die Nutztierhaltung in diesem Buch – wie in Abschnitt 3.1 des vorhergehenden Kapitels eingehend begründet – nicht explizit in die standorttheoretischen Analysen einbezogen wird.

Die Vorgehensweise bei der Quantifizierung der Betriebsfaktoren wird im Folgenden anhand des in Übersicht 4.1 enthaltenen Betriebsmodells eines reinen Ackerbaubetriebes dargestellt. Mit den darin unterstellten maximal realisierbaren Ertragsniveaus der Nutzpflanzenarten, sowie den angenommenen Produkt- und Faktorpreisen und den spezifizierten Landnutzungsverfahren wird festgelegt, unter welchen quantitativ definierten Standortbedingungen der modellierte Betrieb „angesiedelt" ist. Für die Wirkungsanalysen der Betriebsfaktoren werden diese Standortbedingungen konstant gehalten.

Übersicht 4.1

Das mathematische Optimierungsmodell eines Ackerbaubetriebes zur Bestimmung des Landnutzungsprogramms, der Landnutzungsintensität und der betrieblichen Bodenrente unter Berücksichtigung der Betriebsfaktoren zur Einhaltung einer nachhaltigen Wirtschaftsweise

Z.	Aktivitäten: / Bezeichnung:	Symbol	Speise-kartoffeln x_1	Zucker-rüben x_2	Winter-raps x_3	Winter-weizen x_4	Sommer-gerste x_5	Körner-mais x_6	Silo-mais[8] x_7		Verfügbar	Genutzt
I	Bestimmung des Ertrages nach Maßgabe der Schädigungswirkung											
1	Maximalertrag[2] [t/ha]	ymax	60,50	77,00	4,75	10,85	7,60	12,54	58,08	Depressions-anpassungs-faktor [df] (0,7 bis 1,3)		
2	Normertragsdepression[3] (0-1)	ned	0,500	0,500	0,500	0,250	0,250	0,125	0,125			
3	Angep. Ertragsdepression[3]	ed	0,500	0,500	0,500	0,250	0,250	0,125	0,125			
4	Minimalertrag[3] [dt/ha]	ymin	30,25	38,50	2,38	8,14	5,70	10,97	50,82			
5	Ertrag [t/ha]	y	58,41	77,00	4,46	10,12	7,35	11,90	58,08	1,00		
II	Bestimmung der Humuslieferung											
6	Normhumusabbau [kg C/ha]	nhac	1000,0	1300,0	400,0	400,0	400,0	800,0	800,0	Humus-abbau-anpassungs-faktor [haf] (-0,3 bis +0,3)		
7	Angep. Humusabbau [kg C/ha]	hac	1000,0	1300,0	400,0	400,0	400,0	800,0	800,0			
8	Haupt-:Nebenertrag-Verhältnis	hnv	0,0	0,7	1,7	0,8	0,7	1,0	0,8			
9	Humusgehalt [kg C/t-Ertrag]	hgnc	0,0	8,0	70,0	70,0	70,0	70,0	12,0			
10	Humuslieferung [kg C/ha]	hlc	0,0	431,2	530,3	566,8	360,2	833,0	557,6			
11	Humusbilanz [kg C/ha]	hbc	1000,0	868,8	-130,3	-166,8	39,8	-33,0	242,4	0,00		
III	Bestimmung der Bodenrente											
12	Produktpreis [€/t]	py	100,00	35,00	380,00	180,00	220,00	185,00	40,00	Produktions-risiko-scheu-faktor [prf] (0 bis 0,6)		
13	Ertragsabh. Sachkosten [€/t]	MKVS	46,57	13,95	159,80	75,57	65,50	77,20	15,37			
14	Ertragsabh. Arbeitskosten [€/t]	MKVA	3,653	0,563	7,410	3,921	3,117	3,894	2,301			
15	Flächenabh. Sachkosten [€/ha]	KVFS	1317,86	364,10	203,42	269,58	286,43	414,12	462,93			
16	Flächenabh. Arbeitskosten [€/ha]	KVFA	143,06	41,40	58,19	70,46	67,78	61,47	68,35			
17	Bodenrente [€/ha]	BR	1446,52	1171,88	686,71	677,34	758,63	760,98	765,76	0,00		
IV	Bestimmung des Risikonutzens											
18	Standardabweichung Ertrag[1]	sap	0,229	0,077	0,150	0,075	0,114	0,087	0,080	Marktrisiko-scheu-faktor [mrf] (0 bis 0,6)		
19	Standardabweichung Preis[1]	sam	0,272	0,055	0,250	0,314	0,312	0,273	0,049			
20	Ertragsrisikoprämie [€/ha]	RPP	0,00	0,00	0,00	0,00	0,00	0,00	0,00			
21	Preisrisikoprämie [€/ha]	RPM	0,00	0,00	0,00	0,00	0,00	0,00	0,00			
22	Risikonutzen [€/ha]	RN	1446,52	1171,88	686,71	677,34	758,63	760,98	765,76			
V	Matrix der Begrenzungen										Verfügbar	Genutzt
23	Ackerfläche [ha]		1,0	1,0	1,0	1,0	1,0	1,0	1,0	<=	250,00	250,00
24	Humusbilanz [kg C/ha]		1000,0	868,8	-130,3	-166,8	39,8	-33,0	242,4	<=	0,00	-0,00
25	Zielfunktion=Anbauumfänge [ha]		17,28	0,00	30,88	67,08	32,76	101,99	0,00		194.111,60	< RNB[5]
VI	Ergebnisse											
26	Ackerflächenanteil [%]		6,91	0,00	12,35	26,83	13,10	40,80	0,00			
27	Ertrag [t/ha]		58,41	77,00	4,46	10,12	7,35	11,90	58,08		Betrieb	
28	Bodenrente dse Betriebes [€]										194.111,60	< BRB
29	Bodenrente [€/ha]		1446,52	1171,88	686,71	677,34	758,63	760,98	765,76		776,45	< MBR[6]
30	Kosten des Betriebes [€]										358.882,80	< K
31	Kosten[4] [€/ha]		4394,35	1523,12	1006,79	1144,65	858,59	1440,62	1557,44		1.435,53	< MK[7]
32	Herfindahl-Index:					0,28						

1) bezogen auf Mittelwert = 1; 2) bei minimalem Nutzflächenanteil; 3) bei Monokultur; 4) als spezielle Intensitäten derLandnutzung; 5) Risikonutzen des Betriebes; 6) Durchschnittliche Bodenrenteje ha Ackerfläche; 7) als Landnutzungsintensität des Betriebes

8) Die Humuslieferung von Silomais ergibt sich wie folgt: 1 t Silomais wird hier mit 32 % TM angenommen, d. h. 1t Silomais enthält 320 kg TM. Im Gärprozess in der Biogasanlage werden 75 % der Trockenmasse abgebaut (in CH$_4$ und CO$_2$). In der Substratgülle verbleiben also 80 kg TM je t Silomais. Bei einem Trockenmassegehalt von 10 % in der Substratgülle führen die 80 kg TM zu 0,8 t Substratgülle je t Silomais. Der in Zeile 8 angegebene Faktor 0,8 ist also das Haupt-:Nebenertrag-Verhältnis von Silomais, wobei hier der Nebenertrag die Substratgülle ist. Der in Zeile 9 angegebene Humusgehalt [kg C/t-Ertrag] von 12 sagt also, dass eine 10 % TS enthaltende Substratgülle 12 kg Humus-C je t Substratgülle enthält.

Für das Modell wird der Übersichtlichkeit halber des Weiteren davon ausgegangen, dass der Landwirt sein Landnutzungsprogramm höchstens aus den im Kopf der Übersicht angegebenen sieben – in Deutschland und Europa weit verbreiteten – Nutzpflanzenarten zusammenstellen kann[1].

---

[1] Bei der Übersicht 4.1 handelt es sich um ein Modell auf der Basis der Tabellenkalkulationssoftware Excel. Hier, wie in allen folgenden Modellen auf der Basis dieser Software, sind zur besseren Übersicht die Felder für die (modellexogenen) Eingabedaten grau unterlegt worden.

4.1.2 Quantifizierung des Betriebsfaktors Schädigungsausgleich

Der Betriebsfaktor „Schädigungsausgleich" wurde im oberen Block 1 der Übersicht 4.1 quantifiziert. Seine Wirkungsweise äußert sich generell dahingehend, dass die maximal erzielbaren Erträge der Nutzpflanzenarten – längerfristig betrachtet – mit wachsenden Anbauanteilen einer Nutzpflanzenart an der betrieblichen Ackerfläche wegen sukzessiver Anhäufung bodenbürtiger, pflanzenspezifischer Krankheiten und Schädlinge, mehr oder weniger stark abnehmen. Die Schädigungswirkung für eine Nutzpflanzenart ist kaum spürbar, wenn diese Nutzpflanzenart nur sehr selten in der Fruchtfolge erscheint, ihr Anbauanteil also gegen Null tendiert. Umgekehrt ist die Schädigungswirkung am stärksten, wenn die Nutzpflanzenart fortlaufend in Monokultur angebaut wird, sie also über eine Reihe von Jahren die gesamte betriebliche Ackerfläche besetzt. Die nutzpflanzenspezifischen Krankheits- und Schädlingspopulationen können sich dann voll entwickeln.

In Zeile 1 der Übersicht 4.1 ist der maximal erzielbare Ertrag der jeweiligen Nutzpflanzenart bei gegen Null gehendem Anbauanteil aufgeführt. Für die Festlegung des jeweiligen Maximalertrages wurde von einem ertragsstarken Ackerbaustandort in Deutschland ausgegangen. An einem derartigen Standort können die vom KTBL ausgewiesenen hohen Ertragsniveaus der Nutzpflanzenarten realisiert werden. Die in Zeile 1 angegebenen Maximalerträge sind deshalb diese KTBL-Werte, erhöht allerdings um 10%. Diese Erhöhung wird damit begründet, dass es sich bei den Maximalerträgen um Werte handeln soll, die bei gegen Null gehendem Anbauanteil der jeweiligen Nutzpflanzenart an der betrieblichen Ackerfläche erreicht werden können. Im Unterschied dazu wurden die KTBL-Werte empirisch ermittelt, wobei die Nutzpflanzenarten in aller Regel in mehr oder weniger engen Fruchtfolgen stehen, bei denen gewisse Ertragsdepressionen unterstellt werden können.

Das Ausmaß der Ertragsdepression ist bei allen Nutzpflanzenarten – wie gesagt – bei langjähriger Monokultur am höchsten. Es ist jedoch von Nutzpflanzenart zu Nutzpflanzenart unterschiedlich hoch. Plausible Werte für die sieben zur Auswahl stehenden Nutzpflanzenarten sind in der Übersicht 4.1 als Normdepression (ned) in Zeile 2 und als angepasste Depression (ed) in Zeile 3 angegeben. Mit der Normertragsdepression soll zunächst das Verhältnis der Ertragsdepressionen für die einzelnen Nutzpflanzen berücksichtigt werden. Die Ertragsdepression für den Mais ist etwa halb so hoch wie für die Getreidearten und deren Ertragsdepression ist etwa halb so hoch wie für die Speisekartoffeln, die Zuckerrüben und den Winterraps.

Mittels der Ertragsdepression lassen sich die Minimalerträge bei Monokultur leicht errechnen, wenn man die maximalen Erträge bei gegen Null gehendem Anbauanteil (ymax) kennt. Letztere sind in Zeile 1 der Übersicht 4.1 angegeben.

Für den Minimalertrag (ymin) eines m-ten Landnutzungsverfahren gilt dann:

$$(4.1) \qquad ymin_m = (1 - ed_m) \cdot ymax_m \qquad \text{mit} \qquad ed_m = ned_m \cdot df$$

Der auf der rechten Seite der Übersicht 4.1 angegebene Depressionsanpassungsfaktor (df) wurde eingeführt, um bei gegebenem Verhältnis der Ertragsdepressionen – ausgedrückt durch die Normertragsdepressionen (ned) in Zeile 2 – die Höhe der Ertragsdepressionen ohne größeren Aufwand anpassen zu können.

Die erzielbaren Erträge (y) der Nutzpflanzenarten in Abhängigkeit von ihren Anbauumfängen auf der betrieblichen Ackerfläche lassen sich unter der Annahme, dass sich die Erträge zwischen ihren Maximal- und Minimalerträgen linear abnehmend verhalten, einfach bestimmen. So ergibt sich z. B. für die Speisekartoffeln bei den hier angenommenen Zahlenwerten das

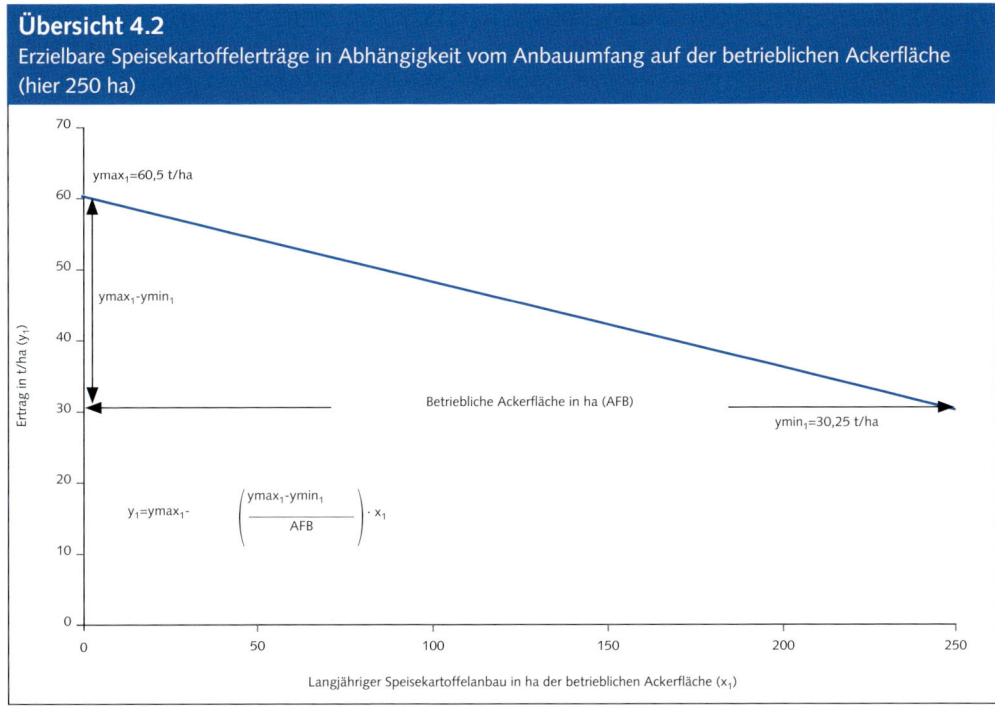

Übersicht 4.2
Erzielbare Speisekartoffelerträge in Abhängigkeit vom Anbauumfang auf der betrieblichen Ackerfläche (hier 250 ha)

Bild der Übersicht 4.2. Der Ertrag (y_1) sinkt, ausgehend vom Maximalertrag ymax1 = 60,50 t/ha mit zunehmendem Anbauumfang (x_1) bis zum Minimalertrag $ymin_1$ = 30,25 t/ha bei voller Nutzung der betrieblichen Ackerfläche von AFB = 250 ha.

Anhand der Übersicht 4.2 lässt sich unmittelbar verallgemeinern, dass der Ertrag einer m-ten Nutzpflanzenart dem folgenden Ausdruck gehorcht:

$$(4.2) \qquad y_m = ymax_m - \frac{ymax_m - ymin_m}{AFB} \cdot x_m$$

Darin ist $(ymax_m - ymin_m)/AFB$ die Steigung der Ertragsfunktion. Durch Einsetzen des Ausdrucks (4.1) in (4.2) ergibt sich für den Ertrag nach Umformung:

$$(4.3) \qquad y_m = ymax_m - \frac{ned_m \cdot df \cdot ymax_m}{AFB} \cdot x_m$$

Die in Zeile 5 der Übersicht 4.1 aufgeführten Erträge der Anbaualternativen wurden mittels Gleichung (4.3) unter Verwendung der in Zeile 25 aufgeführten Anbauumfänge bestimmt. Auf die Ermittlung dieser Anbauumfänge wird später eingegangen.

4.1.3 Quantifizierung des Betriebsfaktors Humusausgleich

Die zur Quantifizierung des Betriebsfaktors „Humusausgleich" bedeutsame Humusbilanz wurde in Teil II der Übersicht 4.1 abgeleitet. Die Humusbilanzierung wurde mit der Humusbilanz-Methode der Beratung in Bayern (fl.bayern.de) durchgeführt. Die Methode lehnt sich bezüglich der angenommenen Werte an die sog. „oberen Werte" der VDLUFA-Humusbilanzierung an. Als Maßgröße für den Humus wird der Kohlenstoffgehalt (C-Gehalt) der

Humussubstanz verwendet. Die Humusbilanz für eine Nutzpflanzenart ergibt sich generell als Differenz aus dem Humusabbau während eines Anbaujahres und der Humusnachlieferung durch die auf dem Feld verbleibenden Pflanzenreste (Stroh, Blatt usw.) der Nutzpflanzenart.

Für den Humusabbau wurde in Übersicht 4.1 – ähnlich wie bei der Ertragsdepression – mit dem Humusabbauanpassungsfaktor (haf) eine Größe eingeführt, mit dem der Normhumusabbau (nhac, Zeile 6) an die örtlichen Verhältnisse angepasst werden kann. Diese werden dann durch den angepassten Humusabbau (hac, Zeile 7) repräsentiert. Für den angepassten Humusabbau einer m-ten Nutzpflanzenart gilt mithin:

$$(4.4) \qquad hac_m = nhac_m + (nhac_m \cdot haf)$$

Die Humuslieferung ergibt sich aus dem (Haupt-)Ertrag (y) einer Nutzpflanzenart unter Berücksichtigung des Massenverhältnisses zwischen Haupt- und Nebenertrag (Korn: Stroh- bzw. Rüben: Blatt-Verhältnis) (hnv) und dem C-Gehalt des Nebenertrages (hgnc). Für die Humuslieferung einer m-ten Nutzpflanzenart gilt:

$$(4.5) \qquad hlc_m = hnv_m \cdot hgnc_m \cdot y_m$$

Die zahlenmäßigen Werte der Parameter hnv und hgnc für die einzelnen Nutzpflanzenarten sind in den Zeilen 8 und 9 der Übersicht 4.1 aufgeführt.

Einen gewissen Sonderfall bildet der Silomais. Für das Modell wurde unterstellt, dass es sich um Silomais als Substrat für Biogasanlagen handelt, dessen Substratgülle nach dem Gasentzug vom Biogasanlagenbetreiber auf den Feldern des Maislieferanten ausgebracht wird. Der in Zeile 8 angegebene Faktor von 0,8 ist hier das Haupt-Nebenertrags-Verhältnis von Silomais, wobei hier der Nebenertrag die Substratgülle ist.

Die Humusbilanz (hbc) ist – wie gesagt – die Differenz aus dem Humusabbau und der Humuslieferung. Für eine m-te Nutzpflanzenart gilt deshalb:

$$(4.6) \qquad hbc_m = hlc_m - hac_m$$

Die Humusbilanzwerte ergeben sich nach Maßgabe der in Zeile 5 bestimmten Haupterträge in Zeile 11 der Übersicht 4.1. Die Humusbilanzwerte sind negativ, wenn eine humusmehrende Nutzpflanzenart mehr Humus nachliefert als durch sie abgebaut wird. Sie sind positiv, wenn eine humuszehrende Nutzpflanzenart weniger Humus nachliefert als durch sie abgebaut wird. Da indessen der Umfang der Humuslieferung gemäß Gleichung (4.5) von den erzielten Erträgen abhängt, während der Humusabbau unabhängig von den Ertragsniveaus der Nutzpflanzen erfolgt, können auch prinzipiell humusmehrende Pflanzenarten bei geringen Erträgen zu Humuszehrern werden.

4.1.4 Bestimmung der Bodenrente

Vor der Quantifizierung der Betriebsfaktoren Produktions- und Marktrisikoausgleich müssen die Bodenrenten der Nutzpflanzenarten ermittelt werden, da die monetär zu quantifizierenden Risiken davon abhängen. Die Bodenrenten wurden in Block III der Übersicht 4.1 bestimmt. Sie ergeben sich prinzipiell durch Subtraktion der Kosten von den Leistungen.

Die Kosten einer Nutzpflanzenart hängen von der Art des Landnutzungsverfahrens und vom Ertragsniveau ab. Damit wird zunächst eine konkrete Bestimmung der Landnutzungsverfahren für die zur Auswahl stehenden Nutzpflanzenarten erforderlich. Dazu wurden für das Modell prinzipiell die Spezifikationen übernommen, die im 3. Kapitel am Beispiel des Winterweizens festgelegt wurden (wendende Bodenbearbeitung, gezogene Saatbettbereitung, konventioneller Anbau, Schlaggröße 10 ha, 102-KW-Mechanisierung, Hof-Feld-Entfernung 3 km). Für die sieben im Modell zur Auswahl stehenden Nutzpflanzenarten wurden demgemäß die Landnutzungsverfahren nach Maßgabe der zugehörigen KTBL-Daten definiert.

Um sodann die Abhängigkeit der Kosten von den Ertragsniveaus bestimmen zu können, wurde die in Abschnitt 3.6 am Beispiel des Winterweizens abgeleitete Methodik der Kostenaufspaltung in ihre ertrags- und flächenabhängigen Bestandteile für die sieben Landnutzungsverfahren verwendet. Die Ergebnisse dafür sind in Übersicht 4.3 dargestellt.

Die in der Übersicht aufgeführten Achsenabschnitte sind die flächenabhängigen Sach- bzw. Arbeitskosten je ha Anbaufläche. Die dort ebenfalls aufgeführten Steigungen sind die ertragsabhängigen Sach- bzw. Arbeitskosten je t Ertrag. Die ertragsabhängigen Sachkosten (MKVS), die ertragsabhängigen Arbeitskosten (MKVA), die flächenabhängigen Sachkosten (KVFS) und die flächenabhängigen Arbeitskosten (KVFA) in den Zeilen 13 bis 16 der Übersicht 4.1 wurden aus der Übersicht 4.3 für die sieben betrachteten Landnutzungsverfahren übernommen.

Die Leistungen der Landnutzungsverfahren ergeben sich als mathematische Produkte der Produktpreise (py) und der Erträge (y). Die für das Modell angenommenen Produktpreise – als gegenwärtig plausible Werte – wurden in Zeile 12 der Übersicht 4.1 eingegeben. Die zugehörigen Erträge wurden wieder aus Zeile 5 übernommen.

Aus den so bestimmten Kosten und Leistungen ergibt sich die je ha erzielbare Bodenrente (BR_m) eines m-ten Landnutzungsverfahrens mit:

(4.7) $$BR_m = (py_m - MKVS_m - MKVA_m) \cdot y_m - (KVFS_m + KVFA_m)$$

Darin sind (py_m – $MKVS_m$ – $MKVA_m$) die um die ertragsabhängigen Kosten bereinigte Stückleistung, gemessen in € je t Ertrag und ($KVFS_m$ + $KVFA_m$) die flächenabhängigen Kosten, gemessen in € je ha. Die Bodenrenten der Landnutzungsverfahren – aufgeführt in Zeile 17 der Übersicht 4.1 – wurden nach Maßgabe der vorstehenden Gleichung (4.7) berechnet.

4.1.5 Quantifizierung der Betriebsfaktoren Produktions- und Marktrisikoausgleich

Die Betriebsfaktoren „Produktionsrisikoausgleich" und „Marktrisikoausgleich" wurden in Block IV der Übersicht 4.1 quantifiziert. Als Ursache des Produktionsrisikos wurden die im Zeitablauf schwankenden Erträge der Nutzpflanzenarten, als Ursache des Marktrisikos die im Zeitablauf ebenfalls schwankenden Produktpreise angenommen. Anders ausgedrückt: Es wird der Realität entsprechend Ertrags- und Preisvolatilität unterstellt.

Zur Bestimmung der Einflüsse dieser Volatilitäten auf die Entscheidungen der Landwirte wurde von folgender Überlegung ausgegangen: Ein risikoneutraler Landwirt wird zwei Landnutzungsalternativen mit gleichen Erwartungswerten der Bodenrenten, aber unterschiedlichen Ertrags- oder/und Preisvolatilitäten, als wirtschaftlich gleich vorzüglich ansehen, weil er die aus den unterschiedlichen Ertrags- und Preisvolatilitäten entstehenden wirtschaftlichen Risiken bei seiner Entscheidung nicht berücksichtigt. Ein mehr oder weniger risikoscheuer Landwirt wird indes das mit den geringeren Volatilitäten behaftete Landnutzungsverfahren vorziehen, weil er die wirtschaftlichen Risiken in seine Entscheidung einbezieht. Er wird sich nur dann für das andere Landnutzungsverfahren entscheiden, wenn dessen höhere Volatilitäten mit einem höheren Erwartungswert der Bodenrente einhergehen. Die Höhe des Bodenrentenvorteils richtet sich nach dem Ausmaß der Risikoscheu des Landwirts. Die Differenz zwischen den beiden Bodenrenten ist die Risikoprämie, um die die Bodenrente des mit den höheren Volatilitäten behafteten Landnutzungsverfahrens höher sein muss, wenn der Landwirt dieses Verfahren vorziehen soll.

Als Maße für die Ertrags- und Preisvolatilitäten zur Berechnung der jeweiligen Risikoprämien können die Standardabweichungen von Ertrags- und Preiszeitreihen angesehen werden. In den Zeilen 18 und 19 der Übersicht 4.1 sind Werte der Standardabweichungen aufgeführt. Die Standardabweichungen der Erträge wurden für das Beispiel aus Zeitreihen der Erträge von 1979 bis 2003 nach Daten des Statischen Bundesamts für den hessischen Wetteraukreis berechnet (destatis.de). Die Rohdaten wurden trendbereinigt und auf den Zeitreihenmittelwert von 1 normiert.

Die Standardabweichungen für die Produktpreise wurden für das Beispiel aus Preisreihen von 2005 bis 2010 für den hessischen Regierungsbezirk Darmstadt aus Daten des KTBL zur Bestimmung von Standarddeckungsbeiträgen bestimmt (www.ktbl.de). Die Rohdaten wurden auf den Zeitreihenmittelwert von 1 normiert. Die relativ kurzen Zeitreihen wurden gewählt, um Einflüsse vorher erfolgter Veränderungen der EU-Agrarpolitik (z. B. an bestimmte Nutzpflanzenarten gekoppelte Prämien je ha Anbaufläche) auszuschalten.

Die Produktions- und Marktrisikoprämien (RPP und RPM) lassen sich durch die mit den Standardabweichungen (sae und sap) und zusätzlich mit den Risikoscheufaktoren (prf und mrf) gewichteten Leistungen (als mathematische Produkte aus den Erträgen- und Produktpreisen) bestimmen. Für die Produktionsrisikoprämie eines m-ten Landnutzungsverfahrens gilt also:

$$(4.8) \qquad RPP_m = py_m \cdot y_m \cdot sap_m \cdot prf$$

Und für die Marktrisikoprämie eines m-ten Landnutzungsverfahrens gilt:

$$(4.9) \qquad RPM_m = py_m \cdot y_m \cdot sam_m \cdot mrf$$

Mit den Werten der Terme ($py_m \cdot y_m \cdot sap_m$) und ($py_m \cdot y_m \cdot sam_m$) in den Gleichungen (4.8) und (4.9) wird das Verhältnis der Risikoprämien zwischen den einzelnen Landnutzungsverfahren festgelegt. Die Risikoprämie eines Landnutzungsverfahren ist also umso höher, je höher dessen Erwartungswert der Leistung und je höher dessen Ertrags- und Preisvolatilitäten, ausgedrückt durch die zugehörigen Standardabweichungen, sind. Das Niveau der Risikoprämie als Ausdruck für das Maß der Risikoscheu wird durch die Werte der Risikoscheufaktoren (prf und mrf) bestimmt. Werte der Risikofaktoren von Null führen zu Risikoprämien von ebenfalls Null und kennzeichnen damit den risikoneutralen Landwirt. Steigende positive Werte der Risikoscheufaktoren führen zu steigenden Werten der Risikoprämien und kennzeichnen damit zunehmend risikoscheue Landwirte.

Die Risikoprämien für die Landnutzungsverfahren werden unter Berücksichtigung ihrer Erträge (Zeile 5 der Übersicht 4.1) in den Zeilen 20 und 21 der Übersicht 4.1 berechnet. Im Beispiel der Übersicht 4.1 wurde mit Werten der Risikoscheufaktoren von prf = 0,00 und mrf = 0,00 der risikoneutrale Landwirt in seinem Entscheidungsverhalten abgebildet.

Subtrahiert man nun die Risikoprämien von den Bodenrenten der Landnutzungsverfahren, ergeben sich ihre Risikonutzen. Die Risikonutzen vermindern sich im Vergleich zu den Bodenrenten umso stärker, je höher die Leistungen sowie die Ertrags und Preisvolatilitäten der Landnutzungsverfahren sind. Für ein m-tes Landnutzungsverfahren gilt deshalb für den Risikonutzen (RN_m), gemessen in €/ha, der folgende Ausdruck:

$$(4.10) \qquad RN_m = BR_m - RPP_m - RPM_m$$

Übersicht 4.3
Ertrags- und flächenabhängige Kosten von Landnutzungsverfahren

Speisekartoffeln		Ertragsniveau			Statistik		
Bezeichnung	Dimension	Niedrig	Mittel	Hoch	Abschnitt	Steigung	R²
Ertrag	t/ha	35,00	45,00	55,00	***	***	***
Produktpreis	€/t	100,00	100,00	100,00	***	***	***
Leistung	€/ha	3.500,00	4.500,00	5.500,00	0,000	100,000	1,000
Arbeitskosten	€/ha	268,01	313,19	341,06	143,058	3,653	0,982
Sachkosten	€/ha	2.929,23	3.450,68	3.860,63	1317,863	46,570	0,995
Kosten	€/ha	3.197,24	3.763,87	4.201,69	1460,921	50,222	0,995
Bodenrente	€/ha	302,76	736,13	1.298,31	-1460,921	49,778	***

Zuckerrüben		Ertragsniveau			Statistik		
Bezeichnung	Dimension	Niedrig	Mittel	Hoch	Abschnitt	Steigung	R²
Ertrag	t/ha	50,00	60,00	70,00	***	***	***
Produktpreis	€/t	35,00	35,00	35,00	***	***	***
Leistung	€/ha	1.750,00	2.100,00	2.450,00	0,000	35,000	1,000
Arbeitskosten	€/ha	69,45	75,30	80,70	41,400	0,563	0,999
Sachkosten	€/ha	1.057,26	1.210,10	1.336,30	364,100	13,952	0,997
Kosten	€/ha	1.126,71	1.285,40	1.417,00	405,500	14,515	0,997
Bodenrente	€/ha	623,29	814,60	1.033,00	-405,500	20,486	***

Winterraps		Ertragsniveau			Statistik		
Bezeichnung	Dimension	Niedrig	Mittel	Hoch	Abschnitt	Steigung	R²
Ertrag	t/ha	2,87	3,35	4,31	***	***	***
Produktpreis	€/t	380,00	380,00	380,00	***	***	***
Leistung	€/ha	1.090,60	1.273,00	1.637,80	0,000	380,000	1,000
Arbeitskosten	€/ha	78,60	84,30	89,70	58,188	7,411	0,958
Sachkosten	€/ha	634,34	780,29	878,30	203,415	159,799	0,911
Kosten	€/ha	712,94	864,59	968,00	261,604	167,210	0,913
Bodenrente	€/ha	377,66	408,41	669,80	-261,604	212,790	***

Winterweizen		Ertragsniveau			Statistik		
Bezeichnung	Dimension	Niedrig	Mittel	Hoch	Abschnitt	Steigung	R²
Ertrag	t/ha	5,92	7,89	9,86	***	***	***
Produktpreis	€/t	180,00	180,00	180,00	***	***	***
Leistung	€/ha	1.065,60	1.420,20	1.774,80	0,000	180,000	1,000
Arbeitskosten	€/ha	94,35	100,05	109,80	70,461	3,921	0,978
Sachkosten	€/ha	712,31	875,10	1.010,05	269,584	75,569	0,997
Kosten	€/ha	806,66	975,15	1.119,85	340,045	79,490	0,998
Bodenrente	€/ha	258,94	445,05	654,95	-340,045	100,510	***

Sommergerste[1]		Ertragsniveau			Statistik		
Bezeichnung	Dimension	Niedrig	Mittel	Hoch	Abschnitt	Steigung	R²
Ertrag	t/ha	3,94	5,92	6,91	***	***	***
Produktpreis	€/t	220,00	220,00	220,00	***	***	***
Leistung	€/ha	866,80	1.302,40	1.520,20	-0,000	220,000	1,000
Arbeitskosten	€/ha	79,95	86,55	89,10	67,777	3,117	0,996
Sachkosten	€/ha	541,32	683,67	732,68	286,428	65,497	0,993
Kosten	€/ha	621,27	770,22	821,78	354,204	68,614	0,993
Bodenrente	€/ha	245,53	532,18	698,42	-354,204	151,386	***

Fortsetzung Übersicht 4.3
Ertrags- und flächenabhängige Kosten von Landnutzungsverfahren

Körnermais		Ertragsniveau			Statistik		
Bezeichnung	Dimension	Niedrig	Mittel	Hoch	Abschnitt	Steigung	R²
Ertrag	t/ha	7,32	9,77	11,40	***	***	***
Produktpreis	€/t	185,00	185,00	185,00	***	***	***
Leistung	€/ha	1.354,20	1.807,45	2.109,00	0,000	185,000	1,000
Arbeitskosten	€/ha	90,60	97,95	106,80	61,474	3,894	0,972
Sachkosten	€/ha	989,29	1.143,09	1.309,33	414,118	77,197	0,981
Kosten	€/ha	1.079,89	1.241,04	1.416,13	475,592	81,091	0,981
Bodenrente	€/ha	274,31	566,41	692,87	-475,592	103,909	***

Silomais²		Ertragsniveau			Statistik		
Bezeichnung	Dimension	Niedrig	Mittel	Hoch	Abschnitt	Steigung	R²
Ertrag	t/ha	35,20	44,00	52,80	***	***	***
Produktpreis	€/t	40,00	40,00	40,00	***	***	***
Leistung	€/ha	1.408,00	1.760,00	2.112,00	-0,000	40,000	1,000
Arbeitskosten	€/ha	150,75	166,80	191,25	68,350	2,301	0,986
Sachkosten	€/ha	995,00	1.156,77	1.265,46	462,927	15,367	0,987
Kosten	€/ha	1.145,75	1.323,57	1.456,71	531,277	17,668	0,993
Bodenrente	€/ha	262,25	436,43	655,29	-531,277	22,332	***

[1]) Braugerste; [2]) keine Gülledüngung, incl. Einlagerung in Fahrsilo
Verfahrensspezifikationen: Wendende Bodenbearbeitung, gezogene Saatbettbereitung, konventioneller Anbau, Schlaggröße 10 ha, mittlerer Boden, 102-kW-Mechanisierung, Hof-Feld-Entfernung 3 km.
Quelle: n. Daten von KTBL-Online, Kalkulationsdaten, Stand Juli 2012, berechnet.

Die so berechneten Risikonutzen der Landnutzungsverfahren sind in Zeile 22 der Übersicht 4.1 aufgeführt. Bei dem in Übersicht 4.1 abgebildeten risikoneutralen Landwirt entsprechen sie den Bodenrenten.

4.1.6 Quantifizierung begrenzt verfügbarer Produktionsfaktoren

Der Block V der Übersicht 4.1 enthält die sog. „Matrix der Begrenzungen". Dabei handelt es sich prinzipiell um eine veränderte Form der bereits in Abschnitt 3.7 abgeleiteten linear-limitationalen Produktionsfunktion (s. Ungleichungssystem 4.11). Einerseits bezieht sie sich nunmehr nicht nur auf eine, sondern auf mehrere Produktarten, die mit jeweils einem zugehörigen Landnutzungsverfahren hergestellt werden. Andererseits sind die Input-Output-Koeffizienten in dieser Produktionsfunktion nicht als Faktorverbrauchsmengen je Produkteinheit, sondern als Verbrauchsmengen je ha Ackerfläche definiert, wobei auf dem ha eine bestimmte – anderweitig ermittelte – Produktmenge erzeugt wird.

$$
(4.11) \quad
\begin{array}{ccccccc}
a_{11} \cdot x_1 & +\ldots+ & a_{1m} \cdot x_m & +\ldots+ & a_{1M} \cdot x_M & \leq & r_1 \\
\vdots & & \vdots & & \vdots & & \vdots \\
a_{n1} \cdot x_1 & +\ldots+ & a_{nm} \cdot x_m & +\ldots+ & a_{nM} \cdot x_M & \leq & r_n \\
\vdots & & \vdots & & \vdots & & \vdots \\
a_{N1} \cdot x_1 & +\ldots+ & a_{Nm} \cdot x_m & +\ldots+ & a_{NM} \cdot x_M & \leq & r_N
\end{array}
$$

Darin sind:

x_m (m=1...M) = Umfänge der Landnutzungsverfahren, gemessen in ha;

r_n (n=1...N) = Angebotsmengen der Produktionsfaktoren, gemessen in Mengeneinheiten;

a_{nm} = Input-Output-Koeffizienten, die die Verbrauchsmengen des n-ten Produktionsfaktors je ha des m-ten Landnutzungsverfahrens angeben.

Das Ungleichungssystem (4.11) sagt zunächst generell, dass die M betrieblichen Landnutzungsverfahren zur erfolgreichen Herstellung ihrer Produkte insgesamt N begrenzt verfügbare Faktorarten benötigen. Das Ungleichungssystem sagt im Einzelnen, dass jedes Landnutzungsverfahren – ausgedrückt durch die Spalten der linken Seite des Ungleichungssystems – die Faktoren in einem ganz bestimmten Verbrauchsmengenverhältnis benötigt. Diese Verbrauchsmengenkombination ist über die Input-Output-Koeffizienten festgelegt. Die Faktorverbrauchsmengen verhalten sich streng komplementär. Falls ein Landnutzungsverfahren eine bestimmte Faktorart nicht benötigt, hat der zugehörige Input-Output-Koeffizient den Wert Null. Die Zeilen des Ungleichungssystems (4.11) sagen schließlich, dass Mengen jeder Faktorart wahlweise für unterschiedliche Landnutzungsverfahren verbraucht werden können, insgesamt aber die Verbrauchsmengen die verfügbaren Angebotsmengen nicht überschreiten dürfen.

In Block V der Übersicht 4.1 wurde die oben skizzierte Produktionsfunktion als Matrix der Begrenzungen für den betrachteten Betrieb konkretisiert. Die erste Zeile der Begrenzungen (Zeile 23) enthält die Gegebenheiten für die Ackerfläche. Jedes der sieben Landnutzungsverfahren benötigt – da auf diese Weise definiert – je Einheit 1 ha der verfügbaren Ackerfläche. Der zugehörigen Input-Output-Koeffizienten haben also sämtlich den Wert 1,0.

In der folgenden Zeile der Begrenzungen (Zeile 24) ist die Humusbilanz abgebildet. Die Landnutzungsverfahren benötigen entweder (positiver Wert des Input-Output-Koeffizienten) oder liefern (negativer Wert des Input-Output-Koeffizienten) bestimmte Humusmengen je ha. Die Werte wurden bereits in Block II der Übersicht 4.1 bestimmt. Die zugehörigen Formeln dafür – enthalten in Zeile 11 – werden in die Zeile 24 übertragen. Die konkreten Werte können deshalb je nach Landnutzungsprogramm und damit je nach den Erträgen der Landnutzungsverfahren variieren und sogar vom negativen in den positiven Bereich und umgekehrt springen. Die insgesamt verfügbare Humusmenge ist Null, weil dem Betrieb von außerhalb keine Humusmengen zur Verfügung stehen. Mit anderen Worten: Es sind nur solche betrieblichen Landnutzungsprogramme zulässig, bei denen maximal soviel Humus verbraucht wird, wie betriebsintern erzeugt werden kann.

Im vorliegenden Fall wird der Lösungsraum für die Landnutzungsprogramme nur durch diese beiden Produktionsfaktoren begrenzt. Alle übrigen für die Durchführung der Landnutzungsverfahren benötigten Produktionsfaktoren werden – worauf eingangs hingewiesen wurde – als in beliebigen Mengen zu geltenden Marktpreisen beschaffbar angenommen. Für sie sind deshalb die Kosten – wie in den Zeilen 13 bis 16 der Übersicht 4.1 erfolgt – zu berücksichtigen.

4.1.7 Bestimmung des optimalen Landnutzungsprogramms

In Zeile 25 der Übersicht 4.1 ist die Zielfunktion des Landwirts für die Bewirtschaftung seines Betriebes abgebildet: Er wird dasjenige Landnutzungsprogramm realisieren wollen, bei dem keine der Begrenzungen verletzt, aber innerhalb dieses zulässigen Lösungsraumes dasjenige Landnutzungsprogramm verwirklicht wird, welches den höchsten betrieblichen Gesamtrisikonutzen (RNB) erwarten lässt. Als Zielfunktion gilt mithin formal:

$$(4.12) \qquad RNB = \sum_{m=1}^{M} RN_m \cdot x_m = Max!$$

Es müssen also diejenigen Werte der unabhängigen Variablen „Anbauumfänge" (x_m) bestimmt werden, bei denen das die abhängige Variable (RNB) ihren maximalen Wert erreicht. Als weitere Begrenzung gilt darüber hinaus aus naheliegenden sachlichen Gründen, dass keine negativen Flächenumfänge auftreten dürfen. Mithin gilt:

$$(4.13) \qquad x_m \geq 0$$

Da die Zielfunktion mehrere unabhängige Variable (x_m) enthält, lässt sich das Problem prinzipiell nicht streng analytisch, sondern nur durch ein mehr oder weniger systematisches Probieren lösen. Ein solches, kombinatorisches Lösungsverfahren ist die Gradientenmethode, die im Solver des Tabellenkalkulationsprogramms Excel enthalten ist und mit dem die x-Werte der Zielfunktion berechnet wurden. Auf das Verfahren selbst kann in diesem Buch nicht näher eingegangen werden (vgl. dazu z. B. HACKBUSCH, 1993).[2]

Die quantitative Zusammensetzung des optimalen Landnutzungsprogramms ist aus den orange unterlegten Feldern der Zeile 25 von Übersicht 4.1 ersichtlich. Der zugehörige betriebliche Risikonutzen (RNB) ergibt sich in der gelb unterlegten „Zielzelle" hier mit 194.111,60 €.

In Block VI der Übersicht 4.1 sind dann die aus der Optimierung resultierenden Ergebnisse dargestellt. Zeile 26 enthält das Ackerflächenverhältnis, ausgedrückt in Prozentanteilen der Anbauumfänge der Landnutzungsverfahren. In Zeile 27 wurden die bereits in Zeile 5 sich ergebenden Erträge der Landnutzungsverfahren wiederholt.

Zeile 28 enthält mit der Bodenrente des Betriebes die eigentliche Zielgröße des Landwirts. Auch der risikoscheue Landwirt, der Risikoprämien benötigt, will selbstverständlich einen größtmöglichen Erwartungswert der Bodenrente erreichen. Bei den Risikoprämien handelt es sich ja nicht um echte, sondern quasi um „virtuelle" Kosten. Sie sind das Hilfsmittel zur sachgerechten Abbildung des Entscheidungsverhaltens der Landwirte. Die betriebliche Bodenrente (BRB) errechnet sich gemäß Gleichung (4.14):

$$(4.14) \qquad BRB = \sum_{m=1}^{M} BR_m \cdot x_m$$

In Zeile 29 wurden die je ha von den Landnutzungsverfahren erzielten Bodenrenten aus Zeile 17 wiederholt. Darüber hinaus wurde auf der rechten Seite der Zeile die im Betrieb durchschnittlich je ha erzielbare Bodenrente (MBR) angegeben. Sie errechnet sich als Quotient aus der Gesamtbodenrente und der betrieblichen Ackerfläche.

In Zeile 30 sind die betrieblichen Kosten (K) bei Realisierung des optimalen Landnutzungsprogramms aufgeführt. Sie errechnen sich wie folgt:

$$(4.15) \qquad K = \sum_{m=1}^{M} ((MKVS_m + MKVA_m) \cdot y_m + KVFS_m + KVFA_m) \cdot x_m$$

[2] Tatsächlich handelt es sich bei der mit Gleichung (4.12) abgebildeten Zielfunktion nicht um einen linearen, sondern um einen quadratischen Ausdruck. Die Variablen (xm) wurden bereits bei der Berechnung der Erträge und damit schließlich auch bei der Berechnung des Risikonutzens für die Landnutzungsverfahren verwendet. Die Risikonutzen hängen in ihrer Höhe deshalb von den Flächenumfängen (xm) ab. Der betriebliche Risikonutzen (RNB) wird dann ebenfalls von den Flächenumfängen abhängig gemacht, so dass diese multiplikative Verknüpfung zu einem quadratischen Ausdruck führt. Wer das im Einzelnen nachvollziehen möchte, sollte die Gleichungen (4.3), (4.7), (4.8) und (4.9) so in Gleichung (4.10) einsetzen, dass die Abhängigkeit der Risikonutzen (RN) von den Anbauumfängen (xm) deutlich wird. Setzt er dann diese Gleichung in Gleichung (4.11) ein, erscheint für xm ein quadratisches Glied. Man spricht deshalb bei Modellen wie dem vorliegenden Optimierungsmodell von „nichtlinearer Optimierung mit quadratischer Zielfunktion" oder vereinfacht von „quadratischer Programmierung".

In Zeile 31 sind die je ha der einzelnen Landnutzungsverfahren anfallenden Kosten als deren spezielle Intensitäten der Landnutzung und – auf der rechten Seite – die im Durchschnitt der betrieblichen Ackerfläche anfallenden Kosten je ha (MK) als Maß der betrieblichen Landnutzungsintensität bei Realisierung des optimalen Landnutzungsprogramm angegeben. Diese Durchschnittskosten errechnen sich als Quotient aus den Gesamtkosten und der betrieblichen Ackerfläche.

Zeile 32 enthält den HERFINDAHL-Index als Maß für die Vielseitigkeit des Landnutzungsprogramms. Der Index wurde nach Maßgabe der in Abschnitt 3.5 abgeleiteten Formel bestimmt. Hinzuzufügen bleibt, dass der HERFINDAHL-Index im vorliegenden Fall bei Gleichverteilung der Anbauumfänge aller sieben zur Auswahl stehenden Landnutzungsverfahren einen minimalen Wert von 1/7 = 0,14 ... hätte. Der maximale Wert von 1,00 wird selbstverständlich erreicht, wenn nur ein Landnutzungsverfahren die gesamte Ackerfläche des Betriebes einnimmt.

4.2 Auswirkungen der Betriebsfaktoren zur Einhaltung einer nachhaltigen Wirtschaftsweise auf das Landnutzungsprogramm, die Landnutzungsintensität und die Bodenrente

4.2.1 Die generelle Wirkungsweise der Betriebsfaktoren zur Einhaltung einer nachhaltigen Wirtschaftsweise

Wendet man das im vorhergehenden Abschnitt vorgestellte Optimierungsmodell an, um die Auswirkungen der Betriebsfaktoren auf das Landnutzungsprogramm, die Landnutzungsintensität und die Bodenrente zu ermitteln, dann liefern unterschiedliche Anwendungen zunächst die Ergebnisse der Übersicht 4.4. Mit den Säulen des oberen Teils der Übersicht werden die errechneten Landnutzungsprogramme abgebildet. Im unteren Teil sind die zugehörigen Kennziffern zur Vielseitigkeit des Landnutzungsprogramms (HERFINDAHL-Index) sowie zur Landnutzungsintensität und zur Bodenrente angegeben.

Im linken Teil der Übersicht sind zunächst die Ergebnisse für den Fall dargestellt, dass einerseits gar keine Betriebsfaktoren wirken und andererseits sämtliche Betriebsfaktoren in einer bestimmten Datenkonstellation wirksam sind. Für den gedanklichen Extremfall, dass keine Betriebsfaktoren wirken, ist lediglich ein Produktionsfaktor, nämlich die Ackerfläche von hier 250 ha begrenzt verfügbar. Folglich besteht das Landnutzungsprogramm auch nur aus einem Landnutzungsverfahren in Monokultur. Das Modell wählt selbstverständlich das Landnutzungsverfahren mit dem – auf den knappen Faktor Ackerfläche bezogenen – höchsten Risikonutzen aus. Das ist hier der Speisekartoffelanbau. Da auch die Betriebsfaktoren Produktions- und Marktrisikoausgleich nicht wirksam sind, entspricht der Risikonutzen der Bodenrente.

Der HERFINDAHL-Index hat den Wert 1,00. Die Landnutzungsintensität, gemessen in Form der Kosten je ha, beträgt 4.999,00 €/ha und für die Bodenrente ergibt sich ein Betrag von 1.551,00 €/ha. Die Werte für die betriebliche Landnutzungsintensität und die Bodenrente sind identisch mit den Werten für den Speisekartoffelbau bei der hier gegebenen Realisierung des Maximalertrages (60,50 t/ha).

Die genannten Werte können bei der Monokultur jedoch nur kurzfristig erzielt werden. Längerfristig würden die Ertragsdepression und der Humusabbau zu Ertragsrückgängen führen. Die zweite Säule der Übersicht 4.4 zeigt die zu erwartenden Konsequenzen für die Land-

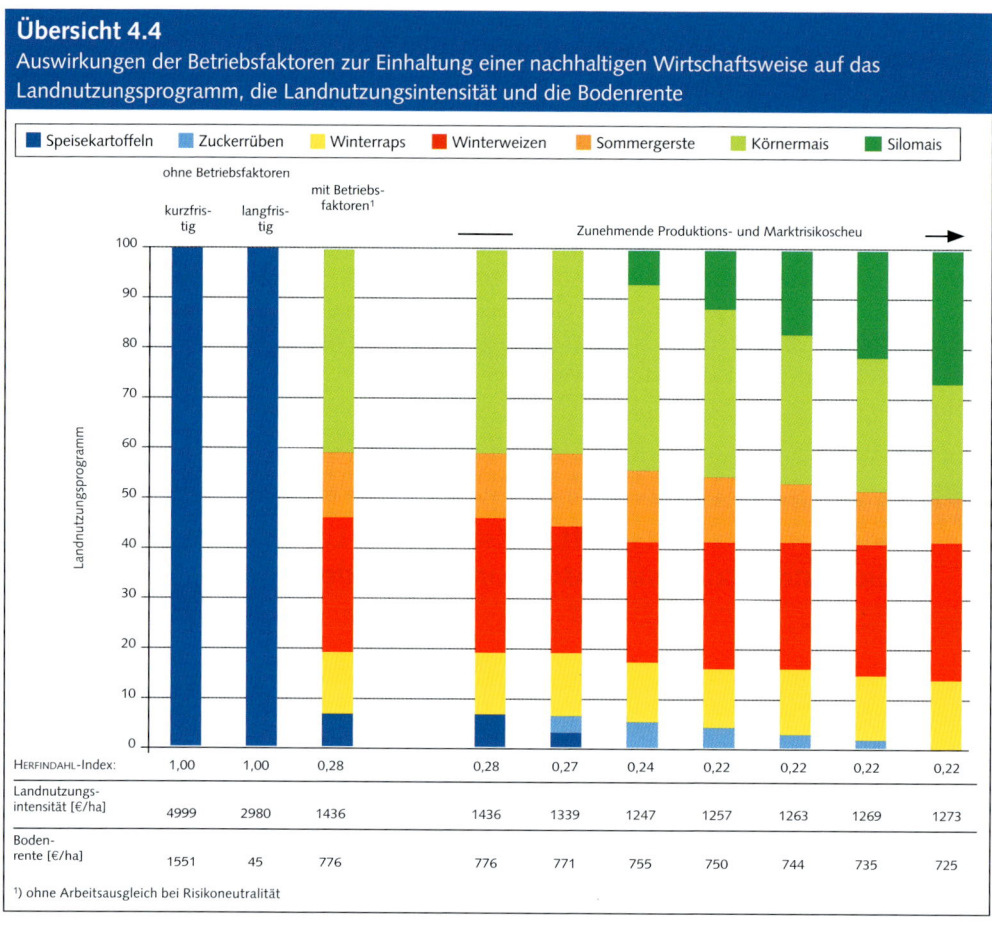

Übersicht 4.4
Auswirkungen der Betriebsfaktoren zur Einhaltung einer nachhaltigen Wirtschaftsweise auf das Landnutzungsprogramm, die Landnutzungsintensität und die Bodenrente

| | Speisekartoffeln | | Zuckerrüben | | Winterraps | | Winterweizen | | Sommergerste | | Körnermais | | Silomais |

	ohne Betriebsfaktoren		mit Betriebs-faktoren[1]		Zunehmende Produktions- und Marktrisikoscheu					
HERFINDAHL-Index:	kurzfris-tig	langfris-tig								
	1,00	1,00	0,28	0,28	0,27	0,24	0,22	0,22	0,22	0,22
Landnutzungs-intensität [€/ha]	4999	2980	1436	1436	1339	1247	1257	1263	1269	1273
Boden-rente [€/ha]	1551	45	776	776	771	755	750	744	735	725

[1] ohne Arbeitsausgleich bei Risikoneutralität

nutzungsintensität und die Bodenrente für den Fall, dass der Ertrag um 50% des Ausgangswertes, d. h. hier von 60,50 auf 30,25 t/ha, zurückgeht. Die Landnutzungsintensität würde zwar infolge der geringeren ertragsabhängigen Sach- und Arbeitskosten von 4.999,00 auf 2.980,00 €/ha auf nur mehr 60% des Ausgangswertes sinken, die Bodenrente würde sich aber von 1.551,00 auf 45,00 €/ha sogar auf nur noch 3% des Ausgangswertes vermindern. Diese Aussage gilt nur für den Fall, dass lediglich die Ertragsdepression wirkt und der bei dem Speisekartoffelanbau nicht erreichbare Humusausgleich nicht zu weiteren Ertragseinbußen führt. In der Realität träfe das jedoch zu mit der Folge, dass die Bodenrente negativ würde.

Die dritte Säule der Übersicht 4.4 zeigt dann das Landnutzungsprogramm, welches sich bei Berücksichtigung sämtlicher Betriebsfaktoren zur Einhaltung einer nachhaltigen Wirtschaftsweise außer dem Risikoausgleich ergeben würde. Diese Lösung wurde mit der Übersicht 4.1 abgebildet. Bei Voreinstellwerten für den Depressionsanpassungsfaktor (df = 1,00) und den Humusabbauanpassungsfaktor (haf = 0,00) sowie bei Risikoneutralität des Landwirtes (d. h. prf = 0,00 und mrf = 0,00) ergibt sich ein aus fünf der sieben möglichen Landnutzungsverfahren bestehendes Landnutzungsprogramm mit dem HERFINDAHL-Index von 0,28.

Für die Landnutzungsintensität ergibt sich ein Wert von 1.436,00 €/ha. Im Vergleich zu dem bei Monokultur nur kurzfristig zutreffenden Wert von 4.999,00 €/ha sinkt damit die Landnutzungsintensität um 3.563,00 €/ha, bzw. um 71%. Selbst im Vergleich zu dem längerfristig bei

Monokultur eintretenden Wert in Höhe von 2.980,00 €/ha vermindert sich die Landnutzungs-intensität noch um 1.544,00 €/ha, bzw. um rund 52%.

Für die Bodenrente ergibt sich ein Wert von 776,00 €/ha. Dieser Wert liegt zwar um 775,00 €/ha unter dem bei Monokultur kurzfristig erreichbaren Wert von 1.551,00 €/ha, er liegt aber um 731,00 €/ha über dem längerfristig bei Monokultur eintretenden Wert von höchstens 45,00 €/ha.

Im Vergleich zu den längerfristig zu erwartenden Ergebnissen bei Monokultur führt also die Einhaltung der nachhaltigen Wirtschaftsweise mit dem vielseitigen Landnutzungsprogramm, der reduzierten Landnutzungsintensität und der höheren Bodenrente sowohl zu ökologischen als auch zu ökonomischen Vorteilen. Die Einhaltung einer nachhaltigen Wirtschaftsweise liegt deshalb sowohl im privaten Interesse der Landwirte als auch im öffentlichen Interesse der Gesellschaft.

4.2.2 Auswirkungen unterschiedlicher Grade der Risikoscheu der Landwirte auf das Landnutzungsprogramm, die Landnutzungsintensität und die Bodenrente

Bei der Ableitung der bisherigen Ergebnisse wurde Risikoneutralität des Landwirts unter-stellt. Der rechte Teil der Übersicht 4.4 zeigt demgegenüber die zu erwartenden Veränderungen des Landnutzungsprogramms, der Landnutzungsintensität und der Bodenrente in Abhängig-keit einer zunehmenden Risikoscheu des Landwirts. Dazu wurden im Modell der Übersicht 4.1 die Risikoscheufaktoren für das Produktions- und das Marktrisiko simultan in Stufen von 0,1 von 0,0 (Risikoneutralität) auf 0,6 (extreme Risikoscheu) erhöht.

Wie der rechte Teil der Übersicht 4.4 zeigt, ergibt sich aus den Rechnungen, dass mit zuneh-mendem Zwang zum Risikoausgleich infolge zunehmender Risikoscheu das Landnutzungs-programm geringfügig vielseitiger wird. Der HERFINDAHL-Index sinkt von 0,28 auf 0,22. Die mit vergleichsweise hohen Risiken behafteten Speisekartoffeln, Zuckerrüben und Körnermais werden in zunehmendem Maße durch Silomais ersetzt. Er weist ein relativ geringes Produk-tions- und Marktrisiko auf.

Die Landnutzungsintensität wird bei dem extrem risikoscheuen Landwirt im Vergleich zu derjenigen seines risikoneutralen Kollegen von 1.436,00 auf 1.373,00 um 163,00 €/ha oder 11% reduziert. Die Bodenrente geht von 776,00 auf 725,00 um 51,00 €/ha oder knapp 7% zurück. Zunehmende Risikoscheu der Landwirte wäre also mit den ökologischen Vorteilen vielseitige-rer Landnutzungsprogramme und rückläufiger Landnutzungsintensitäten, aber auch mit dem ökonomischen Nachteil einer geringfügig abnehmenden Bodenrente verbunden. Da die Verän-derungen insgesamt jedoch nur geringfügig sind, sollte jeder Landwirt – ohne gravierende Vor- oder Nachteile für die Gesellschaft – selbst entscheiden können, welche Risiken er in Kauf neh-men möchte.

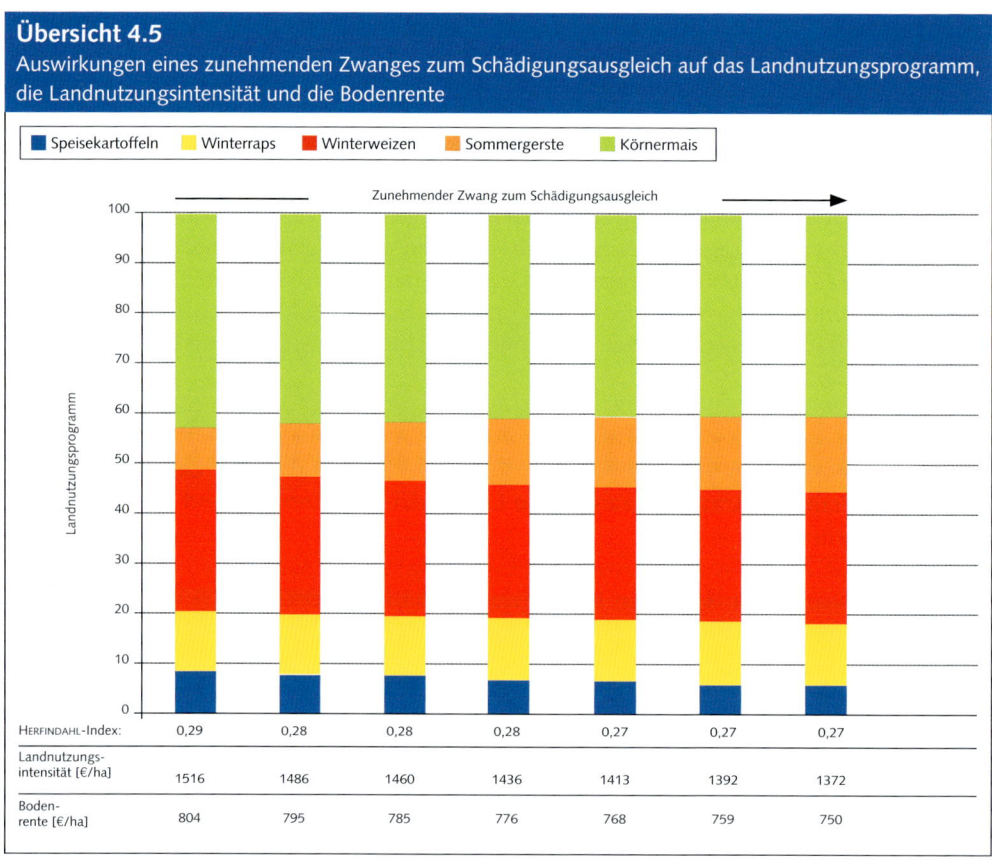

Übersicht 4.5
Auswirkungen eines zunehmenden Zwanges zum Schädigungsausgleich auf das Landnutzungsprogramm, die Landnutzungsintensität und die Bodenrente

Legende: ■ Speisekartoffeln ■ Winterraps ■ Winterweizen ■ Sommergerste ■ Körnermais

Zunehmender Zwang zum Schädigungsausgleich →

Landnutzungsprogramm

HERFINDAHL-Index:	0,29	0,28	0,28	0,28	0,27	0,27	0,27
Landnutzungs-intensität [€/ha]	1516	1486	1460	1436	1413	1392	1372
Boden-rente [€/ha]	804	795	785	776	768	759	750

4.2.3 Sensitivitätsanalysen zur Wirksamkeit der Betriebsfaktoren Schädigungsausgleich und Humusausgleich

Für die bisherigen Analysen wurden für die Ertragsdepressionen und den Humusabbau die in den Zeilen 3 und 7 der Übersicht 4.1 aufgeführten Voreinstellwerte angenommen, nämlich ed = 1,00 für den Depressionsanpassungsfaktor und haf = 0,00 für den Humusabbauanpassungsfaktor. Je nach den natürlichen Standortgegebenheiten können die Ertragsdepressionen und der Humusabbau jedoch durchaus unterschiedlich sein. Im Rahmen von einfachen Sensitivitätsanalysen soll deshalb gezeigt werden, wie sich die daraus resultierenden unterschiedlichen Zwänge zum Schädigungsausgleich und zum Humusausgleich auf das Landnutzungsprogramm, die Landnutzungsintensität und die Bodenrente auswirken.

Übersicht 4.5 zeigt die Ergebnisse der Sensitivitätsanalyse für den Schädigungsausgleich. Der zunehmende Zwang zum Schädigungsausgleich wurde mit dem Modell der Übersicht 4.1 durch die in Stufen von 0,1 gesteigerten Werte des Depressionsanpassungsfaktors von ed = 0,70 auf ed = 1,30 simuliert. Die Säulen der Übersicht 4.5 verdeutlichen die daraus jeweils resultierenden Landnutzungsprogramme. Darunter sind die zugehörigen Kennzahlen für die Vielseitigkeit der Landnutzungsprogramme sowie die damit verbundenen Landnutzungsintensitäten und Bodenrenten aufgeführt. Die mittlere der sieben Säulen entspricht dabei der dritten Säule in Übersicht 4.4.

Aus der Übersicht 4.5 ergibt sich Folgendes: Mit zunehmendem Zwang zum Schädigungsausgleich verändert sich das Landnutzungsprogramm nur unwesentlich. Der HERFINDAHL-Index sinkt lediglich von 0,29 auf 0,27. Das Landnutzungsprogramm umfasst aber stets insgesamt fünf der sieben möglichen Nutzpflanzenarten.

Etwas deutlicher sind die Veränderungen bei der Landnutzungsintensität und bei der Bodenrente. Die Landnutzungsintensität geht von 1.516,00 auf 1.372,00 €/ha um ca. 9% zurück. Die Bodenrente fällt von 804,00 auf 750,00 €/ha um ca. 7%.

Insgesamt führt also ein zunehmender Zwang zum Schädigungsausgleich zu geringfügigen ökologischen Vorteilen, bei ebenso nur geringen ökonomischen Nachteilen.

Vor einer Verallgemeinerung dieser Modellergebnisse ist jedoch zu bedenken, dass die Schädigungswirkungen der verschiedenen Nutzpflanzenarten nicht das gleiche starre Verhältnis aufweisen müssen, wie es hier für die Modellkalkulationen angenommen wurde. So sind z. B. Standorte mit stärker humiden Klimabedingungen dadurch gekennzeichnet, dass die Ertragsdepressionen der Blattfrüchte Speisekartoffeln, Zuckerrüben und Winterraps im Verhältnis zu denjenigen der Getreidearten weniger stark ausgeprägt sind. Umgekehrt weisen Standorte mit stärker ariden Klimabedingungen höhere Ertragsdepressionen für die Blattfrüchte auf, als hier im Modell unterstellt. Das kann zu abweichenden Veränderungsraten für die Zusammensetzung des Landnutzungsprogramms, sowie für die Werte der Landnutzungsintensität und der Bodenrente führen. Insgesamt würden dadurch die Modellaussagen zwar in ihren quantitativen Gehalten eingeschränkt, nicht jedoch in ihren grundsätzlichen Wirkungsrichtungen.

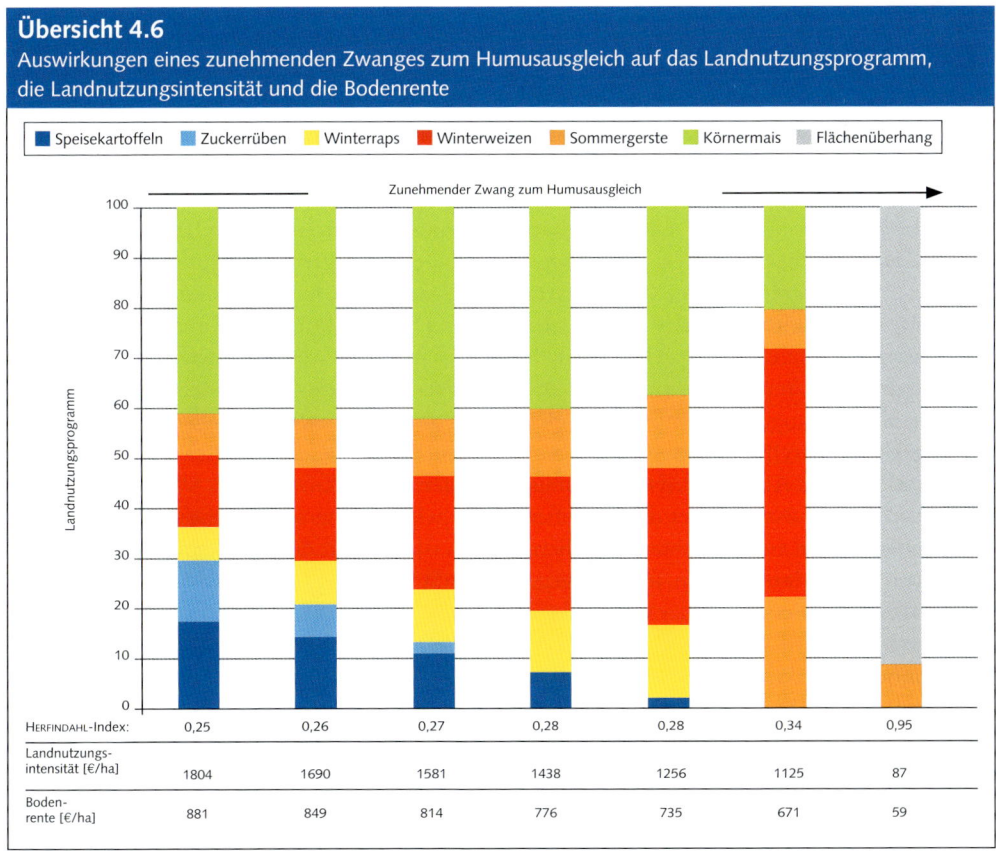

Übersicht 4.6
Auswirkungen eines zunehmenden Zwanges zum Humusausgleich auf das Landnutzungsprogramm, die Landnutzungsintensität und die Bodenrente

■ Speisekartoffeln ■ Zuckerrüben ■ Winterraps ■ Winterweizen ■ Sommergerste ■ Körnermais ■ Flächenüberhang

Zunehmender Zwang zum Humusausgleich

HERFINDAHL-Index:	0,25	0,26	0,27	0,28	0,28	0,34	0,95
Landnutzungsintensität [€/ha]	1804	1690	1581	1438	1256	1125	87
Bodenrente [€/ha]	881	849	814	776	735	671	59

Wesentlich deutlichere Auswirkungen auf das Landnutzungsprogramm, die Landnutzungsintensität und die Bodenrente zeitigt ein zunehmender Zwang zum Humusausgleich. Für die diesbezügliche Sensitivitätsanalyse wurde der Humusabbauanpassungsfaktor in Übersicht 4.1 sukzessive in Stufen von 0,1 von haf = −0,3 auf haf = +0,3 gesteigert. Die Ergebnisse der zugehörigen Simulationsrechnungen sind in Übersicht 4.6 dargestellt. Die mittlere Säule ist wieder identisch mit der dritten Säule in Übersicht 4.4.

Aus der Übersicht 4.6 geht hervor, dass die Vielseitigkeit des Landnutzungsprogramms zunächst von sechs auf vier Landnutzungsverfahren abnimmt und bei Standortgegebenheiten mit sehr hohen Humusabbauraten dazu führt, dass auf den Nutzflächen keine dauerhaften Landnutzungsprogramme mit annuellen Ackerkulturen mehr durchgeführt werden können. Die rechte Säule der Übersicht 4.6 deutet das mit dem dort ausgewiesenen Nutzflächenüberhang von gut 90% der verfügbaren Nutzfläche an. Als Rest verbleibt nur der Winterrapsanbau, der bei den dann erzielbaren hohen Erträgen den Humusausgleich quasi in sich selbst gewährleisten würde.

Aber auch innerhalb des zulässigen Bereichs für eine dauerhafte Ackernutzung (1. bis 6. Säule der Übersicht 4.6) ergeben sich gravierende Veränderungen. Die Vielseitigkeit des Landnutzungsprogramms wird sukzessive eingeschränkt. Der HERFINDAHL-Index steigt von 0,25 auf 0,34. Die Landnutzungsintensität nimmt von 1.804,00 auf 1.125,00 €/ha um fast 40% ab. Die intensiveren Nutzpflanzenarten Speisekartoffeln, Zuckerrüben und Körnermais werden sukzessive durch die weniger intensiven Kulturen Getreide und Winterraps verdrängt. Dadurch vermindert sich auch die Bodenrente, nämlich hier von 881,00 auf 671,00 €/ha um fast ein Viertel.

Insgesamt führt also ein zunehmender Zwang zum Humusausgleich im Extremfall dazu, dass eine vollständige Landnutzung durch Kulturen des Ackerlandes unmöglich wird und dass innerhalb der zulässigen Spanne für den Humusabbau die Landnutzungsintensität und die Bodenrente deutlich abnehmen. Die humuszehrenden Nutzpflanzenarten müssen in wachsenden Maßen durch humusmehrende Arten ersetzt werden.

Diese Aussagen gelten zwar tendenziell, nicht aber an allen klimatischen Standortgegebenheiten in gleichem Maße. So sind z. B. stärker humide Regionen mit vergleichsweise hohem Humusabbau gleichzeitig i. d. R. solche Regionen, in denen aufgrund der guten Wasserverfügbarkeit c. p. höhere Erträge der Getreidearten erzielt werden können, die dann über die ebenfalls höheren Stroherträge mehr Humus nachliefern. Die Reduktion des Anbauanteils der humuszehrenden Intensivblattfrüchte wird deshalb u. U. nicht so rasch wie hier dargestellt erfolgen müssen. Umgekehrt sind Regionen mit stärker kontinentalen Klimabedingungen i. d. R. durch einen geringeren Humusabbau, gleichzeitig aber auch – wegen der geringeren Wasserverfügbarkeit – durch geringere Erträge der humusmehrenden Getreidearten gekennzeichnet. Die Reduktion des Anbauanteils der humuszehrenden Nutzpflanzenarten wird deshalb u. U. rascher erfolgen müssen, als es die Modellaussagen zeigen. Unterschiedliche Klimabedingungen können mithin zwar zu unterschiedlich raschen Abnahmen des Anbauanteils der humuszehrenden Nutzpflanzenarten führen, generell bleibt jedoch gültig, dass ein zunehmender Zwang zum Humusausgleich zu Verminderungen des Anteils der humuszehrenden Nutzpflanzenarten führen muss, bis schließlich ein reiner Ackerbau unmöglich wird. Derartige Standorte können nur durch die Feldgraswirtschaft mit ihrer regelmäßigen Unterbrechung des Ackerbaus durch ein- oder mehrjährige Perioden des reinen Grasanbaus oder im Extremfall sogar nur durch die dauerhafte Grünlandwirtschaft genutzt werden. Nur durch die stark humusmehrend wirkenden Grasjahre der Feldgraswirtschaft oder durch das den Humusausgleich in sich selbst tragende Dauergrünland kann dann noch eine nachhaltige Wirtschaftsweise gesichert werden.

4.3 Das quantitative Modell zur Bestimmung des Einflusses der Betriebsfaktoren zur bestmöglichen Nutzung betrieblicher Ressourcen

Die Betriebsfaktoren zur bestmöglichen Nutzung der betrieblichen Ressourcen umfassen den Arbeitsausgleich und den Betriebsmittelausgleich. Hier soll zusätzlich zu den vorher betrachteten Betriebsfaktoren nur noch der Arbeitsausgleich quantitativ definiert werden. Was den Betriebsmittelausgleich betrifft, so wird angenommen, dass der Landwirt die jeweils für die Durchführung der Landnutzungsverfahren erforderlichen maschinellen Dienste entweder durch eigene Maschinen bereitstellt oder sie sich im Wege der überbetrieblichen Maschinenverwendung beschafft. Unabhängig von der Bereitstellungsart sollen dafür die im vorhergehenden Abschnitt ermittelten Maschinenkosten gelten.

Der Betriebsfaktor Arbeitsausgleich ist – im Unterschied zu den diesbezüglichen Annahmen des vorhergehenden Abschnitts – dann bedeutsam, wenn ein Betrieb über eine vorgegebene Arbeitskapazität verfügt, die nicht verändert werden kann, oder nicht verändert werden soll. Das kann zum einen auf einen reinen Familienbetrieb zutreffen, dessen Arbeitskapazität etwa aus Vater und Sohn besteht und nicht durch weitere Mitarbeiter ergänzt werden soll oder kann. Es kann zum anderen aber auch auf einen Lohnarbeitsbetrieb zutreffen, der seine Stammbelegschaft nicht durch Zeitarbeitskräfte ergänzen kann oder will. In beiden Fällen wirken die verfügbaren Arbeitskapazitäten in den einzelnen Monaten der Vegetationsperiode u. U. begrenzend auf die Anbauumfänge einzelner Nutzpflanzenarten.

Derartige Gegebenheiten werden mit der Übersicht 4.7 quantitativ abgebildet. Das Betriebsmodell dieser Übersicht unterscheidet sich vom Betriebsmodell der Übersicht 4.1 nur durch die in Block V der Matrix der Begrenzungen zusätzlich aufgenommenen Zeilen zur quantitativen Abbildung des Betriebsfaktors Arbeitsausgleich (Zeile 25 bis 33). Dabei wird im Beispiel davon ausgegangen, dass der Betrieb über zwei Arbeitskräfte verfügt, die in der Vegetationsperiode von März bis Oktober bestimmte Mengen an Arbeitsstunden bereitstellen können. Für jeweils 8-Stunden-Tage sind die verfügbaren Arbeitsstunden in den Zeilen 25 bis 33 auf der rechten Seite angegeben. Dabei umfassen die angegebenen Arbeitsstunden nicht die von den Arbeitskräften monatlich insgesamt leistbaren Arbeitsstunden, sondern nur diejenigen Stunden, die an den sog. Feldarbeitstagen geleistet werden können. Feldarbeitstage sind diejenigen Tage im Monat, an denen wegen geeigneter Witterungsbedingungen Feldarbeiten durchgeführt werden können. Sie wurden für Regionen mit unterschiedlichen Witterungsbedingungen empirisch ermittelt und so definiert, dass die Anzahl der Feldarbeitstage in einem Monat mit mindestens 80%iger Wahrscheinlichkeit eintritt (zu Einzelheiten der Berechnung vergleiche KTBL Betriebsplanung Landwirtschaft 2010/11, S. 228 ff). Die Feldarbeitstage für den Beispielbetrieb wurden als zutreffende Werte einer für große Teile Deutschlands gültigen Klimaregion angenommen. Zum Beispiel stehen dabei im Mai 23 Feldarbeitstage zur Verfügung, was bei zwei Arbeitskräften mit 8-Stunden-Tagen zu den in Zeile 27 auf der rechten Seite angegebenen 368 Arbeitsstunden führt. Auf die gleiche Weise wurden die verfügbaren Arbeitsstunden für die übrigen Vegetationsmonate ermittelt.

In den Spalten für die sieben Landnutzungsverfahren sind dann in den Zeilen 25 bis 32 der Übersicht 4.7 die jeweils in Arbeitskraftstunden gemessenen Arbeitsbedarfswerte je ha Anbaufläche der Landnutzungsverfahren als zugehörige Input-Output-Koeffizienten für die Arbeit aufgeführt. Die Ungleichungen der Zeilen 25 bis 32 besagen also, dass die Arbeitsverbrauchsmengen für die Landnutzungsverfahren (gemessen für jeweils ein Landnutzungsverfahren durch die Multiplikation der Input-Output-Koeffizienten mit dem Anbauumfang (x_m) des Verfahrens) höchstens so groß sein dürfen, wie die jeweiligen Arbeitsangebotsmengen. Mit anderen Worten: Es sind nur solche betrieblichen Landnutzungsprogramme zulässig, bei denen die Arbeitsverbrauchsmengen in keinem Monat die Arbeitsangebotsmengen überschreiten.[3]

Zur flexibleren Handhabung der Arbeitszeitbegrenzungen und zur Demonstration der Wirkungen unterschiedlich hoher Arbeitsangebotsmengen wurde in Zeile 33 ein Arbeitsanpassungsfaktor (avf) eingeführt. Mit dem Wert 1,00 dieses Faktors wird ein 8-Stunden-Tag für die Arbeitskräfte angenommen. Mit Werten zwischen 0,625 bis 1,375 in Stufen von 0,125 können entweder 5- bis 11-Stunden-Tage bei gegebener Anzahl an Feldarbeitstagen, oder umgekehrt bei gegebenen 8-Stunden-Tagen unterschiedliche Klimaregionen mit mehr oder weniger verfügbaren Feldarbeitstagen simuliert werden.

Da die Arbeitskapazität im Modell der Übersicht 4.7 im Unterschied zum Modell der Übersicht 4.1 als explizit betrieblich verfügbar angenommen wird, müssen die in dem Modell in den Zeilen 14 und 16 vorgesehenen ertrags- und flächenabhängigen Arbeitskosten entfallen. In diesen Zeilen des Modells der Übersicht 4.7 sind deshalb keine Arbeitskostensätze ausgewiesen. Das bedeutet allerdings auch, dass sich die mit dem Modell der Übersicht 4.7 berechneten Bodenrenten von den mit dem Modell der Übersicht 4.1 berechneten Werten um die Arbeitskosten unterscheiden. Selbstverständlich entstehen jedoch auch für die Betriebe mit fest verfügbaren Arbeitskapazitäten nach wie vor Arbeitskosten. In diesen Fällen handelt es sich allerdings um Fixkosten, deren Höhe von der Art des Landnutzungsprogramms nicht beeinflusst wird und die deshalb nicht in die Bestimmung des optimalen Landnutzungsprogramms einbezogen werden. Im Übrigen entspricht das Modell der Übersicht 4.7 jedoch demjenigen der Übersicht 4.1.

---

[3] In den Zeilen 25 bis 32 der Übersicht 4.7 wurden bestimmte Arbeitsbedarfswerte je ha Ackerfläche für die Landnutzungsverfahren als die Input-Output-Koeffizienten für die Arbeit angesetzt. Die angesetzten Werte wurden aus KTBL-Daten für mittlere Ertragsniveaus der Nutzpflanzenarten bestimmt. Tatsächlich variieren aber die Ertragsniveaus der Nutzpflanzenarten im Modell in Abhängigkeit vom jeweils optimalen Landnutzungsprogramm. Da die Arbeitsbedarfswerte für einige Feldarbeiten nicht nur von der Bearbeitungsfläche, sondern auch von ihren Ertragsniveaus abhängen (z. B. der Transportarbeitsbedarf vom Feld zum Hof von mehr oder weniger großen Produktmengen), dürften exakterweise nicht ausschließlich konstante Arbeitsbedarfswerte angesetzt werden. Vielmehr müssten sie teilweise von den Erträgen und damit schließlich vom jeweils sich einstellenden optimalen Landnutzungsprogramm abhängig gemacht werden.
Um das Modell jedoch nicht über Gebühr zu komplizieren und auch, weil sich dadurch die Werte nur einiger Input-Output-Koeffizienten und noch dazu geringfügig verändern würden, wurde auf die modellmäßige Abbildung dieser Abhängigkeit verzichtet. Im Sinne einer übersichtlicheren Darstellung erschien die Inkaufnahme dieser Unzulänglichkeit vertretbar.

Übersicht 4.7
Das mathematische Optimierungsmodell eines Ackerbaubetriebes zur Bestimmung des Landnutzungsprogramms, der Landnutzungsintensität und der betrieblichen Bodenrente bei zusätzlicher Berücksichtigung der Betriebsfaktoren zur bestmöglichen Nutzung betrieblicher Ressourcen

Z.	Aktivitäten: Bezeichnung:	Symbol	Speisekartoffeln x_1	Zuckerrüben x_2	Winterraps x_3	Winterweizen x_4	Sommergerste x_5	Körnermais x_6	Silomais[8] x_7			
I	**Bestimmung des Ertrages nach Maßgabe der Schädigungswirkung**											
1	Maximalertrag[2] [t/ha]	ymax	60,50	77,00	4,75	10,85	7,60	12,54	58,08		Depressionsanpassungsfaktor [df] (0,7 bis 1,3)	
2	Normertragsdepression[3] (0-1)	ned	0,500	0,500	0,500	0,250	0,250	0,125	0,125			
3	Angep. Ertragsdepression[3]	ed	0,500	0,500	0,500	0,250	0,250	0,125	0,125			
4	Minimalertrag[3] [dt/ha]	ymin	30,25	38,50	2,38	8,14	5,70	10,97	50,82			
5	Ertrag [t/ha]	y	59,92	74,79	3,93	9,91	7,60	12,25	57,73		1,00	
II	**Bestimmung der Humuslieferung**											
6	Normhumusabbau [kg C/ha]	nhac	1000,0	1300,0	400,0	400,0	400,0	800,0	800,0		Humusabbauanpassungsfaktor [haf] (-0,3 bis +0,3)	
7	Angep. Humusabbau [kg C/ha]	hac	1000,0	1300,0	400,0	400,0	400,0	800,0	800,0			
8	Korn:Stroh-Verhältnis[8]	hnv	0,0	0,7	1,7	0,8	0,7	1,0	0,8			
9	Humusgehalt [kg C/t-Ertrag]	hgc	0,0	8,0	70,0	70,0	70,0	70,0	12,0			
10	Humuslieferung [kg C/ha]	hlc	0,0	418,8	467,8	554,9	372,4	857,6	554,2			
11	Humusbilanz [kg C/ha]	hbc	1000,0	881,2	-67,8	-154,9	27,6	-57,6	245,8		0,00	
III	**Bestimmung der Bodenrente**											
12	Produktpreis [€/t]	py	100,00	35,00	380,00	180,00	220,00	185,00	40,00		Produktionsrisikoscheufaktor [prf] (0 bis 0,6)	
13	Ertragsabh. Sachkosten [€/t]	MKVS	46,57	13,95	159,80	75,57	65,50	77,20	15,37			
14	Ertragsabh. Arbeitskosten [€/t]	MKVA										
15	Flächenabh. Sachkosten [€/ha]	KVFS	1317,86	364,10	203,42	269,58	286,43	414,12	462,93			
16	Flächenabh. Arbeitskosten [€/ha]	KVFA										
17	Bodenrente [€/ha]	BR	1883,73	1210,12	662,28	765,24	887,79	906,61	959,20		0,00	
IV	**Bestimmung des Risikonutzens**											
18	Standardabweichung Ertrag[1]	sap	0,2294	0,0770	0,1497	0,0753	0,1144	0,0873	0,0796		Marktrisikoscheufaktor [mrf] (0 bis 0,6)	
19	Standardabweichung Preis[1]	sam	0,2720	0,0545	0,2497	0,3140	0,3123	0,2726	0,0488			
20	Ertragsrisikoprämie [€/ha]	RPP	0,00	0,00	0,00	0,00	0,00	0,00	0,00			
21	Preisrisikoprämie [€/ha]	RPM	0,00	0,00	0,00	0,00	0,00	0,00	0,00			
22	Risikonutzen [€/ha]	RN	1883,73	1210,12	662,28	765,24	887,79	906,61	959,20		0,30	
V	**Matrix der Begrenzungen**										Verfügbar	Genutzt
23	Ackerfläche [ha]		1,0	1,0	1,0	1,0	1,0	1,0	1,0	<=	250,00	250,00
24	Humusbilanz [kg C/ha]		1000,0	881,2	-67,8	-154,9	27,6	-57,6	245,8	<=	0,00	-1575,56
25	Arbeit im März		0,61	1,19	0,53	0,35	1,27			<=	96,00	96,00
26	Arbeit im April		1,59			0,47		1,86	0,84	<=	304,00	144,04
27	Arbeit im Mai		0,29	0,18		0,10		0,41	0,55	<=	368,00	38,09
28	Arbeit im Juni		0,56			0,29	0,28			<=	352,00	27,83
29	Arbeit im Juli		0,84	0,10	3,21		1,75			<=	384,00	282,04
30	Arbeit im August		2,08	0,18	1,60	2,42	0,56			<=	384,00	360,26
31	Arbeit im September		17,83	1,45	0,18	1,92	0,62	0,05	7,83	<=	384,00	384,00
32	Arbeit im Oktober		2,26	1,92		1,12	1,29	4,21	1,90	<=	352,00	352,00
33					Arbeitsanpassungsfaktor [avf] (0,625 bis 1,375)						1,000	
34	**Zielfunktion=Anbauumfänge [ha]**		4,78	14,34	86,17	86,72	0,00	46,04	11,95		202.994,70	< RNB[5]
VI	**Ergebnisse**											
35	Ackerflächenanteil [%]		1,91	5,73	34,47	34,69	0,00	18,42	4,78			
36	Ertrag [t/ha]		59,92	74,79	3,93	9,91	7,60	12,25	57,73		Betrieb	
37	Gesamtbodenrente [€]										202994,70	< BRB
38	Bodenrente [€/ha]		1883,73	1210,12	662,28	765,24	887,79	906,61	959,20		811,98	< MBR[6]
39	Bodenrente [€/Arbeitskraft]										101.497,35	<ABR[7]
40	Gesamtkosten [€]										278.558,28	< K
41	Kosten[4] [€/ha]		4108,39	1407,60	831,66	1018,39	784,21	1359,89	1350,11		1.114,23	< MK[8]
42	Herfindahl-Index:				0,28							

[1] bezogen auf Mittelwert = 1; [2] bei minimalem Nutzflächenanteil; [3] bei Monokultur; [4] als spezielle Intensitäten der Landnutzung; [5] Risikonutzen des Betriebes; [6] Durchschnittliche Bodenrente je ha Ackerfläche; [7] Bodenrente je Arbeitskraft (bei 2 AK im Betrieb) [8] als mittlere Landnutzungsintensität des Betriebes

4.4 Auswirkungen der Betriebsfaktoren zur bestmöglichen Nutzung betrieblicher Ressourcen auf das Landnutzungsprogramm, die Landnutzungsintensität und die Bodenrente

4.4.1 Die generelle Wirkungsweise der Betriebsfaktoren zur bestmöglichen Nutzung betrieblicher Ressourcen

Die Auswirkung des Betriebsfaktors Arbeitsausgleich wird mit Übersicht 4.8 prinzipiell auf die gleiche Weise dargestellt, wie es vorher in Abschnitt 4.2.1 für die Betriebsfaktoren zur Einhaltung einer nachhaltigen Wirtschaftsweise mit der Übersicht 4.4 erfolgt ist. Übersicht 4.8 zeigt auf ihrer linken Seite, wie sich die Berücksichtigung sämtlicher Betriebsfaktoren, einschließlich des Arbeitsausgleichs, im Vergleich zur Nichtberücksichtigung dieser Faktoren auf das Landnutzungsprogramm, die Landnutzungsintensität und die Bodenrente auswirkt.

Bei Nichtberücksichtigung sämtlicher Betriebsfaktoren ergibt sich sowohl für den kurzfristigen als auch für den langfristigen Fall wieder ein Landnutzungsprogramm, welches nur aus dem Speisekartoffelanbau besteht. In beiden Fällen hat der HERFINDAHL-Index deshalb den Wert 1,00. Die zugehörigen Landnutzungsintensitäten und Bodenrenten sind – worauf bereits hingewiesen wurde – nicht mit den entsprechenden Werten der Übersicht 4.4 identisch, weil im vorliegenden Modell die Arbeitskosten für die fest vorgegebene betriebliche Arbeitskapazität nicht mehr enthalten sind.

Übersicht 4.8 zeigt dann, dass die Landnutzungsintensität bei langfristigem Speisekartoffelanbau in Monokultur gegenüber dem kurzfristigen Anbau in Monokultur von 4.135,00 auf 2.727,00 /ha um ein gutes Drittel zurückgeht und dass sich die Bodenrente von 1.915,00 auf 298,00 /ha um ca. 85% vermindert. Bei Berücksichtigung weiterer Ertragsrückgänge, geschuldet dem fehlenden Humusausgleich, würde die Bodenrente auch hier wieder negativ werden.

Die dritte Säule der Übersicht 4.8 zeigt dann das Landnutzungsprogramm, welches sich unter Berücksichtigung der Wirkungen sämtlicher Betriebsfaktoren (incl. Arbeitsausgleich) bei Risikoneutralität des Landwirts ergibt. Diese Lösung wurde in dem Modell der Übersicht 4.7 abgebildet.

Bei Voreinstellwerten für den Depressionsanpassungsfaktor (df = 1,00) und den Humusabbauanpassungsfaktor (hf = 0,00) mit den angenommenen 8-Stunden-Tagen (avf = 1,00) ergibt sich jetzt ein aus sechs der sieben möglichen Landnutzungsverfahren bestehendes Landnutzungsprogramm mit dem HERFINDAHL-Index von 0,27. Aus einem Vergleich mit der entsprechenden Säule der Übersicht 4.4 lässt sich ablesen, dass die zusätzliche Berücksichtigung des Betriebsfaktors Arbeitsausgleich zu einer geringfügig weiteren Steigerung der Vielseitigkeit des Landnutzungsprogramms führt.

Vergleicht man nun die Werte der Landnutzungsintensität und der Bodenrente mit den Werten, die sich bei langfristiger Monokultur (zweite Säule) ergeben würden, dann zeigt sich Folgendes: Mit Berücksichtigung des Arbeitsausgleichs sinkt die Landnutzungsintensität von 2.727,00 auf 1.104,00 €/ha um 60%. Ohne Berücksichtigung des Arbeitsausgleichs waren es nur 52% (s Text zu Übersicht 4.4). Und mit Berücksichtigung des Arbeitsausgleichs liegt die Bodenrente um 514,00 €/ha oder 172 % über dem Wert bei langfristiger Monokultur. Ohne Berücksichtigung des Arbeitsausgleichs lag sie dagegen um 1624 % über dem Wert bei langfristiger Monokultur (s. Text zu Übersicht 4.4).

Der zusätzliche Zwang zum Arbeitsausgleich kann zwar u. U. über ein noch vielseitigeres Landnutzungsprogramm und eine noch stärkere Abnahme der Landnutzungsintensität zu gewissen ökologischen Vorteilen führen, die Wirtschaftlichkeit der Landnutzung wird aber durch das begrenzte Arbeitsangebot geringer.

4.4.2 Die Auswirkungen unterschiedlicher Grade der Risikoscheu des Landwirts

Die rechten sieben Säulen der Übersicht 4.8 zeigen dann wieder den Einfluss einer zunehmenden Risikoscheu des Landwirts auf das Landnutzungsprogramm, die Landnutzungsintensität und die Bodenrente. Die zunehmende Risikoscheu wurde auch in diesem Modell durch die sukzessive simultane Erhöhung der Risikoscheufaktoren von 0,00 auf 0,60 in Stufen von 0,10 simuliert. Es zeigt sich, dass mit dem zunehmenden Zwang zum Risikoausgleich nur eine sehr geringfügige Erhöhung der Vielseitigkeit des Landnutzungsprogramms einhergeht, der HERFINDAHL-Index sinkt von 0,27 auf 0,26. In der Hauptsache werden die mit hohen Risiken behafteten Speisekartoffeln sukzessive durch den risikoärmeren Silomais ersetzt.

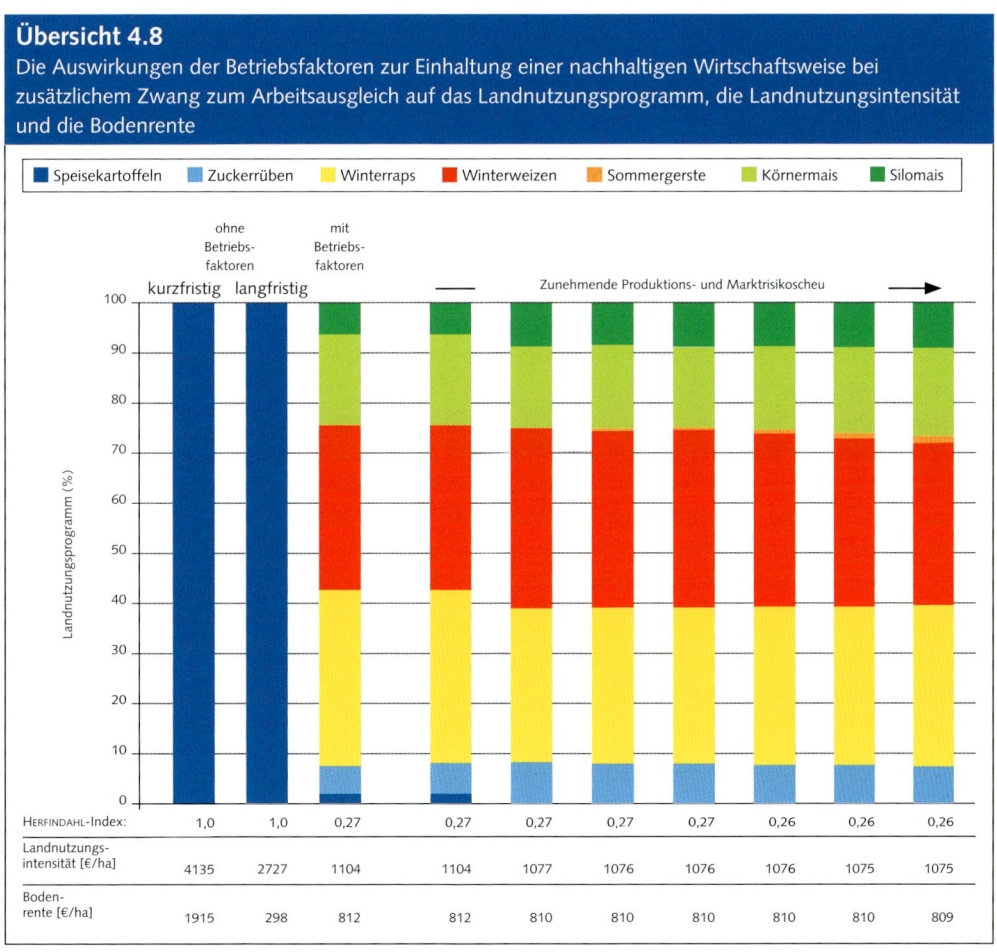

Übersicht 4.8

Die Auswirkungen der Betriebsfaktoren zur Einhaltung einer nachhaltigen Wirtschaftsweise bei zusätzlichem Zwang zum Arbeitsausgleich auf das Landnutzungsprogramm, die Landnutzungsintensität und die Bodenrente

Die Landnutzungsintensität wird bei dem extrem risikoscheuen Landwirt im Vergleich zu seinem risikoneutralen Kollegen von 1.104,00 auf 1.075,00 €/ha um rund 3% vermindert. Die Bodenrente sinkt von 812,00 auf 809,00 €/ha nur unwesentlich.

Vergleicht man nun diese Werte mit den entsprechenden Werten ohne Berücksichtigung des Arbeitsausgleichs (in Übersicht 4.4), dann lässt sich feststellen, dass der zusätzliche Zwang zum Arbeitsausgleich das Ausmaß der erzielbaren Bodenrente bereits so stark determiniert, dass eine zunehmende Risikoscheu des Landwirts kaum noch Auswirkungen auf den Wert dieser Zielgröße hat. Während die Bodenrente ohne Berücksichtigung des Betriebsfaktors Arbeitsausgleich vom risikoneutralen zum extrem risikoscheuen Landwirt um 7% abnimmt, sind es mit Berücksichtigung des Arbeitsausgleichs nur noch weniger als 1%.

4.4.3 Sensitivitätsanalyse zur Wirksamkeit des Betriebsfaktors Arbeitsausgleich

4.4.3.1 Die Wirkung abnehmender Feldarbeitsstunden

Damit erhebt sich die Frage, wie stark sich ein zunehmender Zwang zum Arbeitsausgleich – entweder verursacht durch klimatische Standortgegebenheiten mit weniger Feldarbeitstagen oder verursacht durch abnehmende Arbeitszeiten während der Feldarbeitstage – auf das Landnutzungsprogramm, die Landnutzungsintensität und die Bodenrente auswirken. Dazu zeigt Übersicht 4.9 die Konsequenzen.

Zur Ableitung der Ergebnisse wurde bei unveränderten Voreinstellwerten für die übrigen Betriebsfaktoren der Arbeitsanpassungsfaktor in Stufen von 0,125 von avf = 1,375 auf avf = 0,625 reduziert. Die zugehörigen Simulationsläufe sagen in der Sache entweder, dass bei den vorgegebenen Anzahlen an monatlichen Feldarbeitstagen die tägliche Arbeitszeit je Arbeitskraft sukzessive von 11 auf 5 Feldarbeitsstunden herabgesetzt wird oder, dass die Anzahlen der monatlich verfügbaren Feldarbeitstage bei vorgegebenen 8 Arbeitsstunden je Feldarbeitstag sukzessive von 137,5 auf 62,5% des Mittelwertes von 100% vermindert wird. Der Mittelwert bezieht sich dabei auf die vierte Säule der Übersicht 4.9. Sie ist identisch mit der dritten Säule in Übersicht 4.8 und den dafür angenommenen Anzahlen an Feldarbeitstagen.

Aus der Übersicht 4.9 ergibt sich Folgendes: Mit zunehmendem Zwang zum Arbeitsausgleich, d. h. mit abnehmenden Angebotsmengen an Feldarbeitsstunden in den Vegetationsmonaten, werden die relativ arbeitsaufwendigen Intensivblattfrüchte Speisekartoffeln und Zuckerrüben durch die weniger aufwendige Blattfrucht Winterraps ersetzt, bis bei zunehmender Knappheit des Produktionsfaktors Arbeit nicht mehr die insgesamt verfügbare Ackerfläche genutzt werden kann. Der HERFINDAHL-Index steigt leicht an, das Landnutzungsprogramm wird also weniger vielseitig. Die Landnutzungsintensität geht von 1.289,00 auf 731,00 €/ha um rund 43% zurück. Die Bodenrente vermindert sich von 893,00 auf 552,00 €/ha um gut 38%.

4.4.3.2 Zur Wirtschaftlichkeit der Beseitigung von Arbeitsengpässen

Namentlich die negativen Konsequenzen eines zunehmenden Zwanges zum Arbeitsausgleich auf die Bodenrente haben viele Landwirte dazu bewegt, diesen Zwang vor allem in den Vegeti-

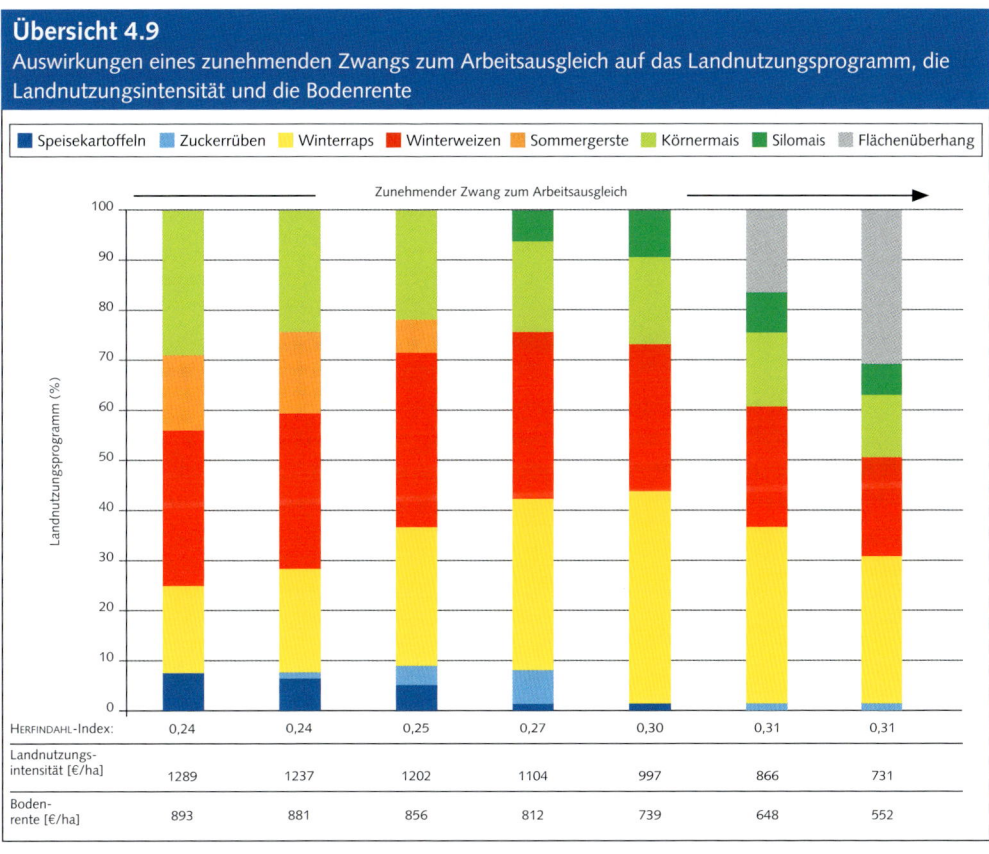

Übersicht 4.9
Auswirkungen eines zunehmenden Zwangs zum Arbeitsausgleich auf das Landnutzungsprogramm, die Landnutzungsintensität und die Bodenrente

■ Speisekartoffeln ■ Zuckerrüben ■ Winterraps ■ Winterweizen ■ Sommergerste ■ Körnermais ■ Silomais ▨ Flächenüberhang

Zunehmender Zwang zum Arbeitsausgleich →

Landnutzungsprogramm (%)

HERFINDAHL-Index:	0,24	0,24	0,25	0,27	0,30	0,31	0,31
Landnutzungs-intensität [€/ha]	1289	1237	1202	1104	997	866	731
Boden-rente [€/ha]	893	881	856	812	739	648	552

onsmonaten, in denen die Arbeitsbelastung besonders hoch ist, durch die Einstellung von Zeitarbeitskräften oder den Einsatz von Lohnunternehmern zu lockern. Im Unterschied zu den Wirksamkeiten der Betriebsfaktoren zur Einhaltung einer nachhaltigen Wirtschaftsweise kann der Landwirt auf die Betriebsfaktoren zur bestmöglichen Nutzung betrieblicher Ressourcen durch Veränderung ihrer Angebotsmengen ja durchaus Einfluss nehmen.

Welche ökonomischen Auswirkungen eine solche Einflussnahme haben kann, soll anhand der Übersicht 4.10 verdeutlicht werden. Wie in der Übersicht 4.7 sind auch in dieser Übersicht die Ungleichungen zur Begrenzung der Arbeitsangebote enthalten. In Übersicht 4.10 wurden sie jedoch unwirksam gemacht, um feststellen zu können, in welchen Monaten und in welchen Mengen die verfügbaren Arbeitsstunden tatsächlich begrenzend wirken. Aus einem Vergleich der beiden rechten Spalten der Zeilen 25 bis 32 der Übersicht 4.10 wird deutlich, dass bei den hier angenommenen 8-Stunden-Tagen nur in den Herbstmonaten September und Oktober, wegen der Kartoffel-, Zuckerrüben- und Maisernte sowie der gleichzeitigen Aussaat des Wintergetreides, die Arbeitsangebote begrenzend wirken. Würden diese Begrenzungen nicht bestehen, würde ein Landnutzungsprogramm realisiert, welches im September zusätzlich 507,16 – 384,00 = 123,16 und im Oktober zusätzlich 508,17 – 352,00 = 228,17 Arbeitsstunden erforderlich machen würde.

Der sich daraus insgesamt ergebende Mehrarbeitsbedarf von 123,16 + 228,17 = 351,33 Arbeitsstunden würde – wenn er von außerhalb des Betriebes gedeckt werden könnte – zu einer Steigerung der betrieblichen Bodenrente von 202.483,35 auf 224.720,35 um 22.237,00 € führen. Diese Werte können aus einem Vergleich der Bodenrenten in den Übersichten 4.7 und 4.10 abgelesen werden.

Übersicht 4.10
Bestimmung von Arbeitsengpässen im Modell der Übersicht 4.7

Z.	Aktivitäten: / Bezeichnung:	Symbol	Speise-kartof-feln x_1	Zucker-rüben x_2	Winter-raps x_3	Winter-weizen x_4	Sommer-gerste x_5	Körner-mais x_6	Silo-mais[8] x_7			
I	**Bestimmung des Ertrages nach Maßgabe der Schädigungswirkung**											
1	Maximalertrag[2] [t/ha]	ymax	60,50	77,00	4,75	10,85	7,60	12,54	58,08		Depressions-anpassungs-faktor [df] (0,7 bis 1,3)	
2	Normertragsdepression[3] (0-1)	ned	0,5000	0,5000	0,5000	0,2500	0,2500	0,1250	0,1250			
3	Angep. Ertragsdepression[3]	ed	0,5000	0,5000	0,5000	0,2500	0,2500	0,1250	0,1250			
4	Minimalertrag[3] [dt/ha]	ymin	30,25	38,50	2,38	8,14	5,70	10,97	50,82			
5	Ertrag [t/ha]	y	58,22	77,00	4,45	10,03	7,42	11,91	58,08		1,00	
II	**Bestimmung der Humuslieferung**											
6	Normhumusabbau [kg C/ha]	nhac	1000,0	1300,0	400,0	400,0	400,0	800,0	800,0		Humus-abbau-anpassungs-faktor [haf] (-0,3 bis +0,3)	
7	Angep. Humusabbau [kg C/ha]	hac	1000,0	1300,0	400,0	400,0	400,0	800,0	800,0			
8	Korn:Stroh-Verhältnis[6]	hnv	0,0	0,7	1,7	0,8	0,7	1,0	0,8			
9	Humusgehalt [kg C/t-Ertrag]	hgc	0,0	8,0	70,0	70,0	70,0	70,0	12,0			
10	Humuslieferung [kg C/ha]	hlc	0,0	431,2	529,6	561,5	363,7	833,8	557,6			
11	Humusbilanz [kg C/ha]	hbc	1000,0	868,8	-129,6	-161,5	36,3	-33,8	242,4		0,00	
III	**Bestimmung der Bodenrente**											
12	Produktpreis [€/t]	py	100,00	35,00	380,00	180,00	220,00	185,00	40,00		Produktions-risikoscheufaktor [prf] (0 bis 0,6)	
13	Ertragsabh. Sachkosten [€/t]	MKVS	46,57	13,95	159,80	75,57	65,50	77,20	15,37			
14	Ertragsabh. Arbeitskosten [€/t]	MKVA										
15	Flächenabh. Sachkosten [€/ha]	KVFS	1317,86	364,10	203,42	269,58	286,43	414,12	462,93			
16	Flächenabh. Arbeitskosten [€/ha]	KVFA										
17	Bodenrente [€/ha]	BR	1792,69	1256,60	776,57	777,61	860,21	869,92	967,75		0,00	
IV	**Bestimmung des Risikonutzens**											
18	Standardabweichung Ertrag[1]	sap	0,2294	0,0770	0,1497	0,0753	0,1144	0,0873	0,0796		Marktrisiko-scheufaktor [mrf] (0 bis 0,6)	
19	Standardabweichung Preis[1]	sam	0,2720	0,0545	0,2497	0,3140	0,3123	0,2726	0,0488			
20	Ertragsrisikoprämie [€/ha]	RPP	0,00	0,00	0,00	0,00	0,00	0,00	0,00			
21	Preisrisikoprämie [€/ha]	RPM	0,00	0,00	0,00	0,00	0,00	0,00	0,00			
22	Risikonutzen [€/ha]	RN	1792,69	1256,60	776,57	777,61	860,21	869,92	967,75		0,30	
V	**Matrix der Begrenzungen**										Verfügbar	Genutzt
23	Ackerfläche [ha]		1,0	1,0	1,0	1,0	1,0	1,0	1,0	<=	250,00	250,00
24	Humusbilanz [kg C/ha]		1000,0	868,8	-129,6	-161,5	36,3	-33,8	242,4	<=	0,00	0,00
25	Arbeit im März		0,61	1,19	0,53	0,35	1,27			<=	96,00	84,58
26	Arbeit im April		1,59			0,47		1,86	0,84	<=	304,00	252,21
27	Arbeit im Mai		0,29	0,18		0,10		0,41	0,55	<=	368,00	54,18
28	Arbeit im Juni		0,56			0,29	0,28			<=	352,00	39,12
29	Arbeit im Juli		0,84		3,21		1,75			<=	384,00	158,16
30	Arbeit im August		2,08	0,18	1,60	2,42	0,56			<=	384,00	286,28
31	Arbeit im September		17,83	1,45	0,18	1,92	0,62	0,05	7,83	<=	384,00	507,16
32	Arbeit im Oktober		2,26	1,92		1,12	1,29	4,21	1,90	<=	352,00	580,17
33						Arbeitsanpassungsfaktor [avf] (0,625 bis 1,375)						1,000	
34	**Zielfunktion=Anbauumfänge [ha]**		18,87	0,00	31,53	75,80	23,49	100,32	0,00		224.720,35	< RNB[5]
VI	**Ergebnisse**											
35	Ackerflächenanteil [%]		7,55	0,00	12,61	30,32	9,39	40,13	0,00			
36	Ertrag [t/ha]		58,22	77,00	4,45	10,03	7,42	11,91	58,08		Betrieb	
37	Gesamtbodenrente [€]										224270,35	< BRB
38	Bodenrente [€/ha]		1792,69	1256,60	776,57	777,61	860,21	869,92	967,75		898,88	< MBR[6]
39	Gesamtkosten [€]										334.650,73	< K
40	Kosten[4] [€/ha]		4029,04	1438,40	914,60	1027,35	772,52	1333,62	1355,45		1.338,60	< MK[8]
41	Herfindahl-Index:										0,28	

[1] bezogen auf Mittelwert = 1; [2] bei minimalem Nutzflächenanteil; [3] bei Monokultur; [4] als spezielle Intensitäten der Landnutzung; [5] Risikonutzen des Betriebes; [6] Durchschnittliche Bodenrente je ha Ackerfläche; [7] als mittlere Landnutzungsintensität des Betriebes

Bewertet man nun die zusätzlich benötigten 351,33 Arbeitsstunden mit 15,00 €/h, dann würde das zu zusätzlichen Kosten in Höhe von 5.269,95 € führen. Die Lockerung des Zwanges zum Arbeitsausgleich durch diese Maßnahme würde also dem Landwirt einen Bodenrentenzuwachs von 22.237,00 – 5.269,95 = 16.967,05 € ermöglichen, ohne dass sich dadurch die Vielseitigkeit des Landnutzungsprogramms und die Landnutzungsintensität gravierend verändern würden (der HERFINDAHL-Index steigt lediglich von 0,27 auf 0,28 und die Landnutzungsintensität erhöht sich von 1.076,29 auf 1.338,62 €/ha um etwa 24%). Im Gegenteil: Bei dem gelockerten Zwang zum Arbeitsausgleich können die Landwirte ihre Landnutzungsprogramme stärker an die durch sie nicht beeinflussbaren Betriebsfaktoren zur Einhaltung einer nachhaltigen Wirtschaftsweise ausrichten.

4.4.3.3 Die Wirkung zunehmender betrieblicher Nutzflächenausstattungen bei gleich bleibender betrieblicher Arbeitskapazität

In Abschnitt 4.4.3.1 wurde die Frage untersucht, wie sich eine abnehmende Zahl an Feldarbeitsstunden bei gleich bleibender betrieblicher Nutzflächenausstattung auf das Landnutzungsprogramm, die Landnutzungsintensität und die Bodenrente auswirken. Die Fragestellung lässt sich auch umkehren. In diesem Abschnitt soll deshalb gezeigt werden, wie sich eine zunehmende betriebliche Nutzflächenausstattung bei gleich bleibender betrieblicher Arbeitskapazität auf das Landnutzungsprogramm, die Landnutzungsintensität und die Bodenrente auswirkt.

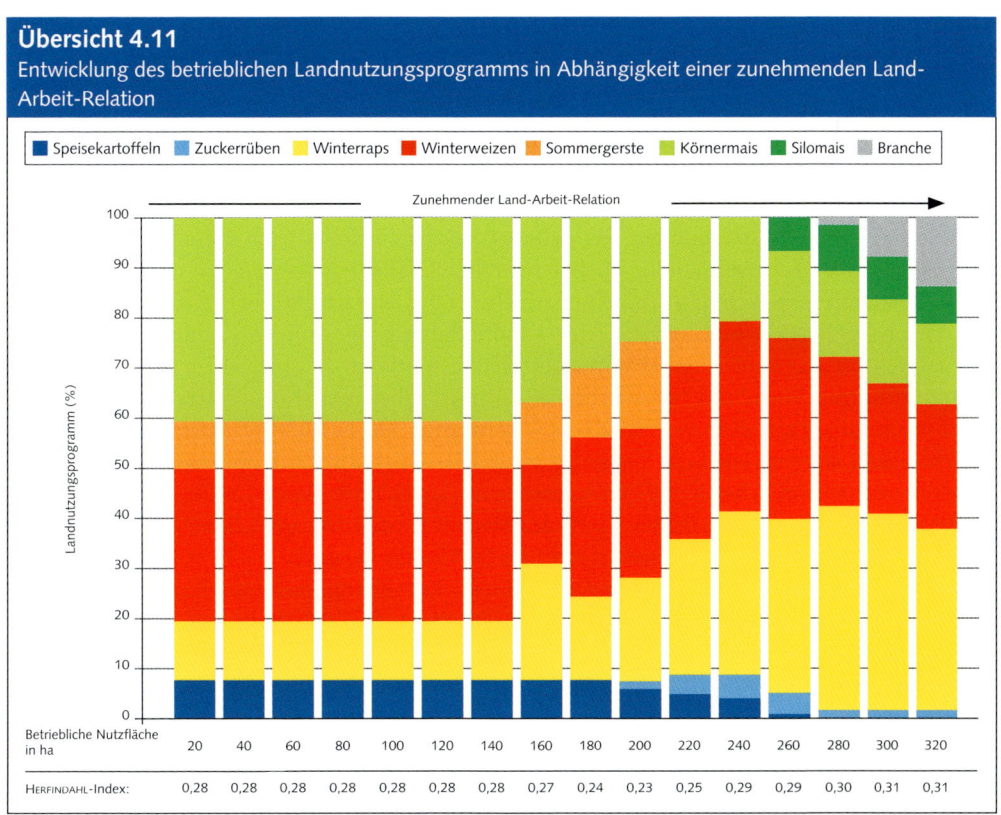

Übersicht 4.11
Entwicklung des betrieblichen Landnutzungsprogramms in Abhängigkeit einer zunehmenden Land-Arbeit-Relation

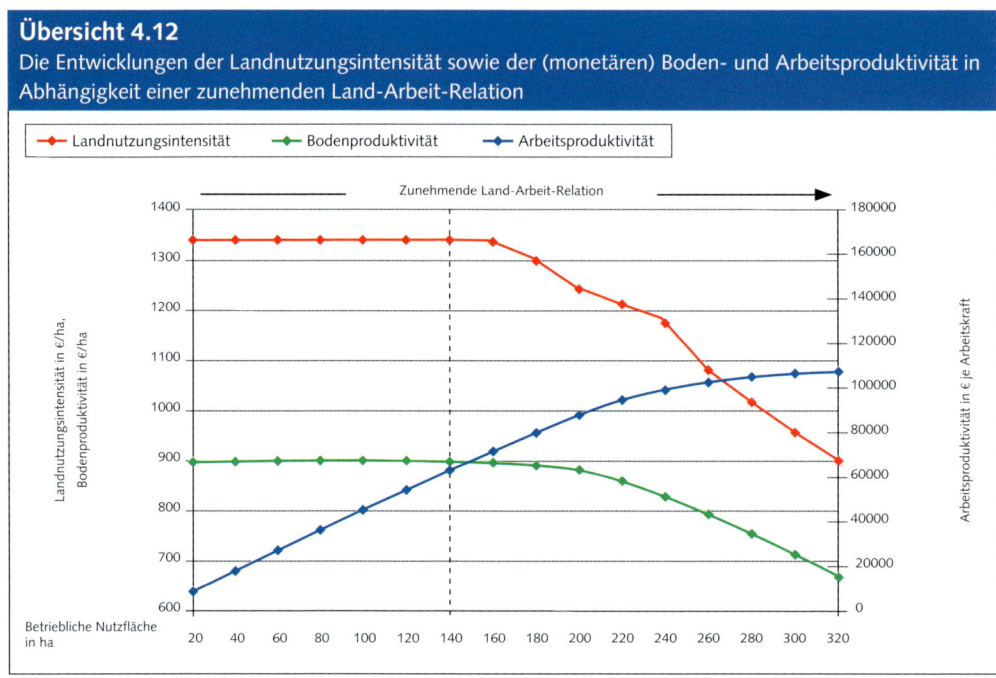

Übersicht 4.12
Die Entwicklungen der Landnutzungsintensität sowie der (monetären) Boden- und Arbeitsproduktivität in Abhängigkeit einer zunehmenden Land-Arbeit-Relation

Die Analyse wird ebenfalls mit dem betrieblichen Optimierungsmodell der Übersicht 4.7 durchgeführt, wobei die Arbeitskapazität mit 8-Stunden-Tagen konstant gehalten und die in Zeile 23 des Modells enthaltene betriebliche Ackerfläche in Schritten von jeweils 20 ha sukzessive von 20 bis auf 320 ha erhöht wird.

Aus der in Übersicht 4.11 dargestellten Entwicklung des Landnutzungsprogramms geht hervor, dass die beiden Arbeitskräfte des Betriebes nur eine Nutzfläche von maximal 260 ha vollständig bewirtschaften können. Bei weiteren Flächenausdehnungen muss wegen fehlender Arbeitskapazität ein zunehmender Flächenanteil brach fallen.

Des Weiteren zeigt sich, dass mit einer zunehmenden Nutzflächenausstattung, d. h. mit einer steigenden Land-Arbeit-Relation, das Landnutzungsprogramm in Richtung auf weniger arbeitsintensive Landnutzungsverfahren umgestellt wird. Im Beispiel werden die relativ arbeitsaufwendigen Verfahren Speisekartoffeln, Zuckerrüben und Körnermais durch den vergleichsweise arbeitsproduktiven Winterraps verdrängt. Da bestimmte Ackerkulturen durch andere ersetzt werden, wird die Vielseitigkeit des Landnutzungsprogramms in Abhängigkeit zunehmender betrieblicher Nutzflächenausstattung kaum beeinflusst. Im Beispiel bewegt sich der HERFINDAHL-Index von 0,28 bei geringer Flächenausstattung auf 0,29 bei der letzten noch voll bewirtschaftbaren Nutzflächenausstattung (260 ha im Beispiel).

Die Veränderung des Landnutzungsprogramms in Abhängigkeit zunehmender betrieblicher Nutzflächenausstattungen bleibt auch nicht ohne Auswirkungen auf die betriebliche Landnutzungsintensität und die Bodenrente. Übersicht 4.12 zeigt mit den roten und grünen Graphen, dass die Landnutzungsintensität und die Bodenrente ab einer Flächenausstattung des Beispielbetriebes von 140 ha deutlich abnehmen. Ab dieser Flächenausstattung verändert sich auch – wie aus Übersicht 4.11 hervorgeht – das Landnutzungsprogramm. Diese Veränderungen kommen dadurch zustande, dass das Arbeitsangebot bis zu einer Flächenausstattung von 140 ha in keinem Monat als Begrenzung wirksam wird. Bis zu dieser Flächenausstattung wird also dasjenige Landnutzungsprogramm als optimale Lösung bestimmt, welches die höchste

Bodenrente in Bezug auf den bis dahin allein knappen Faktor „Nutzfläche" erbringt.

Bei höheren Flächenausstattungen wirken dann die Arbeitsangebote in bestimmten Monaten begrenzend. Das Landnutzungsprogramm wird deshalb in Richtung auf höhere Flächenanteile solcher Landnutzungsverfahren angepasst, die in den Monaten mit knappem Arbeitsangebot vergleichsweise wenig oder gar keine Arbeitsansprüche haben. Mit zunehmender Nutzflächen-ausstattung bei gleich bleibender Arbeitskapazität verändert sich also das Landnutzungspro-gramm in Richtung auf eine steigende Arbeitsproduktivität zu Lasten der Bodenproduktivität (hier als Bodenrente in €/ha bestimmt).

Der blaue Graph in Übersicht 4.12 zeigt die Entwicklung der Arbeitsproduktivität – hier be-stimmt als betriebliche Bodenrente je Arbeitskraft (bezogen auf zwei Arbeitskräfte im Betrieb).

Insgesamt zeigt mithin Übersicht 4.12 in verallgemeinernder Aussage, dass eine zuneh-mende Nutzflächenausstattung bei gleich bleibender betrieblicher Arbeitskapazität bei abneh-mender Landnutzungsintensität und sinkender Bodenproduktivität eine steigende betriebliche Arbeitsproduktivität bewirkt. Das Landnutzungsprogramm richtet sich am jeweils relativ knappen Produktionsfaktor aus.

4.5 Zusammenfassende Feststellungen zu den Wirkungen der Betriebsfaktoren auf das Landnutzungsprogramm, die Landnutzungsintensität und die Bodenrente

Insgesamt lassen sich aus der Analyse der Auswirkungen unterschiedlicher Werte der Be-triebsfaktoren auf das Landnutzungsprogramm, die Landnutzungsintensität und die Boden-rente die folgenden Aussagen festhalten:

(1) Ohne die Beachtung der erst längerfristig wirksamen Betriebsfaktoren zur Einhaltung einer nachhaltigen Wirtschaftsweise durch die Landwirte und ohne einen Zwang zum Arbeits- und Betriebsmittelausgleich würden sich Monokulturbetriebe mit jeweils derjenigen Nutz-pflanzenart herausbilden, die an einem Standort die höchste Bodenrente verspricht.

(2) Längerfristig würden die Bodenrenten in diesen Monokulturbetrieben wegen der den Ertrag mindernden und die Kosten steigernden Wirkungen des unzureichenden Schädigungs- und Humusausgleichs aber so stark zurückgehen, dass diversifizierte Landnutzungspro-gramme mit gesichertem Schädigungs- und Humusausgleich wirtschaftlich überlegen werden.

(3) Die Beachtung der Betriebsfaktoren zur Einhaltung einer nachhaltigen Wirtschaftsweise führt also zu diversifizierten betrieblichen Landnutzungsprogrammen mit nachhaltig stabilen Bodenrenten, die in ihrer Höhe zwar unterhalb derjenigen liegen, die kurzfristig mit der Mono-kultur erzielbar sind, aber oberhalb derjenigen, die sich bei längerfristiger Monokultur einstel-len.

(4) Des Weiteren ist mit dem Übergang auf diversifizierte Landnutzungsprogramme ein Rückgang der betrieblichen Landnutzungsintensitäten verbunden.

(5) Im Vergleich zu den bei Monokultur längerfristig eintretenden Gegebenheiten führt da-mit die Einhaltung einer nachhaltigen Wirtschaftsweise mit ihrem diversifizierten Landnut-zungsprogramm, ihrer geringeren Landnutzungsintensität und ihrer höheren Bodenrente

nicht nur zu ökonomischen Vorteilen, sondern auch zum Schutz und zur Erhaltung natürlicher Ressourcen. Der Boden bleibt gesund, seine Leistungsfähigkeit wird erhalten.

(6) Eine sachgerechte Berücksichtigung der Betriebsfaktoren zur Einhaltung einer nachhaltigen Wirtschaftsweise bei der Gestaltung der Landnutzungsprogramme liegt deshalb sowohl im privaten Interesse des Landwirts als auch im öffentlichen Interesse der Gesellschaft.

(7) Die Erträge und Marktpreise der Nutzpflanzenarten schwanken im Zeitablauf. Die sich daraus ergebenden Volatilitäten der einzelnen Bodenrenten sind für den risikoneutralen Landwirt nicht bedeutsam, weil er seine Entscheidungen zur Gestaltung des wirtschaftlichsten Landnutzungsprogramms ausschließlich nach den Erwartungswerten der Bodenrenten trifft. Die Betriebsfaktoren Produktions- und Marktrisikoausgleich spielen für den risikoneutralen Landwirt keine Rolle. Die in aller Regel tatsächlich risikoscheuen Landwirte beziehen jedoch die Volatilität der Bodenrenten und das damit verbundene Wirtschaftsrisiko zusätzlich in ihre Entscheidungen ein. Zugunsten eines verstärkten Anbaus von Nutzpflanzenarten, deren Bodenrenten weniger volatil, also weniger risikobehaftet sind, nehmen sie gewisse Abschläge beim Erwartungswert ihrer betrieblichen Bodenrenten in Kauf.

(8) Mit zunehmender Risikoscheu von Landwirten steigt die Vielseitigkeit ihrer Landnutzungsprogramme und sinken die Landnutzungsintensitäten sowie die zu erwartenden Bodenrenten. Da die Veränderungen bei zunehmender Risikoscheu der Landwirte allerdings nur geringfügig sind, sollte jeder Landwirt – ohne gravierende Vor- oder Nachteile für die Gesellschaft – selbst entscheiden dürfen, welches Maß an Risiko er tragen möchte.

(9) Das Ausmaß der Zwänge zum Schädigungs- und zum Humusausgleich variiert in Abhängigkeit von den natürlichen Standortgegebenheiten.

(10) Zugehörige Sensitivitätsanalysen für den Betriebsfaktor Schädigungsausgleich zeigen, dass ein zunehmender Zwang zum Schädigungsausgleich zu geringfügig stärker diversifizierten Landnutzungsprogrammen, verbunden mit Abnahmen der Landnutzungsintensität und der betrieblichen Bodenrente, führt.

(11) Zugehörige Sensitivitätsanalysen für den Betriebsfaktor Humusausgleich zeigen dagegen, dass ein zunehmender Zwang zum Humusausgleich zu weniger stark diversifizierten Landnutzungsprogrammen bei jedoch gleichfalls abnehmenden Landnutzungsintensitäten und Bodenrenten der Betriebe führt. Ein extrem hoher Zwang zum Humusausgleich bewirkt schließlich, dass ein vollständiger Humusausgleich im reinen Ackerbau nicht mehr erreicht werden kann. Unter derartigen Bedingungen stellt sich die Feldgraswirtschaft oder letztlich die reine Dauergrünlandwirtschaft ein. Nur durch die stark humusmehrenden Grasjahre der Feldgraswirtschaft oder durch das den Humusausgleich in sich selbst tragende Dauergrünland kann noch eine nachhaltige Wirtschaftsweise sichergestellt werden.

(12) Müssen in einem landwirtschaftlichen Betrieb – aus welchen Gründen auch immer – die Betriebsfaktoren zur bestmöglichen Nutzung betrieblicher Ressourcen beachtet werden, besteht also z. B. wegen einer nicht veränderbaren betrieblichen Arbeitskapazität ein Zwang zum Arbeitsausgleich, dann muss das Landnutzungsprogramm in seiner Zusammensetzung an die in einem oder mehreren Vegetationsmonaten begrenzend wirkende Arbeitskapazität angepasst werden. Als Folge ergibt sich i. d. R. ein noch stärker diversifiziertes Landnutzungspro-

gramm, verbunden mit weiteren Senkungen der Landnutzungsintensität und der Bodenrente des Betriebes.

(13) Bei gegebenem Zwang zum Arbeitsausgleich lässt sich mit zunehmender Risikoscheu der Landwirte eine weitere – allerdings i. d. R. geringfügige – Verstärkung dieser Tendenzen in Richtung auf zunehmende Diversifizierungen der Landnutzungsprogramme sowie auf Senkungen der Landnutzungsintensitäten und der Bodenrenten feststellen.

(14) Eine Sensitivitätsanalyse zeigt, dass mit einem zunehmenden Zwang zum Arbeitsausgleich infolge abnehmender Arbeitskapazität oder infolge von Klimabedingungen mit weniger Feldarbeitstagen sowohl die Vielseitigkeit des Landnutzungsprogramms als auch die Landnutzungsintensität und die betriebliche Bodenrente abnehmen. Das Landnutzungsprogramm wird in Richtung auf weniger arbeitsintensive Nutzpflanzenarten verändert. Sie weisen geringere spezielle Intensitäten und geringere verfahrensspezifische Bodenrenten auf.

(15) Prinzipiell die gleichen Aussagen ergeben sich, wenn nicht die betriebliche Arbeitskapazität, sondern die betriebliche Nutzflächenausstattung variiert wird. Eine zunehmende Flächenausstattung bei gleich bleibender Arbeitskapazität führt c. p. bei sinkender Landnutzungsintensität zu steigender Arbeitsproduktivität und abnehmender Bodenproduktivität. Bodenproduktive – in aller Regel vergleichsweise intensive – Landnutzungsverfahren werden durch arbeitsproduktive – in aller Regel vergleichsweise extensive – Landnutzungsverfahren sukzessive ersetzt. Je größer die Nutzflächenausstattung je Arbeitskraft ist, desto extensiver wird c. p. das betriebliche Landnutzungsprogramm.

(16) Schließlich führen die vermehrt zu beobachtenden Bemühungen der Landwirte zur Lockerung des Zwanges zum Arbeitsausgleich, sei es durch die zusätzliche Beschäftigung von Saisonarbeitskräften oder durch den Einsatz von Lohnunternehmern etwa in den arbeitsreichen (Früh-)Herbstmonaten (Kartoffel-, Zuckerrüben- und Maisernte sowie Aussaat des Wintergetreides), zu erheblichen Nettovorteilen für die betrieblichen Bodenrenten, ohne dass dadurch die Landnutzungsintensitäten gravierend ansteigen und die Vielseitigkeit der Landnutzungsprogramme gravierend abnehmen. Die Lockerung des Zwanges zum Arbeitsausgleich ermöglicht es dem Landwirt vielmehr, sich bei der Auswahl seines Landnutzungsprogramms voll auf die Berücksichtigung der durch ihn – im Unterschied zum Arbeitsausgleich – in ihren Wirkungen nicht beeinflussbaren Betriebsfaktoren zur Einhaltung einer nachhaltigen Wirtschaftsweise zu konzentrieren.

(17) Insgesamt haben die Analysen dieses Kapitels gezeigt, dass die Betriebsfaktoren die treibenden Kräfte für die Herausbildung diversifizierter betrieblicher Landnutzungsprogramme sind. Je nach Wirkungsstärke der Betriebsfaktoren bilden sich aber auch bei gegebenen Standortbedingungen unterschiedlich stark diversifizierte Landnutzungsprogramme mit unterschiedlichen Landnutzungsintensitäten und unterschiedlichen betrieblichen Bodenrenten heraus.

5
Der Einfluss der natürlichen Standortfaktoren auf das Landnutzungsprogramm, die Landnutzungsintensität und die Bodenrente

In diesem Kapital wird gezeigt, wie sich die Qualität des natürlichen Standortes auf das Landnutzungsprogramm, die Landnutzungsintensität und die Bodenrente auswirkt. Nach einer Einordnung der Bandbreite der in Deutschland herrschenden Standortgegebenheiten in den welt- und europaweiten Rahmen werden für Deutschland die regional unterschiedlichen Ertragsfähigkeiten identifiziert. Die maximal erzielbaren Erträge der Nutzpflanzenarten betragen an den ertragsschwächsten etwa 60 % der ertragsstärksten Standorte.

Im nächsten Schritt werden die Einflüsse der Ertragsfähigkeit und der Bearbeitbarkeit – als den wesentlichen Determinanten für die Qualität des natürlichen Standortes – einerseits ohne Beachtung der Betriebsfaktoren und andererseits unter Beachtung der Betriebsfaktoren zur Einhaltung einer nachhaltigen Wirtschaftsweise in ihren Wirkungen analysiert.

Mit zunehmender Ertragsfähigkeit nimmt die Vielseitigkeit des Landnutzungsprogramms, verbunden mit höheren Anbauanteilen an Intensivkulturen, zu. Die Landnutzungsintensität steigt und die Bodenrente erhöht sich. Die Nutzpflanzenarten mit hohen artspezifischen Intensitäten konzentrieren sich stets auf den ertragsstarken Standorten. Ein Preisbildungsmodell verdeutlicht, warum das so ist.

Mit zunehmend erleichterter Bearbeitbarkeit von Feldstücken verändert sich zwar nicht die Vielseitigkeit des Landnutzungsprogramms, wohl aber dessen Struktur. Artspezifisch extensive Kulturen treten zu Gunsten der artspezifisch intensiven Kulturen zurück. Gleichwohl nimmt aufgrund der erleichterten Bearbeitbarkeit die Landnutzungsintensität ab, wohingegen die Bodenrente stark ansteigt.

Das Kapitel schließt mit einer Ableitung der Auswirkungen der Differenzialrente – als der Qualitätsrente des Bodens – auf die Bodenpreise und den Pachtzins.

5.1 Zur räumlichen Variabilität der Werte der natürlichen Standortfaktoren

In Abschnitt 3.7.2 des 3. Kapitels wurde mit den Gleichungen (3.21) und (3.22) die Produktionsfunktion in Form der Abhängigkeit des maximal erzielbaren Ertrages von den nichtkontrollierbaren Produktionsfaktoren Wasser und Sonnenenergie abgeleitet. Sie wird hier als Gleichung (5.1) wiederholt:

$$(5.1) \qquad y = \min\left(\frac{1}{aw} \cdot rw, \ \frac{1}{as} \cdot rs\right) \qquad mit \qquad rw = rwb + rwn$$

Darin sind:

$y =$ Maximal erzielbarer Ertrag, gemessen in t/ha;

$aw =$ Input-Output-Koeffizient für den Produktionsfaktor Wasser;

$as =$ Input-Output-Koeffizient für den Produktionsfaktor Sonnenenergie;

$rw =$ Angebotsmenge an pflanzenverfügbarem Wasser, gemessen in m^3/ha;

$rwb =$ Angebotsmenge an Wasserbodenvorrat zu Beginn der Vegetationsperiode (i. d. R. die aufgefüllte nutzbare Feldkapazität), gemessen in m^3/ha;

$rwn =$ Angebotsmenge an Niederschlagswasser während der Vegetationsperiode, gemessen in m^3/ha;

$rs =$ Angebotsmenge an Sonnenenergie während der Vegetationsperiode, gemessen als Temperatursumme in °C.

Die Angebotsmengen der beiden Produktionsfaktoren Sonnenenergie und Wasser variieren von Standort zu Standort. Die Höhe des (pflanzenverfügbaren) Wasserbodenvorrates hängt ab von der Bodenart. Die klimatischen Gegebenheiten der Standorte bestimmen die Höhe der Niederschläge und der Temperatursummen.

An einem Standort werden die maximal erzielbaren Erträge der Nutzpflanzenarten entweder durch die Temperatursumme oder die pflanzenverfügbare Wassermenge als dem jeweiligen Minimumfaktor determiniert. Dabei setzt sich die pflanzenverfügbare Wassermenge aus den beiden Unterfaktoren (pflanzenverfügbarer) Bodenwasservorrat und Niederschlag (additiv) zusammen.

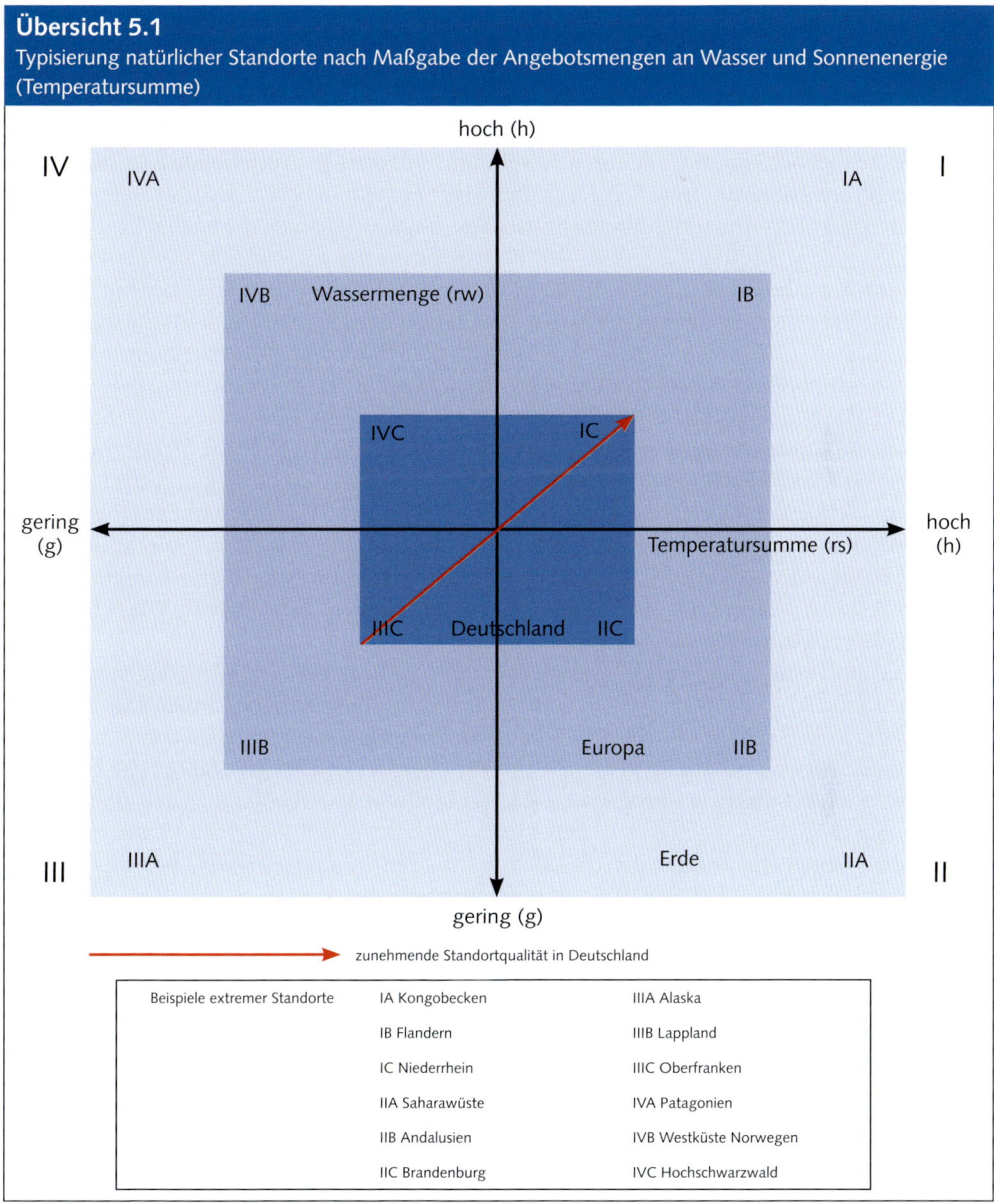

Übersicht 5.1

Typisierung natürlicher Standorte nach Maßgabe der Angebotsmengen an Wasser und Sonnenenergie (Temperatursumme)

Beispiele extremer Standorte	IA Kongobecken	IIIA Alaska
	IB Flandern	IIIB Lappland
	IC Niederrhein	IIIC Oberfranken
	IIA Saharawüste	IVA Patagonien
	IIB Andalusien	IVB Westküste Norwegen
	IIC Brandenburg	IVC Hochschwarzwald

Der Bereich, innerhalb dessen die Angebotsmengen der beiden Produktionsfaktoren variieren können, lässt sich schematisch durch die drei übereinander liegenden Quadrate und das Koordinatensystem mit den beiden Koordinaten Temperatursumme (rs) und Wassermenge (rw) der Übersicht 5.1 verdeutlichen. Mit dem kleinen Quadrat soll grob angedeutet werden, dass die Werte der beiden Produktionsfaktoren in Deutschland eine geringere Schwankungsbreite aufweisen als – und das soll mit dem mittleren Quadrat gezeigt werden – diejenige des gesamten europäischen Kontinents. Mit dem großen Quadrat soll schließlich angedeutet werden, dass die Schwankungsbreite der beiden Produktionsfaktoren – weltweit betrachtet – noch größer ist als in Europa.

Mit dem Koordinatensystem in Übersicht 5.1 wird dargestellt, dass die Werte der beiden Produktionsfaktoren jeweils nach oben (h = hoch) oder nach unten (g = gering) von ihren mittleren Werten (m = mittlerer Wert) abweichen können. Innerhalb des kleinen Quadrates liegen damit sämtliche auf Deutschland zutreffende Kombinationen der beiden Produktionsfaktoren, innerhalb des mittleren Quadrates sämtliche in Europa zutreffende und innerhalb des großen Quadrates schließlich sämtliche auf (den bewohnten Teil) der Erde zutreffende Kombinationen der beiden Produktionsfaktoren. Das Koordinatensystem teilt die drei Quadrate in jeweils vier Quadranten mit über- und unterdurchschnittlichen Angebotsmengen der beiden Produktionsfaktoren.

Im Quadrant I liegen Regionen mit überdurchschnittlich hohen Angebotsmengen beider Produktionsfaktoren. Bezogen auf die ganze Erde handelt es sich im Extremfall um die immerfeuchten Tropen (z. B. Kongobecken, Amazonasbecken, Südostasien). An diesen Standorten können bei hinreichenden Angebotsmengen der kontrollierbaren Produktionsfaktoren pro Jahr und Flächeneinheit die höchsten Biomassen erzeugt werden.

Bezogen auf Europa handelt es sich um Regionen mit mittleren Niederschlägen und Böden mit hohen nutzbaren Feldkapazitäten, die im Winterhalbjahr regelmäßig aufgefüllt werden. Die Regionen liegen im maritimen Klimabereich des mittleren Westeuropas. Die langen Vegetationsperioden führen zu überdurchschnittlichen Temperatursummen. Typische Regionen für diese Standortbedingungen sind Nordfrankreich, Flandern in Belgien, East Anglia in England und Teile der Niederlande bis zur Köln-Aachener-Bucht in Deutschland. Diese Regionen können in Europa die höchsten Biomasseerträge liefern.

Bezogen auf Deutschland handelt es sich ebenfalls um Regionen mit mittleren Niederschlägen, hohen nutzbaren Feldkapazitäten und relativ hohen Temperatursummen. Das trifft vor allem auf die Köln-Aachener-Bucht und Teile Niederbayerns (Straubinger Gäu) zu.

Insgesamt können also mit den Faktorkombinationen des ersten Quadranten der Übersicht 5.1 sowohl weltweit als auch europa- und deutschlandweit jeweils die höchsten Biomasseerträge erzeugt werden.

Mit dem zweiten Quadranten der Übersicht 5.1 werden Standorte erfasst, die durch geringe Wasserangebotsmengen und hohe Temperatursummen gekennzeichnet sind. Bezogen auf die gesamte Erde handelt es sich im Extremfall um Wüsten und Trockensteppen nördlich und südlich der äquatornahen immerfeuchten Tropen (z. B. Sahara, Sahel und Kalahari in Afrika, die Arabische Halbinsel in Asien und Teile Australiens). Aufgrund des fehlenden Wassers kann im Extremfall praktisch kein Pflanzenwachstum stattfinden. Die Gebiete sind für den Ackerbau ungeeignet, es sei denn, dass durch vorhandenes Flusswasser (Nil, Niger) oder durch fossile Wasserreserven (z. B. in Libyen) eine künstliche Bewässerung möglich wird. Mit dieser Bewässerung verwandeln sich die Standorte in die Hochertragsgebiete des ersten Quadranten der Übersicht 5.1.

Bezogen auf Europa treffen die Gegebenheiten des zweiten Quadranten auf mediterrane Regionen in Südeuropa zu. Ohne künstliche Bewässerung gedeihen nur wasseranspruchslose Kulturpflanzen (z. B. Oliven), mit künstlicher Bewässerung verwandeln sich die Gebiete in Hochertragsregionen für den intensiven Obst- und Gemüsebau (z. B. Andalusien in Spanien).

Für Deutschland kennzeichnet der zweite Quadrant der Übersicht 5.1 Regionen mit relativ hohen Temperatursummen unter kontinentalem Klimaeinfluss bei gleichzeitig relativ geringen Niederschlägen und vorwiegend sandigen Böden mit geringen nutzbaren Feldkapazitäten. Typisch dafür sind große Teile des Landes Brandenburg. Unter diesen Verhältnissen für Wasser und Sonnenenergie können nur relativ geringe Erträge bei praktisch allen relevanten Nutzpflanzenarten erzeugt werden.

Im dritten Quadranten der Übersicht 5.1 liegen Standorte mit geringen Angebotsmengen der beiden Produktionsfaktoren Wasser und Sonnenenergie. Weltweit gesehen handelt es sich im Extremfall um Hochlandwüsten (z. B. Gobi in Ostasien) oder einige sehr nördliche Regionen (z. B. nördliches Alaska). Auch mit künstlicher Bewässerung ist in diesen Gebieten aufgrund der geringen Temperatursummen eine ackerbauliche Nutzung nicht wirtschaftlich.

In Europa finden sich keine Gebiete mit derart extremen Klimakonstellationen. Weniger extrem, aber gleichwohl durch vergleichsweise geringe Wassermengen und Temperatursummen gekennzeichnet, sind Gebirgsregionen in Südeuropa (z. B. in Spanien). Vergleichsweise geringe Niederschläge in Verbindung mit geringen nutzbaren Feldkapazitäten und geringen Temperatursummen sind auch in Lappland (Nordfinnland) anzutreffen. Die gleichen Bedingungen treffen im Großen und Ganzen auf Teile des nördlichen europäischen Russlands zu.

Bezogen auf Deutschland ergeben sich im dritten Quadranten der Übersicht 5.1 weit weniger extreme Boden-Klima-Bedingungen. Als Gebiete mit relativ geringen Wasserangeboten, verbunden mit relativ geringen Temperatursummen, sind Regionen in den Regierungsbezirken Chemnitz (Vorland des Erzgebirges) und Oberfranken (Bayerischer Wald) zu nennen. Die Bodenklimabedingungen dieser Regionen sind aber nicht so extrem, dass eine landwirtschaftliche Nutzung nicht mehr möglich wäre.

Im vierten Quadranten der Übersicht 5.1 liegen schließlich Regionen mit hohen Wasserangeboten und geringen Temperatursummen. Weltweit gesehen, handelt es sich um Hochlandregionen im südlichen Südamerika (Patagonien) und im nördlichen Nordamerika (Nord-West-Kanada) und Europa (norwegische mittlere und nördliche Westküste).

In Europa treffen diese Klimagegebenheiten außer – wie gesagt – auf die mittlere und nördliche Westküste Norwegens vor allem auf die Hochgebirgslagen Zentraleuropas zu (Alpen, Karpaten). Wegen der geringen Temperatursummen kann das Land bis zu einer gewissen Höhengrenze nur noch als Dauergrasland genutzt werden. Für eine erfolgreiche ackerbauliche Nutzung sind die Temperatursummen zu gering.

Bezogen auf Deutschland treffen die Gegebenheiten des vierten Quadranten der Übersicht 5.1 auf die Mittelgebirgslagen und das höhere Alpenvorland zu. Der Ackerbau tritt zugunsten des Dauergrünlandes und in noch höheren Lagen zugunsten des Waldes zurück.

Im Vergleich zu den Klimagegebenheiten der ganzen Erde handelt es sich bei Deutschland um ein im Großen und Ganzen sehr gemäßigtes Klimagebiet ohne wesentliche Extreme. Außer in den hohen Lagen der Mittelgebirge und in den höheren Alpen ist eine wettbewerbsfähige Acker- bzw. Grünlandnutzung praktisch in allen Regionen möglich, wenn auch, aufgrund der Unterschiede bei den Angebotsmengen an Wasser und Sonnenenergie, mit durchaus unterschiedlichen Ertragsniveaus der Nutzpflanzenarten. Die Erträge steigen, ausgehend vom dritten Quadranten der Übersicht 5.1, in Richtung auf den ersten Quadranten der Übersicht. Die diesbezüglich zunehmende Qualität der natürlichen Standorte nimmt deshalb prinzipiell so zu, wie es mit dem roten Pfeil in Übersicht 5.1 angedeutet wurde.

Die bisherigen Aussagen können durch eine – wenn auch nur überschlägige – Analyse der natürlichen Standortbedingungen für Deutschland weiter verdichtet werden. Dazu wurden in den beiden Übersichten 5.2 und 5.3 die zwei Wasserkomponenten für Deutschland dargestellt. Der Bodenwasservorrat, gemessen als nutzbare Feldkapazität (nFK) bis 100 cm Bodentiefe schwankt in Deutschland zwischen weniger als 80 mm oder 800 m³/ha und mehr als 281 mm oder 2.810 m³/ha. Bei feinerer Auflösung als es hier mit den Ein-Quadratkilometer- Rastern erfolgt ist, würden sich Standorte mit nutzbaren Feldkapazitäten von bis zu mehr als 3.500 m³/ha zeigen.

Die höchsten Bodenwasservorräte finden sich in Regionen mit tiefgründigen Böden, die aus Lösslehm entstanden sind oder in Flusstälern als Schwemmlandböden. Als Lössregionen sind in der Karte der Übersicht 5.2 u. a. die Köln-Aachener-Bucht, die Hildesheim-Magdeburger-Börde, der Kraichgau in Baden-Württemberg, die Wetterau in Hessen, Rheinhessen in Rheinland-Pfalz und das Straubinger Gäu in Niederbayern erkennbar. Flusstäler mit Schwemmlandböden finden sich an Rhein, Weser, Elbe und Oder (insbesondere im Oderbruch).

Die geringsten Bodenwasservorräte finden sich auf den Mittelgebirgen (u. a. Schwarzwald, Pfalz, Bayerischer Wald und Rheinisches Schiefergebirge), aber auch in weiten Teilen Brandenburgs sowie der Lüneburger Heide mit ihren sandigen Böden.

Die Niederschlagsummen in der Vegetationsperiode von April bis Juli liegen in Deutschland (siehe Karte der Übersicht 5.3) zwischen weniger als 162 mm oder 1.620 m^3/ha und mehr als 601 mm oder 6.010 m^3/ha. In den deutschen Alpen und in den Gipfellagen des Schwarzwaldes können in der Vegetationsperiode in manchen Jahren mehr als 1.000 mm oder 10.000 m^3/ha Niederschlag fallen.

Die geringsten Niederschläge fallen in weiten Teilen der Magdeburger Börde (Sachsen-Anhalt), in großen Teilen Brandenburgs, in Mecklenburg-Vorpommern, im östlichen Teil von Schleswig-Holstein (insbesondere auf der Insel Fehmarn) und in Rheinhessen.

Die Temperatursummen, die in den vier Vegetationsmonaten von April bis Juli erreicht werden, liegen in Deutschland zwischen weniger als 1.000°C und mehr als 1.800°C (siehe Karte der Übersicht 5.4). Die höchsten Temperatursummen werden im Oberrheintal, am Niederrhein, im Kraichgau sowie in Teilen Sachsen-Anhalts, Brandenburgs und Sachsens (nördlicher Teil) erreicht.

Übersicht 5.2

Nutzbare Feldkapazität in 100 cm Bodentiefe in Deutschland als zu Beginn der Vegetationsperiode aufgefüllter Bodenwasservorrat

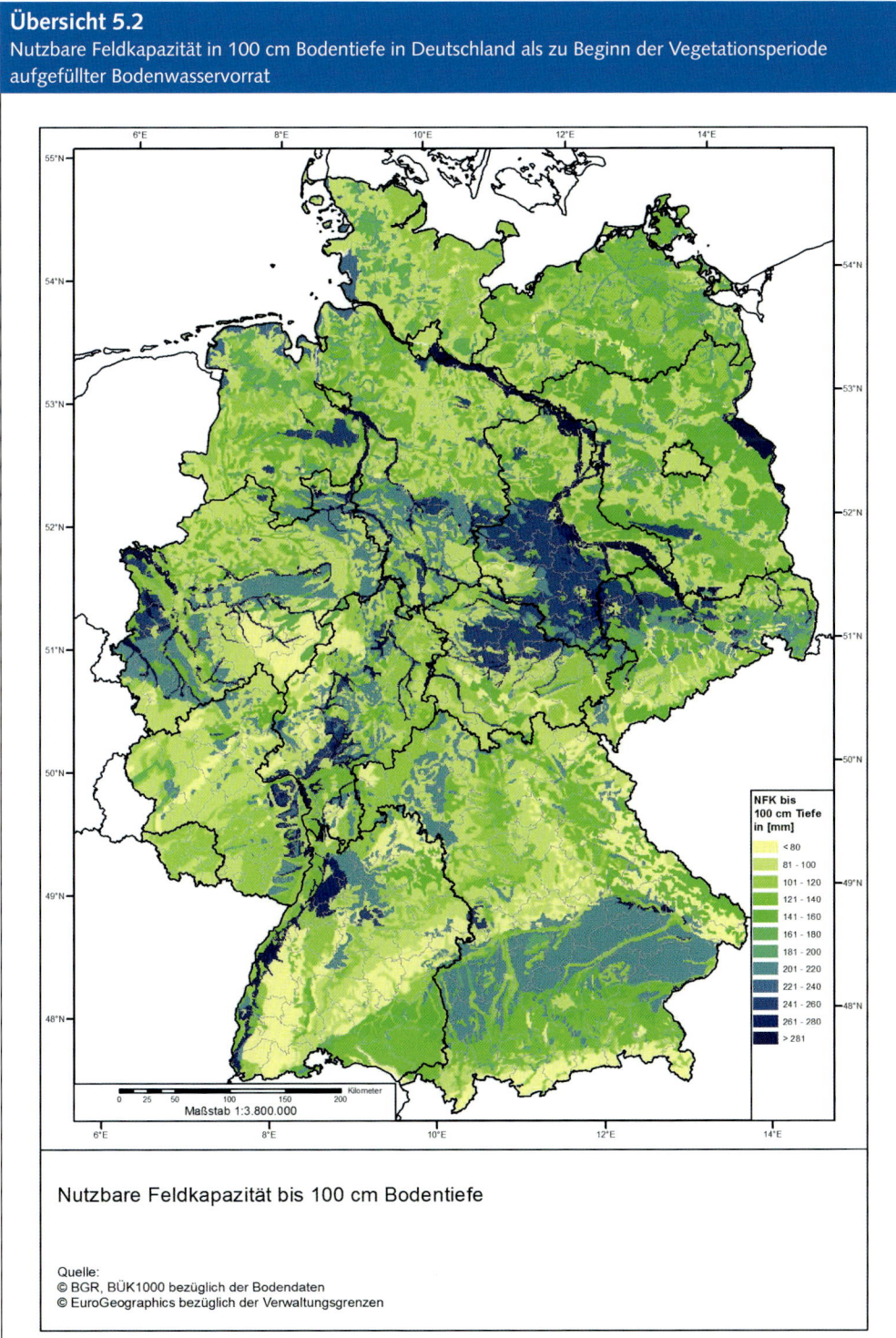

NFK bis
100 cm Tiefe
in [mm]

- < 80
- 81 - 100
- 101 - 120
- 121 - 140
- 141 - 160
- 161 - 180
- 181 - 200
- 201 - 220
- 221 - 240
- 241 - 260
- 261 - 280
- > 281

Maßstab 1:3.800.000

Nutzbare Feldkapazität bis 100 cm Bodentiefe

Quelle:
© BGR, BÜK1000 bezüglich der Bodendaten
© EuroGeographics bezüglich der Verwaltungsgrenzen

Übersicht 5.3
Niederschlagssummen der Monate April bis Juli für Deutschland aus langjährigen Monatsmittelwerten (1970 bis 2000)

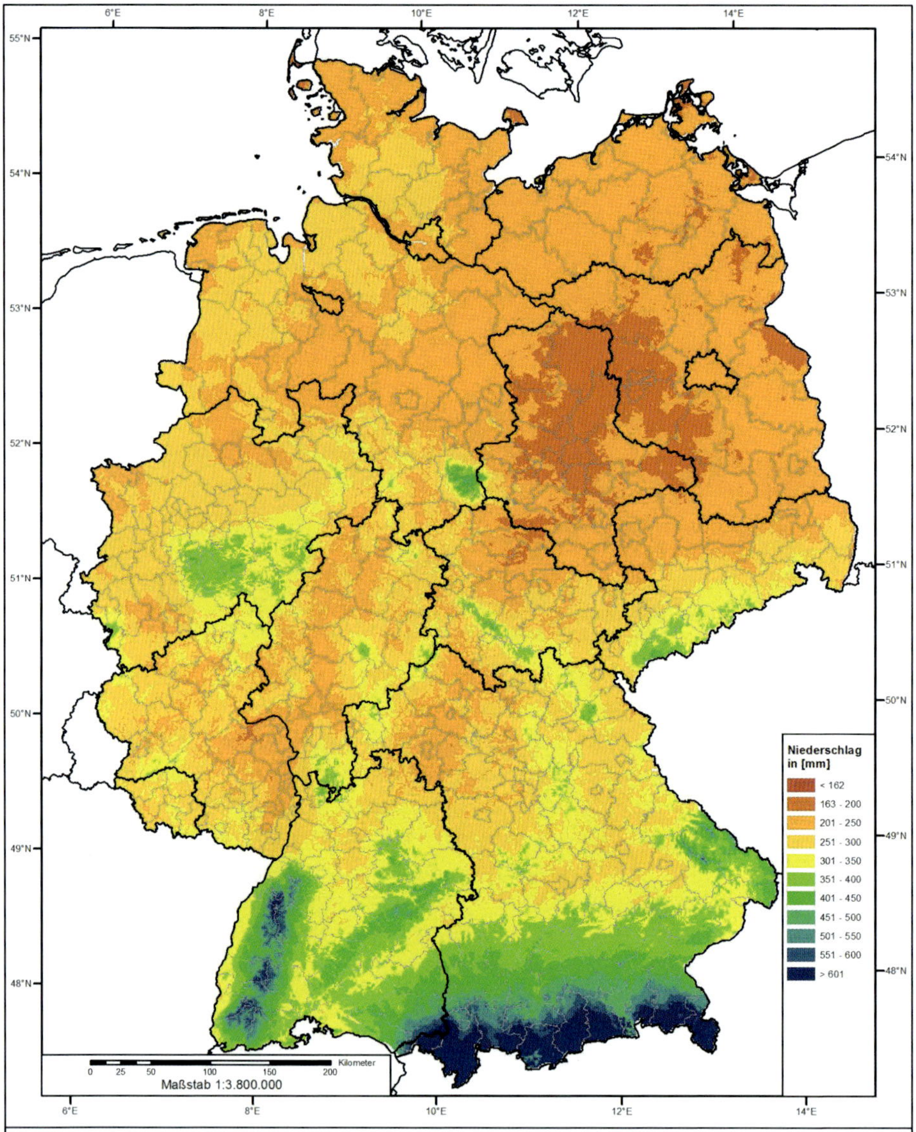

Niederschlagssummen der Monate April bis Juli aus langjährigen Monatsmittelwerten (1970 bis 2000)

Quelle:
© DWD bezüglich der Klimadaten
© EuroGeographics bezüglich der Verwaltungsgrenzen

Übersicht 5.4

Temperatursummen der Monate April bis Juli für Deutschland aus langjährigen Monatsmittelwerten (1970 bis 2000)

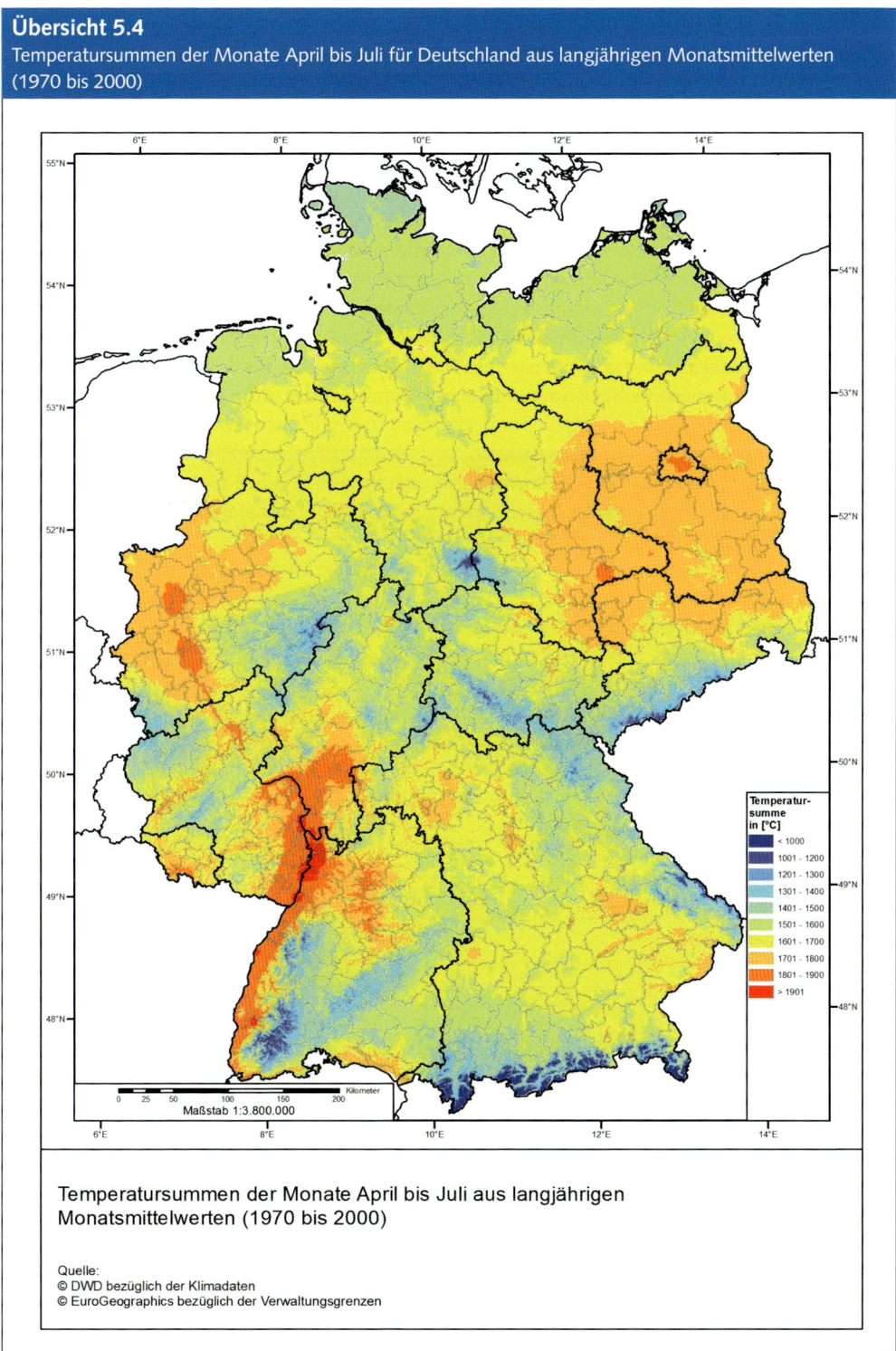

Temperatursummen der Monate April bis Juli aus langjährigen
Monatsmittelwerten (1970 bis 2000)

Quelle:
© DWD bezüglich der Klimadaten
© EuroGeographics bezüglich der Verwaltungsgrenzen

Will man nun die Erträge der Nutzpflanzenarten in den Regionen mit den dort gegebenen Boden-Klima-Bedingungen vergleichen, um die Sachgerechtigkeit der Produktionsfunktion der Gleichung (5.1) beurteilen zu können, steht man vor zwei grundsätzlichen Problemen. Zum einen werden die Erträge der Nutzpflanzenarten in den verfügbaren Ertragsstatistiken nicht so kleinräumig (1 km²) ausgewiesen, wie es in den Übersichten 5.2 bis 5.4 für die Produktionsfaktoren erfolgt ist. Zum anderen weisen die einzelnen Nutzpflanzenarten unterschiedliche Ertragsarten auf (Körner, Wurzeln, etc.), die nur über einen gemeinsamen Nenner zu einer einheitlichen Ertragskennzahl verdichtet werden können.

Trotz dieser Schwierigkeiten lassen sich wertvolle Anhaltspunkte über die relative Vorzüglichkeit der Standorte und die Ertragsfähigkeit in Abhängigkeit der beiden nichtkontrollierbaren Produktionsfaktoren von Wasser und Sonnenenergie gewinnen.

Übersicht 5.5 zeigt die über einen Zeitraum von 11 Jahren gemittelten Erträge von sieben Hauptkulturarten des Ackerbaus für die sog. NUTS-2-Regionen der EU-Statistik. Dabei handelt es sich – mit Ausnahme flächenmäßig kleiner Bundesländer – um die jetzigen bzw. früheren Regierungsbezirke der einzelnen Bundesländer ohne die nicht erfassten Stadtstaaten. In

Übersicht 5.5
Durchschnittserträge der Jahre 2000 bis 2010 wichtiger Kulturen des Ackerbaus in deutschen Regionen, gemessen in t Ertrag/ha

		Weichweizen[1]		Gerste[2]		Raps[3]		Körnermais		Silomais		Zuckerrüben		Kartoffeln[4]	
Zeile	Regionen[5,6]	t/ha	Index	t/ha	Index	t/ha	Index	t/ha	Index	t/ha	Index	t/ha	Index	t/ha	Index
1	Köln	8,63	96,9	6,99	93,7	3,75	92,6	9,11	90,5	48,49	93,2	63,63	87,4	46,78	100,0
2	Düsseldorf	8,19	91,9	6,56	87,9	3,71	91,6	10,07	100,0	49,68	95,5	61,99	85,1	45,45	97,2
3	Arnsberg	8,26	92,7	6,78	90,9	3,53	87,2	9,53	94,6	45,65	87,8	65,22	89,6	41,38	88,5
4	Niederbayern	7,22	81,0	5,86	78,6	3,66	90,4	9,45	93,8	51,21	98,5	72,82	100,0	40,30	86,1
5	Braunschweig	8,19	91,9	6,79	91,0	3,64	89,9	8,57	85,1	47,84	92,0	59,65	81,9	41,87	89,5
6	Hannover	8,27	92,8	6,56	87,9	3,65	90,1	8,67	86,1	46,00	88,4	61,96	85,1	41,57	88,9
7	Schwaben	7,26	81,5	5,54	74,3	3,65	90,1	9,18	91,2	52,01	100,0	70,21	96,4	39,83	85,1
8	Schleswig-H.	8,91	100,0	7,46	100,0	4,05	100,0	8,83	87,7	36,62	70,4	57,96	79,6	34,63	74,0
9	Detmold	8,05	90,3	6,67	89,4	3,67	90,6	8,57	85,1	45,93	88,3	62,12	85,3	38,23	81,7
10	Darmstadt	7,73	86,8	5,54	74,3	3,76	92,8	9,22	91,6	47,31	91,0	61,09	83,9	37,50	80,2
11	Oberbayern	6,94	77,9	5,53	74,1	3,52	86,9	8,77	87,1	49,77	95,7	69,93	96,0	36,48	78,0
12	Kassel	7,63	85,6	6,26	83,9	3,50	86,4	8,96	89,0	49,97	96,1	59,69	82,0	33,42	71,4
13	Münster	7,89	88,6	6,16	82,6	3,47	85,7	9,34	92,8	47,21	90,8	54,90	75,4	36,59	78,2
14	Oberpfalz	6,83	76,7	4,98	66,8	3,39	83,7	9,00	89,4	48,81	93,8	71,73	98,5	37,89	81,0
15	Stuttgart	7,11	79,8	5,67	76,0	3,61	89,1	9,15	90,9	45,70	87,9	65,81	90,4	34,37	73,5
16	Tübingen	7,03	78,9	5,55	74,4	3,62	89,4	9,58	95,1	45,67	87,8	63,08	86,6	33,41	71,4
17	Halle	7,45	83,6	6,57	88,1	3,72	91,9	8,15	80,9	38,47	74,0	55,36	76,0	40,78	87,2
18	Gießen	7,26	81,5	5,70	76,4	3,52	86,9	8,86	88,0	49,48	95,1	61,39	84,3	32,36	69,2
19	Lüneburg	7,39	82,9	5,43	72,8	3,32	82,0	8,64	85,8	45,00	86,5	58,08	79,8	40,84	87,3
20	Weser- Ems	7,38	82,8	5,42	72,7	3,32	82,0	8,67	86,1	44,09	84,8	58,26	80,0	41,48	88,7
21	Thüringen	6,89	77,3	5,94	79,6	3,55	87,7	8,53	84,7	42,65	82,0	64,63	88,8	35,74	76,4
22	Leipzig	6,87	77,1	6,52	87,4	3,51	86,7	8,17	81,1	39,54	76,0	57,99	79,6	37,58	80,3
23	Rheinland-P.	6,86	77,0	5,21	69,8	3,45	85,2	8,64	85,8	46,35	89,1	63,05	86,6	34,31	73,3
24	Freiburg	6,65	74,6	5,29	70,9	3,56	87,9	9,28	92,2	45,22	86,9	60,28	82,8	33,17	70,9
25	Chemnitz	6,92	77,7	5,48	73,5	3,59	88,6	8,52	84,6	41,52	79,8	58,03	79,7	37,69	80,6
26	Karlsruhe	6,65	74,6	5,22	70,0	3,54	87,4	9,22	91,6	44,44	85,4	60,86	83,6	32,86	70,2
27	Unterfranken	6,75	75,8	5,41	72,5	3,38	83,5	7,96	79,0	47,78	91,9	63,98	87,9	33,33	71,2
28	Magdeburg	7,30	81,9	6,43	86,2	3,60	88,9	7,58	75,3	35,89	69,0	53,86	74,0	39,71	84,9
29	Mittelfranken	6,42	72,1	5,35	71,7	3,25	80,2	8,14	80,8	48,17	92,6	63,48	87,2	32,68	69,9
30	Dresden	6,66	74,7	5,58	74,8	3,39	83,7	8,27	82,1	39,44	75,8	58,58	80,4	36,62	78,3
31	Dessau	7,04	79,0	6,49	87,0	3,51	86,7	8,07	80,1	33,60	64,6	51,40	70,6	38,17	81,6
32	Mecklenburg-V.	7,23	81,1	6,47	86,7	3,82	94,3	7,32	72,7	35,80	68,8	51,08	70,1	35,26	75,4
33	Oberfranken	6,07	68,1	4,73	63,4	3,22	79,5	8,04	79,8	46,69	89,8	56,69	77,8	32,50	69,5
34	Saarland	6,36	71,4	5,00	67,0	3,08	76,0	7,41	73,6	43,58	83,8	60,04	82,4	30,94	66,1
35	Brandenburg	5,88	66,0	5,12	68,6	3,23	79,8	7,21	71,6	31,85	61,2	50,72	69,7	30,94	66,1

Anmerkungen: [1] Winter- u. Sommerweichweizen incl. Spelz; [2] Winter- u. Sommergerste; [3] Winter- und Sommerraps incl. Rübsen; [4] incl. Früh- u. Pflanzkartoffeln; [5] in Anlehnung an NUTS-2 Regionen der EU-Statistik; [6] außer den Bundesländern Schleswig-Holstein, Thüringen, Rheinland-Pfalz, Mecklenburg-V. und Brandenburg die jetzigen bzw. früheren Regierungsbezirke der Bundesländer ohne Stadtstaaten; Quelle: Erträge nach Standarddeckungsbeiträge des Kuratorium für Technik und Bauwesen in der Landwirtschaft (KTBL), Stand: Jan. 2012.

den Spalten für die Erträge sind die Regionen mit den jeweils höchsten Erträgen der Nutzpflanzenart grün, diejenigen mit den geringsten Erträgen rot gekennzeichnet.

Bei den ertragsschwachen Standorten ergibt sich für sämtliche Nutzpflanzenarten ein relativ einheitliches Bild. Es sind durchweg die Regionen Brandenburg, Saarland und Oberfranken, in denen die geringsten Erträge erzielt werden. Demgegenüber ist das Bild für die ertragsstärksten Regionen weniger einheitlich. Bei Raps, Weizen und Gerste dominiert Schleswig-Holstein, allerdings mehr oder weniger dicht gefolgt von Köln und Düsseldorf. Köln weist auch die höchsten Kartoffelerträge auf. Bei Körnermais liegt die Region Düsseldorf vorn, bei Silomais die Region Schwaben und bei Zuckerrüben schließlich die Region Niederbayern (Straubinger Gäu).

Man kann nun diese Aussagen zur Produktivität der Standorte – wie gesagt – noch weiter verdichten, indem man die Erträge über einen gemeinsamen Nenner aufaddiert, sie anschließend durch die sieben Nutzpflanzenarten dividiert, um so eine Aussage zur Produktivität des Standortes zu erhalten. Diese Rechnung wurde mit Übersicht 5.6 über den gemeinsamen Nenner der „Getreideeinheit" (GE) des jeweiligen Hauptertrages durchgeführt. Die Getreideeinheit ist ein Maß für die erzeugte, im Ertrag gebundene, Energie der Nutzpflanzenarten. Gerste hat als Getreideeinheit den Wert 1,00, die übrigen Nutzpflanzenarten haben dazu gemäß ihrem jeweiligen Energiegehalt Relativwerte.

Die rechten Spalten der Übersicht 5.6 zeigen dann für jede Region den einfachen Mittelwert über die sieben Nutzpflanzenarten, der – weil die unterschiedlichen Anbauanteile der Nutzpflanzenarten in den Regionen nicht berücksichtigt sind – nur eine überschlägige Aussage über die Produktivität der Regionen erlaubt. Die Erträge, gemessen in t GE/ha, schwanken zwischen einem Maximalwert von 10,24 t GE/ha für die Region Köln und einem Minimalwert von 7,65 t GE/ha für die Region Brandenburg. In der ertragsschwächsten Region werden also nur knapp 75% des Ertrages der ertragsstärksten Region erreicht, wie die Index-Spalte der Übersicht 5.6 ausweist.

Bedenkt man nun, dass die Regionen hier politisch abgegrenzt sind, dann muss man berücksichtigen, dass dadurch bei der Ertragsermittlung nicht unerhebliche sog. Aggregationsfehler entstehen können. Da die politisch abgegrenzten Regionen sowohl ertragsstarke als auch ertragsschwache Unterregionen enthalten können, deren unterschiedliche Erträge erst zusammen den Durchschnittsertrag der politisch abgegrenzten Region ergeben, dürften in Deutschland die Ertragsunterschiede zwischen kleineren, naturräumlich abgegrenzten Gebietseinheiten größer sein als in Übersicht 5.6 ausgewiesen. Man ist auf der sicheren Seite, wenn man davon ausgeht, dass die ertragsschwachen Standorte nicht 75%, sondern höchstens 60% der Erträge liefern, die auf den ertragsstärksten Standorten erzielt werden.

Wie passen nun diese Aussagen über die regionalen Ertragsunterschiede mit der vorhergehenden Standortanalyse nach Maßgabe der in Gleichung (5.1) dargestellten Produktionsfunktion zusammen? Dazu liefert Übersicht 5.7 die Ergebnisse. In dieser Übersicht werden für die Regionen zunächst die drei rechten Spalte der Übersicht 5.6 wiederholt. Anschließend wurden die Bodenwasservorräte und die Niederschläge und daraus resultierend das Wasserangebot nach Maßgabe der Karten der Übersicht 5.2 und 5.3 in die Kategorien h = hoch = überdurchschnittlich, m = mittel = durchschnittlich und g = gering = unterdurchschnittlich eingeteilt. Prinzipiell das gleiche erfolgte mit den Temperatursummen der Regionen.

Betrachtet man nun das obere – grün gekennzeichnete – Viertel der produktivsten Regionen, dann lässt sich festhalten, dass diese Standorte durchweg durch ein deutlich überdurchschnittliches Wasserangebot und durch durchschnittliche bis überdurchschnittliche Temperatursummen gekennzeichnet sind. In den beiden produktivsten Regionen Köln und Düsseldorf dürfte trotz des hohen Wasserangebots letztlich – allerdings auf einem sehr hohen Ertragsni-

Übersicht 5.6
Durchschnittserträge der Jahre 2000 bis 2010 wichtiger Kulturen des Ackerbaus in deutschen Regionen, gemessen in t GE/ha

Zeile	Regionen[5,6,7]	Weich-weizen[1] t GE/ha	Gerste[2] t GE/ha	Raps[3] t GE/ha	Körner-mais t GE/ha	Silo-mais t GE/ha	Zucker-rüben t GE/ha	Kar-toffeln[4] t GE/ha	Mittel-wert[8] t GE/ha	Index	Rang
1	Köln	9,23	6,99	9,23	10,02	8,73	17,18	10,29	10,24	100,00	1
2	Düsseldorf	8,76	6,56	9,13	11,08	8,94	16,74	10,00	10,17	99,35	2
3	Niederbayern	7,73	5,86	9,00	10,40	9,22	19,66	8,87	10,10	98,69	3
4	Arnsberg	8,84	6,78	8,68	10,48	8,22	17,61	9,10	9,96	97,27	4
5	Schwaben	7,77	5,54	8,98	10,10	9,36	18,96	8,76	9,92	96,93	5
6	Hannover	8,85	6,56	8,98	9,54	8,28	16,73	9,15	9,73	94,99	6
7	Braunschweig	8,76	6,79	8,95	9,43	8,61	16,11	9,21	9,69	94,69	7
8	Detmold	8,61	6,67	9,03	9,43	8,27	16,77	8,41	9,60	93,75	8
9	Oberbayern	7,43	5,53	8,66	9,65	8,96	18,88	8,03	9,59	93,66	9
10	Oberpfalz	7,31	4,98	8,34	9,90	8,79	19,37	8,34	9,57	93,51	10
11	Schleswig-Holstein	9,53	7,46	9,96	9,71	6,59	15,65	7,62	9,50	92,83	11
12	Darmstadt	8,27	5,54	9,25	10,14	8,52	16,49	8,25	9,49	92,73	12
13	Stuttgart	7,61	5,67	8,88	10,07	8,23	17,77	7,56	9,40	91,78	13
14	Kassel	8,16	6,26	8,61	9,86	8,99	16,12	7,35	9,34	91,19	14
15	Tübingen	7,52	5,55	8,91	10,54	8,22	17,03	7,35	9,30	90,86	15
16	Münster	8,44	6,16	8,54	10,27	8,50	14,82	8,05	9,25	90,39	16
17	Gießen	7,77	5,70	8,66	9,75	8,91	16,58	7,12	9,21	89,96	17
18	Thüringen	7,37	5,94	8,73	9,38	7,68	17,45	7,86	9,20	89,88	18
19	Weser- Ems	7,90	5,42	8,17	9,54	7,94	15,73	9,13	9,12	89,04	19
20	Lüneburg	7,91	5,43	8,17	9,50	8,10	15,68	8,98	9,11	88,98	20
21	Halle	7,97	6,57	9,15	8,97	6,92	14,95	8,97	9,07	88,60	21
22	Rheinland-Pfalz	7,34	5,21	8,49	9,50	8,34	17,02	7,55	9,07	88,54	22
23	Freiburg	7,12	5,29	8,76	10,21	8,14	16,28	7,30	9,01	88,02	23
24	Unterfranken	7,22	5,41	8,31	8,76	8,60	17,27	7,33	8,99	87,78	24
25	Karlsruhe	7,12	5,22	8,71	10,14	8,00	16,43	7,23	8,98	87,69	25
26	Leipzig	7,35	6,52	8,63	8,99	7,12	15,66	8,27	8,93	87,25	26
27	Chemnitz	7,40	5,48	8,83	9,37	7,47	15,67	8,29	8,93	87,23	27
28	Mittelfranken	6,87	5,35	8,00	8,95	8,67	17,14	7,19	8,88	86,74	28
29	Magdeburg	7,81	6,43	8,86	8,34	6,46	14,54	8,74	8,74	85,35	29
30	Dresden	7,13	5,58	8,34	9,10	7,10	15,82	8,06	8,73	85,27	30
31	Dessau	7,53	6,49	8,63	8,88	6,05	13,88	8,40	8,55	83,52	31
32	Mecklenburg-V.	7,74	6,47	9,40	8,05	6,44	13,79	7,76	8,52	83,23	32
33	Oberfranken	6,49	4,73	7,92	8,84	8,40	15,31	7,15	8,41	82,11	33
34	Saarland	6,81	5,00	7,58	8,15	7,84	16,21	6,81	8,34	81,48	34
35	Brandenburg	6,29	5,12	7,95	7,93	5,73	13,69	6,81	7,65	74,68	35
	Geringster Wert in %										
36	des höchsten Wertes	65,99	63,40	76,05	71,60	61,24	69,65	66,16			

Anmerkungen: [1]) bis [6]) siehe Übersicht StaBy01; [7]) Getreideeinheitenschlüssel: Weichweizen: 1,07, Gerste: 1,00, Raps: 2,46, Körnermais: 1,10; Silomais: 0,18, Zuckerrüben: 0,27, Kartoffeln: 0,22; [8]) Mittelwert als ungewogener Durchschnitt der sieben berücksichtigten Nutzpflanzenarten.
Quelle: nach Ertragsdaten der Übersicht STABy01 berechnet.

veau – dieses Wasserangebot der ertragsbegrenzende Minimumfaktor sein. Ähnliche Aussagen lassen sich für die übrigen Standorte des oberen Viertels der ertragsstärksten Standorte ableiten. Bei allen Regionen des oberen Viertels handelt es sich um Standorte mit Böden, die aus Löss entstanden sind. Sie haben hohe Bodenwasservorräte, die auch einen vorübergehenden Niederschlagsmangel gut ausgleichen können.

Im Unterschied dazu handelt es sich bei den ertragsschwächsten Regionen des unteren Viertels durchweg um Standorte, die i. d. R. nur geringe Wasserangebote aufweisen, oft bei gleichzeitig hohen Temperatursummen. Der typische Fall ist die ertragsschwächste Region Brandenburg. Geringe nutzbare Feldkapazitäten der Sandböden in Verbindung mit vergleichsweise geringen Niederschlägen führen zu einem nur geringen Wasserangebot. Die gleichzeitig hohen Temperatursummen verstärken über eine erhöhte Transpirationsrate den Wassermangel noch zusätzlich. Wasser ist der Minimumfaktor, der die Ertragsniveaus praktisch sämtlicher Kulturpflanzen in dieser Region stark einschränkt.

Übersicht 5.7
Produktivität des Ackerlandes in deutschen Regionen, und Kategorien der Angebotsmengen der nichtkontrollierbaren Produktionsfunktionen Wasser und Sonnenenergie

Zeile	Regionen[1,2]	Mittel-wert[3] t GE/ha	Index[3]	Rang[3]	Wasser-vorrat[4,5]	Nieder-schlag[5]	Wasser-angebot[5,6]	Tempera-tur-summe[5]
1	Köln	10,24	100,00	1	h	m	mh	h
2	Düsseldorf	10,17	99,35	2	h	m	mh	h
3	Niederbayern	10,10	98,69	3	h	h	h	m
4	Arnsberg	9,96	97,27	4	h	h	h	m
5	Schwaben	9,92	96,93	5	h	m	mh	m
6	Hannover	9,73	94,99	6	h	m	mh	m
7	Braunschweig	9,69	94,69	7	h	m	mh	h
8	Detmold	9,60	93,75	8	h	m	mh	m
9	Oberbayern	9,59	93,66	9	h	m	mh	m
10	Oberpfalz	9,57	93,51	10	m	m	m	m
11	Schleswig-Holstein	9,50	92,83	11	m	m	m	m
12	Darmstadt	9,49	92,73	12	m	m	m	h
13	Stuttgart	9,40	91,78	13	g	m	mg	m
14	Kassel	9,34	91,19	14	m	m	m	m
15	Tübingen	9,30	90,86	15	g	h	m	m
16	Münster	9,25	90,39	16	m	m	m	m
17	Gießen	9,21	89,96	17	m	m	m	m
18	Thüringen	9,20	89,88	18	m	g	mg	m
19	Weser- Ems	9,12	89,04	19	m	m	m	m
20	Lüneburg	9,11	88,98	20	g	m	mg	m
21	Halle	9,07	88,60	21	h	g	m	h
22	Rheinland-Pfalz	9,07	88,54	22	m	m	m	m
23	Freiburg	9,01	88,02	23	m	h	mh	h
24	Unterfranken	8,99	87,78	24	h	g	m	h
25	Karlsruhe	8,98	87,69	25	m	m	m	h
26	Leipzig	8,93	87,25	26	m	h	mh	h
27	Chemnitz	8,93	87,23	27	m	m	m	g
28	Mittelfranken	8,88	86,74	28	g	g	g	m
29	Magdeburg	8,74	85,35	29	h	g	m	h
30	Dresden	8,73	85,27	30	m	g	mg	h
31	Dessau	8,55	83,52	31	m	g	mg	h
32	Mecklenburg-V.	8,52	83,23	32	m	g	mg	m
33	Oberfranken	8,41	82,11	33	g	m	mg	g
34	Saarland	8,34	81,48	34	g	m	mg	h
35	Brandenburg	7,65	74,68	35	g	g	g	h

Anmerkungen: [1] in Anlehnung an NUTS-2 Regionen der EU-Statistik; [2] außer den Bundesländern Schleswig-Holstein, Thüringen, Rheinland-Pfalz, Mecklenburg-V. und Brandenburg die jetzigen bzw. früheren Regierungsbezirke der Bundesländer ohne Stadtstaaten; [3] aus den drei rechten Spalten der Übersicht STABy05 übernommen; [4] zu Beginn der Vegetationsperiode, gemessen als aufgefüllte nutzbare Feldkapazität (nFk); [5] h = hoch (überdurchschnittlich), m = mittel (durchschnittlich), g = gering (unterdurchschnittlich); [6] gewichtete Summe aus Bodenvorrat und Niederschlag, mg = mittelgering, mh = mittelhoch.
Quelle: Erträge nach Standarddeckungsbeiträge des Kuratorium für Technik und Bauwesen in der Landwirtschaft (KTBL), Stand Jan. 2012.

Eine andere Region, nämlich Oberfranken, weist demgegenüber eine andere Kombination der beiden Produktionsfaktoren auf. Die Böden dieser Mittelgebirgslage können nur wenig Wasser speichern; gleichzeitig ist die Temperatursumme in diesen Hochlagen relativ gering. Je nach Jahreswitterung dürfte in dieser Region entweder das Wasser oder die Sonnenenergie der ertragsbegrenzende Minimumfaktor sein. Da die Angebotsmengen der beiden Produktionsfaktoren gering sind, ergeben sich in jedem Fall, d. h. in jedem Jahr, die vergleichsweise geringen Ertragsniveaus für sämtliche Nutzpflanzenarten.

Übersicht 5.8
Produktivität des Dauergrünlandes in deutschen Regionen und Kategorien der Angebotsmengen der nichtkontrollierbaren Produktionsfaktoren Wasser und Sonnenenergie

Zeile	Regionen[1,2]	Grünland[3]		Wasser-vorrat[4,5]	Nieder-schlag[5]	Wasser-angebot[5,6]	Temperatur-summe[5]
		dt/ha	Rang				
1	Weser- Ems	10,59	1	m	m	m	m
2	Lüneburg	10,00	2	g	m	mg	m
3	Hannover	9,92	3	h	m	mh	m
4	Braunschweig	9,66	4	h	m	mh	m
5	Schwaben	9,53	5	h	m	mh	m
6	Oberbayern	9,23	6	h	m	mh	m
7	Düsseldorf	9,20	7	h	m	mh	h
8	Niederbayern	8,97	8	h	h	h	m
9	Oberpfalz	8,86	9	m	m	m	m
10	Mittelfranken	8,75	10	g	g	g	m
11	Detmold	8,47	11	h	m	mh	m
12	Unterfranken	8,44	12	h	g	m	h
13	Schleswig-H.	8,44	13	m	m	m	m
14	Oberfranken	8,38	14	g	m	mg	g
15	Münster	8,14	15	m	m	m	m
16	Arnsberg	7,85	16	h	h	h	m
17	Köln	7,78	17	h	m	mh	h
18	Chemnitz	7,50	18	m	m	m	g
19	Tübingen	7,28	19	g	h	m	m
20	Kassel	7,21	20	m	m	m	m
21	Gießen	7,13	21	m	m	m	m
22	Darmstadt	7,08	22	m	m	m	h
23	Saarland	7,06	23	g	m	mg	h
24	Leipzig	7,05	24	h	g	m	h
25	Dresden	6,90	25	m	g	mg	h
26	Stuttgart	6,81	26	g	m	mg	m
27	Freiburg	6,73	27	m	h	mh	h
28	Rheinland-P.	6,68	28	m	m	m	m
29	Thüringen	6,59	29	m	g	mg	m
30	Karlsruhe	6,53	30	m	m	m	h
31	Mecklenburg-V.	6,24	31	m	g	mg	m
32	Halle	5,95	32	h	m	m	h
33	Magdeburg	5,80	33	h	g	m	h
34	Dessau	5,59	34	m	g	mg	h
35	Brandenburg	5,54	35	g	g	g	h

Anmerkungen: [1]) in Anlehnung an Nuts-2 Regionen der EU-Statistik; [2]) außer den Bundesländern Schleswig-Holstein, Thüringen, Rheinland-Pfalz, Mecklenburg-V.; und Brandenburg die jetzigen bzw. früheren Regierungsbezirke der Bundesländer ohne Stadtstaaten; [3]) Wiesen und Weiden, gemessen als Heu aber ohne Hutungen; [4]) zu Beginn der Vegetationsperiode, gemessen als aufgefüllte nutzbare Feldkapazität; [5]) h = hoch (überdurchschnittlich), m = mittel (durchschnittlich), g = gering (unterdurchschnittlich); [6]) gewichtete Summe aus Bodenvorrat und Niederschlag mg = mittelgering, mh = mittelhoch.
Quelle: Erträge nach Standarddeckungsbeiträge des Kuratorium für Technik und Bauwesen in der Landwirtschaft (KTBL), Stand Jan. 2012

Insgesamt liefern die Daten der Übersicht 5.7 mithin gute Anhaltspunkte dafür, dass die Produktionsfunktion der Gleichung (5.1) die tatsächlichen Verhältnisse durchaus sachgerecht widerspiegelt. Dabei sollte jedoch nicht vergessen werden, dass es sich um ein vereinfachtes Abbild der Realität handelt.

Konstruiert man nun eine prinzipiell gleiche Tabelle der Regionen für deren Dauergrünlanderträge, dann ergibt sich das Bild der Übersicht 5.8. Auf den ersten Blick ist erkennbar, dass die Grünlanderträge offenbar weit weniger durch die Faktoren Wasser und Sonnenenergie bestimmt werden, als es für die Kulturen des Ackerbaus der Fall war. Warum ist das so?

Zum einen kann man davon ausgehen, dass in Deutschland nur solche Flächen als Dauergrünland genutzt werden, die wegen ihrer Flachgründigkeit (zu wenig Mutterboden), ihrer Steinigkeit, ihrer Hangneigung, ihrer hohen Niederschläge (in Mittelgebirgen) und nicht zuletzt wegen ihres hoch anstehenden Grundwassers für eine Ackernutzung entweder völlig ungeeignet sind oder aber für den Ackerbau nicht wirtschaftlich wettbewerbsfähig genutzt werden können.

Betrachtet man z. B. die beiden ertragsstärksten Regionen Weser-Ems und Lüneburg, dann sind sie nur durch unterdurchschnittliche bis durchschnittliche Wasserangebote und Temperatursummen gekennzeichnet. Trotzdem sind die Ertragsniveaus höher als bei den in der Rangfolge nachfolgenden Regionen 3 bis 8, die durchweg ein hohes Wasserangebot bei ebenfalls durchschnittlichen oder sogar hohen Temperatursummen aufweisen. Die Ursache für die hohen Erträge der beiden ertragsstärksten Regionen liegen hier bei einem Teilfaktorangebot, das mit der Gleichung (5.1) nicht erfasst wurde, nämlich dem hohen Grundwasserstand des überwiegenden Teils des Dauergrünlandes in diesen Regionen. Dadurch wird eine gute Wasserversorgung gewährleistet, die hohe und stabile Graserträge sichert. Andererseits sind aber diese Standorte wegen des hohen Grundwasserstandes (schlechte Befahrbarkeit mit Maschinen insbesondere im Herbst) für den Ackerbau ungeeignet.

Im unteren Viertel der ertragsschwächsten Regionen finden sich dagegen durchweg Standorte mit geringem bis mittlerem Wasserangebot und überwiegend hohen Temperatursummen. Das Wasserangebot begrenzt als Minimumfaktor die maximal erzielbaren Erträge auf niedrigem Niveau. Die hohe Temperatursumme verschärft über die hohe Transpirationsrate die Wasserknappheit weiter. Die Region Brandenburg weist deshalb auch beim Dauergrünland die geringsten Erträge auf.

5.2 Der Einfluss der Ertragsfähigkeit natürlicher Standorte auf das Landnutzungsprogramm, die Landnutzungsintensität und die Bodenrente

5.2.1 Der Ein-Produkt-Fall

In den nachfolgenden Analysen werden nur die Werte der natürlichen Standortfaktoren variiert, um deren Einfluss auf die Gestaltung des Landnutzungsprogramms, die Landnutzungsintensität und die Bodenrente abzuleiten. Die übrigen Standortfaktoren werden – mit Ausnahme der Produktpreise – in ihren Werten konstant gehalten. Es wird also von bestimmten Werten der technologischen, der strukturellen und der sonstigen marktlichen Standortfaktoren ausgegangen. Die Werte dieser Standortfaktoren äußern sich in den unterstellten Landnutzungsverfahren, den Größen und Formen der Feldstücke, den Hof-Feld-Entfernungen sowie den Faktorpreisen.

Des Weiteren werden bis einschließlich Abschnitt 5.4 die Betriebsfaktoren nicht berücksichtigt, um die alleinige Wirkung des Standortfaktors klarer herausarbeiten zu können. Erst in den beiden letzten Abschnitten dieses Kapitels wird der Einfluss der natürlichen Standortfaktoren unter Berücksichtigung gegebener Werte der Betriebsfaktoren zur Einhaltung einer nachhaltigen Wirtschaftsweise auf das Landnutzungsprogramm, die Landnutzungsintensität und die Bodenrente untersucht.

Im vorhergehenden Abschnitt wurde im Einzelnen dargestellt, dass die Qualität eines natürlichen Standortes insbesondere durch die Angebotsmenge der beiden nichtkontrollierbaren Produktionsfaktoren pflanzenverfügbares Wasser und Sonnenenergie bestimmt wird. Mit steigenden Angebotsmengen dieser beiden Produktionsfaktoren steigen die maximal erzielbaren Erträge der Nutzpflanzenarten. Wegen der Komplementarität der beiden Produktionsfaktoren richtet sich die Ertragsfähigkeit eines Standortes nach dem jeweiligen Minimumfaktor. Die höchsten Ertragsniveaus lassen sich deshalb nur dann realisieren, wenn beide Produktionsfaktoren in vergleichsweise hohen Angebotsmengen vorhanden sind.

Wenn also im Folgenden zunächst die erzielbare Bodenrenten einer Nutzpflanzenart im Rahmen eines gegebenen Landnutzungsverfahrens in Abhängigkeit von den maximal erzielbaren Erträgen dieser Nutzpflanzenart dargestellt werden, dann verbergen sich hinter den jeweiligen maximal erzielbaren Erträgen stets bestimmte Konstellationen der Angebotsmengen der beiden nichtkontrollierbaren Produktionsfaktoren Wasser und Sonnenenergie.

Mit Gleichung (3.19) des Abschnittes 3.6, die hier als Gleichung (5.2) wiederholt wird, wurde die Bodenrente eines m-ten Landnutzungsverfahrens bestimmt. Es gilt:

$$(5.2) \qquad BR_m = (py_m - MKVA_m - MKVS_m) \cdot y_m - (KVFA_m + KVFS_m)$$

Darin sind für das m-te Landnutzungsverfahren:

$BR_m =$ Bodenrente, gemessen in €/ha;
$y_m =$ maximal erzielbarer Ertrag, gemessen in t/ha;
$py_m =$ Produktpreis, gemessen in €/t Ertrag;
$MKVA_m =$ ertragsabhängiger Arbeitskostensatz, gemessen in €/t Ertrag;
$MKVS_m =$ ertragsabhängiger Sachkostensatz, gemessen in €/t Ertrag;
$KVFA_m =$ flächenabhängige Arbeitskosten, gemessen in €/ha;
$KVFS_m =$ flächenabhängige Sachkosten, gemessen in €/ha.

Für das bisher betrachtete Landnutzungsverfahren des Winterweizens (Daten siehe Übersicht 4.3) gilt durch Einsetzen der zugehörigen Daten in Gleichung (5.2):

$$BR = (180,00 - 3,9213 - 75,5685) \cdot y - (70,4608 + 269,5843)$$

Was sich zusammenfassen lässt zu:

$$BR = 100,5102 \cdot y - 340,0451$$

Der zugehörige Graph für diese Bodenrentenfunktion ist als rote Linie in Übersicht 5.9 dargestellt. Dazu sei zur Klarstellung wiederholt, dass auf der Abszisse dieser Übersicht die natürlichen Standorte in aufsteigender Reihenfolge ihrer darauf maximal erzielbaren Erträge angeordnet sind.

Nimmt man nun vorläufig an, dass in einem geschlossenen Wirtschaftsraum der Winterweizen das einzige Agrarprodukt zur Lebensmittelversorgung der Bevölkerung ist, dann werden bei den angenommenen Kosten des Landnutzungsverfahrens und dem angenommenen Produktpreis in dem Wirtschaftsraum sämtliche landwirtschaftlichen Nutzflächen durch den Winterweizen genutzt, auf denen Erträge von mindestens $y_o = 3,3832$ t/ha erzielt werden können.[1] Oberhalb dieses Ertragsniveaus werden positive Bodenrenten, unterhalb würden negative Bodenrenten erzielt.

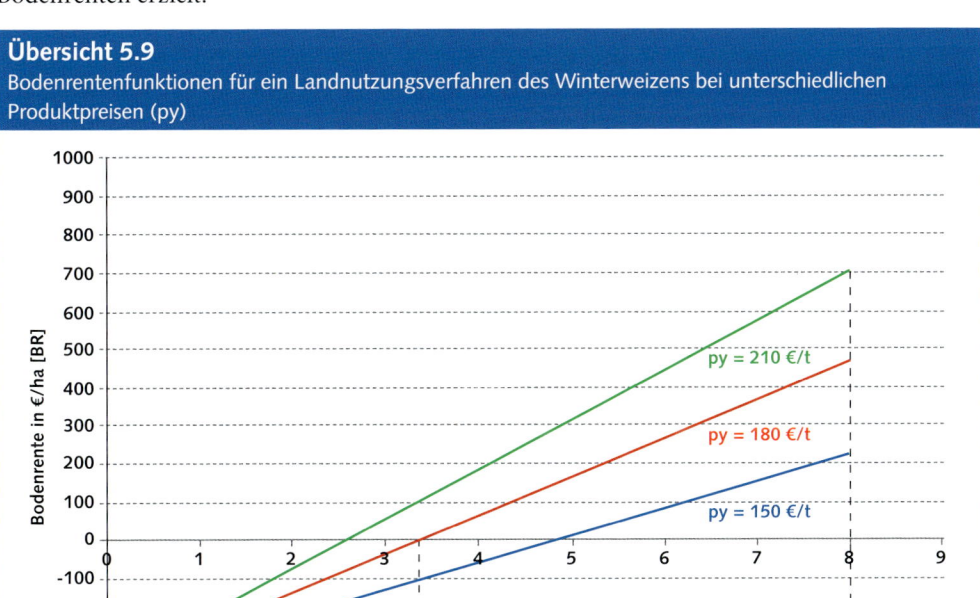

Übersicht 5.9
Bodenrentenfunktionen für ein Landnutzungsverfahren des Winterweizens bei unterschiedlichen Produktpreisen (py)

Bei den gegebenen Preis-Kosten-Verhältnissen handelt es sich bei den Standorten, deren maximal erzielbare Erträge unter y_0 liegen, um sog. submarginale Standorte. Der Standort, an dem gerade der Ertrag von y_0 = 3,3832 t/ha mit einer Bodenrente von Null erzielt wird, ist der marginale Standort, der auch Grenzstandort genannt wird.

Würden nun in dem geschlossenen Wirtschaftsraum gerade so viele Nutzflächen mit maximal erzielbaren Erträgen oberhalb des Ertrages des Grenzstandortes existieren, dass die Lebensmittelnachfrage der Bevölkerung durch die auf diesen Flächen hergestellten Produktmengen vollständig gedeckt wird, wäre der hier für den Weizen zunächst angenommene Preis von 180,00 €/t der Gleichgewichtspreis. Angebot und Nachfrage befinden sich im Gleichgewicht bzw. sind gerade vollständig ausgeglichen.

Würde die so erzeugte Produktmenge jedoch die Nachfrage nicht decken können, würde der Preis des Weizens steigen, bis ein neuer Gleichgewichtspreis erreicht wird. Würde umgekehrt bei diesem Preis das Angebot die Nachfrage übersteigen, würde der Produktpreis fallen, bis ein neuer Gleichgewichtspreis erreicht wird. Die Konsequenzen eines höheren und eines geringeren Produktpreises sind in Übersicht 5.9 mit der grünen und der blauen Bodenrentenfunktion für die neuen Gleichgewichtspreise von 210,00 €/t bzw. 150,00 €/t dargestellt.

Der gestiegene Weizenpreis bewirkt, dass sich der Grenzstandort in Richtung auf weniger ertragreiche Standorte verschiebt. Ein bisher submarginaler Standort wird nunmehr zum

---

[1] Der exakte Wert für den Ertrag, bei dem die Bodenrente gerade Null ist, lässt sich durch Nullsetzung der Bodenrentengleichung leicht errechnen. Es gilt: $0 = 1100{,}5102 \cdot y - 340{,}0451$

$$y = \frac{340{,}0451}{100{,}5102} = 3{,}3832$$

Grenzstandort. Die zusätzlich in Kultur genommenen Flächen führen zu steigender Gesamtproduktion.

Ein verringerter neuer gleichgewichtiger Produktpreis bewirkt dagegen, dass nunmehr Standorte zu submarginalen Standorten werden, die vorher noch positive Bodenrenten erbracht haben. Der Grenzstandort verschiebt sich in Richtung auf Standorte mit höheren maximal erzielbaren Erträgen. Die Gesamtproduktion geht zurück.

Wie sich die Gleichgewichtspreise in Abhängigkeit von Angebot und Nachfrage bilden, lässt sich für den hier betrachteten Ein-Produkt-Fall durch ein (dynamisches) Cobweb-Modell verdeutlichen. Dabei richtet sich der Produktpreis, der die Nachfrage in einer Periode bestimmt, nach der in der vorhergehenden Periode produzierten Angebotsmenge. Umgekehrt hängt die Angebotsmenge von dem in der Produktionsperiode geltenden Produktpreis ab.

Für den Produktpreis soll hier die als linear angenommene Nachfragefunktion gelten:

(5.3) $py(t + 1) = AAN - anc \cdot AM(t)$

Darin sind:

py (t + 1) =   Produktpreis in der Periode t + 1, gemessen in €/t Produkt;
AM (t) =   Angebotsmenge des Produktes in der Periode t, d. h. in der Periode, die vor der nachfolgenden Preisbildung liegt;
AAN =   Achsenabschnitt der Nachfragefunktion, der den Produktpreis bei einer Angebotsmenge von 0 angibt;
anc =   Steigung der Nachfragefunktion für das Produkt.

Die Nachfragefunktion sagt also zweierlei, nämlich zum einen, dass der Produktpreis mit zunehmender Angebotsmenge abnimmt (negatives Vorzeichen vor der Steigung) und zum anderen, dass der Produktpreis für eine Periode mit Zeitverzögerung durch die in der Vorperiode erzeugte Angebotsmenge determiniert wird.

Die Angebotsmenge des Produktes, die in einer Periode erzeugt wird, bestimmt sich aber – wie gesagt – nach dem in dieser Periode herrschenden Produktpreis. Die Landwirte treffen ihre Anbauentscheidung nach Maßgabe dieses Preises. Ob das Produkt auf einem natürlichen Standort angebaut wird oder nicht, hängt von der zu erwartenden Bodenrente auf diesem Standort ab. Es werden nur diejenigen natürlichen Standorte genutzt, die aufgrund ihrer dort maximal erzielbaren Erträge positive Bodenrenten erwarten lassen.

Zur Ableitung der Angebotsmenge, die in einer Periode erzeugt wird, müssen deshalb zunächst die Bodenrenten des natürlichen Standortes des Wirtschaftsraumes bestimmt werden. Unter sinngemäßer Anwendung der Gleichung (5.2) bei Zusammenfassung der ertragsabhängigen Arbeits- und Sachkosten (MKVA und MKVS) zu den ertragsabhängigen Kosten (MKV) und der flächenabhängigen Arbeits- und Sachkosten (KVFA und KVFS) zu den flächenabhängigen Kosten (KVF) gilt für die Bodenrente auf einem Standort in einer Periode t die Gleichung (5.4). In dieser Gleichung ist y der auf dem Standort maximal erzielbare Ertrag.

(5.4) $BR(t) = (py(t) - MKV) \cdot y - KVF$

Aus der Bodenrentenfunktion der Gleichung (5.4) lässt sich die Angebotsmenge wie folgt ableiten:

Im ersten Schritt muss der Anteil der genutzten Fläche an der insgesamt verfügbaren Fläche des Wirtschaftsraumes bestimmt werden, auf dem eine positive Bodenrente erzielt werden kann. Die genutzten Standorte liegen also zwischen dem Grenzstandort, d. h. dem Standort mit der Bodenrente von Null (y_0) und dem Standort mit dem Höchstertrag ymax (vgl. Übersicht 5.9). Zunächst ist deshalb der Grenzstandort zu bestimmten. Durch Nullsetzung der Bodenrente in Gleichung (5.4) gilt dafür nach Umformung:

$$(5.5) \qquad y_0(t) = \frac{KVF}{py(t) - MKV}$$

Der Anteil (fa(t)) der zwischen $y_0(t)$ und ymax liegenden Fläche an der insgesamt verfügbaren Fläche des Wirtschaftsraumes ergibt sich unter der hier zusätzlich gemachten vereinfachenden Annahme, dass die Standorte bezüglich ihrer Ertragsfähigkeit zwischen 0 und ymax gleichverteilt sind, für eine Periode t gemäß der folgenden Gleichung:

$$(5.6) \qquad fa(t) = \frac{ymax - y_0(t)}{ymax}$$

Mit Hilfe dieses Flächenanteils und der insgesamt im Wirtschaftsraum verfügbaren Fläche (VNF) lässt sich die für den Anbau des Produktes in einer Periode t genutzte Fläche durch einfache Multiplikation bestimmen:

$$(5.7) \qquad NF(t) = fa(t) \cdot VNF$$

Daraus lässt sich die Angebotsmenge unter der gemachten Annahme der Gleichverteilung der Standorte durch Multiplikation der genutzten Fläche mit dem auf dieser Fläche im Durchschnitt maximal erzielbaren Ertrag berechnen. Für den Durchschnittsertrag gilt hier:

$$(5.8) \qquad yd(t) = \frac{ymax + y_0(t)}{2}$$

Die Angebotsmenge des Produktes in der Periode (AM(t)) ist dann:

$$(5.9) \qquad AM(t) = NF(t) \cdot yd(t)$$

Mittels der so bestimmten Angebotsmenge lässt sich der gleichgewichtige Produktpreis anhand der vorher abgeleiteten Nachfragefunktion – siehe Gleichung (5.3) – ermitteln.

Übersicht 5.10 zeigt das zugehörige quantitative Modell. Im oberen Teil sind die Eingabedaten für die Anfangsbedingung sowie für die Parameter und Koeffizienten aufgeführt. Die Anfangsbedingung wird – wie Gleichung (5.3), die sich auf zwei aufeinander folgende Perioden bezieht, zeigt – für den Produktpreis benötigt. Im Modell wurde dafür der bisher verwendete Preis von py = 180,00 €/t für den Winterweizen angesetzt. Für die Kosten wurden ebenfalls die für den Winterweizen bisher verwendeten Werte in Ansatz gebracht.

Die angegebenen Parameter für die Nachfragefunktion beziehen auf die untere der in der Grafik skizzierten drei Nachfragefunktionen. Die beiden oberen Nachfragefunktionen skizzieren erhöhte Nachfragemengen – ausgedrückt durch Erhöhungen der Achsenabschnitte der Nachfragefunktionen (AAN) von 300 über 400 bis 500.

Der auf dem besten Standort erzielbare Höchstertrag (ymax) wurde mit 8 t/ha angenommen. Schließlich steht in dem Wirtschaftsraum eine insgesamt nutzbare Fläche (VNF) von 100 ha mit maximal erzielbaren Erträgen zwischen 0 und ymax zur Verfügung.

Der untere Teil der Übersicht 5.10 enthält das eigentliche Modell, mit dem die Simulationsläufe zur Bestimmung der Marktgleichgewichte durchgeführt werden. Dafür wurde ein 15-jähriger Zeitraum angesetzt (t = 0 … 14).

Übersicht 5.10
Simulationsmodell zur Bestimmung von Marktgleichgewichten für ein Produkt

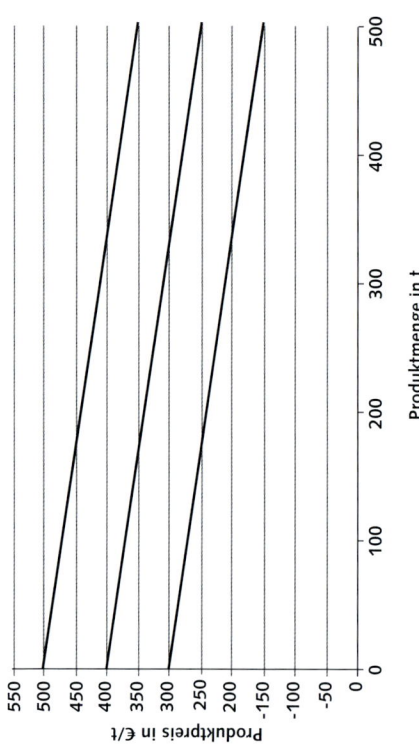

EINGABEDATEN:

Z.	Bezeichnung	Dimension	Symbol	Wert
1	Anfangsbedingung			
2	Produktpreis	€/t Produkt	py(0)	180,000
3	Parameter u. Koeffizienten			
4	Ertragsabhängige Kosten	€/t Produkt	MKV	79,490
5	Flächenabhängige Kosten	€/ha	KVF	340,045
6	Achsenabschnitt Nachfragefunktion		AAN	300,000
7	Steigung Nachfragefunktion		anc	0,300
8	Höchstertrag	t/ha	ymax	8,000
9	Globaler Parameter			
10	Verfügbare Nutzfläche	ha	VNF	100,000

SIMULATION

Z.	Bezeichnung	Dimension	Symbol	Erntejahr (t) > 0	1	2	3	4	5	6	7	8	9	10	11	12	13	14
1	Produktpreis	€/t	py(t)	180,000	201,461	194,573	196,370	195,871	196,007	195,970	195,980	195,977	195,978	195,978	195,978	195,978	195,978	195,978
2	Ertrag des Grenzstandortes	t/ha	y0(t)	3,383	2,788	2,955	2,909	2,922	2,918	2,919	2,919	2,919	2,919	2,919	2,919	2,919	2,919	2,919
3	Anteil der genutzten Fläche		fa(t)	0,577	0,652	0,631	0,636	0,635	0,635	0,635	0,635	0,635	0,635	0,635	0,635	0,635	0,635	0,635
4	Genutzte Fläche	ha	NF(t)	57,710	65,151	63,065	63,633	63,477	63,520	63,508	63,511	63,510	63,511	63,511	63,511	63,511	63,511	63,511
5	Durchschnittsertrag	t/ha	yd(t)	5,692	5,394	5,477	5,455	5,461	5,459	5,460	5,460	5,460	5,460	5,460	5,460	5,460	5,460	5,460
6	Angebotsmenge	t	AM(t)	328,46	351,42	345,43	347,10	346,64	346,77	346,73	346,74	346,74	346,74	346,74	346,74	346,74	346,74	346,74

Übersicht 5.11
Bildung des Gleichgewichtspreises

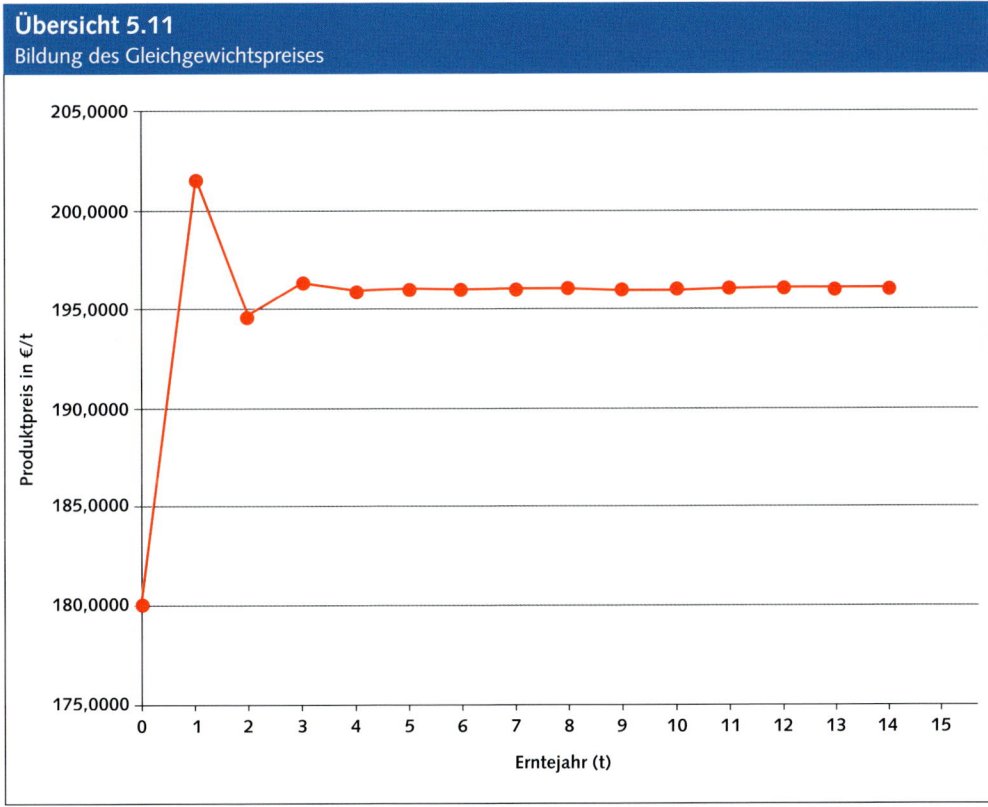

Bei den hier angenommenen Eingabedaten zeigt sich, dass der als Anfangsbedingung gesetzte Produktpreis von py(0) = 180,00 €/t nicht der Gleichgewichtspreis ist. Dieser stellt sich vielmehr erst nach einer mehrperiodigen gedämpften Schwindung ein und beträgt – wie die rechte Spalte des Simulationsmodells zeigt – py(14) = 195,9777 €/t. Übersicht 5.11 verdeutlicht die Bildung des Gleichgewichtspreises grafisch.

Mit dem Modell lassen sich – z. B. durch Parallelverschiebungen der Nachfragefunktionen – Veränderungen der Nachfrage nach dem Produkt – oder genauer – Veränderungen des Verhältnisses von Angebot und Nachfrage simulieren. Übersicht 5.12 zeigt die Auswirkungen von Parallelverschiebungen der Nachfragefunktionen auf die genutzte Fläche, auf den im Durchschnitt auf dieser Fläche erzielbaren Ertrag, auf die Lage des Grenzstandortes, auf die Angebotsmenge und auf den jeweils zugehörigen Gleichgewichtspreis. Konkret werden dabei die Nachfragesteigerungen durch sukzessive Erhöhungen des Wertes des Achsenabschnittes der Nachfragefunktion von AAN = 300 auf AAN = 600 in Schritten von 50 Einheiten abgebildet.

Übersicht 5.13 zeigt die Entwicklung der in Übersicht 5.12 angegebenen Indices für die genannten Größen als Graphen.

Selbstverständlich sind die konkreten Ergebnisse der Übersichten 5.12 und 5.13 nur als Beispiele anzusehen, die sich bei den für das Simulationsmodell angenommenen Werten der Parameter und Koeffizienten ergeben. Gleichwohl lassen sich an den Ergebnissen gewisse allgemeine Tendenzen ableiten.

Mit zunehmender Nachfrage nach dem Produkt im Verhältnis zur verfügbaren Fläche für die Erzeugung des Produktes ergeben sich folgende Entwicklungen:

				Achsenabschnitt der Nachfragefunktion (AAN)						
Z.	Bezeichnung	Symbol	Dimension	300,00	350,00	400,00	450,00	500,00	550,00	600,00
1	Genutzte Fläche	NF	ha	63,51	73,28	79,33	83,26	85,97	87,93	89,42
2	Index			100,00	115,38	124,91	131,09	135,36	138,45	140,80
3	Ertrag des Grenz-standortes	y0	t/ha	2,92	2,14	1,65	1,34	1,12	0,97	0,85
4	Index			100,00	73,23	56,65	45,88	38,46	33,07	28,99
5	Durchschnitts-ertrag	yd	t/ha	5,46	5,07	4,83	4,67	4,56	4,48	4,42
6	Index			100,00	92,84	88,41	85,53	83,55	82,11	81,02
7	Produktpreis	py	€/t	195,98	238,57	285,13	333,36	382,36	431,75	481,34
8	Index			100,00	121,73	145,49	170,10	195,11	220,30	245,61
9	Angebotsmenge	AM	t	346,74	371,44	382,91	388,79	392,12	394,18	395,52
10	Index			100,00	107,12	110,43	112,13	113,09	113,68	114,07

Übersicht 5.12
Auswirkungen steigender Nachfragen nach dem Produkt

(1) Der gleichgewichtige Produktpreis steigt gegen unendlich. Je knapper die verfügbare Nutzfläche eines Wirtschaftsraumes im Verhältnis zur Nachfrage nach dem Produkt durch die Bevölkerung des Wirtschaftsraumes ist, desto höher wird der Gleichgewichtspreis für das Produkt.

(2) Die genutzte Fläche steigt und nähert sich asymptotisch der insgesamt verfügbaren Fläche des Wirtschaftsraumes an.

Übersicht 5.13
Entwicklung der Indices bei steigender Nachfrage nach dem Produkt

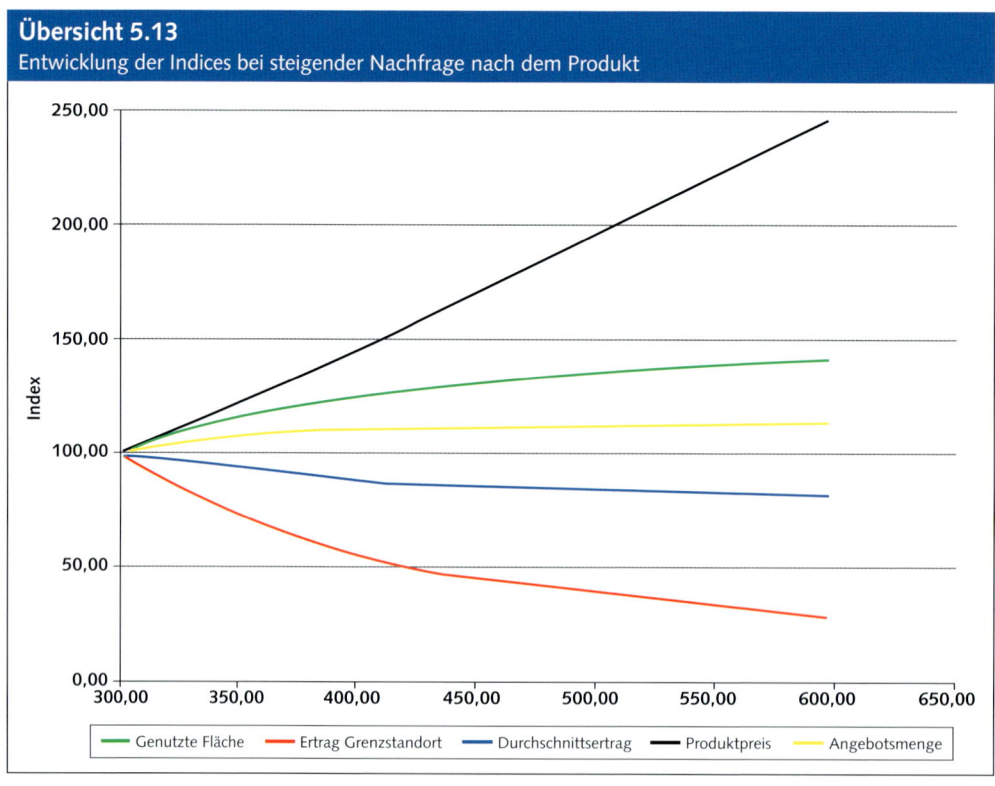

(3) Der Grenzstandort verschiebt sich deshalb sukzessive in Richtung auf ertragsschwächere natürliche Standorte und nähert sich asymptotisch dem absoluten Grenzstandort mit dem maximal erzielbaren Ertrag von Null an.

(4) Der auf der jeweils genutzten Fläche erzielte Durchschnittsertrag sinkt und nähert sich asymptotisch dem Durchschnittsertrag an, der bei voller Nutzung der insgesamt verfügbaren Fläche erreicht werden kann (hier 4 t/ha).

(5) Die Angebotsmenge steigt und näher sich asymptotisch der Menge an, die bei voller Nutzung der insgesamt verfügbaren Fläche, multipliziert mit dem dann erzielbaren Durchschnittsertrag, erreicht wird (hier 100 ha · 4,00 t/ha = 400 t).

5.2.2   Der Mehr-Produkt-Fall

Im nächsten Schritt der Analyse wird davon ausgegangen, dass in dem geschlossenen Wirtschaftsraum Nachfrage nicht nur nach Weizen, sondern nach drei Produkten, nämlich bspw. außer nach Weizen, zusätzlich nach Speisekartoffeln und Silomais (als Viehfutter) besteht.

Für die vergleichende Analyse der Bodenrenten mehrerer Nutzpflanzenarten steht man jedoch vor dem Problem, dass es sich um unterschiedliche Ertragsarten handelt, die sich nicht gleichzeitig auf der Ordinate abtragen lassen. Benötigt wird also für die maximal erzielbaren Erträge ein gemeinsamer Nenner. Dafür wird die im vorhergehenden Abschnitt bereits angesprochene Getreideeinheit (GE) verwendet. Für das Verhältnis des Ertrages einer Nutzpflanzenart, gemessen in Produkteinheiten und des Ertrages, gemessen in Getreideeinheiten, gilt folgender Zusammenhang:

$$(5.10) \qquad yg = gec \cdot y$$

Darin sind:

$yg =$ Maximal auf einem Standort erzielbarer Ertrag einer Nutzpflanzenart, gemessen in t GE/ha;

$gec =$ Getreideeinheiten je Einheit Produktertrag;

$y =$ maximal auf einem Standort erzielbarer Ertrag, gemessen in t Produkt/ha.

Für Winterweizen ist $gec = 1,07$, für Silomais $gec = 0,18$ und für Speisekartoffeln $gec = 0,22$.

Durch Einsetzen des umgeformten Ausdrucks (5.10) in Gleichung (5.2) und durch Zusammenfassung der ertragsabhängigen Arbeits- und Sachkosten ($MKVA_m$ und $MKVS_m$) zu den ertragsabhängigen Kosten (MKV_m) sowie der flächenabhängigen Arbeits- und Sachkosten ($KVFA_m$ und $KVFS_m$) zu den flächenabhängigen Kosten (KVF_m) ergibt sich für das m-te Produkt auf einem Standort die Bodenrente (BR_m) mit:

$$(5.11) \qquad BR_m = \left(\frac{py_m}{gec_m} - \frac{MKV_m}{gec_m} \right) \cdot yg - KVF_m$$

Durch Einsetzen der in Übersicht 4.3 enthaltenen Zahlenwerte für die drei Landnutzungsverfahren erhält man:

Winterweizen: $BR = 93,9348 \cdot yg - 340,0451$

Silomais: $BR = 124,0661 \cdot yg - 531,2767$

Speisekartoffeln: $BR = 226,2614 \cdot yg - 1460,9208$

Die Bodenrenten sind in Übersicht 5.14 dargestellt. Aus dieser Übersicht lässt sich Folgendes ableiten:

(1) Bei den gegebenen Preis-Kosten-Verhältnissen scheiden natürliche Standorte mit relativ geringen maximal erzielbaren Erträgen aus der Produktion aus (submarginale Standorte). Ohne Berücksichtigung der Betriebsfaktoren verteilen sich die anbauwürdigen drei Nutzpflanzenarten auf drei verschiedene Standortbereiche. Der Winterweizen ist im Standortbereich mit den geringsten maximal erzielbaren Erträgen die relativ vorzügliche Nutzpflanzenart, weil er dort im Vergleich zu den beiden anderen Nutzpflanzenarten die höchsten Bodenrenten erbringt. Auf Standorten mit mittlerer Ertragsfähigkeit ist der Silomais relativ vorzüglich, weil er dort die höchsten Bodenrenten verspricht. Auf den besten Standorten sind schließlich die Speisekartoffeln die relativ vorzügliche Anbaualternative. Sie erbringen dort die höchsten Bodenrenten.

(2) Während auf den nutzungswürdigen Standorten mit den geringsten maximal erzielbaren Erträgen nur der Winterweizen eine positive Bodenrente erbringen kann, können auf den besten Standorten mit allen Anbaualternativen positive Bodenrenten erzielt werden. Die Palette der Nutzpflanzenarten für die Zusammenstellung eines Landnutzungsprogramms erweitert sich mit zunehmender Qualität eines natürlichen Standortes.

(3) Auf den zwar nutzungswürdigen, aber relativ ertragsschwachen Standorten, werden die Nutzpflanzenarten mit den geringsten flächenabhängigen, auf den ertragsstärksten Standorten dagegen diejenigen mit den höchsten flächenabhängigen Kosten angebaut. Mit zunehmender Ertragsfähigkeit der natürlichen Standorte steigt deshalb die spezielle Landnutzungsintensität der angebauten Nutzpflanzenarten, weil sukzessive auf Nutzpflanzenarten mit höheren flächenabhängigen Kosten übergegangen wird und weil die höheren Angebotsmengen der beiden nichtkontrollierbaren Produktionsfaktoren Wasser und Sonnenenergie auch höhere ertragsabhängige Kosten verursachen, wenn die maximal erzielbaren Erträge auch tatsächlich erreicht werden sollen. Es steigt aber auch die Betriebsintensität, weil auf Standorten mit vergleichsweise hohen maximal erzielbaren Erträgen die Nutzpflanzenarten mit den höheren speziellen Landnutzungsintensitäten das Landnutzungsprogramm dominieren. Solange Nachfrage nach mehreren – im vorliegenden Beispiel drei – Nutzpflanzenarten besteht, verteilen sich die Nutzpflanzenarten so auf die unterschiedlich vorzüglichen natürlichen Standorte, wie es in dem Beispiel der Übersicht 5.14 dargestellt und eben beschrieben wurde.

Würde nämlich z. B. der Preis für die Speisekartoffeln in einer Ausgangssituation so gering sein, dass auch auf den besten Standorten die zugehörige Bodenrentenfunktion unterhalb der beiden anderen Bodenrentenfunktionen verliefe, würden die Landwirte die Speisekartoffeln auch auf den guten Standorten nicht anbauen. Da aber Nachfrage nach diesem Produkt besteht, würde der Preis für die Speisekartoffeln so weit ansteigen, bis die Nachfrage gedeckt ist, bis also – formal betrachtet – die zugehörige Bodenrentenfunktion dieser Nutzpflanzenart ab einem bestimmten Ertragsniveau oberhalb der anderen Bodenrentenfunktionen verläuft.

(4) Diese Aussage lässt sich verallgemeinern: In einem geschlossenen Wirtschaftsraum, in dem Nachfrage nach mehreren Agrarprodukten besteht, werden sich bei freier Marktpreisbildung die Produktpreise als Gleichgewichtspreise in einem solchen Verhältnis bilden, dass (i) die Nachfrage nach allen Produkten befriedigt wird und (ii) die Nutzpflanzenarten sich auf die verschiedenen Standorte so verteilen, dass sich der Anbau der Nutzpflanzenarten mit den geringsten flächenabhängigen Kosten auf die zwar anbauwürdigen, aber relativ ertragsschwa-

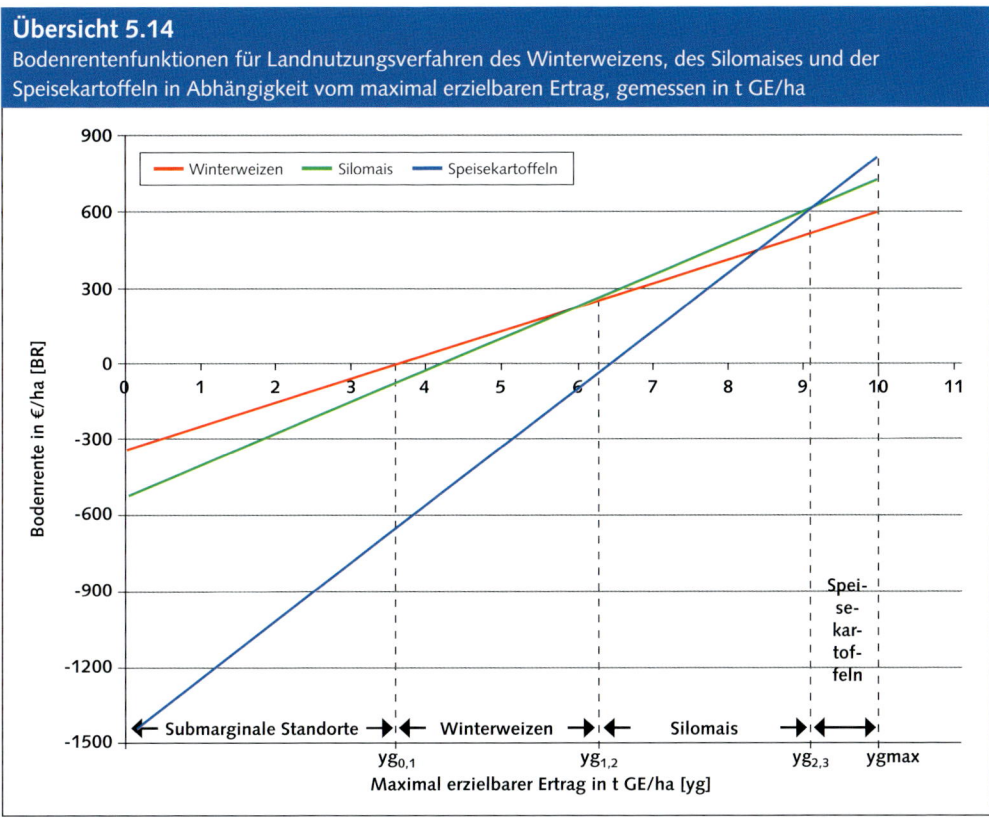

Übersicht 5.14
Bodenrentenfunktionen für Landnutzungsverfahren des Winterweizens, des Silomaises und der Speisekartoffeln in Abhängigkeit vom maximal erzielbaren Ertrag, gemessen in t GE/ha

chen Standorte konzentriert, sich die Nutzpflanzenarten mit mittleren flächenabhängigen Kosten auf die Standorte mittlerer Ertragsfähigkeit und die Nutzpflanzenarten mit den vergleichsweise höchsten flächengebundenen Kosten auf die ertragsstärksten Standorte konzentrieren.

(5) Steigt schließlich die Gesamtnachfrage, d. h. die Nachfrage nach allen Produkten, wird eine neue Gleichgewichtssituation bei höheren Preisen für sämtliche Produkte erreicht. Die Produktmengenausdehnung erfolgt dadurch, dass Nutzflächen mit geringeren maximal erzielbaren Erträgen, die bisher keine positiven Bodenrenten zu erreichen gestatteten, zusätzlich genutzt werden. Insgesamt steigen die Bodenrentenfunktionen infolge der gestiegenen Produktpreise steiler an, so dass die Bodenrentenfunktion der Nutzpflanzenart mit den geringsten flächenabhängigen Kosten bereits bei einem geringeren maximal erzielbaren Ertrag in den positiven Bereich übergeht.

(6) Steigt dagegen nur die Nachfrage nach einzelnen Produkten, während sie gleichzeitig bei anderen Produkten womöglich sogar abnimmt, ergeben sich durch zugehörige Produktpreissteigerungen bzw. -senkungen neue gleichgewichtige Preisverhältnisse mit einer veränderten Verteilung der Nutzpflanzenarten unter den verschiedenen Standortbedingungen. Stets aber konzentrieren sich die Nutzpflanzenarten mit den geringsten flächenabhängigen Kosten auf die relativ ertragsschwachen und diejenigen mit den höchsten flächenabhängigen Kosten auf die ertragsstarken Standorte.

(7) In Bezug auf die regionalen Landnutzungsmuster ergibt sich daraus, dass sich regionale Schwerpunkte bilden. In ertragsstarken Regionen nehmen die intensiven Nutzpflanzenarten relativ hohe Anbauanteile ein, wohingegen in den ertragsschwachen Regionen die extensiveren Kulturen vorherrschen.

Wie sich die Gleichgewichtspreise bilden, d. h. die Preise, bei denen Angebot und Nachfrage der drei Produkte gerade ausgeglichen sind, lässt sich durch ein weiteres dynamisches Modell verdeutlichen. Dieses Modell enthält das auf drei Produkte erweiterte Cobweb-Theorem. In dem Modell werden die von der Nachfrage abhängigen Produktpreise wieder durch lineare Nachfragefunktionen abgebildet. Für das m-te Produkt (m = 1 … 3, nämlich hier Winterweizen, Silomais und Speisekartoffeln) gilt deshalb folgender Ausdruck:

$$(5.12) \qquad pyg_m(t+1) = AAN_m - anc_m \cdot AM_m(t))$$

Darin sind:

$pyg_m(t+1) =$ Produktpreis des m-ten Produktes in der Periode t + 1, gemessen in €/t GE;

$AM_m(t) =$ Angebotsmenge des m-ten Produktes in der Periode t, d. h. in der Periode, die vor der nachfolgenden Preisbildung liegt;

$AAN_m =$ Ordinatenabschnitt der Nachfragefunktion für das m-te Produkt, der den Produktpreis bei einer Nachfrage von 0 angibt;

$anc_m =$ Steigung der Nachfragefunktion für das m-te Produkt.

Die Nachfragefunktionen sagen also wiederum zweierlei, nämlich zum einen, dass die Produktpreise mit zunehmenden Angebotsmengen abnehmen (negatives Vorzeichen vor der Steigung (anc_m)) und zum anderen, dass die Produktpreise für eine Periode mit Zeitverzögerung durch die Angebotsmengen der Vorperiode bestimmt werden.

Die Angebotsmengen der drei Produkte, die in einer Periode erzeugt werden, hängen aber von den in dieser Periode herrschenden Produktpreisen ab. Die Landwirte entscheiden unter ihren jeweils gültigen Standortbedingungen über die anzubauenden Produkte nach Maßgabe des bereits in Übersicht 5.14 skizzierten Zusammenhanges, d. h. durch Vergleich der bei den geltenden Produktpreisen zu erwartenden Bodenrenten für die drei Produkte. Demgemäß müssen zunächst die Bodenrentenfunktionen bestimmt werden. Unter sinngemäßer Verwendung der Gleichung (5.11) gilt für das m-te Produkt in der Periode t:

$$(5.13) \qquad BR_m(t) = (pyg_m(t) - MKVg_m) \cdot yg - KVF_m$$

wobei $\qquad pyg_m = \dfrac{py_m}{gec_m}$ und $MKVg_m = \dfrac{MKV_m}{gec_m}$ ist.

Darin sind:

$BR_m(t) =$ Bodenrente des m-ten Produktes in der Periode t bei dem in dieser Periode herrschenden Produktpreis, gemessen in €/ha;

$pyg_m(t) =$ in der Periode t herrschender Produktpreis für das m-te Produkt, gemessen in €/t GE;

$MKVg_m =$ ertragsabhängige Kosten für das m-te Produkt, gemessen in €/t GE;

$KVF_m =$ flächenabhängige Kosten für das m-te Produkt, gemessen in €/ha;

$yg =$ Ertragsniveau, gemessen in t GE/ha.

Zu py_m, gec_m und MKV_m siehe Gleichungen (5.10) und (5.11).

Aus den Bodenrentenfunktionen lassen sich dann die zu erwartenden Angebotsmengen für die drei Produkte wie folgt ableiten:

Unter der Annahme, dass die flächengebundenen Kosten des Winterweizens (Produkt 1) geringer sind als diejenigen des Silomaises (Produkt 2) und diese wiederum geringer sind als diejenigen der Speisekartoffeln (Produkt 3), also $KVF_1 < KVF_2 < KVF_3$ gilt; lässt sich zunächst bestimmen, in welchen Ertragsbereichen die Produkte jeweils wirtschaftlich relativ vorzüglich sind. Aus Übersicht 5.14 geht als Beispiel hervor, dass der Winterweizen in dem Ertragsbereich $yg_{0,1}$ bis $yg_{1,2}$ positive Bodenrenten aufweist, die zudem die Bodenrenten der beiden anderen Produkte übersteigen. Bei dem Ertrag $yg_{0,1}$ ist die Bodenrente des Winterweizens gerade gleich 0. Unter Nullsetzung der Bodenrente (Gleichung (5.13)) mit anschließender Umformung gilt für den Ertrag $yg_{0,1}$ des Winterweizens:

$$(5.14) \qquad yg_{0,1} = \frac{KVF_1}{pyg_1\,(t) - MKVg_1}$$

Bei dem Ertrag $yg_{1,2}$ ist die Bodenrente des Winterweizens (m = 1) gleich der Bodenrente des Silomaises (m = 2). Unter sinngemäßer Verwendung der Gleichung (5.13) gilt bei Gleichsetzung der Bodenrenten:

$$(pyg_1\,(t) - MKVg_1) \cdot yg - KVF_1 = (pyg_2\,(t) - MKVg_2) \cdot yg - KVF_2$$

Die Auflösung nach yg führt zu:

$$(5.15) \qquad yg_{1,2}\,(t) = \frac{KVF_1 - KVF_2}{pyg_1\,(t) - MKVg_1 - pyg_2\,(t) - MKVg_2}$$

Der Silomais (Produkt 2) ist zwischen dem Ertrag, bei dem seine Bodenrente derjenigen des Winterweizens (Produkt 1) entspricht und dem Ertrag, bei dem seine Bodenrente derjenigen der Speisekartoffeln (Produkt 3) entspricht, wirtschaftlich relativ vorzüglich. Der erstgenannte Ertrag wurde mit $yg_{1,2}\,(t)$ als Gleichung (5.15) bereits bestimmt. Für den letztgenannten Ertrag gilt durch Gleichsetzung der Bodenrentenfunktionen des Silomaises und der Speisekartoffeln:

$$(pyg_2\,(t) - MKVg_2) \cdot yg - KVF_2 = (pyg_3\,(t) - MKVg_3) \cdot yg - KVF_3$$

Die Auflösung nach yg führt zu:

$$(5.16) \qquad yg_{2,3}\,(t) = \frac{KVF_2 - KVF_3}{pyg_2\,(t) - MKVg_2 - pyg_3\,(t) - MKVg_3}$$

Die Speisekartoffeln sind zwischen dem Ertrag, bei dem ihre Bodenrente derjenigen des Silomaises entspricht und dem auf dem besten Standort erzielbaren Höchstertrag (ygmax) relativ vorzüglich. Der erstgenannte Ertrag wurde mit $yg_{2,3}(t)$ mit Gleichung (5.16) bereits bestimmt. Der Höchstertrag (ygmax) wird dem Modell als exogener Parameter vorgegeben.

Im nächsten Schritt auf dem Weg zur Ermittlung der Angebotsmengen der drei Produkte müssen die Nutzflächen ermittelt werden, auf denen die Produkte jeweils relativ vorzüglich sind. Diese Nutzflächen ergeben sich aus den Anteilen der drei Produkte an der insgesamt im Wirtschaftsraum verfügbaren Nutzfläche (VNF). Letztere wird dem Modell als exogener Parameter vorgegeben.

Auf der insgesamt verfügbaren Nutzfläche können (maximal erzielbare) Erträge zwischen 0 und ygmax auftreten. Die Nutzfläche für den Winterweizen liegt im Bereich der Erträge zwischen $yg_{0,1}\,(t)$ und $yg_{1,2}\,(t)$. Der Nutzflächenanteil ($fa_1\,(t)$) für den Winterweizen ergibt sich deshalb wie folgt:

$$(5.17) \qquad fa_1\,(t) = \frac{yg_{1,2}\,(t) - yg_{0,1}\,(t)}{ygmax}$$

Die Nutzfläche für den Silomais liegt im Bereich der Erträge von $yg_{1,2}\,(t)$ bis $yg_{2,3}\,(t)$. Für den Nutzflächenanteil des Silomaises ($fa_2\,(t)$) gilt deshalb:

$$(5.18) \qquad fa_2\,(t) = \frac{yg_{2,3}\,(t) - yg_{1,2}\,(t)}{ygmax}$$

Die Nutzfläche für den Speisekartoffelbau liegt schließlich im Bereich der Erträge von $yg_{2,3}(t)$ bis $ygmax$. Für den Nutzflächenanteil der Speisekartoffeln ($fa_3\,(t)$) gilt deshalb:

$$(5.19) \qquad fa_3\,(t) = \frac{ygmax - yg_{2,3}\,(t)}{ygmax}$$

Mit Hilfe der Flächenanteile und der insgesamt verfügbaren Nutzfläche (VNF) lässt sich die für das m-te Produkt genutzte Fläche (NF_m) durch Multiplikation leicht errechnen. Es gilt:

$$(5.20) \qquad NF_m\,(t) = fa_m\,(t) \cdot VNF$$

Zur Vereinfachung wird nun angenommen, dass die natürlichen Standorte über die insgesamt verfügbare Nutzfläche so verteilt sind, dass sich eine Gleichverteilung der maximal erzielbaren Erträge ergibt. Mit dieser Annahme lassen sich die Angebotsmengen der drei Produkte durch Multiplikation der genutzten Flächen ($NF_m\,(t)$) mit den Mittelwerten der Erträge (ygd_m (t)) bestimmen. Für die Mittelwerte der Erträge der drei Produkte gilt:

$$(5.21) \qquad ygd_1\,(t) = \frac{yg_{0,1}\,(t) + yg_{1,2}\,(t)}{2}$$

$$(5.22) \qquad ygd_2\,(t) = \frac{yg_{1,2}\,(t) + yg_{2,3}\,(t)}{2}$$

$$(5.23) \qquad ygd_3\,(t) = \frac{yg_{2,3}\,(t) + ygmax}{2}$$

Die Angebotsmenge (AM_m) des m-ten Produktes ist dann:

$$(5.24) \qquad AM_m\,(t) = NF_m\,(t) \cdot ygd_m\,(t)$$

Aus den so bestimmten Angebotsmengen der drei Produkte lassen sich die Produktpreise anhand der vorher abgeleiteten Nachfragefunktion der Gleichung (5.13) bestimmen.

Übersicht 5.15 zeigt das zugehörige quantitative Modell. Wie im Modell für ein Produkt sind im Kopf die Eingabedaten für die Anfangsbedingungen sowie die Parameter und Koeffizienten aufgeführt. Die Anfangsbedingungen werden – wie Gleichung (5.12), die sich auf zwei verschiedene Perioden bezieht, zeigt – für die Produktpreise benötigt. Dafür werden die bisher angenommenen Preise für Winterweizen mit py_1 = 180,00 €/t Produkt, für Silomais mit py_2 = 40,00 €/t Produkt und für Speisekartoffeln mit py_3 = 100,00 €/t Produkt verwendet. Für die Kosten werden ebenfalls die bisher verwendeten Werte angesetzt. Der Getreideeinheitensatz (gec_m) wird zur Umwandlung der Produktpreise und der ertragsabhängigen Kosten von €/t Produkt zu €/t GE benötigt. Die angegebenen Koeffizienten für die Nachfrage führen zu den ebenfalls im Kopf der Übersicht 5.15 grafisch abgetragenen Nachfragefunktionen für die drei Produkte.

Übersicht 5.15
Simulationsmodell zur Bestimmung von Marktgleichgewichten

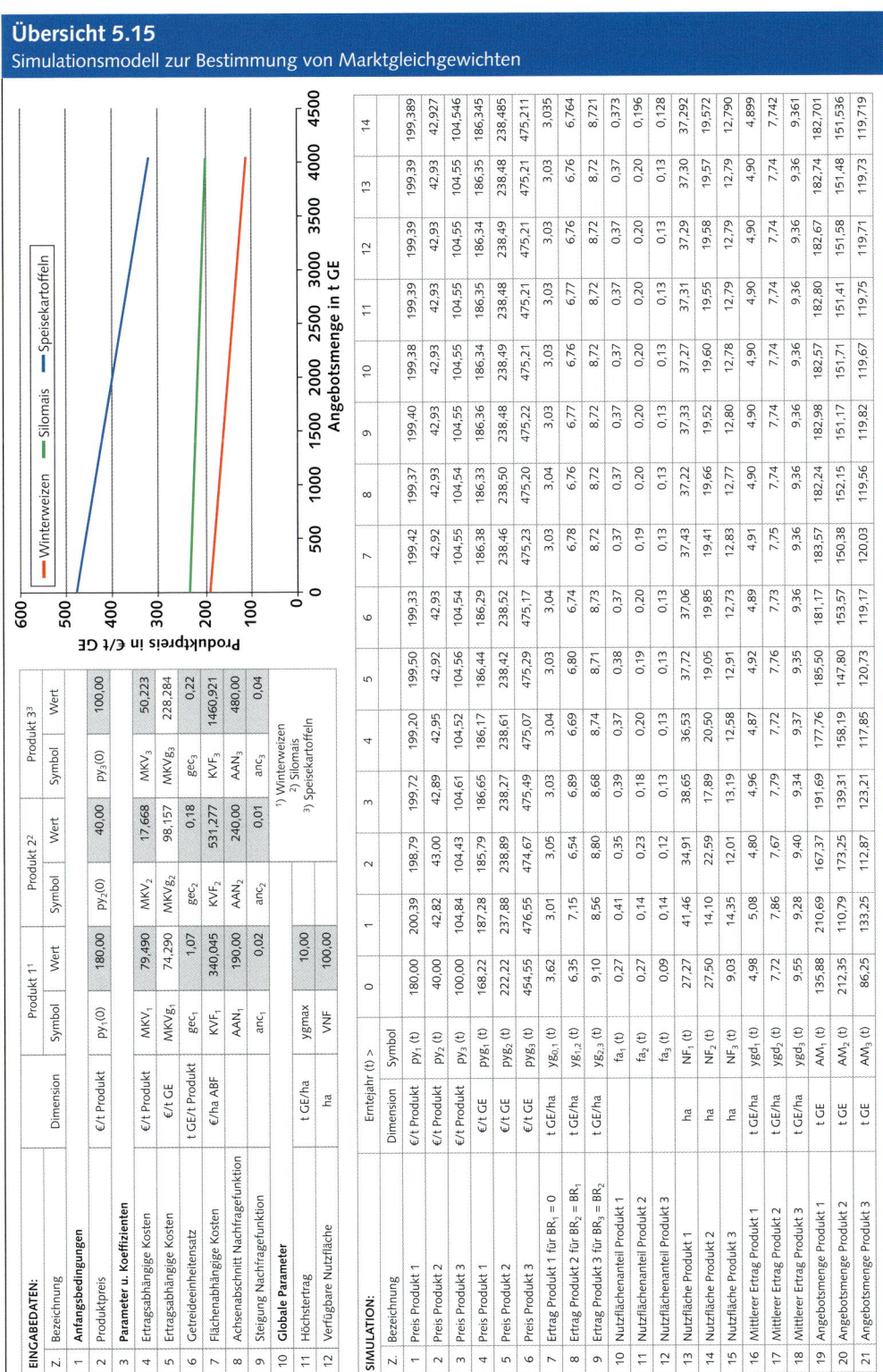

EINGABEDATEN:

Z.	Bezeichnung	Dimension	Produkt 1[1] Symbol	Wert	Produkt 2[2] Symbol	Wert	Produkt 3[3] Symbol	Wert
1	Anfangsbedingungen							
2	Produktpreis	€/t Produkt	$py_1(0)$	180,00	$py_2(0)$	40,00	$py_3(0)$	100,00
3	Parameter u. Koeffizienten							
4	Ertragsabhängige Kosten	€/t Produkt	MKV_1	79,490	MKV_2	17,668	MKV_3	50,223
5	Ertragsabhängige Kosten	€/t GE	$MKVg_1$	74,290	$MKVg_2$	98,157	$MKVg_3$	228,284
6	Getreideeinheitensatz	t GE/t Produkt	gec_1	1,07	gec_2	0,18	gec_3	0,22
7	Flächenabhängige Kosten	€/ha ABF	KVF_1	340,045	KVF_2	531,277	KVF_3	1460,921
8	Achsenabschnitt Nachfragefunktion		AAN_1	190,00	AAN_2	240,00	AAN_3	480,00
9	Steigung Nachfragefunktion		anc_1	0,02	anc_2	0,01	anc_3	0,04
10	Globale Parameter							
11	Höchstertrag	t GE/ha	ygmax	10,00				
12	Verfügbare Nutzfläche	ha	VNF	100,00				

[1] Winterweizen
[2] Silomais
[3] Speisekartoffeln

SIMULATION:

Z.	Bezeichnung	Dimension	Symbol	0	1	2	3	4	5	6	7	8	9	10	11	12	13	14
1	Preis Produkt 1	€/t Produkt	$py_1(t)$	180,00	200,39	198,79	199,72	199,20	199,50	199,33	199,42	199,37	199,40	199,38	199,39	199,39	199,39	199,389
2	Preis Produkt 2	€/t Produkt	$py_2(t)$	40,00	42,82	43,00	42,89	42,95	42,92	42,93	42,92	42,93	42,93	42,93	42,93	42,93	42,93	42,927
3	Preis Produkt 3	€/t Produkt	$py_3(t)$	100,00	104,84	104,43	104,61	104,52	104,56	104,54	104,55	104,54	104,55	104,55	104,55	104,55	104,55	104,546
4	Preis Produkt 1	€/t GE	$pyg_1(t)$	168,22	187,28	185,79	186,65	186,17	186,44	186,29	186,38	186,33	186,36	186,34	186,35	186,35	186,35	186,345
5	Preis Produkt 2	€/t GE	$pyg_2(t)$	222,22	237,88	238,86	238,27	238,61	238,42	238,52	238,46	238,50	238,48	238,49	238,48	238,49	238,48	238,485
6	Preis Produkt 3	€/t GE	$pyg_3(t)$	454,55	476,55	474,67	475,49	475,07	475,29	475,17	475,23	475,20	475,22	475,21	475,21	475,21	475,21	475,211
7	Ertrag Produkt 1 für $BR_1 = 0$	t GE/ha	$yg_{0,1}(t)$	3,62	3,01	3,05	3,03	3,04	3,03	3,04	3,03	3,04	3,03	3,03	3,03	3,03	3,03	3,035
8	Ertrag Produkt 2 für $BR_2 = BR_1$	t GE/ha	$yg_{1,2}(t)$	6,35	7,15	6,54	6,89	6,69	6,80	6,74	6,78	6,76	6,77	6,76	6,77	6,76	6,76	6,764
9	Ertrag Produkt 3 für $BR_3 = BR_2$	t GE/ha	$yg_{2,3}(t)$	9,10	8,56	8,80	8,68	8,74	8,71	8,73	8,72	8,72	8,72	8,72	8,72	8,72	8,72	8,721
10	Nutzflächenanteil Produkt 1		$fa_1(t)$	0,27	0,41	0,35	0,39	0,37	0,38	0,37	0,37	0,37	0,37	0,37	0,37	0,37	0,37	0,373
11	Nutzflächenanteil Produkt 2		$fa_2(t)$	0,27	0,14	0,23	0,18	0,20	0,19	0,20	0,19	0,20	0,20	0,20	0,20	0,20	0,20	0,196
12	Nutzflächenanteil Produkt 3		$fa_3(t)$	0,09	0,14	0,12	0,13	0,13	0,13	0,13	0,13	0,13	0,13	0,13	0,13	0,13	0,13	0,128
13	Nutzfläche Produkt 1	ha	$NF_1(t)$	27,27	41,46	34,91	38,65	36,53	37,72	37,06	37,43	37,22	37,33	37,27	37,31	37,29	37,30	37,292
14	Nutzfläche Produkt 2	ha	$NF_2(t)$	27,50	14,10	22,59	17,89	20,50	19,05	19,85	19,41	19,66	19,52	19,60	19,55	19,58	19,57	19,572
15	Nutzfläche Produkt 3	ha	$NF_3(t)$	9,03	14,35	12,01	13,19	12,58	12,91	12,73	12,83	12,77	12,80	12,78	12,79	12,79	12,79	12,790
16	Mittlerer Ertrag Produkt 1	t GE/ha	$ygd_1(t)$	4,98	5,08	4,80	4,96	4,87	4,92	4,89	4,91	4,90	4,90	4,90	4,90	4,90	4,90	4,899
17	Mittlerer Ertrag Produkt 2	t GE/ha	$ygd_2(t)$	7,72	7,86	7,67	7,79	7,72	7,76	7,73	7,75	7,74	7,74	7,74	7,74	7,74	7,74	7,742
18	Mittlerer Ertrag Produkt 3	t GE/ha	$ygd_3(t)$	9,55	9,28	9,40	9,34	9,37	9,35	9,36	9,36	9,36	9,36	9,36	9,36	9,36	9,36	9,361
19	Angebotsmenge Produkt 1	t GE	$AM_1(t)$	135,88	210,69	167,37	191,69	177,76	185,50	181,17	183,57	182,24	182,98	182,57	182,80	182,67	182,74	182,701
20	Angebotsmenge Produkt 2	t GE	$AM_2(t)$	212,35	110,79	173,25	139,31	158,19	147,80	153,57	150,38	152,15	151,17	151,71	151,41	151,58	151,48	151,536
21	Angebotsmenge Produkt 3	t GE	$AM_3(t)$	86,25	133,25	112,87	123,21	117,85	120,73	119,17	120,03	119,56	119,82	119,67	119,75	119,71	119,73	119,719

Erntejahr (t) >

Diagramm: Produktpreis in €/t GE (y-Achse: 0–600) — Angebotsmenge in t GE (x-Achse: 0–4500)
Legende: — Winterweizen — Silomais — Speisekartoffeln

Der untere Teil der Übersicht 5.15 enthält das eigentliche Modell, mit dem die Simulationsläufe zur Bestimmung der Gleichgewichtssituation durchgeführt werden. Dafür wurde wiederum ein 15jähriger Zeitraum angesetzt (t = 0 … 14).

Für die angenommenen Werte der Eingabedaten zeigt sich, dass die bisher verwendeten Produktpreise bei den hier unterstellten Nachfragefunktionen nicht die Gleichgewichtspreise sind. Diese stellen sich vielmehr erst wieder nach einer mehrperiodischen gedämpften Schwingung ein und betragen – wie die rechte Spalte des Simulationsmodells zeigt – py_1 (14) = 199,39, py_2 (14) = 42,93 und py_3 (14) = 104,55 €/t Produkt.

Angesichts dieser in gedämpften Schwingungen verlaufenden Entwicklungen der Produktpreise ergeben sich – wie das Simulationsmodell ebenfalls zeigt – auch gedämpfte Schwingungen für die Entwicklung des Umfanges der Nutzflächen, für die Entwicklung der Mittelwerte der Erträge der Produkte sowie für die Entwicklung der Angebotsmengen.

Mit dem Modell lassen sich auch hier wieder die Auswirkungen von Nachfrageveränderungen bei den Produkten simulieren. So kann z. B. eine Nachfrageausdehnung bei Silomais – hervorgerufen etwa durch staatliche Förderprogramme für Investitionen in Biogasanlagen – zu den in Übersicht 5.16 dargestellten Konsequenzen bei den gleichgewichtigen Angebotsmengen der drei Produkte führen. Die gestiegene Nachfrage nach Silomais wurde in diesem Falle für das Modell der Übersicht 5.15 durch eine Parallelverschiebung der zugehörigen Nachfragefunktionen nach außen dadurch vollzogen, dass ihr Achsenabschnitt (AAN_2) von 240,00 auf 250,00 erhöht wurde.

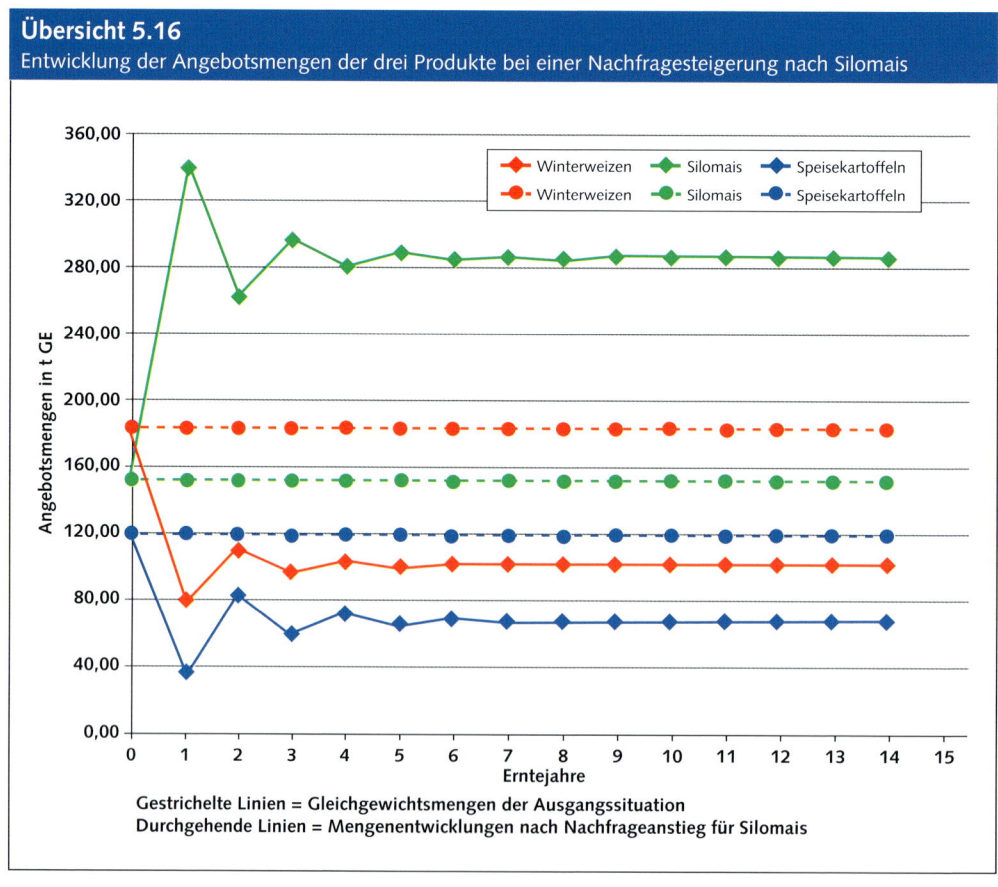

Übersicht 5.16
Entwicklung der Angebotsmengen der drei Produkte bei einer Nachfragesteigerung nach Silomais

Gestrichelte Linien = Gleichgewichtsmengen der Ausgangssituation
Durchgehende Linien = Mengenentwicklungen nach Nachfrageanstieg für Silomais

Durch die Nachfragesteigerung bei Silomais geraten die Mengen und Preise aus ihren bisherigen Gleichgewichten. Ein neuer Preisbildungsprozess setzt ein, der über mehrere Perioden Angebot und Nachfrage in Form von in gedämpften Schwingungen verlaufenden Entwicklungen zu neuen Gleichgewichten führt. Übersicht 5.16 zeigt, dass der Silomaisanbau zu Lasten des Winterweizen- und Speisekartoffelbaus ausgedehnt wird.

Zusätzlich zeigt Übersicht 5.17 für das ursprüngliche und das neue Marktgleichgewicht die Ackerflächen, die Mittelwerte der Erträge, die Produktmengen und die Produktpreise sowie deren Veränderungen. Aus der Übersicht geht u. a. hervor, dass der zunehmende Silomaisanbau den Winterweizen auf die ertragsschwächeren Standorte (Abnahme des Mittelwertes des Ertrages um 14,29% (Zeile 6)) und den Speisekartoffelbau auf ertragsstärkere Standorte (Zunahme des Mittelwertes des Ertrages um 3,1%) verdrängt. Des Weiteren zeigt sich, dass die Nachfragesteigerung für den Silomais nicht nur die Gleichgewichtspreise dieser Produkte, sondern auch die Preise der beiden übrigen Produkte ansteigen lässt (siehe Zeilen 10 bis 12 der Übersicht 5.17).

Da die Produktpreise ansteigen, verändern sich dementsprechend auch die Bodenrentenfunktionen der drei Produkte. Übersicht 5.18 zeigt diese Funktionen für die gleichgewichtigen Situationen vor und nach der Nachfrageausdehnung nach Silomais. Insbesondere wird daraus auch die Veränderung der Anbauanteile der drei Kulturen deutlich.

Insgesamt können mit dem vorgestellten Modell Ergebnisse gewonnen werden, die in ihren aufgezeigten Tendenzen verallgemeinerbar sind. In ihrem quantitativen Aussagegehalt werden sie jedoch selbstverständlich durch die jeweils unterliegenden Werte der Parameter und Koeffizienten bestimmt. Veränderte Werte dafür führen zu veränderten zahlenmäßigen Konsequenzen.

Darüber hinaus ergeben sich auch nur für bestimmte Datenkonstellationen stabile, d. h. zu Marktgleichgewichten führende, Lösungen. Andere Datenkonstellationen führen dagegen zu instabilen Lösungen. Technisch gesehen, ergeben sich dann keine gedämpften Schwingungen für die Mengen und Preise, sondern umgekehrt Schwingungen mit zunehmenden Amplituden, bis das Modell schließlich sozusagen „explodiert". In der Realität sind die Datenkonstellationen aber stets so beschaffen, dass sich stabile Lösungen ergeben. Andernfalls könnten sich für Produkte, nach denen Nachfrage besteht, keine konkreten Preise bilden.

Übersicht 5.17

Veränderungen von Gleichgewichtsmengen und Gleichgewichtspreisen als Folge einer Nachfrageerhöhung bei Silomais

Z.	Bezeichnung	Dimension	Produkt 1 Winter-weizen	Produkt 2 Silo-mais	Produkt 3 Speise-kartoffeln
1	Nutzfläche vorher	ha	37,29	19,57	12,79
2	Nutzfläche nachher	ha	24,23	38,81	7,04
3	Veränderung	%	-35,02	98,31	-44,96
4	Mittlerer Ertrag vorher	t GE/ha	4,90	7,74	9,36
5	Mittlerer Ertrag nachher	t GE/ha	4,20	7,36	9,65
6	Veränderung	%	-14,29	-4,91	3,10
7	Produktmenge vorher	t GE	182,70	151,54	119,72
8	Produktmenge nachher	t GE	101,86	285,44	67,96
9	Veränderung	%	-44,25	88,36	-43,23
10	Produktpreis vorher	€/t Produkt	199,36	42,93	104,55
11	Produktpreis nachher	€/t Produkt	201,12	44,49	105,00
12	Veränderung	%	0,88	3,63	0,43

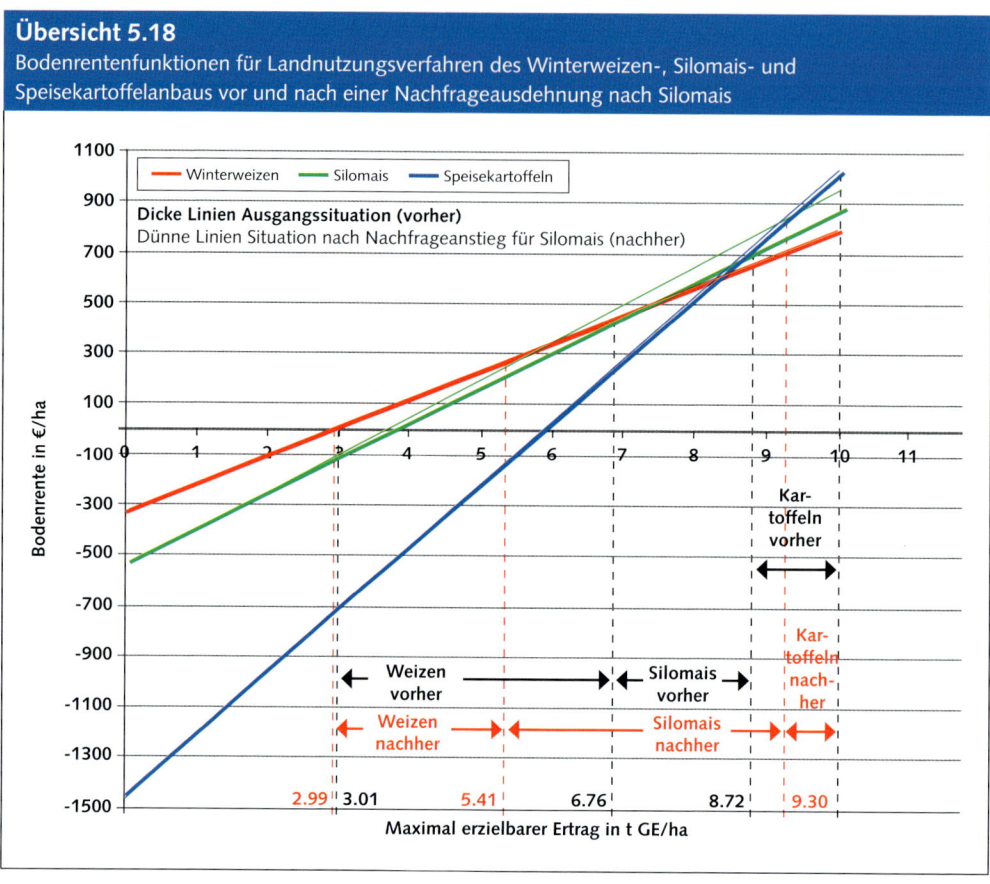

Übersicht 5.18
Bodenrentenfunktionen für Landnutzungsverfahren des Winterweizen-, Silomais- und Speisekartoffelanbaus vor und nach einer Nachfrageausdehnung nach Silomais

Die bisherigen Darlegungen beziehen sich auf einen geschlossenen Wirtschaftsraum mit einer endlichen, insgesamt verfügbaren Nutzfläche. Gibt man nun diese Annahme auf, d. h. können Produktmengen auch von außen importiert oder nach außen exportiert werden, dann können prinzipiell die folgenden Situationen eintreten:

Lassen sich bestimmte Agrarprodukte zu geringeren Produktpreisen importieren, als sie im bisher geschlossenen Wirtschaftsraum vorherrschten, dann werden sich die Angebotsmengen im Inland durch die einsetzenden Importe mit dem Ergebnis ausdehnen, dass sich die Inlandspreise dieser Produkte an das Niveau der Importpreise (nach unten) anpassen. Die zugehörigen Bodenrentenfunktionen werden weniger steil ansteigen mit der Folge, dass die Standortbereiche, in denen die zugehörigen Nutzpflanzenarten bisher relativ vorzüglich waren, schrumpfen oder sogar ganz verschwinden. Die Anbaupalette verringert sich im Inland auf die Nutzpflanzenarten, deren Inlandsmarktpreise unter den Importpreisen liegen. Das kann für diese Nutzpflanzenarten der Fall sein, wenn die natürlichen Standorte im inländischen Wirtschaftsraum im Vergleich zu den Standorten außerhalb des Wirtschaftsraumes besonders ertragreich sind oder die Importpreise wegen hoher Transportkosten trotz evtl. geringerer Produktionskosten vor Ort so hoch sind, dass sie das Inlandspreisniveau übersteigen (vgl. dazu insbesondere Kapitel 7).

Sind in einem offenen Wirtschaftsraum die natürlichen Standortgegebenheiten für bestimmte Nutzpflanzenarten dagegen so vorzüglich, dass die Importpreise die im Inland gebildeten Preise übersteigen, werden die zugehörigen Agrarprodukte selbstverständlich nicht importiert. Im Gegenteil, im Wirtschaftsraum hergestellte Agrarprodukte können womöglich mit Gewinn exportiert werden. Ist das der Fall, werden die Inlandspreise der exportwürdigen Produkte wegen der zusätzlichen Auslandsnachfrage steigen, was zu einer Neuordnung der Anbauverteilung auf den natürlichen Standorten des Inlandes führt. Stets werden sich aber auch in diesem Falle die Nutzpflanzenarten mit den geringsten flächenabhängigen Kosten auf die ertragsschwachen und diejenigen mit den im Vergleich dazu höchsten flächenabhängigen Kosten auf die ertragsstärkeren Standortbereiche konzentrieren.

Auch derartige Entwicklungen mit den Importen und Exporten eines offenen Wirtschaftsraumes könnten mit dem oben vorgestellten Modell simuliert werden. Da sich keine wesentlich neuen Erkenntnisse ergeben würden, soll hier darauf jedoch verzichtet werden.

Zum Abschluss dieses Abschnittes soll vielmehr an konkreten Beispielen gezeigt werden, wie sich unterschiedliche regionale Werte der natürlichen Standortfaktoren auf die Höhe der Bodenrenten und die zugehörige Rangfolge der Nutzpflanzenarten in den Regionen auswirken. Als Anhaltspunkte dafür wurden aus der Übersicht 5.5 die Erträge der Nutzpflanzenarten Zuckerrüben, Kartoffeln, Winterraps, Winterweizen, Körnermais und Silomais herangezogen und für diese Nutzpflanzenarten die bereits in Abschnitt 4.3 definierten Landnutzungsverfahren mit den zugehörigen Preis-Kosten-Verhältnissen verwendet. Die Gerste wurde nicht einbezogen, da sie in der Regionalstatistik sowohl die Wintergerste als auch die Sommergerste, diese vorwiegend als Braugerste, umfasst und für diese beiden Gerstenarten unterschiedliche Produktpreise herrschen.

Übersicht 5.19 zeigt dann die Bodenrenten der sechs Nutzpflanzenarten als Beispiele für die Regionen Köln und Schleswig-Holstein als vergleichsweise ertragsstarken Regionen sowie für Oberfranken und Brandenburg als vergleichsweise ertragsschwachen Regionen. Aus der Übersicht 5.19 lässt sich Folgendes ableiten:

(1) Aufgrund der flächenabhängigen Kosten unterscheiden sich die Bodenrenten der Nutzpflanzenarten zwischen den ertragsstarken und ertragsschwachen Regionen stärker als deren Erträge.

(2) Die Zuckerrüben sind sowohl auf den ertragsstarken als auch auf den ertragsschwachen Standorten die Nutzpflanzenart mit der höchsten Bodenrente. Ohne die für diese Nutzpflanzenart bestehende Mengenkontingentierung, verbunden mit einer Preisregulierung, würden deshalb die Zuckerrüben in allen Regionen mit größeren Anbauanteilen als bisher in das Landnutzungsprogramm aufgenommen, auch wenn die Zuckerrüben auf Anbauausdehnungen mit vergleichsweise starken Ertragsreduzierungen reagieren.

Zwischen den Regionen ergeben sich für die Zuckerrüben bezüglich der Bodenrenten jedoch deutliche Unterschiede. Während am ertragsstarken Standort Köln eine Bodenrente von ca. 900,00 €/ha erzielt wird, sind es am ertragsschwachen Standort Brandenburg nur gut 600,00 €/ha, d. h. nur etwa zwei Drittel des Kölner Wertes.

(3) Die Rangfolge der übrigen Nutzpflanzen ist in den jeweiligen Regionen durchaus unterschiedlich. Dabei fällt jedoch auf, dass die Kartoffeln außer in Köln (2. Rang) in allen übrigen Regionen auf dem letzten Platz (6. Rang) rangieren.

(4) Am ertragsstarken Standort Köln sind die Zuckerrüben und die Kartoffeln den übrigen vier Nutzpflanzenarten bezüglich ihrer Bodenrente deutlich überlegen. Die übrigen vier Nutzpflanzenarten erbringen in dieser Region in etwa die gleichen Bodenrenten. Da die Zuckerrüben und die Kartoffeln bei Ausdehnung ihrer Anbauanteile besonders stark mit Ertragsrück-

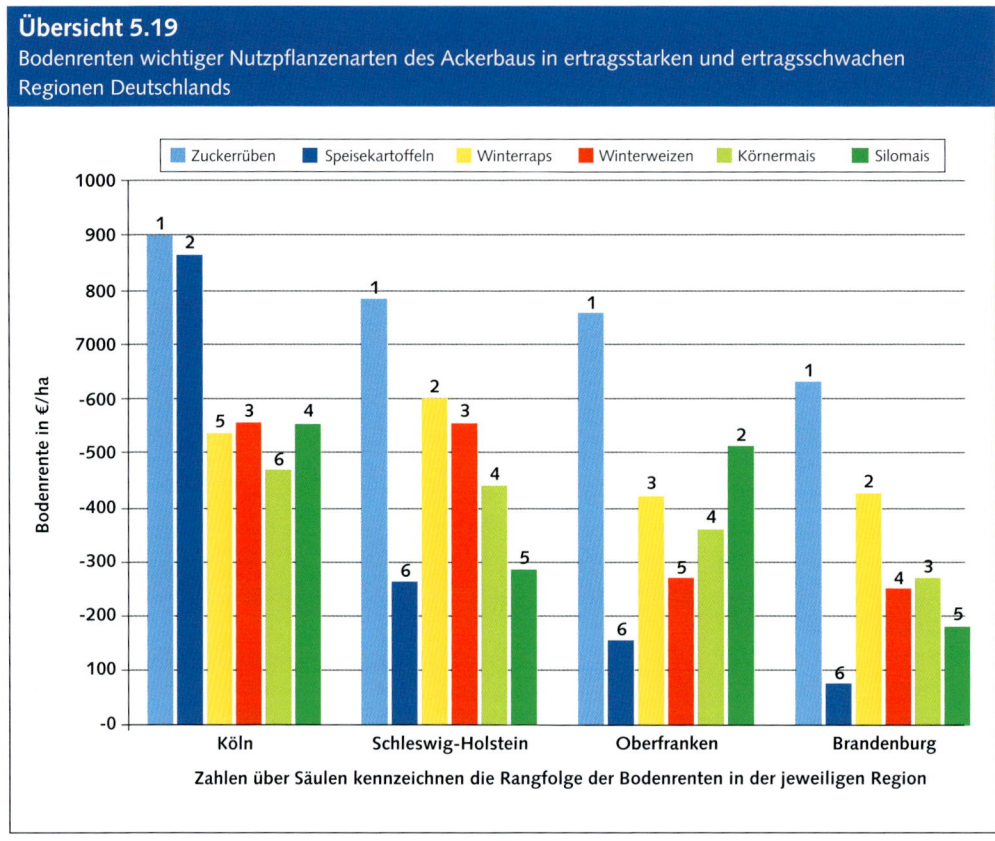

Übersicht 5.19
Bodenrenten wichtiger Nutzpflanzenarten des Ackerbaus in ertragsstarken und ertragsschwachen Regionen Deutschlands

gängen reagieren, können die Landwirte dieser Region zum Auffüllen ihres Landnutzungsprogramms unter mehreren etwa gleich wirtschaftlich vorzüglichen Nutzpflanzenarten wählen.

(5) Neben den kontingentierten Zuckerrüben sind in Schleswig-Holstein die Nutzpflanzenarten Raps und Weizen wirtschaftlich relativ vorzüglich. Tatsächlich nehmen deshalb in diesem Bundesland diese beiden Nutzpflanzenarten vergleichsweise hohe Anbauanteile ein.

(6) Die höchsten regionalen Unterschiede bei den Bodenrenten weisen die Kartoffeln auf. Die Bodenrenten schwanken zwischen knapp 900,00 €/ha in Köln und weniger als 100,00 €/ha in Brandenburg.

(7) Damit ist zu erwarten, dass die sich ergebenden Landnutzungsprogramme bei Berücksichtigung der Betriebsfaktoren je nach Ertragsfähigkeit der natürlichen Standorte durchaus unterschiedlich zusammengesetzt sein werden. Darauf wird in Abschnitt 5.5 dieses Kapitels näher eingegangen.

5.3 Der Einfluss der Bearbeitbarkeit von Feldstücken auf das Landnutzungsprogramm, die Landnutzungsintensität und die Bodenrente

Die Bearbeitbarkeit von Feldstücken hängt ab von der Schwere des Bodens, der Hangneigung, der Steinigkeit und der Zahl der verfügbaren Feldarbeitstage. Eine ungünstige Bearbeitbarkeit führt zu steigenden Arbeitserledigungskosten, was sich in Form steigender flächenabhängiger Kosten für die Landnutzungsverfahren auswirkt.

Schwere im Vergleich zu (bisher betrachteten) mittleren Böden verursachen bei der Bodenbearbeitung höhere Zugwiderstände und führen damit zu steigenden Maschinenkosten (stärkere Schlepper, höherer Kraftstoffverbrauch, raschere Materialermüdung von Maschinenteilen etc.). Umgekehrt können leichtere im Vergleich zu mittleren Böden geringere Maschinenkosten infolge vermindernden Zugwiderstandes verursachen.

Zunehmende Hangneigungen im Vergleich zu (bisher betrachteten) ebenen Flächen bedingen Herabsetzungen der Arbeitsgeschwindigkeiten bei den Arbeitsvorgängen. Zudem können Leerfahrten entstehen. Zusätzliche Arbeits- und Maschinenkosten sind die Folge.

Steinigkeit von Böden im Vergleich zu (bisher betrachteten) steinfreien Böden verursachen höheren Reparaturbedarf und bedingen u. U. Herabsetzungen der Arbeitsgeschwindigkeiten. Die Folge sind auch hier steigende Arbeitserledigungskosten.

Eine abnehmende Anzahl an verfügbaren Feldarbeitstagen führt im Vergleich zur (bisher betrachteten) mittleren Anzahl an Feldarbeitstagen ebenfalls zu steigenden Arbeitserledigungskosten. Die Zahl der Feldarbeitstage während einer Vegetationsperiode wird durch die klimatischen Gegebenheiten des Standortes bestimmt. Die Zahl der Feldarbeitstage sinkt im Allgemeinen mit höheren Niederschlägen und abnehmenden Temperatursummen. Des Weiteren beeinflusst auch die Bodenart die Zahl der Feldarbeitstage. Schwere (tonige) im Vergleich zu mittleren (lehmigen) Böden trocknen nach Niederschlägen langsamer ab. Sie sind später wieder bearbeitbar und schränken damit die Zahl der Feldarbeitstage ein.

Eine geringe im Vergleich zu einer mittleren Anzahl an Feldarbeitstagen erfordert deshalb eine Erhöhung der „Schlagkraft", d. h. den Einsatz von mehr und/oder stärkeren Zugmaschinen, kombiniert mit mehr und/oder stärkeren Bearbeitungs- und Erntemaschinen, wenn sämtliche Arbeitsgänge termingerecht erledigt werden sollen. Die höhere Schlagkraft verursacht aber höhere Arbeitserledigungskosten.

Umgekehrt kann eine höhere im Vergleich zu einer (bisher betrachteten) mittleren Anzahl an Feldarbeitstagen auf leichten Böden, die nach Niederschlägen rascher wieder abtrocknen oder in Regionen mit stärker ariden Klimabedingungen (was beides z. B. auf Brandenburg zutrifft) zu verminderten Arbeitserledigungskosten führen.

Damit lässt sich festhalten, dass eine abnehmende Bearbeitbarkeit von Feldstücken zu steigenden Arbeitserledigungskosten führt, was sich in steigenden flächenabhängigen Kosten niederschlägt, und vice versa.

Aus KTBL-Kalkulationsdaten lässt sich generell ableiten, dass eine ungünstige Bearbeitbarkeit von Feldstücken im Vergleich zur (bisher betrachteten) mittleren Bearbeitbarkeit im Extremfall (bei Kumulierung aller genannten negativen Einflussgrößen) bis zu 40% höhere flächenabhängige Kosten verursachen kann. Umgekehrt kann eine besonders günstige Bearbeitbarkeit von Feldstücken (infolge geringeren Zugwiderstandes und größerer Anzahl an Feldarbeitstagen) die flächenabhängigen Kosten im Vergleich zu dem bisher betrachteten Standort um bis zu 30% senken.

Da sich – wie gesagt – ungünstiger werdende Bearbeitbarkeiten in steigenden flächenabhängigen Kosten niederschlagen, führen diese – formal betrachtet – zu Parallelverschiebungen der Bodenrentenfunktionen nach unten. Übersicht 5.20 wiederholt als Beispiel dazu die bisher für den mittleren Standort betrachtete Bodenrentenfunktion des Winterweizens (siehe Übersicht 5.9) bei dem angenommenen Produktpreis von 180,00 €/t Produkt als rote Linie. Die hellrote und die orange Linie repräsentieren dann die Bodenrentenfunktionen bei 20% und 40% höheren flächenabhängigen Kosten. Aus der Übersicht ergibt sich unmittelbar, dass eine abnehmende Bearbeitbarkeit von Feldstücken zu einem zunehmend größer werdenden submarginalen Ertragsbereich führt, bzw. dass der Grenzstandort, bei dem die Bodenrente gerade Null ist, in Richtung auf höhere maximal erzielbare Erträge verschoben wird. Selbstverständlich bedingen die höheren flächenabhängigen Kosten abnehmende Bodenrenten bei gleichzeitig steigenden speziellen Landnutzungsintensitäten.

Welche Konsequenzen ergeben sich daraus bei der Betrachtung von mehreren Nutzpflanzenarten? In Übersicht 5.21 wurden dafür mit den dünnen roten, grünen und blauen Linien die Bodenrentenfunktionen des Winterweizens, des Silomaises und der Speisekartoffeln für den mittleren Standort, d. h. bei 0% Arbeitserschwernis, der Übersicht 5.14 wiederholt. Je nach Ertragsbereich sind die drei Produkte jeweils wirtschaftlich relativ vorzüglich. Auf Standorten mit hohen maximal erzielbaren Erträgen erweisen sich die Speisekartoffeln als die wirtschaftlichste Handlungsalternative. Alle drei Produkte können jedoch im hohen Ertragsbereich mit positiven Bodenrenten erzeugt werden.

Die drei dicken Linien in Übersicht 5.21 zeigen dann die Bodenrenten für Standorte, die um 20% höhere flächenabhängige Kosten verursachen. Dabei wird deutlich, dass die mit vergleichsweise hohen flächenabhängigen Kosten belasteten Speisekartoffeln auch im Höchstertragsbereich nicht mehr wettbewerbsfähig sind. Vielmehr sind nur noch der Winterweizen und

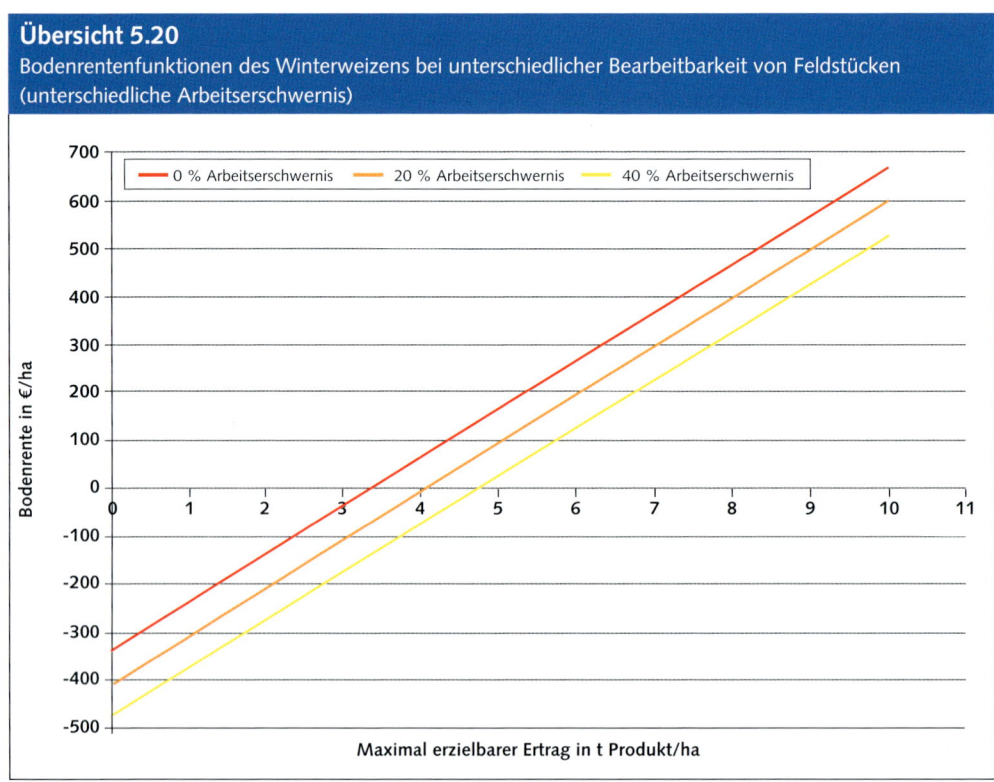

Übersicht 5.20
Bodenrentenfunktionen des Winterweizens bei unterschiedlicher Bearbeitbarkeit von Feldstücken (unterschiedliche Arbeitserschwernis)

Übersicht 5.21
Die Wirkungen erschwerter Bearbeitbarkeit von Feldstücken und die Bodenrentenfunktionen des Winterweizens, des Silomaises und der Speisekartoffeln

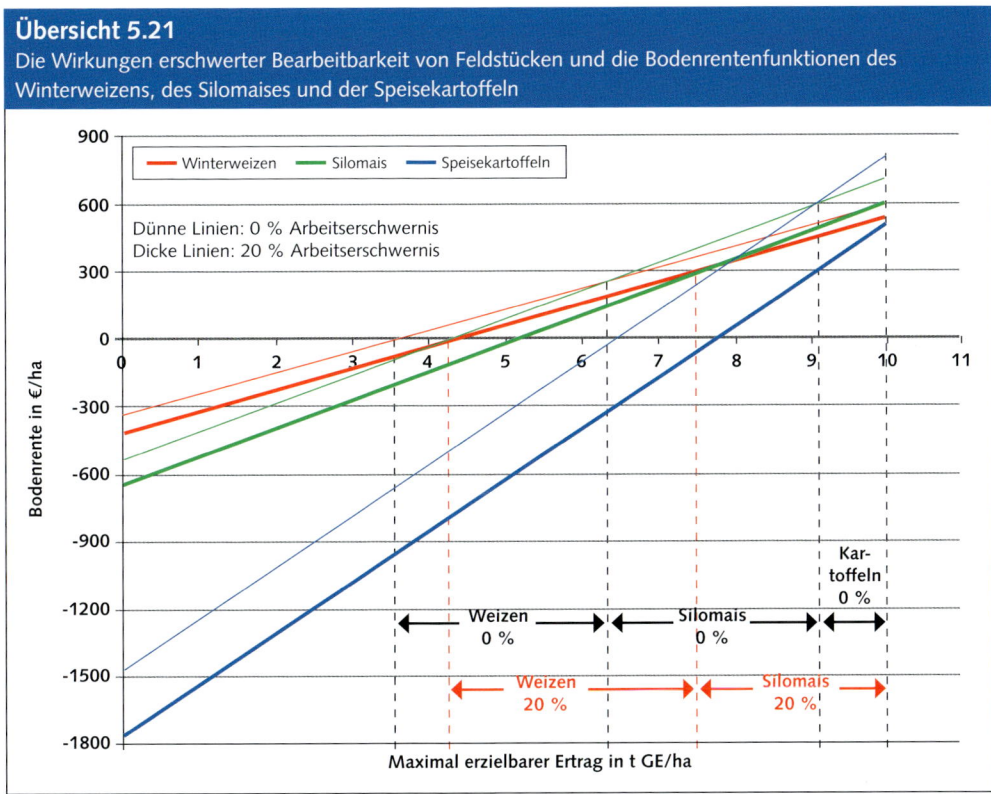

der Silomais in jeweils unterschiedlichen Ertragsbereichen relativ vorzüglich. Auch im Höchstertragsbereich verengt sich die anbauwürdige Produktpalette damit von drei auf zwei Nutzpflanzenarten.

Umgekehrt zeigt Übersicht 5.22 die Konsequenzen für Standorte mit um 20% verminderten flächenabhängigen Kosten. Derartige Standorte sind im Allgemeinen durch leichte sandige Böden mit einer relativ hohen Anzahl an Feldarbeitstagen gekennzeichnet. Sie weisen jedoch im Vergleich zu Standorten mit mittleren und schweren Böden geringere Höchsterträge auf. Der im Höchstfalle erzielbare Ertrag wurde deshalb von 10 t GE/ha (siehe Übersicht 5.21) auf 8 t GE/ha herabgesetzt. Dieser geringere Höchstertrag hat zunächst zur Folge, dass die Speisekartoffeln in keinem Ertragsbereich mehr relativ vorzüglich sind. Der gesamte Ertragsbereich, in dem mindestens eine Nutzpflanzenart eine positive Bodenrente erbringt, wird durch den Winterweizen und den Silomais abgedeckt.

Des Weiteren zeigt Übersicht 5.22, dass die auf leichten Böden geringeren flächenabhängigen Kosten (Absenkung der Arbeitserschwernis um 20%) dazu führen, dass die mit spezifisch hohen flächenabhängigen Kosten behafteten Speisekartoffeln trotz des geringen Höchstertrages von 8 statt 10 t GE/ha wieder in das Landnutzungsprogramm aufgenommen werden können, weil die Speisekartoffeln nunmehr im Ertragsbereich zwischen etwa 7,3 und 8 t GE/ha relativ vorzüglich sind. Die Landnutzungsprogramme können deshalb wieder vielseitiger gestaltet werden.

Vorsichtig verallgemeinernd lassen sich damit aus den Ableitungen der Übersichten 5.21 und 5.22 die folgenden Konsequenzen ziehen:

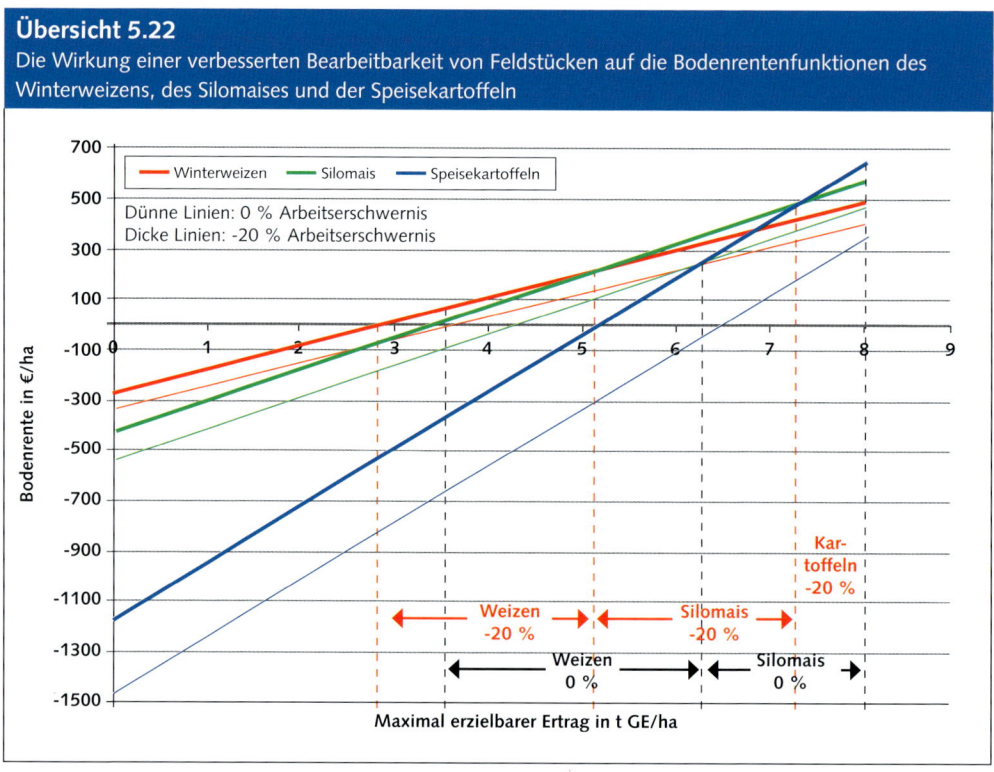

Übersicht 5.22

Die Wirkung einer verbesserten Bearbeitbarkeit von Feldstücken auf die Bodenrentenfunktionen des Winterweizens, des Silomaises und der Speisekartoffeln

(1) Mit zunehmend erschwerter Bearbeitbarkeit eines Standortes, d. h. mit steigenden flächenabhängigen Kosten, sinkt die Vielseitigkeit der Anbauprogramme, weil die Anzahl der anbauwürdigen – mit positiven Bodenrenten verbundenen Nutzpflanzenarten – abnimmt.

(2) Umgekehrt steigt mit erleichterter Bearbeitbarkeit, d. h. mit sinkenden flächenabhängigen Kosten, die Vielseitigkeit der Anbauprogramme, weil die Anzahl der anbauwürdigen, mit positiven Bodenrenten verbundenen Nutzpflanzenarten zunimmt.

(3) Steigende Arbeitserschwernisse, verbunden mit steigenden flächenabhängigen Kosten, wirken sich stärker nachteilig auf die durch hohe flächenabhängige Kosten gekennzeichneten Intensivkulturen aus, als auf die durch relativ niedrige flächenabhängige Kosten gekennzeichneten Extensivkulturen.

(4) Umgekehrt wirken sich sinkende Arbeitserschwernisse, verbunden mit abnehmenden flächenabhängigen Kosten, stärker vorteilhaft auf die durch relativ hohe flächenabhängige Kosten gekennzeichneten Intensivkulturen aus, als auf die durch relativ geringe flächenabhängige Kosten gekennzeichneten Extensivkulturen.

(5) Auf Standorten mit hohen Arbeitserschwernissen, d. h. mit relativ schlechter Bearbeitbarkeit, beschränkt sich deshalb c. p. die Anbaupalette auf Extensivkulturen, d. h. auf Nutzpflanzenarten mit relativ geringen flächenabhängigen Kosten. Je höher die Arbeitserschwernis wird, desto enger wird c. p. die Palette wirtschaftlich anbauwürdiger Kulturen.

(6) Auf Standorten mit relativ guter Bearbeitbarkeit können die Landwirte c. p. umgekehrt aus einer breiten Anbaupalette wirtschaftlich anbauwürdiger Nutzpflanzenarten wählen. Je günstiger die Bearbeitbarkeit von Feldstücken c. p. wird, desto vielseitiger können die betrieblichen Landnutzungsprogramme gestaltet werden.

In einem Satz: Auf Standorten mit guter Bearbeitbarkeit besteht die Tendenz zur Durchführung relativ vielseitiger Landnutzungsprogramme mit mehr oder weniger hohen Anteilen an Intensivkulturen; auf Standorten mit schlechter Bearbeitbarkeit können dagegen nur noch relativ einseitige Landnutzungsprogramme ohne Intensivkulturen realisiert werden.

5.4 Typisierung natürlicher Standorte nach Maßgabe ihrer Ertragsfähigkeit und Bearbeitbarkeit

Fasst man die Aussagen der vorhergehenden Abschnitte zusammen, dann lassen sich vier extreme Standorttypen nach Maßgabe ihrer Ertragsfähigkeit und Bearbeitbarkeit definieren. Diese Extremstandorte bilden quasi den äußeren Rahmen, innerhalb dessen die realen Standorte liegen. Diese extremen Standorte sind:

1. Der Standort mit hohen flächenabhängigen Kosten und geringen maximal erzielbaren Erträgen;
2. der Standort mit hohen flächenabhängigen Kosten und hohen maximal erzielbaren Erträgen;
3. der Standort mit geringen flächenabhängigen Kosten und geringen maximal erzielbaren Erträgen;
4. der Standort mit geringen flächenabhängigen Kosten und hohen maximal erzielbaren Erträgen.

Dieser Standortrahmen soll unter der vereinfachten Annahme untersucht werden, dass der Winterweizen in einem geschlossenen Wirtschaftsraum das einzige Produkt zur Deckung des Nahrungsmittelbedarfes darstellt. Mit Übersicht 4.3 wurden für den Winterweizen bei mittlerem Boden flächenabhängige Kosten in Höhe von rund 340,00 €/ha ermittelt. Im vorhergehenden Abschnitt wurde für den Fall extrem ungünstiger Bearbeitbarkeit, d. h. bei schwerem Boden, hoher Hangneigung, Steinigkeit und geringer Anzahl von Feldarbeitstagen, von bis zu 40% höheren flächenabhängigen Kosten ausgegangen. Bezogen auf den Winterweizen bedeutet das, dass flächenabhängige Kosten in Höhe von $340 \cdot 1,4 = 476,00$ €/ha entstehen. Andererseits wurde bei extrem günstiger Bearbeitbarkeit, d. h. bei leichtem Boden, ebener Lage, Steinfreiheit und hoher Anzahl an Feldarbeitstagen, von bis zu 30% geringeren flächenabhängigen Kosten ausgegangen. Bezogen auf den Winterweizen bedeutet das, dass flächenabhängige Kosten in Höhe von nur $340 \cdot 0,7 = 238,00$ €/ha anfallen. Im positiven Extremfall betragen also die flächenabhängigen Kosten nur die Hälfte des für den negativen Extremfall zutreffenden Betrages.

Aus Übersicht 5.5 geht hervor, dass die Ertragsfähigkeit für den Winterweizen auf dem ertragsschwächsten Standort (Brandenburg) nur 66% des ertragsstärksten Standortes (Schleswig-Holstein) beträgt. Dabei ist jedoch zu berücksichtigen, dass die in Übersicht 5.5 vorgenommene Aufteilung der Regionen nach politischen und nicht nach natürlichen Grenzen erfolgen musste. Man kann also annehmen, dass die Ertragsunterschiede in der Realität – bezogen auf naturräumliche Unterschiede – noch höher sein werden. Hier soll deshalb davon ausgegangen werden, dass der ertragsschwächste Standort, auf dem Winterweizen angebaut wird, einen maximal erzielbaren Ertrag von nur 60% des ertragsstärksten Standortes hat.

Weiterhin wird in Übersicht 5.5 für die ertragsstärkste – wie gesagt politisch abgegrenzte – Region für den Winterweizen ein Ertragsniveau von 8,91 t/ha ermittelt. In einer naturräumlich abgegrenzten Gunstregion dürfte deshalb wohl das Ertragsniveau in Höhe von etwa 10 t/ha realistisch sein.

Berücksichtigt man schließlich noch, dass mit Übersicht 4.3 bei den angenommenen Faktorpreisen für den Winterweizen ertragsabhängige Kosten in Höhe von rund 80,00 €/t (exakt 79,4898 €/t) ermittelt wurden, dann lassen sich die Kostenfunktionen des Winterweizens für die vier Extremstandorte in Abhängigkeit der maximal erzielbaren Erträge gemäß Übersicht 5.23 darstellen. Darin sind die Kostenfunktionen durch unterschiedliche Farben gekennzeichnet. Bezüglich der Kosten wird der Rahmen für die Standorte durch das Parallelogramm B, E, F, C gebildet.

Die Kostenfunktionen ergeben sich aus Gleichung (3.13), nach Zusammenfassung der ertragsabhängigen Arbeits- und Sachkosten ($MKVA_m + MKVS_m$) zu den ertragsabhängigen Kosten (MKV_m) und Zusammenfassung der flächenabhängigen Arbeits- und Sachkosten ($KVFA_m + KVFS_m$) zu den flächenabhängigen Kosten (KVF_m) mit:

$$(5.25) \qquad K_m = KVF_m + MKV \cdot y; (m = 1 \dots 4)$$

Darin sind:

$K_m =$ Kosten des m-ten Extremstandortes, gemessen in €/ha;

$KVF_m =$ flächenabhängige Kosten des m-ten Extremstandortes, gemessen in €/ha;

$MKV =$ ertragsabhängige Kosten (unabhängig vom Extremstandort), gemessen in €/t Produkt;

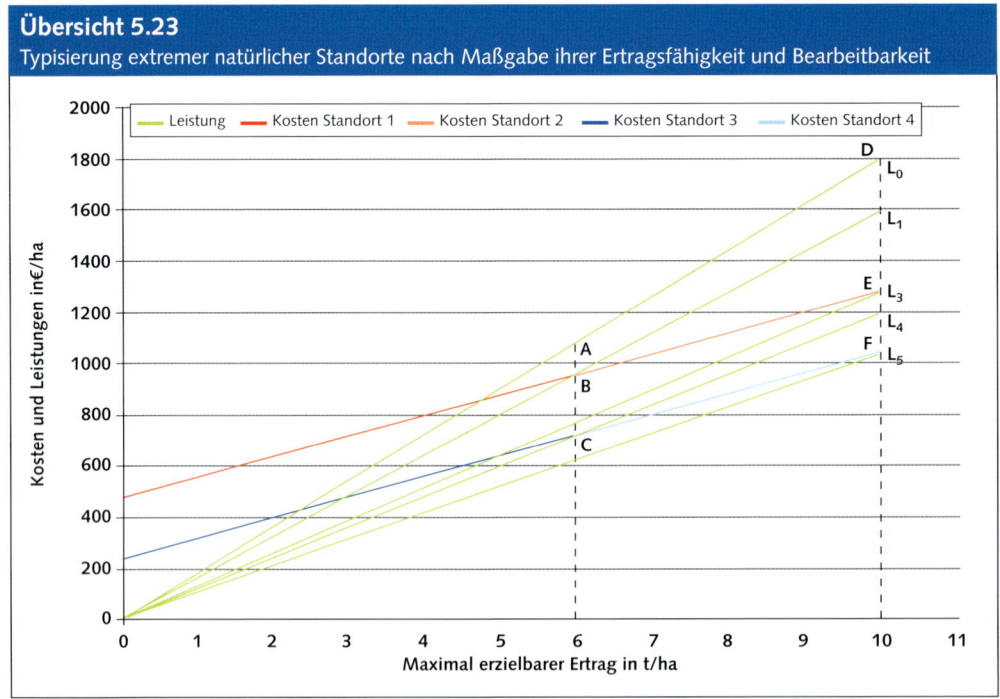

Übersicht 5.23

Typisierung extremer natürlicher Standorte nach Maßgabe ihrer Ertragsfähigkeit und Bearbeitbarkeit

y =   maximal erzielbarer Ertrag, gemessen in t/ha.

Für die Leistungsfunktion gilt in Wiederholung der Gleichung (3.4):

(5.26) $L = py \cdot y$

Darin sind:

L =   Leistung des Winterweizens, gemessen in €/t;

py =   Produktpreis des Winterweizens, gemessen in €/t.

Geht man nun von dem bisher für Winterweizen angenommenen Preis in Höhe von py = 180,00 €/t aus, dann gilt die Leistungsfunktion L_0 in Übersicht 5.23. Aus der Übersicht wird deutlich, dass bei diesem Preis sämtliche Extremstandorte für den Winterweizen eine positive Bodenrente erbringen. Für den Extremstandort 1 repräsentiert der Streckenabschnitt A bis B die Bodenrente, für den Extremstandort 2 der Streckenabschnitt D bis E, für den Extremstandort 3 der Streckenabschnitt A bis C und für den Extremstandort 4 der Streckenabschnitt D bis F die zugehörige Bodenrente.

Preissenkungen für den Winterweizen würden nun bewirken, dass Standorte sukzessive aus der Produktion ausscheiden, weil sie keine positive Bodenrente mehr erbringen. Drehungen der Leistungsfunktion im Uhrzeigersinn um den Ursprung deuten dabei Preissenkungen für den Winterweizen an, weil die Steigungen der Leistungsfunktionen die Produktpreise sind (s. Gleichung (5.26)).

Zunächst scheidet der Extremstandort 1 aus der Produktion aus. Bei der Leistungsfunktion L_1 wird am Punkt B für den Standort gerade noch Kostendeckung erreicht, weitere Preissenkungen führen zu negativen Bodenrenten. Sinngemäß das Gleiche gilt für den Standort 2 mit der Leistungsfunktion L_2, für den Standort 3 mit der Leistungsfunktion L_3 und für den Extremstandort 4 mit der Leistungsfunktion L_4. Der Extremstandort 4 ist also der wirtschaftlichste Standort.

Die Wirtschaftlichkeit der Standorte lässt sich durch die Stückkosten, d. h. durch die Kosten je t Winterweizen bei Erreichen des standortspezifischen maximal erzielbaren Ertrages ($ymax_m$), kennzeichnen. Für die Stückkosten (KVD_m) gilt:

(5.27) $$KVD_m = \frac{K_m}{ymax_m}$$

Die Stückkosten betragen durch Einsetzen der vorgenannten Zahlenwerte für den

Standort 1:   159,33 €/t;

Standort 2:   127,60 €/t;

Standort 3:   119,67 €/t;

Standort 4:   103,80 €/t.

Diese Zahlen bilden den Rahmen, innerhalb dessen die Stückkosten für den Winterweizen bei den angenommenen Faktorpreisen in Deutschland gegenwärtig liegen dürften. Dabei ist allerdings noch zu berücksichtigen, dass die hier erfassten Kosten lediglich die Direkt- und die Arbeitserledigungskosten umfassen. Vollkosten ergeben sich – wie in Abschnitt 3.2 bereits abgeleitet – erst durch Hinzufügung der Gemeinkostenanteile und nach Abzug der Flächenprämien. In den meisten Standorten dürften sich dadurch die Stückkosten je nach maximal erzielbarem Ertrag um ca. 20,00 bis 40,00 €/t erhöhen.

5.5 Der Einfluss der Ertragsfähigkeit natürlicher Standorte auf das Landnutzungsprogramm, die Landnutzungsintensität und die Bodenrente bei Berücksichtigung der Betriebsfaktoren zur Einhaltung einer nachhaltigen Wirtschaftsweise

In diesem Abschnitt soll der Einfluss der Ertragsfähigkeit natürlicher Standorte auf das Landnutzungsprogramm, die Landnutzungsintensität und die Bodenrente für den Fall untersucht werden, dass – im Unterschied zu den Analysen der vorhergehenden Abschnitte – die Landwirte eine nachhaltige Wirtschaftsweise sicherstellen wollen, also die zugehörigen Betriebsfaktoren in ihren Wirkungen beachten.

Zur Ableitung der diesbezüglichen Konsequenzen wird das bereits mit Übersicht 4.1 entwickelte quantitative, betriebliche Optimierungsmodell – allerdings in erweiterter Form – herangezogen. Das Modell ist für die Ausgangssituation in Übersicht 5.24 dargestellt.

Die Modellerweiterungen erfolgten in zweierlei Hinsicht: Zur Erleichterung der Simulationsrechnungen für die Auswirkungen unterschiedlicher Ertragsniveaus wurde zum einen in das Modell ein neuer Block I eingefügt. In Zeile 1 wird ein „Ankerwert des Ertrages" (yank) für die sieben betrachteten Nutzpflanzenarten eingegeben. Dafür wurden hier die Maximalerträge der Zeile 1 von Übersicht 4.1 verwendet. Mit Hilfe dieser Ankerwerte lassen sich unterschiedliche Maximalerträge (ymax) durch Multiplikation der Ankerwerte mit dem rechts aufgeführten E-Faktor (ef) als Anpassungsfaktor zur Bestimmung des Ertragsniveaus generieren. Für den Maximalertrag der m-ten Nutzpflanzenart gilt deshalb nunmehr:

$$(5.28) \qquad ymax_m = yank_m \cdot ef$$

Zum anderen wurde zur Annäherung an die Realität nicht mehr, wie ursprünglich für das Modell der Übersicht 4.1 unterstellt (siehe Abschnitt 4.1.3), dass der jährliche Humusabbau durch die einzelnen Nutzpflanzenarten unabhängig von deren Ertragsniveau ist. Vielmehr wurde davon ausgegangen, dass sich die Höhe des Humusabbaus proportional zum Ertragsniveau verhält. Als plausible Annahme kann gelten, dass sich der Humusabbau prozentual halb so stark verändert wie das Ertragsniveau.

Diese Relation wurde mit den (neuen) Zeilen 8 und 9 des Blocks III der Übersicht 5.24 beschrieben. Der in Übersicht 4.1 ursprünglich angenommene Humusabbau wird jetzt als Ankerwert des Humusabbaus (nhac) verwendet (siehe Zeile 8). Der ertragsabhängige Humusabbau (ehac) (siehe Zeile 9) für die m-te Nutzpflanzenart ergibt sich daraus unter Verwendung des E-Faktors (ef) gemäß der folgenden Gleichung (5.29):

$$(5.29) \qquad ehac = nhac \cdot \frac{1 + ef}{2}$$

Für den bisher schon betrachteten angepassten Humusabbau (hac) (siehe Zeile 10) gilt unter Verwendung des bisher schon berücksichtigten Humusabbauanpassungsfaktors (haf) jetzt für die m-te Nutzpflanzenart:

$$(5.30) \qquad hac_m = ehac_m \cdot haf$$

Im Übrigen ist das Modell der Übersicht 5.24 identisch mit dem Modell der Übersicht 4.1.

Mit dem Modell der Übersicht 5.24 kann jetzt untersucht werden, wie sich unterschiedliche

Übersicht 5.24

Das mathematische Optimierungsmodell eines Ackerbaubetriebes zur Simulation der Auswirkungen unterschiedlicher Ertragsniveaus auf das Landnutzungsprogramm, die Landnutzungsintensität und die betriebliche Bodenrente unter Berücksichtigung der Betriebsfaktoren zur Erhaltung einer nachhaltigen Wirtschaftsweise

Z.	Aktivitäten: / Bezeichnung:	Symbol	Speise-kartoffeln x^1	Zucker-rüben x^2	Winter-raps x^3	Winter-weizen x^4	Sommer-gerste x^5	Körner-mais x^6	Silo-mais x^7		
I	**Bestimmung des Ertragsniveaus**										
1	Ankerwert des Ertrages[1] [t/ha]	yank	60,500	77,000	4,750	10,850	7,600	12,540	58,080	E-Faktor[2] [ef]	
2	Maximalertrag[3] [t/ha]	ymax	60,500	77,000	4,750	10,850	7,600	12,540	58,080	1,00	
II	**Bestimmung des Ertrages nach Maßgabe der Schädigungswirkung**										
3	Maximalertrag [t/ha]	ymax	60,500	77,000	4,750	10,850	7,600	12,540	58,080	Depressions-anpassungs-faktor [df] (0,7 bis 1,3)	
4	Normertragsdepression (0-1)	ned	0,5000	0,5000	0,5000	0,2500	0,2500	0,1250	0,1250		
5	Angepasste Ertragsdepression	ed	0,5000	0,5000	0,5000	0,2500	0,2500	0,1250	0,1250		
6	Minimalertrag[4] [dt/ha]	ymin	30,25	38,50	2,38	8,14	5,70	10,97	50,82		
7	Ertrag [t/ha]	y	60,50	75,37	4,46	10,17	7,35	12,01	57,22	1,00	
III	**Bestimmung der Humuslieferung**										
8	Ankerwert d. Humusabbaus [kg C/ha]	nhac	1000,0	1300,0	400,0	400,0	400,0	800,0	800,0	Humus-abbau-anpassungs-faktor [haf] (-0,3 bis +0,3)	
9	Ertragsabh. Humusabbau [kg C/ha]	ehac	1000,0	1300,0	400,0	400,0	400,0	800,0	800,0		
10	Angepasster Humusabbau [kg C/ha]	hac	1000,0	1300,0	400,0	400,0	400,0	800,0	800,0		
11	Haupt-:Nebenertrag-Verhältnis	hnv	0,0	0,7	1,7	0,8	0,7	1,0	0,8		
12	Humusgehalt [kg C/t-Ertrag]	hgnc	0,0	8,0	70,0	70,0	70,0	70,0	12,0		
13	Humuslieferung [kg C/ha]	hlc	0,0	422,1	530,6	569,7	360,2	840,9	549,3		
14	Humusbilanz [kg C/ha]	hbc	1000,0	877,9	-130,6	-169,7	39,8	-40,9	250,7	0,00	
IV	**Bestimmung der Bodenrente**										
15	Produktpreis [€/t]	py	100,00	35,00	380,00	180,00	220,00	185,00	40,00	Produktions-risiko-scheu-faktor [prf] (0 bis 0,6)	
16	Ertragsabh. Sachkosten [€/t]	MKVS	46,57	13,95	159,80	75,57	65,50	77,20	15,37		
17	Ertragsabh. Arbeitskosten [€/t]	MKVA	3,653	0,563	7,411	3,921	3,117	3,894	2,301		
18	Flächenabh. Sachkosten [€/ha]	KVFS	1317,86	364,10	203,42	269,58	286,43	414,12	462,93		
19	Flächenabh. Arbeitskosten [€/ha]	KVFA	143,06	41,40	58,19	70,46	67,78	61,47	68,35		
20	Bodenrente [€/ha]	BR	1550,62	1138,49	687,20	682,45	758,64	772,71	746,54	0,30	
V	**Bestimmung des Risikonutzens**										
21	Standardabweichung Ertrag[5]	sap	0,2294	0,0770	0,1497	0,0753	0,1144	0,0873	0,0796	Marktrisiko-scheu-faktor [mrf] (0 bis 0,6)	
22	Standardabweichung Preis[5]	sam	0,2720	0,0545	0,2497	0,3140	0,3123	0,2726	0,0488		
23	Ertragsrisikoprämie [€/ha]	RPP	416,36	60,94	76,09	41,37	55,50	58,21	54,66		
24	Preisrisikoprämie [€/ha]	RPM	493,68	43,13	126,92	172,49	151,52	181,76	33,51		
25	Risikonutzen [€/ha]	RN	640,58	1034,42	484,18	468,59	551,62	532,75	658,38	0,30	
VI	**Matrix der Begrenzungen**									Verfügbar	Genutzt
26	Ackerfläche [ha]		1,0	1,0	1,0	1,0	1,0	1,0	1,0	<= 250,00	250,00
27	Humusbilanz [kg C/ha]		1000,0	877,9	-130,6	-169,7	39,8	-40,9	250,7	<= 0,00	-0,00
28	Zielfunktion=Anbauumfänge [ha]		0,00	10,59	30,65	62,39	32,76	83,98	29,64	137.348,39	< RNB[6]
VII	**Ergebnisse**										
29	Ackerflächenanteil [%]		0,00	4,23	12,26	24,96	13,10	33,59	11,86		
30	Ertrag [t/ha]		60,50	75,37	4,46	10,17	7,35	12,01	57,22	Betrieb	
31	Bodenrente dse Betriebes [€]									187.561,43	< BRB
32	Bodenrente [€/ha]		1550,62	1138,49	687,20	682,45	758,64	772,71	746,54	750,25	< MBR[7]
33	Kosten des Betriebes [€]									313.995,01	< K
34	Kosten[8] [€/ha]		4499,38	1499,45	1007,17	1148,70	858,59	1449,77	1542,23	1.255,98	< MK[9]
35	Herfindahl-Index:				0,22						

[1] hohes Ertragsniveau gemäß KTBL-Online,Kalkulationsdaten,erhöht um 10% wegen minimalen Anbauanteils; [2] Anpassungsfaktor zur Bestimmung des Ertragsniveaus; [3] bei minimalem Anbauanteil; [4] bei Monokultur; [5] bezogen auf Mittelwert = 1; [6] Risikonutzen des Betriebes; [7] durchschnittliche Bodenrente des Betriebes; [8] als spezielle Intensitäten der Landnutzung; [9] als durchschnittliche Landnutzungsintensität des Betriebes

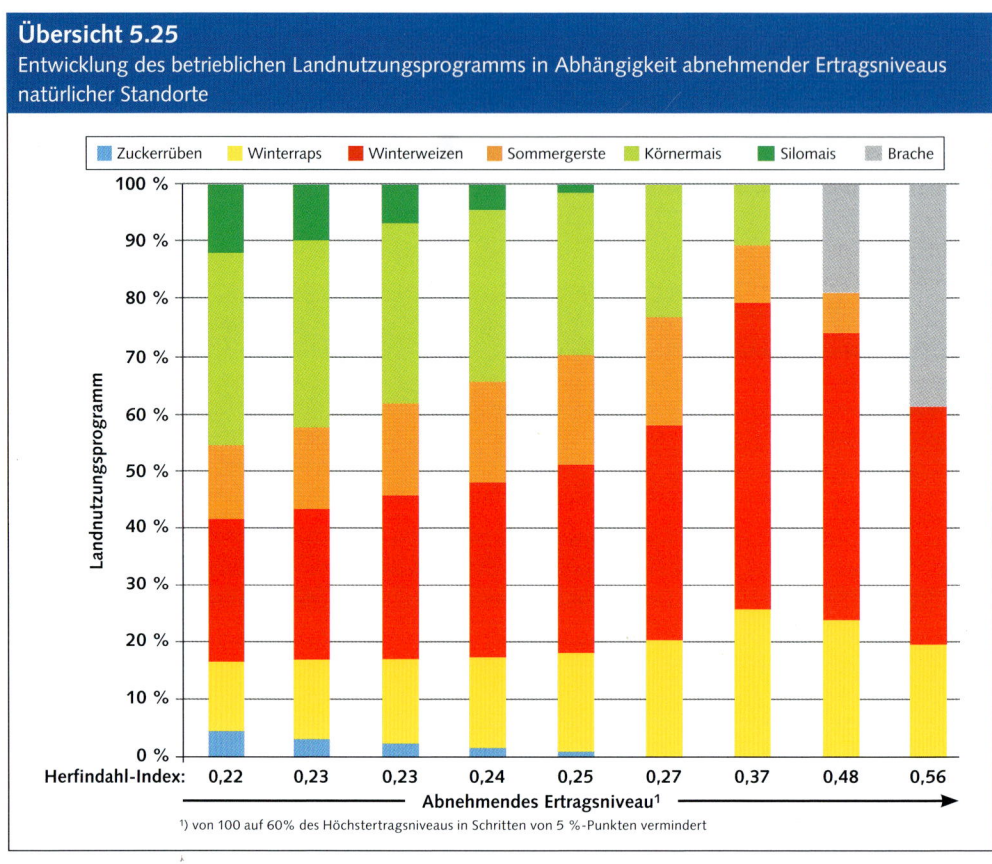

Übersicht 5.25
Entwicklung des betrieblichen Landnutzungsprogramms in Abhängigkeit abnehmender Ertragsniveaus natürlicher Standorte

Legende: Zuckerrüben, Winterraps, Winterweizen, Sommergerste, Körnermais, Silomais, Brache

Herfindahl-Index: 0,22 | 0,23 | 0,23 | 0,24 | 0,25 | 0,27 | 0,37 | 0,48 | 0,56
Abnehmendes Ertragsniveau[1]
[1] von 100 auf 60% des Höchstertragsniveaus in Schritten von 5 %-Punkten vermindert

Ertragsniveaus, d. h. unterschiedlich ertragsstarke Standorte, auf das Landnutzungsprogramm, die Landnutzungsintensität und die betriebliche Bodenrente auswirken. Wie in Abschnitt 5.1 abgeleitet, beträgt das Ertragsniveau der ertragsschwächsten Standorte in Deutschland etwa 60% der ertragsstärksten Standorte. Mit dem Modell wurde deshalb – ausgehend von dem in Zeile 1 festgehaltenen höchsten Ertragsniveau in Schritten von 5%-Punkten betragenden Abnahmen des Ertragsniveaus bis auf 60% des höchsten Ertragsniveaus – untersucht, wie sich diese sukzessiven Verminderungen der natürlichen Standortqualität auf das jeweils optimale Landnutzungsprogramm sowie die zugehörige Landnutzungsintensität und die Bodenrente auswirken. Dabei wurde – wie aus den Beträgen der Anpassungsfaktoren in der rechten Spalte der Übersicht 5.24 im Einzelnen hervorgeht – von mittleren Werten für die Ertragsdepression, den Humusabbau sowie das Produktions- und das Marktrisiko ausgegangen.

Übersicht 5.25 zeigt dann die Ergebnisse der Simulationsläufe für das um jeweils 5%-Punkte schrittweise reduzierte Ertragsniveau. Aus der Übersicht geht Folgendes hervor:

(1) Mit abnehmendem Ertragsniveau eines natürlichen Standortes verengt sich das betriebliche Landnutzungsprogramm in Richtung auf Raps-Getreide-Fruchtfolgen. Im Beispiel steigt der Herfindahl-Index von 0,22 auf 0,56 an. Relativ intensive Nutzpflanzenarten (im Beispiel Zuckerrüben und Mais) werden zu Gunsten der extensiveren Kulturen Winterraps und Getreide eingeschränkt und bei weiteren Ertragsabnahmen schließlich aufgegeben.

(2) Ein sehr geringes Ertragsniveau führt letztlich dazu, dass Teile der betrieblichen Nutzflächen gebracht werden müssen, um noch bestimmte Mindesterträge (wegen geringerer Ertragsdepression) für die verbleibenden Nutzpflanzenarten zu erreichen. Ihrerseits werden diese Ertragsniveaus für die Sicherstellung des Humusausgleichs benötigt.

(3) Mit der abnehmenden Vielseitigkeit des Landnutzungsprogramms in Abhängigkeit abnehmender Ertragsniveaus werden prinzipiell die bereits in Abschnitt 5.3 getroffenen Aussagen bestätigt: Je höher die Ertragsfähigkeit eines natürlichen Standortes ist, desto breiter wird die Palette der Nutzpflanzenarten, die mit positiven Bodenrenten in das betriebliche Landnutzungsprogramm aufgenommen werden können.

Ergänzend zeigt Übersicht 5.26 die Entwicklung der Landnutzungsintensität (als Kosten je ha betrieblicher Nutzfläche) und der Bodenrente in Abhängigkeit abnehmender Ertragsniveaus eines Standortes. Daraus ergibt sich Folgendes:

(1) Bei einer Abnahme des Ertragsniveaus um 40% geht die Landnutzungsintensität im Beispiel von 1.256,00 auf 467,00 €/ha um 63% zurück. Umgekehrt ausgedrückt: Mit zunehmender Gunst eines natürlichen Standortes steigt die nachhaltig optimale Landnutzungsintensität überproportional an.

(2) Bei einer Abnahme des Ertragsniveaus von 40% verändert sich die erzielbare Bodenrente im Beispiel von 750,00 auf 158,00 €/ha um 79%. Umgekehrt ausgedrückt: Mit zunehmender

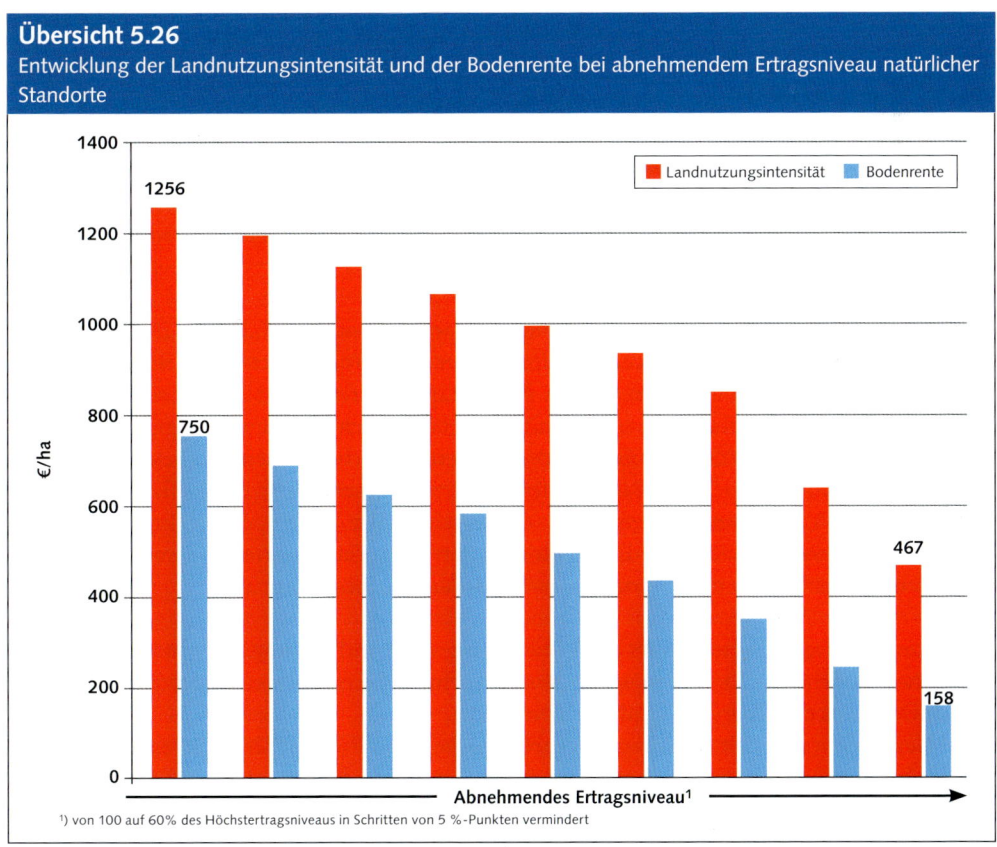

Übersicht 5.26
Entwicklung der Landnutzungsintensität und der Bodenrente bei abnehmendem Ertragsniveau natürlicher Standorte

[Legende: Landnutzungsintensität, Bodenrente]

€/ha

1256

750

467

158

Abnehmendes Ertragsniveau[1]

[1] von 100 auf 60% des Höchstertragsniveaus in Schritten von 5 %-Punkten vermindert

Gunst eines natürlichen Standortes steigt die nachhaltig erzielbare Bodenrente überproportional an.

Insgesamt bleibt damit festzuhalten: Im Vergleich zu ertragsschwachen Standorten sind ertragsstarke Standorte durch relativ vielseitige betriebliche Landnutzungsprogramme und – im Vergleich zum Ertragsanstieg – überproportional hohe optimale Landnutzungsintensitäten und Bodenrenten gekennzeichnet.

5.6 Der Einfluss der Bearbeitbarkeit von Feldstücken auf das Landnutzungsprogramm, die Landnutzungsintensität und die Bodenrente bei Berücksichtigung der Betriebsfaktoren zur Einhaltung einer nachhaltigen Wirtschaftsweise

Während im vorhergehenden Abschnitt von einer mittleren Bearbeitbarkeit des Standortes, verbunden mit mittleren flächenabhängigen Kosten, ausgegangen und das Ertragsniveau variiert wurde, wird in diesem Abschnitt von einem mittleren Ertragsniveau (80% des Höchstertragsniveaus) ausgegangen und die flächenabhängigen Kosten von –30% bis +40% des mittleren Wertes in Schritten von 10%-Punkten variiert. Auch dafür wurde das in Übersicht 5.24 dargestellte Optimierungsmodell verwendet. Mit den zugehörigen Simulationsläufen soll der Einfluss unterschiedlicher Bearbeitbarkeiten von Feldstücken auf das Landnutzungsprogramm, die Landnutzungsintensität und die Bodenrente abgeleitet werden.

Zunächst zeigt Übersicht 5.27 die Konsequenzen für das betriebliche Landnutzungsprogramm. Aus der Übersicht geht Folgendes hervor:
(1) Mit zunehmend erschwerter Bearbeitbarkeit eines Feldstücks verändert sich zwar die Struktur des betrieblichen Landnutzungsprogramms, nicht aber der Grad seiner Vielseitigkeit. Der HERFINDAHL-Index bleibt mit 0,27 bei geringen flächenabhängigen Kosten und 0,26 bei hohen flächenabhängigen Kosten praktisch unverändert.

(2) Bezüglich der Struktur des Landnutzungsprogramms ergibt sich bei steigenden flächenabhängigen Kosten eine sukzessive Ausdehnung der Nutzpflanzenarten mit relativ geringen artspezifischen flächenabhängigen Kosten (hier: Raps, Getreide und auch Zuckerrüben) zu Lasten derjenigen Nutzpflanzenarten, die höhere artspezifische flächenabhängige Kosten aufweisen. Umgekehrt gesagt: Mit zunehmend erschwerter Bearbeitbarkeit von Feldstücken nehmen die Anbauanteile der Nutzpflanzenarten mit artspezifisch relativ hohen flächenabhängigen Kosten, d. h. der Nutzpflanzenarten, die durch relativ hohe spezielle Intensitäten der Landnutzung gekennzeichnet sind, zu Gunsten der Nutzpflanzenarten mit relativ geringen speziellen Intensitäten an dem betrieblichen Landnutzungsprogramm ab.

Ergänzend zeigt Übersicht 5.28 die Entwicklung der Landnutzungsintensität und der betrieblichen Bodenrente in Abhängigkeit einer zunehmend erschwerten Bearbeitbarkeit eines Feldstückes. Aus der Übersicht ergibt sich Folgendes:
(1) Bei einer verdoppelt erschwerten Bearbeitbarkeit von Feldstücken, d. h. einer Erhöhung der flächenabhängigen Kosten von 70 auf 140% der Werte für die mittlere Bearbeitbarkeit, steigt die Landnutzungsintensität im Beispiel von 914,00 auf 1.081,00 €/ha um 18% an. Umgekehrt ausgedrückt: Eine zunehmend erleichterte Bearbeitbarkeit von Feldstücken ist mit einem

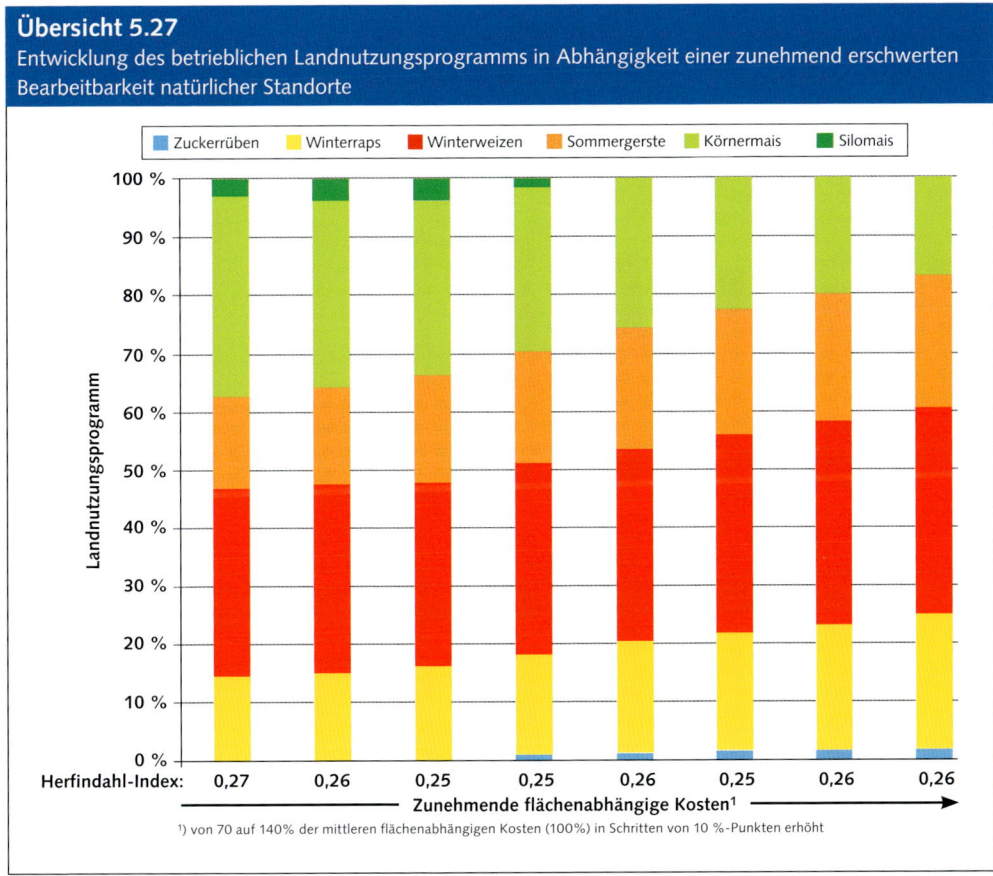

Übersicht 5.27

Entwicklung des betrieblichen Landnutzungsprogramms in Abhängigkeit einer zunehmend erschwerten Bearbeitbarkeit natürlicher Standorte

- im Verhältnis zum Rückgang der flächenabhängigen Kosten – unterproportionalen Rückgang der Landnutzungsintensität verbunden.

(2) Bei einer verdoppelt erschwerten Bearbeitbarkeit von Feldstücken sinkt die Bodenrente des Beispiels von 613,00 auf 351, €/ha um 43%. Mit anderen Worten: Eine Verdoppelung der flächenabhängigen Kosten bewirkt in etwa eine Halbierung der Bodenrente. Umgekehrt gesagt: Eine Halbierung der flächenabhängigen Kosten bewirkt eine Verdoppelung der Bodenrente.

Insgesamt bleibt damit festzuhalten: Eine zunehmend erleichterte Bearbeitbarkeit von Feldstücken, ausgedrückt durch sinkende flächenabhängige Kosten, führt zu etwa (umgekehrt) proportionalen Anstiegen der nachhaltig erzielbaren Bodenrente, verbunden mit einer unterproportionalen Abnahme der Landnutzungsintensität. Weiterhin führt eine zunehmend erleichterte Bearbeitbarkeit bei etwa gleich bleibender Vielseitigkeit, aber strukturellen Veränderungen des Landnutzungsprogramms, zu höheren Anteilen von Nutzpflanzenarten mit hohen artspezifischen Landnutzungsintensitäten.

Für die regionale Ebene bleibt festzuhalten: Die Landnutzungsmuster in Regionen mit hoher Ertragsfähigkeit unterscheiden sich von den Landnutzungsmustern in Regionen mit geringer Ertragsfähigkeit durch eine höhere Vielseitigkeit und durch höhere Flächenanteile an Intensivkulturen.

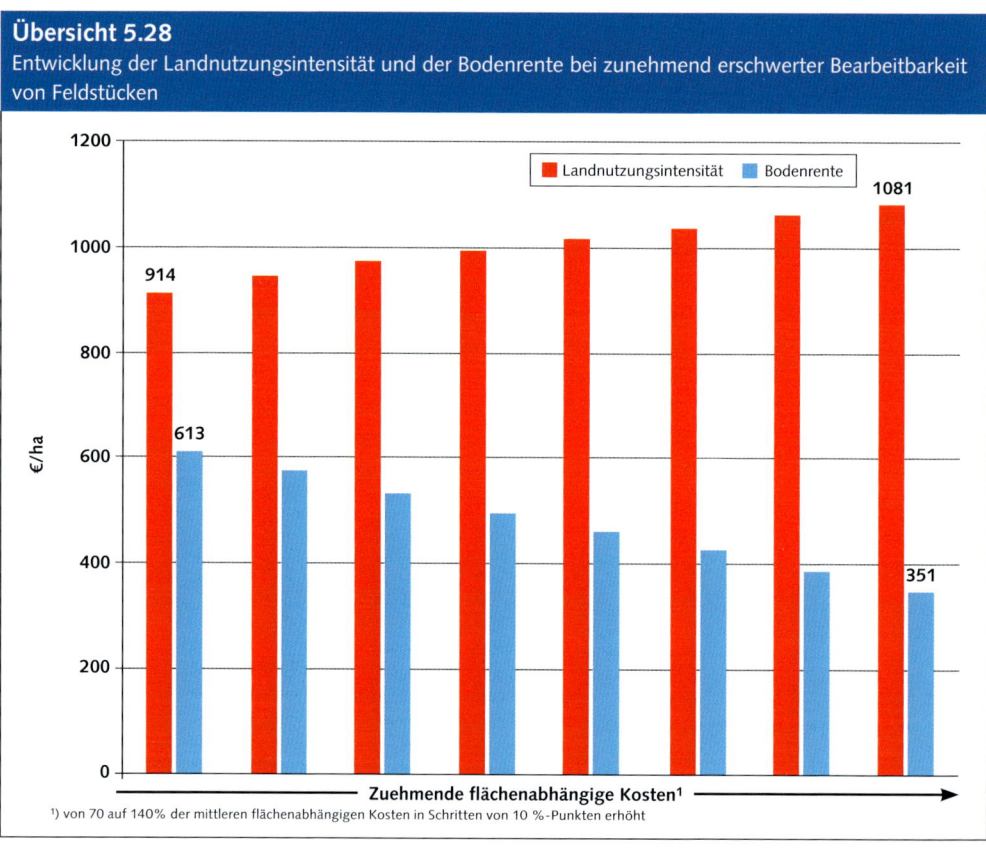

Übersicht 5.28
Entwicklung der Landnutzungsintensität und der Bodenrente bei zunehmend erschwerter Bearbeitbarkeit von Feldstücken

Die Landnutzungsmuster in Regionen mit guter Bearbeitbarkeit der Nutzflächen unterscheiden sich von den Landnutzungsmustern in Regionen mit erschwerter Bearbeitbarkeit bei etwa gleicher Vielseitigkeit durch höhere Flächenanteile an Intensivkulturen.

5.7 Die Bodenrente als Determinante des Bodenpreises und des Pachtzinses

Aus den vorhergehenden Abschnitten geht u. a. hervor, dass die je Nutzflächeneinheit erzielbare Bodenrente mit zunehmender Ertragsfähigkeit und zunehmend erleichterter Bearbeitbarkeit von Feldstücken, ausgehend vom Grenzstandort ohne positive Bodenrente, stark überproportional ansteigt. Landwirte, die auf ertragsstarken natürlichen Standorten wirtschaften, erzielen damit im Vergleich zu Landwirten, die auf ertragsschwachen Standorten wirtschaften, eine Differenzialrente in Form der – zuerst von DAVID RICARDO beschriebenen – Qualitätsrente (RICARDO, 1817). Bei der Qualitätsrente handelt es sich jedoch um eine sog. Quasirente, die nur dem Bodeneigentümer zugute kommt, der sich ein Grundstück erstmals aneignen konnte. Für die Bodeneigentümer, die ein Grundstück von einem anderen Eigentümer käuflich erwerben oder pachten, gilt folgende Überlegung:

Die Höhe der erzielbaren Bodenrente bestimmt den Preis des Bodens. Der Käufer von landwirtschaftlich zu nutzenden Flächen wird für ein Grundstück, das eine vergleichsweise hohe Bodenrente erwarten lässt, bereit sein, einen höheren Preis zu zahlen als für ein Grundstück, das eine nur vergleichsweise geringe Bodenrente abwirft. Grundsätzlich gilt deshalb für das Verhältnis von erzielbarer Bodenrente und Bodenpreis die folgende Beziehung:

(5.31) $BR = pb \cdot i$

Oder nach Umformung:

(5.32) $pb = \dfrac{BR}{i}$

Darin sind:

BR =   Erzielbare Bodenrente eines Grundstücks, gemessen in €/ha;
pb =   Preis des Bodens, gemessen in €/ha;
i =   Zinssatz (als Opportunitätskosten) für eine Kapitalanlage vergleichbarer Sicherheit, gemessen in %/100.

Zur Verdeutlichung soll das Beispiel des Abschnitts 5.5 herangezogen werden. Auf dem ertragsstärksten Standort ergab sich eine Bodenrente in Höhe von 750,00 €/ha, auf dem ertragsschwächsten Standort dagegen nur eine Bodenrente in Höhe von 158,00 €/ha. Bei einem Jahreszinssatz von 4%, entsprechend i = 0,04, für eine Anlage vergleichbarer Sicherheit, z. B. als langfristiges Festgeld, ergeben sich daraus für die beiden genannten Standorte Bodenpreise in Höhe von 18.750,00 €/ha und 3.950,00 €/ha. Allerdings hängen die Bodenpreise stark von der erzielbaren Rente einer Anlage vergleichbarer Sicherheit ab. Bei einer Verdoppelung des Zinssatzes von i = 0,04 auf i = 0,08 würden sich die Bodenpreise halbieren und vice versa.

Einschränkend sei schließlich hinzugefügt, dass es sich bei den hier kalkulierten Bodenrenten – wie wiederholt betont – um Brutto-Bodenrenten handelt, bei denen noch nicht die Gemeinkostenanteile und die Flächenprämien berücksichtigt sind. Da der Saldo aus Gemeinkostenanteilen und Flächenprämien i. d. R. negativ ist, also netto zu zusätzlichen Kosten führt, dürften sich in der Realität geringere als die oben errechneten Bodenpreise einstellen.

Darüber hinaus bestimmen die erzielbaren Bodenrenten auch den Pachtzins. Der Pächter von landwirtschaftlich zu nutzenden Flächen wird für ein Grundstück, das eine vergleichsweise hohe Bodenrente verspricht, zur Entrichtung eines höheren Pachtzinses bereit sein, als für ein Grundstück, das eine vergleichsweise geringe Bodenrente erwarten lässt. Der Pachtzins (pz) richtet sich nach der Bodenrente. Grundsätzlich gilt deshalb:

(5.33) $pz = BR$

Sinngemäß ist jedoch auch hier die oben genannte Einschränkung zu berücksichtigen.

Bei den abgeleiteten Bodenpreisen und Pachtzinsen würde der Landwirt unabhängig davon, auf welchem Standort er wirtschaftet, die gleichen Entgeltsätze für sein eingesetztes Kapital und seine eingesetzte Arbeit erreichen. Bei der Berechnung der Direkt- und der Arbeitserledigungskosten (siehe Abschnitt 3.4 des 3. Kapitels) wurde bereits ein Zinssatz von 4% entsprechen i = 0,04 und eine Arbeitsentlohnung von 15,00 €/Akh in Ansatz gebracht.

Im Falle des Kaufs des Grundstücks gilt ebenfalls ein Zinssatz von i = 0,04. Im Falle der Pacht wird kein zusätzliches Kapital erforderlich.

Bei den oben abgeleiteten Bodenpreisen und Pachtzinsen würden die Landwirte also auf allen bewirtschaftungswürdigen Standorten Kapitalverzinsungen von 4% und Arbeitsentlohnungen von 15,00 €/Akh erreichen. Ihre Einkommen bestehen aus Kapital- und Arbeitseinkommen. Eine darüber hinausgehende Qualitätsrente würde aufgrund der Bodenpreis- und

Bodenpachtpreisanpassungen nicht erzielt.

Ein höheres als das aus den genannten Entgeltsätzen für die Produktionsfaktoren Kapital und Arbeit sich ergebendes Einkommen würde er nur dann erwirtschaften können, wenn er aufgrund von besonderer Befähigung eine höhere Kapital- und/oder Arbeitsrentabilität erreichen könnte, so dass die von ihm erzielte Bodenrente über derjenigen läge, die zur Berechnung des Bodenpreises bzw. des Pachtzinses herangezogen wurde. Auf diese „Rente" der Befähigung des Landwirts wird in Kapitel 9 dieses Buches näher eingegangen.

6

Der Einfluss der technologischen Standortfaktoren auf das Landnutzungsprogramm, die Landnutzungsintensität und die Bodenrente

Die technologischen Standortfaktoren, zusammenfassend ausgedrückt durch den Stand der Produktionstechnik, variieren in ihren Werten sowohl (groß-)räumlich als auch zeitlich. Dabei entspricht die räumliche Variabilität zwischen verschiedenen Wirtschaftsräumen zu einem Zeitpunkt in etwa der zeitlichen Variabilität innerhalb eines Wirtschaftsraumes.

Die zeitliche Variabilität der technologischen Standortfaktoren äußert sich in der Landwirtschaft vorwiegend durch boden- und arbeitssparende Fortschritte. Bodensparende Fortschritte senken durch Ertragssteigerungen der Nutzpflanzen den Nutzflächenbedarf je Produkteinheit und steigern die Landnutzungsintensität. Arbeitssparende Fortschritte senken durch den Einsatz neuer und verbesserter technischer Hilfsmittel den Arbeitsbedarf je Produkteinheit, beeinflussen aber i. d. R. nicht die Landnutzungsintensität.

Bei der durchweg preisunelastischen Nachfrage nach Agrarprodukten bewirken bodensparende, ertragssteigernde Fortschritte, dass die realen Produktpreise im Zeitablauf abnehmen, verbunden mit Abnahmen der Bodenrenten, bzw. Einkommen je Nutzflächeneinheit. Ohne gleichzeitig wirkende arbeitssparende Fortschritte würden dadurch die Realeinkommen der Landwirte sukzessive abnehmen.

Arbeitssparende Fortschritte ermöglichen indes, dass je Arbeitskraft zunehmende Nutzflächen bewirtschaftet werden können. Tatsächlich hat in Deutschland im abgelaufenen halben Jahrhundert (1960 – 2010) jedoch die Nutzflächenausdehnung je Arbeitskraft zur Kompensation der sinkenden Einkommen je Nutzflächeneinheit nicht ausgereicht. Erst sukzessive steigende Transferzahlungen in den Agrarbereich (Subventionen) sicherten den Landwirten die Teilnahme an der allgemeinen Einkommensentwicklung.

Schließlich können sowohl die boden- als auch die arbeitssparenden Fortschritte die Gestaltung der Landnutzungsprogramme beeinflussen, nämlich dann, wenn sie nutzpflanzenspezifisch unterschiedlich stark wirksam sind. Durch damit einhergehende Kostenänderungen kann sich die relative Vorzüglichkeit der Nutzpflanzen verschieben.

6.1 Zur räumlichen und zeitlichen Variabilität der technologischen Standortfaktoren

6.1.1 Überblick über die Formen der Variabilität der technologischen Standortfaktoren

Die technologischen Standortfaktoren umfassen zum einen die genetischen Ertrags- und Qualitätspotenziale der Nutzpflanzenarten sowie deren Konstitutionen, d. h. deren Toleranzen und Resistenzen gegenüber Krankheiten und Schädlingen. Sie umfassen zum anderen die Arten und Wirksamkeiten der Werkstoffe (Roh-, Hilfs- und Betriebsstoffe) sowie die Arten und Leistungsfähigkeiten der Betriebsmittel (Maschinen und technische Anlagen). Die technologischen Standortfaktoren, d. h. die Stände der Technik für die Nutzpflanzenerzeugung, variieren in ihren Werten sowohl räumlich als auch zeitlich.

Die räumliche Variabilität der technologischen Standortfaktoren ist vorrangig großräumlicher Natur. Der Stand der angewandten Technik ist in Entwicklungsländern i. d. R. niedriger als in Schwellenländern und dort i. d. R. niedriger als in den hoch entwickelten Wirtschaftsräumen.

Die zeitliche Variabilität der technologischen Standortfaktoren kommt dadurch zustande, dass im Zeitablauf ein mehr oder weniger kontinuierlicher Strom von Erfindungen und Verbesserungen den Stand der Technik erhöht und damit dazu beiträgt, dass die Nutzpflanzenerzeugung zunehmend effizienter durchgeführt werden kann. Das ist der produktionstechnische Fortschritt.

Da davon auszugehen ist, dass sich die Stände der Produktionstechnik im Zeitablauf in allen Wirtschaftsräumen fort entwickeln, entspricht die zeitliche Variabilität des Standes der Produktionstechnik innerhalb eines Wirtschaftsraumes prinzipiell der räumlichen Variabilität des Standes der Produktionstechnik zwischen verschiedenen Wirtschaftsräumen zu einem Zeitpunkt.

Das vorliegende Kapitel beschränkt sich deshalb auf die Analyse der zeitlichen Variabilität der technologischen Standortfaktoren in ihren Auswirkungen auf die Landnutzungsprogramme, die Landnutzungsintensitäten und die Bodenrenten.

Die produktionstechnischen Fortschritte, die zu der zeitlichen Variabilität der Werte der technologischen Standortfaktoren führen, äußern sich generell dahingehend, dass eine bestimmte Produktmenge im Zeitablauf mit abnehmenden Faktoreinsatzmengen erzeugt werden kann. Nach Maßgabe der drei klassischen Produktionsfaktoren wird deshalb zwischen bodensparenden, arbeitssparenden und kapitalsparenden Fortschritten unterschieden. In der Landwirtschaft herrschen der bodensparende und der arbeitssparende Fortschritt vor.

Bodensparende Fortschritte treten auf, wenn durch die Nutzung züchterischer und biotechnischer Neuerungen die Erträge der Nutzpflanzen steigen, also weniger Boden je Produkteinheit benötigt wird. Die bodensparenden Fortschritte ermöglichen Steigerungen des Outputs je Nutzflächeneinheit. Sie erhöhen damit die Bodenproduktivität.

Arbeitssparende Fortschritte treten auf, wenn durch die Nutzung neuartiger und leistungsfähigerer technischer Hilfsmittel (Maschinen und technische Anlagen) weniger menschliche Arbeit je Produkteinheit eingesetzt werden muss. Es wird also menschliche Arbeit durch maschinelle Arbeit substituiert. Verkürzt ausgedrückt: Es wird Arbeit durch (in den Maschinen gebundenes) Kapital ersetzt. Die arbeitssparenden Fortschritte ermöglichen also Steigerungen des Outputs je menschlicher Arbeitseinheit. Sie erhöhen damit die Arbeitsproduktivität.

Da aber der zunehmende Einsatz von Maschinen in Verbindung mit ihren steigenden Leistungsfähigkeiten mehr Kapital zu ihrer Beschaffung erfordert, bleibt der Kapitalbedarf je Produkteinheit im Zeitablauf im Großen und Ganzen konstant. Kapitalsparende Fortschritte, bzw. Erhöhungen der Kapitalproduktivität, sind deshalb in der Landwirtschaft eher die Ausnahme als die Regel.

6.1.2 Bodensparende Fortschritte

Die durch bodensparende Fortschritte hervorgerufenen Ertragssteigerungen bei den Nutzpflanzenarten können im Einzelnen auf folgende Ursachen zurückgeführt werden:

(1) Die auf einem gegebenen natürlichen Standort im Zeitablauf zu beobachtenden Ertragssteigerungen entstehen bei den dort gegebenen Angebotsmengen der nichtkontrollierbaren Produktionsfaktoren pflanzenverfügbares Wasser und Sonnenenergie dadurch, dass es der Pflanzenzüchtung gelingt, die Werte der Input-Output-Koeffizienten dieser beiden Produktionsfaktoren im Zeitablauf sukzessive zu senken.

Das veranschaulicht die in Abschnitt 3.7.2 abgeleitete Produktionsfunktion, die hier als Gleichung (6.1) wiederholt wird:

$$(6.1) \qquad y = \min \left(\frac{1}{aw} \cdot rw, \ \frac{1}{as} \cdot rs \right) \text{mit } rw = rwb + rwn$$

Darin sind:

y	=	Maximal erzielbarer Ertrag, gemessen in t/ha;
aw	=	Input-Output-Koeffizient für den Produktionsfaktor Wasser;
as	=	Input-Output-Koeffizient für den Produktionsfaktor Sonnenenergie;
rw	=	Angebotsmenge an pflanzenverfügbarem Wasser, gemessen in m³/ha;
rwb	=	Angebotsmenge an Wasserbodenvorrat zu Beginn der Vegetationsperiode, gemessen in m³/ha;
rwn	=	Angebotsmenge an Niederschlagswasser während der Vegetationsperiode, gemessen in m³/ha;
rs	=	Angebotsmenge an Sonnenenergie während der Vegetationsperiode, gemessen als Temperatursumme in °C.

Wenn an einem Standort das pflanzenverfügbare Wasser der Minimumfaktor ist, dann kann der maximal erzielbare Ertrag steigen, wenn es der Pflanzenzüchtung gelingt, den Input-Output-Koeffizienten aw in seinem Wert abzusenken. Wenn umgekehrt an einem Standort die Sonnenenergie der Minimumfaktor ist, dann kann der maximal erzielbare Ertrag steigen, wenn es der Pflanzenzüchtung gelingt, den Input-Output-Koeffizienten as in seinem Wert absenken. Beide Züchtungsmaßnahmen werden durchgeführt, so dass bei gegebenen Angebotsmengen der beiden nichtkontrollierbaren Produktionsfaktoren rw und rs die maximal erzielbaren Erträge (y) sukzessive zunehmen können.

(2) Des Weiteren gelingt es der Pflanzenzüchtung, die Nutzpflanzenarten gegen gewisse Krankheiten und Schädlinge toleranter oder sogar resistent zu machen. Als neuere Entwicklung ist hier die Züchtung genetisch veränderter Nutzpflanzen (z. B. Mais, Baumwolle) zu nennen. Durch diese Züchtungen gehen geringere Ertragsanteile verloren, was sich formal letztlich ebenfalls darin äußert, dass die Input-Output-Koeffizienten der Gleichung (6.1) in ihren Werten abnehmen.

(3) Die Pflanzenzüchtung entfaltet aber noch eine dritte Wirkung, indem sie die Nutzpflanzen gegenüber bodenbürtigen Krankheiten und Schädlingen toleranter oder gar resistent macht. Das bewirkt, dass die Erträge in Abhängigkeit steigender Anbauanteile der Nutzpflanzen an den Landnutzungsprogrammen weniger stark abnehmen, der Betriebsfaktor „Schädigungsausgleich" also eine geringere, ertragsbegrenzende Wirkung entfaltet.

(4) Außer der Pflanzenzüchtung trägt auch die biotechnische Forschung mit ihrer sukzessiven Entwicklung neuartiger und verbesserter – i. d. R. chemischer – Pflanzenschutzmittel dazu bei, dass den Krankheiten und Schädlingen geringere Ertragsanteile zum Opfer fallen. Der chemische Pflanzenschutz wirkt sich deshalb formal ebenfalls in Absenkungen der Werte der Input-Output-Koeffizienten in Gleichung (6.1) aus und hat überdies auch auf den Betriebsfaktor „Schädigungsausgleich" die unter (3) für die Pflanzenzüchtung genannte Wirkung.

Welche bodensparenden Fortschritte durch die Pflanzenzüchtung und die biotechnische Forschung für den Pflanzenschutz in den abgelaufenen Jahrzehnten erreicht wurden, veranschaulicht am Beispiel des Bundeslandes Niedersachsen die Übersicht 6.1.

Aus den dort für wichtige Nutzpflanzenarten aufgeführten Erträgen für die Jahre 1949 und 2009 geht hervor, dass der bodensparende Fortschritt zwar bei allen Nutzpflanzenarten gewirkt hat, die Zunahme der Erträge aber von Nutzpflanzenart zu Nutzpflanzenart durchaus unterschiedlich waren. Die mittleren jährlichen Ertragszunahmen reichen von Feldfutter mit 0,550 % bis Körnermais mit 2,521 %. Entsprechend reichen die Gesamtzunahmen in den abgelaufenen sechs Jahrzehnten von rund 40 % für Feldfutter bis rund 365 % für Körnermais. Setzt man die Ertragszunahme des Körnermaises mit 100 an, dann zeigt die rechte Spalte der Übersicht 6.1 die dazu relativen Werte für die anderen Nutzpflanzenarten. Die meisten Nutzpflanzenarten erreichen nur Ertragszunahmen von weniger als der Hälfte des Körnermaises. Die

Übersicht 6.1
Entwicklung der Durchschnittserträge der Nutzpflanzenarten des Ackerlandes in Niedersachsen von 1949 bis 2009

Bezeichnung	Ertrag 1949 t/ha	Ertrag 2009 t/ha	Mittlere jährliche Ertragszunahme %	Gesamte Ertragszunahme 1949 bis 2009 %	Index der Ertragszunahme Körnermais = 100
Weizen	2,95	8,45	1,725	186,36	50,98
Gerste	2,58	6,75	1,574	161,20	44,10
Roggen	1,95	6,41	1,952	229,04	62,66
Triticale		6,81			
Hafer	2,27	4,65	1,176	104,93	28,71
Menggetreide	2,07	4,65	1,330	125,07	34,21
Körnermais	1,98	9,24	2,521	365,55	100,00
Raps u. Rübsen	2,06	4,41	1,249	114,20	31,24
Hülsenfrüchte[1]	1,83	3,14	0,882	71,31	19,51
Kartoffeln	18,04	46,79	1,562	159,37	43,60
Zuckerrüben	30,03	70,07	1,389	133,38	36,49
Silomais		45,78			
Feldfutter[2,3]	5,68	7,94	0,550	39,89	10,91

[1] Futtererbsen u. Ackerbohnen;
[2] Klee, Gras, Luzerne u. deren Gemische sowie sonstiges Feldfutter
[3] Erträge in t Trockenmasse, Ertrag 1949 nur Luzerne.
Quelle: n. Daten des Landesbetrieb für Statistik und Kommunikationstechnologie Niedersachsen berechnet

Übersicht 6.2
Langfristige Ertragsvergleiche für die Regionen Köln bzw. Rheinprovinz und Magdeburg bzw. Provinz Sachsen

Region[5,6,7]	Durchschnittserträge der Jahre 2007 bis 2010							
	Weich-weizen[1] t GE/ha	Gerste[2] t GE/ha	Raps[3] t GE/ha	Körner-mais t GE/ha	Silomais t GE/ha	Zücker-rüben t GE/ha	Kartof-feln[4] t GE/ha	Mittel-wert[8] t GE/ha
Köln	9,11	7,01	9,99	11,24	8,96	18,62	11,08	10,86
Magdeburg	8,21	6,76	9,60	9,30	6,87	16,15	9,70	9,51
Magdeburg in % von Köln	90,12	96,43	96,10	82,74	76,67	86,73	87,55	87,61

Region	Durchschnittserträge der Jahre 1933 bis 1936							
	Weich-weizen[1] t GE/ha	Gerste[2] t GE/ha	Raps[3] t GE/ha	Körner-mais t GE/ha	Silomais t GE/ha	Zücker-rüben t GE/ha	Kartof-feln[4] t GE/ha	Mittel-wert[8] t GE/ha
Rheinprovinz (Preußen)	2,64	2,42	3,17	1,89	3,75	8,58	3,12	3,65
Provinz Sachsen (Preußen)	2,65	2,36	4,08	1,85	3,60	7,60	3,63	3,68
Sachsen in % von Rheinpro.	100,41	97,31	128,93	97,53	96,19	88,52	116,41	100,78

Anmerkungen: [1] bis [6] siehe Übersicht 5.5;
[7] Getreideeinheitenschlüssel: Weichweizen: 1,07; Gerste: 1,00; Raps: 2,46; Körnermais: 1,10; Silomais: 0,18; Zuckerrüben: 0,27; Kartoffeln: 0,22;
[8] Mittelwert als ungewogener Durchschnitt der sieben berücksichtigten Nutzpflanzenarten.
Quelle: nach Ertragsdaten der KTBL-Online, Standarddeckungsbeiträge (2007 bis 2010) und Stat. Jb. d. deutschen Reiches, versch. Jg. (1933 bis 1936), berechnet.

früh entwickelte Hybridzüchtung für den Körnermais hat dieser Nutzpflanzenart besonders hohe Ertragsfortschritte beschert.

Von Interesse ist auch die regional unterschiedliche Wirksamkeit der bodensparenden Fortschritte. Übersicht 6.2 zeigt am Beispiel der Regionen Köln und Magdeburg bzw. der vergleichbaren Regionen Rheinprovinz (Preußen) und Provinz Sachsen (Preußen)[1], dass sich die Erträge wichtiger Nutzpflanzenarten in den 30er Jahren des 20. Jahrhunderts (Durchschnitt der Jahre 1933 bis 1936) in der Magdeburger Börde (Provinz Sachsen) in etwa in Höhe der Erträge der Köln-Aachener-Bucht (Rheinprovinz) bewegten. Im Mittel der sieben betrachteten Nutzpflanzenarten lagen sie bei 100,78 %. Dagegen sind sie gegenwärtig (Durchschnitt der Jahre 2007 bis 2010) durchweg geringer als diejenigen der Köln-Aachener-Bucht und betragen im Mittel der sieben aufgeführten Nutzpflanzenarten nur noch 87,61 %.

Die wesentliche Ursache für diese Veränderung der Ertragsrelationen liegt in Folgendem: Das im Vergleich zur Magdeburger Börde in der Köln-Aachener Bucht stärker maritim geprägte Klima mit seinen höheren Niederschlägen und Luftfeuchtigkeiten begünstigte in der letztgenannten Region das Auftreten ertragsmindernder Pilzkrankheiten bei den meisten Nutzpflanzenarten. Trotz der höheren Wasserangebotsmengen waren deshalb vor der Verfügbarkeit von wirksamen Fungiziden die Erträge in der Köln-Aachener Bucht nicht höher als in der Magdeburger Börde. Erst mit der in den 70er Jahren des vorigen Jahrhunderts einsetzenden breiten Anwendung dieser Pflanzenschutzmittel in der landwirtschaftlichen Praxis konnten die Erträge in der Köln-Aachener Bucht rascher ansteigen als in der Magdeburger Börde. Erst dadurch konnten die Landwirte in der Köln-Aachener Bucht ihre Vorteile beim pflanzenverfügbaren Wasser voll nutzen. Biotechnische Fortschritte können also bewirken, dass sich die relative Vorzüglichkeit natürlicher Standorte im Zeitablauf verändert.

---

[1] Die politischen Grenzen wurden im Zeitablauf verändert. Die heutigen – politisch abgegrenzten – Regionen (der Regierungsbezirke) Köln und Magdeburg entsprechen jedoch in etwa den ebenfalls politisch abgegrenzten Regionen (der Provinzen) Rheinprovinz und Provinz Sachsen des Landes Preußen in den 30er Jahren des 20. Jahrhunderts.

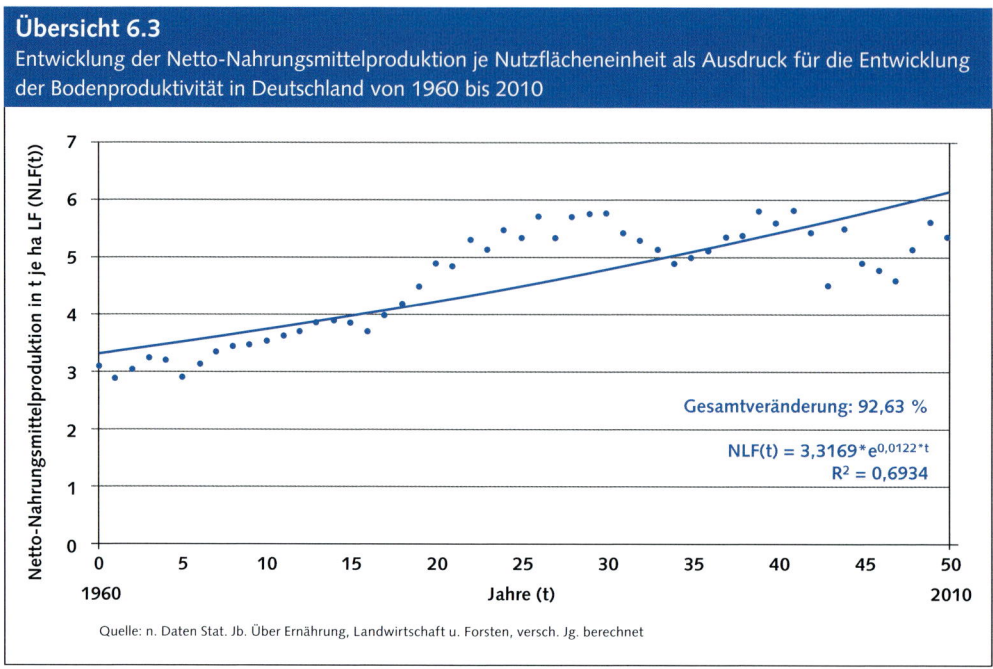

Übersicht 6.3
Entwicklung der Netto-Nahrungsmittelproduktion je Nutzflächeneinheit als Ausdruck für die Entwicklung der Bodenproduktivität in Deutschland von 1960 bis 2010

Gesamtveränderung: 92,63 %

$NLF(t) = 3,3169 * e^{0,0122*t}$

$R^2 = 0,6934$

Quelle: n. Daten Stat. Jb. Über Ernährung, Landwirtschaft u. Forsten, versch. Jg. berechnet

Das Gleiche gilt in noch stärkerem Maße für die (durch kontinentales Klima geprägte) Ukraine im Vergleich zu den (durch maritimes Klima geprägten) Ackerbauregionen des mittleren Westeuropa (in Südengland, Nordwestfrankreich, Belgien, den Niederlanden und in Westdeutschland). Bis zur Mitte des 20. Jahrhunderts galten die Schwarzerderegionen der Ukraine als eine der ertragreichsten Kornkammern der Erde. Inzwischen sind jedoch die Erträge in den Ackerbauregionen Westeuropas etwa doppelt so hoch wie in der Ukraine. Erst mit der Verfügbarkeit wirksamer Fungizide konnten die westeuropäischen Regionen den Vorteil der höheren Wasserangebotsmengen voll nutzen. Den Extremfall bildet das „immerfeuchte" Irland. Vor dem Aufkommen der Fungizide existierte in diesem Land kein wettbewerbsfähiger Weizenbau. Heute werden dort die weltweit höchsten Weizenerträge erzielt.

In hoch aggregierter Form können die Wirkungen der bodensparenden Fortschritte auf die Entwicklung der Bodenproduktivität schließlich durch die Entwicklung der Netto-Nahrungsmittelproduktion je Nutzflächeneinheit verdeutlicht werden. Die Netto-Nahrungsmittelproduktion wird – wie bereits früher erwähnt – in Getreideeinheiten (GE) gemessen und durch Umrechnung aller in einem Wirtschaftsgebiet erzeugten Agrarprodukte nach Maßgabe ihrer Energiegehalte auf diesem gemeinsamen Zähler ermittelt.

Übersicht 6.3 zeigt für Deutschland für das abgelaufene halbe Jahrhundert von 1960 bis 2010 die Jahreswerte der Bodenproduktivität, gemessen in t GE je ha LF und den zugehörigen exponentiellen Trend. Aus dem Exponenten der in Übersicht 6.3 ebenfalls aufgeführten Trendgleichung geht hervor, dass die Bodenproduktivität im Trend mit Jahresraten von 1,22 % gewachsen ist. Dadurch hat die Bodenproduktivität in diesem halben Jahrhundert insgesamt um 92,63 % zugenommen, sich also nahezu verdoppelt. Das zugehörige Bestimmtheitsmaß von R^2 = 0,6934 zeigt, dass sich die Entwicklung der Bodenproduktivität im Großen und Ganzen durchaus kontinuierlich vollzogen hat.

6.1.3 Arbeitssparende Fortschritte

Welche Wirkungen auf die Arbeitsproduktivität die arbeitssparenden Fortschritte im Verlaufe des letzten halben Jahrhunderts hatten, zeigt in ebenfalls hochaggregierter Form die Übersicht 6.4 für Deutschland. Darin sind die Jahreswerte der Arbeitsproduktivität, gemessen in t GE je landwirtschaftlicher Vollarbeitskraft und der zugehörige exponentielle Trend für den Zeitraum von 1960 bis 2010 aufgeführt. Aus der Trendgleichung geht hervor, dass die Arbeitsproduktivität mit Jahresraten von 4,72 % gewachsen ist, so dass sich die Arbeitsproduktivität in dem betrachteten Zeitraum mit 959,10 % fast verzehnfacht hat. Das sehr hohe Bestimmtheitsmaß von $R^2 = 0,9668$ unterstreicht, dass die Entwicklung der Arbeitsproduktivität sehr kontinuierlich verlaufen ist.

Ein Teil der arbeitssparenden Fortschritte kann indessen den Ertragsteigerungen zugeordnet werden; denn auch bei gleich bleibendem Stand der Technik würde der Arbeitsbedarf je Ertragseinheit abnehmen, weil ein großer Teil des Arbeitsbedarfes der Landnutzungsverfahren nicht ertrags-, sondern – wie in den Kapiteln 3 und 4 im Einzelnen gezeigt – flächenabhängig ist. Nur ein bestimmter Teil des Anstiegs der Arbeitsproduktivität ist deshalb auf die Erfolge bei der Gestaltung der Technologien zur Arbeitserledigung zurück zu führen. Welche Anteile des Gesamtanstiegs der Arbeitsproduktivität auf die Ertragsteigerungen und welche Anteile auf die verbesserten Technologien zur Arbeitserledigung entfallen, lässt sich ermitteln, wenn man die Entwicklung der Nutzflächenausstattung je Arbeitseinheit bestimmt. Das ist mit Übersicht 6.5 erfolgt.

Aus der Übersicht 6.5 ergibt sich, dass die Nutzflächenausstattung je Arbeitseinheit von 1960 bis 2010 im Trend mit jährlichen Raten von 3,5 % zugenommen hat. Zusammen mit der vorher festgestellten jährlichen Wachstumsrate der Netto-Nahrungsmittelproduktion je ha LF in Höhe von 1,22 % (siehe Übersicht 6.3) ergibt sich der Wert von 4,72 % für die Wachstumsrate der Netto-Nahrungsmittelproduktion je Vollarbeitskraft (siehe Übersicht 6.4). Das bedeutet, dass von der jährlichen Wachstumsrate der Arbeitsproduktivität in Höhe von 4,72 % ca. ein

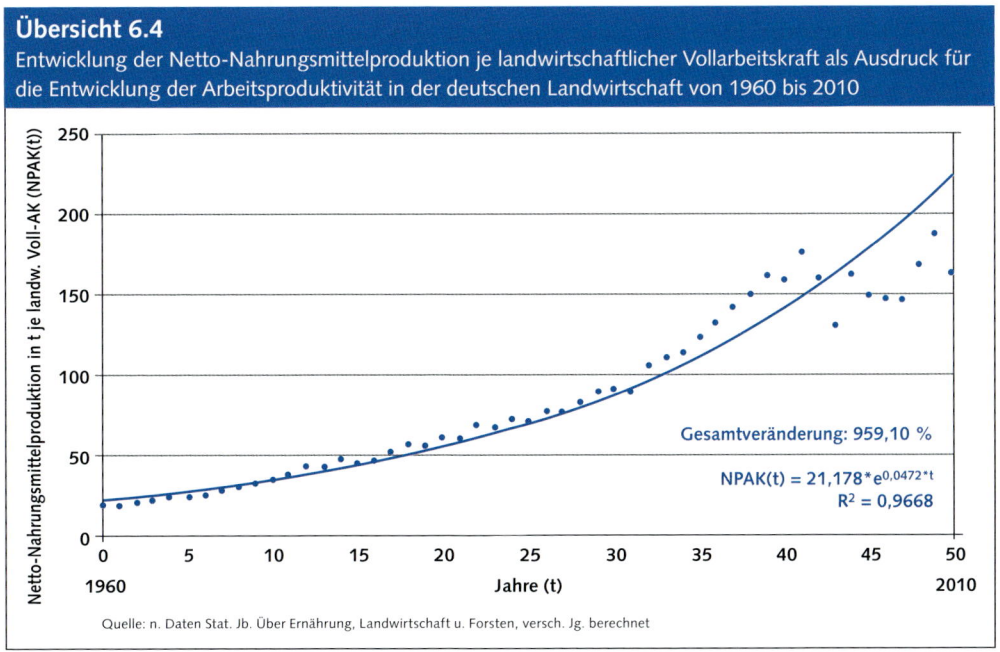

Übersicht 6.4

Entwicklung der Netto-Nahrungsmittelproduktion je landwirtschaftlicher Vollarbeitskraft als Ausdruck für die Entwicklung der Arbeitsproduktivität in der deutschen Landwirtschaft von 1960 bis 2010

Gesamtveränderung: 959,10 %

$NPAK(t) = 21,178 * e^{0,0472*t}$

$R^2 = 0,9668$

Quelle: n. Daten Stat. Jb. Über Ernährung, Landwirtschaft u. Forsten, versch. Jg. berechnet

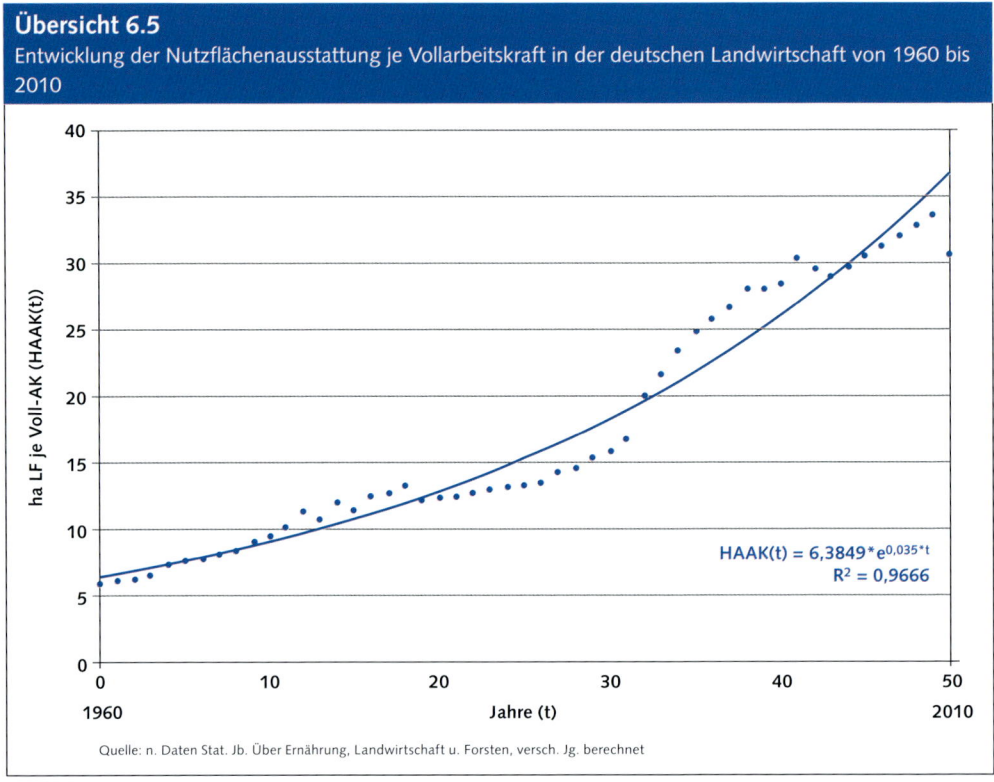

Übersicht 6.5
Entwicklung der Nutzflächenausstattung je Vollarbeitskraft in der deutschen Landwirtschaft von 1960 bis 2010

$$HAAK(t) = 6,3849 * e^{0,035*t}$$
$$R^2 = 0,9666$$

Quelle: n. Daten Stat. Jb. Über Ernährung, Landwirtschaft u. Forsten, versch. Jg. berechnet

Viertel den Ertragsteigerungen durch die züchterischen und biotechnischen Fortschritte und ca. drei Viertel den Fortschritten bei der Gestaltung der Technologien zur Arbeitserledigung zugerechnet werden können.

6.2 Der Einfluss bodensparender Fortschritte auf die Landnutzungsintensität und die Bodenrente

6.2.1 Analyse des Ein-Produkt-Falls für einen natürlichen Standort

In den nachfolgenden Analysen werden die Werte der technologischen Standortfaktoren c. p. variiert. Es wird also gefragt, welchen Einfluss unterschiedliche Werte der technologischen Standortfaktoren auf die Landnutzungsintensität, die Bodenrente und das Landnutzungsprogramm ausüben. Die Werte der übrigen Standortfaktoren – mit Ausnahme der Produktpreise – werden konstant gehalten. Insbesondere wird davon ausgegangen, dass ein betrachteter Wirtschaftsraum an jedem Ort den gleichen natürlichen Standort aufweist. Er gestattet in der Ausgangssituation die Erzielung bestimmter maximaler Erträge der Nutzpflanzenarten. In dem Wirtschaftsraum gelten überdies bestimmte Werte der strukturellen und der übrigen marktlichen Standortfaktoren. Ihre Werte äußern sich in Form der Preis- und Mengengerüste für die Landnutzungsverfahren.

Veränderungen der Werte der technologischen Standortfaktoren finden ihren konkreten Ausdruck – wie gesagt – in boden- und arbeitssparenden Fortschritten. Bodensparende Fortschritte äußern sich in Ertragsteigerungen infolge züchterischer Verbesserungen der Nutzpflanzenarten. Durch diese züchterischen Maßnahmen können also die auf einem natürlichen Standort maximal erzielbaren Erträge gesteigert werden. Die Erzielung der höheren maximalen Erträge durch einen „Fortschrittssprung" ist jedoch an steigende Einsatzmengen der ertragsabhängigen Produktionsfaktoren – vor allem der Pflanzennährstoffe – und deshalb an steigende ertragsabhängige Kosten gebunden.

Für die quantitative Analyse der Wirkungen ertragssteigernder Fortschritte auf die Landnutzungsintensität und die Bodenrente wird die schon mehrfach verwendete Bodenrentengleichung (siehe Gleichung 5.2) für eine m-te Produktart in der folgenden Form verwendet:

$$(6.2) \qquad BR_m = (py_m - MKV_m) \cdot y_m - KVF_m$$

Darin sind:

BR_m = Bodenrente, gemessen in €/ha;
py_m = Produktpreis, gemessen in €/t Produkt;
MKV_m = ertragsabhängiger Kostensatz, gemessen in €/t Produkt;
KVF_m = flächenabhängige Kosten, gemessen in €/ha;
y_m = (maximal) erzielbarer Ertrag, gemessen in t/ha.

Des Weiteren wird zur Vereinfachung der Analyse davon ausgegangen, dass in dem betrachteten geschlossenen Wirtschaftsraum nur ein Produkt – nämlich der Winterweizen – zur Befriedigung der Nahrungsbedürfnisse der inländischen Bevölkerung dient. In der Ausgangssituation möge der auf dem Standort (maximal) erzielbare Ertrag y = 8 t/ha betragen. Unter der Annahme, dass in dem Wirtschaftsraum das bisher verwendete Preisgerüst gilt (vgl. Übersicht 4.3), nämlich ein Produktpreis von py = 180,00 €/t, ein ertragsabhängiger Kostensatz von MKV = 79,4898 €/t und ein flächenabhängiger Kostensatz von KVF = 340,0451 €/ha, wird – durch Einsetzen dieser Beträge in Gleichung (6.2) – an jedem Ort des Wirtschaftsraumes die folgende Bodenrente erzielt:

$$BR = (180,00 \text{ €/t} - 79,4898 \text{ €/t}) \cdot 8 \text{ t/ha} - 340,0451 \text{ €/ha}$$
$$BR = 464,0365 \text{ €/ha}$$

Die zugehörige Landnutzungsintensität wird durch die Produktionskosten des Landnutzungsverfahrens abgebildet. Für die Kosten (K_m) einer m-ten Produktart gilt allgemein:

$$(6.3) \qquad K_m = MKV_m \cdot y_m + KVF_m$$

Durch Einsetzen der oben genannten Werte für den Winterweizen ergibt sich:

$$K = 79,4898 \text{ €/t} \cdot 8 \text{ t/ha} + 340,0451 \text{ €/ha}$$
$$K = 975,9635 \text{ €/ha}$$

Tritt nun in dem Wirtschaftsraum ein ertragssteigernder Fortschrittssprung von bspw. 50 % von 8 auf 12 t/ha auf, dann ergibt sich bei unverändertem Produktpreis für die Bodenrente der folgende neue Betrag:

$$BR = (180{,}00 \text{ €/t} - 79{,}4898 \text{ €/t}) \cdot 12 \text{ t/ha} - 340{,}0451 \text{ €/ha}$$
$$BR = 866{,}0773 \text{ €/ha}$$

Und für die Landnutzungsintensität ergibt sich nunmehr:

$$K = 79{,}4898 \text{ €/t} \cdot 12 \text{ t/ha} + 340{,}0451 \text{ €/ha}$$
$$K = 1293{,}9179 \text{ €/ha}$$

Die 50 %ige Ertragsteigerung führt also bei unverändertem Produktpreis zu einer Zunahme der Bodenrente um 402,0408 €/ha oder ca. 87 %. Aufgrund des höheren Bedarfs an ertragsabhängigen Produktionsfaktoren muss die Landnutzungsintensität dazu um 317,9544 €/ha oder ca. 33 % ansteigen.

Wenn nun in der Ausgangssituation der Weizenpreis in Höhe von 180,00 €/t der Gleichgewichtspreis war, bei dem die angebotene der nachgefragten Produktmenge entsprach, dann bleibt die im Wirtschaftsraum um 50 % gestiegene Produktmenge nicht ohne Folgen für den Produktpreis. Bei gegebenem Niveau und Verlauf der gesamtwirtschaftlichen Nachfragefunktion führt die zusätzliche Produktmenge vielmehr zu mehr oder weniger ausgeprägten Senkungen des Produktpreises, wenn der Markt nach dem Fortschrittssprung wieder geräumt werden soll. Diese Preissenkungen beeinflussen zwar nicht die gestiegene Landnutzungsintensität, die Bodenrente verharrt jedoch nicht auf dem Niveau, welches vorher für den Fortschrittssprung ohne Produktpreisänderung ermittelt wurde.

Wie sich die Bodenrente nach dem Fortschrittssprung entwickelt, hängt deshalb entscheidend vom Niveau und Verlauf der Nachfragefunktion und insbesondere von der Preiselastizität der Nachfrage ab.

Die Preiselastizität der Nachfrage ist definiert als das Verhältnis einer relativen Änderung der am Markt nachgefragten Menge eines Gutes (q) zu einer diese Änderung hervorrufenden relativen Änderung des Marktpreises dieses Gutes (p), bzw. als das Verhältnis einer relativen Änderung der am Markt angebotenen Menge eines Gutes zu der daraus folgenden relativen Änderung des Marktpreises dieses Gutes. In beiden Fällen bezieht sich die Aussage vor und nach den Änderungen auf Marktgleichgewichte, d. h. auf Mengen und Preise, bei denen der Markt geräumt wird, also die tatsächlich nachgefragten Mengen des Gutes ihren tatsächlich angebotenen Mengen entsprechen.

Formal gilt:

(6.4)
$$\varepsilon = \frac{\dfrac{dq}{q}}{\dfrac{dp}{p}} \cdot (-1) = \frac{dq}{dp} \cdot \frac{p}{q} \cdot (-1)$$

Darin sind:

ε = Preiselastizität der Nachfrage;

$\dfrac{dq}{q}$ = relative Änderung der am Markt angebotenen Menge des Gutes;

$\dfrac{dp}{p}$ = relative Änderung des Marktpreises des Gutes;

$\dfrac{dq}{dp}$ = Differentialquotient, der die Mengenänderung bei einer marginalen Preisänderung angibt.

Bei normal verlaufenden Nachfragefunktionen, d. h. bei Funktionen, bei denen zunehmende Mengen des Gutes zu abnehmenden Preisen des Gutes führen, hat entweder die relative Mengenänderung oder die relative Preisänderung ein negatives Vorzeichen, so dass die Preiselastizität der Nachfrage (ε) in Gleichung (6.4) stets negative Werte aufweisen würde. Üblicherweise wird deshalb das Verhältnis zwischen den relativen Mengen- und Preisänderungen mit (-1) multipliziert. Dadurch weist die Preiselastizität der Nachfrage stets positive Werte auf. Bei normal verlaufenden Nachfragefunktionen kann die Preiselastizität dann Werte zwischen 0 und ∞ annehmen.

Die Werte der Preiselastizität liegen zwischen 0 und 1, wenn eine relative Mengenänderung mit einer überproportionalen relativen Preisänderung bzw. eine relative Preisänderung mit einer unterproportionalen relativen Mengenänderung verbunden ist. In diesem Bereich wird die Nachfrage als (preis-)unelastisch bezeichnet. Der Wert der Preiselastizität liegt gerade bei 1, wenn eine relative Mengenänderung mit einer proportionalen relativen Preisänderung verbunden ist. In diesem Fall wird die Nachfrage als proportional elastisch bezeichnet. Die Werte der Preiselastizität sind größer als 1, wenn eine relative Mengenänderung mit einer unterproportionalen relativen Preisänderung bzw. eine relative Preisänderung mit einer überproportionalen relativen Mengenänderung einhergeht. In diesem Fall wird die Nachfrage als elastisch bezeichnet. Der Wert der Preiselastizität kann im Extremfall gegen ∞ gehen. In diesem Fall führen Mengenänderungen nicht zu Preisänderungen. Die Nachfrage wird als vollkommen elastisch bezeichnet.

Will man nun für konkrete Fälle die Preiselastizität bestimmen, dann ist dafür die Gleichung (6.4) nicht direkt anwendbar, weil sich in der Realität nur diskrete Preisänderungen als Folge diskreter Mengenänderungen oder umgekehrt diskrete Mengenänderungen als Folge diskreter Preisänderungen beobachten lassen. Zur Bestimmung konkreter Werte der Preiselastizität wird deshalb i. d. R. die nachfolgende sog. „Bogenelastizität" als Näherungsformel verwendet. Dafür gilt:

$$(6.5) \qquad \varepsilon = \frac{(q_N - q_V)}{(p_N - p_V)} \cdot \frac{\dfrac{(p_V + p_N)}{2}}{\dfrac{(q_V + q_N)}{2}} \cdot (-1)$$

Gegenüber Gleichung (6.4) wurde in Gleichung (6.5) der Differentialquotient durch den Differenzenquotienten ersetzt, wobei sich die beiden Differenzen durch Subtraktion der Menge und des Preises vor der Mengen- bzw. Preisänderung (q_V und p_N) von der Menge und des Preises nach der Mengen- bzw. Preisänderung (q_N und p_V) ergeben. Bezogen werden diese Veränderungen dann nicht auf feste Ausgangswerte, sondern auf die Mittelwerte der beiden Preise bzw. Mengen. Das zeigt der zweite Term der Gleichung (6.5).

Löst man nun die Gleichung (6.5) nach p_N auf, ergibt sich der folgende Ausdruck:

$$(6.6) \qquad p_N = p_V \cdot \left[\frac{1 + \frac{(q_N - q_V)}{(q_V + q_N)} \cdot \left(-\frac{1}{\varepsilon}\right)}{1 - \frac{(q_N - q_V)}{(q_V + q_N)} \cdot \left(-\frac{1}{\varepsilon}\right)} \right]$$

Mit Hilfe der Gleichung (6.6) lässt sich also der sich nach einer Mengenänderung einstellende neue Preis (p_N) berechnen, wenn neben den Mengen (q_V und q_N) der Ausgangspreis (p_V) und die Preiselastizität der Nachfrage (ε) bekannt sind. Im Übrigen kann aus der Gleichung (6.6) unmittelbar abgelesen werden, dass unterschiedliche Werte der Preiselastizität unter sonst gleichen Bedingungen zu unterschiedlichen Werten des neuen Preises (p_N) und damit zu unterschiedlichen Preisänderungen führen müssen.

Anhand des Modells der Übersicht 6.6 soll mittels eines konkreten Zahlenbeispiels für den Winterweizen gezeigt werden, zu welchen wirtschaftlichen Konsequenzen die Nutzung bodensparender bzw. ertragssteigernder Fortschritte durch die Landwirte in Abhängigkeit unterschiedlicher Werte der Preiselastizität der Nachfrage führen können.

In Spalte 4 werden die Bodenrente (Zeile 10) und die Landnutzungsintensität (Zeile 11) für die Ausgangssituation bei einem Ertrag von y = 8 t/ha (Zeile 2) ertragsabhängigen Stückkosten von MKV = 79,49 €/t (Zeile 4) und flächenabhängigen Kosten von KVF = 340,05 €/ha (Zeile 6) bestimmt. Die beiden Ergebnisse wurden – wie vorher gezeigt – mit den Gleichungen (6.2) und (6.3) berechnet.

Übersicht 6.6
Modell zur Bestimmung der Wirkungen bodensparender Fortschritte auf die Landnutzungsintensität und die Bodenrente bei unterschiedlichen Preiselastizitäten der Nachfrage auf einem natürlichen Standort

Z/S	Bezeichnung	Dimen-sion	Symbol	Aus-gangssi-tuation	Fort-schritts-sprung	Nachfrage elastisch	elastisch	prop. elastisch	un-elastisch
1	Preiselastizität		ε	***	***	3,00	2,00	1,00	0,80
2	Ertrag (Produktmenge)	t/ha	y	8,00	12,00	12,00	12,00	12,00	12,00
3	Produktpreis	€/t	py	180,00	180,00	167,44	161,73	146,50	139,80
4	Ertragsabhängige Stück-kosten	€/t	MKV	79,4898	79,49	79,49	79,49	79,49	79,49
5	Stückdeckungsbeitrag	€/t	MDB	100,51	100,51	87,95	82,24	67,01	60,31
6	Flächenabhängige Kos-ten	€/ha	KVF	340,05	340,05	340,05	340,05	340,05	340,05
7	Flächenabhängige Stück-kosten	€/t	MKVF	42,51	28,34	28,34	28,34	28,34	28,34
8	Stückkosten[1]	€/t	MK	122,00	107,83	107,83	107,83	107,83	107,83
9	Stückbodenrente[2]	€/t	MBR	58,00	72,17	59,61	53,90	38,67	31,97
10	Bodenrente	€/ha	BR	464,04	866,08	715,31	646,78	464,04	383,63
11	Landnutzungsintensität[3]	€/ha	K	975,96	1293,92	1293,92	1293,92	1293,92	1293,92
12	Preis-Kosten-Verhältnis		PKV	1,48	1,67	1,55	1,50	1,36	1,30
13	Produzentenrente	€/ha	PR	***	402,04	251,28	182,75	0,00	-80,41
14	Konsumentenrente	€/ha	CR	***	0,00	150,77	219,29	402,04	482,45

[1] Kosten je Produkt- bzw. Ertragseinheit; [2] Bodenrente je Produkt- bzw. Ertragseinheit; [3] als Kosten je ha

In Spalte 5 wurden die vorher ebenfalls bereits berechneten Konsequenzen eines ertragssteigernden Fortschrittssprungs von 50 %, d. h. von 8 auf 12 t/ha, bei gleich bleibendem Produktpreis in Höhe von 180,00 €/ha nochmals aufgeführt.

Tatsächlich wird jedoch – wie gesagt – der Produktpreis infolge der gestiegenen Produktmenge je nach dem Wert der Preiselastizität der Nachfrage bis zum Erreichen des neuen Marktgleichgewichtes mehr oder weniger stark sinken. Zur Verdeutlichung dieser Konsequenzen enthalten die Spalten 6 bis 9 des Modells der Übersicht 6.6 vier unterschiedliche Elastizitätswerte im elastischen ebenso wie im unelastischen Bereich. Mit diesen Werten werden die in Zeile 3 aufgeführten Produktpreise prinzipiell unter Verwendung der vorher abgeleiteten Gleichung (6.6) bestimmt. Dabei ist allerdings für den vorliegenden konkreten Fall Folgendes zu beachten: Gleichung (6.6) bezieht sich nur auf die Produktpreise und die Produktmengen. Kosten, wie sie hier zur Bestimmung der Bodenrente benötigt werden, bleiben in Gleichung (6.6) außer Betracht. Die Kosten bestehen aus flächen- und ertragsabhängigen Bestandteilen. Bei den flächenabhängigen Kosten handelt es sich bei der hier relevanten Betrachtungsweise um Fixkosten, die unabhängig vom Ertragsniveau als in gleich bleibender Höhe angenommen werden. Sie beeinflussen deshalb nicht den mit Gleichung (6.6) zu ermittelnden Produktpreis nicht. Die ertragsabhängigen Kosten sind in ihrer Höhe jedoch – wie der Name sagt – vom Ertrag abhängig. Es handelt sich deshalb um variable Kosten. Die Preiselastizität der Nachfrage muss sich mithin nicht auf den Produktpreis, sondern auf den um die ertragsabhängigen bzw. variablen Kosten reduzierten Produktpreis beziehen. Das ist der Stückdeckungsbeitrag (MDB), aufgeführt in Zeile 5 der Übersicht 6.6. Formal gilt mithin:

$$(6.7) \qquad MDB = py - MKV$$

Darin ist:
MDB = Stückdeckungsbeitrag, gemessen in €/t Produkt.

Mit der in Übersicht 6.6 verwendeten Notation (siehe Spalte 3) ergibt sich deshalb aus der Gleichung (6.6) nunmehr:

$$(6.8) \qquad MDB_F = MDB_A \cdot \left[\frac{1 + \frac{(y_F - y_A)}{(y_F + y_A)} \cdot \left(-\frac{1}{\varepsilon} \right)}{1 - \frac{(y_F - y_A)}{(y_F + y_A)} \cdot \left(-\frac{1}{\varepsilon} \right)} \right]$$

Darin sind:
MDB_F = Stückdeckungsbeitrag nach dem ertragssteigernden Fortschrittssprung, gemessen in €/t Produkt;
MDB_A = Stückdeckungsbeitrag in der Ausgangssituation, gemessen in €/t;
y_F = Ertrag nach dem Fortschrittssprung, gemessen in t/ha;
y_A = Ertrag in der Ausgangssituation, gemessen in t/ha;
ε = Preiselastizität der Nachfrage.

Der eigentliche Produktpreis, der sich nach dem Fortschrittssprung einstellt, lässt sich dann mit der umgeformten Gleichung (6.7) bestimmen. Es gilt:

$$(6.9) \qquad py_F = MDB_F + MKV$$

Darin ist:

py_F =   Neuer Produktpreis, der sich nach dem Fortschrittssprung als Gleichgewichtspreis einstellt, gemessen in €/t Produkt.

Spalte 6 der Übersicht 6.6 zeigt die mit den vorstehenden Gleichungen berechneten Ergebnisse bei einer Preiselastizität (im elastischen Bereich) von $\varepsilon = 3{,}00$. Infolge der fortschrittsbedingten Ertragssteigerung sinken der Deckungsbeitrag und der Produktpreis von 100,51 auf
87,95 bzw. von 180,00 auf 167,44 €/t Produkt. Dadurch nimmt die Bodenrente nicht mehr von
464,04 (Ausgangssituation) auf 866,08 €/ha (Fortschritt ohne Preisanpassung), sondern nur
noch auf 715, 31 €/ha zu. Die Landnutzungsintensität wird dagegen nicht beeinflusst. Sie verharrt unabhängig vom Produktpreis bei 1293,92 €/ha.

Aus den Werten in den Spalten 6 bis 9 für den Produktpreis (Zeile 3) geht dann hervor, dass
dieser Preis nach einem ertragssteigernden Fortschrittssprung umso stärker sinkt, je geringer
der Wert der Preiselastizität der Nachfrage ist.

Dieser Preisrückgang bleibt nicht ohne Wirkung auf die Bodenrente. Auch deren Wert sinkt
nach einem ertragssteigernden Fortschrittsprung umso stärker, je geringer der Wert der Preiselastizität der Nachfrage ist. Das zeigen die Werte in den Spalten 6 bis 9 in der Zeile 10. Bei
Werten für die Preiselastizität von $\varepsilon > 1$ führt der ertragssteigernde Fortschrittsprung noch zu
einer im Vergleich zur Ausgangssituation gestiegenen Bodenrente. Bei Werten für die Preiselastizität von $\varepsilon < 1$ ist die Bodenrente nach dem Fortschrittssprung dagegen geringer als vorher.
Schließlich entspricht bei einem Wert von $\varepsilon = 1$ für die Preiselastizität die Bodenrente nach dem
Fortschrittssprung gerade ihrem ursprünglichen Wert.

In den Zeilen 8 und 9 sind die Stückkosten und Stückbodenrente aufgeführt. Die Stückkosten (MK) sind die Kosten je t Ertrag. Für sie gilt:

(6.10) $$MK = \frac{K}{y}$$

Die Stückbodenrente (MBR) ist die Bodenrente je t Ertrag. Für sie gilt:

(6.11) $$MBR = \frac{BR}{y}$$

Aus den Spalten 6 bis 9 der Zeile 8 geht hervor, dass die Stückkosten durch ertragssteigernde
Fortschritte gesenkt werden. Im Beispiel der Übersicht 6.6 sinken sie von 122,00 € vor dem Fortschrittssprung auf 107,83 € nach dem Fortschrittsprung. Die Erklärung für diese Senkung ist
einfach: Die Kosten setzen sich ja aus ertrags- und flächenabhängigen Bestandteilen zusammen.
Die ertragsabhängigen (variablen) Kosten steigen c. p. proportional zum Ertrag, bleiben also als
Stückkostenbestandteil konstant. Die Höhe der flächenabhängigen (fixen) Kosten ist c. p. unabhängig vom Ertragsniveau. Sie sinken also als Stückkostenbestandteil mit zunehmendem Ertragsniveau. Insgesamt führen deshalb ertragssteigernde Fortschritte zu sinkenden Stückkosten.

Aus den Spalten 6 bis 9 der Zeile 8 geht hervor, dass ertragssteigernde Fortschritte nur bei
sehr hohen Werten der Preiselastizität der Nachfrage (Spalte 6 im Beispiel der Übersicht 6.6)
mit einem Wert von $\varepsilon = 3{,}00$ einen Anstieg der Stückbodenrente (hier auf 59,61 €/t) bewirken.
Im unteren elastischen und erst recht im unelastischen Bereich geht die Stückbodenrente dagegen zurück und zwar umso stärker, je geringer der Wert der Preiselastizität ist. Auch hier ist die
Erklärung einfach: Bei geringen Werten für die Preiselastizität sinkt der Produktpreis als Folge
ertragssteigernder Fortschritte so stark, dass er die Abnahme der Stückkosten überkompen-
siert, was dann die Abnahme der Stückbodenrente verursacht.

Zeile 12 der Übersicht 6.6 gibt das Preis-Kosten-Verhältnis an. Es wird als Quotient aus dem Produktpreis (py, Zeile 3) und den Stückkosten (MK, Zeile 8) gebildet. Die Werte in der Zeile 12 zeigen, dass sich das Preis-Kosten-Verhältnis mit abnehmenden Werten der Preiselastizität der Nachfrage verschlechtert. Im unelastischen Bereich ist das Preis-Kosten-Verhältnis nach dem Fortschrittssprung ungünstiger als vor dem Fortschrittssprung. Im Beispiel der Übersicht 6.6 beträgt das Preis-Kosten-Verhältnis in der Ausgangssituation PKV = 1,48, wohingegen es bei einem Wert der Preiselastizität von 0,80 nur noch einen Wert von PKV = 1,30 aufweist. Die Erklärung für die Abnahme des Wertes des Preis-Kosten-Verhältnisses bei unelastischer Nachfrage ist einfach: Nach einem Fortschrittssprung sinkt der Produktpreis in diesem Elastizitätsbereich stärker als die Stückkosten.

In den Zeilen 13 und 14 der Übersicht 6.6 wurden schließlich die Produzenten- und die Konsumentenrente aufgeführt. Die Produzentenrente gibt an, um welchen Betrag sich das Einkommen der Produzenten, hier der Landwirte, durch den Fortschrittssprung verändert. Sie ergibt sich betragsmäßig als Differenz aus der Bodenrente vor und nach dem Fortschrittssprung. Formal gilt:

$$(6.12) \qquad PR = BR_F - BR_A$$

Darin sind:

PR $\quad$ = $\quad$ Produzentenrente, gemessen in €/ha;

BR_A = $\quad$ Bodenrente in der Ausgangssituation, gemessen in €/ha;

BR_F = $\quad$ Bodenrente nach dem Fortschrittssprung und der Preisanpassung, gemessen in €/ha.

Aus Spalte 5 (Zeile 13) der Übersicht 6.6 geht hervor, dass die Produzentenrente ohne Preisanpassung 402,04 €/ha beträgt. Spalte 6 zeigt, dass bei einer Preiselastizität von $\varepsilon = 3,00$ die Preisanpassung so erfolgt, dass sich nur noch eine Produzentenrente von 251,28 €/ha ergibt.

In Zeile 14 der Übersicht 6.6 ist die Konsumentenrente aufgeführt. Sie entspricht der Differenz der Bodenrenten nach dem Fortschrittssprung ohne und mit Preisanpassung. Formal gilt:

$$(6.13) \qquad CR = BR_{FV} - BR_{FN}$$

Darin sind:

CR $\quad$ = $\quad$ Konsumentenrente, gemessen in €/ha;

BR_{FV} = $\quad$ Bodenrente nach dem Fortschrittssprung, aber ohne Preisanpassung, gemessen in €/ha;

BR_{FN} = $\quad$ Bodenrente nach dem Fortschrittssprung und nach der Preisanpassung, gemessen in €/ha.

Im Falle der Preiselastizität von $\varepsilon = 3,00$ (Spalte 6) beträgt die Konsumentenrente 150,77 €/ha. Demgegenüber hat die Konsumentenrente den Wert 0 (Spalte 5), wenn keine Preisanpassung erfolgt, bzw. wenn der Extremfall einer gegen ∞ gehenden Preiselastizität zutreffend wäre.

In der Sache wird die Konsumentenrente mit dem Vorteil für die Konsumenten begründet, der dadurch entsteht, dass sie das Produkt nach der Preisanpassung zu einem geringeren Preis und in größeren Mengen beschaffen können.

Aus den Werten der Produzenten- und der Konsumentenrente in den Spalten 6 bis 9 der Übersicht 6.6 lässt sich nun ablesen, dass ertragssteigernde bzw. bodensparende Fortschritte bei allen Preiselastizitäten der Nachfrage mit Werten < ∞ nicht nur den Landwirten als den Produzenten, sondern auch den Verbrauchern ihrer Produkte zugute kommen, im Gegenteil, bei geringen Preiselastizitäten ergeben sich nur noch Vorteile für die Verbraucher, während die Situation für die Landwirte sogar unvorteilhafter als vor den Fortschritten werden kann.

Nur im elastischen Bereich, d. h. bei Preiselastizitäten > 1,00, partizipieren sowohl die Produzenten als auch die Konsumenten von den Vorteilen der ertragssteigernden Fortschritte, wobei der Vorteil der Konsumenten mit abnehmenden Werten der Preiselastizität zu-, der Vorteil der Produzenten dagegen abnimmt. Bei einer Preiselastizität von $\varepsilon = 1,00$, d. h. im proportional elastischen Bereich, sinkt der Preis gerade so stark, dass er die Mengenzunahme kompensiert (Spalte 8). In diesem Falle kommt der ertragssteigernde Fortschritt allein den Konsumenten zugute, die Produzentenrente sinkt auf 0. Schließlich ergeben sich im unelastischen Bereich, d. h. bei Preiselastizitäten von $\varepsilon < 1$ sogar Nachteile für die Produzenten. Die Produzentenrente wird negativ, wohingegen die Konsumentenrente mit abnehmenden Werten der Preiselastizität weiter ansteigt (siehe Spalte 9).

Tatsächlich ist es nun so, dass die Preiselastizitäten der Nachfrage nach Agrarprodukten durchweg im unelastischen Bereich, d. h. bei Werten < 1 liegen (vgl. z. B. COCHRANE, 1958, HENRICHSMEYER UND WITZKE, 1991, KOESTER, 2010, WÖHLKEN, 1991). Verallgemeinernd können deshalb folgende Ergebnisse aus der vorstehenden Analyse festgehalten werden:

(1) Ertragssteigernde bzw. bodensparende Fortschritte verursachen c. p. Abnahmen der Produktpreise für Agrarprodukte. Die Preisabnahmen sind umso gravierender, je geringer die Werte der Preiselastizität der Nachfrage sind. Im unelastischen Bereich – wie es für die Nachfrage nach Agrarprodukten zutrifft – übertreffen die Preisabnahmen die fortschrittsbedingten Ertragszunahmen.

(2) Deshalb führen ertragssteigernde Fortschritte nur bei preiselastischer Nachfrage zu Zunahmen der Bodenrente (je ha LF). Bei der für Agrarprodukte typischen preisunelastischen Nachfrage bewirken sie dagegen Abnahmen der Bodenrente.

(3) Ertragssteigernde Fortschritte führen unabhängig von den Werten der Preiselastizität der Nachfrage c. p. zu Steigerungen der Landnutzungsintensität. Die höheren Erträge können nur durch einen erhöhten Einsatz ertragsabhängiger Produktionsfaktoren, mithin durch höhere ertragsabhängige Kosten, auch tatsächlich realisiert werden.

(4) Ertragssteigernde Fortschritte führen unabhängig von den Werten der Preiselastizität der Nachfrage zu Senkungen der Stückkosten, weil sich die flächenabhängigen (fixen) Kostenbestandteile auf zunehmende Produktmengen verteilen.

(5) Ertragssteigernde Fortschritte führen nur bei hohen Werten der Preiselastizität der Nachfrage zu Steigerungen der Stückbodenrente. Bei den für Agrarprodukte typischen, geringen Werten der Preiselastizität der Nachfrage sinkt die Stückbodenrente dagegen und zwar umso stärker, je geringer der Wert der Preiselastizität der Nachfrage ist.

(6) Ertragssteigernde Fortschritte führen nur bei hohen Werten für die Preiselastizität der Nachfrage zu Verbesserungen des Preis-Kosten-Verhältnisses. Bei den für Agrarprodukte typischen geringen Werten der Preiselastizität der Nachfrage verschlechtert es sich dagegen, weil der Produktpreis stärker sinkt, als die Stückkosten.

(7) Reagiert die Nachfrage elastisch, bringen ertragssteigernde Fortschritte zwar nicht allein Vorteile für die Landwirte, aber die Bodenrente steigt im Vergleich zur Ausgangssituation vor

dem Fortschrittssprung an, so dass sich eine (positive) Produzentenrente ergibt. Gleichzeitig partizipieren die Konsumenten an dem Fortschrittssprung, was sich in einer positiven Konsumentenrente äußert.[2]

(8) Reagiert die Nachfrage dagegen unelastisch, bringt die Übernahme des Fortschrittssprungs für die Landwirte nur Nachteile. Es ergibt sich eine negative Produzentenrente. Die ertragssteigernden Fortschritte kommen allein den Konsumenten zugute, was sich in einer positiven Konsumentenrente äußert.

Tatsächlich reagiert die Nachfrage nach den meisten Agrarprodukten – wie gesagt – mehr oder weniger unelastisch auf Steigerungen der Angebotsmengen. Auf den zugehörigen Sachverhalt, dass nämlich die Produzentenrente bei unelastischer Nachfrage in Abhängigkeit von Fortschrittssprüngen negativ ist, wurde erstmals 1945 von dem amerikanischen Agrarökonomen T. W. SCHULTZ in seinem Buch „Agriculture in an Unstable Economy" hingewiesen (SCHULTZ, 1945, S. 44 ff). Unter Bezugnahme darauf hat WILLARD W. COCHRANE (1914 – 2012) den Sachverhalt als das „Tretmühlenproblem" des Agrarsektors bezeichnet (COCHRANE, 1958, S. 96). In seinem 1958 erschienenen Buch „Farm Prices: Myth and Reality" schreibt er: „The average farmer is on a treadmill … but by running faster he does not reach the goal of increased returns; the treadmill simply turns over faster". Die Landwirte wenden ertragssteigernde, bodensparende Fortschritte bei ihren Produktionsprozessen mit dem Ziel der Einkommenssteigerung an, nur um später feststellen zu müssen, dass ihre Einkommen infolge der Produktpreisabnahmen statt zu steigen, tatsächlich gesunken sind.

Angesichts dieser Situation muss man sich fragen, warum die Landwirte bei preisunelastischer Nachfrage nach ihren Produkten dann überhaupt ertragssteigernde Fortschritte nutzen. Die Antwort ist einfach: Wenn die wenigen Frühaufnehmer unter ihnen die Fortschritte in der Erwartung auf höhere Bodenrenten einsetzen, dann hat das noch keine Auswirkungen auf den Produktpreis, weil die Produktmenge dadurch nur marginal zunimmt. Die Erwartungen auf eine höhere Bodenrente erfüllen sich mithin. Erst wenn die große Mehrheit der später aufnehmenden Landwirte den Erfolg ihrer früh aufnehmenden Kollegen kopiert, sinkt der Produktpreis und in seiner Folge die Bodenrente wegen der dann stark steigenden Produktmenge. Grundlegende menschliche Verhaltensmuster sorgen also dafür, dass ertragssteigernde Fortschritte immer wieder genutzt werden. Hinzu kommt schließlich, dass es auch für einen später aufnehmenden Landwirt wirtschaftlich relativ vorzüglich ist, sich der Übernahme des Fortschritts nicht zu verweigern. Das soll anhand der Übersicht 6.6 nochmals zahlenmäßig unterlegt werden.

Vor dem Fortschrittssprung beträgt dort die Bodenrente 464,04 €/ha (Spalte 4). Der früh den Fortschritt übernehmende Landwirt kann eine Bodenrente von 866,08 €/ha erwarten (Spalte 5). Die Produktmenge steigt jedoch im Wirtschaftsraum um 50 %, wenn auch die übrigen Landwirte den Fortschritt nutzen. Bei unelastischer Nachfrage, z. B. bei einer Preiselastizität von ε = 0,80 ergeben sich die Konsequenzen in Spalte 9 der Übersicht 6.6.

Der Preis sinkt von ursprünglich 180,00 €/t auf nur noch 129,80 €/t. Die Bodenrente fällt mit 383,63 €/ha unter den Betrag von 464,04 €/ha in der Ausgangssituation. Trotzdem ist die Übernahme des Fortschritts im Vergleich zur Nichtübernahme die relativ vorzügliche Handlungsalternative. Würde ein Landwirt nämlich bei dem auf 139,80 €/t gesunkenen Produktpreis bei

---

[2] Nur im Extremfall der unendlich elastischen Nachfrage, d. h. wenn die Elastizität der Nachfrage gegen ∞ geht und damit Erhöhungen der Angebotsmenge nicht zu Produktpreissenkungen führen, käme der ertragssteigernde Fortschritt allein den Landwirten zugute. Für diesen Fall würden die Werte der Spalte 5 in Übersicht 6.6 gelten.

der alten Weizensorte mit einem Ertrag von 8 statt 12 t/ha bleiben, würde er bei den weiterhin gültigen Kostendaten die folgende Bodenrente erwirtschaften:

$$BR = (139{,}80 \text{ €/t} – 79{,}4898 \text{ €/t}) \cdot 8 \text{ t/ha} – 340{,}0451 \text{ €/ha}$$
$$BR = 142{,}44 \text{ €/ha}$$

Angesichts dieses Nachteils wird der Landwirt den Fortschritt jedenfalls übernehmen.

Da in der Realität im Zeitablauf ein mehr oder weniger kontinuierlicher Strom von ertragssteigernden Fortschritten auftritt, werden die Landwirte diese Fortschritte stets auch nutzen. Bei unelastischer Nachfrage nach ihren Produkten geraten sie dabei jedoch in die besagte „Tretmühle", die zum Vorteil der Verbraucher ihrer Produkte für sie nur Nachteile bringt.

Die Landwirte können der Tretmühle sinkender Einkommen nur dadurch entkommen, dass sie bei abnehmendem Einkommen bzw. abnehmenden Bodenrenten je ha Nutzfläche die insgesamt je Arbeitskraft zu bewirtschaftende Nutzfläche ausdehnen. Hat eine Arbeitskraft z. B. vor dem Fortschrittssprung eine Fläche von 50 ha bewirtschaftet und damit bei einer Bodenrente von 464,094 €/ha eine Gesamtbodenrente von 23.202,00 € erwirtschaftet, dann muss er nach dem Fortschrittssprung bei einer Bodenrente von nur mehr 383,63 €/ha eine Gesamtfläche von 60,48 ha bewirtschaften können, um auf die gleiche Gesamtbodenrente wie vorher zu kommen. Die Ausdehnung der von einer Arbeitskraft zu bewirtschaftenden Nutzfläche wird durch arbeitssparende Fortschritte möglich. Auf die Wirkungen arbeitssparender Fortschritte für die Einkommensentwicklung der Landwirte wird in dem späteren Abschnitt 6.5 näher eingegangen.

6.2.2 Analyse des Ein-Produkt-Falls für einen Wirtschaftsraum mit unterschiedlichen natürlichen Standorten

Im vorhergehenden Abschnitt wurden die Konsequenzen ertragssteigernder Fortschritte für die Landnutzungsintensität und die Bodenrente in Abhängigkeit unterschiedlicher Preiselastizitäten der Nachfrage bei Annahme eines einheitlichen natürlichen Standortes in einem Wirtschaftsraum untersucht. In diesem Abschnitt soll die Analyse durch die Annahme einer Abfolge unterschiedlicher Standorte mit unterschiedlichen Ertragsfähigkeiten erweitert werden. Dabei wird jedoch auch dafür von einem geschlossenen Wirtschaftsraum ausgegangen, in dem Winterweizen das alleinige Produkt zur Befriedigung der Nahrungsbedürfnisse der inländischen Bevölkerung ist.

In dem Wirtschaftsraum weist der ertragsschwächste natürliche Standort einen maximal erzielbaren Ertrag von $y = 0$ t/ha, der ertragsstärkste einen solchen von $y = yhe$ auf. Innerhalb dieser Spanne seien – zur Vereinfachung – die natürlichen Standorte gleich verteilt. In Abhängigkeit der nach ihren Ertragsfähigkeiten in aufsteigender Reihenfolge geordneten Standorte, d. h. in Abhängigkeit der jeweils maximal erzielbaren Erträge, können sich dann die in Übersicht 6.7 als Beispiele dargestellten Bodenrentenfunktionen ergeben.

Diesen Bodenrentenfunktionen liegt die bereits mehrfach verwendete Bodenrentenfunktion für ein m-tes Produkt in der folgenden Form zugrunde:

(6.14) $$BR_m = (py_m – MLV_m) \cdot y_m – KVF_m \qquad \text{wobei } 0 \leq y_m \leq yhe$$

Darin sind:

BR_m = Bodenrente, gemessen in €/ha;

py_m = Produktpreis, gemessen in €/t Produkt;

MKV_m = ertragsabhängiger Kostensatz, gemessen in €/t Produkt;

KVF_m = flächenabhängige Kosten, gemessen in €/ha;

y_m = maximal erzielbarer Ertrag, gemessen in t/ha;

yhe = Höchstertrag, als der auf dem ertragsstärkstcn Standort maximal erzielbare Ertrag, gemessen in t/ha.

Konkret zeigt Übersicht 6.7 Bodenrentenfunktionen für den Winterweizen mit den auch hier verwendeten Kostensätzen von MKV = 79,4898 €/t und KVF = 340,0451 €/ha bei unterschiedlichen Höchsterträgen (yhe) und unterschiedlichen Produktpreisen (py). Für die mit der blauen Funktion skizzierten Ausgangssituation wurde wieder von einem Produktpreis von 180,00 €/t ausgegangen und angenommen, dass der maximal erzielbare Ertrag auf dem ertragsstärksten Standort yhe = 8 t/ha beträgt.

Für das Preis- und Mengengerüst der blauen Bodenrentenfunktion zeigt Übersicht 6.7, dass positive Bodenrenten auf allen natürlichen Standorten erreicht werden können, deren maximal erzielbaren Erträge zwischen y_0 und yhe liegen, wobei y_0 den Grenzstandort repräsentiert. Es werden also durch die Landwirte in dem Wirtschaftsraum sämtliche Standorte mit maximal erzielbaren Erträgen oberhalb von y_0 genutzt.

Tritt nun ein ertragssteigernder Fortschritt von bspw. 50 % ein, dann steigen die maximal erzielbaren Erträge auf allen Standorten um jeweils 50 % an und auf dem ertragsstärksten Standort konkret von yhe = 8 t/ha auf yhe = 12 t/ha. Bei unverändertem Produktpreis von py =

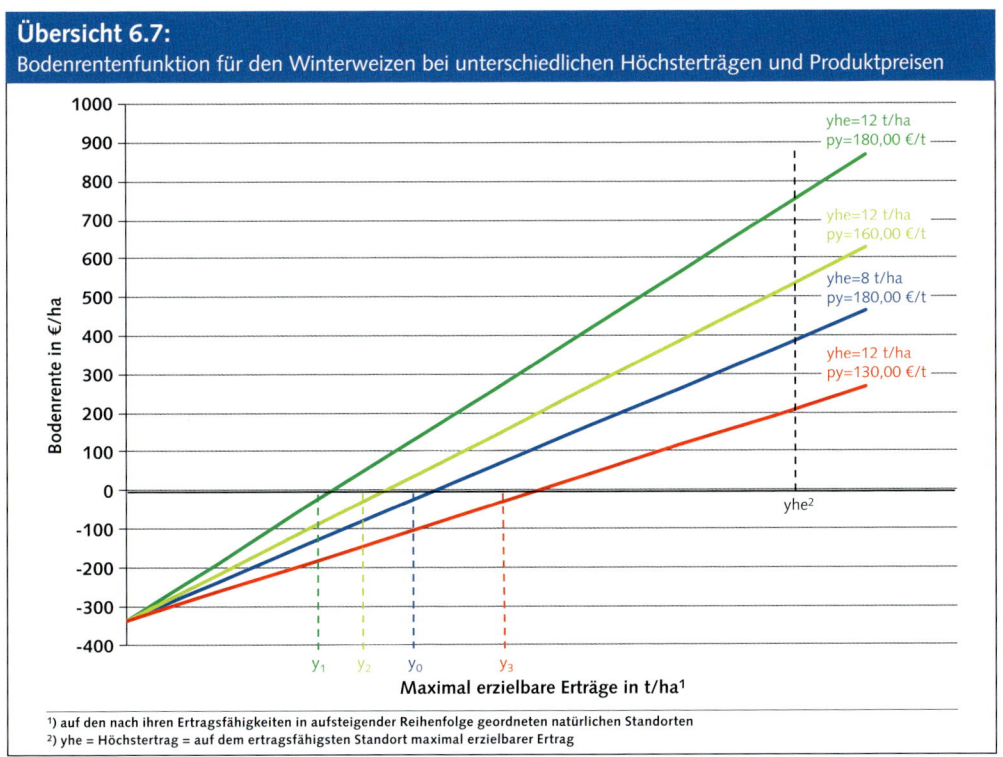

Übersicht 6.7:
Bodenrentenfunktion für den Winterweizen bei unterschiedlichen Höchsterträgen und Produktpreisen

[1] auf den nach ihren Ertragsfähigkeiten in aufsteigender Reihenfolge geordneten natürlichen Standorten
[2] yhe = Höchstertrag = auf dem ertragsfähigsten Standort maximal erzielbarer Ertrag

180,00 €/t würde sich nach dem Fortschrittssprung die dunkelgrüne Bodenrentenfunktion in Übersicht 6.7 ergeben.

Es zeigt sich, dass nunmehr auch Standorte positive Bodenrenten abwerfen und damit durch die Landwirte genutzt werden, deren maximal erzielbaren Erträge vorher unterhalb des Ertragsniveaus y_0 des Grenzstandortes lagen. Der Grenzstandort verschiebt sich also durch den Fortschrittssprung nach links in Richtung auf den neuen Grenzstandort mit dem maximal erzielbaren Ertrag y_1. Bei unverändertem Produktpreis bewirken die Ertragszunahme auf den bisher schon genutzten Standorten und die Ausdehnung der genutzten Fläche zusammen, dass sowohl die Produktmenge als auch die Bodenrente des Agrarsektors stark ansteigen.

Die gestiegene Produktmenge bleibt aber – wie bereits im vorhergehenden Abschnitt im Einzelnen abgeleitet – in dem geschlossenen Wirtschaftsraum nicht ohne Folgen für den Produktpreis. Je nach Niveau und Verlauf der gesamtwirtschaftlichen Nachfragefunktion, und insbesondere je nach dem Wert der Preiselastizität der Nachfrage, wird er mehr oder weniger stark abnehmen, bis das neue Marktgleichgewicht erreicht ist.

Übersicht 6.7 zeigt mit der hellgrünen und mit der roten Bodenrentenfunktion zwei Beispiele für die Fälle, dass der Produktpreis nach der fortschrittsbedingten Mengenausdehnung von py = 180,00 €/t auf py = 160,00 €/t bzw. auf py = 130,00 €/t abnimmt.

Bei der geringeren Preisabnahme lohnt sich die Nutzung ertragssteigernder Fortschritte für die Landwirte jedenfalls wirtschaftlich. Die Bodenrenten auf den in der Ausgangssituation bereits genutzten Standorten steigen im Vergleich zur Ausgangssituation an, außerdem können zusätzliche Standorte wirtschaftlich genutzt werden. Der Grenzstandort verschiebt sich von y_0 nach y_2.

Bei stärkeren Preisabnahmen „rechnet" sich der Fortschrittssprung jedoch für die Landwirte nicht mehr. Die rote Bodenrentenfunktion in Übersicht 6.7 verläuft unterhalb der blauen Funktion für die Ausgangssituation.

Für die Landwirte wird der wirtschaftliche Nachteil dabei umso schwerwiegender, je stärker der Produktpreis sinkt. Wie stark dieser sinkt, hängt – wie gesagt – von dem Wert der Preiselastizität der Nachfrage ab. Mit dem in Übersicht 6.8 dargestellten Modell soll deshalb wieder konkret für den Winterweizen gezeigt werden, welche wirtschaftlichen Konsequenzen sich für die Landwirte nach Fortschrittssprüngen bei unterschiedlichen Werten der Preiselastizität der Nachfrage ergeben.

Prinzipiell sollen dabei mit dem Modell der Übersicht 6.8 ebenso wie im vorhergehenden Abschnitt mit dem Modell der Übersicht 6.6 die zu erwartenden Änderungen der Landnutzungsintensität und der Bodenrente in Abhängigkeit unterschiedlicher Werte der Preiselastizität der Nachfrage abgeleitet werden. Aufgrund der für das Modell der Übersicht 6.8 eingeführten Annahme unterschiedlich ertragsstarker, natürlicher Standorte im betrachteten Wirtschaftsraum ergeben sich für den Modellaufbau jedoch einige Unterschiede gegenüber dem Modell der Übersicht 6.6.

Übersicht 6.8 zeigt zunächst drei Versionen des Modells (I bis III) mit Ergebnissen für drei verschiedene Werte der Preiselastizität der Nachfrage im elastischen (I), im proportional elastischen (II) und im unelastischen (III) Bereich.

Der generelle Aufbau des Modells soll anhand der Größen in Spalte 4 („Ausgangssituation") des oberen Teils (I) der Übersicht 6.8 dargestellt werden. Als exogene Daten werden für das Modell der Höchstertrag in der Ausgangssituation und nach dem Fortschrittssprung (Zeile 2), der Produktpreis (Zeile 3), die Kostendaten (ertragsabhängige Stückkosten in Zeile 4 und flächenabhängige ha-Kosten in Zeile 12) und die im Wirtschaftsraum insgesamt für die landwirtschaftliche Nutzung verfügbare Fläche benötigt. Letztere wurde für das Modell mit 100 ha angenommen (siehe Zeile 8).

Im ersten Schritt der Modellkalkulationen ist die tatsächlich im Wirtschaftsraum von den Landwirten genutzte Fläche zu bestimmen. Diese Fläche enthält sämtliche natürlichen Standorte, auf denen positive Bodenrenten erzielt werden können. Die genutzten Standorte liegen also – wie generell bereits mit der Übersicht 6.7 abgeleitet – zwischen dem Grenzstandort (Bodenrente = Null) und dem ertragsstärksten Standort (y_0 und yhe in Übersicht 6.7).

Der Höchstertrag wird dem Modell der Übersicht 6.8 – wie gesagt – exogen vorgegeben. Der Ertrag des Grenzstandortes (y_0) muss dagegen modellintern ermittelt werden. Da die Bodenrente am Grenzstandort definitionsgemäß Null ist, erhält man den Ertrag am Grenzstandort durch Nullsetzung der allgemeinen Bodenrentengleichung (6.2) und anschließender Umformung mit:

$$(6.15) \qquad y_0 = \frac{KVF}{py - MKV}$$

Der konkrete Wert für den Ertrag des Grenzstandortes ist in Zeile 6 der Übersicht 6.8 aufgeführt.

Die tatsächlich von den Landwirten genutzte Fläche umfasst sämtliche Standorte mit Erträgen von y_0 (Ertrag des Grenzstandortes) bis yhe (Höchstertrag am ertragsstärksten Standort). Der Anteil dieser Fläche (fa) an der insgesamt im Wirtschaftsraum für die landwirtschaftliche Nutzung verfügbaren Fläche ergibt sich aufgrund der Annahme der Gleichverteilung der Standorte mit:

$$(6.15) \qquad fa = \frac{yhe - y_0}{yhe}$$

Der konkrete Wert für die Ausgangssituation ist in Zeile 7 der Übersicht 6.8 angegeben.

Mit dem so bestimmten Flächenanteil lässt sich dann die insgesamt von den Landwirten genutzte Fläche (NF) durch einfache Multiplikation mit der insgesamt im Wirtschaftsraum für die Landnutzung verfügbaren Fläche (VNF) bestimmen. Es gilt also:

$$(6.17) \qquad NF = fa \cdot VNF$$

Der konkrete Wert für die Ausgangssituation ist in Zeile 9 der Übersicht 6.8 aufgeführt.

Im zweiten Schritt der Modellkalkulationen ist die im Wirtschaftsraum insgesamt erzeugte Produktmenge zu bestimmen. Sie ergibt sich – aufgrund der Annahme der Gleichverteilung der natürlichen Standorte – hier durch einfache Multiplikation der genutzten Fläche des Wirtschaftsraumes (NF) mit dem auf dieser Fläche erzielten Durchschnittsertrag (yd). Die genutzte Fläche ist bereits bekannt, benötigt wird daher noch der Durchschnittsertrag. Er ergibt sich mit:

$$(6.18) \qquad yd = \frac{yhe + y_0}{2}$$

Der konkrete Wert für die Ausgangssituation ist in Zeile 10 der Übersicht 6.8 angegeben.

Damit lässt sich dann die insgesamt erzeugte Produktmenge (AM) wie folgt bestimmen:

$$(6.19) \qquad AM = NF \cdot yd$$

Übersicht 6.8:
Modell zur Bestimmung der Wirkungen bodensparender ertragssteigernder Fortschritte für einen geschlossenen Wirtschaftsraum bei unterschiedlichen Preiselastizitäten der Nachfrage

I	Bezeichnung	Dimension	Symbol	Ausgangs-situation	Fortschritts-sprung	Elastische Nachfrage (ε>1,00) Iterationen						
Z/S	1	2	3	4	5	6	7	8	9	10	11	12
1	Preiselastizität		ε	***	***	2,00	2,00	2,00	2,00	2,00	2,00	2,00
2	Höchstertrag[1]	t/ha	yhe	8,00	12,00	12,00	12,00	12,00	12,00	12,00	12,00	12,00
3	Produktpreis	€/t	py	180,00	180,00	155,27	153,35	153,20	153,19	153,19	153,19	153,19
4	Ertragsabhängige Stückkosten	€/t	MKV	79,490	79,49	79,49	79,49	79,49	79,49	79,49	79,49	79,49
4	Mittlere Stückbodenrente	€/t	MBR	40,77	56,30	31,57	32,61	32,75	32,76	32,76	32,76	32,76
6	Ertrag des Grenzstandortes	t/ha	y_0	3,38	3,38	4,49	4,60	4,61	4,61	4,61	4,61	4,61
7	Anteil der genutzten Fläche		fa	0,58	0,72	0,63	0,62	0,62	0,62	0,62	0,62	0,62
8	verfügbare Nutzfläche	ha	VNF	100,00	100,00	100,00	100,00	100,00	100,00	100,00	100,00	100,00
9	Genutzte Fläche	ha	NF	57,71	71,81	62,61	61,64	61,56	61,55	61,55	61,55	61,55
10	Durchschnittsertrag	t/ha	yd	5,69	7,69	8,24	8,30	8,31	8,31	8,31	8,31	8,31
11	Produktmenge	t	AM	328,46	552,31	516,11	511,69	511,32	511,29	511,29	511,29	511,29
12	Flächenabhängige Kosten	€/ha	KVF	340,045	340,05	340,05	340,05	340,05	340,05	340,05	340,05	340,05
13	Mittlere Bodenrente	€/ha	BRd	232,02	433,04	284,67	273,16	272,23	272,16	272,15	272,15	272,15
14	Mittlere Landnutzungsintensität	€/ha	Kd	792,47	951,45	999,96	1.000,34	1.000,37	1.000,37	1.000,37	1.000,37	1.000,37
15	Bodenrente des Agrarsektors	€	BRs	13.389,80	31.095,10	17.822,73	16.836,27	16.757,29	16.750,98	16.750,47	16.750,43	16.750,43
16	Produzentenrente	€	PR	***	17.705,30	4.432,93	3.446,47	3.367,49	3.361,17	3.360,67	3.360,63	3.360,63
17	Konsumentenrente	€	CR	***	0,00	13.272,37	14.258,83	14.337,81	14.344,12	14.344,63	14.344,67	14.344,67

II	Bezeichnung	Dimension	Symbol	Ausgangs-situation	Fortschritts-sprung	Proportional elastische Nachfrage (ε=1,00) Iterationen						
Z/S	1	2	3	4	5	6	7	8	9	10	11	12
1	Preiselastizität		ε	***	***	1,00	1,00	1,00	1,00	1,00	1,00	1,00
2	Höchstertrag[1]	t/ha	yhe	8,00	12,00	12,00	12,00	12,00	12,00	12,00	12,00	12,00
3	Produktpreis	€/t	py	180,00	180,00	147,94	146,50	146,50	146,50	146,50	146,50	146,50
4	Ertragsabhängige Stückkosten	€/t	MKV	79,490	79,49	79,49	79,49	79,49	79,49	79,49	79,49	79,49
4	Stückbodenrente	€/t	MBR	40,77	56,30	24,24	26,93	27,18	27,18	27,18	27,18	27,18
6	Ertrag des Grenzstandortes	t/ha	y_0	3,38	3,38	4,97	5,07	5,07	5,07	5,07	5,07	5,07
7	Anteil der genutzten Fläche		fa	0,58	0,72	0,59	0,58	0,58	0,58	0,58	0,58	0,58
8	verfügbare Nutzfläche	ha	VNF	100,00	100,00	100,00	100,00	100,00	100,00	100,00	100,00	100,00
9	Genutzte Fläche	ha	NF	57,71	71,81	58,60	57,71	57,71	57,71	57,71	57,71	57,71
10	Durchschnittsertrag	t/ha	yd	5,69	7,69	8,48	8,54	8,54	8,54	8,54	8,54	8,54
11	Produktmenge	t	AM	328,46	552,31	497,18	492,71	492,69	492,69	492,69	492,69	492,69
12	Flächenabhängige Kosten	€/ha	KVF	340,045	340,05	340,05	340,05	340,05	340,05	340,05	340,05	340,05
13	Mittlere Bodenrente	€/ha	BRd	232,02	433,04	240,70	232,06	232,02	232,02	232,02	232,02	232,02
14	Mittlere Landnutzungsintensität	€/ha	Kd	792,47	951,45	1.014,42	1.018,66	1.018,68	1.018,68	1.018,68	1.018,68	1.018,68
15	Bodenrente des Agrarsektors	€	BRs	13.389,80	31.095,10	14.105,76	13.392,98	13.389,80	13.389,80	13.389,80	13.389,80	13.389,80
16	Produzentenrente	€	PR	***	17.705,30	715,96	3,18	0,00	0,00	0,00	0,00	0,00
17	Konsumentenrente	€	CR	***	0,00	16.989,33	17.702,11	17.705,30	17.705,30	17.705,30	17.705,30	17.705,30

III	Bezeichnung	Dimension	Symbol	Ausgangs-situation	Fortschritts-sprung	Unelastische Nachfrage (ε<1,00) Iterationen						
Z/S	1	2	3	4	5	6	7	8	9	10	11	12
1	Preiselastizität		ε	***	***	0,80	0,80	0,80	0,80	0,80	0,80	0,80
2	Höchstertrag[1]	t/ha	yhe	8,00	12,00	12,00	12,00	12,00	12,00	12,00	12,00	12,00
3	Produktpreis	€/t	py	180,00	180,00	144,81	143,84	143,88	143,88	143,88	143,88	143,88
4	Ertragsabhängige Stückkosten	€/t	MKV	79,490	79,49	79,49	79,49	79,49	79,49	79,49	79,49	79,49
4	Stückbodenrente	€/t	MBR	40,77	56,30	21,11	24,82	25,05	25,04	25,04	25,04	25,04
6	Ertrag des Grenzstandortes	t/ha	y_0	3,38	3,38	5,21	5,28	5,28	5,28	5,28	5,28	5,28
7	Anteil der genutzten Fläche		fa	0,58	0,72	0,57	0,56	0,56	0,56	0,56	0,56	0,56
8	verfügbare Nutzfläche	ha	VNF	100,00	100,00	100,00	100,00	100,00	100,00	100,00	100,00	100,00
9	Genutzte Fläche	ha	NF	57,71	71,81	56,62	55,96	55,99	55,99	55,99	55,99	55,99
10	Durchschnittsertrag	t/ha	yd	5,69	7,69	8,60	8,64	8,64	8,64	8,64	8,64	8,64
11	Produktmenge	t	AM	328,46	552,31	487,08	483,64	483,80	483,80	483,80	483,80	483,80
12	Flächenabhängige Kosten	€/ha	KVF	340,045	340,05	340,05	340,05	340,05	340,05	340,05	340,05	340,05
13	Mittlere Bodenrente	€/ha	BRd	232,02	433,04	221,89	216,06	216,33	216,32	216,32	216,32	216,32
14	Mittlere Landnutzungsintensität	€/ha	Kd	792,47	951,45	1.023,89	1.027,02	1.026,87	1.026,88	1.026,88	1.026,88	1.026,88
15	Bodenrente des Agrarsektors	€	BRs	13.38,80	31.095,10	12.562,76	12.091,12	12.113,26	12.112,11	12.112,17	12.112,17	12.112,17
16	Produzentenrente	€	PR	***	17.705,30	-827,04	-1.298,68	-1.276,54	-1.277,69	-1.277,63	-1.277,64	-1.277,64
17	Konsumentenrente	€	CR	***	0,00	18.532,34	19.003,98	18.981,84	18.982,99	18.982,93	18.982,93	18.982,93

[1] Höchstertrag = maximal erzielbarer Ertrag des ertragsstärksten natürlichen Standortes

Der konkrete Wert für die Ausgangssituation ist in Zeile 11 der Übersicht 6.8 aufgeführt.

Im dritten Schritt der Modellkalkulationen ist die insgesamt von den Landwirten des Wirtschaftsraumes erwirtschaftete Bodenrente, d. h. die Bodenrente des Agrarsektors, zu bestimmen. Sie ergibt sich hier bei der Annahme der Gleichverteilung der natürlichen Standorte durch einfache Multiplikation der genutzten Fläche (NF) mit der mittleren Bodenrente (BRd).

Die genutzte Fläche ist bereits bekannt, bestimmt werden muss noch die mittlere Bodenrente. Sie lässt sich mit der allgemeinen Bodenrentengleichung (6.2) ermitteln, indem in dieser Gleichung der Ertrag (y) durch den Durchschnittsertrag (yd), der bereits bekannt ist, ersetzt wird. Für die mittlere Bodenrente gilt dann:

(6.20) $\qquad BRd = (py - MKV) \cdot yd - KVF$

Der konkrete Wert ist für die Ausgangssituation in Zeile 13 der Übersicht 6.8 angegeben.

Die gesamte Bodenrente des Agrarsektors (BRs) ist dann:

(6.21) $\qquad BRs = BRd \cdot NF$

Ihr konkreter Wert ist in Zeile 15 der Übersicht 6.8 aufgeführt.

Als Folge von ertragssteigernden Fortschritten können auch in diesem Modell Produzenten- und Konsumentenrenten entstehen. Die Bodenrente des Agrarsektors wird zur Ermittlung der den Landwirten des Wirtschaftsraumes insgesamt zufließenden Produzentenrente und den Konsumenten des Wirtschaftsraumes insgesamt zufließenden Konsumentenrente benötigt. Unter sinngemäßer Anwendung der Gleichungen (6.12) und (6.13) des vorhergehenden Abschnitts gilt für die Produzentenrente:

(6.22) $\qquad PR = BRs_F - BRs_A$

Darin sind:

PR = Produzentenrente, gemessen in €;
BRs_A = Bodenrente des Agrarsektors in der Ausgangssituation, gemessen in €;
BRs_F = Bodenrente des Agrarsektors nach einem ertragssteigernden Fortschrittssprung, gemessen in €.

Für die Konsumentenrente gilt:

(6.23) $\qquad CR = BRs_{FV} - BRs_{FN}$

Darin sind:

CR = Konsumentenrente, gemessen in €;
BRs_{FV} = Bodenrente des Agrarsektors nach einem ertragssteigernden Fortschrittssprung, aber ohne Produktpreisanpassung, gemessen in €;
BRs_{FN} = Bodenrente des Agrarsektors nach einem ertragssteigernden Fortschrittssprung und nach der Produktpreisanpassung, gemessen in €.

Im Unterschied zum Modell der Übersicht 6.6 werden in dem hier betrachteten Modell die Produzenten- und die Konsumentenrente nicht je ha Nutzfläche, sondern als Gesamtwerte für den Wirtschaftsraum ausgewiesen. Bei der für das Modell der Übersicht 6.6 gemachten Annahme eines einheitlichen natürlichen Standortes konnten sämtliche Analysen je ha Nutzfläche durchgeführt werden. Eine eventuelle Umrechnung auf Gesamtwerte hätte keine zusätzlichen Erkenntnisse erbracht.

Die konkreten Werte für die Produzenten- und die Konsumentenrente sind in den Zeilen 16 und 17 der Übersicht 6.8 angegeben.

In Zeile 14 des Modells der Übersicht 6.8 ist die mittlere Landnutzungsintensität (Kd) aufgeführt. Sie errechnet sich als Quotient aus den sektoralen Produktionskosten und der genutzten Fläche des Wirtschaftsraumes mit:

$$(6.24) \qquad Kd = \frac{MKV \cdot AM + KVF \cdot NF}{NF}$$

Schließlich ist in Zeile 4 des Modells der Übersicht 6.8 noch die mittlere Stückbodenrente angegeben. In der Ausgangssituation (Spalte 4) beträgt sie 40,77 €/t Produkt. Allgemein errechnet sich die mittlere Stückbodenrente (MBR) gemäß der folgenden Gleichung:

$$(6.25) \qquad MBR = py - MKV - \frac{KVF}{yd}$$

Die mittlere Stückbodenrente wird zur Bestimmung des Produktpreises, der sich infolge der Produktmengenausdehnung nach einem ertragssteigernden Fortschrittssprung ergibt, benötigt. Darauf wird im Einzelnen weiter unten eingegangen.

Die Spalte 5 der Übersicht 6.8 zeigt dann zunächst die Konsequenzen einer fortschrittsbedingten Ertragssteigerung um 50 % ohne die dabei sich ergebende Produktpreisanpassung. Die 50 %ige Ertragssteigerung wird dadurch simuliert, dass der Höchstertrag von 8 auf 12 t/ha angehoben wird (siehe Zeile 2).

Aus den Werten der Spalte 5 geht im Einzelnen hervor, dass ohne die Produktanpassung von den Landwirten des Wirtschaftsraumes mit einer Produktmenge von AM = 552,31 t auf einer genutzten Fläche von NF = 71,81 ha eine sektorale Bodenrente von BRs = 31.095,10 € erwirtschaftet werden könnte. Im Vergleich zur Ausgangssituation ergäbe sich durch den Fortschrittssprung eine Produzentenrente in Höhe von PR = 17.705,30 €. Bei unverändertem Produktpreis käme der Fortschrittssprung allein den Landwirten zugute, die Konsumentenrente wäre CR = 0,00 € (siehe Zeilen 16 und 17 in Spalte 5 des Modells der Übersicht 6.8).

Tatsächlich wird die gestiegene Produktmenge jedoch zu mehr oder weniger ausgeprägten Produktpreissenkungen und damit auch zu Veränderungen der übrigen Größen führen. Das konkrete Ausmaß der Veränderungen des Produktpreises hängt vom Wert der Preiselastizität der Nachfrage ab und müsste deshalb auch im Modell der Übersicht 6.8 mit Hilfe der Gleichung (6.6) berechnet werden. Da jedoch im vorliegenden Fall nicht nur die ertragsabhängigen, sondern auch die flächenabhängigen Kosten Veränderungen unterliegen können, weil die genutzte Fläche variiert, kann die Produktpreisveränderung nicht mehr wie im vorhergehenden Abschnitt über den Stückdeckungsbeitrag ermittelt werden. Vielmehr muss dafür die mittlere Stückbodenrente als der um die ertragsabhängigen und die flächenabhängigen Stückkosten bereinigte Produktpreis herangezogen werden. Die Stückbodenrente nach einem Fortschrittssprung (MBR$_F$) ergibt sich deshalb in sinngemäßer Anwendung der Gleichung (6.6) nunmehr wie folgt:

$$(6.26) \qquad MDR_F = MDR_A \cdot \left[\frac{1 + \dfrac{(AM_F - AM_A)}{(AM_F + AM_A)} \cdot \left(-\dfrac{1}{\varepsilon} \right)}{1 - \dfrac{(AM_F - AM_A)}{(AM_F + AM_A)} \cdot \left(-\dfrac{1}{\varepsilon} \right)} \right]$$

Darin sind:

MBR_F = Mittlere Stückbodenrente nach dem ertragssteigernden Fortschrittssprung, gemessen in €/t Produkt;

MBR_A = mittlere Stückbodenrente in der Ausgangssituation, gemessen in €/t;

AM_F = Produktmenge nach dem Fortschrittssprung, aber vor der Produktpreisanpassung; gemessen in t;

AM_A = Produktmenge in der Ausgangssituation, gemessen in t;

ε = Preiselastizität der Nachfrage.

Der eigentliche Produktpreis, der sich nach dem Fortschrittssprung als neuer Gleichgewichtspreis, bei dem Angebot und Nachfrage ausgeglichen sind, einstellt, wird bestimmt, indem man der Stückbodenrente (MBR_F) die ertragsabhängigen und die flächenabhängigen Stückkosten wieder hinzufügt. Unter Rückgriff auf Gleichung (6.25) und Auflösung dieser Gleichung nach dem Produktpreis (py) gilt:

$$(6.27) \qquad py = MBR_F + MKV + \frac{KVF}{yd}$$

In der Spalte 6 der Übersicht 6.8, in der die Gegebenheiten nach dem Fortschrittssprung und nach der Preisanpassung dargestellt sind, werden die dort aufgeführte mittlere Stückbodenrente (Zeile 4) und der Produktpreis (Zeile 3) mit Hilfe der Gleichungen (6.26) und (6.27) berechnet.

Bei der Berechnung des Produktpreises mittels Gleichung (6.27) tritt allerdings ein Problem insofern auf, als bei den zugehörigen Kalkulationen ein Zirkelschluss entsteht. Der für Gleichung (6.27) benötigte Durchschnittsertrag (yd, in Zeile 10 der Spalte 6) ist nämlich seinerseits vom Produktpreis abhängig, weil er sich gemäß Gleichung (6.18) aus dem (fixen) Höchstertrag (yhe) und dem Ertrag des Grenzstandortes (y_0) ergibt und der Ertrag des Grenzstandortes gemäß Gleichung (6.15) wiederum vom Produktpreis (py) abhängt.

Angesichts dieses Tatbestandes kann der Produktpreis nur über mehrere Iterationen bestimmt werden, indem man in Gleichung (6.27) statt des Durchschnittsertrages der Berechnungsspalte (hier Spalte 6) den Durchschnittsertrag aus der davor liegenden Spalte (hier Spalte 5) verwendet. Aus Gleichung (6.27) wird dann:

$$(6.28) \qquad py(x) = MBR_F(x) + MKV + \frac{KVF}{yd(x-1)}$$

Darin sind:

py(x) = Produktpreis der Iteration (x), gemessen in €/t;

MBR_F = mittlere Stückbodenrente der Iteration (x), gemessen in €/t;

MKV = (konstante) ertragsabhängige Stückkostgen, gemessen in €/t;

KVF = (konstante) flächenabhängige Kosten, gemessen in €/ha;

yd(x-1) = Durchschnittsertrag der Iteration (x-1), gemessen in t/ha.

Darüber hinaus muss auch die Gleichung (6.26) zur Berechnung der Stückbodenrente wie folgt angepasst werden.

$$(6.29) \qquad MDR_F(x) = MDR_A \cdot \left[\frac{1 + \dfrac{(AM(x-1) - AM_A)}{(AM(x-1) + AM_A)} \cdot \left(-\dfrac{1}{\varepsilon} \right)}{1 - \dfrac{(AM(x-1) - AM_A)}{(AM(x-1) + AM_A)} \cdot \left(-\dfrac{1}{\varepsilon} \right)} \right]$$

Gegenüber Gleichung (6.26) ergeben sich die folgenden Änderungen: Die zu bestimmende Stückbodenrente für die Iteration (x) ergibt sich unter Berücksichtigung der Produktmenge in der Iteration (x-1) sowie nach wie vor der Produktmenge in der Ausgangssituation (AM_A) und der Preiselastizität der Nachfrage (ε).

Aus den Spalten 6 bis 12 des oberen Teils der Übersicht 6.8 lässt sich ablesen, dass sich der Produktpreis und die übrigen modellendogenen Größen gemäß gedämpfter Schwingungen entwickeln und rasch stabilen Werten zustreben. Die Stückbodenrente und der Produktpreis sind nach vier Iterationen ab Spalte 9 stabil, die Bodenrente des Agrarsektors sowie die Produzenten- und die Konsumentenrente nach sechs Iterationen ab der Spalte 11.

Im mittleren Teil der Übersicht 6.8 sind die Kalkulationsergebnisse für den Fall einer proportional preiselastischen Nachfrage ($\varepsilon=1$) dargestellt. Stabile Werte werden hier für alle modellendogenen Größen bereits nach drei Iterationen ab der Spalte 8 erreicht.

Schließlich zeigt der untere Teil der Übersicht 6.8 die Kalkulationsergebnisse für den Fall der preisunelastischen Nachfrage bei $\varepsilon = 0{,}8$. Stabile Werte für alle modellendogenen Größen ergeben sich nach sechs Iterationen ab der Spalte 11.

Vergleicht man nun die stabilen Werte der modellendogenen Größen in den drei Teilen der Übersicht 6.8 miteinander, dann lässt sich – vorsichtig verallgemeinernd – Folgendes festhalten:

(1) Prinzipiell ebenso wie in dem Modell der Übersicht 6.6 sinkt der Produktpreis nach einem ertragssteigernden Fortschrittssprung umso stärker, je geringer der Wert der Preiselastizität der Nachfrage wird.

(2) Prinzipiell ebenso wie in dem Modell der Übersicht 6.6 verhalten sich im Modell der Übersicht 6.8 die Produzenten- und die Konsumentenrente in Abhängigkeit unterschiedlicher Werte der Preiselastizität der Nachfrage. Bei allen Werten der Preiselastizität unterhalb von ∞ ergeben sich nach ertragssteigernden Fortschritten positive Konsumentenrenten, die umso größer werden, je kleiner der Wert der Preiselastizität wird. Positive Produzentenrenten ergeben sich dagegen nur bei preiselastischer Nachfrage. Im preisunelastischen Bereich – der für Agrarprodukte generell zutrifft – wird die Produzentenrente negativ, und zwar umso stärker, je geringer der Wert der Preiselastizität wird.

(3) Bei preiselastischer Nachfrage nimmt die genutzte Fläche in einem Wirtschaftsraum nach ertragssteigernden Fortschritten c. p. zu. Es werden zusätzlich ertragsschwächere Standorte landwirtschaftlich genutzt. Bei proportional preiselastischer Nachfrage entspricht die genutzte Fläche nach einem ertragssteigernden Fortschritt dagegen derjenigen vor dem Fortschrittssprung. Bei preisunelastischer Nachfrage nimmt die landwirtschaftlich genutzte Fläche in einem Wirtschaftsraum nach ertragssteigernden Fortschritten dagegen sogar ab. Ertragsschwächere Standorte werden aufgegeben.

(4) Da in der Realität die Werte der Preiselastizität der Nachfrage für Agrarprodukte durchweg im preisunelastischen Bereich liegen, führen ertragssteigernde Fortschritte c. p. dazu, dass die in einem Wirtschaftsraum insgesamt für die Agrarproduktion genutzten Flächen abnehmen. Ertragsschwache Standorte fallen brach, weil sie wegen der gesunkenen Produktpreise

keine positiven Bodenrenten mehr zu erwirtschaften erlauben.

(5) Aus den stabilen Werten der modellendogenen Größen in den drei Teilen der Übersicht 6.8 lässt sich weiterhin ableiten, dass die in einem Wirtschaftsraum erzielbaren Durchschnittserträge nach ertragssteigernden Fortschritten zunehmen, und zwar umso stärker, je geringer der Wert der Preiselastizität der Nachfrage ist. Aufgrund der preisunelastischen Nachfrage nach Agrarprodukten steigen die Durchschnittserträge nach ertragssteigernden Fortschritten c. p. besonderes rasch an. Im Beispiel der Übersicht 6.8 steigt der Durchschnittsertrag bei einer Preiselastizität von $\varepsilon = 2{,}00$ durch den Fortschrittssprung von 5,69 auf 8,31 t/ha. Bei einer Preiselastizität von $\varepsilon = 0{,}8$ steigt der Durchschnittsertrag dagegen von 5,69 auf 8,64 t/ha an.

(6) Schließlich ergibt sich als weitere wesentliche Konsequenz aus den Kalkulationen mit dem Modell der Übersicht 6.8, dass die Landnutzungsintensität in einem Wirtschaftsraum im Zuge ertragssteigernder Fortschritte c. p. zunimmt, und zwar umso stärker, je geringer der Wert der Preiselastizität der Nachfrage ist. Bei einer Preiselastizität von $\varepsilon = 2{,}0$ nimmt die Landnutzungsintensität im Beispiel der Übersicht 6.8 von 792,47 auf 1.000,37 €/ha zu. Bei einer Preiselastizität von $\varepsilon = 0{,}8$ steigt die Landnutzungsintensität dagegen von 792,47 auf 1.026,88 €/ ha an. Da die Werte der Preiselastizität der Nachfrage für Agrarprodukte durchweg im preisunelastischen Bereich liegen, sind nach ertragssteigernden Fortschritten c. p. relativ starke Zunahmen der Landnutzungsintensität zu erwarten.

Die eben angesprochenen vergleichsweise negativen wirtschaftlichen Konsequenzen für die Landwirte, die auf die preisunelastische Nachfrage von Agrarprodukten zurückgeführt werden können, würden sich allerdings nur dann ergeben, wenn das Niveau der Nachfrage unverändert bliebe. Erhöht sich jedoch das Nachfragenniveau, z. B. in einem offenen Wirtschaftsraum durch die zusätzliche ausländische Nachfrage oder durch zusätzliche Verwertungsmöglichkeiten für Agrarprodukte, dann muss eine Verminderung der genutzten Fläche, d. h. ein Brachfallen ertragsschwacher Standorte bzw. eine Konzentration der Landbewirtschaftung auf die ertragsstarken Standorte bei gleichzeitig stark erhöhten Durchschnittserträgen und Landnutzungsintensitäten, nicht zwingend eintreten.

Diese Entwicklungen lassen sich in den abgelaufenen Jahrzehnten prinzipiell auch für die Europäische Union beobachten: Das Brachfallen ertragsschwacher Standorte infolge ertragssteigernder Fortschritte konnte nur durch politisch induzierte zusätzliche Nachfrage verhindert werden. Zum einen wurde auf den ertragsschwachen Standorten (benachteiligte Gebiete) eine zusätzliche Nachfrage nach Bewirtschaftung dieser Flächen durch den Staat mittels besonderer Prämien erzeugt. Die Prämien bewirken, dass die Standorte wieder positive Bodenrenten abwerfen. Zum anderen wurde durch das erneuerbare Energiegesetz (EEG) eine substantielle zusätzliche Nachfrage nach Agrarprodukten in Form von Substraten für die Biogaserzeugung induziert. Beide Interventionen des Staates verhinderten das Brachfallen von Nutzflächen in größerem Umfang und bewirkten, dass die landwirtschaftlich genutzten Flächen in der Europäischen Union trotz der immensen ertragssteigernden Fortschritte während der letzten Jahrzehnte nur relativ geringfügig, vorwiegend für nichtlandwirtschaftliche Verwendungen, abgenommen haben.

6.3 Überprüfung der Hypothesen zur Entwicklung der Wirtschaftlichkeit der Agrarproduktion in Abhängigkeit bodensparender Fortschritte anhand von Daten der landwirtschaftlichen Gesamtrechnung für Deutschland

Die in den beiden vorhergehenden Abschnitten abgeleiteten negativen wirtschaftlichen Konsequenzen für die Landwirte bei bodensparenden Fortschritten und preisunelastischer Nachfrage nach Agrarprodukten können – wegen der Verwendung der vereinfachten Zahlenbeispiele – lediglich als Hypothesen angesehen werden. Eine empirische Überprüfung dieser Hypothesen lässt sich z. B. prinzipiell in hoch aggregierter Form und über einen längeren Zeitraum mit den Daten der landwirtschaftlichen Gesamtrechnung für Deutschland durchführen.

Die landwirtschaftliche Gesamtrechnung als Teil der volkswirtschaftlichen Gesamtrechnungen hat allerdings für die hier betrachteten Gegebenheiten den Nachteil, dass sie (sektorale) Wirtschaftlichkeitsrechnungen mit empirisch abgesicherten Daten nur bis zur sachkostenfreien Leistung und nicht bis zu der bisher stets bestimmten Bodenrente erlaubt. Die sachkostenfreie Leistung wird im Rahmen der volkswirtschaftlichen Gesamtrechnung als Nettowertschöpfung zu Erzeugerpreisen bezeichnet. Sie unterscheidet sich von der Bodenrente durch die Arbeitskosten und die Zinskosten.

Nichtsdestoweniger können sich die Daten der landwirtschaftlichen Gesamtrechnung für die Hypothesenüberprüfung dann eignen, wenn die bisher für die Bodenrente abgeleiteten Tendenzen auch für die Nettowertschöpfung gelten würden, wenn sich also die Nettowertschöpfung in Abhängigkeit bodensparender Fortschritte bei der preisunelastischen Nachfrage prinzipiell ebenso negativ entwickelt wie die Bodenrente.

Ob, bzw. inwieweit das der Fall ist, soll mit einer zweckdienlichen Erweiterung des Modells der Übersicht 6.6 ermittelt werden. In der Übersicht 6.6 wurden lediglich die Gesamtkosten als Summe aus den im 4. Kapitel abgeleiteten Sachkosten und Arbeitskosten verwendet, wobei die Sachkosten so definiert waren, dass sie die Zinskosten enthielten.

Im Unterschied dazu enthalten die Sachkosten in der landwirtschaftlichen Gesamtrechnung noch nicht die Zinskosten. Die den bisher durchgeführten Kostenermittlungen für die Landnutzungsverfahren zugrunde liegenden Daten des KTBL erlauben jedoch ohne Schwierigkeiten auch eine Aufteilung in die drei Gruppen der Sachkosten (ohne Zinskosten), der Arbeitskosten und der Zinskosten (vgl. dazu für das Landnutzungsverfahren Winterweizen die Ausführungen in Abschnitt 3.3.4 und Übersicht 3.2 dieses Buches).

Subtrahiert man nun von der Leistung des Landnutzungsverfahrens die Sachkosten (ohne Zinskosten), so ergibt sich daraus die Wertschöpfung des Landnutzungsverfahrens, die formal mit der Nettowertschöpfung zu Erzeugerpreisen der landwirtschaftlichen Gesamtrechnung identisch ist.

Übersicht 6.9 zeigt dann in ihrem oberen Teil „I. Berechnung der Bodenrente" – quasi als Wiederholung der Zeilen 1 bis 10 der Übersicht 6.6 – die Berechnung der Stückkosten (Zeile 15) und der Stückbodenrente (Zeile 16) für die Ausgangsdaten (Spalte 4), den Fortschrittssprung ohne Preisanpassung (Spalte 5) und die vier unterschiedlichen Preiselastizitäten im elastischen, im proportional elastischen und im unelastischen Bereich (Spalten 5 bis 9). Die Werte in den Spalten 6 bis 9 sind identisch mit den Werten der Spalten 6 bis 9 in Übersicht 6.6 mit dem einen Unterschied, dass die Kosten nunmehr in die drei Bestandteile der Sachkosten (ohne Zinskosten), der Arbeitskosten und der Zinskosten aufgelöst wurden.

Im unteren Teil der Übersicht 6.9 „II. Berechnung der Wertschöpfung" ist dann die Entwicklung der Wertschöpfungsgrößen in Abhängigkeit von unterschiedlichen Werten für die

Übersicht 6.9:

Erweiterung des Modells der Übersicht 6.6 durch Aufteilung der flächen- und der ertragsabhängigen Kosten in die Sachkosten, Zinskosten und Arbeitskosten

Z/S	Bezeichnung	Dimension	Symbol	Ausgangs-situation	Fortschritts-sprung	Nachfrage elastisch	elastisch	prop. elastisch	unelastisch	Veränderung Sp.9 zu Sp.4[3]
	1	2	3	4	5	6	7	8	9	10
1	Preiselastizität der Nachfrage		e	***	***	3,00	2,00	1,00	0,80	***
2	Ertrag (Produktmenge)	t/ha	y	8,00	12,00	12,00	12,00	12,00	12,00	50,00
I Berechnung der Bodenrente										
3	Produktpreis	€/t	py	180,00	180,00	167,44	161,73	146,50	139,80	-22,34
4	Ertragsabhängige Stücksachkosten[1]	€/t	MKVS	72,29	72,29	72,29	72,29	72,29	72,29	0,00
5	Ertragsabhängige Stückzinskosten	€/t	MKVZ	3,27	3,27	3,27	3,27	3,27	3,27	0,00
6	Ertragsabhängige Stückarbeitskosten	€/t	MKVA	3,92	3,92	3,92	3,92	3,92	3,92	0,00
7	Ertragsabhängige Stückkosten	€/t	MKV	79,49	79,49	79,49	79,49	79,49	79,49	0,00
8	Stückdeckungsbeitrag	€/t	DB	100,51	100,51	87,95	82,24	67,01	60,31	-40,00
9	Flächenabhängige Sachkosten[1]	€/ha	KVFS	249,89	249,89	249,89	249,89	249,89	249,89	0,00
10	Flächenabhängige Stücksachkosten[1]	€/t	KVFSs	31,24	20,82	20,82	20,82	20,82	20,82	-33,33
11	Flächenabhängige Zinskosten	€/ha	KVFZ	19,70	19,70	19,70	19,70	19,70	19,70	0,00
12	Flächenabhängige Stückzinskosten	€/t	KVFTs	2,46	1,64	1,64	1,64	1,64	1,64	-33,33
13	Flächenabhängige Arbeitskosten	€/ha	KVFA	70,46	70,46	70,46	70,46	70,46	70,46	0,00
14	Flächenabhängige Stückarbeitskosten	€/t	KVFAs	8,81	5,87	5,87	5,87	5,87	5,87	-33,33
15	Stückkosten	€/t	Ks	122,00	107,83	107,83	107,83	107,83	107,83	-11,61
16	Stückbodenrente	€/t	BRs	58,00	72,17	59,61	53,90	38,67	31,97	-44,89
II Berechnung der Wertschöpfung										
17	Produktpreis	€/t	y	180,00	180,00	166,54	160,42	144,10	136,92	-23,93
18	Ertragsabhängige Stücksachkosten[1]	€/t	MKVS	72,29	72,29	72,29	72,29	72,29	72,29	0,00
19	Stückdeckungsbeitrag SKF[4]	€/t	DB	107,71	107,71	94,24	88,12	71,80	64,62	-40,00
20	Flächenabhängige Sachkosten[1]	€/ha	KVFS	249,89	249,89	249,89	249,89	249,89	249,89	0,00
21	Flächenabhängige Stücksachkosten[1]	€/t	KVFSs	31,24	20,82	20,82	20,82	20,82	20,82	-33,33
22	Stücksachkosten[1]	€/t	KSs	103,53	93,12	93,12	93,12	93,12	93,12	-10,06
23	Stückwertschöpfung	€/t	WS	76,47	86,88	73,42	67,30	50,98	43,80	-42,72
24	Preis-Kosten-Verhältnis			1,74	1,93	1,79	1,72	1,55	1,47	-15,43
25	Landnutzungsintensität[2]	€/ha	K	828,24	1117,42	1117,42	1117,42	1117,42	1117,42	34,91
26	ha-Wertschöpfung	€/ha	Wsha	611,76	1042,58	881,02	807,59	611,76	525,59	-14,08
27	Produzentenrente	€/ha	PR	***	430,82	269,26	195,83	0,00	-86,16	***
28	Konsumentenrente	€/ha	CR	***	0,00	161,56	234,99	430,82	516,99	***

[1] ohne Zinskosten, [2] als ha-Sachkosten ohne Zinskosten; [3] Prozentuale Veränderungen der Werte nach Fortschrittssprung bei unelastischer Nachfrage gegenüber Werten in der Ausgangssituation; [4] Produktpreis abzüglich ertragsabhängige Stücksachkosten

Preiselastizität der Nachfrage durchgeführt worden. Nach Subtraktion der ertragsabhängigen Stücksachkosten (Zeile 18) vom Produktpreis (Zeile 17) ergibt sich der „Stückdeckungsbeitrag SKF" (Zeile 19) als die zuständige Größe zur Bestimmung des Produktpreises in Abhängigkeit unterschiedlichen Preiselastizitäten der Nachfrage nach Maßgabe der Gleichungen (6.8) und (6.9). Nach Subtraktion der flächenabhängigen Stücksachkosten (Zeile 21) ergibt sich die Stück-wertschöpfung (Zeile 23). Die in Zeile 22 aufgeführten Stücksachkosten sind die Summe aus den ertragsabhängigen und den flächenabhängigen Stücksachkosten.

Vergleicht man nun die Entwicklung des Produktpreises, der Stückkosten und der Stückbodenrente im oberen Teil der Übersicht 6.9 mit der Entwicklung des Produktpreises, der Stücksachkosten und der Stückwertschöpfung im unteren Teil der Übersicht, dann werden die gleich gerichteten negativen Tendenzen in Abhängigkeit abnehmender Werte der Preiselastizität der Nachfrage unmittelbar deutlich.

Spalte 10 der Übersicht 6.9 gibt an, um wie viel Prozent die Werte für den Fall der unelastischen Nachfrage (Spalte 9) im Vergleich zur Ausgangssituation (Spalte 4) abnehmen.

Im oberen Teil geht der Produktpreis um 22,34, im unteren Teil nur um die unwesentlich höheren 23,93 % zurück. Prinzipiell das Gleiche gilt für die Entwicklung der Stückkosten im oberen Teil im Vergleich zur Entwicklung der Stücksachkosten im unteren Teil sowie für die Entwicklung der Stückbodenrente im oberen Teil im Vergleich zur Entwicklung der Stückwert-schöpfung im unteren Teil der Übersicht.

Die Stückkosten nehmen um 11,61 %, die Stücksachkosten um 10,06 % ab. Die Stückbodenrente sinkt um 44,89 %, die Stückwertschöpfung um 42,72 %. Prinzipiell ergeben sich also kaum Unterschiede zwischen den Entwicklungsrichtungen der Größen im oberen von den Größen im unteren Teil der Übersicht 6.9 und graduell sind diese Abweichungen so gering, dass man für die empirische Überprüfung der Hypothesen aus den Abschnitten 6.1.1 und 6.1.2 mit Fug und Recht die Werte der landwirtschaftlichen Gesamtrechnung mit ihrem Ausweis der Nettowertschöpfung zu Erzeugerpreisen ausgehen kann.

Zusätzlich sind in Übersicht 6.9 in den Zeilen 24 bis 26 die Entwicklungen des Preis-Kosten-Verhältnisses – hier als Relation von Produktpreis zu Stücksachkosten –, der Landnutzungsintensität – hier als Sachkosten je ha – sowie der ha-Wertschöpfung als flächenbezogene Erfolgsgrößen aufgeführt. Schließlich sind in den Zeilen 27 und 28 die Entwicklungen der Produzentenrente – hier bezogen auf die Veränderung der ha-Wertschöpfung – und der Konsumentenrente – ebenfalls bezogen auf die ha-Wertschöpfung – aufgeführt.

Höhere Einkommen für die Landwirte würden durch die fortschrittsbedingt steigenden Erträge also nur dann erzielt, wenn das Produktpreisniveau bei preiselastischer Nachfrage nach Agrarprodukten, wie vorher anhand der Zahlenbeispiele gezeigt, nur geringfügig fallen würde. Das ist jedoch nicht der Fall, weil das Angebot rascher wächst als die Nachfrage und die Nachfrage nach Agrarprodukten preisunelastisch reagiert. Ausweitungen der Nachfrage werden bekanntlich durch Bevölkerungswachstum und Steigerungen der Pro-Kopf-Einkommen mit daraus folgenden steigenden Pro-Kopf-Verbräuchen verursacht. In einer entwickelten Volkswirtschaft, wie es für Deutschland zutrifft, nimmt aber die Bevölkerung kaum mehr zu. Wegen der Wirkung des ENGEL'schen Gesetzes, bzw. wegen der bekanntlich sehr geringen Einkommenselastizitäten bei Agrarprodukten, wächst auch der Pro-Kopf-Konsum kaum noch. Einer nahezu stagnierenden Nachfrage steht also ein stetiges fortschrittsbedingtes Wachstum des Angebotes gegenüber. Das Produktpreisniveau müsste deshalb bei der preisunelastischen Nachfrage besonders rasch abnehmen.

Aus der Übersicht 6.9, in deren Zahlenbeispiel von einem fortschrittsbedingt steigenden Angebot bei unveränderter Nachfrage ausgegangen wurde, lassen sich deshalb aus den Veränderungen der Spalte 10 für den realistischen Fall der preisunelastischen Nachfrage nach Agrarprodukten zusammenfassend die folgenden sieben Hypothesen ableiten (vgl. zu nachfolgendem Text KUHLMANN, 2014):

Bodensparende, ertragssteigernde Fortschritte führen bei den Landwirten:
(i)   Zu sinkenden Produktpreisen,
(ii)   zu im Vergleich dazu weniger stark sinkenden Stücksachkosten,
(iii)   und damit zu stark sinkenden Stückwertschöpfungen,
(iv)   zu Verschlechterungen des Preis-Kosten-Verhältnisses,
(v)   zu steigenden Landnutzungsintensitäten,
(vi)   zu sinkenden Wertschöpfungen je Nutzflächeneinheit
(vii)   und damit zu negativen Produzentenrenten.

Übersicht 6.10 Landwirtschaftliche Gesamtrechnung für Deutschland in Anlehnung an die Regeln des Europäischen Systems volkswirtschaftlicher Gesamtrechnungen	
	Beträge 2010 in Mill. €
Produktionswert zu Erzeugerpreisen	**46237**
- Vorleistungen	32120
- Abschreibungen	8082
= **Nettowertschöpfung zu Erzeugerpreisen**	**6025**
- Produktionssteuern[1]	836
+ Subventionen[2]	7136
= **Nettowertschöpfung zu Faktorkosten**	**12335**

Quelle: Stat. Jb. Über Ernährung, Landwirtschaft und Forsten, 2012, S. 162
[1] Gütersteuern + Sonst. Produktionsabgaben; [2] Gütersubventionen + Sonst. Subventionen

Die Prüfung dieser Hypothesen soll – wie gesagt - mit den hoch aggregierten Zahlen der landwirtschaftlichen Gesamtrechnung für den ein halbes Jahrhundert umfassenden Zeitraum von 1960 bis 2010 erfolgen[3]. Die dabei gewählte Vorgehensweise für die landwirtschaftliche Gesamtrechnung ist in Übersicht 6.10 mit konkreten Werten für das Jahr 2010 skizziert. Durch Subtraktion der Vorleistungen und Abschreibungen vom Produktionswert zu Erzeugerpreisen wird die Nettowertschöpfung zu Erzeugerpreisen als eine erste Gesamteinkommensgröße für den deutschen Agrarsektor ermittelt. Fügt man dieser Größe die in den Agrarsektor fließenden Subventionen abzüglich der vom Agrarsektor gezahlten Produktionssteuern hinzu, ergibt sich als weitere Einkommensgröße für den Agrarsektor die Nettowertschöpfung zu Faktorkosten. Die erstgenannte Einkommensgröße umfasst das Gesamteinkommen, welches von den im Agrarsektor eingesetzten Produktionsfaktoren Boden, Arbeit und Kapital erwirtschaftet wird. Die zweitgenannte Einkommensgröße umfasst dagegen das Gesamteinkommen, mit dem die im Agrarsektor eingesetzten Produktionsfaktoren Boden, Arbeit und Kapital tatsächlich entlohnt werden.

Aus Übersicht 6.3 ging hervor, dass die Netto-Nahrungsmittelproduktion je Nutzflächeneinheit im abgelaufenen halben Jahrhundert im Trend jährlich um 1,22 % gestiegen ist, so dass sich die Netto-Nahrungsmittelproduktion je Nutzflächeneinheit in diesem Zeitraum fast verdoppelte. Sind durch diesen Produktions- bzw. Angebotsanstieg die oben aus dem einfachen Modell abgeleiteten negativen Konsequenzen für die Wirtschaftlichkeit der landwirtschaftlichen Produktion tatsächlich auch in der Realität eingetreten? Diese Frage soll schrittweise durch die Prüfung der vorher genannten sieben Hypothesen beantwortet werden.

Mit der ersten Hypothese werden im Zeitablauf sinkende Produktpreise behauptet. Wie sich die Produktpreise entwickelt haben, lässt sich auf hoher Aggregationsstufe ermitteln,

---

[3] Der Zeitraum von 1960 bis 2010 für die empirischen Analysen wurde gewählt, weil bis 1960 die Verwerfungen aus dem 2. Weltkrieg ausgeglichen waren und die Regelungen der gemeinsamen Agrarpolitik wirksam wurden. Dabei ist jedoch anzumerken, dass die Datengrundlage auch in diesem Zeitraum nicht einheitlich ist. Neben kleineren Anpassungen der Erhebungsmethodik im Verlauf der Jahrzehnte (s. dazu STAT. JB. ÜBER ERNÄHRUNG, LANDWIRTSCHAFT UND FORSTEN, versch. Jg.) haben sich infolge der Wiedervereinigung bei den Gesamtgrößen ab 1991 sprunghafte Veränderungen ergeben. Die verwendeten Daten beziehen sich von 1960 bis 1990 auf die alte Bundesrepublik und von 1991 bis 2010 auf Deutschland. Da im vorliegenden Beitrag jedoch keine Gesamtgrößen, sondern nur Quotienten (z. B. Netto-Nahrungsmittelproduktion in t je ha LF) verwendet wurden, so dass sich durch die veränderte Gebietskulisse nach der Wiedervereinigung die Beträge sowohl für die Zähler als auch für die Nenner veränderten, erschienen die in den Kapiteln 2, 4 und 5 vorgenommenen Auswertungen zulässig. Die durchweg sehr robusten Ergebnisse für die abgeleiteten Trends rechtfertigen m. E. die Vorgehensweise.

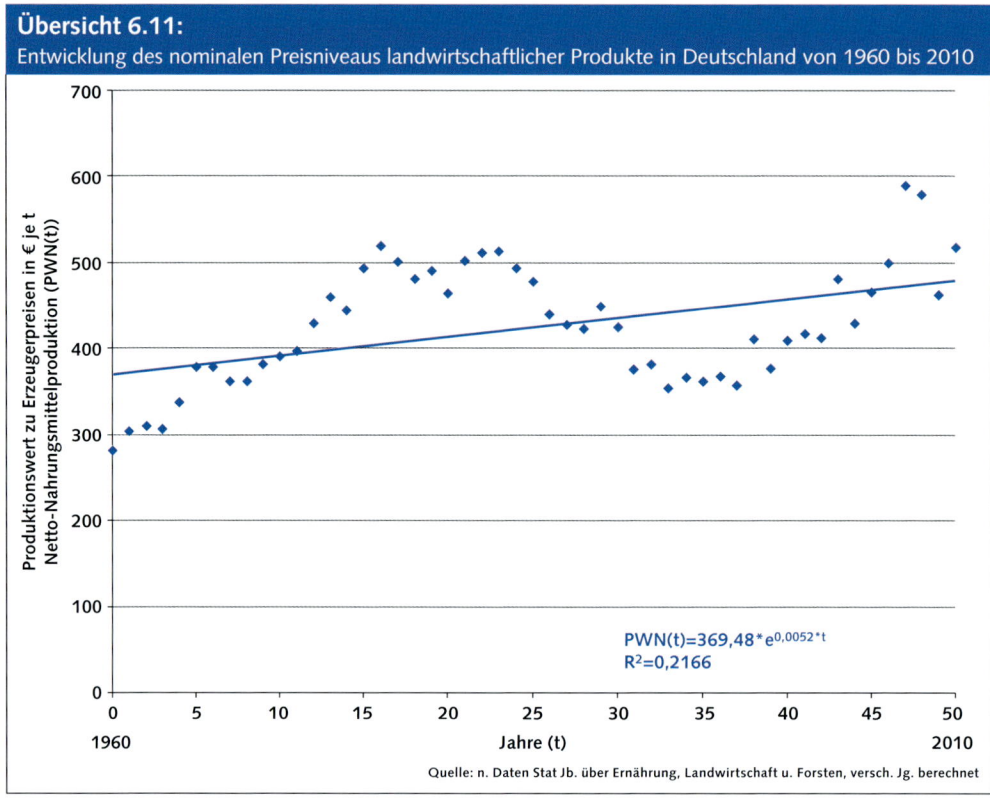

Übersicht 6.11:
Entwicklung des nominalen Preisniveaus landwirtschaftlicher Produkte in Deutschland von 1960 bis 2010

wenn man den Produktionswert zu Erzeugerpreisen je t Netto-Nahrungsmittelproduktion bestimmt. Man erhält dann sozusagen den aggregierten Produktpreis, bzw. das Produktpreisniveau.

Aus Übersicht 6.11 geht dann hervor, dass dieser aggregierte Produktpreis – entgegen der theoretischen Erwartung – im abgelaufenen halben Jahrhundert nicht gefallen, sondern im Trend sogar mit jährlichen Raten von 0,52 % gestiegen ist.

Allerdings handelt es sich bei diesem Preis um einen nominalen Preis, weil der Produktionswert an jeweiligen Erzeugerpreisen gemessen wird. Relevant sind aber bei langfristigen Betrachtungen die realen Werte.

Zur Bestimmung des realen Preises muss dieser nominale Preis inflationsbereinigt werden. Die Inflation wird mit Hilfe des Verbraucherpreisindex gemessen. Übersicht 6.12 zeigt, wie sich dieser Index entwickelt hat. Er ist innerhalb des letzten halben Jahrhunderts im Trend mit jährlichen Raten von 2,95 % angestiegen.

Bereinigt man nun die Werte für den aggregierten nominalen Produktpreis um die Werte für die Inflation, ergibt sich das Bild der Übersicht 6.13. Während der nominale Preis im Trend jährlich um – wie gesagt – 0,52 % gestiegen ist, nahm der reale Preis im Trend um jährlich 2,34 % ab. Damit ergibt sich ein Hinweis für die Bestätigung der ersten Hypothese fallender Produktpreise.

Mit der zweiten Hypothese wird behauptet, dass die Stücksachkosten im Zeitablauf zwar ebenfalls abnehmen, allerdings weniger stark als der Produktpreis. Die Sachkosten sind in der landwirtschaftlichen Gesamtrechnung die Summe aus Vorleistungen und Abschreibungen.

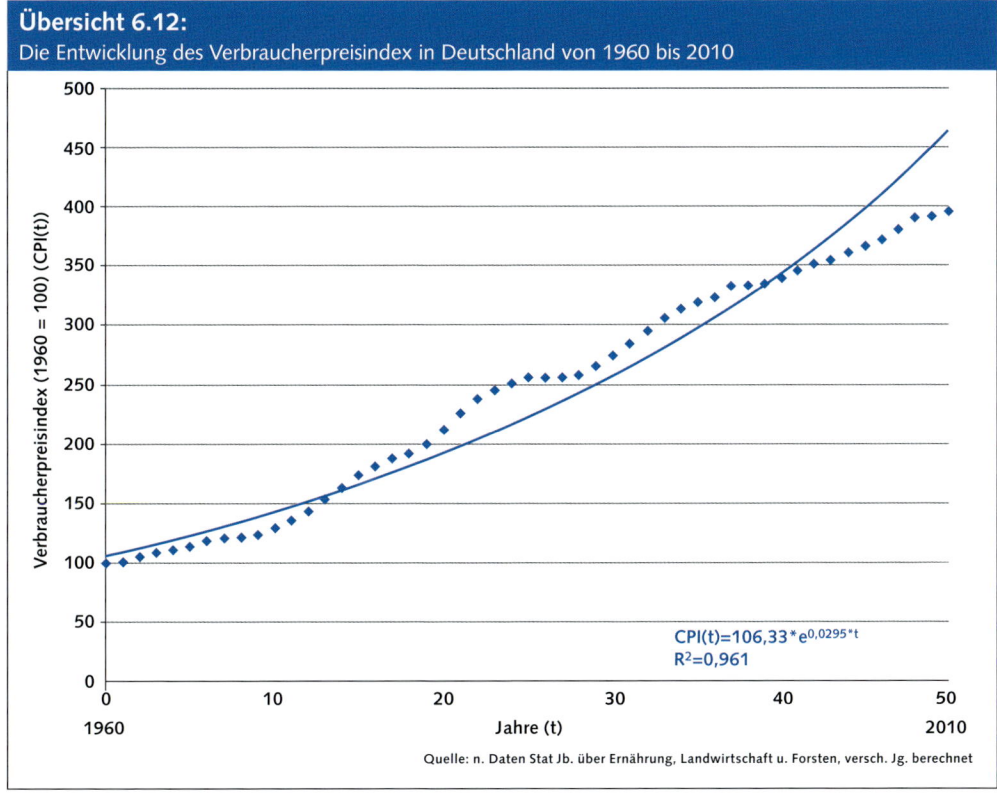

Übersicht 6.12:
Die Entwicklung des Verbraucherpreisindex in Deutschland von 1960 bis 2010

$$CPI(t)=106{,}33*e^{0{,}0295*t}$$
$$R^2=0{,}961$$

Quelle: n. Daten Stat Jb. über Ernährung, Landwirtschaft u. Forsten, versch. Jg. berechnet

Dividiert man nun diese Summe durch die Netto-Nahrungsmittelproduktion, ergeben sich die Stücksachkosten, gemessen in € je t Netto-Nahrungsmittelproduktion.

Übersicht 6.14 zeigt, dass die Stücksachkosten zwar als nominale Werte im letzten halben Jahrhundert angestiegen sind, als reale Werte jedoch mit jährlichen Raten von 1,22 % abgenommen haben. Damit ergeben sich Anhaltspunkte für die Bestätigung der zweiten Hypothese. Die Stücksachkosten fallen zwar, aber mit jährlichen Raten von 1,22 % weniger stark als der Produktpreis mit jährlichen Raten von – wie gesagt – 2,34 %.

Weitere Anhaltspunkte für eine Bestätigung der beiden Hypothesen liefern die Entwicklungen des Agrarproduktpreisindex und des Index der landwirtschaftlichen Betriebsmittel. Der Produktpreisindex ist von 1960 bis 2010 mit jährlichen Raten von 0,43 % gestiegen. Diese Rate liegt damit deutlich unterhalb der Inflationsrate. Der Betriebsmittelpreisindex ist mit jährlichen Raten von 2,21 % gestiegen. Diese Rate liegt zwar auch unterhalb der Inflationsrate, allerdings deutlich weniger stark als die Rate des Produktpreisindex. Die Trends der beiden Indices wurden nach Angaben des STATISTISCHEN BUNDESAMTES, bestimmt (www.destatis.de).

Subtrahiert man nun die Stücksachkosten von dem Produktpreis, ergibt sich die Stücknettowertschöpfung zu Erzeugerpreisen. Sie sollte aufgrund der negativen Veränderungsraten für den Produktpreis und die Stücksachkosten sowohl in Form der nominalen als auch in Form der realen Werte im Zeitablauf fallen. Übersicht 6.15 bestätigt das. Die nominale Größe hat im Trend um jährlich 2,33 %, die reale Größe jährlich sogar um 5,28 % abgenommen. Damit ergibt sich ein Hinweis für die Bestätigung der dritten Hypothese stark sinkender Stückwertschöpfungen.

Mit der vierten Hypothese wird behauptet, dass sich die Preis-Kosten-Verhältnisse im Zeitablauf verschlechtern. In hoch aggregierter Form zeigt Übersicht 6.16 die Entwicklung im Ver-

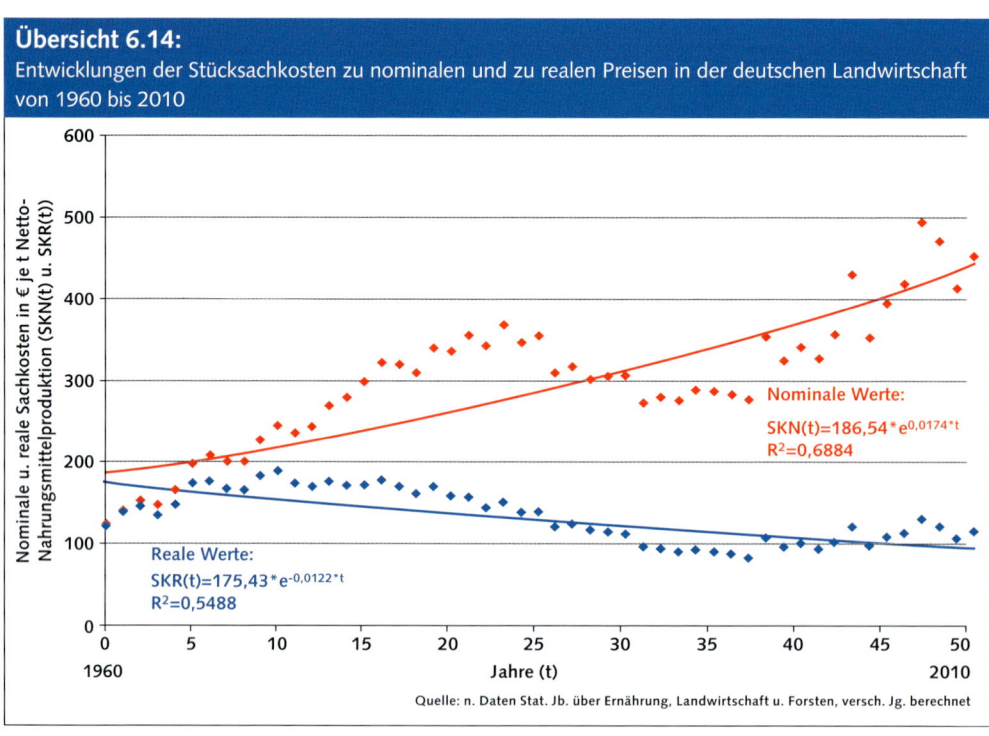

Übersicht 6.13:
Entwicklungen des nominalen und des realen Preisniveaus landwirtschaftlicher Produkte in Deutschland von 1960 bis 2010

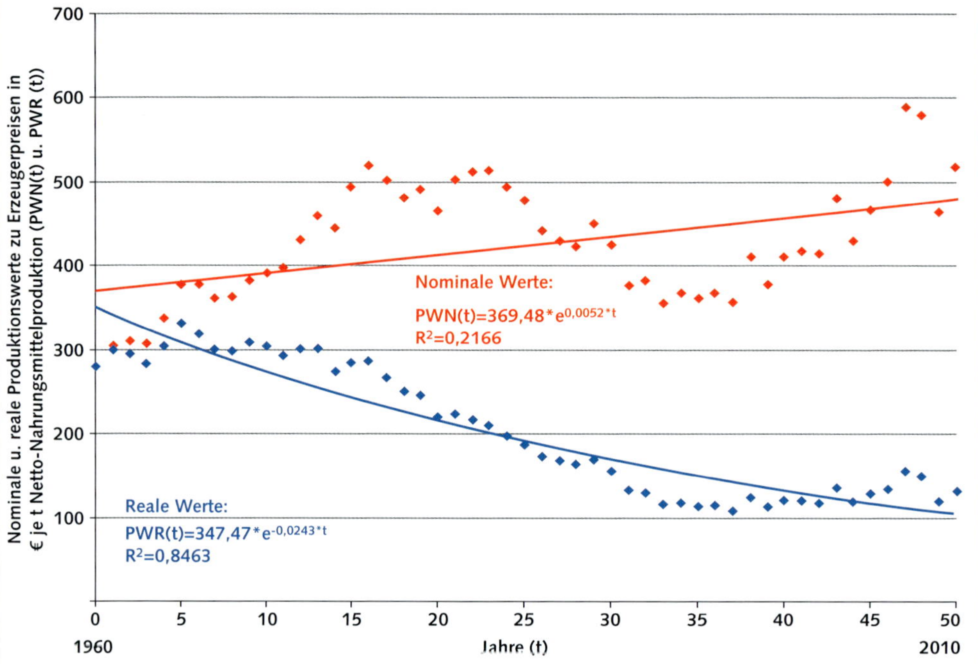

700
600
500
400
300
200
100
Nominale u. reale Produktionswerte zu Erzeugerpreisen in € je t Netto-Nahrungsmittelproduktion (PWN(t) u. PWR (t))
Nominale Werte:
PWN(t)=369,48*e^0,0052*t
R²=0,2166
Reale Werte:
PWR(t)=347,47*e^-0,0243*t
R²=0,8463
0 5 10 15 20 25 30 35 40 45 50
1960
Jahre (t)
2010

Quelle: n. Daten Stat Jb. über Ernährung, Landwirtschaft u. Forsten, versch. Jg. berechnet

Übersicht 6.14:
Entwicklungen der Stücksachkosten zu nominalen und zu realen Preisen in der deutschen Landwirtschaft von 1960 bis 2010

600
500
400
300
200
100
0
Nominale u. reale Sachkosten in € je t Netto-Nahrungsmittelproduktion (SKN(t) u. SKR(t))
Nominale Werte:
SKN(t)=186,54*e^0,0174*t
R²=0,6884
Reale Werte:
SKR(t)=175,43*e^-0,0122*t
R²=0,5488
0 5 10 15 20 25 30 35 40 45 50
1960
Jahre (t)
2010

Quelle: n. Daten Stat. Jb. über Ernährung, Landwirtschaft u. Forsten, versch. Jg. berechnet

Übersicht 6.15:
Entwicklung der Stücknettowertschöpfung zu nominalen und zu realen Erzeugerpreisen in der deutschen Landwirtschaft von 1960 bis 2010

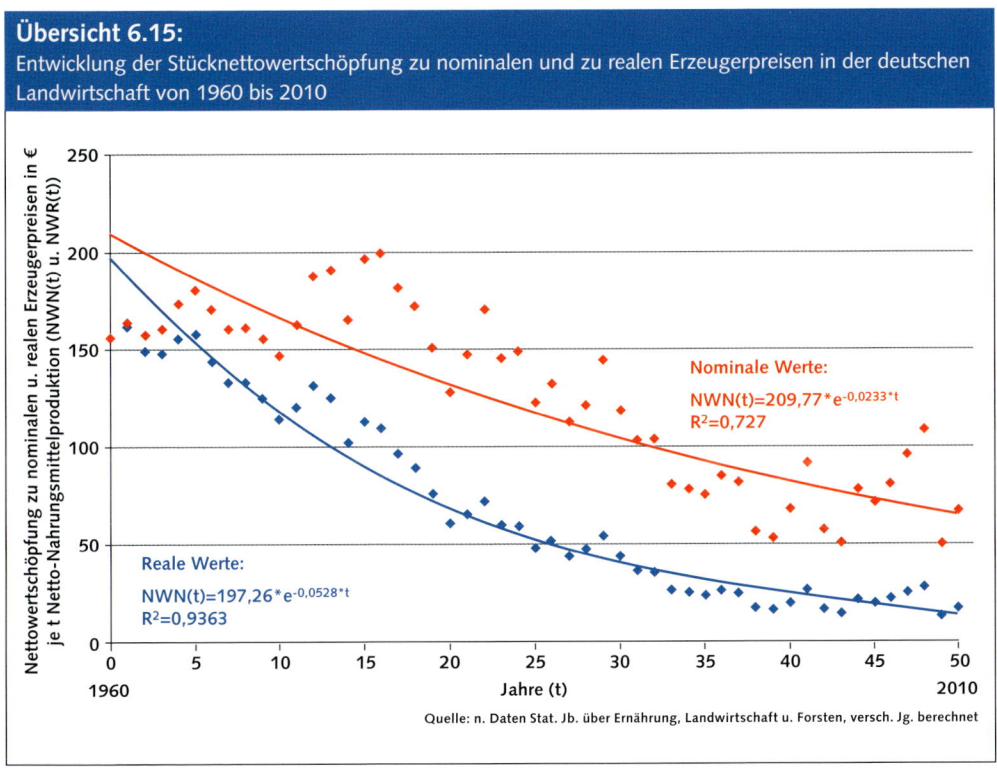

Quelle: n. Daten Stat. Jb. über Ernährung, Landwirtschaft u. Forsten, versch. Jg. berechnet

Übersicht 6.16:
Entwicklung des Preis-Kosten-Verhältnisses der landwirtschaftlichen Produktion in Deutschland von 1960 bis 2010

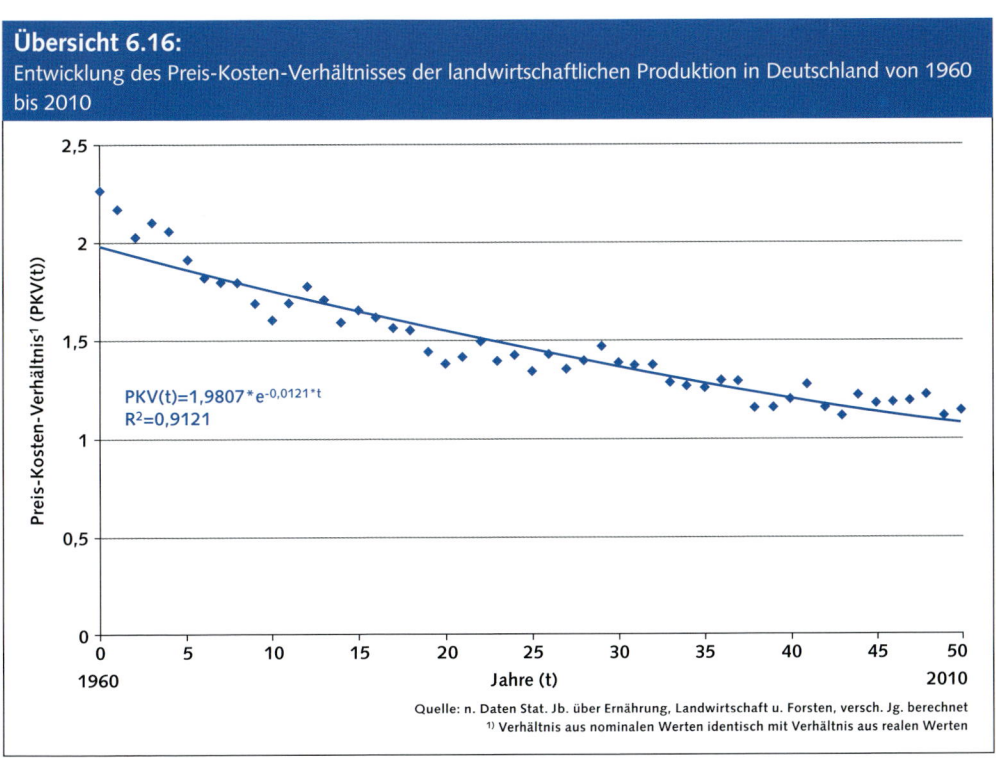

Quelle: n. Daten Stat. Jb. über Ernährung, Landwirtschaft u. Forsten, versch. Jg. berechnet
[1] Verhältnis aus nominalen Werten identisch mit Verhältnis aus realen Werten

Übersicht 6.17:
Entwicklungen der nominalen und der realen Sachkosten je Nutzflächeneinheit für die deutsche Landwirtschaft von 1960 bis 2010 als Maß für die Entwicklung der Landnutzungsintensität.

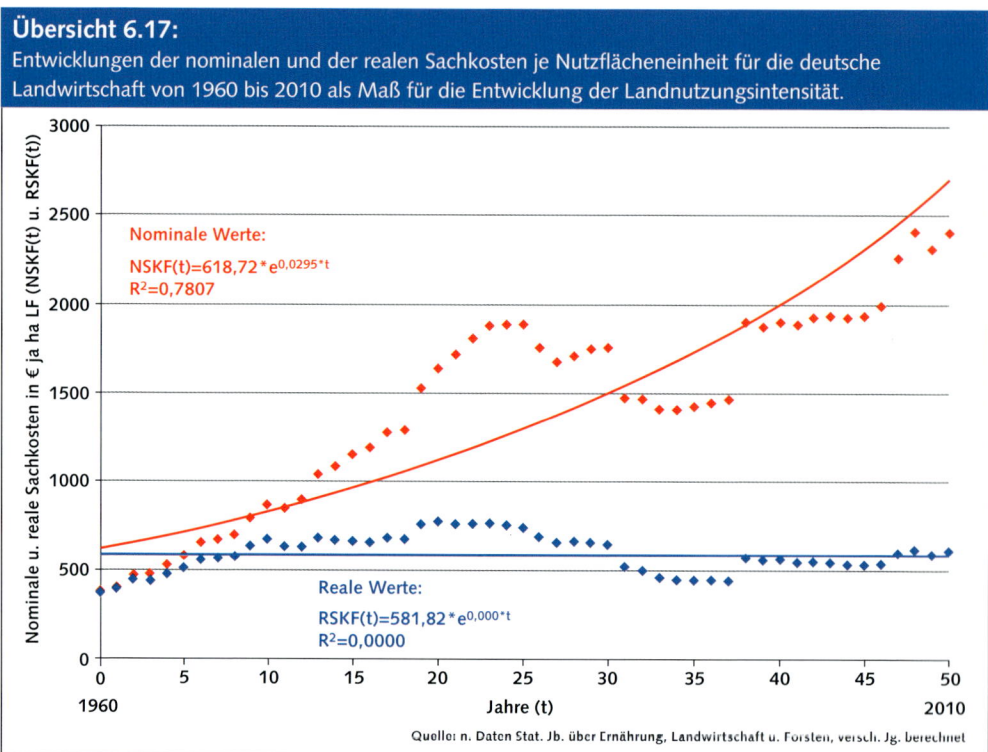

Nominale Werte:
NSKF(t)=618,72*e^{0,0295*t}
R²=0,7807

Reale Werte:
RSKF(t)=581,82*e^{0,000*t}
R²=0,0000

Quelle: n. Daten Stat. Jb. über Ernährung, Landwirtschaft u. Forsten, versch. Jg. berechnet

Übersicht 6.18:
Entwicklungen der Nettowertschöpfung je Nutzflächeneinheit zu nominalen und zu realen Erzeugerpreisen für die deutsche Landwirtschaft von 1960 bis 2010

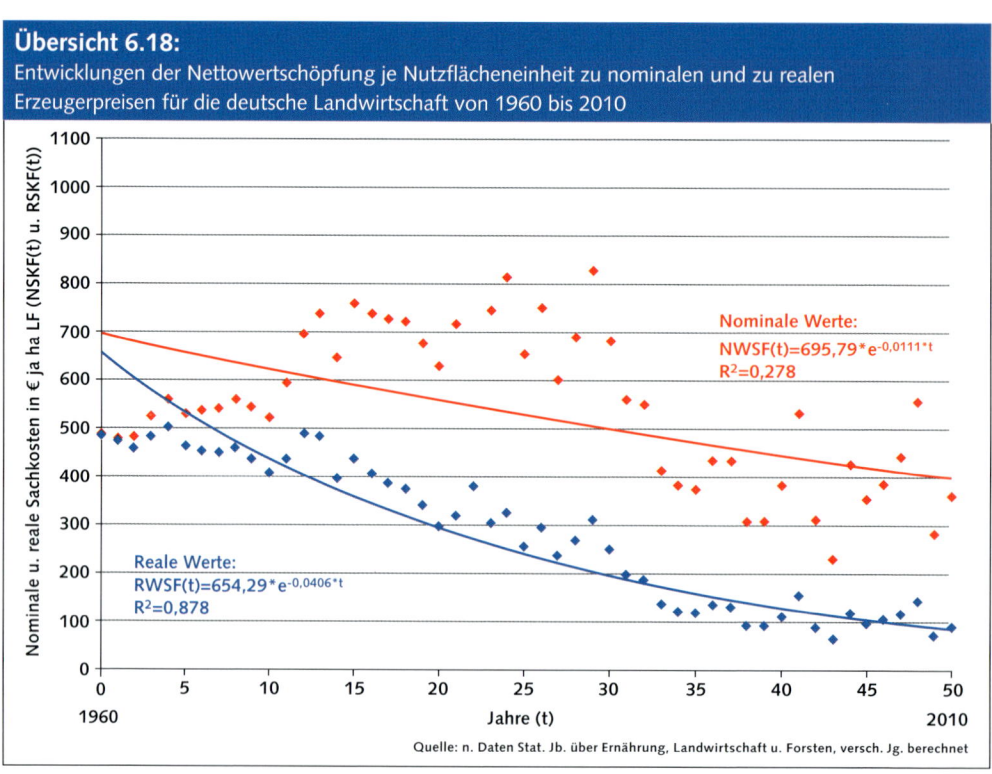

Nominale Werte:
NWSF(t)=695,79*e^{-0,0111*t}
R²=0,278

Reale Werte:
RWSF(t)=654,29*e^{-0,0406*t}
R²=0,878

Quelle: n. Daten Stat. Jb. über Ernährung, Landwirtschaft u. Forsten, versch. Jg. berechnet

lauf des letzten halben Jahrhunderts. Der Quotient aus Produktionswert je Einheit Netto-Nahrungsmittelproduktion und Sachkosten je Einheit Netto-Nahrungsmittelproduktion hat im Trend um jährlich 1,21 % abgenommen. Damit ergeben sich Anhaltspunkte für eine Bestätigung auch dieser Hypothese.

Die fünfte Hypothese behauptet, dass die Landnutzungsintensität, hier – wie gesagt –gemessen als Sachkosten je Nutzflächeneinheit, im Zeitablauf zugenommen hat. Wie Übersicht 6.17 zeigt, trifft das nur für die in jeweiligen Preisen gemessenen Sachkosten, nicht aber für die inflationsbereinigten realen Werte zu. Während die nominale Landnutzungsintensität im Trend jährlich um 2,95 % anstieg, blieb die reale Landnutzungsintensität gerade konstant. Damit kann die fünfte Hypothese nicht eindeutig bestätigt werden (Nebenbei bemerkt, sagt das Bestimmtheitsmaß von $R^2 = 0,0000$ bei einer Steigung des Trends von Null nichts aus).

Mit der sechsten Hypothese wird behauptet, dass nicht nur die Stücknettowertschöpfung, d. h. die Nettowertschöpfung je Einheit Netto-Nahrungsmittelproduktion, sondern auch die Nettowertschöpfung je Nutzflächeneinheit im Zeitablauf abnimmt. Übersicht 6.18 zeigt dazu, dass sowohl die realen als auch die nominalen Werte im Zeitablauf gesunken sind. Die inflationsbereinigte Nettowertschöpfung zu Erzeugerpreisen je ha LF nahm im Trend um jährlich 4,06 % ab, was auf eine Bestätigung der sechsten Hypothese hinweist.

Schließlich bedeutet die real deutlich sinkende Nettowertschöpfung zu Erzeugerpreisen je Nutzflächeneinheit, dass die Produzentenrenten der Landwirte im Zeitablauf negativ sein müssen, was auf eine Bestätigung der siebenten Hypothese verweist.

Als Zwischenergebnis ist an dieser Stelle festzuhalten, dass eine alleinige Wirkung der bodensparenden, ertragssteigernden Fortschritte bei den geringen Preiselastizitäten der Nachfrage nach Agrarprodukten zu deutlich abnehmenden Pro-Kopf-Einkommen der Landwirte hätte führen müssen. Damit hätte Willard COCHRANE nur allzu Recht behalten: Die Landwirte

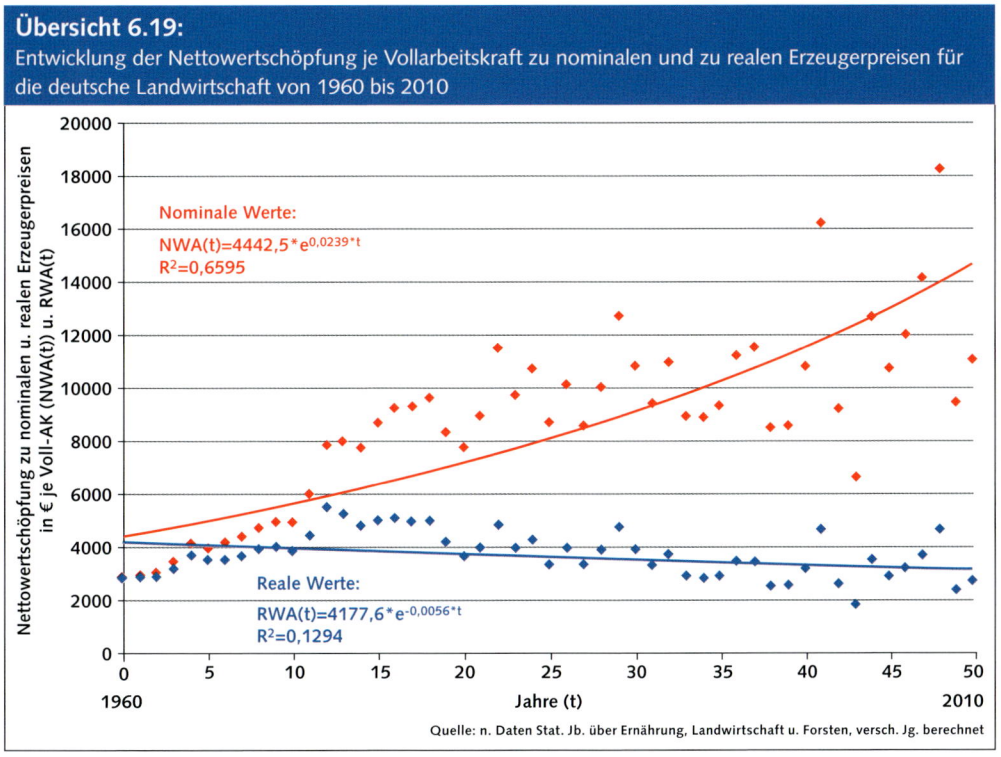

Übersicht 6.19:
Entwicklung der Nettowertschöpfung je Vollarbeitskraft zu nominalen und zu realen Erzeugerpreisen für die deutsche Landwirtschaft von 1960 bis 2010

Nominale Werte:
$NWA(t)=4442,5*e^{0,0239*t}$
$R^2=0,6595$

Reale Werte:
$RWA(t)=4177,6*e^{-0,0056*t}$
$R^2=0,1294$

Quelle: n. Daten Stat. Jb. über Ernährung, Landwirtschaft u. Forsten, versch. Jg. berechnet

befinden sich, was ihre Einkommen betrifft, nicht nur in einer permanenten Tretmühle, sondern sogar in einer langfristigen Abwärtsspirale.

Tatsächlich haben aber gleichzeitig mit den bodensparenden Fortschritten auch die arbeitssparenden Fortschritte gewirkt. Konnte dadurch der abwärts gerichtete Einkommenstrend abgebremst oder sogar umgekehrt werden?

Zur Beantwortung dieser Frage wurden zunächst die nominalen und die realen Größen für die wertmäßige Arbeitsproduktivität, ausgedrückt als Nettowertschöpfungen zu nominalen und realen Erzeugerpreisen je landwirtschaftlicher Vollarbeitskraft, bestimmt. Die Entwicklungen beider Größen sind in Übersicht 6.19 dargestellt. Die nominale Größe hat im Trend jährlich um 2,39 % zugenommen. Damit ist diese Wachstumsrate geringer als die vorher mit 2,95 % festgestellte Inflationsrate, so dass sich für die reale Nettowertschöpfung zu Erzeugerpreisen je Vollarbeitskraft im Trend sogar eine Abnahme von jährlich 0,56 % ergibt.

Trotzdem haben die Landwirte im letzten halben Jahrhundert aber reale Einkommenszuwächse erzielt. Das zeigt sich, wenn man bei der Einkommensrechnung den Saldo aus Subventionen und Produktionssteuern berücksichtigt. Addiert man die sich daraus ergebenden Nettotransfers an die Landwirtschaft zur Nettowertschöpfung zu Erzeugerpreisen hinzu, ergibt sich die Nettowertschöpfung zu Faktorkosten. Das ist – wie vorher bereits festgestellt – die Größe, die zur Entlohnung der für die Agrarproduktion eingesetzten Produktionsfaktoren Boden, Arbeit und Kapital tatsächlich zur Verfügung steht.

Die Übersicht 6.20 zeigt dann, dass die nominale Nettowertschöpfung zu Faktorkosten je Vollarbeitskraft im abgelaufenen halben Jahrhundert im Trend jährlich um 3,94 % gewachsen ist. Da diese Wachstumsrate über der Inflationsrate liegt, stieg die reale Nettowertschöpfung zu Faktorkosten je Vollarbeitskraft im Trend um jährlich 0,99 % an.

Hat nun dieses Wachstum bewirkt, dass die landwirtschaftlichen Einkommen mit der allge-

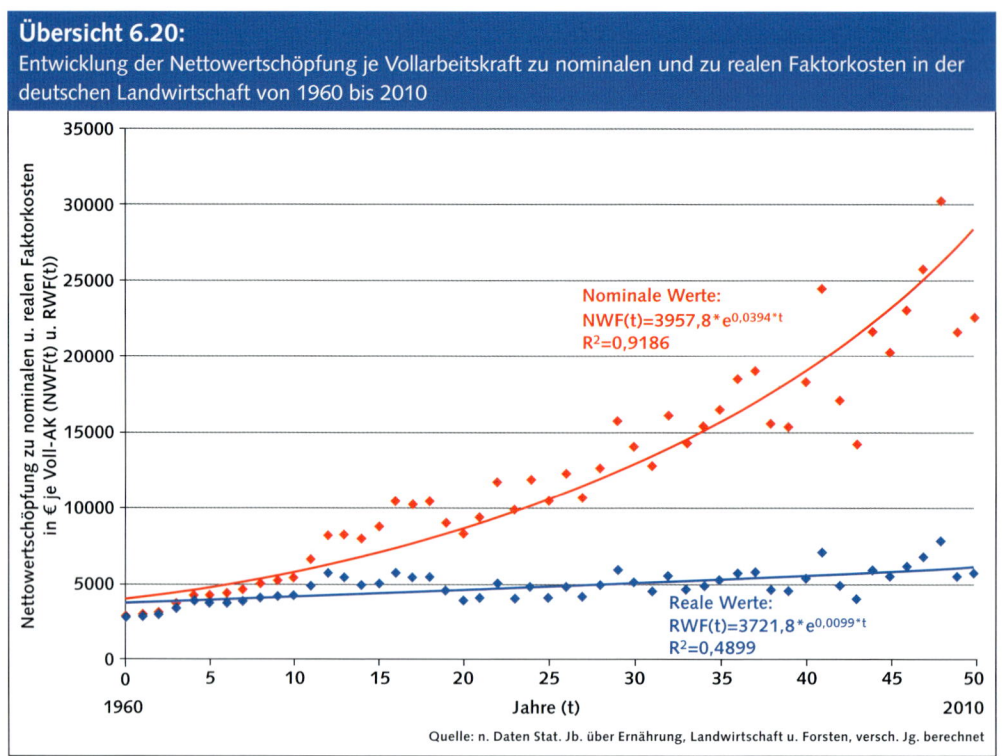

Übersicht 6.20:
Entwicklung der Nettowertschöpfung je Vollarbeitskraft zu nominalen und zu realen Faktorkosten in der deutschen Landwirtschaft von 1960 bis 2010

Nominale Werte:
$NWF(t)=3957{,}8 * e^{0{,}0394 * t}$
$R^2=0{,}9186$

Reale Werte:
$RWF(t)=3721{,}8 * e^{0{,}0099 * t}$
$R^2=0{,}4899$

Nettowertschöpfung zu nominalen u. realen Faktorkosten in € je Voll-AK (NWF(t) u. RWF(t))

Jahre (t)

Quelle: n. Daten Stat. Jb. über Ernährung, Landwirtschaft u. Forsten, versch. Jg. berechnet

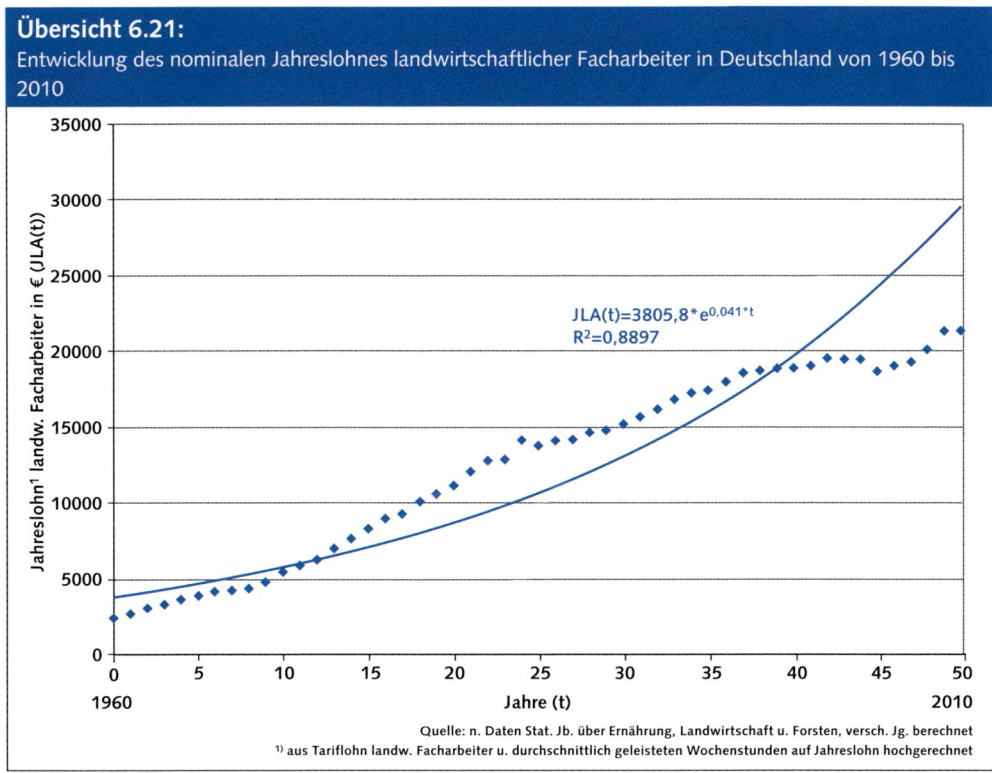

Übersicht 6.21:
Entwicklung des nominalen Jahreslohnes landwirtschaftlicher Facharbeiter in Deutschland von 1960 bis 2010

Quelle: n. Daten Stat. Jb. über Ernährung, Landwirtschaft u. Forsten, versch. Jg. berechnet
[1] aus Tariflohn landw. Facharbeiter u. durchschnittlich geleisteten Wochenstunden auf Jahreslohn hochgerechnet

meinen Einkommensentwicklung mithalten konnten? Eine erschöpfende Antwort auf diese Frage soll hier nicht gegeben werden. Als Teilantwort soll stattdessen gezeigt werden, inwieweit die Einkommensentwicklung aller Landwirte der Einkommensentwicklung der im Agrarsektor beschäftigten landwirtschaftlichen Facharbeiter folgen konnte. Diese Frage kann mit rein nominalen Größen beantwortet werden.

Übersicht 6.21 zeigt dazu, dass der nominale Jahreslohn landwirtschaftlicher Facharbeiter im abgelaufenen halben Jahrhundert im Trend um jährlich 4,10 % zugenommen hat. Die vorher abgeleitete Wachstumsrate für die Nettowertschöpfung zu Erzeugerpreisen je Vollarbeitskraft liegt mit 2,39 % deutlich unter dieser Rate für den Jahreslohn. Unter Berücksichtigung der Subventionen ergibt sich für die Nettowertschöpfung zu Faktorkosten je Vollarbeitskraft jedoch eine Wachstumsrate von 3,94 %.

Im Einzelnen zeigt Übersicht 6.22, dass diese Einkommensgröße im abgelaufenen halben Jahrhundert im Trend zunächst etwas oberhalb des Lohniveaus für die landwirtschaftlichen Facharbeiter lag. Im Laufe der Zeitspanne hat der Jahreslohn die Nettowertschöpfung zu Faktorkosten jedoch geringfügig überholt.

Das im Großen und Ganzen gleiche Wachstum der beiden Einkommensgrößen konnte allerdings nur durch die zunehmende Subventionierung der Landwirte erreicht werden. Die trendmäßige Entwicklung der Subventionierung ergibt sich in Übersicht 6.22 als Differenz zwischen der roten Linie für die Nettowertschöpfung zu Faktorkosten je Vollarbeitskraft und der blauen Linie für die Nettowertschöpfung zu Erzeugerpreisen je Vollarbeitskraft. Das jährliche Wachstum der Subventionen betrug im Trend mithin 3,94 % − 2,39 % = 1,55 %.

Insgesamt bestätigt also die reale Einkommensentwicklung der deutschen Landwirtschaft die in den vorhergehenden Abschnitten abgeleiteten Hypothesen. Bodensparende, ertragsstei-

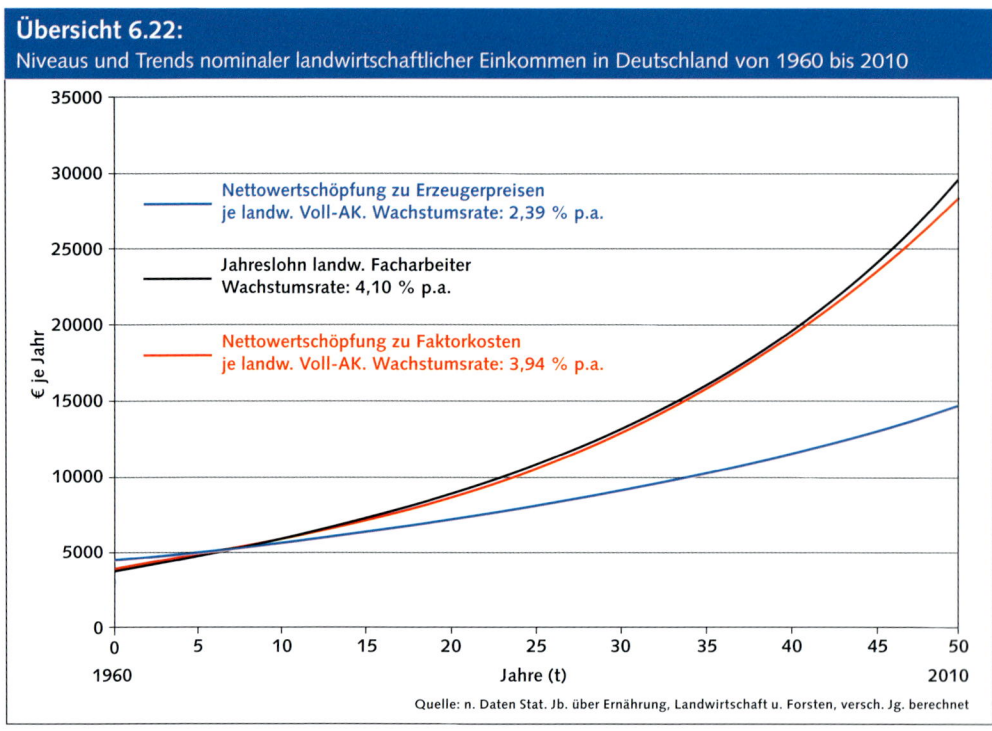

Übersicht 6.22:
Niveaus und Trends nominaler landwirtschaftlicher Einkommen in Deutschland von 1960 bis 2010

Nettowertschöpfung zu Erzeugerpreisen
je landw. Voll-AK. Wachstumsrate: 2,39 % p.a.

Jahreslohn landw. Facharbeiter
Wachstumsrate: 4,10 % p.a.

Nettowertschöpfung zu Faktorkosten
je landw. Voll-AK. Wachstumsrate: 3,94 % p.a.

€ je Jahr

Jahre (t)

Quelle: n. Daten Stat. Jb. über Ernährung, Landwirtschaft u. Forsten, versch. Jg. berechnet

gernde Fortschritte bewirken, dass die realen Einkommen der Landwirte im Zeitablauf kontinuierlich abnehmen. Arbeitssparende Fortschritte bewirken für die jeweils im Agrarsektor verbleibenden Erwerbstätigen hingegen, dass deren Pro-Kopf-Einkommen wieder zunehmen, zumindest aber weniger stark abnehmen, als es bei alleiniger Wirkung der bodensparenden Fortschritte der Fall wäre.

Für die deutsche Landwirtschaft zeigt sich für das abgelaufene halbe Jahrhundert (1960 – 2010) jedoch, dass die arbeitssparenden Fortschritte zur Kompensation der durch die bodensparenden Fortschritte bedingten Einkommensabnahmen allein nicht ausreichten. Die jeweils im Agrarsektor verbleibenden Erwerbstätigen konnten nur durch nachhaltig steigende Transferzahlungen in den Agrarbereich (Subventionen) an einer Einkommensentwicklung teilnehmen, wie sie z. B. für die landwirtschaftlichen Facharbeiter zutrifft.

Eine weitere „paritätische" Einkommensentwicklung der Landwirte erscheint ohne weiter ansteigende Subventionen und ohne nachhaltige Anstiege der Nachfrage nach Agrarprodukten deshalb nur dann möglich, wenn sich die Rate des arbeitssparenden Fortschritts von bisher 4,72 % jährlich um 1,55 % steigern ließe, also zukünftig jährlich 6,27 % betragen würde. Mit anderen Worten: Der beschleunigte arbeitssparende Fortschritt müsste in Deutschland ermöglichen, dass sich die Abwanderung von Erwerbstätigen aus dem Agrarbereich um ca. ein Drittel erhöhen kann. Angesichts der Tatsache, dass der bisherige Stand der Technik in der Landwirtschaft den tatsächlich angewandten Techniken – bezogen auf den Durchschnitt aller Betriebe – in seiner Leistungsfähigkeit weit voraus eilt, dürfte das – rein technisch betrachtet – auch auf längere Sicht kein Problem sein. Ganz anders sind demgegenüber aber wohl die gesamtwirtschaftlichen und die sozialen Dimensionen einer derart beschleunigten Abwanderung von Erwerbstätigen aus dem Agrarsektor zu bewerten.

6.4 Der Einfluss bodensparender Fortschritte auf das Landnutzungsprogramm, die Landnutzungsintensität und die Bodenrente bei Berücksichtigung der Betriebsfaktoren zur Einhaltung einer nachhaltigen Wirtschaftsweise

In den vorhergehenden Abschnitten wurde u. a. gezeigt, dass die bodensparenden Fortschritte angesichts weitgehend stagnierender Nachfrage nach Agrarprodukten in den entwickelten Wirtschaftsregionen und angesichts der preisunelastischen Nachfrage nach Agrarprodukten letztlich zu Einkommenseinbußen für die Landwirte führen müssen, wenn die Nutzung der arbeitssparenden Fortschritte nicht rasch genug erfolgt. Bei diesen Gegebenheiten können die Landwirte an der allgemeinen Einkommensentwicklung nur dann teilhaben, wenn zusätzliche Transferzahlungen in den Agrarsektor fließen. Trotz dieser aus gesamtwirtschaftlicher Sicht misslichen Gegebenheiten werden die Frühaufnehmer unter den Landwirten die bodensparenden Fortschritte nutzen, weil sie damit nur sehr geringfügige Produktmengensteigerungen verursachen, die sich nur sehr geringfügig oder noch gar nicht auf die Produktpreise auswirken. Bei weitgehend konstant bleibenden Produktpreisen führt die Nutzung der bodensparenden Fortschritte aber zu Einkommenssteigerungen und insbesondere zu Zunahmen der Bodenrenten in den Betrieben der frühaufnehmenden Landwirte.

Im Folgenden soll deshalb gezeigt werden, zu welchen wirtschaftlichen Konsequenzen bezüglich der Landnutzungsprogramme, der Landnutzungsintensitäten und der Bodenrenten die frühzeitige Übernahme bodensparender Fortschritte führt und welche Anpassungen die frühaufnehmenden Landwirte bei ihren Landnutzungsprogrammen und ihren Landnutzungsintensitäten vornehmen sollten, wenn sie das Ziel der Bodenrentenmaximierung anstreben.

Für die Analysen wird das im vorhergehenden Kapitel verwendete Optimierungsmodell (siehe Übersicht 5.24) mit einer kleinen Änderung herangezogen. Statt des dort in Zeile 2 verwendeten E-Faktors zur Simulation einheitlich für alle Produkte steigender Maximalerträge werden jetzt nutzpflanzenspezifische E-Faktoren zur Simulation unterschiedlich stark steigender Erträge der Nutzpflanzenarten verwendet. Das Optimierungsmodell ist in Übersicht 6.23 abgebildet.

Als Ausgangsdaten für die Maximalerträge werden die in Übersicht 6.2 dieses Kapitels angegebenen Erträge der betrachteten sieben Nutzpflanzenarten für das Land Niedersachsen für das Jahr 2009 unterstellt. Bodensparende Fortschritte werden dann durch Steigerungen der Maximalerträge – technisch – mittels Erhöhungen der Werte der E-Faktoren (Zeile 2) simuliert. Da die Auswirkungen auf die Betriebe frühaufnehmender Landwirte simuliert werden sollen, werden die Produktpreise konstant gehalten. Die Ertragssteigerungen waren jedoch – wie Übersicht 6.2 mit der rechten Spalte zeigt – für die einzelnen Nutzpflanzenarten durchaus unterschiedlich. Die höchsten Ertragssteigerungen erreichte der Körnermais. Setzt man für den Körnermais die Ertragszunahme von 1949 bis 2009 = 100, dann zeigt die rechte Spalte die Ertragszunahmen der übrigen Nutzpflanzen in Relation zur Ertragszunahme des Körnermaises. Die Ertragszunahmen der sieben betrachteten Nutzpflanzenarten werden mit dem Modell der Übersicht 6.23 simuliert. Dazu werden der Maximalertrag des Körnermaises in Schritten von 5 %-Punkten um insgesamt 50 % erhöht und die Erträge der anderen Nutzpflanzenarten in Relation dazu angehoben. Wenn also der Körnermaisertrag um insgesamt 50 % steigt, dann nimmt z. B. der Ertrag der Zuckerrüben nur um 18,245 % zu. Für den Silomais sind in Übersicht 6.2 keine Ertragszunahmen aufgeführt, weil diese Nutzpflanzenart im Jahre 1959 noch nicht angebaut wurde. Es wird dafür – plausibel erscheinend – die gleiche Ertragszunahme wie für den Körnermais angenommen.

Übersicht 6.23:

Das mathematische Optimierungsmodell eines Ackerbaubetriebes zur Simulation der Auswirkungen bodensparender Fortschritte auf das Landnutzungsprogramm, die Landnutzungsintensität und die Bodenrente

Z.	Aktivitäten: / Bezeichnung:	Symbol	Speise-kartoffeln x_1	Zucker-rüben x_2	Winter-raps x_3	Winter-weizen x_4	Sommer-gerste x_5	Körner-mais x_6	Silo-mais x_7			
I Bestimmung des Ertragsniveaus												
1	Ankerwert des Ertrages[1] [t/ha]	yank	46,790	70,070	4,410	8,450	6,750	9,240	45,780			
2	Nutzpflanzenspezifischer E-Faktor[2]	sef	1,218	1,182	1,156	1,299	1,221	1,500	1,500			
3	Maximalertrag[3] [t/ha]	ymax	56,990	82,854	5,099	10,977	8,238	13,860	68,670			
II Bestimmung des Ertrages nach Maßgabe der Schädigungswirkung												
4	Maximalertrag [t/ha]	ymax	56,990	82,854	5,099	10,977	8,238	13,860	68,670			
5	Normertragsdepression (0-1)	ned	0,500	0,500	0,500	0,250	0,250	0,125	0,125			
6	Angepasste Ertragsdepression	ed	0,500	0,500	0,500	0,250	0,250	0,125	0,125		Depressions-anpassungs-faktor [df]	
7	Minimalertrag[4] [dt/ha]	ymin	28,50	41,43	2,55	8,23	6,18	12,13	60,09			
8	Ertrag [t/ha]	y	56,99	82,85	4,61	10,23	7,88	13,35	68,08		1,00	
III Bestimmung der Humuslieferung												
9	Ankerwert d. Humusabbaus [kg C/ha]	nhac	1000,0	1300,0	400,0	400,0	400,0	800,0	800,0			
10	Ertragsabh. Humusabbau [kg C/ha]	ehac	1109,0	1418,6	431,2	459,8	444,1	1000,0	1000,0			
11	Angepasster Humusabbau [kg C/ha]	hac	1109,0	1418,6	431,2	459,8	444,1	1000,0	1000,0			
12	Haupt-:Nebenertrag-Verhältnis	hnv	0,0	0,7	1,7	0,8	0,7	1,0	0,8		Humus-abbau-anpassungs-faktor [haf] (-0,3 bis +0,3)	
13	Humusgehalt [kg C/t-Ertrag]	hgnc	0,0	8,0	70,0	70,0	70,0	70,0	12,0			
14	Humuslieferung [kg C/ha]	hlc	0,0	464,0	548,6	573,1	386,2	934,3	653,6			
15	Humusbilanz [kg C/ha]	hbc	1109,0	954,6	-117,4	-113,3	57,9	65,7	346,4		0,00	
IV Bestimmung der Bodenrente												
16	Produktpreis [€/t]	py	100,00	35,00	380,00	180,00	220,00	185,00	40,00			
17	Ertragsabh. Sachkosten [€/t]	MKVS	46,57	13,95	159,80	75,57	65,50	77,20	15,37			
18	Ertragsabh. Arbeitskosten [€/t]	MKVA	3,653	0,563	7,410	3,921	3,117	3,894	2,301		Produktions-risiko-scheu-faktor [prf] (0 bis 0,6)	
19	Flächenabh. Sachkosten [€/ha]	KVFS	1317,86	364,10	203,42	269,58	286,43	414,12	462,93			
20	Flächenabh. Arbeitskosten [€/ha]	KVFA	143,06	41,40	58,19	70,46	67,78	61,47	68,35			
21	Bodenrente [€/ha]	BR	1375,91	1291,81	719,42	688,53	839,04	911,25	989,14		0,30	
V Bestimmung des Risikonutzens												
22	Standardabweichung Ertrag[5]	sap	0,229	0,077	0,150	0,075	0,114	0,087	0,080			
23	Standardabweichung Preis[5]	sam	0,272	0,055	0,250	0,314	0,312	0,273	0,049		Marktrisiko-scheu-faktor [mrf] (0 bis 0,6)	
24	Ertragsrisikoprämie [€/ha]	RPP	392,21	66,99	78,68	41,61	59,51	64,67	65,03			
25	Preisrisikoprämie [€/ha]	RPM	465,04	47,41	131,24	173,52	162,46	201,93	39,87			
26	Risikonutzen [€/ha]	RN	518,67	1177,41	509,51	473,40	617,06	644,66	884,24		0,30	
VI Matrix der Begrenzungen										Verfügbar	Genutzt
27	Ackerfläche [ha]		1,0	1,0	1,0	1,0	1,0	1,0	1,0	<=	250,00	250,00
28	Humusbilanz [kg C/ha]		1109,0	954,6	-117,4	-113,3	57,9	65,7	346,4	<=	0,00	0,00
29	**Zielfunktion=Anbauumfänge [ha]**		0,00	0,00	47,91	67,70	43,24	74,06	17,09		145.998,31	< RNB[6]
VII Ergebnisse												
30	Ackerflächenanteil [%]		0,00	0,00	19,16	27,08	17,30	29,62	6,84			
31	Ertrag [t/ha]		56,99	82,85	4,61	10,23	7,88	13,35	68,08		Betrieb	
32	Bodenrente dse Betriebes [€]										201.754,38	< BRB
33	Bodenrente [€/ha]		1375,91	1291,81	719,42	688,53	839,04	911,25	989,14		807,02	< MBR[7]
34	Kosten des Betriebes [€]										311.276,69	< K
35	Kosten[8] [€/ha]		4323,11	1608,09	1032,50	1153,50	895,03	1557,90	1734,18		1.245,11	< MK[9]
36	Herfindahl-Index:					0,23						

[1]) Ertragsniveau für Niedersachsen 2009 gemäß Übersicht 6.2; [2]) Anpassungsfaktor zur Bestimmung des Ertragsniveaus; [3]) bei minimalem Anbauanteil; [4]) bei Monokultur; [5]) bezogen auf Mittelwert = 1; [6]) Risikonutzen des Betriebes; [7]) durchschnittliche Bodenrente des Betriebes; [8]) als spezielle Intensitäten der Landnutzung; [9]) als durchschnittliche Landnutzungsintensität des Betriebes

Im Übrigen wird für die Simulationsrechnungen mit dem Modell wieder von mittleren Werten für die Ertragsdepression in Abhängigkeit des Anbauumfanges, für den Humusabbau und für die Risikoscheu ausgegangen, wie die zugehörigen Werte in Übersicht 6.23 ausweisen.

Übersicht 6.24 zeigt dann die Auswirkungen der ertragssteigernden Fortschritte auf das Landnutzungsprogramm.

Selbstverständlich gelten die zahlenmäßigen Ergebnisse nur für die Modellspezifikationen. Trotzdem lassen sich allgemeine Tendenzen deutlich erkennen:

(1) Mit steigenden Ertragsfähigkeiten der Nutzpflanzenarten werden in den Betrieben der frühaufnehmenden Landwirte relativ extensive Kulturen (hier: Sommergerste, Winterweizen und Winterraps) in ihren Anbauanteilen nach und nach durch zunehmende Anbauanteile der relativ intensiven Kulturen (hier: Körner- und Silomais) zurückgedrängt. Ertragssteigernde bzw. bodensparende Fortschritte verlagern die Landnutzungsprogramme der Frühaufnehmer c. p. in Richtung auf höhere Anteile von Nutzpflanzenarten mit höheren speziellen Intensitäten der Bodennutzung.

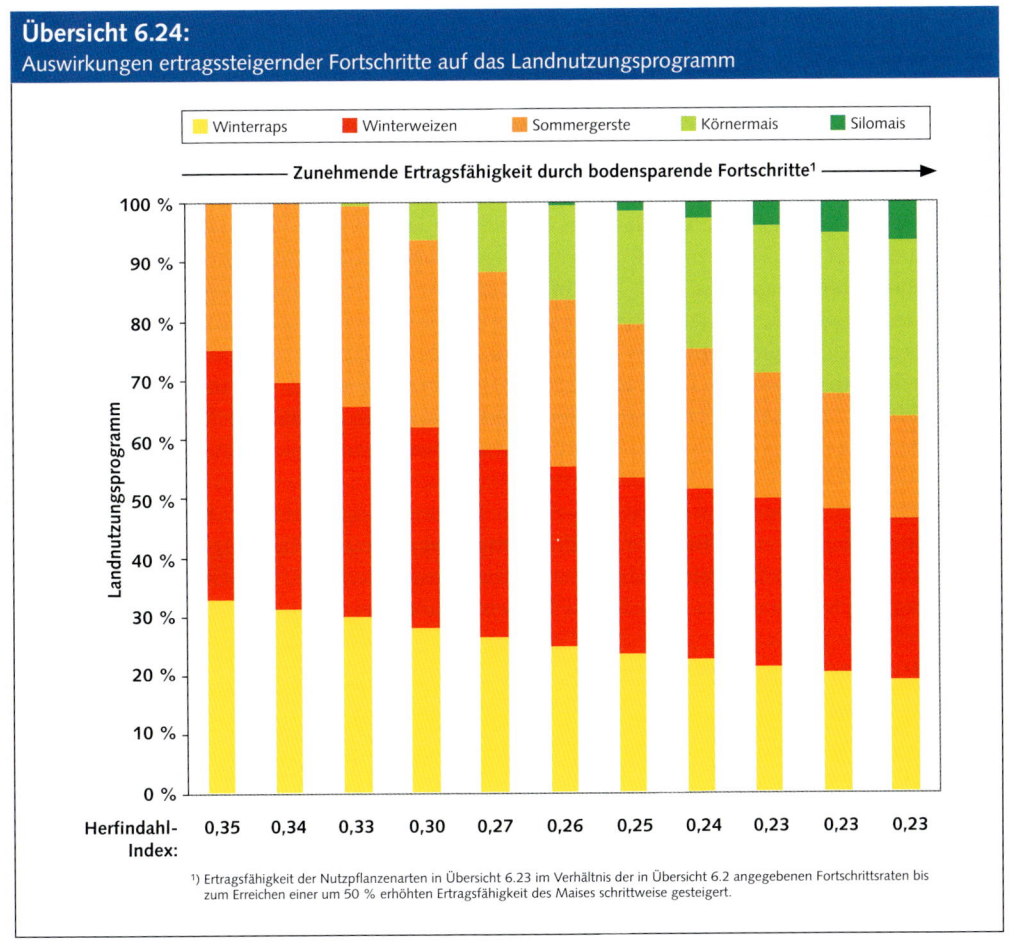

Übersicht 6.24:
Auswirkungen ertragssteigernder Fortschritte auf das Landnutzungsprogramm

1) Ertragsfähigkeit der Nutzpflanzenarten in Übersicht 6.23 im Verhältnis der in Übersicht 6.2 angegebenen Fortschrittsraten bis zum Erreichen einer um 50 % erhöhten Ertragsfähigkeit des Maises schrittweise gesteigert.

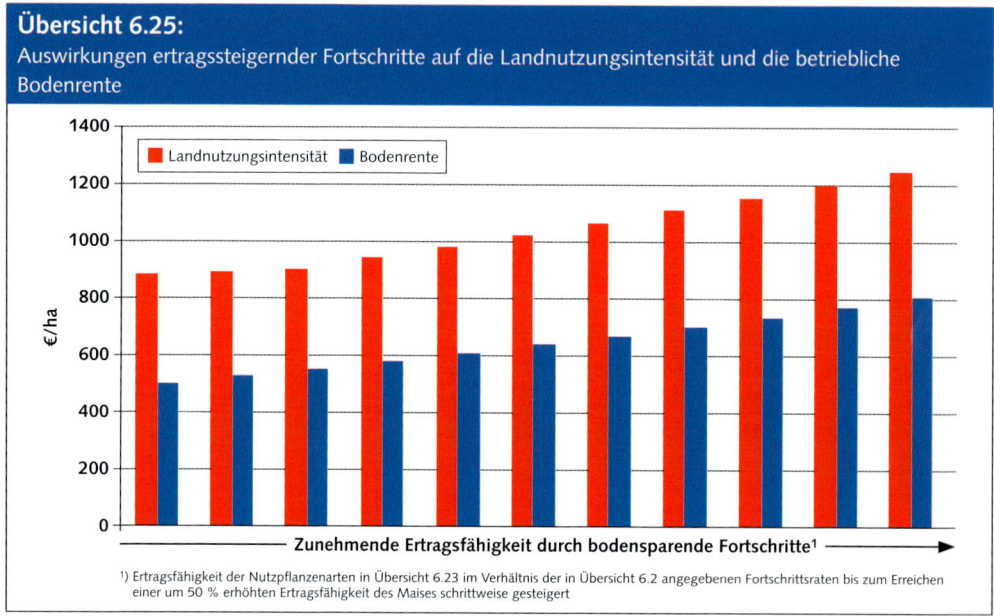

Übersicht 6.25:
Auswirkungen ertragssteigernder Fortschritte auf die Landnutzungsintensität und die betriebliche Bodenrente

(2) Die Vielseitigkeit der Landnutzungsprogramme nimmt in den Betrieben der Frühaufnehmer in Abhängigkeit ertragssteigernder Fortschritte tendenziell zu. Im Beispiel geht der HERFINDAHL-Index von 0,35 auf 0,23 deutlich zurück.

An dieser Stelle sei erwähnt, dass im Modell der Übersicht 6.23 die Intensivblattfrüchte Speisekartoffeln und Zuckerrüben nicht in das Anbauprogramm gelangen, weil der Betriebsfaktor Humusausgleich bei diesen Nutzpflanzenarten mit ihren extrem geringen Nachlieferungen an organischer Substanz besonders restriktiv auf ihren Anbau wirkt.

Übersicht 6.25 zeigt schließlich die Auswirkungen der bodensparenden bzw. ertragssteigernden Fortschritte auf die Landnutzungsintensität und die Bodenrente der frühaufnehmenden Landwirte. Auch diese zahlenmäßigen Ergebnisse gelten nur für die Modellspezifikationen. Gleichwohl lassen sich auch hier deutlich allgemeine Tendenzen ableiten:

(1) Ertragssteigernde Fortschritte steigern die Landnutzungsintensität in den Betrieben der Frühaufnehmer, weil zum einen die Landnutzungsprogramme in Richtung auf höhere Anteile relativ intensiver Kulturen ausgedehnt werden und zum anderen die fortschrittsbedingt höheren Erträge auch höhere ertragsabhängige Kosten verursachen.

(2) Ertragssteigernde Fortschritte führen bei unveränderten Produktpreisen in den Betrieben der Frühaufnehmer zu Zunahmen der betrieblichen Bodenrenten. Diese Aussage gilt – wie gesagt – allerdings nur, wenn sich die Produktpreise als Folge der fortschrittsbedingt zunehmenden Produktmengen nicht verändern.

6.5 Der Einfluss abnehmender Wirksamkeiten des Betriebsfaktors Schädigungsausgleich auf das Landnutzungsprogramm, die Landnutzungsintensität und die Bodenrente

Züchterische und biotechnische Fortschritte bewirken auch, dass die Nutzpflanzenarten auf steigende Anbauanteile am betrieblichen Landnutzungsprogramm mit abnehmenden Ertragsdepressionen reagieren. Die Nutzpflanzen werden gegenüber bodenbürtigen Schädlingen und Krankheiten toleranter oder sogar bis zu einem gewissen Grad resistent. Insgesamt geht also die Wirkung des Betriebsfaktors Schädigungsausgleich zurück. Diese nachlassende Wirkung wurde mit dem Optimierungsmodell der Übersicht 6.23 dadurch simuliert, dass der Depressionsfaktor (df) in Schritten von 10 %-Punkten sukzessive von df = 1,00 auf df = 0,0 reduziert wurde.

Übersicht 6.26 zeigt die zugehörige Entwicklung des Landnutzungsprogramms. Auch wenn die konkreten Ergebnisse hier wieder nur unter den Spezifikationen des Optimierungsmodells gelten, lässt sich doch Folgendes verallgemeinern:

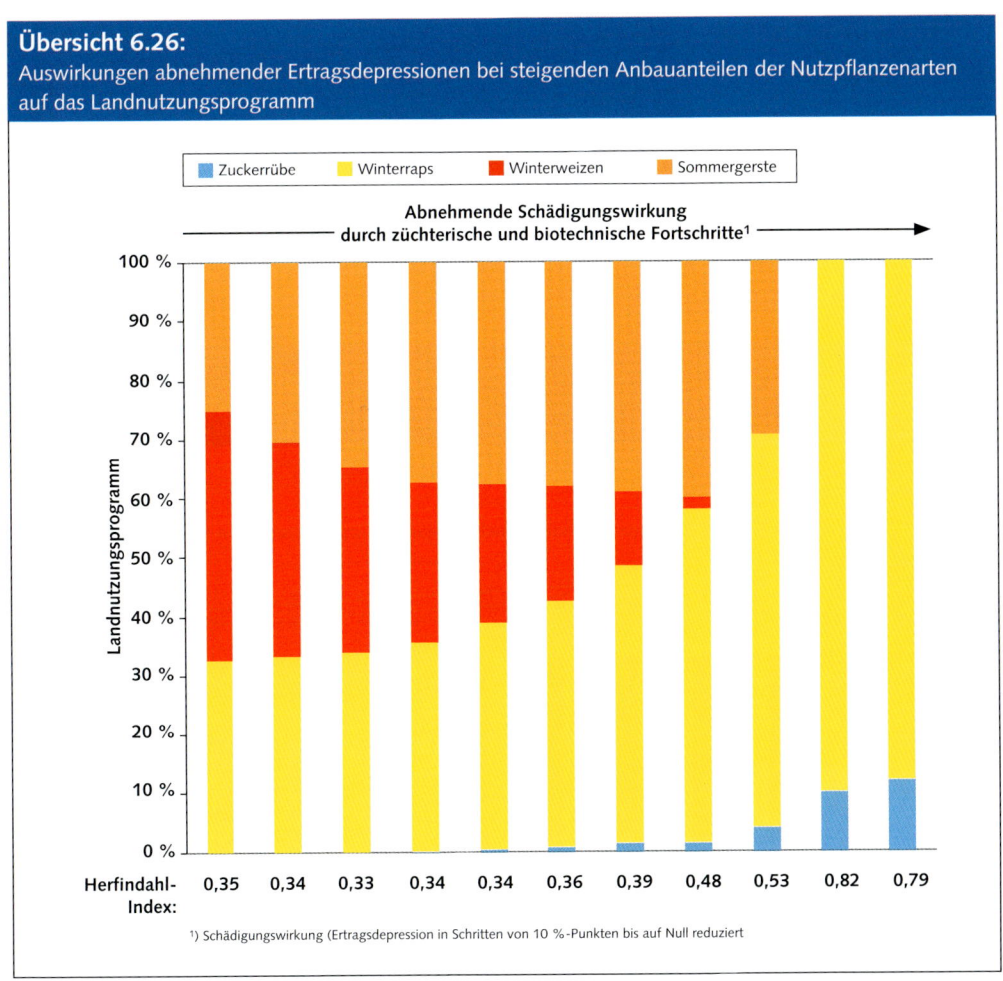

Übersicht 6.26:
Auswirkungen abnehmender Ertragsdepressionen bei steigenden Anbauanteilen der Nutzpflanzenarten auf das Landnutzungsprogramm

1) Schädigungswirkung (Ertragsdepression in Schritten von 10 %-Punkten bis auf Null reduziert

(1) Mit abnehmender Wirksamkeit des Betriebsfaktors Schädigungsausgleich ergibt sich eine Tendenz zur Erhöhung der Anbauanteile relativ intensiver Kulturen (hier: Zuckerrüben) zu Lasten der Anbauanteile relativ extensiver Kulturen (hier: Winterweizen und Sommergerste).

(2) Gleichzeitig führt die abnehmende Wirkung des Betriebsfaktors Schädigungsausgleich zu sukzessiver stärker spezialisierten Landnutzungsprogrammen. Der Zwang zum Anbau mehrerer Nutzpflanzenarten zur Vermeidung starker Ertragsdepressionen nimmt ab. Im Modellbetrieb steigt der HERFINDAHL-Index von 0,35 auf 0,79.

Am Ende verbleibt ein einseitiges und unrealistisches Landnutzungsprogramm (hier mit Zuckerrüben und Winterraps), welches unter den gegenwärtig in der Realität herrschenden phytosanitären Gegebenheiten für die Landwirte auf Dauer zu gravierenden wirtschaftlichen Nachteilen führen müsste und als Fruchtfolge teilweise nur mit Sommerraps durchführbar wäre. Im Modell kommt das Landnutzungsprogramm dadurch zustande, dass der Betriebsfaktor Humusausgleich weiterhin beachtet werden muss. Die Zuckerrüben liefern ohne die Ertragsdepression die höchste Bodenrente, der Winterraps sorgt mit seiner starken Nachlieferung an organischer Substanz für den Humusausgleich.

Übersicht 6.27 zeigt schließlich für das Modell die Entwicklungen der Landnutzungsintensität und der Bodenrente in Abhängigkeit der abnehmenden Schädigungswirkung. Vorsichtig verallgemeinernd lässt sich dazu festhalten, dass die Landnutzungsintensität erst bei sehr geringen Wirksamkeiten des Betriebsfaktors Schädigungsausgleichs merkbar zunimmt, während die Bodenrente in Abhängigkeit abnehmender Schädigungswirkung von Beginn an kontinuierlich steigt. Auch hier ist jedoch einschränkend zu sagen, dass sich die Zunahme der betrieblichen Bodenrente nur bei gleichbleibenden Produktpreisen ergibt.

Zusammenfassend bleibt noch festzuhalten, dass sich bei Berücksichtigung der Betriebsfaktoren zur Einhaltung einer nachhaltigen Wirtschaftsweise ebenso wie bei Betrachtung der

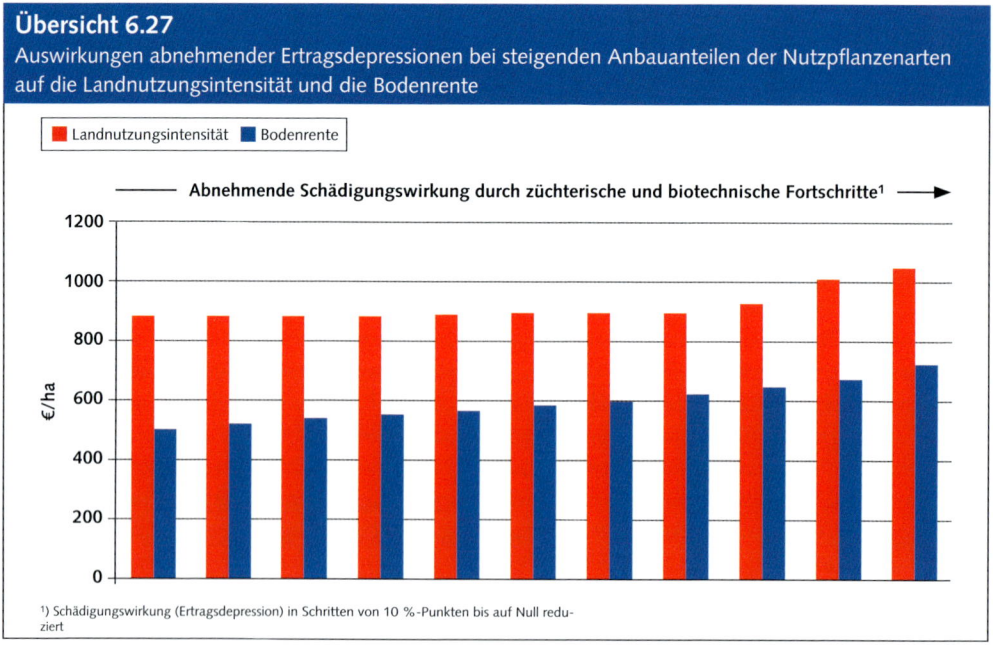

Übersicht 6.27
Auswirkungen abnehmender Ertragsdepressionen bei steigenden Anbauanteilen der Nutzpflanzenarten auf die Landnutzungsintensität und die Bodenrente

Landnutzungsintensität ■ Bodenrente

Abnehmende Schädigungswirkung durch züchterische und biotechnische Fortschritte[1] ⟶

€/ha

[1] Schädigungswirkung (Ertragsdepression) in Schritten von 10 %-Punkten bis auf Null reduziert

Fälle ohne die Berücksichtigung der Betriebsfaktoren (Abschnitt 6.2) ergibt, dass bodensparende, ertragssteigernde Fortschritte unabhängig von den Produktpreisentwicklungen Steigerungen der Landnutzungsintensitäten bewirken. Die steigenden Erträge erzwingen zu ihrer Realisierung höhere Roh- und Hilfsstoffeinsätze, die c. p. zu höheren ertragsabhängigen Kosten je Nutzflächeneinheit führen.

7

Der Einfluss der strukturellen Standortfaktoren auf das Landnutzungsprogramm, die Landnutzungsintensität und die Bodenrente

Unter den strukturellen Standortfaktoren werden in diesem Buch die äußere und innere Verkehrslage sowie die Feldstücksstrukturen landwirtschaftlicher Betriebe verstanden. In diesem Kapitel wird gezeigt, wie sich diese Standortfaktoren auf die Gestalt der Landnutzungsprogramme, die Landnutzungsintensität und die Bodenrente auswirken.

Mit zunehmend ungünstiger werdender äußerer Verkehrslage, d. h. mit zunehmender Entfernung eines Betriebes von seinen Marktorten, vermindert sich die Vielseitigkeit des Landnutzungsprogramms. Gleichzeitig sinken die Landnutzungsintensität und die Bodenrente. JOHANN HEINRICH VON THÜNEN hat den Einfluss der äußeren Verkehrslage als erster untersucht und dabei die bekannten Anbauringe um einen Marktort in modellhafter Analyse abgeleitet.

Mit zunehmend ungünstiger werdender innerer Verkehrslage, d. h. mit zunehmender Entfernung eines Feldstückes von der Hofstelle, vereinfacht sich das darauf realisierte Landnutzungsprogramm; die Landnutzungsintensität geht zurück und die Bodenrente nimmt ab.

Mit zunehmend ungünstiger werdenden Feldstücksstrukturen eines landwirtschaftlichen Betriebes nimmt die Landnutzungsintensität ab und vermindert sich die betriebliche Bodenrente.

Für ein Beispiel der Rohstoffversorgung – in Form von Silomais – für eine Biogasanlage wird gezeigt, wie sich die Entfernung der Anbauflächen zur Biogasanlage, die Größe der Biogasanlage und der Ackerflächenanteil im Einzugsgebiet auf den Gleichgewichtspreis für den Silomais auswirken. Der Gleichgewichtspreis ist dabei derjenige Preis, den der Betreiber der Biogasanlage den für die Silomaiserzeugung infrage kommenden Landwirten bieten muss, damit deren Gesamtproduktion den Bedarf der Biogasanlage gerade deckt.

7.1   Die äußere Verkehrslage der landwirtschaftlichen Betriebe

7.1.1   Transportkosten für Produkte vom Betrieb zum Marktort und für Produktionsfaktoren vom Marktort zum Betrieb

Für die bisherigen Analysen war eine Differenzierung der Produkt- und Faktorpreise nach Marktpreisen und Verkaufs- bzw. Ankaufspreisen als den Preisen ab Hoftor nicht erforderlich. Die Entwicklungen der Landnutzungsprogramme, Landnutzungsintensitäten und Bodenrenten in Abhängigkeit der Werte für die natürlichen und technologischen Standortfaktoren ließen sich auch ohne diese Differenzierung ableiten, wobei die verwendeten Produktpreise in allen Fällen tatsächlich die Hoftorpreise waren.

Bei der Betrachtung des strukturellen Standortfaktors „äußere Verkehrslage" landwirtschaftlicher Betriebe ist diese Unterscheidung zwischen Markt- und Hoftorpreisen jedoch unabdingbar, weil sich die an den jeweiligen Marktorten bildenden (Markt-)Preise für die Produkte und die Produktionsfaktoren von den Hoftorpreisen durch die Transportkosten für die Produkte und Produktionsfaktoren unterscheiden. Landwirte, die im Vergleich zu Kollegen weiter entfernt von den Marktorten wirtschaften, müssen deshalb mit geringeren Hoftorpreisen für ihre Produkte und höheren Hoftorpreisen für die vom Markt bezogenen Produktionsfaktoren rechnen, weil die jeweiligen Transportkosten von ihnen getragen werden müssen. Dadurch sind die Hoftorpreise für die Produkte um die Transportkosten geringer als die zugehörigen Marktpreise, während die Hoftorpreise für die Produktionsfaktoren die Marktpreise um die Transportkosten übersteigen.

Aus diesem Tatbestand ergeben sich je nach Entfernung der Betriebe von ihren Marktorten unterschiedliche Hoftorpreise, was die Landwirte zu Anpassungen ihrer Landnutzungsprogramme und Landnutzungsintensitäten veranlassen dürfte und bei den Bodenrenten mit zunehmenden Entfernungen von den Marktorten jedenfalls zu abnehmenden Beträgen führen wird.

Wenn man im einfachsten Fall davon ausgeht, dass die Transportkosten in Abhängigkeit von der zu überwindenden Entfernung linear ansteigen, dann besteht zwischen dem Marktpreis und dem Hoftorpreis eines Produktes die folgende Beziehung:

(7.1) $py = mpy - frg \cdot efg$

Darin sind:

py	=	Hoftorpreis eines Produktes, gemessen in €/t;
mpy	=	Marktpreis eines Produktes, gemessen in €/t;
frg	=	Frachtrate des Produktes, gemessen in €/(t · km);
efg	=	Entfernung des landwirtschaftlichen Betriebes von seinem Marktort, gemessen in km.

Der Hoftorpreis ist also bei gegebener Frachtrate im Vergleich zum Marktpreis umso geringer, je weiter entfernt ein landwirtschaftlicher Betrieb von seinem Marktort liegt, je größer also die Entfernung ist, die für den Transport der Produkte vom Betrieb zum Marktort überwunden werden muss.

Die Frachtrate kann jedoch auch variieren. Ihre Höhe hängt insbesondere ab (1) von der Art des Transportmittels, (2) von der Beschaffenheit des zu transportierenden Gutes und (3) vom Stand der Transporttechnologie.

Die Art des Transportmittels beeinflusst die Frachtrate insofern, als sie generell umso höher ist, je rascher der Transport erfolgt. Deshalb haben Schiffstransporte die geringsten und Flugzeugtransporte die höchsten Frachtraten. Die Frachtraten für Eisenbahn- und Lastwagentransporte liegen zwischen diesen beiden Extremen.

Die Art des zu transportierenden Gutes beeinflusst die Höhe der Frachtrate insofern, als leicht verderbliche im Unterschied zu lagerfähigen Produkten rascher transportiert werden müssen und deshalb höhere Transportkosten verursachen. Leicht verderbliche Produkte sind deshalb weniger transportfähig.

Der Stand der Transporttechnologie beeinflusst die Höhe der Frachtrate insofern, als technische Fortschritte im Transportwesen zu größeren Transporteinheiten, zu geringeren Kraftstoffverbräuchen und damit letztlich zu abnehmenden Frachtraten führen.

Die Hoftorpreise für die vom Markt bezogenen Produktionsfaktoren steigen – wie gesagt – mit zunehmender Entfernung eines Betriebes von seinem Marktort, weil die Transportkosten zunehmen. Allerdings ist bei den Produktionsfaktoren zwischen zwei Gruppen zu entscheiden, nämlich denjenigen, die vom Marktort bezogen werden müssen und denjenigen, die vor Ort bereitstehen. Ersteres gilt in der pflanzlichen Erzeugung für den Bezug von Mineraldünge- und Pflanzenschutzmitteln, sowie für Teile des Saatgutes und die Kraft- und Schmierstoffe. Außerdem werden – allerdings weniger häufig – die Maschinen vom Markt beschafft. Letzteres gilt dagegen für die vor Ort verfügbare menschliche Arbeit und Teile des Saatgutes.

Während sich die erste Gruppe der Produktionsfaktoren mit zunehmender Marktentfernung verteuert, gilt für die zweite Gruppe eher das Gegenteil. Insgesamt dürften deshalb die Kosten für die Nutzpflanzenerzeugung unabhängig von der Marktentfernung in der Tendenz konstant bleiben. Und selbst wenn sich in der Summe zunehmende oder abnehmende Tendenzen für die Kosten ergäben, würde das die Wirtschaftlichkeit der Landnutzungsprozesse kaum beeinflussen, weil die vom Markt bezogenen Produktionsfaktormassen nur einen geringen Bruchteil der dem Markt anzudienenden Produktmassen ausmachen. Zur Vereinfachung der Analysen werden deshalb im Folgenden nur die Transportkosten für die Produkte berücksichtigt.

7.1.2 Analyse des Ein-Produkt-Falls für einen natürlichen Standort

In den nachfolgenden Analysen wird c. p. der Einfluss der äußeren Verkehrslage des landwirtschaftlichen Betriebes auf seine Bodenrente, seine Landnutzungsintensität und sein Landnutzungsprogramm untersucht. Dabei werden im ersten Schritt die Werte aller übrigen Standortfaktoren konstant gehalten. Die einheitlichen Werte der übrigen strukturellen Standortfaktoren, der natürlichen, der technologischen und der marktlichen Standortfaktoren äußern sich durch die Preis- und Mengengerüste der ins Auge gefassten Landnutzungsverfahren. Des Weiteren wird angenommen, dass der betrachtete Wirtschaftsraum nur einen einheitlichen natürlichen Standort und darüber hinaus auch nur einen Marktort aufweist. Ebenso wie in dem vorhergehenden Kapitel wird dann zunächst der Ein-Produkt-Fall untersucht.

Die äußere Verkehrslage eines landwirtschaftlichen Betriebes bestimmt bei gegebenen Marktpreisen nicht nur dessen Hoftorpreise, sondern über die Hoftorpreise auch die Bodenrente. Das wird deutlich, wenn man die Gleichung zur Bestimmung von Hoftorpreisen (7.1) in die allgemeine Bodenrentengleichung für ein Landnutzungsverfahren einsetzt. Die Bodenrentengleichung lautet zur Wiederholung:

(7.2) $BR = (py - MKV) \cdot y - KVF$

Durch Einsetzen von Gleichung (7.1) in Gleichung (7.2) ergibt sich nach einfacher Umformung:

(7.3)   BR=(mpy-MKV)·y-KVF-y·frg·efg

Darin sind:

BR	=	Bodenrente, gemessen in €/ha:
mpy	=	Marktpreis des Produktes, gemessen in e/t;
MKV	=	ertragsabhängige Kosten, gemessen in €/t Produkt;
KVF	=	flächenabhängige Kosten, gemessen in €/ha;
y	=	auf dem natürlichen Standort (maximal) erzielbarer Ertrag, gemessen in t/ha;
frg	=	Frachtrate, gemessen in €/(t·km);
efg	=	Entfernung des Betriebes von seinem Marktort, gemessen in km.

Verwendet man als konkretes Beispiel wieder die Kostensätze für den Winterweizen, nämlich MKV = 79,4898 €/t und KVF = 340,0450 €/ha und nimmt man einen Marktpreis für den Winterweizen von mpy = 200,00 €/t sowie eine Frachtrate von frg = 0,20 €/(t · km) sowie einen auf dem Standort erzielbaren Ertrag von y = 8 t/ha an, dann gilt durch Einsetzen dieser Beträge in die Gleichung (7.3):

BR=(200,00-79,4898)·8-340,0451-8·0,2·efg
BR=624,0365-1,6·efg

Die Bodenrente sinkt linear in Abhängigkeit von der Entfernung des Betriebes von seinem Marktort. Die Bodenrente ist für das Beispiel durch die blaue Linie in Übersicht 7.1 dargestellt.

Ein direkt am Marktort liegender Betrieb erzielt eine Bodenrente in Höhe von BR = 624,0365 €/ha. Der Grenzstandort, d. h. der Standort, der so weit vom Marktort entfernt liegt, dass die

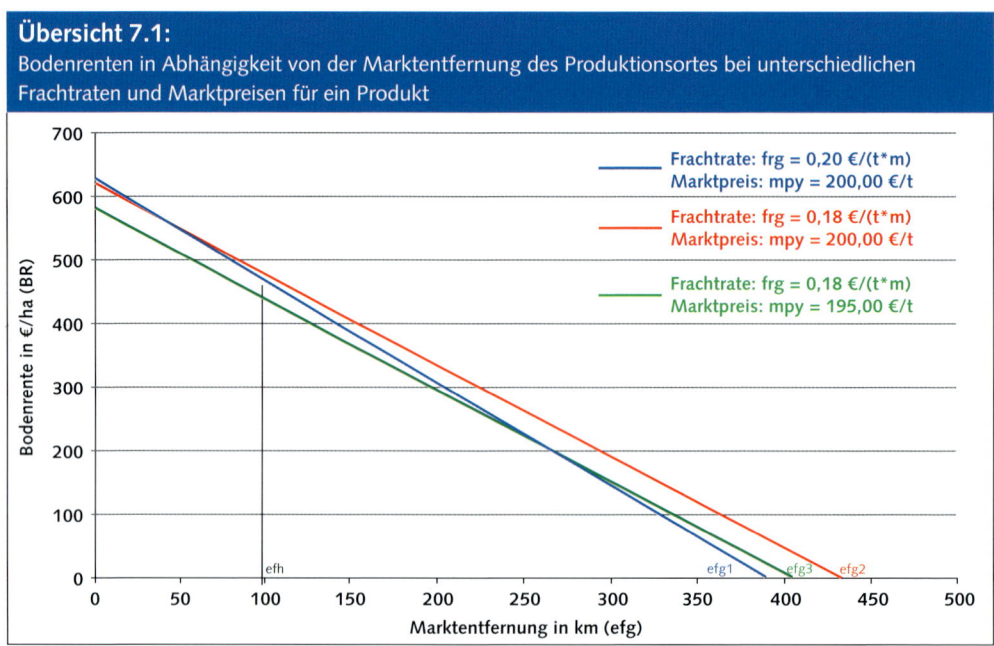

Übersicht 7.1:
Bodenrenten in Abhängigkeit von der Marktentfernung des Produktionsortes bei unterschiedlichen Frachtraten und Marktpreisen für ein Produkt

Bodenrente den Wert Null erreicht, errechnet sich durch Nullsetzung der Gleichung (7.3) nach einfacher Umformung mit:

$$(7.4) \qquad efg = \frac{(mpy\text{-}MKV)\cdot y\text{-}KVF}{y\cdot frg}$$

Darin ist:

efg = Entfernung des Grenzstandortes vom Marktort, gemessen in km.

Für das konkrete Beispiel ergibt sich durch Einsetzen der Beträge die Entfernung des Grenz-standortes vom Marktort mit:

$$efg = \frac{(200,00\text{-}79,4898)\cdot 8\text{-}340,0451}{8\cdot 0,2} = \frac{624,0365}{1,6} = 390,228$$

In Übersicht 7.1 wurde die Entfernung mit efg1 bezeichnet.

Gegenüber dem hier verwendeten Marktpreis für den Winterweizen in Höhe von mpy = 200,00 €/t ergibt sich der in den vorhergehenden Kapiteln verwendete Hoftorpreis für den Win-terweizen in Höhe von py = 180,00 €/t im vorliegenden Beispiel bei einer Entfernung von efg = 100 km des Betriebes von seinem Marktort. Das lässt sich durch Umformung der Gleichung (7.1) und Einsetzen der konkreten Werte wie folgt leicht errechnen. Es gilt:

$$efg = \frac{mpy\text{-}py}{frg} = \frac{200\text{-}180}{0,2} = 100 \text{ km}$$

In Übersicht 7.1 wurde diese Entfernung mit efh bezeichnet.

7.1.3 Analyse der Wirkungen technischer Fortschritte im Transportwesen für den Ein-Produkt-Fall

7.1.3.1 Annahme eines einheitlichen natürlichen Standortes

Technische Fortschritte im Transportwesen äußern sich in sinkenden Frachtraten. Über-sicht 7.1 zeigt mit der roten im Vergleich zur blauen Bodenrentenfunktion die Wirkung einer um 10 % von frg = 0,20 auf frg = 0,18 gesunkenen Frachtrate. Der technische Fortschritt im Transportwesen bewirkt also formal, dass die Bodenrente in Abhängigkeit von der Marktent-fernung weniger rasch abfällt, die Marktentfernung, bei der die Bodenrente 0 wird, mithin zu-nimmt. Mit anderen Worten: Der technische Fortschritt im Transportwesen bewirkt, dass bei unverändertem Produktpreis zusätzliche Flächen in größerer Marktferne mit positiven Boden-renten bewirtschaftet werden können. Der Radius des wirtschaftlichen Anbaukreises steigt im Beispiel der Übersicht 7.1 von efg1 auf efg2. Dadurch ergeben sich aber zusätzliche Produkt-mengen, was sich auf den Produktpreis auswirken dürfte. Wenn man auch für die vorliegende Situation wieder davon ausgeht, dass es sich bei dem betrachteten Wirtschaftsraum um ein Gebiet ohne Importe und Exporte handelt, in dem der Winterweizen das einzige Produkt zur Befriedigung der Nahrungsbedürfnisse der inländischen Bevölkerung ist, dann dürfte der Pro-duktpreis durch die Zunahme der Produktmenge je nach Preiselastizität der Nachfrage mehr oder weniger stark sinken. Senkungen des Produktpreises führen zu Parallelverschiebungen der Bodenrentenfunktion gegen den Ursprung. Im Beispiel der Übersicht 7.1 wurde das durch die grüne Bodenrentenfunktion bei einem auf 195,00 €/t gesenkten Produktmarktpreis mit der Entfernung des Grenzstandortes vom Marktort efg3 angedeutet.

Die Wirkungen technischer Fortschritte im Transportwesen bei unterschiedlichen Preiselastizitäten der Nachfrage sollen für das einzige Produkt Winterweizen mit dem in Übersicht 7.2 skizzierten Modell gezeigt werden.

In der Ausgangssituation, deren Werte in Spalte 4 der Übersicht aufgeführt sind, möge – wie bereits vorher angenommen – der Ertrag y = 8 t/ha (Zeile 1), die ertragsabhängigen Kosten MKV = 79,4898 €/t (Zeile 2), die flächenabhängigen Kosten KVF = 340,0451 €/ha (Zeile 3), der Produktmarktpreis mpy = 200,00 €/t (Zeile 4) und die Frachtrate frg = 0,20 €/(t · km) (Zeile 5) betragen. Aus diesen Beträgen ergibt sich gemäß Gleichung (7.3) am Marktort, d. h. bei einer Entfernung des Produktionsstandortes vom Marktort von 0,00 km, eine Bodenrente von BRm = 624,0365 €/ha (Zeile 6). Dividiert man diese Bodenrente durch den Ertrag, ergibt sich die Stückbodenrente mit MBRm = 78,0046 €/t (Zeile 7).

Zur Ermittlung der wirtschaftlichen Kennzahlen für den Agrarsektor (Bodenrente, Produzenten- und Konsumentenrente) ist zunächst die Produktmenge für den Wirtschaftsraum zu bestimmen. Sie wird mit den folgenden Schritten ermittelt:

Im ersten Schritt ist der Radius des Kreises um den Marktort zu bestimmen, in dem der Winterweizen mit positiven Bodenrenten erzeugt werden kann. Der Radius ergibt sich prinzipiell gemäß Gleichung (7.4), wobei allerdings für das Modell der Übersicht 7.2 eine Erweiterung in Richtung auf mehr Realitätsnähe vorgenommen wurde. Der gemäß Gleichung (7.4) ermittelte Radius würde nämlich die direkte Entfernung vom Kreismittelpunkt (Marktort) zum Rand des Kreises ergeben. Transporte der Produkte zum Marktort können jedoch nicht auf diesem direkten Wege erfolgen. Nimmt man deshalb z. B. an, dass das Wegenetz in dem Kreis einem quadratischen Gitternetz entspricht, würden die tatsächlichen Transportentfernungen nach dem Satz des PYTHAGORAS um den Faktor √2=1,4142 länger sein. Da das Wegenetz in der Realität nicht immer einem quadratischen Gitternetz entspricht, ist die Annahme eines Umwegfaktors von uwf = 1,5 nicht realitätsfern. Mit der Erweiterung der Gleichung (7.4) um diesen Umwegfaktor ist der Radius des Kreises, in dem positive Bodenrenten erzielt werden können, dann:

Übersicht 7.2:

Modell zur Bestimmung der Wirkungen technischer Fortschritte im Transportwesen auf die Wirtschaftlichkeit der Landnutzung bei unterschiedlichen Preiselastizitäten der Nachfrage

	Bezeichnung	Dimension	Symbol	Ausgangssituation	Fortschrittssprung	Nachfrage			
						elastisch	elastisch	prop.elastisch	unelastisch
Z/S	1	2	3	4	5	6	7	8	9
1	Ertrag	t/ha	y	8,00	8,00	8,00	8,00	8,00	8,00
2	ertragsabhängige Kosten	€/t	MKV	79,4898	79,4898	79,4898	79,4898	79,4898	79,4898
3	flächenabhängige Kosten	€/ha	KVF	340,0451	340,0451	340,0451	340,0451	340,0451	340,0451
4	Produktmarktpreis	€/t	mpy	200,00	200,00	198,00	196,00	194,7089	194,20
5	Frachtrate	€/(t*km)	frg	0,20	0,18	0,18	0,18	0,18	0,18
6	Bodenrente am Marktort	€/ha	BRm	624,0365	624,0365	608,0365	592,0365	581,7079	577,6365
7	Stückbodenrente a. Markt	€/t	MBRm	78,0046	78,0046	76,0046	74,0046	72,7135	72,2046
8	Umwegfaktor		uwf	1,50	1,50	1,50	1,50	1,50	1,50
9	Anbauradius	km	efg	260,02	288,91	281,50	274,09	269,31	267,42
10	Fläche des Anbaukreises	km²	KF	212.396,51	262.217,91	248.944,00	236.014,85	227.851,75	224.673,38
11	Nutzflächenanteil		fan	0,30	0,30	0,30	0,30	0,30	0,30
12	Landw. genutzte Fläche	ha	NF	6.371.895,27	7.866.537,37	7.468.320,13	7.080.445,60	6.835.552,49	6.740.201,51
13	Produktmenge	t	AM	50.975.162,13	62.932.298,92	59.746.561,08	56.643.564,76	54.684.419,96	53.921.612,09
14	Sektorale Bodenrente	€	BRs	13.254.317,40	16.363.354,82	15.136.704,12	13.972.940,76	13.254.317,42	12.977.954,70
15	Produzentenrente	€	PRs	***	3.109.037,42	1.882.386,72	718.623,36	0,02	-276.362,70
16	Konsumentenrente	€	CRs	***	0,00	1.226.650,70	2.390.414,05	3.109.037,40	3.385.400,11
17	Preiselastizität		ε	***	***	6,100	2,002	1,000	0,7275

(7.5)
$$efg=\frac{(mpy-MKV)\cdot y-KVF}{y\cdot frg\cdot uwf}$$

Aus Zeile 9, Spalte 4 der Übersicht 7.2 geht dann hervor, dass der Radius bei der vorliegenden Datenkonstellation efg = 260,02 km beträgt.

Mit diesem Radius kann im nächsten Schritt die Fläche des Kreises (KF) bestimmt werden. Sie ist:

(7.6)
$$KF=\pi\cdot efg^2$$

Im Beispiel der Übersicht 7.2 beträgt die Fläche KF = 212.396,51 km² (Zeile 10 in Spalte 4).

In der Realität sind in diesem Kreis selbstverständlich nicht sämtliche Teilflächen landwirtschaftlich nutzbar. Dafür steht vielmehr nur ein bestimmter Flächenanteil (fan) zur Verfügung, so dass sich die landwirtschaftlich genutzte Fläche (NF) wie folgt ergibt:

(7.7)
$$NF=fan\cdot KF\cdot 100$$

Der zusätzliche Faktor 100 wird erforderlich, weil die landwirtschaftlich genutzte Fläche in ha ausgedrückt werden soll, die Kreisfläche aber in km² ausgedrückt wurde.
Bei einem angenommenen Nutzflächenanteil von fan = 0,3 (Zeile 11) beträgt die landwirtschaftlich genutzte Fläche bei der vorliegenden Datenkonstellation NF = 6.371.895,27 ha (Zeile 12).
Aus der landwirtschaftlich genutzten Fläche kann unmittelbar die insgesamt im Wirtschaftsraum erzeugte Produktmenge (AM) mittels einfacher Multiplikation mit dem (einheitlichen) Ertrag (y) bestimmt werden. Es gilt:

(7.8)
$$AM=NF\cdot y$$

Im vorliegenden Beispiel ergibt sich eine Produktmenge von AM = 50.975.162,13 t (Zeile 13).
Im nächsten Schritt können dann die sektoralen Kennzahlen bestimmt werden. Die sektorale Bodenrente lässt sich unter Verwendung der Kreisfläche und der Bodenrente am Marktort (Kreismittelpunkt) prinzipiell mittels der Formel für das Volumen eines Kegels bestimmen.[1] Da aber im vorliegenden Fall nur auf einem Anteil der Kreisfläche Landwirtschaft betrieben werden kann, muss das Kegelvolumen mit diesem Nutzflächenanteil (fan) multipliziert werden. Für die sektorale Bodenrente (BRs) gilt dann:

(7.9)
$$BRs=\frac{KF\cdot BRm}{3}$$

Im vorliegenden Beispiel beträgt die sektorale Bodenrente BRs = 13.254.317,40 € (Zeile 14, Spalte 4).
Damit ist die Ausgangssituation vollständig erfasst. Tritt nun ein Fortschrittssprung im Transportwesen ein, in dessen Folge die Frachtrate von frg = 0,2 €/(t · km) bspw. auf frg = 0,18

---

[1] Die Bodenrente nimmt ausgehend vom Marktort (dem Kreismittelpunkt) linear bis zum Rand des Kreises ab. Die sektorale Bodenrente des Kreises hat mithin das Volumen eines Kegels, wenn die gesamte Kreisfläche landwirtschaftlich genutzt wird. Die Gleichung für das Kegelvolumen (V_K) lautet $V_K = \pi \cdot r^2 \cdot h/3$ mit r = Radius der kreisförmigen Kegelgrundfläche, h = Höhe des Kegels (= Bodenrente am Marktort) unter Verwendung der bisherigen Notation und unter Berücksichtigung des Nutzflächenanteils (fan) erhält man die Gleichung (7.9) für die sektorale Bodenrente.

€/(t · km) sinkt, dann würde sich ohne Veränderung des Produktmarktpreises die in Spalte 5 der Übersicht 7.2 skizzierte Datenkonstellation ergeben. Die landwirtschaftlich genutzte Fläche stiege auf 262.217,91 ha (Zeile 10), so dass die Produktmenge auf 62.932.298,92 t (Zeile 13) zunehmen könnte. Dadurch stiege die sektorale Bodenrente von 13.254.317,40 € auf 16.363.354,82 € (Zeile 14) um 3.109.037,42 € an. Der letztgenannte Betrag ist die Produzentenrente – aufgeführt in Zeile 15 –, die sich ebenso wie in dem vorhergehenden Kapitel (s. Gleichung (6.22)) wie folgt bestimmt:

$$(7.10) \qquad PRs = BRs_F - BRFs_A$$

Darin sind:

PRs	=	Produzentenrente, gemessen in €;
BRs_A	=	sektorale Bodenrente der Ausgangssituation, gemessen in €;
BRs_F	=	sektorale Bodenrente nach dem Fortschrittssprung im Transportwesen, gemessen in €.

Bei dem hier zunächst angenommenen unveränderten Produktmarktpreis käme der Fortschrittssprung allein den Landwirten zugute, die Konsumentenrente wäre Null.

Tatsächlich würde sich der Produktmarktpreis nach der Produktionsausdehnung jedoch vermindern. Das Ausmaß der Verminderung hängt von der Preiselastizität der Nachfrage ab. Da in diesem Modell ebenso wie in demjenigen der Übersicht 6.8 des vorhergehenden Kapitels die landwirtschaftlich genutzte Fläche und damit auch die flächenabhängigen Kosten Veränderungen unterliegen, sollte die Ermittlung der Produktmarktpreisveränderung methodisch auf die gleiche Weise erfolgen wie in dem dortigen Modell. Das jeweils neue Gleichgewicht würde sich dann wieder nach einer mehr oder weniger großen Anzahl von Iterationen einstellen. Für das Modell der Übersicht 6.8 liefert diese Vorgehensweise sinnvolle Ergebnisse, weil es sich dabei um ein vollständig lineares System handelt. Im vorliegenden Fall enthält das Modell eine nichtlineare (quadratische) Beziehung, nämlich für die Bestimmung der Kreisfläche um den Marktort. Diese Nichtlinearität führt dazu, dass die Vorgehensweise für das hier betrachtete Modell keine sinnvollen Ergebnisse zu generieren erlaubt.

Es bleibt deshalb die in den Spalten 6 bis 9 der Übersicht 7.2 angewandte Lösungsmethode: Für jeweils exogen vorgegebene Produktmarktpreise werden die wirtschaftlichen Kennzahlen für den Agrarsektor bestimmt und dann im Nachhinein die zugehörigen Werte für die Preiselastizität der Nachfrage ermittelt.

Diese Werte werden prinzipiell nach Maßgabe der Gleichung (6.5) für die Bogenelastizität (s. Abschnitt 6.2.1 des vorhergehenden Kapitels) errechnet. Durch Einsetzen der hier verwendeten Notation ergibt sich für die Preiselastizität der Nachfrage:

$$(7.11) \qquad \varepsilon = \frac{AM_N - AM_A}{MBR_N - MBR_A} \cdot \frac{\dfrac{MBR_A - MBR_N}{2}}{\dfrac{AM_A + AM_N}{2}} \cdot (-1)$$

Darin sind:

ε	=	Preiselastizität der Nachfrage;
AM_A	=	Produktmenge in der Ausgangssituation, gemessen in t;
AM_N	=	Produktmenge nach der Produktpreisänderung, gemessen in t;
MBR_A	=	Stückbodenrente in der Ausgangssituation, gemessen in €/t;
MBR_N	=	Stückbodenrente nach der Produktpreisänderung, gemessen in €/t.

Aufgrund der Gegebenheiten, dass sich in der durch das Modell abgebildeten Situation sowohl die ertragsabhängigen als auch die flächenabhängigen Kosten verändern können, wird auch hier die Preiselastizität mit dem um die Produktionskosten bereinigten Produktmarktpreis berechnet. Die Werte der Preiselastizität für das Beispiel sind in Zeile 17 der Übersicht 7.2 angegeben.

In Spalte 6 der Übersicht wurde der Produktpreis von 200,00 auf 198,00 €/t abgesenkt. Dadurch steigen die Produktmenge und die sektorale Bodenrente infolge des Fortschrittssprungs im Transportwesen weniger stark als es ohne die Preissenkung der Fall wäre. Es ergibt sich zwar auch in diesem Falle eine positive Produzentenrente (Zeile 15); es entsteht jetzt jedoch auch eine Konsumentenrente (Zeile 16). Diese Rente wird – ebenso wie im vorhergehenden Kapitel (siehe Gleichung (6.23)) – wie folgt ermittelt:

$$(7.12) \qquad CRs = BRs_{FV} - BRs_{FN}$$

Darin sind:

CRs = Konsumentenrente, gemessen in €;

BRs_{FV} = sektorale Bodenrente nach dem Fortschrittssprung im Transportwesen aber vor der Produktpreissenkung, gemessen in €;

BRs_{FN} = sektorale Bodenrente nach dem Fortschrittssprung im Transportwesen und nach der Produktpreissenkung, gemessen in €.

Im Beispiel der Übersicht 7.2, Spalte 6, ergibt sich bei der Produktpreissenkung von 200,00 auf 198,00 €/t eine Konsumentenrente on CRs = 1.226.650,70 € (Zeile 16), während die Produzentenrente noch PRs = 1.882.386,72 (Zeile 15) beträgt.

Die mit Gleichung (7.11) berechnete Preiselastizität der Nachfrage hat den Wert von ε = 6,1003 (Zeile 17).

Die in Spalte 7 der Übersicht 7.2 vorgenommene stärkere Produktmarktpreissenkung von 200,00 auf 196,00 €/t führt dazu, dass sich die Preiselastizität auf den Wert von ε = 2,0016 vermindert, die Produzentenrente geringer wird und die Konsumentenrente ansteigt.

Durch Probieren mit unterschiedlichen Werten für den Produktmarktpreis wurde in Spalte 8 der Übersicht ermittelt, dass der Produktmarktpreis für die proportional elastische Situation, d. h. für einen Wert der Preiselastizität von ε = 1,000, auf 194,7098312 €/t abgesenkt werden muss. Ebenso wie bei den Modellen im 6. Kapitel sinkt bei diesem Wert der Preiselastizität die Produzentenrente auf 0,00, so dass der Fortschrittssprung im Transportwesen allein den Konsumenten zugute kommt, was die Werte der Produzenten- und der Konsumentenrente in den Zeilen 15 und 16 der Spalte 8 der Übersicht 7.2 ausweisen.

Stärkere Produktmarktpreissenkungen resultieren schließlich in einer preisunelastischen Nachfrage. Spalte 9 der Übersicht 7.2 zeigt z. B., dass die Preiselastizität der Nachfrage bei einer Produktmarktpreissenkung von 200,00 auf 194,20 €/t auf ε = 0,7275 fällt und zu einer negativen Produzentenrente bei weiter zunehmender Konsumentenrente führt.

Aus den Werten der Spalten 6 bis 9 der Übersicht 7.2 lassen sich abschließend verallgemeinernd die folgenden Konsequenten erkennen:

(1) Im preiselastischen Nachfragebereich partizipieren c. p. sowohl die Produzenten als auch die Konsumenten an Fortschritten im Transportwesen. Mit sinkenden Werten der Preiselastizität steigt der Vorteil der Konsumenten und sinkt der Vorteil der Produzenten.

(2) Bei proportional elastischer Nachfrage (ε = 1,00) profitieren c. p. nurmehr die Konsumenten von Fortschritten im Transportwesen. Die sektorale Bodenrente sinkt infolge der Pro-

duktpreisabnahme trotz der größeren bewirtschafteten Flächen und der daraus resultierenden größeren Produktmenge auf den Wert der Ausgangssituation vor dem Fortschritt im Transportwesen. Eine Produzentenrente tritt nicht mehr auf.

(3) Bei preisunelastischer Nachfrage, wie es für Agrarprodukte durchweg zutrifft, sinkt der Produktmarktpreis infolge der gestiegenen Produktmenge c. p. so stark, dass die sektorale Bodenrente unter den Betrag vor dem Fortschritt im Transportwesen fällt. Die Produzentenrente wird negativ, während die Konsumentenrente weiter zunimmt. Die Fortschritte im Transportwesen für Agrarprodukte gereichen den Produzenten c. p. zum wirtschaftlichen Nachteil. Der Nutzen aus den Fortschritten im Transportwesen verbleibt c. p. allein bei den Konsumenten.

(4) Schließlich kann diese nachteilige Entwicklung für die Produzenten nur verhindert werden, wenn sich die landwirtschaftliche Nutzfläche trotz gesunkener Transportkosten nicht mehr weiter ausdehnen lässt. Das ist jedoch bisher – weltweit betrachtet – in großen Teilen Afrikas und Lateinamerikas nicht der Fall.

7.1.3.2 Zur Entwicklung der Wettbewerbsfähigkeit marktferner Standorte

Bisher wurden die Wirkungen technischer Fortschritte unter der Annahme analysiert, dass der betrachtete Wirtschaftsraum nur einen einheitlichen natürlichen Standort aufweist. Im Folgenden soll gezeigt werden, wie sich derartige Fortschritte auf die relative Vorzüglichkeit unterschiedlicher natürlicher Standorte bei unterschiedlicher Entfernung der Betriebe von ihren Marktorten auswirken. Dazu zeigt Übersicht 7.3 in den Spalten 4 bis 6 am Beispiel der Speisekartoffeln (zu den Kostensätzen siehe Übersicht 4.3) zwei natürliche Standorte mit geringem und mit hohem Ertragsniveau bei unterschiedlicher Marktentfernung. Bei einem (geringen) Ertragsniveau von 30 t/ha führt der marktnahe, d. h. hier direkt am Markt liegende, Standort mit dem geringen Ertragsniveau zu Stückkosten in Höhe von 98,92 €/t Speisekartoffeln (s. Zeile 7, Spalte 4 der Übersicht 7.3).

Bei einer Frachtrate von frg = 0,30 €/(t · km) und einer Marktentfernung von 200 km weist der natürliche Standort mit dem (hohen) Ertragsniveau von 60 t/ha Stückkosten von 134,57 €/t Spei-

Übersicht 7.3:
Auswirkungen unterschiedlicher natürlicher Standorte und technischer Fortschritte im Transportwesen auf die räumliche Zuordnung von Agrarprodukten

	Beispiel: Speisekartoffeln Bezeichnung	Dimension	Symbol	Marktnaher Standort[3] mit geringem Ertragsnivau	Markferner Standort[3] mit hohem Ertragsniveau bei ursprünglicher Frachtrate	Markferner Standort[3] mit hohem Ertragsniveau bei abgesenkter Frachtrate	Marktnaher, schwer bearbeitbarer Standort[4]	Marktferner leicht bearbeitbarer Standort[4] bei ursprünglicher Frachtrate	Marktferner leicht bearbeitbarer Standort[4] bei abgesenkter Frachtrate
Z/S	1	2	3	4	5	6	7	8	9
1	Entfernung zum Marktort	km	efg	0,00	200,00	200,00	0,00	200,00	200,00
2	Frachtrate	€/(t*km)	frg	0,00	0,30	0,10	0,00	0,30	0,10
3	Ertragsniveau	t/ha	y	30,00	60,00	60,00	45,00	45,00	45,00
4	Ertragsabhängige Kosten	€/t	MKV	50,2225	50,2225	50,2225	50,2225	50,2225	50,2225
5	Flächenabhängige Kosten	€/ha	KVF	1.460,9208	1.460,9208	1.460,9208	1947,8944	973,9472	973,9472
6	Kosten[1]	€/ha	K	2.967,60	8.074,27	5.674,27	4.207,91	5.933,96	4.133,96
7	Stückkosten[2]	€/t	DK	98,92	134,57	94,57	93,51	131,87	91,87

[1]) K = KVF+ (MKV+frg*efg)*y; [2]) DK = K/y; [3]) Einheitlich mittlere Bearbeitbarkeit; [4]) Einheitlich mittleres Ertragsniveau

sekartoffeln auf (Spalte 5). Trotz des doppelt so hohen Ertragsniveaus ist der marktferne Standort wegen der hohen Transportkosten nicht wettbewerbsfähig. Sein kostendeckender Produktpreis müsste erheblich über demjenigen des ertragsschwachen, aber marktnahen Standortes liegen.

Sinkt aber jetzt die Frachtrate durch einen Fortschrittssprung im Transportwesen von 0,30 auf 0,10 €/(t · km), dann zeigt die Spalte 6 der Übersicht 7.3, dass dadurch die Wettbewerbsfähigkeit des marktfernen, aber ertragsstarken Standortes so stark ansteigt, dass er gegenüber dem marktnahen, aber ertragsschwachen Standort konkurrenzfähig wird. Die Stückkosten fallen auf 94,57 €/t Speisekartoffeln (Spalte 6).

Die Spalten 7 bis 9 der Übersicht 7.3 zeigen dann einen prinzipiell ähnlichen Standortvergleich für Standorte mit leichter und schwerer Bearbeitbarkeit bei jeweils mittlerem Ertragsniveau von 45 t/ha Speisekartoffeln. Der schwer bearbeitbare Standort weist gegenüber dem Standort mit mittlerer Bearbeitbarkeit (angenommen in den Spalten 4 bis 6) um ein Drittel gestiegene flächenabhängige Kosten auf, weil der schwer bearbeitbare Standort höhere Aufwendungen für die Arbeitserledigung erfordert (Zeile 5, Spalte 7). Umgekehrt weist der Standort mit leichter Bearbeitbarkeit um ein Drittel geringere flächenabhängige Kosten auf (Zeile 5, Spalten 8 und 9).

In der Ausgangssituation entstehen dadurch für den schwer bearbeitbaren, aber marktnahen Standort Stückkosten in Höhe von 93,51 €/t Speisekartoffeln (Spalte 7). Für den marktfernen, aber leicht bearbeitbaren Standort (Spalte 8) entstehen dagegen bei einer Frachtrate von 0,30 €/(t · km) Stückkosten in Höhe von 131,87 €/t Speisekartoffeln. Der Standort ist nicht wettbewerbsfähig.

Durch einen Fortschrittssprung im Transportwesen, der eine Senkung der Frachtrate von 0,30 auf 0,10 €/(t · km) bewirkt, sinken die Stückkosten auf dem marktfernen, aber leicht bearbeitbaren Standort von 131,87 auf 91,98 €/t. Damit wird der marktferne gegenüber dem marktnahen Standort wettbewerbsfähig.

Insgesamt zeigen die beiden Beispiele der Übersicht 7.3, dass Fortschritte im Transportwesen zu Verschiebungen der Standorte für einzelne Nutzpflanzenarten führen können. Prinzipiell gewinnen dadurch marktferne Standorte gegenüber den marktnahen Standorten an Wettbewerbsfähigkeit. Die marktfernen Standorte können den Anbau bestimmter Nutzpflanzen auf marktnahen Standorten dann verdrängen, wenn die Produktionskosten (ohne die Transportkosten) für einzelne Nutzpflanzenarten auf den marktfernen Standorten aufgrund natürlicher Standortvorteile unterhalb derjenigen der marktnahen Standorte liegen. Technische Fortschritte im Transportwesen bewirken also letztlich, dass die Qualität des natürlichen Standortes bei der Gestaltung der Landnutzungsprogramme ein Vergleich zur äußeren Verkehrslage an Gewicht gewinnt. Je billiger der Gütertransport wird, desto stärker bestimmt die Beschaffenheit des natürlichen Standortes das Landnutzungsprogramm.

7.1.4 Bodenrentenfunktionen für den Mehr-Produkt-Fall: Die Ableitung der THÜNEN'schen Ringe

In Abschnitt 7.1.1 wurde die Bodenrentenfunktion für den Winterweizen als dem einzigen Produkt abgeleitet. In Erweiterung der Analyse sollen im vorliegenden Abschnitt – jetzt wieder auf einem einheitlichen natürlichen Standort – drei Produkte gleichzeitig betrachtet werden, nämlich die Zuckerrüben, der Silomais und der Winterweizen. Die Kostensätze und die (mittleren) Erträge für die drei Nutzpflanzenarten wurden aus der Übersicht 4.3 entnommen. Die Produktpreise als Marktpreise wurden gegenüber den in Übersicht 4.3 angegebenen Produktpreisen als Hoftorpreise jeweils um ca. 10 % erhöht.

Die sich aus diesen konkreten Werten bei einer Frachtrate von frg = 0,10 €/(t · km) ergeben-den Bodenrentenfunktionen sind in Übersicht 7.4 sowohl numerisch als auch grafisch darge-stellt. Für den Silomais gilt in der Ausgangssituation die hellgrüne Funktion BR_{2a}. Lässt man nun zunächst die dunkelgrüne Bodenrentenfunktion bei erhöhtem Marktpreis für den Silo-mais außer acht, dann lässt sich aus der Grafik ablesen, dass bei diesen Preis-Kosten-Verhält-nissen in einem betrachteten Wirtschaftsraum nur die Zuckerrüben – in der Nähe des Markt-ortes – und der Winterweizen – weiter entfernt vom Marktort – angebaut werden. Die Bodenrentenfunktion des Silomaises verläuft dagegen stets unterhalb der Bodenrentenfunkti-onen für die beiden übrigen Produkte, was bedeutet, dass er auf keinem Standort des betrach-teten Wirtschaftsraumes wettbewerbsfähig ist.

Besteht jedoch Nachfrage nach Silomais, dann wird sein Marktpreis solange steigen, bis die dann zunehmend angebotene Menge der zugehörigen Nachfrage entspricht. Steigt dadurch z. B. der Marktpreis für den Silomais von ursprünglich 44,00 €/t auf 52,00 €/t, dann ergibt sich die parallel nach außen verschobene dunkelgrüne Bodenrentenfunktion (BR_2) in Übersicht 7.4. Der Silomais ist nunmehr auf bestimmten Standorten des Wirtschaftsraumes die Landnut-zungsalternative mit der höchsten Bodenrente.

Wie dann Übersicht 7.5 zeigt, ergeben sich drei Anbauringe um den Marktort, auf dem je-weils eine der drei Nutzpflanzenarten angebaut wird. Diese Anbauringe werden nach ihrem Entdecker Johann Heinrich von THÜNEN als die „THÜNEN'schen Ringe" bezeichnet. Im ersten Ring direkt um den Marktort sind im vorliegenden Beispiel die Zuckerrüben relativ vorzüglich. Im mittleren zweiten Ring ist es der Silomais und im äußeren dritten Ring der Winterweizen.

Aus dem Beispiel lassen sich verallgemeinernd die folgenden Konsequenzen ziehen:

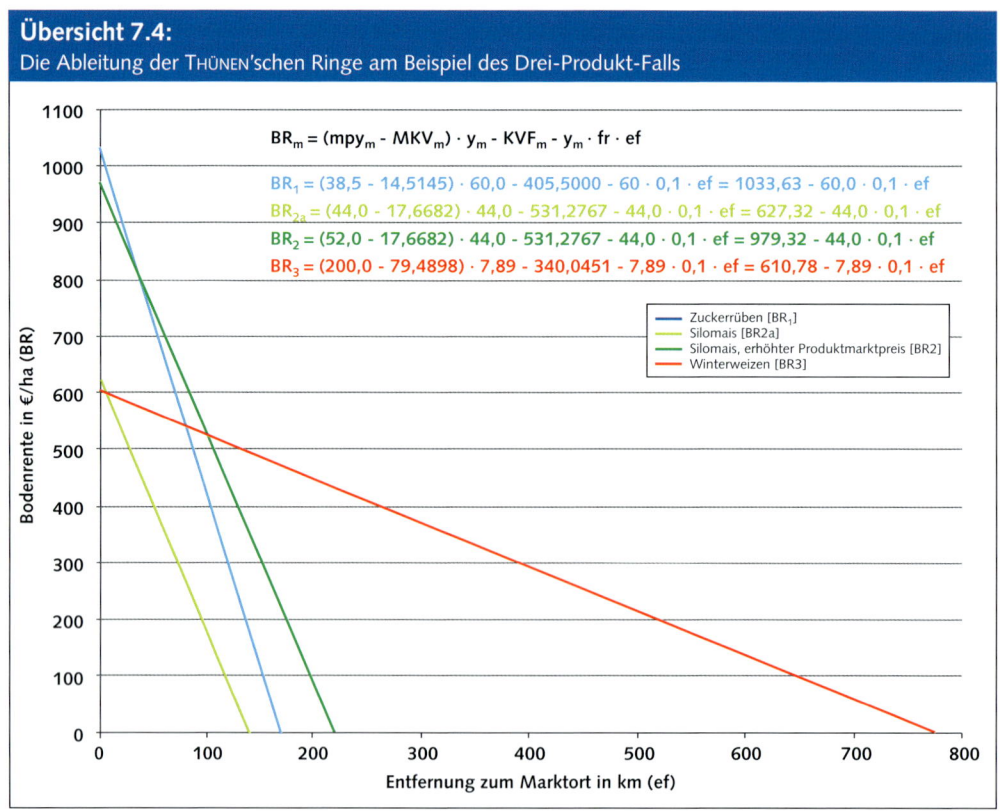

Übersicht 7.4:
Die Ableitung der THÜNEN'schen Ringe am Beispiel des Drei-Produkt-Falls

$BR_m = (mpy_m - MKV_m) \cdot y_m - KVF_m \cdot y_m \cdot fr \cdot ef$

$BR_1 = (38,5 - 14,5145) \cdot 60,0 - 405,5000 - 60 \cdot 0,1 \cdot ef = 1033,63 - 60,0 \cdot 0,1 \cdot ef$

$BR_{2a} = (44,0 - 17,6682) \cdot 44,0 - 531,2767 - 44,0 \cdot 0,1 \cdot ef = 627,32 - 44,0 \cdot 0,1 \cdot ef$

$BR_2 = (52,0 - 17,6682) \cdot 44,0 - 531,2767 - 44,0 \cdot 0,1 \cdot ef = 979,32 - 44,0 \cdot 0,1 \cdot ef$

$BR_3 = (200,0 - 79,4898) \cdot 7,89 - 340,0451 - 7,89 \cdot 0,1 \cdot ef = 610,78 - 7,89 \cdot 0,1 \cdot ef$

Zuckerrüben [BR_1]
Silomais [BR2a]
Silomais, erhöhter Produktmarktpreis [BR2]
Winterweizen [BR3]

Bodenrente in €/ha (BR)

Entfernung zum Marktort in km (ef)

(1) Wenn Nachfrage nach mehreren Agrarprodukten besteht, dann werden sich bei gegebenen Produktionskosten und gegebenen Frachtraten die Marktpreise der Produkte so einpendeln, dass sämtliche Produkte in den Umfängen angebaut werden, dass deren Produktmengen die jeweils effektive Nachfrage befriedigen.

(2) Die Bodenrentenfunktionen der Nutzpflanzenarten verlaufen in Abhängigkeit von der Marktentfernung umso steiler abnehmend, je größer die Produktmengen je ha Anbaufläche sind. Die größeren Produktmengen führen c. p. zu höheren Transportkosten je Entfernungseinheit und damit zu einem steileren Abfall der zugehörigen Bodenrentenfunktion.

(3) Die Konsequenz daraus ist, dass c. p. die Produkte mit den höchsten Erntemassen je Nutzflächeneinheit stets in den inneren Ringen um den Marktort und die Produkte mit den geringsten Erntemassen je Nutzflächeneinheit stets in den äußeren Ringen um den Marktort angebaut werden. Mit anderen Worten: Je geringer die Erntemasse je Nutzflächeneinheit einer Nutzpflanzenart ist, in einem desto weiter außen liegenden Ring um den Marktort wird die Nutzpflanzenart angebaut.

(4) Bei dieser Aussage ist jedoch stets zu bedenken, dass sich vorher die Marktpreise der Produkte so eingependelt haben müssen, dass die effektive Nachfrage nach sämtlichen Produktarten durch entsprechende Produktmengen – hergestellt auf entsprechend großen Anbauringen – auch tatsächlich befriedigt wird.

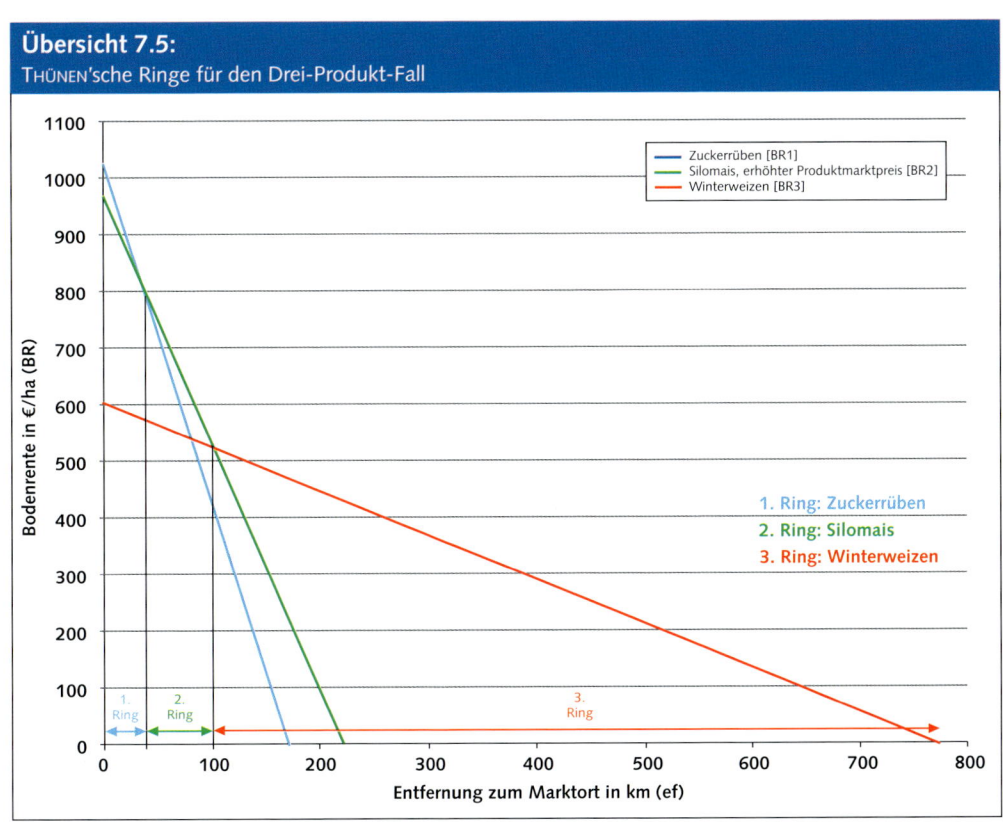

Übersicht 7.5:
Thünen'sche Ringe für den Drei-Produkt-Fall

(5) Man kann auch sagen, dass eine Nutzpflanzenart umso weiter vom Marktort entfernt angebaut wird, je transportwürdiger diese Nutzpflanzenart ist und vice versa. Das Produkt einer Nutzpflanzenart ist umso transportwürdiger, je weniger stark die am Marktort für das Produkt sich ergebende Bodenrente in Abhängigkeit einer zunehmenden Marktentfernung absinkt. In Übersicht 7.5 ist deshalb der Winterweizen transportwürdiger als die Zuckerrüben. Die am Marktort erzielbare Bodenrente nimmt mit steigender Marktentfernung beim Winterweizen weniger stark ab als diejenige der Zuckerrüben. Der Silomais nimmt eine Mittelstellung ein.

(6) Bei gleichen Frachtarten für die unterschiedlichen Produkte sind deshalb auch die Produkte mit den geringsten Erntemassen je Nutzflächeneinheit die transportwürdigsten Produkte, weil der Transport der Erntemasse je Nutzflächeneinheit relativ geringere Transportkosten verursacht und vice versa. Im Beispiel sind die Zuckerrüben mit ihrer Erntemasse von 60 t/ha am wenigsten transportwürdig. Der Silomais nimmt mit einer Erntemasse von 44 t/ha bezüglich seiner Transportwürdigkeit eine Mittelstellung ein. Der Winterweizen ist schließlich mit seiner Erntemasse je Nutzflächeneinheit von nur 7,89 t/ha das transportwürdigste Produkt.

7.1.5 Unterschiedliche Frachtraten: Transportfähigkeit von Produkten

Im vorhergehenden Abschnitt wurde gezeigt, dass Produkte umso transportwürdiger sind, je geringer die Produktmenge je Nutzflächeneinheit ist. Dabei wurden jedoch für sämtliche betrachteten Produkte einheitliche Frachtraten angenommen. Tatsächlich können sich aber je nach Produktart unterschiedliche Frachtraten ergeben. So sind die Frachtraten für leicht verderbliche Produkte in der Regel höher als diejenigen für haltbare Produkte, weil die leicht verderblichen Produkte entweder vergleichsweise rasch vom Produktions- zum Verbrauchsort oder aber mit vergleichsweise kostenträchtigen Kühlfahrzeugen transportiert werden müssen.

Aus Gleichung (7.3), die die Bodenrente in Abhängigkeit von der Marktentfernung beschreibt, geht hervor, dass die Transportkosten je Entfernungseinheit nicht nur von der Produktmenge (y), sondern auch von der Frachtrate (frg) abhängen. So können z. B. zwei Produkte, die die gleiche Produktmenge je Nutzflächeneinheit und die gleiche Bodenrente am Marktort aufweisen, trotzdem in unterschiedlichen Anbauringen produziert werden, weil sie unterschiedliche Frachtraten aufweisen. Das soll am Beispiel der Übersicht 7.6 gezeigt werden.

In dieser Übersicht sind die Bodenrentenfunktionen von zwei verschiedenen Produkten – nämlich z. B. Speisekartoffeln und Frischgemüse – sowohl grafisch als auch numerisch dargestellt. Für die Speisekartoffeln wurden der Produktpreis, die Kostensätze und das mittlere Ertragsniveau unterstellt, wie sie sich aus den Zahlen der Übersicht 4.3 ergeben. Bei diesem Preis-Mengen-Gerüst und einer Frachtrate von frg = 0,10 €/(t · km) ergibt sich für die Speisekartoffeln die blaue Bodenrentenfunktionen BR_1.

Das andere Produkt, nämlich das Frischgemüse, möge das gleiche Preis-Mengen-Gerüst wie die Speisekartoffeln aufweisen. Das im Vergleich zu Speisekartoffeln leichter verderbliche Frischgemüse möge jedoch eine Frachtrate von frg = 0,20 €/(t · km) erfordern. Damit ergibt sich für das Frischgemüse die rote Bodenrentenfunktion BR_{2a}.

Beide Produkte weisen zwar am Marktort die gleiche Bodenrente auf. Aufgrund der höheren Frachtrate sinkt die Bodenrente des Frischgemüses in Abhängigkeit von der Entfernung zum Marktort jedoch doppelt so rasch wie diejenige der Speisekartoffeln. Bei den gleichen Produktmarktpreisen für die Speisekartoffeln und das Frischgemüse werden deshalb nur Speisekartoffeln produziert. Das Frischgemüse ist bei keiner Marktentfernung wettbewerbsfähig.

Übersicht 7.6:
Der Einfluss der Transportfähigkeit von Agrarprodukten auf die Standortzuordnung

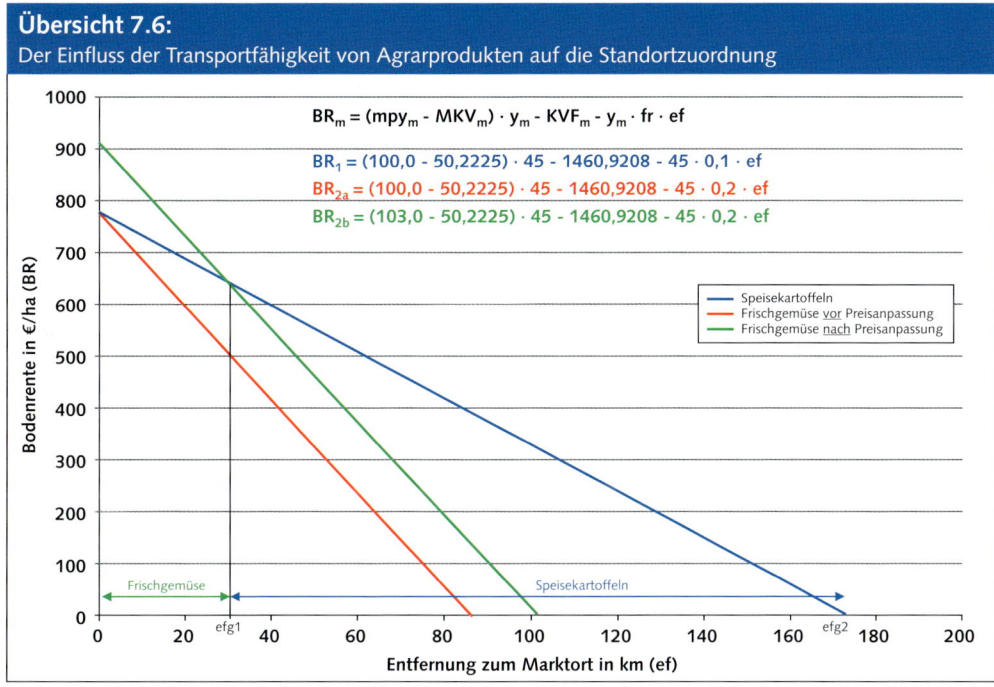

$$BR_m = (mpy_m - MKV_m) \cdot y_m - KVF_m - y_m \cdot fr \cdot ef$$

$$BR_1 = (100,0 - 50,2225) \cdot 45 - 1460,9208 - 45 \cdot 0,1 \cdot ef$$

$$BR_{2a} = (100,0 - 50,2225) \cdot 45 - 1460,9208 - 45 \cdot 0,2 \cdot ef$$

$$BR_{2b} = (103,0 - 50,2225) \cdot 45 - 1460,9208 - 45 \cdot 0,2 \cdot ef$$

Da jedoch Nachfrage auch nach Frischgemüse bestehen möge, wird der Preis für dieses Produkt steigen. Steigt der Preis z. B. von 100,00 auf 103,00 €/t, dann gilt für das Frischgemüse die veränderte, nunmehr grüne Bodenrentenfunktion BR_{2b}. Die mit der Marktpreissteigerung verbundene Parallelverschiebung der Bodenrentenfunktion für das Frischgemüse bewirkt, dass das Frischgemüse nunmehr im inneren Anbauring direkt um den Marktort und die Speisekartoffeln in dem angrenzenden äußeren Ring wettbewerbsfähig sind und dort angebaut würden (vgl. Übersicht 7.6).

Aus dem Beispiel lässt sich verallgemeinernd ableiten, dass relativ wenig transportfähige Produkte c. p. in Marktnähe und transportfähigere Produkte in Marktferne produziert werden. Je geringer die Transportfähigkeit eines Produktes, je höher also die Frachtrate für dieses Produkt ist, desto näher am Markt- bzw. Verbrauchsort wird das Produkt c. p. erzeugt.

7.1.6 Der Einfluss des Marktpreises eines Produktes auf seinen Produktionsort: Die Transportwürdigkeit von Produkten

Am Ende des Abschnitts 7.1.4 wurde darauf hingewiesen, dass die Transportwürdigkeit von Agrarprodukten c. p. vom zugehörigen Ertragsniveau, d. h. von der Produktmenge je Nutzflächeneinheit, bestimmt wird. Zusätzlich hängt die Transportwürdigkeit eines Produktes jedoch auch von dessen Preisniveau im Vergleich zu den Preisniveaus anderer Produkte ab. Bei gegebenem Ertragsniveau für ein Produkt ist dessen Transportwürdigkeit umso größer, je höher sein Marktpreis ist, weil ein hoher Marktpreis je Produkteinheit erst bei größerer Marktentfernung durch die Transportkosten je Produkteinheit „aufgezehrt" wird, als ein geringerer Marktpreis je Produkteinheit.

Aus diesem Sachverhalt kann allerdings nicht geschlossen werden, dass die Produkte mit hohen Marktpreisen je Produkteinheit auf den äußeren Anbauringen produziert werden, eben

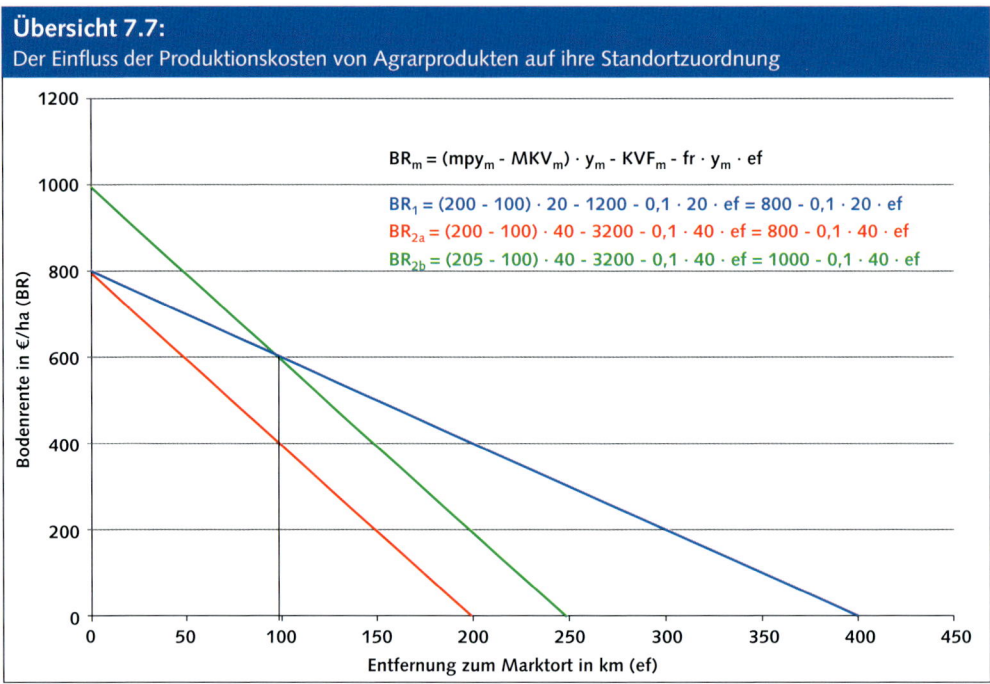

Übersicht 7.7:
Der Einfluss der Produktionskosten von Agrarprodukten auf ihre Standortzuordnung

$BR_m = (mpy_m - MKV_m) \cdot y_m - KVF_m - fr \cdot y_m \cdot ef$

$BR_1 = (200 - 100) \cdot 20 - 1200 - 0{,}1 \cdot 20 \cdot ef = 800 - 0{,}1 \cdot 20 \cdot ef$

$BR_{2a} = (200 - 100) \cdot 40 - 3200 - 0{,}1 \cdot 40 \cdot ef = 800 - 0{,}1 \cdot 40 \cdot ef$

$BR_{2b} = (205 - 100) \cdot 40 - 3200 - 0{,}1 \cdot 40 \cdot ef = 1000 - 0{,}1 \cdot 40 \cdot ef$

Bodenrente in €/ha (BR)

Entfernung zum Marktort in km (ef)

weil sie transportwürdiger sind. Eine derartige Folgerung ließe die u. U. sehr unterschiedlichen Produktionskosten und Produktmengen der Landnutzungsalternativen außer Acht. Diesbezügliche Unterschiede können aber dazu führen, dass ein Produkt mit einem relativ hohen Marktpreis gleichwohl in Marktnähe produziert wird, weil dieses Produkt nur in Marktnähe wettbewerbsfähig ist.

Der Zusammenhang soll an einem einfachen Zahlenbeispiel verdeutlicht werden. In Übersicht 7.7 sind die Bodenrentenfunktionen von zwei Produkten sowohl numerisch als auch grafisch dargestellt: Produkt 1 habe die blaue Bodenrentenfunktion mit der Bodenrente BR_1, Produkt 2 habe in einer Ausgangssituation die rote Bodenrentenfunktion mit der Bodenrente BR_{2a}. Die Bodenrentenfunktionen zeigen, dass beide Produkte den gleichen Marktpreis von mpy = 200,00 €/t aufweisen. Die Produkte unterscheiden sich in ihren Ertragsniveaus und bei den Produktionskosten. Produkt 1 hat einen Ertrag von y = 20 t/ha, Produkt 2 einen doppelt so hohen Ertrag von 40 t/ha. Die Produkte 1 und 2 haben den gleichen ertragsabhängigen Kostensatz von MKV = 100,00 €/t, sie unterscheiden sich jedoch bei den flächenabhängigen Kosten. Produkt 1 hat flächenabhängige Kosten von KVF = 1.200,00 €/ha, Produkt 2 solche von 3.200,00 €/ha. Bei diesen Preis-Mengen-Gerüsten weisen beide Produkte am Marktort eine Bodenrente von 800,00 €/ha auf, wie man leicht nachrechnen kann. Entsprechend beginnen die Graphen der beiden Bodenrenten an dem 800,00 €/ha betragenden Ordinatenabschnitt.

Da Produkt 2 jedoch den doppelten Ertrag von 40 t/ha wie Produkt 1 mit 20 t/ha hat, sinkt die Bodenrentenfunktion des Produktes 2 in Abhängigkeit von der Marktentfernung doppelt so rasch wie diejenige des Produktes 1. Bei dieser Konstellation der Marktpreise der beiden Produkte wäre Produkt 2 an keinem Ort wettbewerbsfähig, die Bodenrentenfunktion dieses Produktes verläuft stets unterhalb derjenigen von Produkt 1.

Besteht nun aber Nachfrage nach Produkt 2, dann wird dessen Produktpreis steigen. Bei einem von 200,00 auf 205,00 €/t gestiegenen Produktpreis ergibt sich für das Produkt 2 die grüne

Bodenrentenfunktion der Bodenrente BR_{2b}. Nunmehr würde das Produkt 2 aufgrund der höheren Bodenrente am Marktort in Marktnähe bis zu einer Marktentfernung von ef = 100 km angebaut, wohingegen das Produkt 1 in dem von 100 bis 400 km reichenden Anbauring erzeugt wird. Mit anderen Worten: Trotz des im Vergleich zu Produkt 1 höheren Marktpreises des Produktes 2 wird dieses nicht in Marktferne, sondern in Marktnähe produziert.

In der Realität lassen sich derartige Konstellationen immer wieder beobachten: Frischgemüse hat in der Regel einen höheren Marktpreis als etwa Getreide. Trotzdem wird Frischgemüse c. p. in der Nähe der großen Verbrauchszentren produziert, wohingegen Getreide auch noch in entfernteren Lagen mit positiven Bodenrenten erzeugt werden kann. In Europa konzentriert sich der Zierpflanzen- und Frischgemüseanbau um das große Verbrauchszentrum Ruhrgebiet, Belgien und Holland. Getreide wird aber auch noch aus der Ukraine und anderen osteuropäischen Staaten sowie auch aus Übersee in die großen Verbrauchszentren Europas geliefert.

7.1.7 Der Einfluss der äußeren Verkehrslage auf das Landnutzungsprogramm, die Landnutzungsintensität und die Bodenrente bei Berücksichtigung der Betriebsfaktoren zur Einhaltung einer nachhaltigen Wirtschaftsweise

Die bisherigen Analysen zu den Wirkungen der äußeren Verkehrslage erfolgten ohne Berücksichtigung der Betriebsfaktoren. Folglich wurde jedem betrachteten Standort nur ein Landnutzungsverfahren bzw. ein Produkt zugeordnet, nämlich jeweils dasjenige, welches auf einem Standort die höchste Bodenrente versprach.

Im vorliegenden Abschnitt soll der Einfluss der äußeren Verkehrslage auf das Landnutzungsprogramm, die Landnutzungsintensität und die Bodenrente unter Berücksichtigung der Betriebsfaktoren zur Einhaltung einer nachhaltigen Wirtschaftsweise untersucht werden. Zur Analyse soll – wie schon mehrfach in den vorhergehenden Kapiteln – das betriebliche Optimierungsmodell eingesetzt werden. Die hier verwendete Version des Modells ist in Übersicht 7.8 dargestellt. Die Version unterscheidet sich von den vorhergehenden Modellversionen (vgl. Übersicht 5.24) durch die Berücksichtigung der Transportkosten und die Verwendung der Produktmarktpreise anstelle der Hoftorpreise (siehe Zeile 16 der Übersicht 7.8).

Die Transportkosten für das Produkt eines Landnutzungsverfahrens lassen sich bei den zugehörigen Erträgen bestimmen, wenn die Frachtrate und die Entfernung vom Produktions- zum Marktort als modellexogene Variable vorgegeben werden. Die Frachtraten sind in Zeile 15 des Modells als gleiche Tarife für alle betrachteten Produkte aufgeführt. Die Entfernung vom Marktort ist in der rechten Spalte des Modells (im Beispiel mit 40 km) angegeben.

Der in Zeile 19 des Modells aufgeführte Transportkostensatz gibt die vom Produktions- zum Marktort entstehenden Transportkosten je t Produkt an. Der Transportkostensatz für das m-te Produkt errechnet sich wie folgt:

$$(7.14) \qquad TKS_m = frg_m \cdot efg_m$$

Darin sind:

TKS_m = Transportkostensatz für das m-te Produkt, gemessen in €/(t · efg_m);
frg_m = Frachtrate für das m-te Produkt, gemessen in €/(t · km);
efg_m = Entfernung vom Produktions- zum Marktort, gemessen in km.

Die Bodenrente eines Landnutzungsverfahrens errechnet sich unter Berücksichtigung des Produktmarktpreises und der für das Produkt entstehenden Transportkosten wie folgt:

Übersicht 7.8:
Das mathematische Optimierungsmodell eines Ackerbaubetriebes zur Simulation der Auswirkungen unterschiedlicher Marktentfernungen auf das Landnutzungsprogramm, die Landnutzungsintensität und die Bodenrente

Z.	Aktivitäten: / Bezeichnung:	Symbol	Speise-kartof-feln x_1	Zucker-rüben x_2	Winter-raps x_3	Winter-weizen x_4	Som-mer-gerste x_5	Körner-mais x_6	Silo-mais x_7			
I Bestimmung des Ertragsniveaus												
1	Ankerwert des Ertrages[1] [t/ha]	yank	60,500	77,000	4,750	10,850	7,600	12,540	58,080		E-Faktor[2] [ef]	
2	Maximalertrag[3] [t/ha]	ymax	60,500	77,000	4,750	10,850	7,600	12,540	58,080		1,00	
II Bestimmung des Ertrages nach Maßgabe der Schädigungswirkung												
3	Maximalertrag [t/ha]	ymax	60,500	77,000	4,750	10,850	7,600	12,540	58,080		Depressions-anpassungs-faktor [df] (0,7 bis 1,3)	
4	Normertragsdepression (0-1)	ned	0,5000	0,5000	0,5000	0,2500	0,2500	0,1250	0,1250			
5	Angepasste Ertragsdepression	ed	0,5000	0,5000	0,5000	0,2500	0,2500	0,1250	0,1250			
6	Minimalertrag[4] [dt/ha]	ymin	30,25	38,50	2,38	8,14	5,70	10,97	50,82			
7	Ertrag [t/ha]	y	60,50	74,50	4,43	10,28	7,18	11,96	58,08		1,00	
III Bestimmung der Humuslieferung												
8	Ankerwert d. Humusabbaus [kg C/ha]	nhac	1000,0	1300,0	400,0	400,0	400,0	800,0	800,0		Humusabbau-anpassungs-faktor [haf] (-0,3 bis +0,3)	
9	Ertragsabh. Humusabbau [kg C/ha]	ehac	1000,0	1300,0	400,0	400,0	400,0	800,0	800,0			
10	Angepasster Humusabbau [kg C/ha]	hac	1000,0	1300,0	400,0	400,0	400,0	800,0	800,0			
11	Haupt-:Nebenertrag-Verhältnis	hnv	0,0	0,7	1,7	0,8	0,7	1,0	0,8			
12	Humusgehalt [kg C/t-Ertrag]	hgnc	0,0	8,0	70,0	70,0	70,0	70,0	12,0		0,00	
13	Humuslieferung [kg C/ha]	hlc	0,0	417,2	526,8	575,8	351,9	837,2	557,6		Entfernung[10] [efg]	
14	Humusbilanz [kg C/ha]	hbc	1000,0	882,8	-126,8	-175,8	48,1	-37,2	242,4		40,00	
IV Bestimmung der Bodenrente												
15	Frachtrate [€/(t*km)]	frg	0,10	0,10	0,10	0,10	0,10	0,10	0,10		Produktions-risiko-scheu-faktor [rsf] (0 bis 0,6)	
16	Produktmarktpreis [€/t]	mpy	100,00	35,00	380,00	180,00	220,00	185,00	40,00			
17	Ertragsabhängige Kosten [€/t]	MKV	50,2225	14,5145	167,2098	79,4898	68,6140	81,0919	17,6682			
18	Flächenabhängige Kosten [€/ha]	KVF	1460,9208	405,5000	261,6035	340,0451	354,2044	475,5922	531,2767			
19	Transportkostensatz [€/t*efg]	TKS	4,0000	4,0000	4,0000	4,0000	4,0000	4,0000	4,0000			
20	Bodenrente [€/ha]	BR	1308,62	822,72	662,77	652,25	704,35	719,33	533,43		0,30	
V Bestimmung des Risikonutzens												
21	Standardabweichung Ertrag[5]	sap	0,2294	0,0770	0,1497	0,0753	0,1144	0,0873	0,0796		Marktrisiko-scheu-faktor [mrf] (0 bis 0,6)	
22	Standardabweichung Preis[5]	sam	0,2720	0,0545	0,2497	0,3140	0,3123	0,2726	0,0488			
23	Ertragsrisikoprämie [€/ha]	RPP	416,36	60,24	75,55	41,81	54,23	57,95	55,48			
24	Preisrisikoprämie [€/ha]	RPM	493,68	42,63	126,03	174,34	148,04	180,95	34,01			
25	Risikonutzen [€/ha]	RN	398,58	719,85	461,19	436,10	502,08	480,43	443,94		0,30	
VI Matrix der Begrenzungen											Verfügbar	Genutzt
26	Ackerfläche [ha]		1,0	1,0	1,0	1,0	1,0	1,0	1,0	<=	250,00	250,00
27	Humusbilanz [kg C/ha]		1000,0	882,8	-126,8	-175,8	48,1	-37,2	242,4	<=	0,00	0,00
28	Zielfunktion=Anbauumfänge [ha]		0,00	16,21	33,97	52,37	54,98	92,47	0,00		122.204,97	< RNB[6]
VII Ergebnisse												
29	Ackerflächenanteil [%]		0,00	6,49	13,59	20,95	21,99	36,99	0,00			
30	Ertrag [t/ha]		60,50	74,50	4,43	10,28	7,18	11,96	58,08		Betrieb	
31	Bodenrente dse Betriebes [€]										175.250,82	< BRB
32	Bodenrente [€/ha]		1308,62	822,72	662,77	652,25	704,35	719,33	533,43		701,00	< MBR[7]
33	Kosten des Betriebes [€]										298.978,39	< K
34	Kosten[8] [€/ha]		4499,38	1486,87	1001,89	1157,34	847,00	1445,47	1557,45		1.195,91	< MK[9]
35	Herfindahl-Index:					0,25						

[1] hohes Ertragsniveau gemäß KTBL-Online,Kalkulationsdaten,erhöht um 10% wegen minimalen Anbauanteils; [2] Anpassungsfaktor zur Bestimmung des Ertragsniveaus; [3] bei minimalem Anbauanteil; [4] bei Monokultur; [5] bezogen auf Mittelwert = 1; [6] Risikonutzen des Betriebes; [7] durchschnittliche Bodenrente des Betriebes; [8] als spezielle Intensitäten der Landnutzung; [9] als durchschnittliche Landnutzungsintensität des Betriebes; [10] zum Marktort in km

(7.15) $BR_m = (mpy_m - MKV_m - TKS_m) \cdot y_m - KVF_m$

Darin sind:

BR_m = Bodenrente des m-ten Landnutzungsverfahrens, gemessen in €/ha;

mpy_m = Marktpreis des Produktes des m-ten Landnutzungsverfahrens, gemessen in €/t Produkt;

MKV_m = ertragsabhängige Kosten des m-ten Landnutzungsverfahrens, gemessen in €/t Produkt;

TKS_m = Transportkostensatz für das m-te Produkt, gemessen in €/(t · ef);

y_m = Ertrag des m-ten Landnutzungsverfahrens, gemessen in t/ha;

KVF_m = flächenabhängige Kosten des m-ten Landnutzungsverfahrens, gemessen in €/ha.

Die Bodenrenten der Landnutzungsverfahren werden in Zeile 20 des Modells der Übersicht 7.8 berechnet.

Zur Vereinfachung der Analysen und um das Wesentliche klarer herausarbeiten zu können, wurden für die Frachtraten der Produkte und für die Entfernungen vom Produktions- zum Marktort für sämtliche betrachteten Landnutzungsverfahren jeweils die gleichen Beträge angesetzt. Im vorliegenden Analyseschritt wird die einheitliche Frachtrate mit $frg_m = 0{,}10$ t/(t · km) angenommen und dann die Entfernung des Betriebes von seinem Marktort variiert. Übersicht 7.9 zeigt die Entwicklung des Landnutzungsprogramms in Abhängigkeit einer von 0 bis 100 km in Schritten von 10 km variierten Entfernung des Betriebes von seinem Marktort.

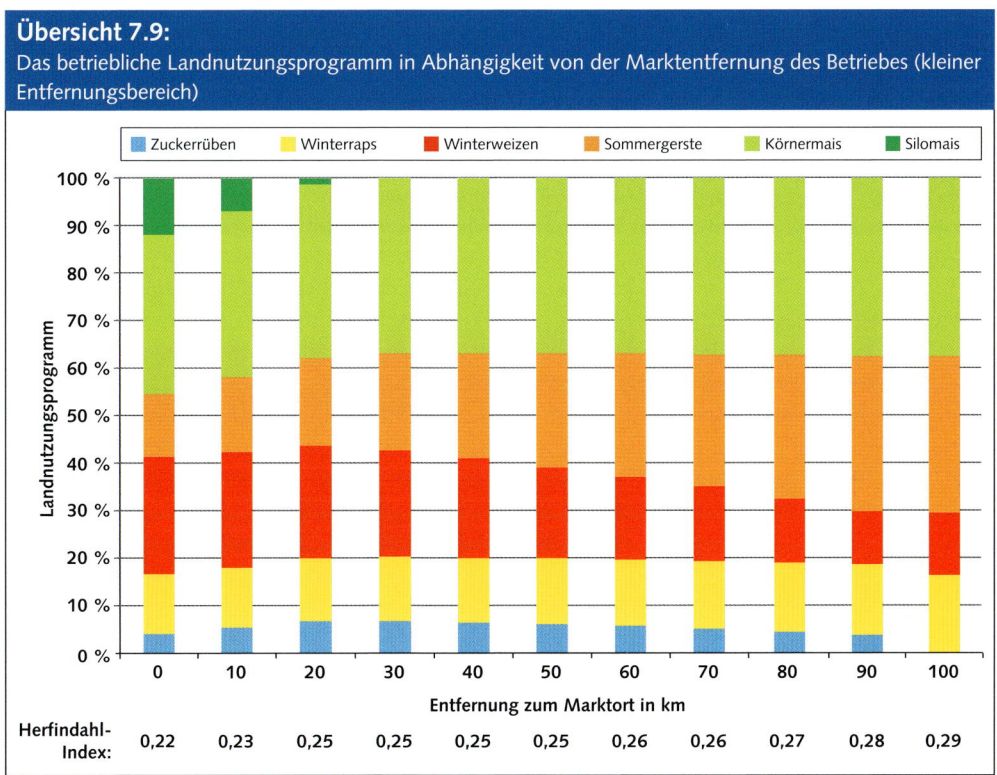

Übersicht 7.9:
Das betriebliche Landnutzungsprogramm in Abhängigkeit von der Marktentfernung des Betriebes (kleiner Entfernungsbereich)

Mit zunehmender Entfernung zum Marktort wird das jeweils optimale Landnutzungsprogramm weniger vielseitig, weil die weniger transportwürdigen Produkte (z. B. Silomais und Zuckerrüben) bei zunehmender Marktentfernung nicht mehr wettbewerbsfähig sind. Umgekehrt nehmen die Anteile der relativ transportwürdigen Produkte (Beispiel Sommergerste und Winterraps) mit zunehmender Entfernung am Landnutzungsprogramm zu. Insgesamt wird dadurch das Landnutzungsprogramm sukzessive weniger vielseitig. Der HERFINDAHL-Index steigt von 0,22 auf 0,29 an.

Da die relativ wenig transportwürdigen Produkte direkt am Marktort die höchsten Bodenrenten erbringen, die Bodenrenten dieser Produkte aber in Abhängigkeit von der Marktentfernung im Vergleich zu denjenigen der relativ transportwürdigen Produkte rascher abnehmen, nimmt die betriebliche Bodenrente mit zunehmender Entfernung des Betriebes von seinem Marktort ab. Übersicht 7.10 zeigt, dass die betriebliche Bodenrente bei der Datenkonstellation der Übersicht 7.8 direkt am Marktort 750,00 €/ha beträgt und bis zu einer Marktentfernung von 100 km sukzessive bis auf schließlich 633,00 €/ha zurückgeht. Da die relativ wenig transportwürdigen Produkte auch durch Landnutzungsverfahren erzeugt werden, die vergleichsweise hohe Kosten je Nutzflächeneinheit verursachen, nimmt auch die betriebliche Landnutzungsintensität mit zunehmender Entfernung vom Produktions- zum Marktort ab. Im Beispiel sinkt sie von 1.256,00 auf 1.134,00 €/ha, wie Übersicht 7.10 ebenfalls zeigt.

Noch drastischer werden die Entwicklungen für das Landnutzungsprogramm, die Landnutzungsintensität und die Bodenrente, wenn man die Entfernung vom Produktions- zum Marktort über einen größeren Entfernungsbereich betrachtet. Übersicht 7.11 zeigt die Entfernung des betrieblichen Landnutzungsprogramms bei einem Entfernungsbereich von 0 bis 800 km in Schritten von 100 km. Mit zunehmender Marktentfernung wird das Landnutzungsprogramm extrem einseitig. Bei großen Marktentfernungen werden Teile der Nutzfläche des Betriebes gebracht, um mit den verbleibenden relativ transportwürdigen Produkten Winterraps und Sommergerste wenigstens noch Erträge zu erzielen, die trotz der geringen Hoftorpreise noch positive Bodenrenten erwirtschaften lassen. Der HERFINDAHL-Index als Ausdruck für

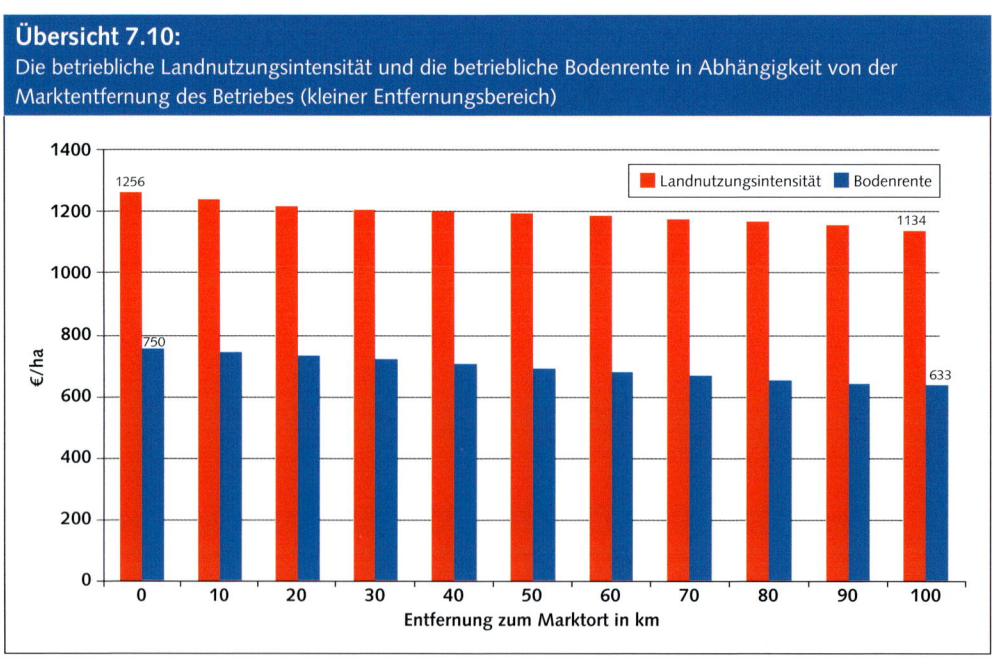

Übersicht 7.10:
Die betriebliche Landnutzungsintensität und die betriebliche Bodenrente in Abhängigkeit von der Marktentfernung des Betriebes (kleiner Entfernungsbereich)

Übersicht 7.11:

Das betriebliche Landnutzungsprogramm in Abhängigkeit von der Marktentfernung des Betriebes (großer Entfernungsbereich)

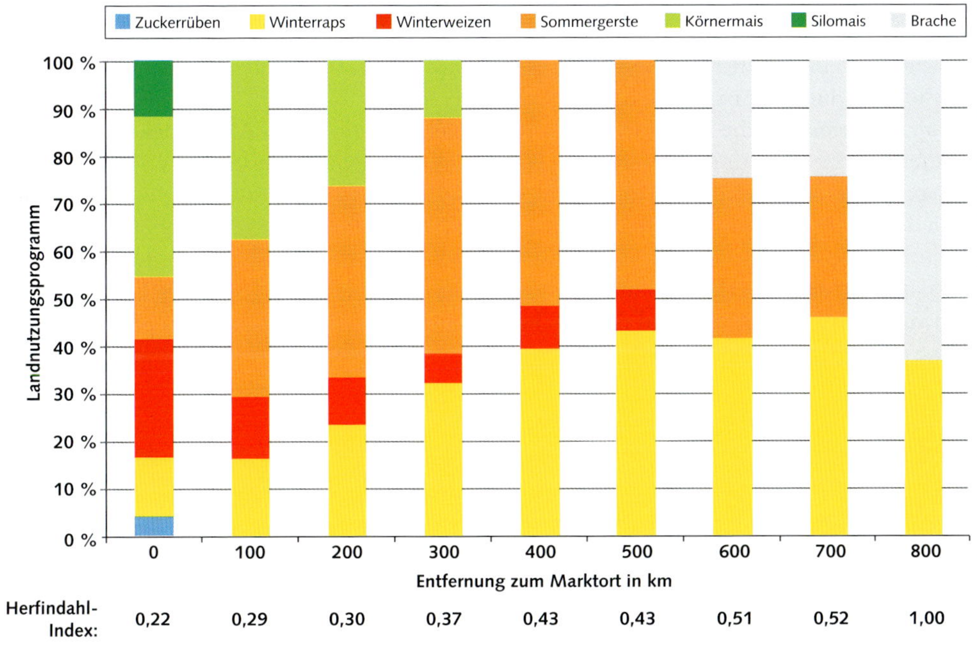

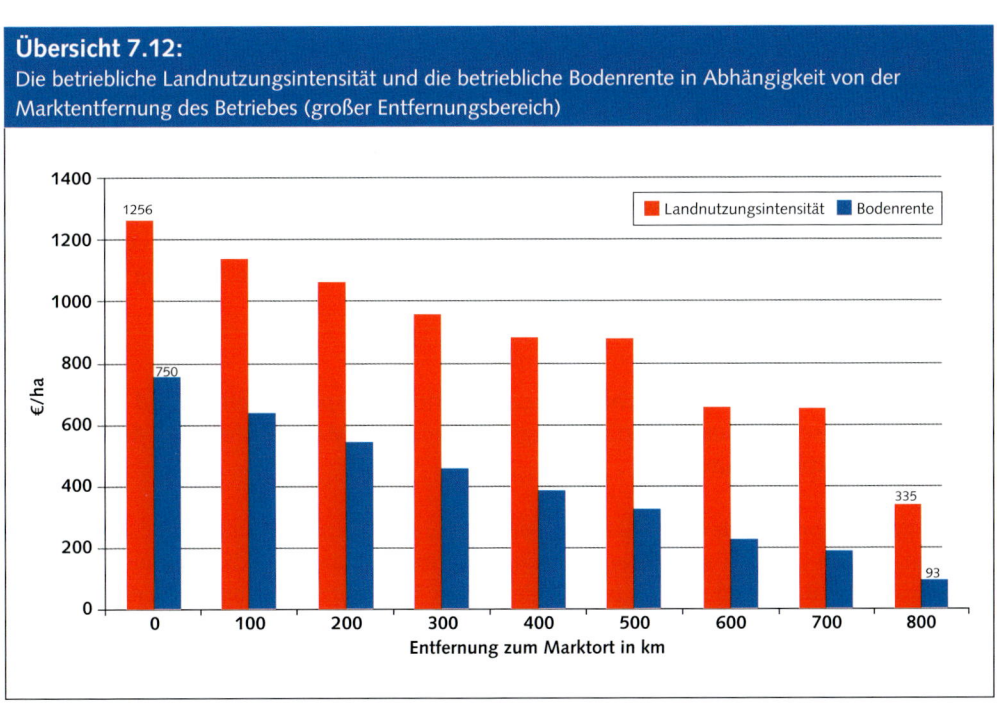

Übersicht 7.12:

Die betriebliche Landnutzungsintensität und die betriebliche Bodenrente in Abhängigkeit von der Marktentfernung des Betriebes (großer Entfernungsbereich)

die abnehmende Vielseitigkeit des Landnutzungsprogramms steigt von 0,22 auf schließlich 1,00 an.

Selbstverständlich ist die Konzentration des Landnutzungsprogramms auf die relativ transportwürdigen Produkte bei zunehmender Entfernung des Betriebes von seinem Marktort auch mit abnehmenden betrieblichen Landnutzungsintensitäten und Bodenrenten verbunden. Übersicht 7.12 zeigt, dass die Landnutzungsintensität im Beispiel von 1.256,00 €/ha direkt am Marktort bei einer Marktentfernung von 800 km auf ca. ein Viertel des Wertes vom Marktort, nämlich hier auf 335,00 €/ha zurückgeht.

Noch extremer ist die Abnahme der betrieblichen Bodenrente in Abhängigkeit der zunehmenden Marktentfernung des Betriebes. Die Bodenrente geht im Beispiel von 750,00 €/ha direkt am Marktort auf ca. ein Achtel des Ausgangswertes bei einer Entfernung von 800 km auf dann noch 93,00 €/ha zurück. Variiert man in dem Modell die Entfernung über 800 km hinaus, dann nimmt das einzig noch verbleibende Landnutzungsverfahren, nämlich der Winterraps, sukzessive in seinem Anbauumfang ab, bis ab einer Entfernung von mehr als 1.100 km keine landwirtschaftliche Nutzung auf den Flächen des Betriebes mehr erfolgt, weil positive Bodenrenten nicht mehr erzielbar sind.

Insgesamt lässt sich verallgemeinernd Folgendes festhalten:

(1) Die äußere Verkehrslage wirkt sich gravierend auf das Landnutzungsprogramm, die Landnutzungsintensität und die Bodenrente landwirtschaftlicher Betriebe aus.

(2) Das direkt am Marktort in der Regel sehr vielseitige Landnutzungsprogramm wird mit zunehmender Entfernung des Betriebes von seinem Marktort sukzessive weniger vielseitig. Schließlich bleibt nur noch das transportwürdigste Produkt als Monokultur auf Teilen der betrieblichen Nutzfläche übrig.

(3) Mit zunehmender Entfernung des Betriebes von seinem Marktort geht die Landnutzungsintensität deutlich zurück, weil mit zunehmender Entfernung des Betriebes von seinem Marktort nur noch die relativ transportwürdigen Produkte übrig bleiben, deren zugehörige Landnutzungsverfahren mit relativ geringen Produktionskosten verbunden sind.

(4) Mit zunehmender Entfernung eines Betriebes von seinem Marktort nimmt die betriebliche Bodenrente sukzessive ab, bis sie schließlich ab einer bestimmten Marktentfernung auf Null sinkt. Jenseits dieser Entfernung findet eine landwirtschaftliche Nutzung nicht mehr statt.

7.1.8 Anbauringe mit unterschiedlichen Landnutzungsprogrammen und Anbauschwerpunkten in Abhängigkeit von der Marktentfernung der Produktionsstandorte

Aus den Ergebnissen der Modellanalyse des vorhergehenden Abschnitts lässt sich – wie es Johann Heinrich VON THÜNEN als erster getan hat – ableiten, dass sich die Landnutzung quasi ringförmig um den Marktort in unterschiedlichen Landnutzungsprogrammen mit unterschiedlichen Anbauschwerpunkten herausbildet. In reiner Form tritt diese Ringbildung nur auf, wenn – wie es für die Analyse angenommen wurde – es (1) nur einen zentralen Marktort gibt, (2) der insgesamt betrachtete Wirtschaftsraum nur einen – überall gleichen – natürlichen

Standort aufweist und (3) das Transportwegenetz so beschaffen ist, dass sich die Transportentfernung vom Betrieb zum Marktort proportional zur Luftlinienentfernung verhält.

Bei diesen Annahmen hat Johann Heinrich VON THÜNEN für die Zeit zu Beginn des 19. Jahrhunderts die in Übersicht 7.13 skizzierten Anbauringe abgeleitet. Er hat den inneren Ring als die freie Wirtschaft bezeichnet, weil dort sämtliche Agrarprodukte mit positiven Bodenrenten erzeugt werden können. Unter Berücksichtigung der Betriebsfaktoren ergäben sich deshalb in diesem Ring sehr vielseitige Landnutzungsprogramme. Im zweiten Ring siedelt VON THÜNEN die Forstwirtschaft an, weil seinerzeit die Versorgung der städtischen Bevölkerung mit Brennholz für Heizzwecke eine zentrale Rolle spielte, wobei das Holz relativ wenig transportwürdig war.

An diesen Ring schließt sich die Fruchtwechselwirtschaft an. Dabei handelt es sich um intensiven Ackerbau im Wechsel von Blatt- und Halmfrüchten. Der vierte Ring ist durch die Koppelwirtschaft gekennzeichnet. Dabei handelt es sich um Formen des Ackerbaus, der durch ein- bis mehrjährige Graslandwirtschaft unterbrochen wird. Diese Form der Landnutzung wird heute als Feldgraswirtschaft bezeichnet. Der fünfte Ring enthält die klassische Drei-Felder-Wirtschaft mit einer Fruchtfolge, die im ersten und zweiten Jahr aus Getreidearten besteht und im dritten Jahr durch Brache gekennzeichnet ist.

Im äußeren Ring siedelt VON THÜNEN schließlich die Viehzucht auf Dauergraslandflächen an, wobei die Viehzucht nicht der Erzeugung der wenig transportwürdigen und darüber hinaus auch wenig transportfähigen Frischmilch dient. Die Frischmilch wird vielmehr im inneren Ring der freien Wirtschaft erzeugt. Im äußeren Ring wird die erzeugte Milch zunächst zu Butter und Käse verarbeitet, um sie dadurch transportfähiger und transportwürdiger zu machen. Zur Fleischgewinnung werden die Masttiere nicht vor Ort geschlachtet, sondern zunächst als lebende Tiere über bestimmte Triebwege zum Marktort getrieben und dann dort geschlachtet und verarbeitet. Derartige Triebwege über zum Teil große Entfernungen lassen sich heute noch in vielen Entwicklungsländern beobachten. Schließlich werden ganz außen in dem Ring nur noch die sehr transportfähigen Häute – verarbeitet zu Leder – und die Wolle erzeugt. Diese sehr extensiven Formen der Viehhaltung gehen dann am ganz äußeren Rand in die sog. Aneignungswirtschaft (Abweiden von Naturweiden ohne jeden Aufwand für die Graslandbewirtschaftung) und in die Jagdwirtschaft und die Fallenstellerei über. Jenseits des äußeren Ringes beginnt dann die von v. THÜNEN so bezeichnete Wildnis. Dabei kann sich – wie in Abschnitt 7.1.3 gezeigt – dieser äußere Rand jedoch in Abhängigkeit von der Nachfrage und von Fortschritten im Transportwesen durchaus sowohl nach innen als auch nach außen verschieben.

Im Prinzip lassen sich diese „THÜNEN'schen Ringe" auch heute noch – weltweit und großräumig – beobachten. Bei dem derzeitigen Stand der Technologie dürften sich im Prinzip die in Über-

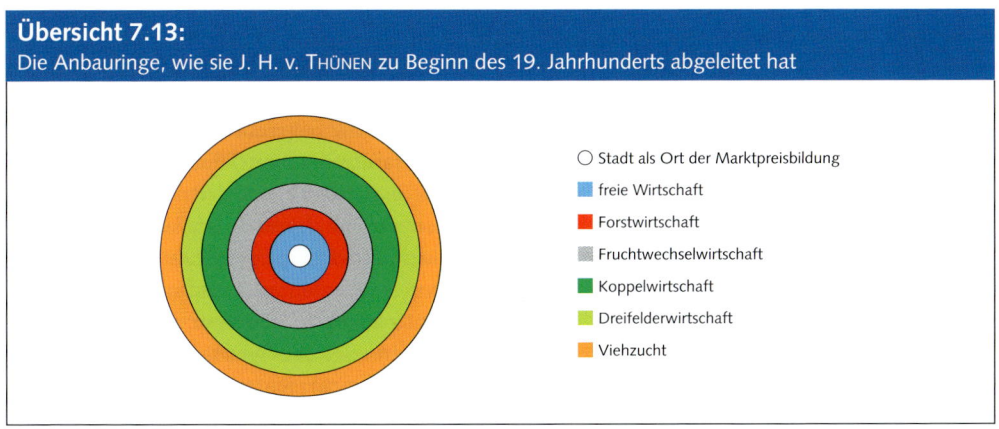

Übersicht 7.13:
Die Anbauringe, wie sie J. H. v. THÜNEN zu Beginn des 19. Jahrhunderts abgeleitet hat

○ Stadt als Ort der Marktpreisbildung

■ freie Wirtschaft

■ Forstwirtschaft

■ Fruchtwechselwirtschaft

■ Koppelwirtschaft

■ Dreifelderwirtschaft

■ Viehzucht

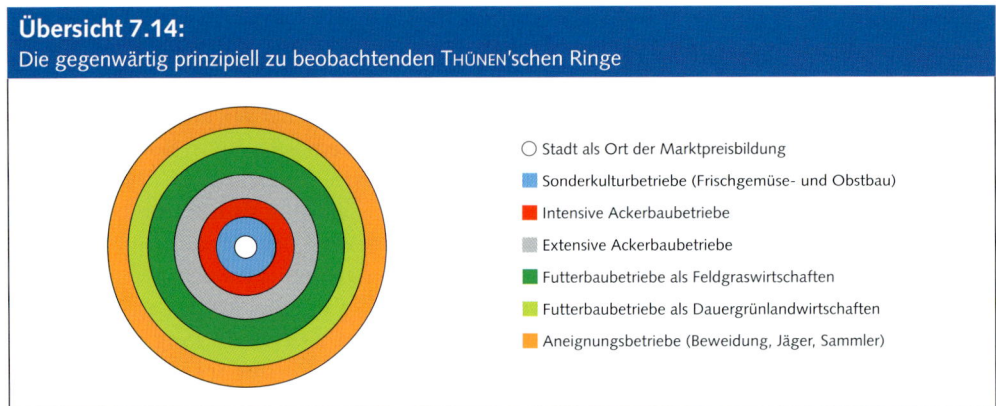

Übersicht 7.14:
Die gegenwärtig prinzipiell zu beobachtenden THÜNEN'schen Ringe

○ Stadt als Ort der Marktpreisbildung

■ Sonderkulturbetriebe (Frischgemüse- und Obstbau)

■ Intensive Ackerbaubetriebe

■ Extensive Ackerbaubetriebe

■ Futterbaubetriebe als Feldgraswirtschaften

■ Futterbaubetriebe als Dauergrünlandwirtschaften

■ Aneignungsbetriebe (Beweidung, Jäger, Sammler)

sicht 7.14 dargestellten Ringe mit jeweils unterschiedlichen Anbauschwerpunkten herausbilden.

Der innere Ring mit Schwerpunkt Sonderkulturen wird gefolgt zunächst von intensiven und dann von extensiven Formen des Ackerbaus. Der 4. Ring wird dann schwerpunktmäßig durch Futterbaubetriebe in Form von Feldgraswirtschaften mit mehr oder weniger umfangreicher Widerkäuerhaltung genutzt. Die Widerkäuerhaltung in ihren extensiven Formen wird dann im 5. Ring auf Dauergrasland, vorwiegend als Weidewirtschaft, betrieben. Schließlich bilden reine Aneignungsbetriebe (Hütehaltung sowie Jagd- und Fallenstellerei) den äußeren Ring. Derartige Formen der Landnutzung lassen sich heute noch in marktfernen Lagen Südamerikas, Sibiriens und Afrikas beobachten.

7.1.9 Die Lagerente als Differenzialrente

Aus den bisherigen Analysen zum Einfluss der äußeren Verkehrslage geht u. a. hervor, dass die auf einer Nutzfläche erzielbare Bodenrente umso höher ist, je günstiger die äußere Verkehrslage des zugehörigen landwirtschaftlichen Betriebes ist, je näher er also an seinen Marktorten liegt. Der näher an seinen Marktorten wirtschaftende Landwirt erzielt also im Vergleich zu einem weiter von seinen Marktorten entfernt wirtschaftenden Kollegen unter sonst gleichen Gegebenheiten für die übrigen Standortfaktoren eine positive Bodenrentendifferenz, bzw. eine Differenzialrente, die hier – im Unterschied zu der in Abschnitt 5.7 abgeleiteten Qualitätsrente – als Lagerente bezeichnet wird. Sie wurde erstmals von Johann Heinrich VON THÜNEN beschrieben.

Wie bei der Qualitätsrente handelt es sich jedoch auch bei der Lagerente um eine Quasirente, die nur demjenigen Landwirt zugute kommt, der die Fläche erstmalig in Kultur genommen und sich damit angeeignet hat. Tatsächlich wirkt sich jedoch die Lagerente ebenso wie die Qualitätsrente auf den Pachtpreis und den Kaufpreis einer landwirtschaftlichen Nutzfläche aus. Beide Preise steigen im Allgemeinen proportional zur erzielbaren Bodenrente. Mit anderen Worten: Ein vergleichsweise nahe an seinen Marktorten wirtschaftender Landwirt erzielt zwar auf seinen Nutzflächen höhere Bodenrenten, nicht jedoch höhere Einkommen, welches sich im Falle der Flächenpacht nach Abzug des Pachtpreises von der Bodenrente und im Falle des Flächenkaufs nach Abzug der Zinskosten für den Kaufpreis von der Bodenrente ergibt.

Da sich die Pacht- bzw. Kaufpreise in einer Region im Allgemeinen nach den Bodenrentenerwartungen der durchschnittlich wirtschaftenden Landwirte richten, erzielt nur derjenige Landwirt eine echte Differenzialrente, der aufgrund seiner besonderen Befähigung auf seinen

Flächen höhere Bodenrenten erzielt als der Durchschnitt seiner Berufskollegen. Auf die daraus resultierende „Befähigungsrente" wird in Kapitel 9 dieses Buches näher eingegangen.

7.2 Die innere Verkehrslage der landwirtschaftlichen Betriebe

7.2.1 Die Produktionskosten und die Bodenrente von Landnutzungsverfahren in Abhängigkeit von der Hof-Feld-Entfernung

Mit der inneren Verkehrslage eines landwirtschaftlichen Betriebes wird die Entfernung der Feldstücke von der Hofstelle gekennzeichnet. Ein Betrieb, dessen Feldstücke direkt um die Hofstelle angeordnet sind („arrondierter Betrieb"), hat geringere Aufwändungen für den Transport der Werkstoffe, Maschinen, Mitarbeiter und Produkte von der Hofstelle zu den Feldstücken bzw. von den Feldstücken zu der Hofstelle zu tragen, als ein Betrieb, dessen Feldstücke in Streulage in mehr oder weniger großen Entfernungen von der Hofstelle liegen. Da höhere Aufwändungen für den Transport höhere Transportkosten verursachen, nehmen die mit den Landnutzungsverfahren erzielbaren Bodenrenten c. p. mit zunehmenden Hof-Feld-Entfernungen der Feldstücke ab.

Das Kuratorium für Technik und Bauwesen in der Landwirtschaft (KTBL) weist für alle gängigen Landnutzungsverfahren die Produktionskosten und – bei gegebenen Leistungen der

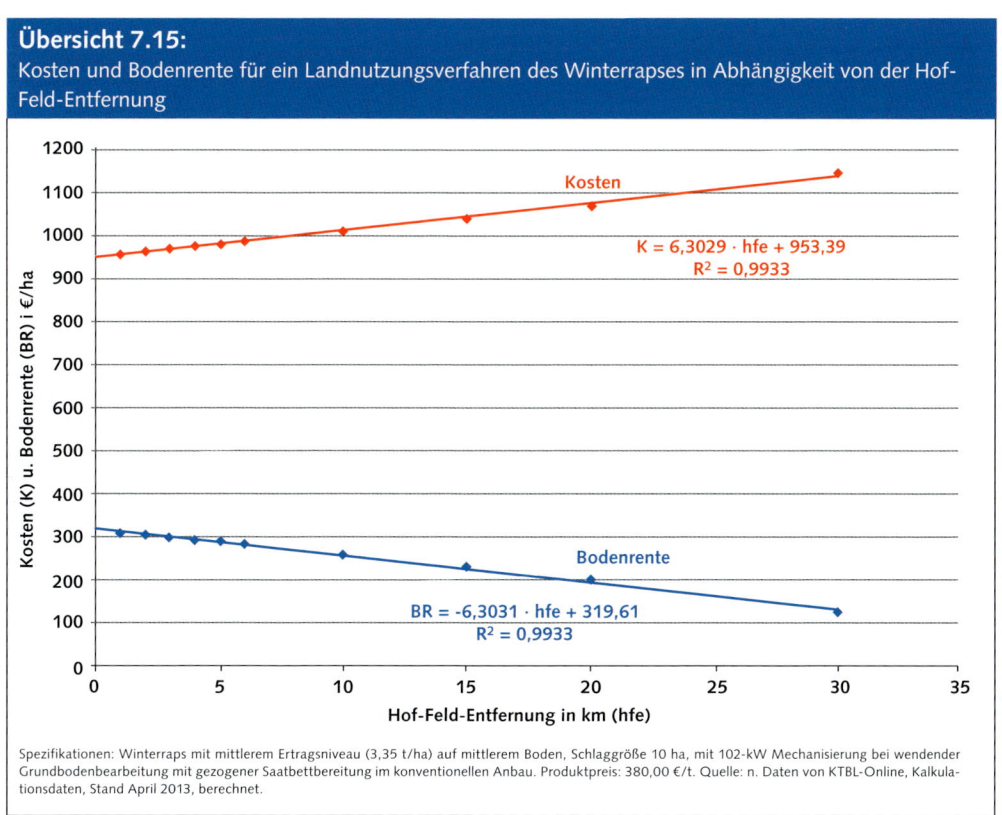

Übersicht 7.15:
Kosten und Bodenrente für ein Landnutzungsverfahren des Winterrapses in Abhängigkeit von der Hof-Feld-Entfernung

$$K = 6,3029 \cdot hfe + 953,39$$
$$R^2 = 0,9933$$

$$BR = -6,3031 \cdot hfe + 319,61$$
$$R^2 = 0,9933$$

Spezifikationen: Winterraps mit mittlerem Ertragsniveau (3,35 t/ha) auf mittlerem Boden, Schlaggröße 10 ha, mit 102-kW Mechanisierung bei wendender Grundbodenbearbeitung mit gezogener Saatbettbereitung im konventionellen Anbau. Produktpreis: 380,00 €/t. Quelle: n. Daten von KTBL-Online, Kalkulationsdaten, Stand April 2013, berechnet.

Landnutzungsverfahren – auch die Bodenrenten (in Form der direkt- und arbeitserledigungskostenfreien Leistung als Brutto-Bodenrente) mit den jeweils aktuellen Preis- und Mengengerüsten in Abhängigkeit von unterschiedlichen Hof-Feld-Entfernungen aus. Übersicht 7.15 zeigt als Beispiel die Kosten und Bodenrenten für ein Landnutzungsverfahren des Winterrapses (Stand der Daten: Frühjahr 2013) in Abhängigkeit von Hof-Feld-Entfernungen zwischen 1 und 30 km. In der Grafik zeigen die Punkte die vom KTBL angegebenen Beträge für die Kosten und Bodenrenten an. Auf Basis dieser Daten wurden die ebenfalls ausgewiesenen (linearen) Trendlinien ermittelt. Aus der Grafik ergibt sich unmittelbar (siehe das Bestimmtheitsmaß von R^2 nahe 1,00), dass sich sowohl die Kosten als auch die Bodenrenten praktisch linear in Abhängigkeit von der Hof-Feld-Entfernung entwickeln. Die steigenden Kosten führen bei gegebenem Ertrag und Produktpreis zu sinkenden Bodenrenten.

Diese Aussage lässt sich insofern verallgemeinern, als die Bodenrenten bei sämtlichen Landnutzungsverfahren mit zunehmender Hof-Feld-Entfernung abnehmen. Allerdings ist das Maß der Abnahmen unterschiedlich, weil die Landnutzungsverfahren je nach Anzahl der Bearbeitungsvorgänge und zu bewegender Faktor- und Produktmassen unterschiedlich hohe Transportkosten je Entfernungseinheit aufweisen. Bei mehreren zur Auswahl stehenden Landnutzungsverfahren kann sich dadurch mit zunehmender Hof-Feld-Entfernung nicht nur die betriebliche Bodenrente und die Landnutzungsintensität, sondern auch das jeweils optimale Landnutzungsprogramm verändern. Das soll im nächsten Abschnitt mit Hilfe des bereits mehrfach verwendeten betrieblichen Optimierungsmodells unter Berücksichtigung der Betriebsfaktoren zur Einhaltung einer nachhaltigen Wirtschaftsweise überprüft werden.

7.2.2 Landnutzungsprogramm, Landnutzungsintensität und Bodenrente in Abhängigkeit von der Hof-Feld-Entfernung bei Berücksichtigung der Betriebsfaktoren zur Einhaltung einer nachhaltigen Wirtschaftsweise

Zur Bestimmung des Einflusses der inneren Verkehrslage, d. h. der Hof-Feld-Entfernungen von Feldstücken, muss das für die äußere Verkehrslage verwendete Modell der Übersicht 7.8 in bestimmter Weise angepasst werden. Bei der inneren Verkehrslage genügt es nicht nur die zu transportierenden Produktmengen zu betrachten, vielmehr sollten sämtliche Transporte für Produkte und Produktionsfaktoren zwischen Hofstelle und Feldstücken berücksichtigt werden. Das KTBL gibt – wie im vorhergehenden Abschnitt am Beispiel gezeigt – dafür die Kosten in Abhängigkeit von der Hof-Feld-Entfernung für jeweils ein Ertragsniveau an. Für die Kalkulationen mit dem betrieblichen Optimierungsmodell ist indessen zusätzlich zu beachten, dass sich die Ertragsniveaus der Landnutzungsverfahren in Abhängigkeit von ihren Anteilen am betrieblichen Landnutzungsprogramm verändern können. Deshalb sind zur Bestimmung der Auswirkungen unterschiedlicher innerer Verkehrslagen die Kosten der Landnutzungsverfahren zunächst wieder in ihre ertragsabhängigen und flächenabhängigen Bestandteile zu zerlegen und dann die von der Hof-Feld-Entfernung abhängigen Kostenbestandteile zu bestimmen.

In Übersicht 7.16 sind dazu – prinzipiell auf die gleiche Weise wie im 4. Kapitel für die Übersicht 4.3 – die Kosten in die beiden eben genannten Bestandteile zerlegt worden.[2] Und zwar ist das einerseits für die Kosten bei der geringsten vom KTBL angegebenen Hof-Feld-Entfernung von 1 km und andererseits bei der höchsten vom KTBL angegebenen Hof-Feld-Entfernung von

---

[2] Die verwendeten Werte für die Landnutzungsverfahren unterscheiden sich geringfügig von denjenigen der Übersicht 4.3, weil die Daten des KTBL mit Stand April 2013 verwendet wurden, wohingegen die Daten der Übersicht 4.3 auf dem Stand der KTBL-Daten vom Juli 2012 beruhen.

Übersicht 7.16:
Produktionskosten von Landnutzungsverfahren bei unterschiedlicher Hof-Feld-Entfernung

Speisekartoffeln 1 km		Ertragsniveau			Statistik		
Bezeichnung	Dimension	Niedrig	Mittel	Hoch	Abschnitt	Steigung	R²
Ertrag	t/ha	35,00	45,00	55,00	***	***	***
Kosten	€/ha	3.171,63	4.367,75	4.875,81	303,9917	85,2090	0,9485
Speisekartoffeln 30 km		Ertragsniveau			Statistik		
Bezeichnung	Dimension	Niedrig	Mittel	Hoch	Abschnitt	Steigung	R²
Ertrag	t/ha	35,00	45,00	55,00	***	***	***
Kosten	€/ha	3.551,46	4.851,89	5.416,27	410,7175	93,2405	0,9506
Winterraps 1 km		Ertragsniveau			Statistik		
Bezeichnung	Dimension	Niedrig	Mittel	Hoch	Abschnitt	Steigung	R²
Ertrag	t/ha	2,87	3,35	4,31	***	***	***
Kosten	€/ha	774,75	963,44	1.076,88	247,8686	196,7202	0,8932
Winterraps 30 km		Ertragsniveau			Statistik		
Bezeichnung	Dimension	Niedrig	Mittel	Hoch	Abschnitt	Steigung	R²
Ertrag	t/ha	2,87	3,35	4,31	***	***	***
Kosten	€/ha	935,47	1.151,06	1.282,91	328,3772	226,4301	0,8960
Winterweizen 1 km		Ertragsniveau			Statistik		
Bezeichnung	Dimension	Niedrig	Mittel	Hoch	Abschnitt	Steigung	R²
Ertrag	t/ha	5,92	7,89	9,86	***	***	***
Kosten	€/ha	895,86	1.089,00	1.258,50	354,9196	92,0406	0,9986
Winterweizen 30 km		Ertragsniveau			Statistik		
Bezeichnung	Dimension	Niedrig	Mittel	Hoch	Abschnitt	Steigung	R²
Ertrag	t/ha	5,92	7,89	9,86	***	***	***
Kosten	€/ha	1.096,58	1.315,72	1.509,58	480,2451	104,8223	0,9988
Sommergerste ¹ 1 km		Ertragsniveau			Statistik		
Bezeichnung	Dimension	Niedrig	Mittel	Hoch	Abschnitt	Steigung	R²
Ertrag	t/ha	3,94	5,92	6,91	***	***	***
Kosten	€/ha	678,01	855,10	936,89	334,2648	87,4899	0,9996
Sommergerste ¹ 30 km		Ertragsniveau			Statistik		
Bezeichnung	Dimension	Niedrig	Mittel	Hoch	Abschnitt	Steigung	R²
Ertrag	t/ha	3,94	5,92	6,91	***	***	***
Kosten	€/ha	832,81	1.035,33	1.120,62	450,2563	97,6739	0,9983
Körnermais 1 km		Ertragsniveau			Statistik		
Bezeichnung	Dimension	Niedrig	Mittel	Hoch	Abschnitt	Steigung	R²
Ertrag	t/ha	7,32	9,77	11,40	***	***	***
Kosten	€/ha	1.098,98	1.270,71	1.447,92	471,9725	84,2995	0,9846
Körnermais 30 km		Ertragsniveau			Statistik		
Bezeichnung	Dimension	Niedrig	Mittel	Hoch	Abschnitt	Steigung	R²
Ertrag	t/ha	7,32	9,77	11,40	***	***	***
Kosten	€/ha	1.338,21	1.530,34	1.747,48	602,5581	98,5734	0,9774
Silomais ² 1 km		Ertragsniveau			Statistik		
Bezeichnung	Dimension	Niedrig	Mittel	Hoch	Abschnitt	Steigung	R²
Ertrag	t/ha	35,20	44,00	52,80	***	***	***
Kosten	€/ha	1.218,03	1.428,50	1.527,62	617,4083	17,5903	0,9587
Silomais ² 30 km		Ertragsniveau			Statistik		
Bezeichnung	Dimension	Niedrig	Mittel	Hoch	Abschnitt	Steigung	R²
Ertrag	t/ha	35,20	44,00	52,80	***	***	***
Kosten	€/ha	1.598,25	1.861,00	2.107,99	581,3967	28,9625	0,9997

¹) als Braugerste; ²) keine Gülledüngung, incl. Einlagerung in Fahrsilo
Verfahrensspezifikationen: Wendende Bodenbearbeitung, gezogene Saatbettbereitung, konventioneller Landbau,
Schlaggröße 10 ha, 102-kW-Mechanisierung.
Quelle: n. Daten von KTBL-Online, Kalkulationsdaten, Stand April 2013, berechnet.

30 km erfolgt. Auf diese Weise erhält man jeweils minimale und maximale flächenabhängige Kosten, nämlich z. B. für die Speisekartoffeln die beiden in der Spalte „Abschnitt" aufgeführten Beträge von 303,9917 und 410.7175 €/ha.

Die minimalen und maximalen ertragsabhängigen Kosten sind dann in der Spalte „Steigung" aufgeführt. Für die Speisekartoffeln ergeben sich die Werte 85,2090 und 93,2409 €/t Produkt.

Interpoliert man nun in diese beiden Werte linear – was angesichts der Ergebnisse der Übersicht 7.15 zulässig erscheint –, dann ergeben sich für die Veränderungen der ertragsabhängigen und der flächenabhängigen Kosten in Abhängigkeit von der Hof-Feld-Entfernung die in der 2. und 4. Spalte der Übersicht 7.17 aufgeführten Steigungsmaße bzw. Veränderungsraten. Zusätzlich wurden die minimalen Werte der beiden Kostenbestandteile in der 1. und 3. Spalte der Übersicht 7.17 nochmals aufgeführt.

Mit Hilfe dieser so ermittelten Daten lassen sich dann die Kostenbestandteile in Abhängigkeit von der Hof-Feld-Entfernung für das betriebliche Optimierungsmodell quantitativ abbilden. Das Modell ist in Übersicht 7.18 für die Ausgangssituation ohne die Bestimmung des optimalen Landnutzungsprogramms und in Übersicht 7.19 mit den Ergebnissen bei einer Hof-Feld-Entfernung von 1 km dargestellt.

Die flächenabhängigen Kosten je ha Nutzfläche steigen mit der Hof-Feld-Entfernung linear an. Für die flächenabhängigen Kosten des m-ten Landnutzungsverfahrens gilt deshalb:

(7.16) $$KVF_m = KVF1_m + DKVF_m \cdot (hfe-1)$$

Darin sind:

KVF_m = Flächenabhängige Kosten, gemessen in €/ha;

$KVF1_m$ = flächenabhängige Kosten bei minimaler Hof-Feld-Entfernung von 1 km, gemessen in €/ha;

Übersicht 7.17:
Veränderungen der ertragsabhängigen und der flächenabhängigen Kosten von Landnutzungsverfahren in Abhängigkeit von der Hof-Feld-Entfernung

Ertragsabhängige Kosten bei 1 km Hof-Feld-Entfernung in €/t Produkt	Veränderung ertragsabhängige Kosten in €/t Produkt je km Hof-Feld-Entfernung	Flächenabhängige Kosten bei 1 km Hof-Feld-Entfernung in €/ha	Veränderung flächenabhängige Kosten in €/ha je km Hof-Feld-Entfernung
Speisekartoffeln			
85,2090	0,2769	303,9917	3,6802
Winterraps			
196,7202	1,0245	247,8686	2,7762
Winterweizen			
92,0406	0,4407	354,9196	4,3216
Sommergerste[1]			
87,4899	0,3512	334,2648	3,9997
Körnermais			
84,2995	0,4922	471,9725	4,5030
Silomais[2]			
17,5903	0,3921	617,4083	-1,2418

[1]) als Braugerste; [2]) ohne Gülleausbringung, incl. Einlagerung in Flachsilo
Quelle: n. Daten der Übersicht 7.16 berechnet

Übersicht 7.18:

Das mathematische Optimierungsmodell eines Ackerbaubetriebes zur Simulation der Auswirkungen unterschiedlicher Hof-Feld-Entfernungen auf das Landnutzungsprogramm, die Landnutzungsintensität und die betriebliche Bodenrente unter Berücksichtigung der Betriebsfaktoren zur Einhaltung einer nachhaltigen Wirtschaftsweise (Ausgangssituation)

Z.	Aktivitäten: Bezeichnung:	Symbol	Speise-kartof-feln x_1	Winter-raps x_3	Winter-weizen x_4	Sommer-gerste x_5	Körner-mais x_6	Silo-mais x_7		
I Bestimmung des Ertragsniveaus										
1	Ankerwert des Ertrages[1] [t/ha]	yank	60,500	4,750	10,850	7,600	12,540	58,080	E-Faktor[2] [ef]	
2	Maximalertrag[3] [t/ha]	ymax	60,500	4,750	10,850	7,600	12,540	58,080	1,00	
II Bestimmung des Ertrages nach Maßgabe der Schädigungswirkung										
3	Maximalertrag [t/ha]	ymax	60,500	4,750	10,850	7,600	12,540	58,080	Depressions-anpassungs-faktor [df] (0,7 bis 1,3)	
4	Normertragsdepression (0-1)	ned	0,5000	0,5000	0,2500	0,2500	0,1250	0,1250		
5	Angepasste Ertragsdepression	ed	0,5000	0,5000	0,2500	0,2500	0,1250	0,1250		
6	Minimalertrag[4] [dt/ha]	ymin	30,25	2,38	8,14	5,70	10,97	50,82		
7	Ertrag [t/ha]	y	60,50	4,75	10,85	7,60	12,54	58,08	1,00	
III Bestimmung der Humuslieferung										
8	Ankerwert d. Humusabbaus [kg C/ha]	nhac	1000,0	400,0	400,0	400,0	800,0	800,0	Humus-abbau-anpassungs-faktor [haf] (-0,3 bis +0,3)	
9	Ertragsabh. Humusabbau [kg C/ha]	ehac	1000,0	400,0	400,0	400,0	800,0	800,0		
10	Angepasster Humusabbau [kg C/ha]	hac	1000,0	400,0	400,0	400,0	800,0	800,0		
11	Haupt-:Nebenertrag-Verhältnis	hnv	0,0	1,7	0,8	0,7	1,0	0,8		
12	Humusgehalt [kg C/t-Ertrag]	hgnc	0,0	70,0	70,0	70,0	70,0	12,0		
13	Humuslieferung [kg C/ha]	hlc	0,0	565,3	607,6	372,4	877,8	557,6		
14	Humusbilanz [kg C/ha]	hbc	1000,0	-165,3	-207,6	27,6	-77,8	242,4	0,00	
IV Bestimmung der Bodenrente										
15	Produktpreis [€/t]	py	100,00	380,00	180,00	220,00	185,00	40,00	Hof-Feld-Ent-fernung in km [hfe]	
16	Min. flächenabhängige Kosten [€/ha]	KVF1	303,99	247,87	354,92	334,26	471,97	617,41		
17	Min ertragsabhängige Kosten [€/t]	MKV1	85,21	196,72	92,04	87,49	84,30	17,59		
18	Rate flächenabh. Kosten [€/(ha*km)]	DKVF	3,68	2,78	4,32	4,00	4,50	-1,24	0,00	
19	Rate ertragsabh. Kosten [€/(t*km)]	DMKV	0,28	1,02	0,44	0,35	0,49	0,39	Produktions-risikoscheu-faktor [prf] (0 bis 0,6)	
20	Flächenabhängige Kosten [€/ha]	KVF	300,31	245,09	350,60	330,27	467,47	618,65		
21	Ertragsabhängige Kosten [€/t]	MKV	84,93	195,70	91,60	87,14	83,81	17,20		
22	Kosten [€/ha]	KV	5438,70	1174,65	1344,46	992,52	1518,41	1617,52		
23	Bodenrente [€/ha]	BR	611,30	630,35	608,54	679,48	801,49	705,68	0,30	
V Bestimmung des Risikonutzens										
24	Standardabweichung Ertrag[5]	sap	0,2294	0,1497	0,0753	0,1144	0,0873	0,0796	Marktrisiko-scheu-faktor [mrf] (0 bis 0,6)	
25	Standardabweichung Preis[5]	sam	0,2720	0,2497	0,3140	0,3123	0,2726	0,0488		
26	Ertragsrisikoprämie [€/ha]	RPP	416,36	81,06	44,12	57,38	60,76	55,48		
27	Preisrisikoprämie [€/ha]	RPM	493,68	135,21	183,97	156,65	189,72	34,01		
28	Risikonutzen [€/ha]	RN	-298,74	414,08	380,45	465,45	551,01	616,19	0,30	
VI Matrix der Begrenzungen									Verfügbar	Genutzt
29	Ackerfläche [ha]		1,0	1,0	1,0	1,0	1,0	1,0	<= 250,00	0,00
30	Humusbilanz [kg C/ha]		1000,0	-165,3	-207,6	27,6	-77,8	242,4	<= 0,00	0,00
31	Zielfunktion=Anbauumfänge [ha]		0,00	0,00	0,00	0,00	0,00	0,00	0,00	< RNB[6]
VII Ergebnisse										
32	Ackerflächenanteil [%]		0,00	0,00	0,00	0,00	0,00	0,00		
33	Ertrag [t/ha]		60,50	4,75	10,85	7,60	12,54	58,08	Betrieb	
34	Bodenrente dse Betriebes [€]								0,00	< BRB
35	Bodenrente [€/ha]		611,30	630,35	608,54	679,48	801,49	705,68	0,00	< MBR[7]
36	Kosten des Betriebes [€]								0,00	< K
37	Kosten[8] [€/ha]		5438,70	1174,65	1344,46	992,52	1518,41	1617,52	0,00	< MK[9]
38	Herfindahl-Index:								#DIV/0!	

[1] hohes Ertragsniveau gemäß KTBL-Online,Kalkulationsdaten,erhöht um 10% wegen minimalen Anbauanteils; [2] Anpassungsfaktor zur Bestimmung des Ertragsniveaus; [3] bei minimalem Anbauanteil; [4] bei Monokultur; [5] bezogen auf Mittelwert = 1; [6] Risikonutzen des Betriebes; [7] durchschnittliche Bodenrente des Betriebes; [8] als spezielle Intensitäten der Landnutzung; [9] als durchschnittliche Landnutzungsintensität des Betriebes.

DKVF$_m$ = Rate (Steigungsmaß) der flächenabhängigen Kosten, gemessen in €/(ha · km);

hfe = Hof-Feld-Entfernung, gemessen in km.

Die flächenabhängigen Kosten werden in Zeile 20 des Optimierungsmodells bestimmt. Die aus der Übersicht 7.17 übernommenen Werte für die minimalen flächenabhängigen Kosten und die Steigungsmaße (Raten) sind in den Zeilen 16 und 18 aufgeführt. Die Hof-Feld-Entfernung als unabhängige Variable in der vorliegenden Analyse wird in der rechten Spalte des Modells in Höhe der Zeile 18 eingegeben.

Die ertragsabhängigen Kosten je t Produkt steigen ebenfalls mit der Hof-Feld-Entfernung. Für die ertragsabhängigen Kosten je t Produkt des m-ten Landnutzungsverfahrens gilt:

(7.17) $\quad$ MKV$_m$=MKV1$_m$+DMKV$_m$·(hfe-1)

Darin sind:

MKV$_m$ = Ertragsabhängige Kosten, gemessen in €/t Produkt;

MKVF1$_m$ = ertragsabhängige Kosten bei minimaler Hof-Feld-Entfernung von 1 km, gemessen in €/t Produkt;

DMKV$_m$ = Rate (Steigungsmaß) der ertragsabhängigen Kosten, gemessen in €/(t · km);

hfe = Hof-Feld-Entfernung, gemessen in km.

Die ertragsabhängigen Kosten der Landnutzungsverfahren werden in Zeile 20 des Optimierungsmodells berechnet. Die dazu erforderlichen Daten für die minimalen ertragsabhängigen Kosten und die Raten (Steigungsmaße) wurden aus Übersicht 7.17 übernommen und in die Zeilen 17 und 19 des Optimierungsmodells eingefügt.

Die Kosten je ha Nutzfläche des m-ten Landnutzungsverfahrens in Abhängigkeit von der Hof-Feld-Entfernung sind dann für das m-te Landnutzungsverfahren:

(7.18) $\quad$ KV$_m$=KVF$_m$+MKV$_m$·y$_m$

Darin sind:

KV$_m$ = Kosten, gemessen in €/ha;

KVF$_m$ = flächenabhängige Kosten, gemessen in €/ha;

MKV$_m$ = ertragsabhängige Kosten, gemessen in €/t Produkt;

y$_m$ = Ertrag, gemessen in €/ha.

Die Erträge für die Landnutzungsverfahren werden wie bei allen vorhergehenden Optimierungsversionen des Optimierungsmodells in Zeile 7 bestimmt.

Die Ertragsniveaus und die Modellierungen der Betriebsfaktoren wurden aus dem Modell der Übersicht 7.8 übernommen.

Schließlich ergibt sich die Bodenrente des m-ten Landnutzungsverfahrens mit:

(7.19) $\quad$ BR$_m$=py$_m$·y$_m$-KV$_m$

Darin sind:

BR$_m$ = Bodenrente, gemessen in €/ha;

py$_m$ = Hoftorpreis des Produktes, gemessen in €/t;

Übersicht 7.19:

Das mathematische Optimierungsmodell eines Ackerbaubetriebes zur Simulation der Auswirkungen unterschiedlicher Hof-Feld-Entfernungen auf das Landnutzungsprogramm, die Landnutzungsintensität und die betriebliche Bodenrente unter Berücksichtigung der Betriebsfaktoren zur Einhaltung einer nachhaltigen Wirtschaftsweise (Optimum bei 1 km Hof-Feld-Entfernung)

Z.	Aktivitäten: / Bezeichnung:	Symbol	Speise-kartof-feln x_1	Winter-raps x_3	Winter-weizen x_4	Sommer-gerste x_5	Körner-mais x_6	Silo-mais x_7		
I Bestimmung des Ertragsniveaus										
1	Ankerwert des Ertrages[1] [t/ha]	yank	60,500	4,750	10,850	7,600	12,540	58,080	E-Faktor[2] [ef]	
2	Maximalertrag[3] [t/ha]	ymax	60,500	4,750	10,850	7,600	12,540	58,080	1,00	
II Bestimmung des Ertrages nach Maßgabe der Schädigungswirkung										
3	Maximalertrag [t/ha]	ymax	60,500	4,750	10,850	7,600	12,540	58,080	Depressions-anpassungs-faktor [df] (0,7 bis 1,3)	
4	Normertragsdepression (0-1)	ned	0,5000	0,5000	0,2500	0,2500	0,1250	0,1250		
5	Angepasste Ertragsdepression	ed	0,5000	0,5000	0,2500	0,2500	0,1250	0,1250		
6	Minimalertrag[4] [dt/ha]	ymin	30,25	2,38	8,14	5,70	10,97	50,82		
7	Ertrag [t/ha]	y	60,50	4,53	10,46	7,43	11,78	56,71	1,00	
III Bestimmung der Humuslieferung										
8	Ankerwert d. Humusabbaus [kg C/ha]	nhac	1000,0	400,0	400,0	400,0	800,0	800,0	Humus-abbau-anpassungs-faktor [haf] (-0,3 bis +0,3)	
9	Ertragsabh. Humusabbau [kg C/ha]	ehac	1000,0	400,0	400,0	400,0	800,0	800,0		
10	Angepasster Humusabbau [kg C/ha]	hac	1000,0	400,0	400,0	400,0	800,0	800,0		
11	Haupt-:Nebenertrag-Verhältnis	hnv	0,0	1,7	0,8	0,7	1,0	0,8		
12	Humusgehalt [kg C/t-Ertrag]	hgnc	0,0	70,0	70,0	70,0	70,0	12,0		
13	Humuslieferung [kg C/ha]	hlc	0,0	538,9	585,9	364,3	824,3	544,4		
14	Humusbilanz [kg C/ha]	hbc	1000,0	-138,9	-185,9	35,7	-24,3	255,6	0,00	
IV Bestimmung der Bodenrente										
15	Produktpreis [€/t]	py	100,00	380,00	180,00	220,00	185,00	40,00	Hof-Feld-Ent-fernung in km [hfe]	
16	Min. flächenabhängige Kosten [€/ha]	KVF1	303,99	247,87	354,92	334,26	471,97	617,41		
17	Min ertragsabhängige Kosten [€/t]	MKV1	85,21	196,72	92,04	87,49	84,30	17,59		
18	Rate flächenabh. Kosten [€/(ha*km)]	DKVF	3,68	2,78	4,32	4,00	4,50	-1,24	1,00	
19	Rate ertragsabh. Kosten [€/(t*km)]	DMKV	0,28	1,02	0,44	0,35	0,49	0,39	Produktions-risikoscheu-faktor [prf] (0 bis 0,6)	
20	Flächenabhängige Kosten [€/ha]	KVF	303,99	247,87	354,92	334,26	471,97	617,41		
21	Ertragsabhängige Kosten [€/t]	MKV	85,21	196,72	92,04	87,49	84,30	17,59		
22	Kosten [€/ha]	KV	5459,20	1138,74	1317,87	984,69	1464,62	1614,95		
23	Bodenrente [€/ha]	BR	590,80	582,13	565,34	650,86	713,80	653,44	0,30	
V Bestimmung des Risikonutzens										
24	Standardabweichung Ertrag[5]	sap	0,2294	0,1497	0,0753	0,1144	0,0873	0,0796	Marktrisiko-scheu-faktor [mrf] (0 bis 0,6)	
25	Standardabweichung Preis[5]	sam	0,2720	0,2497	0,3140	0,3123	0,2726	0,0488		
26	Ertragsrisikoprämie [€/ha]	RPP	416,36	77,28	42,54	56,13	57,05	54,17		
27	Preisrisikoprämie [€/ha]	RPM	493,68	128,91	177,40	153,23	178,15	33,21		
28	Risikonutzen [€/ha]	RN	-319,24	375,94	345,40	441,49	478,60	566,06	0,30	
VI Matrix der Begrenzungen									Verfügbar	Genutzt
29	Ackerfläche [ha]		1,0	1,0	1,0	1,0	1,0	1,0	<= 250,00	250,00
30	Humusbilanz [kg C/ha]		1000,0	-138,9	-185,9	35,7	-24,3	255,6	<= 0,00	0,00
31	Zielfunktion=Anbauumfänge [ha]		0,00	23,31	35,73	21,80	121,97	47,19	115.815,16	< RNB[6]
VII Ergebnisse										
32	Ackerflächenanteil [%]		0,00	9,32	14,29	8,72	48,79	18,88		
33	Ertrag [t/ha]		60,50	4,53	10,46	7,43	11,78	56,71	Betrieb	
34	Bodenrente dse Betriebes [€]								165.855,64	< BRB
35	Bodenrente [€/ha]		590,80	582,13	565,34	650,86	713,80	653,44	663,42	< MBR[7]
36	Kosten des Betriebes [€]								349.946,78	< K
37	Kosten[8] [€/ha]		5459,20	1138,74	1317,87	984,69	1464,62	1614,95	1.399,79	< MK[9]
38	Herfindahl-Index:			0,31						

[1] hohes Ertragsniveau gemäß KTBL-Online,Kalkulationsdaten,erhöht um 10% wegen minimalen Anbauanteils; [2] Anpassungsfaktor zur Bestimmung des Ertragsniveaus; [3] bei minimalem Anbauanteil; [4] bei Monokultur; [5] bezogen auf Mittelwert = 1; [6] Risikonutzen des Betriebes; [7] durchschnittliche Bodenrente des Betriebes; [8] als spezielle Intensitäten der Landnutzung; [9] als durchschnittliche Landnutzungsintensität des Betriebes.

y_m = Ertrag des Landnutzungsverfahrens, gemessen in t/ha;
KV_m = Kosten des Landnutzungsverfahrens, gemessen in €/ha.

Die Bodenrenten der Landnutzungsverfahren werden in Zeile 23 des Optimierungsmodells der Übersichten 7.18 und 7.19 bestimmt.

Gegenüber dem Modell der Übersicht 7.8 ergibt sich für das hier betrachtete Optimierungsmodell noch eine weitere Veränderung. Das Landnutzungsverfahren Zuckerrüben wurde hier nicht berücksichtigt, weil die geernteten Zuckerrüben direkt ab Feld von einer eigenständigen Organisation zur Zuckerfabrik transportiert werden und das KTBL – im Unterschied zur Vorgehensweise bei allen übrigen Landnutzungsverfahren – deshalb keine Transportkosten für das Produkt dieses Landnutzungsverfahrens berücksichtigt. Ein „Wettbewerb" der Zuckerrüben mit den übrigen Landnutzungsverfahren um die insgesamt begrenzt verfügbare betriebliche Nutzfläche würde deshalb zu unrichtigen Sachaussagen führen müssen.

Variiert man nun die Hof-Feld-Entfernung von 0 bis 45 km in Schritten von 5 km, dann ergibt sich für die Entwicklung des Landnutzungsprogramms das Bild der Übersicht 7.20. Mit zunehmender Hof-Feld-Entfernung werden die wenig transportwürdigen – i. d. R. aber intensiveren – Produkte Silomais und Winterweizen durch die transportwürdigeren Produkte Raps, Sommergerste und Körnermais ersetzt, wobei bei größeren Hof-Feld-Entfernungen auch der im Vergleich zur Sommergerste und zum Winterraps weniger transportwürdige Körnermais in seinem Anbauanteil wieder abnimmt.

Der HERFINDAHL-Index zeigt an, dass das Landnutzungsprogramm mit zunehmender Hof-Feld-Entfernung weniger vielseitig wird. Der Wert des HERFINDAHL-Index steigt von 0,31 bei 0 km Hof-Feld-Entfernung auf 0,46 bei 20 km, um dann bei weiter steigenden Hof-Feld-Entfernungen wieder leicht abzunehmen.

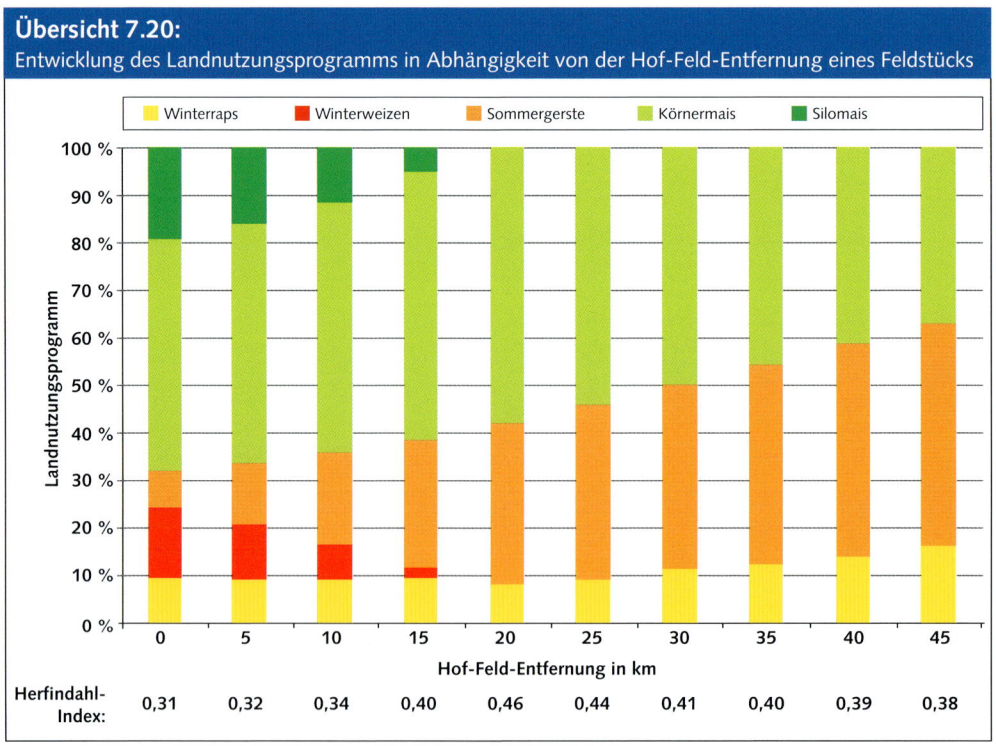

Übersicht 7.20:
Entwicklung des Landnutzungsprogramms in Abhängigkeit von der Hof-Feld-Entfernung eines Feldstücks

Bemerkenswert ist bei der Entwicklung des Landnutzungsprogramms auch, dass die Speisekartoffeln bei keiner Hof-Feld-Entfernung in das Landnutzungsprogramm aufgenommen werden. Da die Speisekartoffeln wenig transportwürdig sind, hätte man erwarten können, dass sie bei geringen Hof-Feld-Entfernungen im Landnutzungsprogramm erscheinen. Warum das nicht der Fall ist, geht aus Übersicht 7.18 hervor. Aufgrund des relativ hohen Preis- und Produktionsrisikos für diese Landnutzungsalternative (siehe Standardabweichungen in den Zeilen 24 und 25 des Optimierungsmodells) ergibt sich für die Speisekartoffeln bereits in der Ausgangssituation, d. h. bei dem dann maximalen Ertragsniveau, ein negativer Risikonutzen (siehe Zeile 28). Dagegen ergibt sich für das andere relativ wenig transportwürdige Produkt Silomais ein positiver Risikonutzen, der in der Ausgangssituation die Risikonutzen der übrigen Landnutzungsverfahren sogar übersteigt. Folgerichtig nimmt der Silomais bei geringen Hof-Feld-Entfernungen – wie Übersicht 7.20 verdeutlicht – bestimmte Anteile der betrieblichen Nutzfläche ein.

Schließlich zeigt Übersicht 7.21 die Entwicklung der Landnutzungsintensität und der Bodenrente in Abhängigkeit von der Hof-Feld-Entfernung. Mit zunehmender Hof-Feld-Entfernung steigt die Landnutzungsintensität tendenziell leicht an, was jedoch nicht durch einen Anstieg derjenigen Kostenbestandteile bedingt ist, die direkt für die Feldarbeiten entstehen. Im Gegenteil, aufgrund der Zunahme der Anteile der relativ transportwürdigen, aber gleichzeitig relativ extensiven Landnutzungsalternativen am Landnutzungsprogramm dürften diese Kosten mit zunehmender Hof-Feld-Entfernung sogar abnehmen. Die Zunahme der Landnutzungsintensität kommt deshalb nur durch den Anstieg derjenigen Kostenbestandteile zustande, die sich auf den Transport der Produkte und Produktionsfaktoren beziehen.

Die Bodenrente geht dagegen mit zunehmender Hof-Feld-Entfernung drastisch zurück. Im Beispiel sinkt sie von 674,00 auf 268,00 €/ha. Die zunehmenden Transportkosten zehren mit zunehmender Hof-Feld-Entfernung die direkt am Hof erzielbare Bodenrente nach und nach auf.

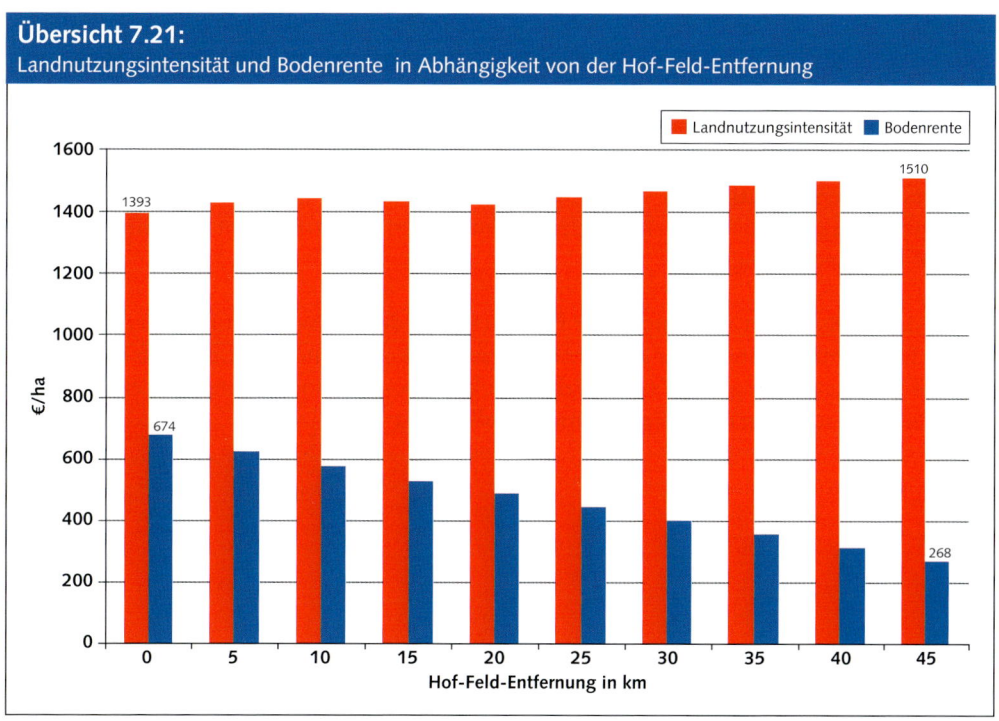

Übersicht 7.21:
Landnutzungsintensität und Bodenrente in Abhängigkeit von der Hof-Feld-Entfernung

Das vorstehende Modell vereinfacht die Situation für die innere Verkehrslage in den realen Betrieben insofern, als dabei bei jeder Hof-Feld-Entfernung davon ausgegangen wird, dass diese für sämtliche Feldstücke des Betriebes zutrifft. Das ist jedoch i. d. R. nicht der Fall. Einige Feldstücke werden nahe an der Hofstelle liegen, andere in mittlerer Entfernung und wieder anderer in größerer Entfernung. Die Modellergebnisse sagen deshalb eigentlich, dass ein Landwirt auf den Feldstücken in der Nähe der Hofstelle ein anderes Landnutzungsprogramm realisieren sollte, als auf den weiter vom Hof entfernt liegenden Feldstücken. In der Nähe der Hofstelle werden Landnutzungsprogramme mit höheren Anteilen an wenig transportwürdigen, gleichzeitig aber relativ intensiven Landnutzungsalternativen verwirklicht, in Hofferne dagegen Landnutzungsprogramme, die aus transportwürdigen – i. d. R. mit relativ geringen speziellen Intensitäten verbundenen – Produkten bestehen.

Vergleicht man deshalb zwei Regionen mit günstiger und mit ungünstiger innerer Verkehrslage, dann wird man feststellen, dass sie sich auch bei sonst gleichen Werten der übrigen – und insbesondere der natürlichen – Standortfaktoren bezüglich der Landnutzungsprogramme sowie der Landnutzungsintensitäten unterscheiden. In der Region mit der ungünstigen inneren Verkehrslage und mit geringeren Anteilen an Landnutzungsverfahren mit hohen speziellen Intensitäten wird damit mit geringeren betrieblichen Landnutzungsintensitäten gewirtschaftet. Mit anderen Analysen kann man zudem feststellen, dass die betrieblichen Bodenrenten in der Region mit der ungünstigen inneren Verkehrslage unterhalb derjenigen liegen, die in der Region mit der günstigen inneren Verkehrslage erzielt werden.

Verallgemeinernd lässt sich zu den Wirkungen der inneren Verkehrslage, d. h. der Hof-Feld-Entfernungen, Folgendes festhalten:

(1) Mit zunehmender Entfernung der Feldstücke von der Hofstelle wird das optimale Landnutzungsprogramm sukzessive weniger vielseitig und beschränkt sich nach und nach auf relativ transportwürdige – i. d. R. durch relativ geringe spezielle Intensitäten gekennzeichnete – Produkte.

(2) Mit zunehmender Entfernung der Feldstücke von der Hofstelle steigen die Kosten je ha Nutzfläche wegen der wachsenden Transportkosten leicht an. Die eigentlichen Produktionskosten – ohne Berücksichtigung der Transportkostenanteile – gehen dagegen wegen der zunehmenden Konzentration der Landnutzungsprogramme auf transportwürdigere, weniger intensive Produkte zurück. Die eigentliche Landnutzungsintensität nimmt also mit zunehmender Hof-Feld-Entfernung ab.

(3) Mit zunehmender Entfernung der Feldstücke von der Hofstelle nimmt die erzielbare betriebliche Bodenrente wegen der wachsenden Transportkostenanteile stetig ab. Ab einer gewissen Hof-Feld-Entfernung ist auf einem Feldstück keine positive Bodenrente mehr erzielbar. Die Transportkosten zehren dann die Bodenrente vollständig auf.

7.3 Die Feldstückstrukturen der landwirtschaftlichen Betriebe

7.3.1 Die Produktionskosten und die Bodenrente von Landnutzungsverfahren in Abhängigkeit von der Feldstückstruktur

Mit dem Begriff Feldstückstruktur werden die Größen und Formen von Feldstücken gekennzeichnet. Größere im Vergleich zu kleineren Feldstücken bewirken, dass das Maß der Feldarbeiten wegen geringerer Rüst-, Wege- und Leerzeiten abnimmt. Weniger menschliche und maschinelle Arbeitsstunden führen zu sinkenden Kosten der Arbeitserledigung und – bei gleich bleibenden Erträgen und Produktpreisen – zu steigenden Bodenrenten für die Landnutzungsverfahren.

Übersicht 7.22 zeigt anhand von drei verschiedenen Mechanisierungen (mit Schleppern von 67, 102 und 120 KW als Leitmaschinen) für das Landnutzungsverfahren des Winterrapses die Entwicklung der Produktionskosten in Abhängigkeit von Feldstücksgrößen zwischen 1 und 80 ha. Die Kosten haben degressiv abnehmende Verläufe. Die größten Kosteneinsparungen ergeben sich zwischen Feldstücksgrößen von 1 bis 10 ha. Es ist unmittelbar einsichtig, dass die Bodenrente des Landnutzungsverfahrens in Abhängigkeit von der Feldstücksgröße – bei gleich bleibendem Ertrag und Produktpreis – einen degressiv steigenden Verlauf aufweisen muss.

Überdies zeigt Übersicht 7.22, dass sich für die drei Mechanisierungen in Abhängigkeit von der Feldstückgröße unterschiedliche Kostenverläufe ergeben. Die leistungsstärkere im Vergleich zur leistungsschwächeren Mechanisierung verursacht bei geringen Feldstückgrößen die höheren, bei größeren Feldstückgrößen dagegen die geringeren Kosten. Ab einer bestimmten

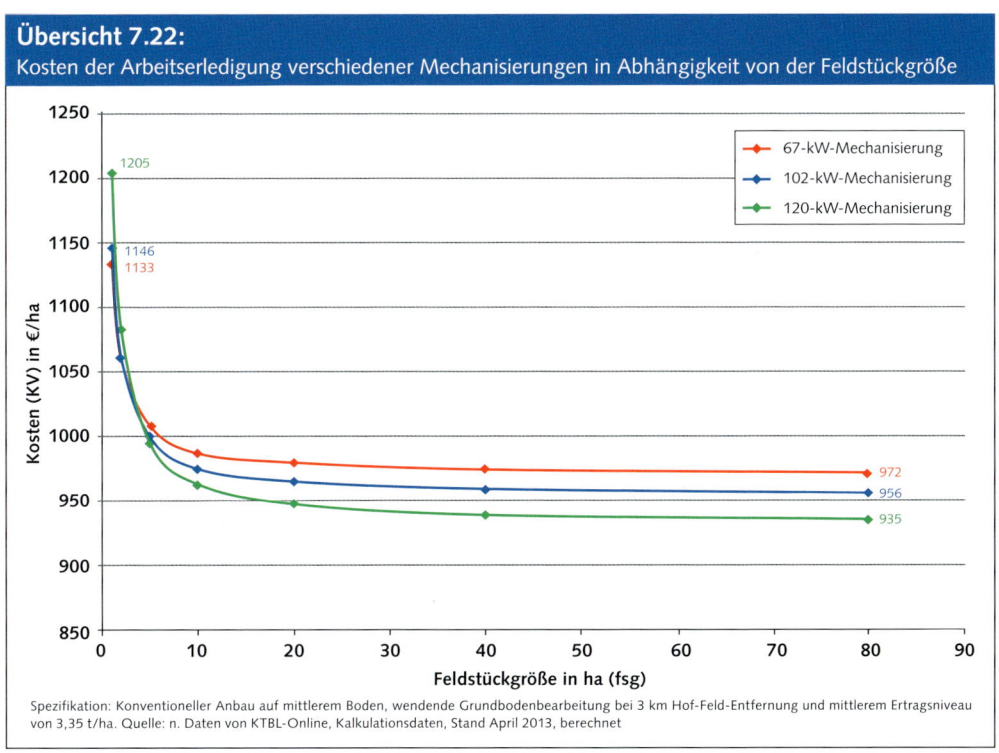

Übersicht 7.22:
Kosten der Arbeitserledigung verschiedener Mechanisierungen in Abhängigkeit von der Feldstückgröße

Spezifikation: Konventioneller Anbau auf mittlerem Boden, wendende Grundbodenbearbeitung bei 3 km Hof-Feld-Entfernung und mittlerem Ertragsniveau von 3,35 t/ha. Quelle: n. Daten von KTBL-Online, Kalkulationsdaten, Stand April 2013, berechnet

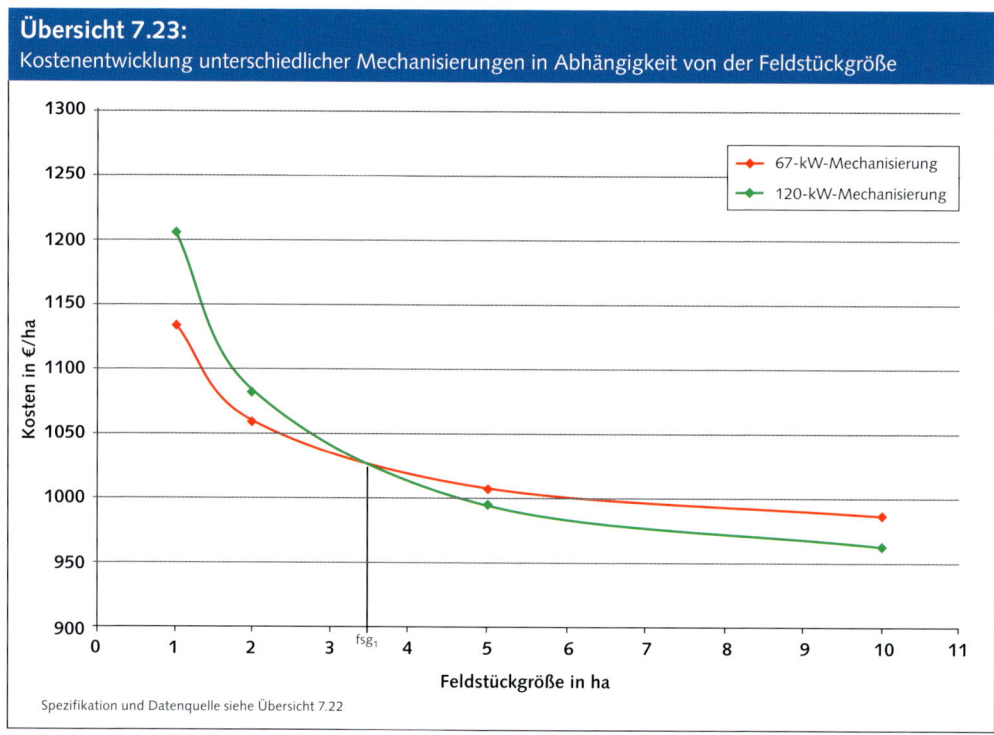

Übersicht 7.23:
Kostenentwicklung unterschiedlicher Mechanisierungen in Abhängigkeit von der Feldstückgröße

Spezifikation und Datenquelle siehe Übersicht 7.22

Feldstückgröße ergibt sich ein Umschlagspunkt, ab dem die leistungsschwächere durch die leistungsstärkere Mechanisierung ersetzt werden sollte. Das wird für die 120-KW-Mechanisierung im Vergleich zur 67-KW-Mechanisierung aus der Übersicht 7.23 zusätzlich deutlich. Bis zu einer Feldstückgröße von fsg_1 (im Beispiel bei ca. 3,5 ha) verursacht die 67-KW-Mechanisierung die geringeren Kosten; ab der Feldstückgröße von fsg_1 wird die leistungsstärkere 120-KW-Mechanisierung kostenmäßig überlegen.

Ganz ähnliche Aussagen wie für die Feldstückgrößen ließen sich auch für die Formen der Feldstücke ableiten. Bisher wurden für die Feldstücke stets regelmäßige Formen, nämlich Rechtecke angenommen. Bei ungleichmäßigen Feldstücken mit kurvigen Begrenzungen, Dreiecken usw. ergeben sich für die Landnutzungsverfahren höhere Kosten wegen zusätzlicher Leerfahrten, vermehrter Anzahl von Wendungen am Feldrand usw. Je regelmäßiger die Feldstücke geformt sind, desto geringer werden bei sämtlichen Mechanisierungen die Produktionskosten.

Die Aussage zur Kostenentwicklung in Abhängigkeit von der Feldstückgröße lässt sich insofern verallgemeinern, als die Kosten bei sämtlichen Landnutzungsverfahren mit zunehmender Feldstückgröße abnehmen. Allerdings kann das Ausmaß der Kostenabnahme unterschiedlich sein, weil die Landnutzungsverfahren unterschiedliche Anzahlen an Bearbeitungsvorgängen haben. Nutzungsverfahren mit relativ vielen Arbeitsvorgängen profitieren deshalb von Feldstückvergrößerungen stärker als solche mit relativ wenigen Bearbeitungsvorgängen. Bei mehreren zur Auswahl stehenden Landnutzungsverfahren (für unterschiedliche Produkte) kann sich deshalb mit zunehmender Feldstückgröße nicht nur die betriebliche Bodenrente und die Landnutzungsintensität, sondern auch das jeweils optimale Landnutzungsprogramm verändern. Das soll im folgenden Abschnitt wieder mit dem betrieblichen Optimierungsmodell unter Einbeziehung der Betriebsfaktoren zur Einhaltung einer nachhaltigen Wirtschaftsweise überprüft werden.

7.3.2 Landnutzungsprogramm, Landnutzungsintensität und Bodenrente in Abhängigkeit von der Feldstückstruktur bei Berücksichtigung der Betriebsfaktoren zur Einhaltung einer nachhaltigen Wirtschaftsweise

Zur Bestimmung des Einflusses von Feldstückvergrößerungen kann das für die äußere Verkehrslage verwendete Modell der Übersicht 7.8 in bestimmter Weise vereinfacht werden. Der Faktor (efg) zur Simulation der (Markt-)Entfernung sowie die Frachtraten und die Transportkosten werden nicht mehr benötigt. Variiert werden jedoch die ertrags- und flächenabhängigen Kosten – wie gesagt – in Abhängigkeit von der Feldstückgröße. Die Aufspaltung der Kosten in ihre ertrags- und flächenabhängigen Bestandteile ist auch hier wieder erforderlich, weil die Erträge der Landnutzungsverfahren in Abhängigkeit von ihren Anteilen am betrieblichen Landnutzungsprogramm variieren können.

Die Aufspaltung der Kosten wird prinzipiell auf die gleiche Weise vorgenommen, wie es im vorhergehenden Abschnitt bei der Betrachtung der Hof-Feld-Entfernung geschehen ist (siehe auch Übersicht 7.16). Vom KTBL werden für unterschiedliche Feldstückgrößen die Kosten für unterschiedliche Ertragsniveaus angegeben. Für das Beispiel des Winterrapses lässt sich aus diesen Angaben die Übersicht 7.24 ableiten. Für jede Feldstückgröße werden die flächenabhängigen (siehe Spalte „Abschnitt") und die ertragsabhängigen Kosten (siehe Spalte „Steigung") wieder auf die gleiche Weise wie vorher für die Übersicht 7.16 bestimmt. Aus der Übersicht 7.24 geht insbesondere hervor, dass – wie zu erwarten – vor allem die flächenabhängigen Kosten mit zunehmender Feldstückgröße tendenziell abnehmen. Auch bei den ertragsabhängigen Kosten ist jedoch eine, wenn auch geringfügig abnehmende Tendenz erkennbar.

Die Aufspaltung der Kosten wurde für sämtliche Landnutzungsverfahren (bei jeweils gleichen Spezifikationen für die Landnutzungsverfahren, siehe Fuß der Übersicht 7.24) vorgenommen und dann in den Zeilen 17 und 18 der Übersicht 7.25 jeweils für eine Feldstückgröße eingesetzt. Die Übersicht 7.25 zeigt als Beispiel das Optimum für den simulierten Ackerbaubetrieb bei einer Feldstückgröße von 1 ha.

Variiert man nun die Feldstückgröße und bestimmt man dann das jeweilige Optimum, ergibt sich für die Entwicklung des Landnutzungsprogramms das Bild der Übersicht 7.26. Mit zunehmender Feldstückgröße verändert sich die Vielseitigkeit des Landnutzungsprogramms nur unwesentlich. Der HERFINDAHL-Index bleibt nahezu unverändert. Veränderungen der Zu-

Übersicht 7.24:
Produktionskosten für Winterraps bei unterschiedlichen Feldstückgrößen

Feld-stücks-größe	Bezeich-nung	Dimen-sion	Ertragsniveau			Statistik		
			Niedrig	Mittel	Hoch	Abschnitt	Steigung	R²
	Ertrag	t/ha	2,87	3,35	4,31	***	***	***
1 ha	Kosten	€/ha	938,77	1.146,03	1.262,78	377,9295	210,2366	0,8824
2 ha	Kosten	€/ha	861,51	1.060,85	1.176,44	314,5794	204,6592	0,8872
5 ha	Kosten	€/ha	806,57	999,13	1.113,79	271,4036	199,9315	0,8916
10 ha	Kosten	€/ha	783,92	974,63	1.089,59	250,7020	199,0536	0,8936
20 ha	Kosten	€/ha	775,26	964,98	1.080,43	242,3340	198,8289	0,8952
40 ha	Kosten	€/ha	769,58	959,19	1.074,04	238,1775	198,3170	0,8944
80 ha	Kosten	€/ha	767,06	955,79	1.072,03	233,7426	198,8274	0,8971

Spezifikationen: Wendende Bodenbearbeitung, gezogene Saatbettbereitung, konventioneller Landbau, 102-kW-Mechanisierung, Hof-Feld-Entfernung 3 km.
Quelle: n. Daten von KTBL-Online, Kalkulationsdaten, Stand April 2013, berechnet.

Übersicht 7.25:

Das mathematische Optimierungsmodell eines Ackerbaubetriebes zur Simulation der Auswirkungen unterschiedlicher Feldstückgrößen auf das Landnutzungsprogramm, die Landnutzungsintensität und die betrieblichen Bodenrenten unter Berücksichtigung der Betriebsfaktoren zur Einhaltung einer nachhaltigen Wirtschaftsweise

Z.	Aktivitäten: / Bezeichnung:	Symbol	Speisekartoffeln x_1	Zuckerrüben x_2	Winterraps x_3	Winterweizen x_4	Sommergerste x_5	Körnermais x_6	Silomais x_7		
I Bestimmung des Ertragsniveaus											
1	Ankerwert des Ertrages[1] [t/ha]	yank	60,500	77,000	4,750	10,850	7,600	12,540	58,080	E-Faktor[2] [ef]	
2	Maximalertrag[3] [t/ha]	ymax	60,500	77,000	4,750	10,850	7,600	12,540	58,080	1,00	
II Bestimmung des Ertrages nach Maßgabe der Schädigungswirkung											
3	Maximalertrag [t/ha]	ymax	60,500	77,000	4,750	10,850	7,600	12,540	58,080	Depressionsanpassungsfaktor [df] (0,7 bis 1,3)	
4	Normertragsdepression (0-1)	ned	0,5000	0,5000	0,5000	0,2500	0,2500	0,1250	0,1250		
5	Angepasste Ertragsdepression	ed	0,5000	0,5000	0,5000	0,2500	0,2500	0,1250	0,1250		
6	Minimalertrag[4] [dt/ha]	ymin	30,25	38,50	2,38	8,14	5,70	10,97	50,82		
7	Ertrag [t/ha]	y	60,50	76,10	4,48	10,49	7,43	11,71	57,30	1,00	
III Bestimmung der Humuslieferung											
8	Ankerwert d. Humusabbaus [kg C/ha]	nhac	1000,0	1300,0	400,0	400,0	400,0	800,0	800,0	Humusabbauanpassungsfaktor [haf] (-0,3 bis +0,3)	
9	Ertragsabh. Humusabbau [kg C/ha]	ehac	1000,0	1300,0	400,0	400,0	400,0	800,0	800,0		
10	Angepasster Humusabbau [kg C/ha]	hac	1000,0	1300,0	400,0	400,0	400,0	800,0	800,0		
11	Haupt-:Nebenertrag-Verhältnis	hnv	0,0	0,7	1,7	0,8	0,7	1,0	0,8		
12	Humusgehalt [kg C/t-Ertrag]	hgnc	0,0	8,0	70,0	70,0	70,0	70,0	12,0		
13	Humuslieferung [kg C/ha]	hlc	0,0	426,2	532,8	587,4	363,9	819,7	550,1		
14	Humusbilanz [kg C/ha]	hbc	1000,0	873,8	-132,8	-187,4	36,1	-19,7	249,9	0,00	
IV Bestimmung der Bodenrente											
15	Feldstückgröße [ha]					1,00				Produktionsrisikoscheufaktor [rsf] (0 bis 0,6)	
16	Produktmarktpreis [€/t]	mpy	100,00	35,00	380,00	180,00	220,00	185,00	40,00		
17	Ertragsabhängige Kosten [€/t]	MKV	88,4115	18,5635	210,2366	99,7462	92,1328	87,3631	19,8358		
18	Flächenabhängige Kosten [€/ha]	KVF	407,6058	370,3533	377,9295	497,4025	487,1612	613,0321	682,3683		
19	Bodenrente [€/ha]	BR	293,50	880,50	382,21	344,35	462,35	530,33	472,99	0,30	
V Bestimmung des Risikonutzens											
20	Standardabweichung Ertrag[5]	sap	0,2294	0,0770	0,1497	0,0753	0,1144	0,0873	0,0796	Marktrisikoscheufaktor [mrf] (0 bis 0,6)	
21	Standardabweichung Preis[5]	sam	0,2720	0,0545	0,2497	0,3140	0,3123	0,2726	0,0488		
22	Ertragsrisikoprämie [€/ha]	RPP	416,36	61,53	76,41	42,65	56,07	56,74	54,73		
23	Preisrisikoprämie [€/ha]	RPM	493,68	43,55	127,46	177,84	153,06	177,17	33,55		
24	Risikonutzen [€/ha]	RN	-616,54	775,42	178,34	123,85	253,23	296,42	384,70	0,30	
VI Matrix der Begrenzungen									Verfügbar	Genutzt
25	Ackerfläche [ha]		1,0	1,0	1,0	1,0	1,0	1,0	1,0	<= 250,00	250,00
26	Humusbilanz [kg C/ha]		1000,0	873,8	-132,8	-187,4	36,1	-19,7	249,9	<= 0,00	0,00
27	Zielfunktion=Anbauumfänge [ha]		0,00	5,83	28,67	33,31	22,92	132,32	26,95	69.154,04	< RNB[6]
VII Ergebnisse											
28	Ackerflächenanteil [%]		0,00	2,33	11,47	13,32	9,17	52,93	10,78		
29	Ertrag [t/ha]		60,50	76,10	4,48	10,49	7,43	11,71	57,30	Betrieb	
30	Bodenrente dse Betriebes [€]									121.079,10	< BRB
31	Bodenrente [€/ha]		293,50	880,50	382,21	344,35	462,35	530,33	472,99	484,32	< MBR[7]
32	Kosten des Betriebes [€]									391.990,37	< K
33	Kosten[8] [€/ha]		5756,50	1783,08	1319,30	1543,60	1171,32	1636,09	1818,91	1.567,96	< MK[9]
34	Herfindahl-Index:					0,33					

[1] hohes Ertragsniveau gemäß KTBL-Online,Kalkulationsdaten,erhöht um 10% wegen minimalen Anbauanteils; [2] Anpassungsfaktor zur Bestimmung des Ertragsniveaus; [3] bei minimalem Anbauanteil; [4] bei Monokultur; [5] bezogen auf Mittelwert = 1; [6] Risikonutzen des Betriebes; [7] durchschnittliche Bodenrente des Betriebes; [8] als spezielle Intensitäten der Landnutzung; [9] als durchschnittliche Landnutzungsintensität des Betriebes.

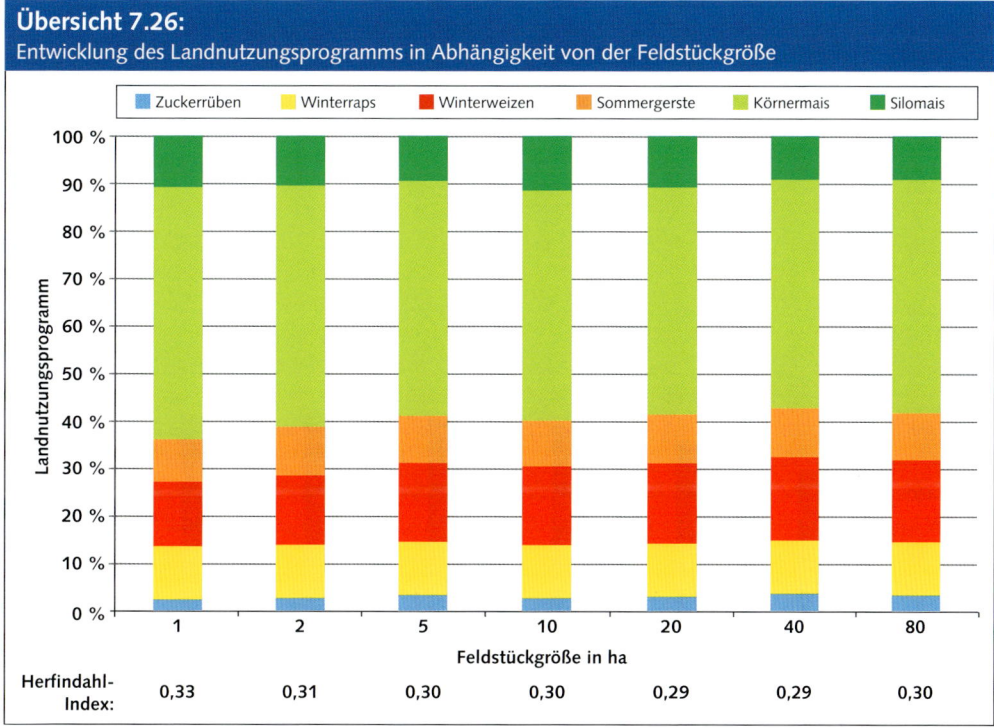

Übersicht 7.26:
Entwicklung des Landnutzungsprogramms in Abhängigkeit von der Feldstückgröße

sammensetzung des Landnutzungsprogramms treten jedoch auf. Die Zuckerrüben und der Winterweizen, Verfahren, die relative Bearbeitungsvorgänge erfordern, werden zu Lasten des Körner- und des Silomaises leicht ausgedehnt.

Deutliche Entwicklungstendenzen ergeben sich jedoch für die Landnutzungsintensität und die betriebliche Bodenrente in Abhängigkeit von der Feldstückgröße. Das zeigt die Übersicht 7.27. Mit zunehmender Feldstückgröße geht die Landnutzungsintensität trotz praktisch gleich bleibenden Landnutzungsprogramms zurück (im Beispiel von 12,5 % von 1.568,00 auf 1.372,00 €/ha). Diese Abnahme ist durch die bei zunehmender Feldstückgröße verminderten Rüst-, Wege- und Leerzeiten bedingt.

Aufgrund der sinkenden Kosten steigt umgekehrt die betriebliche Bodenrente mit zunehmender Feldstückgröße an. Im Beispiel nimmt sie von 484,00 €/ha bei 1 ha großen Feldstücken auf 675,00 €/ha bei 80 ha großen Feldstücken um insgesamt ca. 40 % zu.

Verallgemeinernd lässt sich zu den Wirkungen von Feldstückvergrößerungen auf das Landnutzungsprogramm, die Landnutzungsintensität und die betriebliche Bodenrente Folgendes festhalten:

(1) Die Vielseitigkeit des Landnutzungsprogramms wird von zunehmenden Feldstückgrößen nur geringfügig beeinflusst. Die Zusammensetzung verändert sich jedoch. Verfahren, die relativ viele Bearbeitungsvorgänge erfordern, werden zu Lasten von Verfahren mit relativ wenigen Bearbeitungsvorgängen ausgedehnt.

(2) Mit zunehmender/abnehmender Feldstückgröße nimmt die Landnutzungsintensität – bei praktisch unverändertem Landnutzungsprogramm – wegen sinkender/steigender Kosten aufgrund sinkender/steigender Aufwendungen für Rüst-, Wege- und Leerzeiten tendenziell ab/zu.

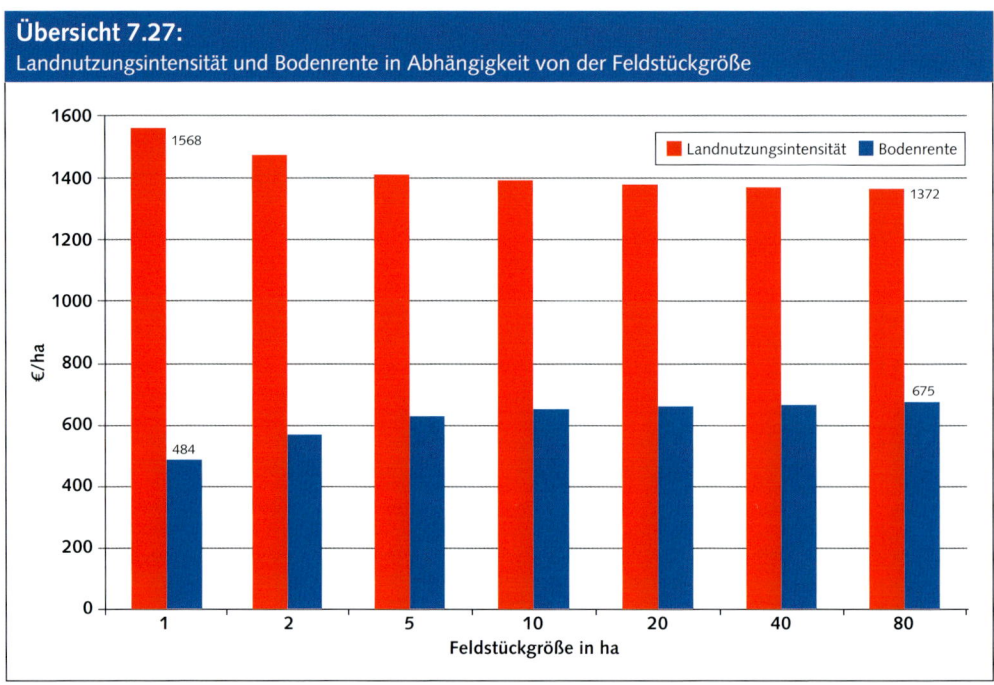

Übersicht 7.27:
Landnutzungsintensität und Bodenrente in Abhängigkeit von der Feldstückgröße

(3) Mit zunehmender/abnehmender Feldstückgröße nimmt die betriebliche Bodenrente aufgrund sinkender/steigender Kosten zu/ab.

Prinzipiell die gleichen Aussagen ließen sich auch für unregelmäßig im Vergleich zu regelmäßig geformten Feldstücken ableiten. Je regelmäßiger die Feldstücke eines Betriebes geformt sind, desto geringer werden die Produktionskosten.

Flurneuordnungsmaßnahmen, sei es die Flurbereinigung oder der freiwillige Landnutzungstausch, führen also bei wenig veränderten Angebotsmengen an Agrarprodukten (die Zusammensetzung der Landnutzungsprogramme verändert sich nur geringfügig!) zu steigenden Bodenrenten bzw. Einkommen für die Landwirte. Wirtschaftlich tragfähig sind diese Maßnahmen aus übergeordneter Sicht allerdings nur, wenn die zusätzlichen Einkommen die Kosten für die Flurneuordnung übersteigen, bzw. wenn ein evtl. „verlorener" Zuschuss der Öffentlichen Hand für eine derartige Maßnahme durch anschließend höhere Ertragssteuereinnahmen zumindest kompensiert werden. Insbesondere bei dem kostengünstigen Verfahren des freiwilligen Landnutzungstausches ist das gegenwärtig durchweg der Fall.

7.4 Substitutionsbeziehungen zwischen der äußeren Verkehrslage, der inneren Verkehrslage und den Feldstückstrukturen landwirtschaftlicher Betriebe

In den vorhergehenden Abschnitten wurde gezeigt, dass die Bodenrente eines Betriebes c. p. mit zunehmender Marktferne, mit zunehmender Hof-Feld-Entfernung seiner Feldstücke und mit zunehmend ungünstigeren Feldstückstrukturen abnimmt. Umgekehrt heißt das, dass die Bodenrente eines Betriebes c. p. mit zunehmender Marktnähe, mit abnehmender Hof-Feld-Entfernung seiner Feldstücke und mit zunehmend günstigeren Feldstückstrukturen ansteigt.

Daraus ergibt sich, dass in Bezug auf die Höhe der betrieblichen Bodenrente substitutive Beziehungen zwischen der äußeren Verkehrslage, der inneren Verkehrslage und der Feldstückstruktur eines Betriebes bestehen.

Die wirtschaftlichen Nachteile einer marktfernen Lage des Betriebes können deshalb durch eine relativ vorzügliche innere Verkehrslage und/oder durch eine relativ vorzügliche Feldstückstruktur mehr oder weniger vollständig ausgeglichen werden. Unter sonst gleichen Bedingungen, d. h. insbesondere bei einer gegebenen Höhe der Bodenrente, muss ein Betrieb umso günstigere Hof-Feld-Entfernungen und/oder Feldstückstrukturen aufweisen, je weiter entfernt er von seinen Marktorten liegt.

Die landwirtschaftlichen Betriebe in großen Gebieten Nord- und Südamerikas sowie Australiens, die ihre Landnutzungsprogramme überwiegend auf den Export ihrer Produkte in die – weltweit gesehen – großen Verbrauchsgebiete in Westeuropa und Südostasien ausgerichtet haben, die deshalb aber in großer Entfernung von ihren Marktorten liegen, weisen durchweg – im Vergleich zu Westeuropa und Südostasien – günstigere innere Verkehrslagen (als arrondierte Betriebe) und günstige Feldstückstrukturen (große und gleichmäßig geformte Feldstücke) auf. Durch diese Vorteile kompensieren die Betriebe bis zu einem gewissen Grade die Nachteile ihrer marktfernen Lage.

Durch die Schaffung relativ günstiger innerer Verkehrslagen und Feldstückstrukturen haben die marktfern gelegenen Betriebe gegenüber den in der Nähe der Verbrauchszentren liegenden marktnahen Betrieben an Wettbewerbsfähigkeit gewonnen. Diese Wettbewerbsfähigkeit nimmt im Laufe der Zeit durch technische Fortschritte im Transportwesen, die mit abnehmenden Frachtraten einhergehen, sukzessive weiter zu. Im Extremfall kann der marktferne, aber mit einer günstigeren inneren Verkehrslage und günstigen Feldstückstrukturen ausgestattete Betrieb die Produkte an den Verbrauchsorten billiger anbieten als der zwar marktnahe, aber mit einer ungünstigen inneren Verkehrslage und ungünstigen Feldstückstrukturen belastete Betrieb.

In den marktnahen Betrieben lassen sich diese verloren gegangenen Vorteile bei der Marktbelieferung erst dann wieder herstellen, wenn die Öffentlichen Hände in den marktnahen Ländern Maßnahmen zur Verbesserung der inneren Verkehrslage und der Feldstückstrukturen ihrer Landwirtschaften ergreifen. Angesichts der Tatsache jedoch, dass diese Maßnahmen unter Umweltgesichtspunkten oftmals negativ bewertet und deshalb von Teilen der Gesellschaft abgelehnt werden, wird die Umsetzung der Struktur verbessernden Maßnahmen vielfach verzögert oder gar verhindert. Aus der Perspektive einer möglichst kostengünstigen Ernährung der Bevölkerung verursacht die Berücksichtigung von Umweltzielen also Opportunitätskosten in Höhe der entgehenden Wertschöpfung für die Nahrungsmittelerzeugung. In oftmals schwierigen politischen Abwägungsprozessen müssen deshalb immer wieder Kompromisse zwischen Nahrungserzeugung und Umweltsicherung gefunden werden.

7.5 Biogasproduktion: Bestimmung des Gleichgewichtspreises für den Rohstoff Silomais

7.5.1 Das Problem

Silomais ist gegenwärtig der bei weitem bedeutendste Rohstoff für die Erzeugung von Gas und Wärme mittels Biogasanlagen. So kann z. B. der Jahresbedarf für eine Biogasanlage mit einer Kapazität von 1 MW ca. 15.000 t Silomais betragen.

Der Betreiber einer Biogasanlage, der den Silomaisbedarf für seine Anlage durch die Maiserzeugung der umliegenden Landwirte decken möchte, steht vor dem Problem der Bestimmung des optimalen Angebotspreises für diesen Rohstoff. Bietet er einen zu geringen Preis, kann der Maisbedarf nicht gedeckt werden, weil der Mais bei diesem Preis innerhalb der Landnutzungsprogramme der Landwirte nicht hinreichend wettbewerbsfähig ist. Bietet der Anlagenbetreiber dagegen einen zu hohen Preis, ist zwar die Bedarfsdeckung kein Problem, im Gegenteil das potenzielle Angebot würde den Bedarf sogar übersteigen, aber der Anlagenbetreiber hätte überhöhte Rohstoffkosten zu tragen.

Der Anlagenbetreiber sollte also den Angebotspreis in einer solchen Höhe bestimmen, dass die Landwirte gerade soviel Silomais in ihre Landnutzungsprogramme aufnehmen, dass der Bedarf für die Biogasanlage gedeckt wird.

Im Einzelnen ist es zweckmäßig, wenn der Anlagenbetreiber den Angebotspreis frei eingelagerten Mais in seinen Silos bei der Biogasanlage auslobt, so dass die Kosten für die Ernte, den Transport vom Feld zur Biogasanlage und die Einlagerung in den Silos von den Landwirten getragen werden. Da die Transportkosten in ihrer Höhe von der Entfernung der Feldstücke zur Biogasanlage abhängen, wird sich um die Biogasanlage je nach Maisbedarf und Ackerflächenanteil in der Region ein mehr oder weniger großer Anbaukreis mit Silomais enthaltenden Landnutzungsprogrammen herausbilden. Der Radius dieses Anbaukreises wird dabei umso größer sein, je größer die Biogasanlage und je kleiner der Ackerflächenanteil an der Gesamtfläche des Anbaukreises ist.

Schließlich müssen der Anlagenbetreiber und die Mais liefernden Landwirte noch berücksichtigen, dass die in der Biogasanlage entstehende Substratgülle wieder auf die Felder verbracht werden muss. Der Anlagenbetreiber muss deshalb den Maispreis in einer solchen Höhe ausloben, dass er die Mais liefernden Landwirte zum Rücktransport der Substratgülle auf ihre Felder zu deren Lasten verpflichten kann.

Zusammenfassend lautet damit die Frage für den Anlagenbetreiber: In welcher Höhe muss er den Maispreis ausloben, dass daraus der Gleichgewichtspreis wird, bei dem Angebot (der Landwirte) und Nachfrage (Bedarf der Anlage) gerade ausgeglichen sind?

7.5.2 Das Modell zur Bestimmung des Gleichgewichtspreises für Silomais als Rohstoff für Biogasanlagen

Zur modellhaften Darstellung der allgemeinen Vorgehensweise zur Bestimmung des Gleichgewichtspreises für den Silomais wird das bereits mehrfach verwendete betriebliche Optimierungsmodell – allerdings mit gewissen Erweiterungen – verwendet. Grundlage für die Modellgestaltung bildet das Modell der Übersicht 5.24 im 5. Kapitel dieses Buches. Das daraus entwickelte, erweiterte Modell ist in Übersicht 7.28 dargestellt.

Der linke Teil der Übersicht 7.28 wurde im Prinzip aus Übersicht 5.24 übernommen. Lediglich die Landnutzungsalternative Silomais wurde an die hier relevante Fragestellung angepasst. Die in den Zeilen 16 und 17 für den Silomais angegebenen ertrags- und flächenabhängigen Kosten enthalten jetzt nicht mehr die Ernte-, Transport- und Einlagerungskosten. Diese Kosten sowie die Kosten für den Transport der Substratgülle sind vielmehr in den neu eingefügten Zeilen 18 und 19 aufgeführt.

Das KTBL weist die Kosten für die Ernte (Häckseln), den Transport (Doppelzug mit Dreiseitenkipper und 67-KW-Schlepper) und die Einlagerung (Radlader und Silofolie) in Abhängigkeit von den Entfernungen zwischen dem Feld und dem Silo von 1 km bis 30 km aus. Daraus lassen sich mittels Einfachregression die entfernungsunabhängigen (Achsenabschnitt) und die entfernungsabhängigen (Steigung) Kosten bestimmen. Diese Rechnung ergibt einen transportentfernungsunabhängigen Kostensatz von KUFM = 8,057 €/t Frischmais und einen transportentfernungsabhängigen Kostensatz von KFM = 0,208 €/(t · km) für den Frischmais. Diese Kostensätze bilden dann die Grundlage für die im rechten oberen Teil VIII der Übersicht 7.28 durchgeführte Bestimmung der Ernte-, Transport- und Einlagerungskosten je ha LF in Abhängigkeit von den Erträgen und den Transportentfernungen.

Die in Zeile 7 des Blocks VIII der Übersicht 7.28 aufgeführten transportentfernungsunabhängigen Kosten errechnen sich wie folgt:

$$(7.20) \qquad TEUK = KUFM \cdot ysm$$

Darin sind:

TEUK = Transportentfernungsunabhängige Kosten für Ernte, Transport und Einlagerung, gemessen in €/ha;

KUFM = transportentfernungsunabhängiger Kostensatz für Ernte, Transport und Einlagerung, gemessen in €/t FM;

ysm = Ertrag des Silomais, gemessen in t FM/ha.

Der Wert für KUFM ist in Zeile 1 des Blocks VIII angegeben. Der Wert für den Ertrag des Silomais (ysm) wird aus Zeile 7 bzw. aus Zeile 30 des linken Teils der Übersicht 7.28 übernommen.

Die in Zeile 8 des Blocks VIII aufgeführten transportentfernungsabhängigen Kosten ergeben sich wie folgt:

$$(7.21) \qquad TEAK = KAFM \cdot ysm \cdot efg$$

Darin sind:

TEAK = transportentfernungsabhängige Kosten für Ernte, Transport und Einlagerung, gemessen in €/ha;

KAFM = transportentfernungsabhängiger Kostensatz für Ernte, Transport und Einlagerung, gemessen in €/(t · km) Frischmais;

ysm = Ertrag des Silomais, gemessen in t FM/ha;

efg = Transportentfernung zwischen Feld und Biogasanlage, gemessen in km.

Der Wert KAFM ist in Zeile 2 des Blocks VIII angegeben und der Wert für ysm wird wie vorher erfasst.

Etwas schwieriger gestaltet sich die Bestimmung der Transportentfernung (efg). Dazu Folgendes: Der Anbaukreis für den Silomais um die Biogasanlage soll insgesamt einen solchen

Übersicht 7.28:

Das mathematische Optimierungsmodell zur Bestimmung des Gleichgewichtspreises für Energiemais zur Versorgung einer Biogasanlage in Abhängigkeit von der Größe der Biogasanlage (Höhe des Energiemaisbedarfs) und in Abhängigkeit vom Ackerflächenanteil im umliegenden Anbaugebiet (Berechnung der Maisproduktion im inneren Anbauring)

Z.	Aktivitäten: Bezeichnung:	Symbol	Speise-kartoffeln x_1	Zucker-rüben x_2	Winter-raps x_3	Winter-weizen x_4	Sommer-gerste x_5	Körner-mais x_6	Silo-mais x_7			
I Bestimmung des Ertragsniveaus												
1	Ankerwert des Ertrages[1] [t/ha]	yank	60,500	77,000	4,750	10,850	7,600	12,540	66,000	E-Faktor[2] [ef]		
2	Maximalertrag[3] [t/ha]	ymax	60,500	77,000	4,750	10,850	7,600	12,540	66,000	1,00		
II Bestimmung des Ertrages nach Maßgabe der Schädigungswirkung												
3	Maximalertrag [t/ha]	ymax	60,500	77,000	4,750	10,850	7,600	12,540	66,000	Depressions-anpassungs-faktor [df] (0,7 bis 1,3)		
4	Normertragsdepression (0-1)	ned	0,5000	0,5000	0,5000	0,2500	0,2500	0,1250	0,1250			
5	Angepasste Ertragsdepression	ed	0,5000	0,5000	0,5000	0,2500	0,2500	0,1250	0,1250			
6	Minimalertrag[4] [dt/ha]	ymin	30,25	38,50	2,38	8,14	5,70	10,97	57,75			
7	Ertrag [t/ha]	y	60,50	76,20	4,49	10,23	7,41	12,08	63,97	1,00		
III Bestimmung der Humuslieferung												
8	Ankerwert d. Humusabbaus [kg C/ha]	nhac	1000,0	1300,0	400,0	400,0	400,0	800,0	800,0	Humus-abbau-anpassungs-faktor [haf] (-0,3 bis +0,3)		
9	Ertragsabh. Humusabbau [kg C/ha]	ehac	1000,0	1300,0	400,0	400,0	400,0	800,0	800,0			
10	Angepasster Humusabbau [kg C/ha]	hac	1000,0	1300,0	400,0	400,0	400,0	800,0	800,0			
11	Haupt-:Nebenertrag-Verhältnis	hnv	0,0	0,7	1,7	0,8	0,7	1,0	0,8			
12	Humusgehalt [kg C/t-Ertrag]	hgnc	0,0	8,0	70,0	70,0	70,0	70,0	12,0			
13	Humuslieferung [kg C/ha]	hlc	0,0	426,7	534,1	573,0	363,0	845,5	614,2			
14	Humusbilanz [kg C/ha]	hbc	1000,0	873,3	-134,1	-173,0	37,0	-45,5	185,8	0,00		
IV Bestimmung der Bodenrente												
15	Produktpreis [€/t]	py	100,00	35,00	380,00	180,00	220,00	185,00	39,83	Produktions-risikoscheu-faktor [prf] (0 bis 0,6)		
16	Ertragsabhängige Kosten [€/t]	MKV	50,22	14,51	167,21	79,49	68,61	81,09	11,46			
17	Flächenabhängige Kosten [€/ha]	KFV	1460,9208	405,5000	261,6035	340,0451	354,2044	475,5922	396,6300			
18	Ernte-, Transport- und Einlagerungskosten für Silomais als Energiemais für die Biogasanlage in €/ha (KEFB):								522,50			
19	Kosten für die Substratgülleausbringung von der Biogasanlage zurück auf das Feld in €/ha (KGBF):								133,74			
20	Bodenrente [€/ha]	BR	1550,62	1155,41	693,49	688,35	767,36	779,42	762,40	0,30		
V Bestimmung des Risikonutzens												
21	Standardabweichung Ertrag[5]	sap	0,2294	0,0770	0,1497	0,0753	0,1144	0,0873	0,0796	Marktrisiko-scheu-faktor [mrf] (0 bis 0,6)		
22	Standardabweichung Preis[5]	sam	0,2720	0,0545	0,2497	0,3140	0,3123	0,2726	0,0488			
23	Ertragsrisikoprämie [€/ha]	RPP	416,36	61,60	76,60	41,60	55,94	58,52	60,85			
24	Preisrisikoprämie [€/ha]	RPM	493,68	43,60	127,77	173,49	152,70	182,73	37,30			
25	Risikonutzen [€/ha]	RN	640,58	1050,21	489,12	473,26	558,71	538,17	664,25	0,30		
VI Matrix der Begrenzungen											Verfügbar	Genutzt
26	Ackerfläche [ha]		1,0	1,0	1,0	1,0	1,0	1,0	1,0	<=	250,00	250,00
27	Humusbilanz [kg C/ha]		1000,0	873,3	-134,1	-173,0	37,0	-45,5	185,8	<=	0,00	0,00
28	Zielfunktion=Anbauumfänge [ha]		0,00	5,22	27,54	56,98	25,18	73,69	61,39		140.422,94	< RNB[6]
VII Ergebnisse												
29	Ackerflächenanteil [%]		0,00	2,09	11,01	22,79	10,07	29,48	24,56			
30	Ertrag [t/ha]		60,50	76,20	4,49	10,23	7,41	12,08	63,97		Betrieb	
31	Bodenrente dse Betriebes [€]										187.913,51	< BRB
32	Bodenrente [€/ha]		1550,62	1155,41	693,49	688,35	767,36	779,42	762,40		751,65	< MBR[7]
33	Kosten des Betriebes [€]										340.042,47	< K
34	Kosten[8] [€/ha]		4499,38	1511,45	1012,11	1153,36	862,54	1455,01	1785,69		1.360,17	< MK[9]
35	Herfindahl-Index:						0,22					

[1] hohes Ertragsniveau gemäß KTBL-Online,Kalkulationsdaten, erhöht um 10% wegen minimalen Anbauanteils; [2] Anpassungsfaktor zur Bestimmung des Ertragsniveaus; [3] bei minimalem Anbauanteil; [4] bei Monokultur; [5] bezogen auf Mittelwert = 1; [6] Risikonutzen des Betriebes; [7] durchschnittliche Bodenrente des Betriebes; [8] als spezielle Intensitäten der Landnutzung; [9] als durchschnittliche Landnutzungsintensität des Betriebes

VIII Bestimmumg der Ernte- Transport- u. Einlagerungskosten für Silomais			
Z.	Bezeichnung	Symbol	Betrag
1	Transportentfernungsunabhängiger Kostensatz [€/t FM]	KUFM	8,0570
2	Transportentfernungsabhängiger Kostensatz [€/(t FM*km)]	KAFM	0,2080
3	Radius des inneren Randes des Anbauringes [km]	RIAR	0,0000
4	Radius des äußeren Randes des Anbauringes [km]	RAAR	0,5000
5	Umwegfaktor	uwg	1,5000
6	Mittlere Transportentfernung [km]	efg	0,5303
7	Transportentfernungsunabhängige Kosten [€/ha]	TEUK	515,4401
8	Transportentfernungsabhängige Kosten [€/ha]	TEAK	7,0569
IX Bestimmung der Kosten für die Substratgülleausbringung			
Z.	Bezeichnung	Symbol	Betrag
1	Transportentfernungsunabhängiger Kostensatz [€/m³]	KUGA	2,5050
2	Transportentfernungsabhängiger Kostensatz [€/(m³*km)]	KAGA	0,2040
3	Trockenmassegehalt der Silomaisrischmasse [%/100]	tms	0,3200
4	Trockenmassegehalt der Substratgülle [%/100]	tmg	0,1000
5	TM in Biogas als Anteil der TM in Silomais-FM [%/100]	tmgs	0,2500
6	Substratgüllemenge aus Ertrag [m³/ha]	GAM	51,1794
7	Transportentfernungsunabhängige Kosten [€/ha]	TUGK	128,2043
8	Transportentfernungsabhängige Kosten [€/ha]	TAGK	5,5370
X	Bestimmung der Gesamtproduktion an Silomais		
Z.	Bezeichnung	Symbol	Betrag
1	Fläche des Anbauringes [ha]	FAR	78,5398
2	Ackerflächenanteil im Anbauring	afat	0,5000
3	Ackerfläche im Anbauring [ha]	AFAR	39,2699
4	Silomaisfläche im Anbauring [ha]	SMAR	9,6428
5	Silomaisproduktion im Anbauring [t FM]	SMP	616,89

XI Flächenbilanz zur Bedarfsdeckung einer Biogasanlage mit Silomais		
1	Gesamtbedarf an Silomais [t FM]	15000,00
2	Produktion im 1. Anbauring [t FM]	616,89
3	Verbleibender Bedarf an Silomais [t FM]	14383,11
4	Produktion im 2. Anbauring [t FM]	
5	Verbleibender Bedarf an Silomais [t FM]	14383,11
6	Produktion im 3. Anbauring [t FM]	
7	Verbleibender Bedarf an Silomais [t FM]	14383,11
8	Produktion im 4. Anbauring [t FM]	
9	Verbleibender Bedarf an Silomais [t FM]	14383,11
10	Produktion im 5. Anbauring [t FM]	
11	Verbleibender Bedarf an Silomais [t FM]	14383,11
12	Produktion im 6. Anbauring [t FM]	
13	Verbleibender Bedarf an Silomais [t FM]	14383,11
14	Produktion im 7. Anbauring [t FM]	
15	Verbleibender Bedarf an Silomais [t FM]	14383,11
16	Produktion im 8. Anbauring [t FM]	
17	Verbleibender Bedarf an Silomais [t FM]	14383,11
18	Produktion im 9. Anbauring [t FM]	
19	Verbleibender Bedarf an Silomais [t FM]	14383,11
20	Produktion im 10. Anbauring [t FM]	
21	Verbleibender Bedarf an Silomais [t FM]	14383,11

Radius aufweisen, dass der Silomaisbedarf der Biogasanlage gedeckt werden kann. Innerhalb dieses Anbaukreises sind die Transportentfernungen und damit auch die Transportkosten aber unterschiedlich. Unmittelbar neben der Biogasanlage sind die Transportkosten selbstverständlich geringer als am äußeren Rand des Anbaukreises. Damit ist aber die Bodenrente des Maises unmittelbar neben der Biogasanlage höher als am äußeren Rand. Das hat dann zur Folge, dass die Silomais innerhalb von betrieblichen Landnutzungsprogrammen bei gegebenem Produktpreis umso wettbewerbsfähiger ist, je näher ein landwirtschaftlicher Betrieb, für den der Maisanbau infrage kommt, zur Biogasanlage liegt. Anders gesagt: Unter Berücksichtigung der in Richtung auf vielseitige Landnutzungsprogramme drängenden Betriebsfaktoren wird der Mais einen umso höheren Anteil am Landnutzungsprogramm einnehmen, je näher der Betrieb an der Biogasanlage liegt.

Dieser Tatbestand bedeutet aber, dass die unterschiedlichen Landnutzungsprogramme mit ihren unterschiedlichen Maisanteilen in Abhängigkeit von der Entfernung zur Biogasanlage modellmäßig abgebildet werden müssen.

Theoretisch müssten dazu im Modell um die Biogasanlage eine gegen unendlich gehende Anzahl von Anbauringen, die eine gegen Null gehenden Durchmesser aufweisen, gelegt werden. Für jeden dieser Ringe müsste dann mit dem Modell bei einem gegebenen Maispreis das zugehörige optimale betriebliche Landnutzungsprogramm bestimmt werden. Weiter außen liegende im Vergleich zu weiter innen liegende Anbauringe werden wegen der höheren Transportkosten dann geringere Maisanteile aufweisen. Der Maispreis müsste dann so gewählt werden, dass die Maiserzeugung in den Anbauringen, die vor dem ersten Anbauring ohne Maisanbau liegen, den Maisbedarf der Biogasanlage gerade deckt.

Da eine derartige modellmäßige Abbildung rechnerisch sehr aufwändig wäre, wurde hier die folgende Nährungslösung verwendet: Es werden jeweils Ringe mit einem Durchmesser von 0,5 km angenommen. Der innere Ring ist dann ein Kreis mit einem Radius von 0,5 km. Der zweite Ring hat einen Durchmesser von 0,5 km. Er ergibt sich als die Differenz aus der Entfernung vom Mittelpunkt (Standort der Biogasanlage) zum äußeren Rand des zweiten Ringes und dem Radius des inneren Ringes. Die weiter außen liegenden Ringe werden dann jeweils aus der Entfernung vom Kreismittelpunkt zum äußeren Rand des Ringes abzüglich der Entfernung vom Kreismittelpunkt zum äußeren Rand des vorhergehenden Anbaukreises gebildet.

Im nächsten Schritt werden dann die Grundflächen der Anbauringe bestimmt und dafür dann die mittlere Transportentfernung ermittelt. Diese mittlere Transportentfernung ergibt sich als Luftlinie zunächst als die Strecke vom Kreismittelpunkt bis zu einem Kreis, der innerhalb des jeweiligen Anbauringes liegt und die Fläche des Anbauringes in zwei Hälften teilt. Da Wegenetze nicht so beschaffen sind, dass die Transportwege der angegebenen Luftlinie entsprechen, ist die Luftlinienentfernung – ebenso wie in Abschnitt 7.1 skizziert – durch die Multiplikation mit einem Umwegfaktor zu bestimmen. Diese Transportentfernung wird dann für die Bestimmung der transportentfernungsabhängigen Kosten mit der Gleichung (7.21) verwendet.

Sowohl für die Bestimmung der jeweils mittleren Transportentfernung als auch für die Bestimmung der Maisflächenumfänge innerhalb der Anbauringe müssen die Flächen der Anbauringe bestimmt werden. Die Fläche eines m-ten Anbauringes ergibt sich durch Berechnung der Kreisfläche bis zum äußeren Rand des Anbauringes abzüglich der Fläche des Kreises bis zum inneren Ring des Anbauringes. Für die Fläche des m-ten Anbaukreises gilt also:

$$(7.22) \qquad FAR_m = 100 \cdot (\pi \cdot RAAR_m^2 - \pi \cdot RIAR_m^2) = 100 \cdot \pi \cdot (RAAR_m^2 - RIAR_m^2)$$

Darin sind:

FAR_m = Gesamtfläche des m-ten Anbauringes, gemessen in ha;

$RAAR_m$ = Entfernung vom Kreismittelpunkt zum äußeren Rand des Anbauringes, gemessen in km;

$RIAR_m$ = Entfernung vom Kreismittelpunkt zum inneren Rand des Anbauringes, gemessen in km.

Es soll jetzt diejenige Entfernung vom Kreismittelpunkt zu der Kreislinie bestimmt werden, die den Anbauring in zwei Hälften teilt. Der für diesen Kreis gesuchte Radius (RX_m) des m-ten Anbauringes ergibt sich wie folgt:

$$\pi \cdot RAAR_m^2 - \pi \cdot RX_m^2 = \pi \cdot RX_m^2 - \pi \cdot RIAR_m^2$$

Die Auflösung nach RX_m führt zu:

$$(7.23) \qquad RX_m = \sqrt{0,5 \cdot RAAR^2 + RIAR^2}$$

Multipliziert man diese mittlere Luftlinienentfernung mit dem Umwegfaktor (uwg), ergibt sich die mittlere Transportentfernung für den Silomais im m-ten Anbauring mit:

$$(7.24) \qquad efg = uwg \cdot \sqrt{0,5 \cdot (RAAR_m^2 + RIAR_m^2)}$$

Diese Entfernung wird in Zeile 6 des Blocks VIII der Übersicht 7.28 bestimmt. Damit können die transportentfernungsabhängigen Kosten gemäß Gleichung (7.21) in Zeile 8 des Blocks VIII bestimmt werden.

Die in Zeile 18 des Optimierungsmodells (linker Teil der Übersicht 7.28) aufgeführten Kosten für Ernte, Transport und Einlagerung des Silomais (KEFB) je ha Anbaufläche ergeben sich dann durch einfache Summation der mit den Gleichungen (7.20) und (7.21) berechneten transportentfernungsunabhängigen (TEUK) und transportentfernungsabhängigen (TEAK) Kosten mit:

(7.25) $KEFB = TEUK + TEAK$

Schließlich ist noch die Silomaisproduktion zu modellieren. Die Silomaisproduktion in einem m-ten Anbauring ergibt sich gemäß Block X der Übersicht 7.28 wie folgt: Zunächst wird die Gesamtfläche des Anbauringes gemäß der vorher abgeleiteten Gleichung (7.22) in Zeile 1 des Blocks X bestimmt. Daraus errechnet sich die Ackerfläche des m-ten Anbauringes unter Berücksichtigung des Ackerflächenanteils (afat) mit:

(7.26) $AFAR_m = FAR_m \cdot afat$

Darin sind:
$AFAR_m$ =   Ackerfläche des m-ten Anbauringes, gemessen in ha;
FAR_m =   Gesamtfläche des m-ten Anbauringes, gemessen in ha;
afat   =   Ackerflächenanteil.

Welcher Anteil dieser Ackerfläche des m-ten Anbauringes zur Silomaiserzeugung genutzt wird, wird dann mit dem linken Teil des betrieblichen Optimierungsmodells bestimmt. Der für den Silomais genutzte Ackerflächenanteil geht in der Spalte für den Silomais aus Zeile 29 des Optimierungsmodells hervor. Multipliziert man diesen Flächenanteil – dividiert durch 100 – mit der Ackerfläche im m-ten Anbauring, ergibt sich die Silomaisfläche des m-ten Anbauringes mit:

(7.27) $$SMAR_m = \frac{SMAT_m \cdot AFAR_m}{100}$$

Darin sind:
$SMAR_m$ =   Silomaisfläche im m-ten Anbauring, gemessen in ha;
$SMAT_m$ =   Silomaisfläche im m-ten Anbauring als Anteil der betrieblichen Ackerfläche, gemessen in %;
$ARAR_m$ =   Ackerfläche im m-ten Anbauring.

Diese Silomaisfläche wird in Zeile 4 des Blocks X der Übersicht 7.28 bestimmt.

Bleibt noch die Bestimmung der Silomaisproduktion (SMP_m) im m-ten Anbauring. Die Produktionsmenge ergibt sich durch einfache Multiplikation der Silomaisfläche ($SMARm$) mit dem Silomaisertrag (ysm_m) mit:

(7.28) $SMP_m = SMAR_m \cdot ysm_m$

Die Produktmenge wird gemäß dieser Gleichung in Zeile 5 des Blocks X der Übersicht 7.28 errechnet.

Außer den Kosten für Ernte, Transport und Einlagerung des Silomais sind – wie vorher bereits gesagt – auch die Kosten der Substratgülleausbringung zu berücksichtigen. Die Bestimmung dieser Kosten erfolgt in Block IX der Übersicht 7.28. Die Kosten wurden ebenfalls auf der Basis von Daten des KTBL für Entfernungen von 1 bis 30 km in ihre transportentfernungsunabhängigen und transportentfernungsabhängigen Bestandteile mittels Einfachregression zerlegt.

Die sich daraus ergebenden Kostensätze sind in den Zeilen 1 und 2 des Blocks IX der Übersicht 7.28 aufgeführt. Der transportentfernungsunabhängige Kostensatz beträgt KUGA = 2,505 €/m³. Der transportentfernungsabhängige Kostensatz beträgt KAGA = 0,204 €/(m³ · km).

Je ha Maisanbaufläche betragen die transportentfernungsunabhängigen Kosten der Gülleausbringung dann:

(7.29)   TUGK=KUGA·GAM

Darin sind:

TUGK = Transportentfernungsunabhängige Kosten der Substratgülleausbringung, gemessen in €/ha Maisanbaufläche;

KUGA = transportentfernungsunabhängiger Kostensatz der Gülleausbringung, gemessen in €/m³ Substratgülle;

GAM = Substratgülleanfall, gemessen in m³/ha Maisanbaufläche.

Die transportentfernungsabhängigen Kosten je ha Maisanbaufläche der Substratgülleausbringung betragen:

(7.30)   TAGK = KAGA · GAM · efg

Darin sind:

TAGK = Transportentfernungsunabhängige Kosten der Substratgülleausbringung, gemessen in €/ha Maisanbaufläche;

KAGA = transportentfernungsunabhängiger Kostensatz der Substratgülleausbringung, gemessen in €/(m³ · km);

GAM = Substratgülleanfall, gemessen in m³/ha Maisanbaufläche;

efg = Entfernung vom Feld zur Biogasanlage, gemessen in km.

Zur vollständigen Bestimmung der Gülleausbringungskosten ist schließlich doch der Substratgülleanfall je ha Maisanbaufläche (GAM) für die vorstehenden Gleichungen (7.29) und (7.30) zu bestimmen. Normalerweise besteht die Substratgülle von Biogasanlagen aus den Gärresten verschiedener Rohstoffe und nicht nur aus denjenigen des Mais. Will man deshalb die Substratgüllemenge nur für Mais berechnen, dann kann man dafür die folgende Ableitung durchführen:

Der erntefrische Mais möge eine Trockensubstanz von 32 %, also 320 kg je t Frischmais, enthalten. Lt. KTBL (KTBL, Faustzahlen Biogas) werden in dem Gärprozess ca. drei Viertel oder 240 kg Trockenmasse abgebaut, so dass je t Frischmais nach der Vergärung noch 80 kg Trockenmasse verbleiben. Bei einem angenommenen Trockenmassegehalt der Substratgülle von 10 % werden die 80 kg Trockenmasse also zu einem Gülleanfall von 800 kg Substratgülle je t Mais führen. Da die Substratgülle in etwa ein spezifisches Gewicht von 1 hat, bedeuten diese 800 kg auch 8 m³ Gülle je ha Maisanbau. Im Beispiel würde der Substratgülleanfall also 80 % des eingesetzten Energiemaises betragen. Etwas allgemeiner kann der Substratgülleanfall je t Energiemais deshalb wie folgt bestimmt werden:

$$(7.31) \qquad GAM = \frac{tms \cdot tms}{tmg} \cdot ysm$$

Darin sind:

GAM = Substratgüllemenge aus dem Ertrag von 1 ha Energiemais, gemessen in t/ha bzw. in m³/ha;

tms = Trockenmassegehalt der Maisfrischmasse, gemessen in %/100;

tmg = Trockenmassegehalt der Substratgülle, gemessen in %/100;

tmgs = Trockenmasse in der Substratgülle als Anteil der Trockenmasse in Frischmais;

ysm = Ertrag des Silomaises, gemessen in t FM/ha.

Die Substratgüllemenge (GAM) wird anhand der Gleichung (7.31) in Zeile 6 des Blocks IX der Übersicht 7.28 bestimmt. Die hier unterstellten Werte der drei Faktoren tms, tmgs und tmg gehen aus den Zeilen 3 bis 6 des Blocks IX hervor. Der Silomaisertrag ergibt sich wieder aus Zeile 30 des Optimierungsmodells der linken Seite der Übersicht 7.28.

Die mit Gleichung (7.31) ermittelte Substratgüllemenge schwankt selbstverständlich mit dem Silomaisertrag und auch mit den Werten der drei Faktoren tms, tmgs und tmg. Die hier verwendeten Werte spiegeln im Großen und Ganzen jedoch die Realität wider.

Nachdem die Substratgüllemenge (GAM) berechnet ist, können die transportentfernungsunabhängigen und die transportentfernungsabhängigen Kosten je ha Maisanbau mit den Gleichungen (7.29) und in (7.30) berechnet werden. Das erfolgt in den Zeilen 7 und 8 des Blocks IX der Übersicht 7.28.

Durch einfache Summation ergeben sich daraus schließlich die in Zeile 19 des Optimierungsmodells aufgelisteten Kosten der Substratgülleausbringung (KGBF). Es gilt:

$$(7.32) \qquad KGBF = TUGK + TAGK$$

In der in Zeile 20 des Optimierungsmodells bestimmten Bodenrente für den Silomais sind die Kosten für Ernte, Transport und Einlagerung sowie den Rücktransport der Substratgülle berücksichtigt.

Zur Bestimmung des Gleichgewichtspreises für den Silomais mit dem Modell der Übersicht 7.28 wird dann wie folgt vorgegangen:

In Zeile 15 des Optimierungsmodells wird für den Silomais ein als plausibel angesehener Preis eingegeben und in Zeile 1 des Blocks XI der Übersicht 7.28 wird der (jährliche) Silomaisbedarf, gemessen in t FM, vorgegeben.

Die Simulationsläufe mit dem Modell werden dann mit dem inneren Anbauring begonnen. In den Zeilen 3 und 4 des Blocks VIII werden dazu die Radien des inneren und äußeren Randes des Anbauringes festgesetzt. Übersicht 7.28 zeigt mit den Radien RIAR = 0,0 km und RAAR = 0,5 km den Anbauring unmittelbar um die Silomaisanlage. Dabei wurde die in Zeile 1 des Blocks X angegebene Fläche und in Zeile 3 die Ackerfläche des Anbauringes bestimmt.

Die anschließende Berechnung des optimalen Landnutzungsprogramms für den Anbauring ergibt, dass 24,56 % der Ackerfläche mit Silomais genutzt werden sollen (siehe Zeile 29 des Optimierungsmodells). Bei einer Ackerfläche von 39,2699 ha (siehe Zeile 3 des Blocks X) ergibt sich daraus eine Maisanbaufläche von 9,1428 ha (siehe Zeile 4 des Blocks X). Des Weiteren liefert die Optimierung für den Silomais einen Ertrag von 63,97 t FM (siehe Zeile 30 des Optimierungsmodells). Durch Multiplikation dieses Wertes mit der Maisanbaufläche ergibt sich daraus die Silomaisproduktion im Anbauring (SMP_m) von 616,89 t FM.

Dieser Betrag wird in Zeile 2 des Blocks XI von dem Gesamtbedarf (Zeile 1 des Blocks XI) subtrahiert, um mit dem Wert in Zeile 3 festzustellen, wie hoch der verbleibende Bedarf, der in

Übersicht 7.29:
Das mathematische Optimierungsmodell zur Bestimmung des Gleichgewichtspreises für Energiemais zur Versorgung einer Biogasanlage in Abhängigkeit von der Größe der Biogasanlage (Höhe des Energiemaisbedarfs) und in Abhängigkeit vom Ackerflächenanteil im umliegenden Anbaugebiet (Bestimmung der Gesamtmaisproduktion zur Deckung des Bedarfes der Biogasanlage)

Z.	Aktivitäten: Bezeichnung:	Symbol	Speise-kartoffeln x_1	Zucker-rüben x_2	Winter-raps x_3	Winter-weizen x_4	Sommer-gerste x_5	Körner-mais x_6	Silo-mais x_7		
I Bestimmung des Ertragsniveaus											
1	Ankerwert des Ertrages[1] [t/ha]	yank	60,500	77,000	4,750	10,850	7,600	12,540	66,000	E-Faktor[2] [ef]	
2	Maximalertrag[3] [t/ha]	ymax	60,500	77,000	4,750	10,850	7,600	12,540	66,000	1,00	
II Bestimmung des Ertrages nach Maßgabe der Schädigungswirkung											
3	Maximalertrag [t/ha]	ymax	60,500	77,000	4,750	10,850	7,600	12,540	66,000	Depressions-anpassungs-faktor [df] (0,7 bis 1,3)	
4	Normertragsdepression (0-1)	ned	0,5000	0,5000	0,5000	0,2500	0,2500	0,1250	0,1250		
5	Angepasste Ertragsdepression	ed	0,5000	0,5000	0,5000	0,2500	0,2500	0,1250	0,1250		
6	Minimalertrag[4] [dt/ha]	ymin	30,25	38,50	2,38	8,14	5,70	10,97	57,75		
7	Ertrag [t/ha]	y	60,50	74,06	4,44	10,14	7,30	11,96	66,00	1,00	
III Bestimmung der Humuslieferung											
8	Ankerwert d. Humusabbaus [kg C/ha]	nhac	1000,0	1300,0	400,0	400,0	400,0	800,0	800,0	Humus-abbau-anpassungs-faktor [haf] (-0,3 bis +0,3)	
9	Ertragsabh. Humusabbau [kg C/ha]	ehac	1000,0	1300,0	400,0	400,0	400,0	800,0	800,0		
10	Angepasster Humusabbau [kg C/ha]	hac	1000,0	1300,0	400,0	400,0	400,0	800,0	800,0		
11	Haupt-:Nebenertrag-Verhältnis	hnv	0,0	0,7	1,7	0,8	0,7	1,0	0,8		
12	Humusgehalt [kg C/t-Ertrag]	hgnc	0,0	8,0	70,0	70,0	70,0	70,0	12,0		
13	Humuslieferung [kg C/ha]	hlc	0,0	414,7	528,3	567,9	357,5	837,0	633,6		
14	Humusbilanz [kg C/ha]	hbc	1000,0	885,3	-128,3	-167,9	42,5	-37,0	166,4	0,00	
IV Bestimmung der Bodenrente											
15	Produktpreis [€/t]	py	100,00	35,00	380,00	180,00	220,00	185,00	39,83	Produktions-risiko-scheu-faktor [prf] (0 bis 0,6)	
16	Ertragsabhängige Kosten [€/t]	MKV	50,22	14,51	167,21	79,49	68,61	81,09	11,46		
17	Flächenabhängige Kosten [€/ha]	KFV	1460,9208	405,5000	261,6035	340,0451	354,2044	475,5922	396,6300		
18	Ernte-, Transport- und Einlagerungskosten für Silomais als Energiemais für die Biogasanlage in €/ha (KEFB):							619,43			
19	Kosten für die Substratgülleausbringung von der Biogasanlage zurück auf das Feld in €/ha (KGBF):							201,05			
20	Bodenrente [€/ha]	BR	1550,62	1111,60	683,07	679,16	750,38	766,93	655,64	0,30	
V Bestimmung des Risikonutzens											
21	Standardabweichung Ertrag[5]	sap	0,2294	0,0770	0,1497	0,0753	0,1144	0,0873	0,0796	Marktrisiko-scheu-faktor [mrf] (0 bis 0,6)	
22	Standardabweichung Preis[5]	sam	0,2720	0,0545	0,2497	0,3140	0,3123	0,2726	0,0488		
23	Ertragsrisikoprämie [€/ha]	RPP	416,36	59,88	75,76	41,23	55,09	57,94	62,78		
24	Preisrisikoprämie [€/ha]	RPM	493,68	42,38	126,37	171,94	150,39	180,91	38,49		
25	Risikonutzen [€/ha]	RN	640,58	1009,34	480,93	465,99	544,89	528,08	554,38	0,30	
VI Matrix der Begrenzungen										Verfügbar	Genutzt
26	Ackerfläche [ha]		1,0	1,0	1,0	1,0	1,0	1,0	1,0	<= 250,00	250,00
27	Humusbilanz [kg C/ha]		1000,0	885,3	-128,3	-167,9	42,5	-37,0	166,4	<= 0,00	-0,00
28	Zielfunktion=Anbauumfänge [ha]		0,00	19,11	32,69	65,41	39,94	92,85	0,00	136.285,52	< RNB[6]
VII Ergebnisse											
29	Ackerflächenanteil [%]		0,00	7,64	13,08	26,16	15,98	37,14	0,00		
30	Ertrag [t/ha]		60,50	74,06	4,44	10,14	7,30	11,96	66,00	Betrieb	
31	Bodenrente dse Betriebes [€]									189.175,51	< BRB
32	Bodenrente [€/ha]		1550,62	1111,60	683,07	679,16	750,38	766,93	655,64	756,70	< MBR[7]
33	Kosten des Betriebes [€]									304.411,26	< K
34	Kosten[8] [€/ha]		4499,38	1480,40	1003,92	1146,10	854,84	1445,26	1973,14	1.217,65	< MK[9]
35	Herfindahl-Index:					0,25					

[1] hohes Ertragsniveau gemäß KTBL-Online,Kalkulationsdaten,erhöht um 10% wegen minimalen Anbauanteils; [2] Anpassungsfaktor zur Bestimmung des Ertragsniveaus; [3] bei minimalem Anbauanteil; [4] bei Monokultur; [5] bezogen auf Mittelwert = 1; [6] Risikonutzen des Betriebes; [7] durchschnittliche Bodenrente des Betriebes; [8] als spezielle Intensitäten der Landnutzung; [9] als durchschnittliche Landnutzungsintensität des Betriebes

VIII Bestimmumg der Ernte- Transport- u. Einlagerungskosten für Silomais		
Z.	Bezeichnung	Symbol	Betrag
1	Transportentfernungsunabhängiger Kostensatz [€/t FM]	KUFM	8,0570
2	Transportentfernungsabhängiger Kostensatz [€/(t FM*km)]	KAFM	0,2080
3	Radius des inneren Randes des Anbauringes [km]	RIAR	4,0000
4	Radius des äußeren Randes des Anbauringes [km]	RAAR	4,5000
5	Umwegfaktor	uwg	1,5000
6	Mittlere Transportentfernung [km]	efg	6,3860
7	Transportentfernungsunabhängige Kosten [€/ha]	TEUK	531,7620
8	Transportentfernungsabhängige Kosten [€/ha]	TEAK	87,6673

IX Bestimmung der Kosten für die Substratgülleausbringung		
Z.	Bezeichnung	Symbol	Betrag
1	Transportentfernungsunabhängiger Kostensatz [€/m³]	KUGA	2,5050
2	Transportentfernungsabhängiger Kostensatz [€/(m³ *km)]	KAGA	0,2040
3	Trockenmassegehalt der Silomaisrischmasse [%/100]	tms	0,3200
4	Trockenmassegehalt der Substratgülle [%/100]	tmg	0,1000
5	TM in Biogas als Anteil der TM in Silomais-FM [%/100]	tmgs	0,2500
6	Substratgüllemenge aus Ertrag [m³/ha]	GAM	52,8000
7	Transportentfernungsunabhängige Kosten [€/ha]	TUGK	132,2640
8	Transportentfernungsabhängige Kosten [€/ha]	TAGK	68,7851

X Bestimmung der Gesamtproduktion an Silomais		
Z.	Bezeichnung	Symbol	Betrag
1	Fläche des Anbauringes [ha]	FAR	1335,1769
2	Ackerflächenanteil im Anbauring	afat	0,5000
3	Ackerfläche im Anbauring [ha]	AFAR	667,5884
4	Silomaisfläche im Anbauring [ha]	SMAR	0,0000
5	Silomaisproduktion im Anbauring [t FM]	SMP	0,00

XI Flächenbilanz zur Bedarfsdeckung einer Biogasanlage mit Silomais	
1	Gesamtbedarf an Silomais [t FM]	15000,00
2	Produktion im 1. Anbauring [t FM]	616,89
3	Verbleibender Bedarf an Silomais [t FM]	14383,11
4	Produktion im 2. Anbauring [t FM]	1653,16
5	Verbleibender Bedarf an Silomais [t FM]	12729,95
6	Produktion im 3. Anbauring [t FM]	2376,15
7	Verbleibender Bedarf an Silomais [t FM]	10353,80
8	Produktion im 4. Anbauring [t FM]	2771,75
9	Verbleibender Bedarf an Silomais [t FM]	7582,05
10	Produktion im 5. Anbauring [t FM]	2813,56
11	Verbleibender Bedarf an Silomais [t FM]	4768,49
12	Produktion im 6. Anbauring [t FM]	2482,56
13	Verbleibender Bedarf an Silomais [t FM]	2285,93
14	Produktion im 7. Anbauring [t FM]	1756,86
15	Verbleibender Bedarf an Silomais [t FM]	529,07
16	Produktion im 8. Anbauring [t FM]	611,88
17	Verbleibender Bedarf an Silomais [t FM]	-82,81
18	Produktion im 9. Anbauring [t FM]	0,00
19	Verbleibender Bedarf an Silomais [t FM]	-82,81
20	Produktion im 10. Anbauring [t FM]	
21	Verbleibender Bedarf an Silomais [t FM]	-82,81

weiteren Anbauringen erzeugt werden muss, noch ist.

Die Simulations- und Optimierungsrechnungen müssen dann schrittweise für weitere Anbauringe solange fortgesetzt werden, bis der Anbauring erreicht ist, dessen optimales Landnutzungsprogramm keinen Silomais mehr enthält.

In Übersicht 7.29, die in Bezug auf das Modell der Übersicht 7.28 gleicht, ist in Block XI dargestellt, welche Mengen an Silomais in den weiteren Anbauringen erzeugt werden und dass im 9. Anbauring mit den inneren und äußeren Radien von 4,0 und 4,5 km kein Mais mehr erzeugt wird. Wegen der steigenden Transportkosten ist der Mais in diesem Anbauring nicht mehr wettbewerbsfähig.

Die Maiserzeugung in den vorhergehenden Anbauringen reicht jedoch für die Deckung des Bedarfs der Biogasanlage in Höhe von 15.000 t (in etwa) aus. Dieses Rechenergebnis erhält man bei der dem Modell zugrunde liegenden Datenkonstellation, wenn man den in Zeile 15 des Optimierungsmodells einzugebenden Maispreis mit 39,83 €/t ansetzt.

Dieser Preis ergab sich tatsächlich jedoch erst nach verschiedenen Versuchen mit unterschiedlichen Preisen. Wird ein Preis zu hoch gewählt, übersteigt die Gesamtproduktion in den Anbauringen den Gesamtbedarf, wird er dagegen zu niedrig gewählt, kann der Gesamtbedarf nicht gedeckt werden.

Übersicht 7.30:

Landnutzungsprogramme in Abhängigkeit von der Entfernung der Anbaufläche von der Biogasanlage

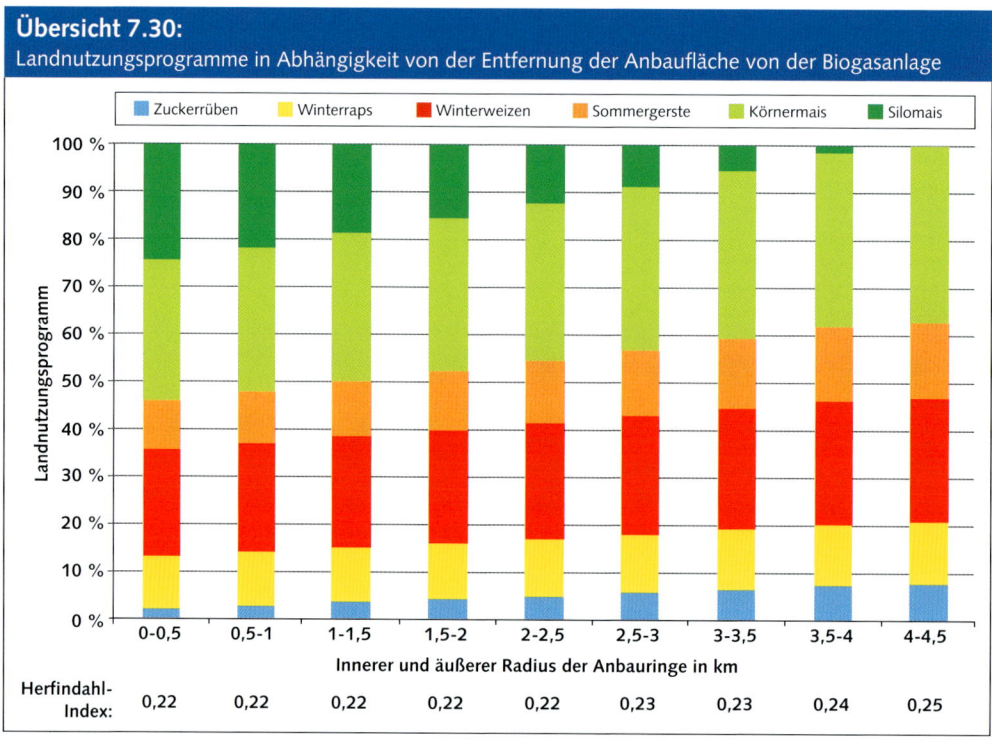

7.5.3 Landnutzungsprogramme in Abhängigkeit von der Entfernung des Standortes von der Biogasanlage

Führt man nun mit dem Modell der Übersichten 7.28 bzw. 7.29 die bereits beschriebenen Rechnungen durch, dann ergibt sich für die Landnutzungsprogramme in Abhängigkeit von der Entfernung zur Biogasanlage das Bild der Übersicht 7.30. Bis zu einem Anbauring, dessen Landnutzungsprogramm keinen Silomais mehr enthält, nimmt der Silomaisanteil am Landnutzungsprogramm sukzessive ab. Die frei werdenden Flächen werden im vorliegenden Beispiel durch die Ausdehnung des Zuckerrüben- und des Sommergerstenanteils kompensiert.

7.5.4 Der Gleichgewichtspreis für Energiemais in Abhängigkeit von der Größe der Biogasanlage und vom Ackerflächenanteil im Erzeugungsgebiet

Simulationsläufe mit dem Modell der Übersicht 7.29 bei Variation der Größe der Biogasanlage, ausgedrückt durch den Maisbedarf, zeigen, dass der Preis für den Mais, den der Anlagenbetreiber bieten muss, um den Bedarf für die Anlage zu decken, mit zunehmender Größe der Biogasanlage steigt. Für die Datenkonstellation des Modells der Übersicht 7.29 nimmt der Maispreis bei von 5.000 bis 25.000 t steigendem Maisbedarf von 39,13 €/t FM auf 40,26 €/t FM um ca. 3 % zu. Das zeigt die Übersicht 7.31. Eine Verfünffachung der Anlagengröße führt also nur zu geringen Preissteigerungen des Rohstoffes. Die Preissteigerung ist allerdings erforderlich, weil – wie im unteren Teil der Übersicht 7.31 angegeben – der Anbaukreis mit zunehmendem Maisanbau ausgedehnt werden muss, was zu steigenden Transportkosten führt.

Übersicht 7.31:
Gleichgewichtspreis für den Silomais in Abhängigkeit von der Größe der Biogasanlage

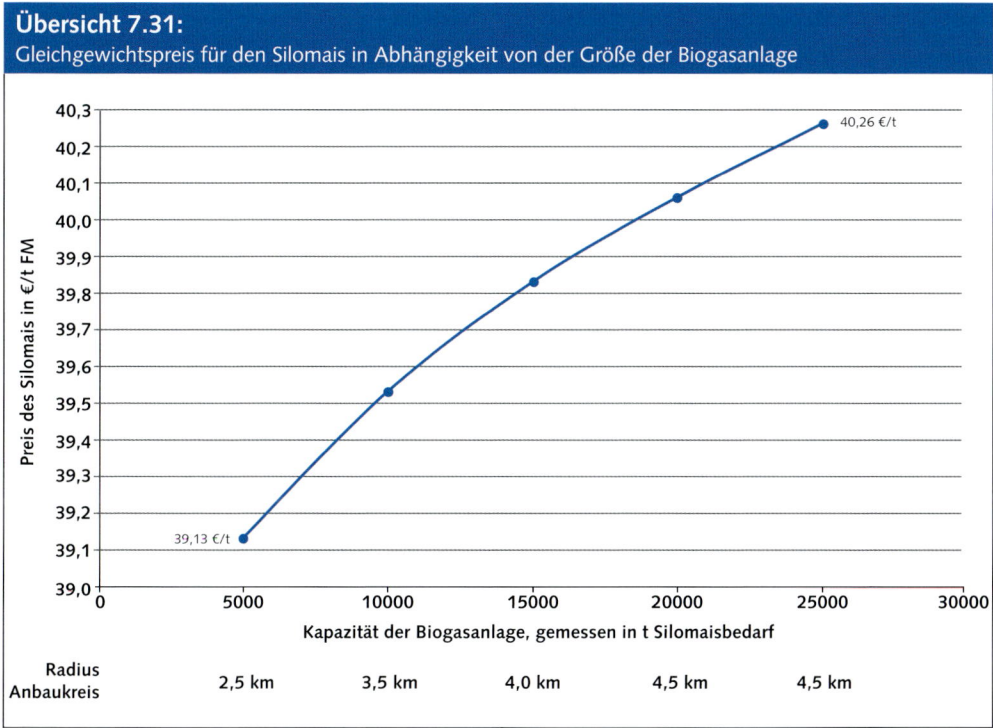

| Radius Anbaukreis | 2,5 km | 3,5 km | 4,0 km | 4,5 km | 4,5 km |

Aus der Preissteigerung darf jedoch nicht geschlossen werden, dass kleine im Vergleich zu größeren Biogasanlagen wirtschaftlich überlegen sind. Größere im Vergleich zu kleineren Anlagen nutzen selbstverständlich „economies of scale", d. h. die übrigen Stückkosten der Biogaserzeugung sinken mit steigender Anlagengröße. Die optimale Anlagengröße ist also dann erreicht, wenn die (positive) Veränderung der Rohstoffkosten der (negativen) Veränderung der übrigen Anlagenbetriebskosten betragsmäßig gleicht. Je ausgeprägter die Stückkostensenkungen bei den Anlagenbetriebskosten c. p. sind, desto größer sollte die Biogasanlage ausgelegt werden.

Bei gegebener Anlagengröße hängt der Gleichgewichtspreis für den Mais des Weiteren vom Anteil der Ackerfläche an der Gesamtfläche des Erzeugungsgebietes ab. Höhere Ackerflächenanteile im Einzugsgebiet bewirken, dass der Maisbedarf in einem Erzeugungskreis mit einem relativ geringen Radius gedeckt werden kann. Abnehmende Ackerflächenanteile zwingen zur Nutzung eines zunehmend größeren Einzugsgebietes und führen damit zu steigenden Transportkosten.

Übersicht 7.32 zeigt für die Datenkonstellation der Übersicht 7.29 bei einem Maisbedarf von 15.000 t FM, dass der Gleichgewichtspreis für den Mais von 40,27 auf 39,58 €/t FM um ca. 2 % fallen kann, wenn der Ackerflächenanteil von 0,3 auf 0,7 bzw. von 30 auf 70 % der Gesamtfläche des jeweiligen Anbaugebietes ansteigt.[3]

Unter sonst gleichen Bedingungen sind Regionen mit hohem Ackerflächenanteil bevorzugte Standorte für Biogasanlagen. Einschränkend ist jedoch hinzuzufügen, dass die Regionen mit hohen Ackerflächenanteilen in aller Regel besonders vorteilhafte natürliche Standorte sind, auf

---

[3] Zur Einordnung dieser Zahlen sei gesagt, dass der durchschnittliche Ackerflächenanteil in Deutschland gegenwärtig bei ca. 33 % bzw. 0,33 liegt.

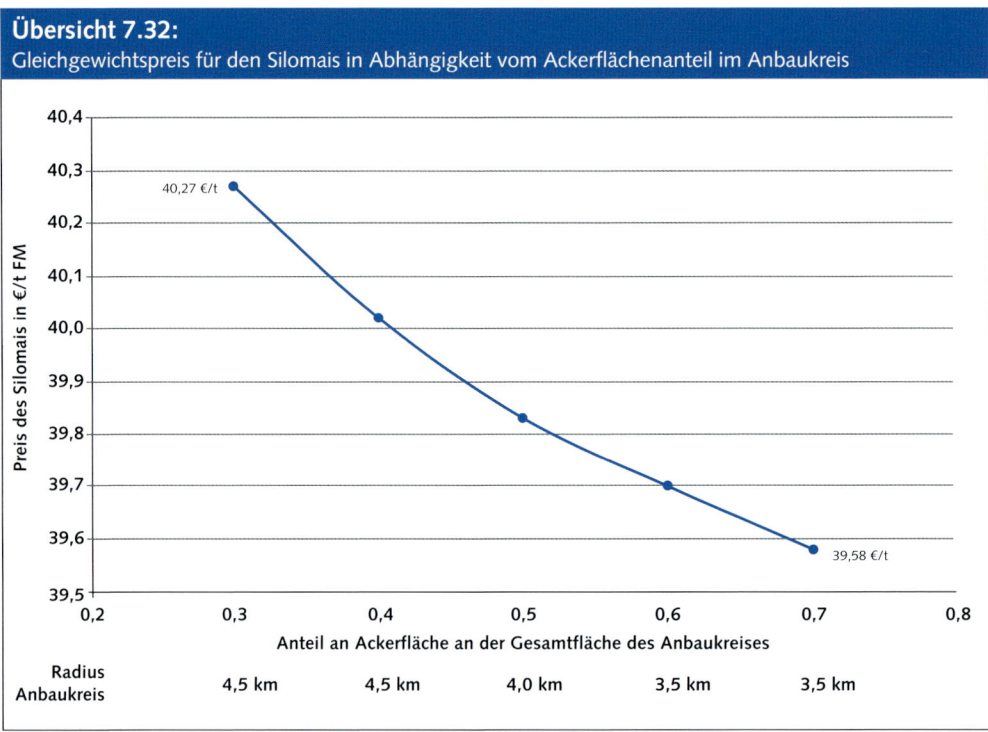

Übersicht 7.32:
Gleichgewichtspreis für den Silomais in Abhängigkeit vom Ackerflächenanteil im Anbaukreis

denen viele Landnutzungsalternativen relativ hohe Bodenrenten erbringen können. Aus dem Optimierungsmodell der Übersicht 7.29 lässt sich unmittelbar ableiten, dass bei steigenden Bodenrenten der übrigen Landnutzungsalternativen der Maispreis steigen muss, wenn er wettbewerbsfähig bleiben soll. Deshalb kann sich auch in Bezug auf den Ackerflächenanteil einer Erzeugungsregion ein Optimum ergeben. Formal ist dieses dann erreicht, wenn die (positive) Veränderung des Gleichgewichtspreises für den Mais der (negativen) Veränderung der Transportkosten betragsmäßig gleicht.

8
Der Einfluss der marktlichen Standortfaktoren auf das Landnutzungsprogramm, die Landnutzungsintensität und die Bodenrente

Gemäß Übersicht 2.1 werden in diesem Buch unter den marktlichen Standortfaktoren die Produktpreis-Faktorpreis-Relation, die Faktorpreis-Relation und die Produktpreis-Relation sowie der außerlandwirtschaftliche Arbeitsmarkt zusammengefasst.

Mit zunehmenden Werten der Produktpreis-Faktorpreis-Relation, d. h. mit zunehmendem Produktpreisniveau im Vergleich zum Faktorpreisniveau, verändert sich das Landnutzungsprogramm in Richtung auf Landnutzungsverfahren mit höheren speziellen Intensitäten. Dadurch steigt auch die betriebliche Landnutzungsintensität. Die betriebliche Bodenrente nimmt zu. Darüber hinaus wird das Landnutzungsprogramm weniger vielseitig.

Die Wirkung unterschiedlicher Faktorpreis-Relationen wird am Beispiel des Verhältnisses zwischen den Preisen für Kapital (Sachgüter als Betriebsmittel und Werkstoffe) und den Preisen für die menschliche Arbeit verdeutlicht. Sind die Preise für die Sachgüter im Vergleich zu den Preisen für die Arbeit hoch/niedrig, bestehen die Landnutzungsprogramme schwerpunktmäßig aus Landnutzungsverfahren, die den Einsatz von relativ wenig/viel Sachgütern erfordern. Je teurer die eine Faktorgruppe im Vergleich zur anderen Faktorgruppe ist, desto sparsamer wird sie eingesetzt.

Bezüglich des Einflusses der Produktpreis-Relation gilt schließlich: Je höher das Produktpreisniveau eines Landnutzungsverfahrens im Vergleich zum Produktpreisniveau anderer Landnutzungsverfahren ist, in desto größerem Umfang ist es im Landnutzungsprogramm vertreten. Unterschiedliche Produktpreis-Relationen führen zu unterschiedlichen Schwerpunktbildungen in den Landnutzungsprogrammen.

Schließlich bewirkt die Entstehung eines wirksamen außerlandwirtschaftlichen Arbeitsmarktes, dass sich namentlich in Familienbetrieben mit geringen Nutzflächenausstattungen die Landnutzungsintensität und die Bodenrente vermindern, während die (monetäre) Arbeitsproduktivität aufgrund der außerbetrieblichen Zusatzeinkommen zunimmt.

8.1   Faktor- und Produktpreise als marktliche Standortfaktoren

Die marktlichen Standortfaktoren werden insgesamt durch die Niveaus und Strukturen der Faktor- und Produktpreise sowie die Wirksamkeit des außerlandwirtschaftlichen Arbeitsmarktes konkretisiert. Die Faktor- und Produktpreise sind für den einzelnen Landwirt an seinem Produktionsort Standortfaktoren, die er wegen seiner geringen Marktmacht (polypolitische Anbieterstruktur) nicht beeinflussen kann und an die er sich mit seinem Landnutzungsprogramm und seiner Landnutzungsintensität in bestmöglicher Weise anpassen muss, wenn er das Ziel der nachhaltigen Maximierung der betrieblichen Bodenrente verfolgen will.

Im Einzelnen äußern sich die Niveaus und Strukturen der Faktor- und Produktpreise in dreierlei Hinsicht, nämlich

(1) in den Relationen zwischen den Faktor- und Produktpreisen (als „Produktpreis-Faktorpreis-Relationen" oder auch als „Preis-Kosten-Verhältnisse" bezeichnet);

(2) in den Relationen zwischen den Preisen für die verschiedenen Produktionsfaktoren (als „Faktorpreis-Relationen" bezeichnet) und

(3) in den Relationen zwischen den Preisen der verschiedenen Agrarprodukte (als „Produktpreis-Relationen" bezeichnet).

Generell verändern sich die Produktpreis-Faktorpreis-Relationen unter dem Einfluss von Angebot und Nachfrage nach Agrarprodukten. Unter sonst gleichen Bedingungen erhöht sich die Produktpreis-Faktorpreis-Relation, wenn die Nachfrage rascher zunimmt als das Angebot. Umgekehrt vermindert sich die Produktpreis-Faktorpreis-Relation, wenn das Angebot rascher zunimmt als die Nachfrage. Die erste Entwicklung trifft zu, wenn die Nachfrage nach Agrarprodukten aufgrund rasch zunehmender Bevölkerung bei gleichzeitig steigendem Pro-Kopf-Einkommen (z. B. in den Schwellenländern Ostasiens und Südamerikas) nachhaltig ansteigt. Die zweite Entwicklung trifft zu, wenn bei weitgehend stagnierender Bevölkerung und hohem Pro-Kopf-Einkommen in den hoch entwickelten Industrieländern das Angebot an Agrarprodukten aufgrund nachhaltiger ertragssteigernder Fortschritte (vgl. Kapitel 6) rascher ansteigt als die Nachfrage.

Veränderungen der Faktorpreis-Relationen treten generell als Folge veränderter Knappheitsverhältnisse für die Produktionsfaktoren auf. So verändern sich im Zuge der wirtschaftlichen Entwicklung, getrieben durch arbeitssparende Fortschritte, die Faktorpreis-Relationen zwischen Arbeit und Kapital. Während sich die Betriebsmittel und Werkstoffe (relativ) verbilligen, verteuert sich umgekehrt die menschliche Arbeit.

Schließlich verändern sich die Produktpreis-Relationen generell ebenfalls als Folge veränderter Knappheitsverhältnisse. Im Zuge der wirtschaftlichen Entwicklung mit ihren steigenden Pro-Kopf-Einkommen verbilligen sich (relativ) die Agrarprodukte, aus denen Grundnahrungsmittel hergestellt werden und verteuern sich die Agrarprodukte, aus denen die Lebensmittel für den „gehobenen" Bedarf erzeugt werden. Während sich pflanzliche und tierische Standardprodukte i. d. R. (relativ) verbilligen, verteuern sich i. d. R. (relativ) Obst und Gemüse sowie Meeresfrüchte.

8.2 Landnutzungsprogramme und Landnutzungsintensitäten unter dem Einfluss der marktlichen Standortfaktoren

8.2.1 Der Einfluss der Produktpreis-Faktorpreis-Relation

Im Folgenden wird zunächst davon ausgegangen, dass in einem geschlossenen Wirtschaftsraum nur ein natürlicher Standort existiert, auf dem zur Deckung des Nahrungsmittelbedarfs der inländischen Bevölkerung bei einem gegebenen Stand der Technik nur die beiden Produkte Speisekartoffeln und Braugerste erzeugt werden.

Variiert man dann das Produktpreis-Niveau, d. h. die Produktpreise der beiden Produkte im Gleichschritt unter Beibehaltung des Faktorpreis-Niveaus, d. h. unter Beibehaltung der flächen- und ertragsabhängigen Kosten, dann kann sich für die Bodenrentenfunktionen der zugehörigen Landnutzungsverfahren z. B. das Bild der Übersicht 8.1 ergeben. Die grafisch abgetragenen Bodenrentenfunktionen wurden aus der allgemeinen Bodenrentengleichung wie folgt abgeleitet:

Die allgemeine Bodenrentengleichung für ein m-tes Landnutzungsverfahren lautet zur Wiederholung:

$$(8.1) \qquad BR_m(py_m \text{-} MKVA_m \text{-} MKVS_m) \cdot y_m \text{-} KVFA_m \text{-} KVFS_m$$

Darin sind:

BR_m	=	Bodenrente, gemessen in €/ha;
py_m	=	Produktpreis, gemessen in €/t;
$MKVA_m$	=	ertragsabhängige Arbeitskosten, gemessen in €/t;
$MKVS_m$	=	ertragsabhängige Sachkosten, gemessen in €/t;
y_m	=	Ertrag, gemessen in t/ha;
$KVFA_m$	=	flächenabhängige Arbeitskosten, gemessen in €/ha;
$KVFS_m$	=	flächenabhängige Sachkosten, gemessen in €/ha.

Veränderungen der Produkt-Faktorpreis-Relation lassen sich durch Veränderungen der Produktpreise unter Beibehaltung der Kosten simulieren. Dabei werden die Produktpreise – ausgehend von dem vorgegebenen Verhältnis der Produktpreise als Ausgangspreise – mittels eines einheitlichen Indexfaktors variiert. Bezeichnet man den Ausgangsproduktpreis eines m-ten Landnutzungsverfahrens mit pya_m und den einheitlichen Indexfaktor mit pyx, dann ergibt sich der Produktpreis (py_m) für das m-te Landnutzungsverfahren in Abhängigkeit vom Produktpreisniveau mit:

$$(8.2) \qquad py_m = pya_m \cdot pyx$$

Durch Einsetzen dieses Ausdrucks in der Bodenrentengleichung (8.1) mit anschließender einfacher Umformung lässt sich die Bodenrente für ein m-tes Landnutzungsverfahren in Abhängigkeit vom Produktpreisniveau wie folgt bestimmen:

$$(8.3) \qquad BR_m = \text{-} KVFA_m \text{-} KVFS_m \text{-} (MKVA_m + MKVS_m) \cdot y_{,m} + y_m \cdot pya_m \cdot pyx$$

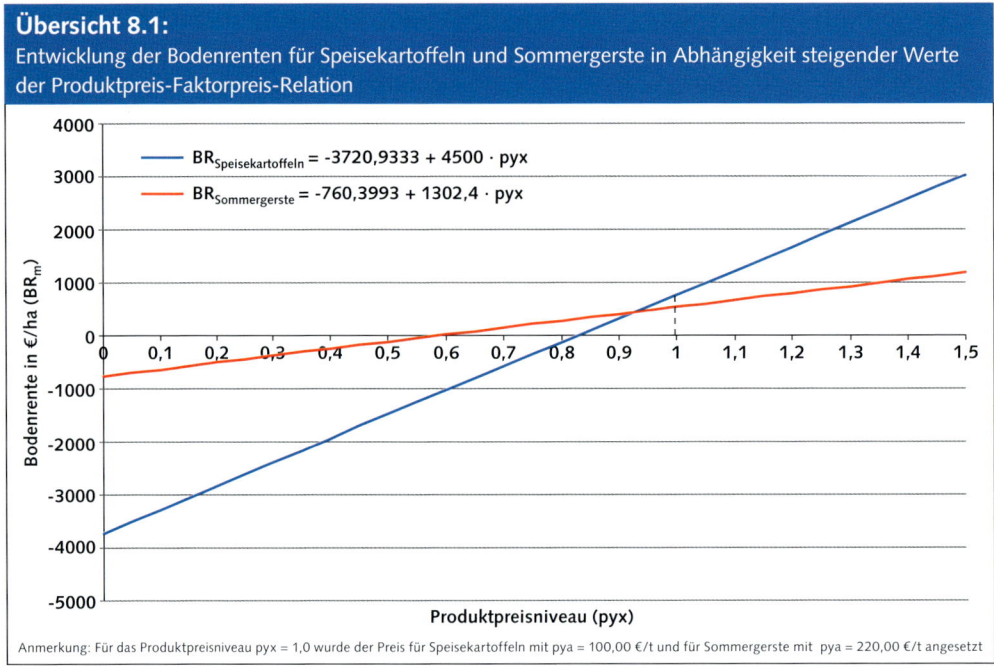

Übersicht 8.1:
Entwicklung der Bodenrenten für Speisekartoffeln und Sommergerste in Abhängigkeit steigender Werte der Produktpreis-Faktorpreis-Relation

$BR_{Speisekartoffeln} = -3720,9333 + 4500 \cdot pyx$

$BR_{Sommergerste} = -760,3993 + 1302,4 \cdot pyx$

Anmerkung: Für das Produktpreisniveau pyx = 1,0 wurde der Preis für Speisekartoffeln mit pya = 100,00 €/t und für Sommergerste mit pya = 220,00 €/t angesetzt

Für die Bodenrentenfunktionen in Übersicht 8.1 wurden als Beispiel die in Übersicht 4.3 des 4. Kapitels enthaltenen Kostensätze, die dort angegebenen Produktpreise als Ausgangspreise und als natürlicher Standort ein Standort mit mittlerem Ertragsniveau für die beiden Produkte angenommen. Durch Einsetzen dieser Zahlenwerte in Gleichung (8.3) erhält man als Bodenrentenfunktionen für die beiden Landnutzungsverfahren:

$$BR_{Speisekartoffeln} = -3721,9333 + 4500,00 \cdot pyx$$
$$BR_{Sommergerste} = -760,3993 + 1302,40 \cdot pyx$$

In der Übersicht wurde das Produktpreisniveau mit dem Indexfaktor bei Werten von 0,0 bis 1,5 variiert. Bei dem Wert 1,0 ergibt sich das Ausgangspreisverhältnis mit Produktpreisen von 100,00 €/t für Speisekartoffeln und 220,00 €/t für die Sommergerste.

Aufgrund der flächenabhängigen Kosten beginnen die beiden Bodenrentenfunktionen bei geringen Produktpreisniveaus im negativen Bereich. In Abhängigkeit des zunehmenden Produktpreisniveaus steigen die Bodenrenten dann linear an. Ab dem Preisniveau von ca. 0,59 wird der Standort zunächst nur mit der Sommergerste genutzt. Ab dem Preisniveau von ca. 0,83 werfen auch die Speisekartoffeln eine positive Bodenrente ab. Ab dem Preisniveau von ca. 0,93 werden die Speisekartoffeln der Sommergerste wirtschaftlich überlegen. Bei weiter steigendem Produktpreisniveau wird die Überlegenheit dieser Kultur sukzessive ausgeprägter.

In der Übersicht 8.1 weisen die beiden Landnutzungsverfahren nun ein solches Produktpreisverhältnis auf, dass das Landnutzungsverfahren – hier Sommergerste – mit den geringsten flächenabhängigen Kosten in Abhängigkeit vom Produktpreisniveau zuerst anbauwürdig wird und das Landnutzungsverfahren mit den höchsten flächenabhängigen Kosten – hier Speisekartoffeln – zuletzt positive Bodenrenten erbringt.

Daraus lässt sich verallgemeinernd Folgendes ableiten: Besteht Nachfrage nach den Produkten der betrachteten Landnutzungsverfahren, dann stellt sich eine solche gleichgewichtige Produktpreisstruktur ein, die dazu führt, dass die Bodenrentenfunktionen eines Landnutzungsverfahrens in Abhängigkeit des zunehmenden Produktpreisniveaus umso steiler ansteigt, je höher die flächenabhängigen Kosten des Landnutzungsverfahrens sind. Mit steigenden Werten der Produktpreis-Faktorpreis-Relation treten deshalb in den Landnutzungsprogrammen die mit relativ hohen flächenabhängigen Kosten belasteten Landnutzungsverfahren gegenüber denjenigen, die mit relativ geringen flächenabhängigen Kosten belastet sind, in den Vordergrund. Dadurch steigt mit zunehmendem Wert der Produktpreis-Faktorpreis-Relation auch die betriebliche Landnutzungsintensität.

8.2.2 Der Einfluss der Faktorpreis-Relation

Der Einfluss der Faktorpreis-Relationen auf das Landnutzungsprogramm soll für die beiden bisher betrachteten Landnutzungsverfahren am Beispiel der Arbeitskosten im Vergleich zu den Sachkosten gezeigt werden. Bei konstant gehaltenen Arbeitskosten sollen in diesem Falle die Sachkosten mittels eines Indexfaktors variiert werden, d. h. die Sachkosten müssen mit dem Indexfaktor – hier als psx bezeichnet – multipliziert werden. Durch Umformung der allgemeinen Bodenrentengleichung (8.1) ergibt sich für ein m-tes Landnutzungsverfahren dann:

$$(8.4) \qquad BR_m = y_m \cdot py_m - KVFA_m - KVFS_m - MKVA_m \cdot ym - (KVFS_m + MKVS_m \cdot y_m) \cdot psx$$

Durch Einsetzen der Zahlenwerte aus Übersicht 4.3 des 4. Kapitels ergeben sich für den Standort mit mittlerem Ertragsniveau für die Bodenrentenfunktionen der beiden Landnutzungsverfahren die folgenden Ausdrücke:

$$BR_{Speisekartoffeln} = 4192{,}58 - 3413{,}5133 \cdot psx$$
$$BR_{Sommergerste} = 1216{,}1714 - 674{,}1700 \cdot psx$$

In Übersicht 8.2 sind diese beiden Bodenrentenfunktionen bei dem zwischen 0,0 und 2,0 variierten Indexfaktor für die Sachkosten, d. h. in Abhängigkeit steigender Werte der Sachkosten-Arbeitskosten-Relation, abgetragen.

Aufgrund des Tatbestandes, dass Speisekartoffeln im Vergleich zu Sommergerste die wesentlich höheren Sachkosten aufweisen, nimmt die Bodenrente der Speisekartoffeln bei steigendem Sachgüterpreisniveau rascher ab als die Bodenrente der Sommergerste.

Allgemeiner gesagt: Sind in einer wirtschaftlichen Situation die Preise für den Produktionsfaktor Kapital (Sachgüter als Betriebsmittel und Werkstoffe) im Vergleich zu den Preisen für den Produktionsfaktor Arbeit niedrig, werden die betrieblichen Landnutzungsprogramme c. p. durch Landnutzungsverfahren dominiert, die in Bezug auf die zugehörigen Bodenrenten vergleichsweise viel Sachaufwändungen verursachen. Im Beispiel trifft das auf die Speisekartoffeln im Vergleich zu der Sommergerste zu. So betragen – wie man durch Einsetzen der Werte aus Übersicht 4.3 in die zugehörigen Ausdrücke der Gleichung (8.4) leicht ermitteln kann – bspw. bei einem Sachgüterpreisniveau von 0,5 die Sachkosten der Speisekartoffeln 1916,32 €/ha und die Bodenrente 2485,82 €/ha, wohingegen die Sachkosten der Sommergerste nur 337,09 €/ha und die Bodenrente 879,09 €/ha betragen. Bei den Speisekartoffeln müssen also je € Bodenrente 1916,32 : 2485,82 = 0,77 € an Sachkosten eingesetzt werden, wohingegen es bei der Sommergerste nur 337,09 : 879,09 = 0,38 € sind.

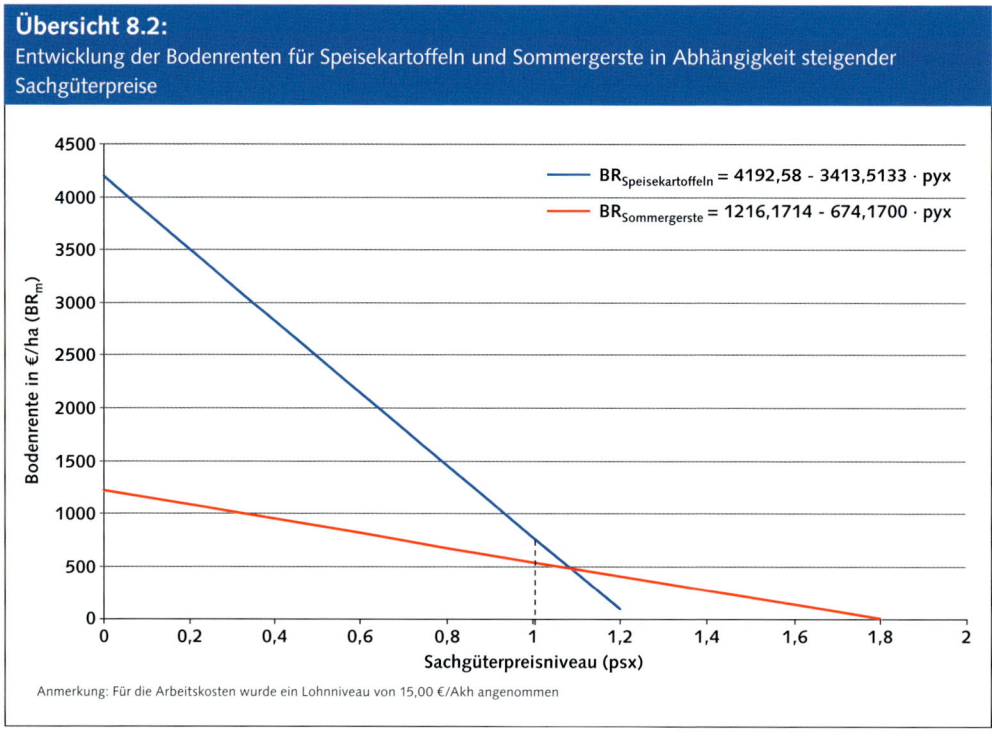

Übersicht 8.2:
Entwicklung der Bodenrenten für Speisekartoffeln und Sommergerste in Abhängigkeit steigender Sachgüterpreise

$BR_{Speisekartoffeln} = 4192{,}58 - 3413{,}5133 \cdot pyx$

$BR_{Sommergerste} = 1216{,}1714 - 674{,}1700 \cdot pyx$

Anmerkung: Für die Arbeitskosten wurde ein Lohnniveau von 15,00 €/Akh angenommen

Sind dagegen in einer wirtschaftlichen Situation die Preise für den Produktionsfaktor Kapital im Vergleich zu den Preisen für den Produktionsfaktor Arbeit hoch, werden die betrieblichen Landnutzungsprogramme c. p. durch Landnutzungsverfahren dominiert, die in Bezug auf die Bodenrente vergleichsweise wenig Sachaufwändungen verursachen. Im Beispiel trifft das auf die Sommergerste im Vergleich zu den Speisekartoffeln zu. So betragen bspw. bei einem Sachgüterpreisniveau von 1,2 die Sachkosten der Sommergerste 809,00 €/ha und die Bodenrente 407,17 €/ha, wohingegen die Sachkosten der Speisekartoffeln 4096,22 €/ha und die Bodenrente nur 96,36 €/ha betragen. Bei der Sommergerste müssen also je € Bodenrente nur 809,00 : 407,17 = 1,99 € an Sachkosten aufgewendet werden, wohingegen es bei den Speisekartoffeln 4096,22 : 96,36 = 42,52 € sind.

Zusammenfassend gesagt: Ist Kapital im Vergleich zu Arbeit teuer, werden die betrieblichen Landnutzungsprogramme durch Landnutzungsverfahren dominiert, die in Bezug auf die erzielbare Bodenrente relativ wenig Kapital und relativ viel Arbeit erfordern. Ist dagegen Arbeit im Vergleich zu Kapital teuer, werden die betrieblichen Landnutzungsprogramme durch Landnutzungsverfahren dominiert, die in Bezug auf die erzielbare Bodenrente relativ wenig Arbeit und relativ viel Kapital erfordern.

8.2.3 Der Einfluss der Produktpreis-Relation

Unterschiedliche Produktpreis-Relationen können dadurch simuliert werden, dass man bei Beibehaltung des Produktpreises für das eine Produkt den Preis für das andere Produkt variiert. Für die beiden bisher verwendeten Landnutzungsverfahren der Speisekartoffeln und der Sommergerste soll der Produktpreis für die Speisekartoffeln mit 100,00 €/t konstant gehalten

Übersicht 8.3:

Entwicklung der Bodenrentenfunktion für Speisekartoffeln und Sommergerste bei konstantem Speisekartoffelpreis und steigendem Sommergerstenpreis

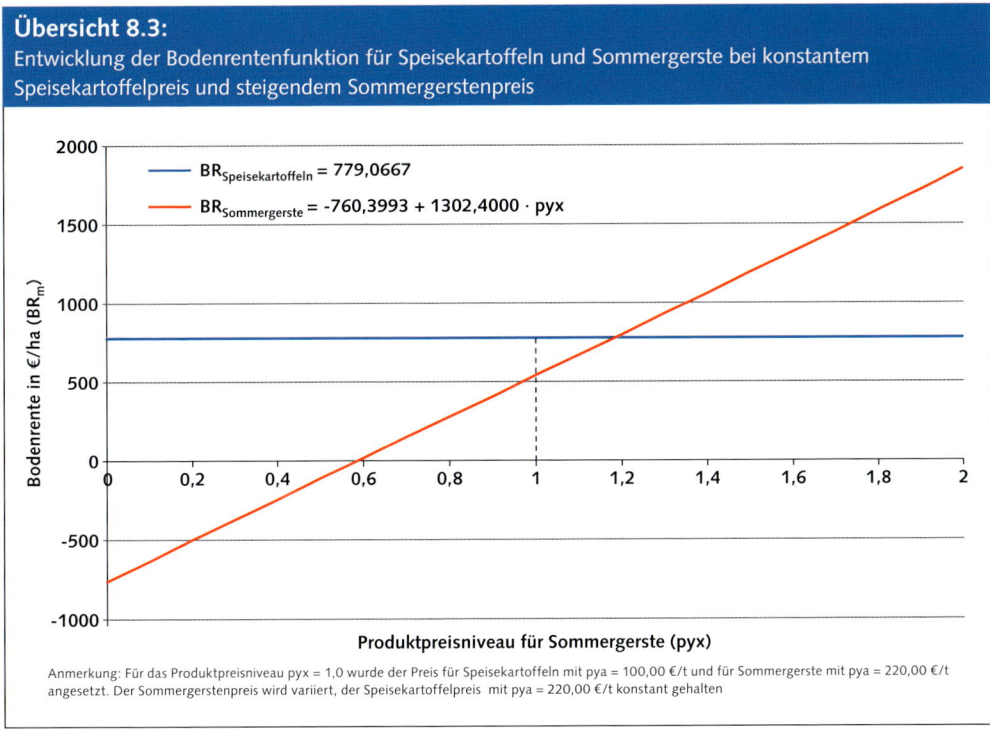

Anmerkung: Für das Produktpreisniveau pyx = 1,0 wurde der Preis für Speisekartoffeln mit pya = 100,00 €/t und für Sommergerste mit pya = 220,00 €/t angesetzt. Der Sommergerstenpreis wird variiert, der Speisekartoffelpreis mit pya = 220,00 €/t konstant gehalten

werden und der Preis für Sommergerste, der bei einem Preisniveau von 1,0 220,00 €/t beträgt, für Werte des Indexfaktors zwischen 0,0 und 2,0 variiert werden. Für ein m-tes Landnutzungsverfahren, dessen Produktpreis (py_m) um einen Ausgangspreis (pya_m) mit einem Indexfaktor (pyv) variiert werden soll, gilt also:

(8.5) $$py_m = pya_m \cdot pyv$$

Durch Einsetzen dieses Ausdruckes in die allgemeine Bodenrentengleichung (8.1) ergibt sich nach Umformung für die Bodenrente in Abhängigkeit vom Produktpreisniveau der folgende Ausdruck:

(8.6) $$BR_m = -KVFA_m - KVFS_m - (MKVA_m + MKVS_m) \cdot y_m + y_m \cdot pya_m \cdot pyv$$

Durch Einsetzen der Werte aus Übersicht 4.3 ergibt sich als Bodenrente für das Landnutzungsverfahren Sommergerste:

$$BR_{Sommergerste} = -760,3933 + 1302,4 \cdot pyv$$

Für die Speisekartoffeln, deren Preis mit 100,00 €/t konstant gehalten werden soll, ergibt sich:

$$BR_{Speisekartoffeln} = 779,0667$$

Die beiden Bodenrentenfunktionen sind in Übersicht 8.3 grafisch abgetragen. Bei im Vergleich zum Preisniveau der Speisekartoffeln geringen Preisniveau für die Sommergerste übertrifft die Bodenrente der Speisekartoffeln diejenige der Sommergerste. Bei einem Vergleich zum Preisniveau der Speisekartoffeln hohen Preisniveau für die Sommergerste übertrifft die Bodenrente der Sommergerste diejenige der Speisekartoffeln.

Allgemeiner gesagt: In der Tendenz werden die betrieblichen Landnutzungsprogramme c. p. durch diejenigen Landnutzungsverfahren dominiert, die ein relativ hohes Produktpreisniveau aufweisen, weil diese Landnutzungsverfahren vergleichsweise hohe Bodenrenten zu erwirtschaften gestatten.

8.3 Der Einfluss der marktlichen Standortfaktoren auf das Landnutzungsprogramm, die Landnutzungsintensität und die Bodenrente bei Berücksichtigung der Betriebsfaktoren zur Einhaltung einer nachhaltigen Wirtschaftsweise

8.3.1 Der Einfluss der Produktpreis-Faktorpreis-Relation

In Erweiterung der Analysen in den vorhergehenden Abschnitten wird nachfolgend untersucht, welche Einflüsse die marktlichen Standortfaktoren auf das Landnutzungsprogramm, die Landnutzungsintensität und die Bodenrente ausüben, wenn bei den Analysen zusätzlich die Betriebsfaktoren zur Einhaltung einer nachhaltigen Wirtschaftsweise berücksichtigt werden. Dafür wird wieder das in den vorhergehenden Kapiteln schon mehrfach verwendete betriebliche Optimierungsmodell eingesetzt. Das Modell ist in Übersicht 8.4 dargestellt. Es basiert auf der Version der Übersicht 5.24, enthält jedoch kleinere Erweiterungen, die zur Variation der Faktor- und Produktpreise als den marktlichen Standortfaktoren erforderlich werden.

Im ersten Analyseschritt sollen die Wirkungen unterschiedlicher Produktpreis-Faktorpreis-Relationen untersucht werden. Dazu muss – bei Konstanthaltung des Niveaus der Faktorpreise – das Niveau der Produktpreise variiert werden können. Deshalb werden der Produktpreisfaktor (pyx, siehe rechte Spalte des Modells) und in Zeile 15 die Ankerwerte der Produktpreise (pya) eingeführt. Als Ankerwerte wurden die bisher schon verwendeten Produktpreise (vgl. Übersicht 5.24) angenommen. Die nunmehr in Zeile 16 des Modells enthaltenen Produktpreise (py_m) errechnen sich durch einfache Multiplikation der Ankerwerte mit dem Produktpreisfaktor. Für den Produktpreis des m-ten Landnutzungsverfahrens gilt deshalb:

(8.6) $py_m = pya_m \cdot pyx$

Variiert man nun die Produktpreis-Faktorpreis-Relation, indem man bei konstant gehaltenen Kosten das Niveau der Produktpreise mit unterschiedlichen Werten des Produktpreisfaktors verändert, dann ergibt sich in Abhängigkeit steigender Werte des Produktpreisfaktors von 0,8 bis 1,5 für die Entwicklung des betrieblichen Landnutzungsprogramms des Modellbetriebes das Bild der Übersicht 8.5.

Man erkennt: In Abhängigkeit steigender Werte der Produktpreis-Faktorpreis-Relation verändert sich die Zusammensetzung des Landnutzungsprogramms in Richtung auf zunehmende Anteile von Landnutzungsverfahren mit vergleichsweise hohen flächenabhängigen Kosten. Im Beispiel werden Sommergerste, Winterraps und Zuckerrüben sukzessive durch Speisekartoffeln und Körnermais verdrängt. Gleichzeitig vermindert sich die Vielseitigkeit des Landnut-

Übersicht 8.4:

Das mathematische Optimierungsmodell eines Ackerbaubetriebes zur Simulation der Auswirkungen unterschiedlicher Faktor- und Produktpreise auf das Landnutzungsprogramm, die Landnutzungsintensität und die betriebliche Bodenrente unter Berücksichtigung der Betriebsfaktoren zur Einhaltung einer nachhaltigen Wirtschaftsweise

	Aktivitäten:	Sym-bol	Speise-kartoffeln	Zucker-rüben	Winter-raps	Winter-weizen	Sommer-gerste	Körner-mais	Silo-mais			
Z.	Bezeichnung:		x_1	x_2	x_3	x_4	x_5	x_6	x_7			
I Bestimmung des Ertragsniveaus													
1	Ankerwert des Ertrages[1] [t/ha]	yank	60,500	77,000	4,750	10,850	7,600	12,540	58,080	E-Faktor[2] [ef]		
2	Maximalertrag[3] [t/ha]	ymax	60,500	77,000	4,750	10,850	7,600	12,540	58,080	1,00		
II Bestimmung des Ertrages nach Maßgabe der Schädigungswirkung													
3	Maximalertrag [t/ha]	ymax	60,500	77,000	4,750	10,850	7,600	12,540	58,080	Depressions-anpassungs-faktor [df] (0,7 bis 1,3)		
4	Normertragsdepression (0-1)	ned	0,5000	0,5000	0,5000	0,2500	0,2500	0,1250	0,1250			
5	Angepasste Ertragsdepression	ed	0,5000	0,5000	0,5000	0,2500	0,2500	0,1250	0,1250			
6	Minimalertrag[4] [dt/ha]	ymin	30,25	38,50	2,38	8,14	5,70	10,97	50,82			
7	Ertrag [t/ha]	y	60,50	75,37	4,46	10,17	7,35	12,01	57,22	1,00		
III Bestimmung der Humuslieferung													
8	Ankerwert d. Humusabbaus [kg C/ha]	nhac	1000,0	1300,0	400,0	400,0	400,0	800,0	800,0	Humus-abbau-anpassungs-faktor [haf] (-0,3 bis +0,3)	Produkt-preis-faktor [pyx]
9	Ertragsabh. Humusabbau [kg C/ha]	ehac	1000,0	1300,0	400,0	400,0	400,0	800,0	800,0		
10	Angepasster Humusabbau [kg C/ha]	hac	1000,0	1300,0	400,0	400,0	400,0	800,0	800,0		
11	Haupt-:Nebenertrag-Verhältnis	hnv	0,0	0,7	1,7	0,8	0,7	1,0	0,8		
12	Humusgehalt [kg C/t-Ertrag]	hgnc	0,0	8,0	70,0	70,0	70,0	70,0	12,0		
13	Humuslieferung [kg C/ha]	hlc	0,0	422,1	530,6	569,7	360,2	840,9	549,3		
14	Humusbilanz [kg C/ha]	hbc	1000,0	877,9	-130,6	-169,7	39,8	-40,9	250,7	0,00	1,00
IV Bestimmung der Bodenrente													
15	Ankerwert des Produktpreises [€/t]	pya	100,00	35,00	380,00	180,00	220,00	185,00	40,00	Produktions-risikoscheu-faktor [prf] (0 bis 0,6)	Sach-kosten-faktor [psx]
16	Produktpreis [€/t]	py	100,00	35,00	380,00	180,00	220,00	185,00	40,00		
17	Ankerwert ertr. Sachkosten [€/t]	MKVSa	46,57	13,95	159,80	75,57	65,50	77,20	15,37		
18	Ertragsabh. Sachkosten [€/t]	MKVS	46,57	13,952	159,7991	75,5685	65,4971	77,1975	15,367		
19	Ertragsabh. Arbeitskosten [€/t]	MKVA	3,6525	0,5625	7,4104	3,9213	3,1169	3,8935	2,3011		
20	Ankerwert flä. Sachkosten [€/ha]	KVFSa	1317,86	364,10	203,42	269,58	286,43	414,12	462,93		
21	Flächenabh. Sachkosten [€/ha]	KVFS	1317,86	364,1	203,42	269,58	286,43	414,12	462,93		
22	Flächenabh. Arbeitskosten [€/ha]	KVFA	143,06	41,40	58,19	70,46	67,78	61,47	68,35		
23	Bodenrente [€/ha]	BR	1550,62	1138,48	687,19	682,45	758,64	772,71	746,54	0,30	1,00
V Bestimmung des Risikonutzens													
24	Standardabweichung Ertrag[5]	sap	0,2294	0,0770	0,1497	0,0753	0,1144	0,0873	0,0796	Marktrisiko-scheu-faktor [mrf] (0 bis 0,6)	
25	Standardabweichung Preis[5]	sam	0,2720	0,0545	0,2497	0,3140	0,3123	0,2726	0,0488		
26	Ertragsrisikoprämie [€/ha]	RPP	416,36	60,94	76,09	41,37	55,50	58,21	54,66		
27	Preisrisikoprämie [€/ha]	RPM	493,68	43,13	126,93	172,49	151,52	181,75	33,51		
28	Risikonutzen [€/ha]	RN	640,58	1034,42	484,17	468,59	551,62	532,75	658,37	0,30	
VI Matrix der Begrenzungen										Verfügbar	Genutzt
29	Ackerfläche [ha]		1,0	1,0	1,0	1,0	1,0	1,0	1,0	<=	250,00	250,00
30	Humusbilanz [kg C/ha]		1000,0	877,9	-130,6	-169,7	39,8	-40,9	250,7	<=	0,00	-0,00
31	Zielfunktion=Anbauumfänge [ha]		0,00	10,59	30,65	62,39	32,76	83,98	29,64		137.348,45	< RNB[6]
VII Ergebnisse												
32	Ackerflächenanteil [%]		0,00	4,23	12,26	24,96	13,10	33,59	11,85			
33	Ertrag [t/ha]		60,50	75,37	4,46	10,17	7,35	12,01	57,22	Betrieb	
34	Bodenrente dse Betriebes [€]									187.561,61	< BRB
35	Bodenrente [€/ha]		1550,62	1138,48	687,19	682,45	758,64	772,71	746,54	750,25	< MBR[7]
36	Kosten des Betriebes [€]									313.995,93	< K
37	Kosten[8] [€/ha]		4499,38	1499,45	1007,17	1148,69	858,60	1449,77	1542,24	1.255,98	< MK[9]
38	Herfindahl-Index:					0,22						

[1] hohes Ertragsniveau gemäß KTBL-Online,Kalkulationsdaten,erhöht um 10% wegen minimalen Anbauanteils; [2] Anpassungsfaktor zur Bestimmung des Ertragsniveaus; [3] bei minimalem Anbauanteil; [4] bei Monokultur; [5] bezogen auf Mittelwert = 1; [6] Risikonutzen des Betriebes; [7] durchschnittliche Bodenrente des Betriebes; [8] als spezielle Intensitäten der Landnutzung; [9] als durchschnittliche Landnutzungsintensität des Betriebes

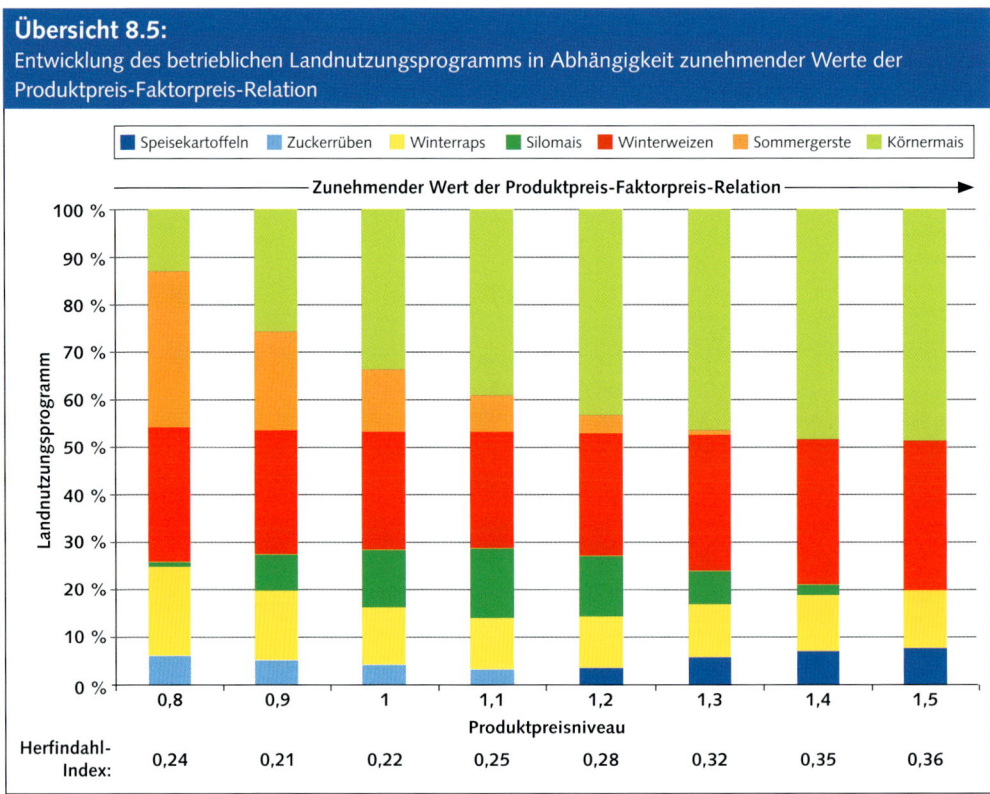

Übersicht 8.5:
Entwicklung des betrieblichen Landnutzungsprogramms in Abhängigkeit zunehmender Werte der Produktpreis-Faktorpreis-Relation

zungsprogramms. Der HERFINDAHL-Index steigt von 0,24 auf 0,36 deutlich an (s. Fuß der Übersicht 8.5).

Diese Entwicklung des Landnutzungsprogramms ist wegen der zunehmenden Anteile von Landnutzungsverfahren mit relativ hohen flächenabhängigen Kosten auch mit einer steigenden betrieblichen Landnutzungsintensität verbunden. Übersicht 8.6 zeigt für den Modellbetrieb, dass die Landnutzungsintensität von 1.078,00 auf 1.517,00 €/ha um ca. 40 % zunimmt.

Darüber hinaus führt die steigende Produktpreis-Faktorpreis-Relation selbstverständlich auch zu steigenden betrieblichen Bodenrenten. Die Übersicht 8.6 zeigt, dass die Bodenrente des Modellbetriebes von 364,00 auf 1.910,00 €/ha um mehr als das Vierfache ansteigt. Diese Gesamtveränderung der Bodenrente ist durch zwei Ursachen bedingt, nämlich zum einen durch den Anstieg der Produktpreise bei steigenden Werten für die Produktpreis-Faktorpreis-Relation und zum anderen durch das sich verändernde Landnutzungsprogramm, bzw. durch die damit sich verändernde Landnutzungsintensität. Übersicht 8.7 zeigt dazu, dass die Gesamtzunahme der betrieblichen Bodenrente zu etwa 85 % durch den Preiseffekt und zu etwa 15 % durch den Intensitätseffekt bedingt ist.[1]

Insgesamt werden mit der vorstehenden Analyse die bereits in Abschnitt 8.2.1 ermittelten Tendenzen bestätigt. In Abhängigkeit steigender Produktpreis-Faktorpreis-Relationen verän-

---

[1] Die Anteile für den Preiseffekt werden ermittelt, indem man bei steigenden Werten für die Produktpreis-Faktorpreis-Relation die Zusammensetzung des Landnutzungsprogramms im Modell unverändert beibehält. Der Intensitätseffekt ist dann die Differenz aus dem Gesamtanstieg der Bodenrente und dem Anstieg aufgrund des zunehmenden Produktpreisniveaus.

Übersicht 8.6:
Die Entwicklung der Landnutzungsintensität und der betrieblichen Bodenrente in Abhängigkeit zunehmender Werte der Produktpreis-Faktorpreis-Relation

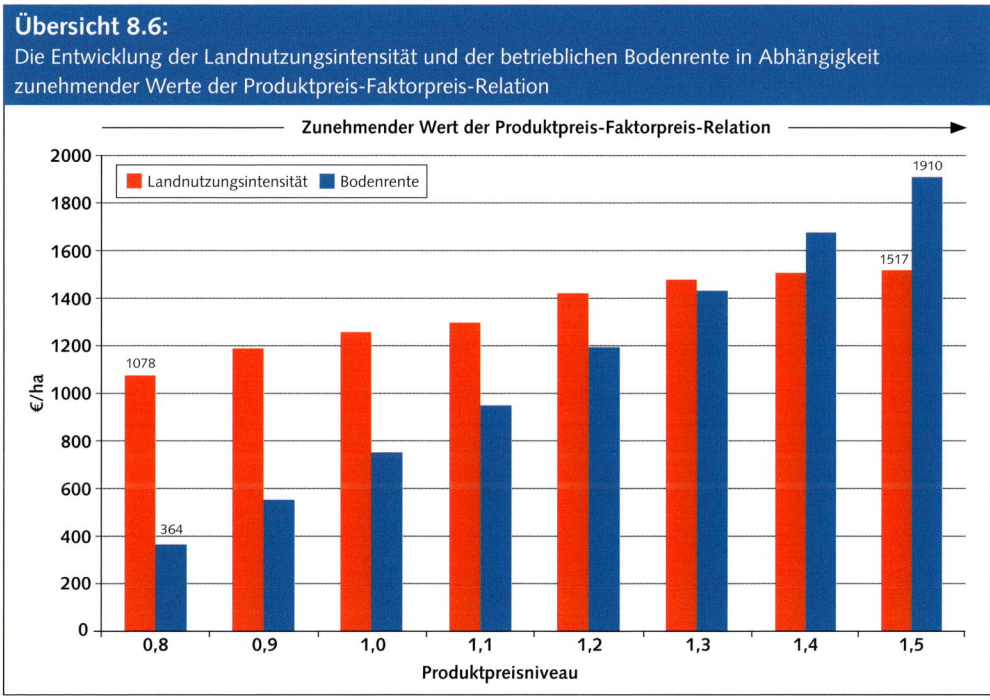

dert sich das Landnutzungsprogramm in Richtung auf zunehmende Anteile von Landnutzungsverfahren mit relativ hohen flächenabhängigen Kosten, d. h. in Richtung auf Verfahren mit relativ hohen speziellen Landnutzungsintensitäten, woraus sich dann auch eine Zunahme der betrieblichen Landnutzungsintensität ergibt.

8.3.2 Der Einfluss der Faktorpreis-Relation

Zur Simulation der Wirkungen unterschiedlicher Faktorpreis-Relationen werden die Preise für die Sachgüter, also die Sachkosten, variabel gestaltet. Bei konstant gehaltenen Arbeitskosten führen unterschiedliche Sachkosten dann zu unterschiedlichen Preisrelationen für die beiden Faktorgruppen Arbeit und Sachgüter, bzw. Arbeit und Kapital.

Um die Variation der Sachkosten zu ermöglichen, wurden im Optimierungsmodell der Übersicht 8.4 in der rechten Spalte der Sachkostenfaktor (psx) und in den Zeilen 17 und 20 die Ankerwerte für die ertragsabhängigen und flächenabhängigen Sachkosten (MKVSa und KV-FSa) eingeführt. Als Ankerwerte wurden die bisher verwendeten Sachkostensätze (vgl. Übersicht 5.24) verwendet.

Durch Multiplikation der Ankerwerte mit dem Sachkostenfaktor werden die in den Zeilen 18 und 21 des Modells aufgeführten Kostensätze bestimmt. Für die ertragsabhängigen Sachkosten ($MKVS_m$) des m-ten Landnutzungsverfahrens gilt mithin:

$$(8.7) \qquad MKVS_m = MKVS_a \cdot psx$$

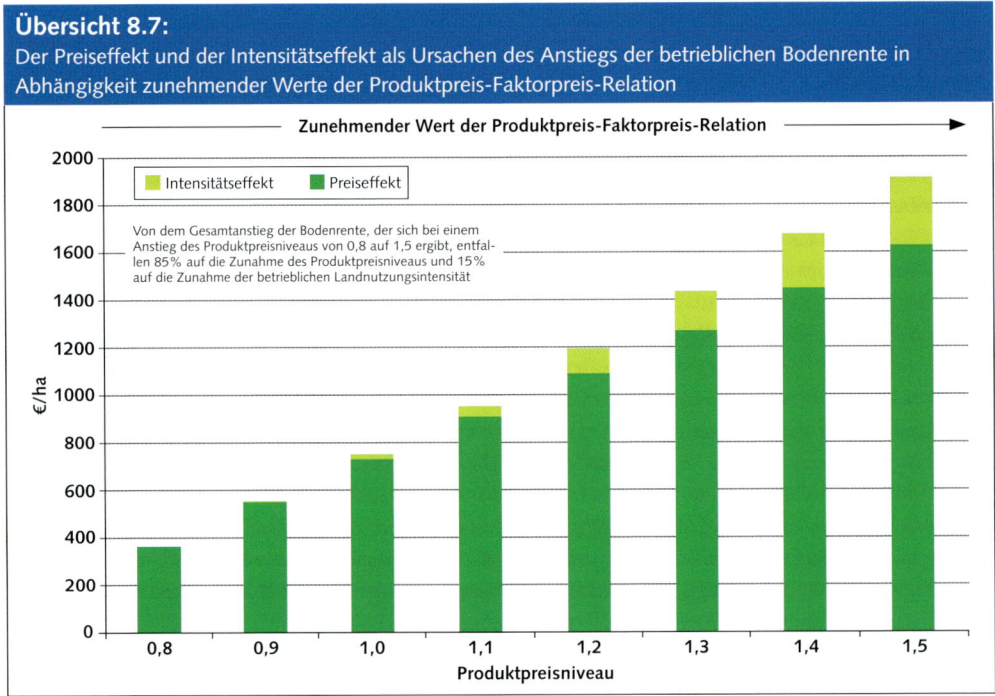

Übersicht 8.7:
Der Preiseffekt und der Intensitätseffekt als Ursachen des Anstiegs der betrieblichen Bodenrente in Abhängigkeit zunehmender Werte der Produktpreis-Faktorpreis-Relation

Zunehmender Wert der Produktpreis-Faktorpreis-Relation

Von dem Gesamtanstieg der Bodenrente, der sich bei einem Anstieg des Produktpreisniveaus von 0,8 auf 1,5 ergibt, entfallen 85% auf die Zunahme des Produktpreisniveaus und 15% auf die Zunahme der betrieblichen Landnutzungsintensität

Legende: Intensitätseffekt / Preiseffekt

y-Achse: €/ha
x-Achse: Produktpreisniveau (0,8 – 0,9 – 1,0 – 1,1 – 1,2 – 1,3 – 1,4 – 1,5)

Und für die flächenabhängigen Kosten gilt:

(8.8) $KVFS_m = KVFSa_m \cdot psx$

Variiert man nun die Sachkosten mit Werten für den Sachkostenfaktor zwischen 0,8 und 1,4, dann ergibt sich für die Entwicklung des Landnutzungsprogramms das Bild der Übersicht 8.8.

In Abhängigkeit vom Sachkostenniveau, d. h. in Abhängigkeit von steigenden Werten der Sachkosten-Arbeitskosten-Relation, entwickelt sich das Landnutzungsprogramm des Modellbetriebes in Richtung auf höhere Anteile derjenigen Landnutzungsverfahren, die relativ geringe Sachkosten aufweisen. Die relativ hohe Sachkosten verursachenden Landnutzungsverfahren Speisekartoffeln und Körnermais werden durch die relativ geringe Sachkosten verursachenden Landnutzungsverfahren Zuckerrüben und Sommergerste verdrängt.

Die Modellkalkulationen bestätigen somit für den Einfluss der Faktorpreis-Relation die Ergebnisse des Abschnitts 8.2.2: Ist in einer wirtschaftlichen Situation das Preisniveau für den Produktionsfaktor Kapital (Sachgüter als Betriebsmittel und Werkstoffe) im Vergleich zum Preisniveau für den Produktionsfaktor Arbeit niedrig, bestehen die Landnutzungsprogramme c. p. schwerpunktmäßig aus Landnutzungsverfahren, die in Bezug auf die erzielbare Bodenrente relativ viele Sachaufwändungen verursachen. Ist dagegen in einer wirtschaftlichen Situation das Preisniveau für den Produktionsfaktor Kapital im Vergleich zum Preisniveau für den Produktionsfaktor Arbeit hoch, bestehen die Landnutzungsprogramme c. p. schwerpunktmäßig aus Landnutzungsverfahren, die in Bezug auf die erzielbare Bodenrente relativ wenig Sachaufwändungen verursachen. Je teurer die Sachgüter sind, desto sparsamer werden sie eingesetzt. Umgekehrt gilt: Je teurer die menschliche Arbeit ist, desto sparsamer wird sie eingesetzt.

Schließlich deuten die Werte des HERFINDAHL-Index an (siehe Fuß der Übersicht 8.8), dass sich die Vielseitigkeit der Landnutzungsprogramme c. p. in Abhängigkeit steigender Werte der

Übersicht 8.8:
Die Entwicklung des betrieblichen Landnutzungsprogramms in Abhängigkeit zunehmender Werte der Faktorpreis-Relation (Preise der Sachgüter im Verhältnis zu den Preisen für Arbeit)

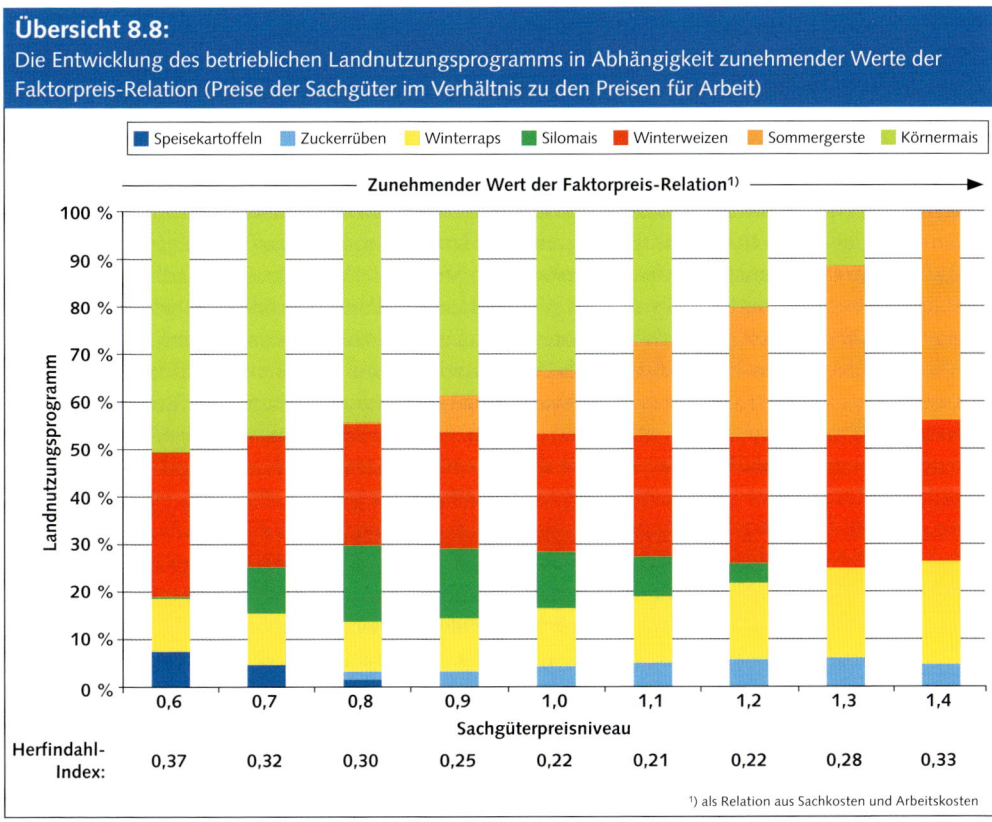

Sachkosten-Arbeitskosten-Relation quasi „u-förmig" verhält. Sowohl relativ hohe Arbeitskosten als auch relativ hohe Sachkosten bewirken, dass die Vielseitigkeit des Landnutzungsprogramms im Vergleich zu mittleren Verhältnissen der beiden Kostengruppen abnimmt.

8.3.3 Der Einfluss der Produktpreis-Relation

Zur Demonstration der Wirkungen unterschiedlicher Produktpreis-Relationen auf das Landnutzungsprogramm werden für das Modell der Übersicht 8.4 zwei Gruppen gebildet, nämlich eine Gruppe mit den Halmfruchtarten Winterweizen, Sommergerste und Körnermais und eine zweite Gruppe mit den Blattfrüchten Speisekartoffeln, Zuckerrüben, Winterraps und Silomais.

Bei konstant gehaltenen Preisen für die Produkte der zweiten Gruppe werden die Produktpreise für die erste Gruppe im Gleichschritt variiert, um damit unterschiedliche Produktpreis-Relationen zu simulieren. Programmtechnisch wird das dadurch umgesetzt, dass der bereits in Abschnitt 8.3.1 verwendete Produktpreisfaktor (pyx) nunmehr lediglich als Multiplikator für die Produktpreise der Halmfruchtgruppe verwendet wird.

Variiert man dann die Werte des Produktpreisfaktors zwischen 0,6 und 1,4, ergibt sich für die Entwicklung des Landnutzungsprogramms des Modellbetriebes das Bild der Übersicht 8.9. Man erkennt: Mit steigendem Produktpreisniveau für die Halmfruchtgruppe, d. h. mit zunehmenden Werten der Halmfruchtpreis-Blattfruchtpreis-Relation werden die Blattfrüchte in ihren Umfängen sukzessive aus dem Landnutzungsprogramm verdrängt. Umgekehrt dominieren die Blattfrüchte das Landnutzungsprogramm bei relativ geringen Werten für die Halmfruchtpreis-Blattfruchtpreis-Relation.

Damit wird auch unter Berücksichtigung der Betriebsfaktoren die in Abschnitt 8.2.3 gewonnene Aussage bestätigt: Die Landnutzungsprogramme werden c. p. durch diejenigen Landnutzungsverfahren dominiert, die ein im Vergleich zu den anderen Landnutzungsverfahren relativ hohes Produktpreisniveau aufweisen. Je höher der Produktpreis eines Landnutzungsverfahrens im Vergleich zu den Produktpreisen anderer Landnutzungsverfahren ist, desto stärker ist es c. p. im Landnutzungsprogramm vertreten.

Schließlich ergibt die Betrachtung der Werte des in der Übersicht 8.9 aufgeführten HERFINDAHL-Index, dass ganz ähnlich wie bei der Faktorpreis-Relation auch bei der Produktpreis-Relation bezüglich der Vielseitigkeit des Landnutzungsprogramms ein „u-förmiger" Verlauf zutrifft. Jeweils einseitig relativ hohe Produktpreisniveaus für einzelne Landnutzungsverfahren oder Gruppen von Landnutzungsverfahren führen im Vergleich zu ausgeglichenen Produktpreis-Relationen zu wenigseitigeren Landnutzungsprogrammen.

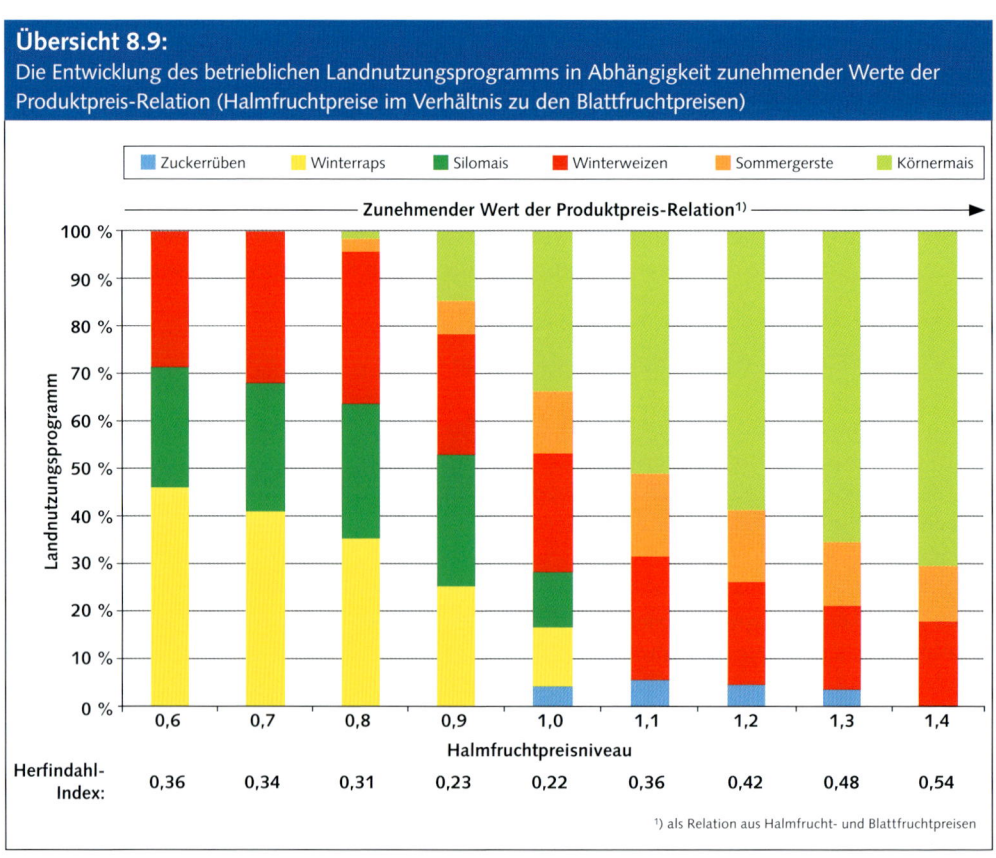

Übersicht 8.9:
Die Entwicklung des betrieblichen Landnutzungsprogramms in Abhängigkeit zunehmender Werte der Produktpreis-Relation (Halmfruchtpreise im Verhältnis zu den Blattfruchtpreisen)

[1] als Relation aus Halmfrucht- und Blattfruchtpreisen

8.4 Der außerlandwirtschaftliche Arbeitsmarkt als Standortfaktor

8.4.1 Der Einfluss der außerlandwirtschaftlichen Nachfrage nach Arbeitskräften auf den Arbeitseinsatz in landwirtschaftlichen Familienbetrieben

In großen Teilen der nichtkommunistischen Welt und auch im ganz überwiegenden Teil Europas sind Familienbetriebe die vorherrschende Organisationsform der Landbewirtschaftung. Dabei handelt es sich um Betriebe, die nur von Mitgliedern der Landwirtsfamilie ohne zusätzliche Lohnarbeitskräfte bewirtschaftet werden. Die Betriebe verfügen dadurch über fest vorgegebene Arbeitskapazitäten, die sich zwar langfristig – insbesondere im Generationswechsel – verändern können, zu jedem Zeitpunkt aber einen bestimmten Umfang haben. Wie bereits in Abschnitt 4.4 des 4. Kapitels gezeigt, müssen diese landwirtschaftlichen Betriebe nach einer möglichst vollständigen Auslastung der verfügbaren Arbeitskapazität streben, um das Ziel einer möglichst hohen betrieblichen Bodenrente verwirklichen zu können.

In vielen derartigen Betrieben ist aber die alleinige Nutzpflanzenerzeugung aufgrund begrenzter betrieblicher Nutzflächenausstattung nicht hinreichend für eine hohe Auslastung der Familienarbeitskapazität und damit i. d. R. auch nicht für ein mit anderen Erwerbstätigkeiten vergleichbares Familieneinkommen. Diese Aussage gilt für viele Betriebe schon zu einem bestimmten Zeitpunkt. Im Zuge arbeitssparender Fortschritte nimmt die Zahl der Betriebe mit unzureichender Nutzflächenausstattung sukzessive zu.

In derartigen Situationen bieten sich für die Landwirte zur Verbesserung ihrer wirtschaftlichen Lage generell zwei Möglichkeiten, nämlich entweder die Ausdehnung der betrieblichen Nutzflächenbasis oder die Beschäftigung eines mehr oder weniger großen Teils der Familienarbeitskapazität mit anderen einkommensträchtigen Aktivitäten als der Nutzpflanzenerzeugung.

Eine nachhaltige und hinreichende Ausdehnung der Nutzflächenbasis scheitert in Regionen mit familienbetrieblichen Strukturen i. d. R. daran, dass praktisch alle Betriebe vor demselben Problem stehen. Sie wollen ihre Nutzflächenbasis ausdehnen und nicht einschränken. Bei gegebener Gesamtnutzfläche könnten einzelne Betriebe ihre Nutzflächenbasis aber nur dann ausdehnen, wenn andere Betriebe ihre Nutzflächen einschränken.

Es bleibt also in vielen Fällen nur der zweite Weg der Beschäftigung von Teilen der betrieblichen Arbeitskapazität mit anderen Aktivitäten. Bei der so genannten inneren Aufstockung gehen die Familienmitglieder zusätzlichen, selbstständigen Tätigkeiten innerhalb des Betriebes nach, indem sie mittels einer betrieblichen Viehhaltung tierische Produkte erzeugen oder handwerklichen Tätigkeiten nachgehen oder auch Dienstleistungen anbieten.

Eine zweite Möglichkeit zur besseren Auslastung der Familienarbeitskapazität besteht darin, dass Teile der Familie abhängigen Tätigkeiten als Arbeitnehmer außerhalb der Betriebe nachgehen. Der landwirtschaftliche Familienbetrieb wird dadurch vom Vollerwerbs- zum Teilerwerbsbetrieb. Je nach Anteil des Familieneinkommens, welches innerhalb und außerhalb des Betriebes entsteht, wird der Teilerwerbsbetrieb entweder zum Zuerwerbs- oder zum Nebenerwerbsbetrieb. Im ersten Fall stammt der überwiegende Teil des Familieneinkommens aus der Landwirtschaft, im zweiten Fall aus der außerbetrieblichen Arbeitnehmertätigkeit.

Die letztgenannte Alternative der abhängigen außerbetrieblichen Beschäftigung bleibt i. d. R. die einzig gängige Alternative, falls die betriebliche Nutzflächenbasis nur unzureichend ausgedehnt werden kann und die innere Aufstockung an mangelnder Nachfrage, an ungenügenden Fachkenntnissen oder am Kapitalmangel für erforderliche Investitionen in den neuen Betriebszweig scheitert. Gegenwärtig sind zum Beispiel in Deutschland rund die Hälfte aller landwirtschaftlichen Betriebe Nebenerwerbsbetriebe. Und auch in der anderen Hälfte der so genannten Haupterwerbsbetriebe findet sich noch ein substantieller Anteil an Zuerwerbsbetrieben. Ähnliche Zahlen gelten für fast alle Länder Europas.

Voraussetzung für den skizzierten Weg in den außerlandwirtschaftlichen Zu- und Nebenerwerb ist aber, dass im Umfeld eines Betriebes ein Arbeitsmarkt besteht, der eine wirksame Nachfrage nach bisher in der Landwirtschaft tätigen Arbeitskräften entfaltet.

Im vorliegenden Abschnitt soll deshalb untersucht werden, wie sich ein unterschiedlich nachfragestarker Arbeitsmarkt bei unterschiedlicher Nutzflächenausstattung der landwirtschaftlichen Familienbetriebe auf die Verteilung der Familienarbeitskapazität auf inner- und außerbetriebliche Erwerbstätigkeiten auswirkt und welche Konsequenzen das für die Entwicklung des Landnutzungsprogramms, der Landnutzungsintensität, der Bodenrente und das Gesamteinkommen der Landwirte hat.

Die Analyse wird dabei prinzipiell mit dem Optimierungsmodell durchgeführt, in dem die Begrenzungsgleichungen für den Arbeitsbedarf der Landnutzungsverfahren bereits enthalten sind, d. h. mit dem Optimierungsmodell der Übersicht 4.7 des vierten Kapitels. Dieses Modell muss für die hier beabsichtigten Analysen jedoch in zweifacher Hinsicht erweitert werden.

Zum einen wurden mit dem Modell der Übersicht 4.7 bisher nur die verfügbaren Feldarbeitsstunden in den Vegetationsmonaten März bis Oktober berücksichtigt (siehe Zeilen 25 bis 32 der Übersicht 4.7). Die Landwirtsfamilie würde aber außerbetriebliche – i. d. R. witterungsunabhängige – Arbeit auch in den vegetationslosen Monaten November bis März und darüber hinaus während der Vegetationsmonate an solchen Tagen, die für Feldarbeiten ungeeignet sind, leisten können. Schließlich würden sie sogar an Feldarbeitstagen Arbeitszeit für eine außerbetriebliche Erwerbstätigkeit nutzen, wenn die dabei erzielbare Entlohnung diejenige der landwirtschaftlichen Tätigkeit übertrifft. Im Optimierungsmodell muss deshalb die Gesamtarbeitskapazität der Landwirtsfamilie entsprechend berücksichtigt werden.

Dazu wurde die Matrix der Begrenzungen des Modells der Übersicht 4.7 so erweitert, wie es in der Übersicht 8.10 dargestellt ist.

Außer den Feldarbeitsstunden (Zeilen 26, 28, 30, 32, 34, 36, 38, 40) werden jetzt auch die möglichen Gesamtarbeitszeiten in den einzelnen Monaten erfasst (Zeilen 25, 27, 29, 31, 33, 35, 37, 39 und 41 des Modells der Übersicht 8.10). Dabei wurde wie schon in Abschnitt 4.4 wieder davon ausgegangen, dass die Familie zwei Arbeitskräfte – Vater und Sohn – als Arbeitskapazität für den Einkommenserwerb bereitstellt und die Arbeitskräfte je Monat 340 AKh, d. h. 170 AKh je Arbeitskraft, leisten können. Diese Arbeitszeiten stehen zur Verfügung, wenn die maximal möglichen Feldarbeitsstunden geringer sind. Das trifft für das Modell der Übersicht 8.10 zunächst auf die Monate März und April zu. In den Monaten Mai bis Oktober übertreffen die maximal möglichen Feldarbeitszeiten dagegen den Normarbeitswert von 340 AKh mehr oder weniger stark. Realistischerweise wird für diese Monate davon ausgegangen, dass die beiden Arbeitskräfte zur Ableistung von Überstunden bereit sind, so dass die tatsächlich möglichen Gesamtarbeitszeiten in diesen Monaten den maximal möglichen Feldarbeitszeiten entsprechen.

Einen gewissen Sonderfall bilden die vegetationslosen Monate November bis Februar. In diesen vier Monaten würde die verfügbare Gesamtarbeitszeit 4 · 340 AKh = 1360 AKh betragen. In Zeile 41 der Übersicht 8.10 sind aber in der Spalte der verfügbaren Kapazitäten nur 985 AKh angegeben.

Dieser Wert kommt dadurch zustande, dass davon ausgegangen wurde, dass ein landwirtschaftlicher Betrieb eine bestimmte Anzahl von Arbeitsstunden für allgemeine Arbeiten, etwa für Leitungsaufgaben sowie für die Pflege und Instandhaltung der betrieblichen Ressourcen, bereitstellen muss. Eine Faustzahl besagt, dass dafür 3 AKh je ha LF zur Verfügung stehen soll-

Übersicht 8.10:

Das mathematische Optimierungsmodell eines Ackerbaubetriebes zur Bestimmung des Landnutzungs-programms, der Landnutzungsintensität und der betrieblichen Bodenrente bei zusätzlicher Berücksichtigung der Betriebsfaktoren zur bestmöglichen Nutzung betrieblicher Ressourcen in Form einer vorgegebenen betrieblichen Arbeitskapazität

Z.	Aktivitäten: Bezeichnung:	Symbol	Speise-kartoffeln x_1	Zucker-rüben x_2	Winter-raps x_3	Winter-weizen x_4	Sommer-gerste x_5	Körner-mais x_6	Silo-mais x_7	Sonstiger Erwerb x_8		
I Bestimmung des Ertrages nach Maßgabe der Schädigungswirkung												
1	Maximalertrag[2] [t/ha]	ymax	60,50	77,00	4,75	10,85	7,60	12,54	58,08	120,00	Depressions-anpassungs-faktor [df] (0,7 bis 1,3)	
2	Normertragsdepression[3] (0-1)	ned	0,5000	0,5000	0,5000	0,2500	0,2500	0,1250	0,1250	0,0000		
3	Angep. Ertragsdepression[3]	ed	0,5000	0,5000	0,5000	0,2500	0,2500	0,1250	0,1250	0,0000		
4	Minimalertrag[3] [dt/ha]	ymin	30,25	38,50	2,38	8,14	5,70	10,97	50,82	0,00		
5	Ertrag [t/ha]	y	59,55	75,41	4,13	9,97	7,11	12,41	58,08	***	1,00	
II Bestimmung der Humuslieferung												
6	Normhumusabbau [kg C/ha]	nhac	1000,0	1300,0	400,0	400,0	400,0	800,0	800,0	***	Humus-abbau-anpassungs-faktor [haf] (-0,3 bis +0,3)	
7	Angep. Humusabbau [kg C/ha]	hac	1000,0	1300,0	400,0	400,0	400,0	800,0	800,0	***		
8	Korn:Stroh-Verhältnis[8]	hnv	0,0	0,7	1,7	0,8	0,7	1,0	0,8	***		
9	Humusgehalt [kg C/t-Ertrag]	hgc	0,0	8,0	70,0	70,0	70,0	70,0	12,0	***		
10	Humuslieferung [kg C/ha]	hlc	0,0	422,3	491,0	558,5	348,4	868,7	557,6	***		
11	Humusbilanz [kg C/ha]	hbc	1000,0	877,7	-91,0	-158,5	51,6	-68,7	242,4	***	0,00	
III Bestimmung der Bodenrente												
12	Produktpreis [€/t]	py	100,00	35,00	380,00	180,00	220,00	185,00	40,00	***	Produktions-risikoscheu-faktor [prf] (0 bis 0,6)	
13	Ertragsabh. Sachkosten [€/t]	MKVS	46,57	13,95	159,80	75,57	65,50	77,20	15,37	***		
14	Ertragsabh. Arbeitskosten [€/t]	MKVA								***		
15	Flächenabh. Sachkosten [€/ha]	KVFS	1317,86	364,10	203,42	269,58	286,43	414,12	462,93	***		
16	Flächenabh. Arbeitskosten [€/ha]	KVFA								***		
17	Bodenrente [€/ha]	BR	1863,99	1223,13	705,06	771,85	812,13	923,66	967,75	120,00	0,00	
IV Bestimmung des Risikonutzens												
18	Standardabweichung Ertrag[1]	sap	0,2294	0,0770	0,1497	0,0753	0,1144	0,0873	0,0796	***	Marktrisiko-scheu-faktor [mrf] (0 bis 0,6)	
19	Standardabweichung Preis[1]	sam	0,2720	0,0545	0,2497	0,3140	0,3123	0,2726	0,0488	***		
20	Ertragsrisikoprämie [€/ha]	RPP	0,00	0,00	0,00	0,00	0,00	0,00	0,00	***		
21	Preisrisikoprämie [€/ha]	RPM	0,00	0,00	0,00	0,00	0,00	0,00	0,00	***		
22	Risikonutzen [€/ha]	RN	1863,99	1223,13	705,06	771,85	812,13	923,66	967,75	120,00	0,00	
V Matrix der Begrenzungen										Verfügbar	Genutzt
23	Ackerfläche [ha]		1,0	1,0	1,0	1,0	1,0	1,0	1,0	0,0	<= 125,00	125,00
24	Humusbilanz [kg C/ha]		1000,0	877,7	-91,0	-158,5	51,6	-68,7	242,4	0,0	<= 0,00	0,00
25	Gesamtarbeit im März		0,61	1,19	0,53	0,35	1,27			1,000	<= 340,00	283,61
26	Feldarbeit im März		0,61	1,19	0,53	0,35	1,27				<= 96,00	81,02
27	Gesamtarbeit im April		1,59			0,47		1,86	0,84	1,000	<= 340,00	247,18
28	Feldarbeit im April		1,59			0,47		1,86	0,84		<= 304,00	44,58
29	Gesamtarbeit im Mai		0,29	0,18		0,10		0,41	0,55	1,000	<= 368,00	212,97
30	Feldarbeit im Mai		0,29	0,18		0,10		0,41	0,55		<= 368,00	10,37
31	Gesamtarbeit im Juni		0,56			0,29	0,28			1,000	<= 352,00	225,54
32	Feldarbeit im Juni		0,56			0,29	0,28				<= 352,00	22,94
33	Gesamtarbeit im Juli		0,84	0,10	3,21		1,75			1,000	<= 384,00	368,26
34	Feldarbeit im Juli		0,84	0,10	3,21		1,75				<= 384,00	165,67
35	Gesamtarbeit im August		2,08	0,18	1,60	2,42	0,56			1,000	<= 384,00	380,16
36	Feldarbeit im August		2,08	0,18	1,60	2,42	0,56				<= 384,00	177,57
37	Gesamtarbeit im September		17,83	1,45	0,18	1,92	0,62	0,05	7,83	1,000	<= 384,00	384,00
38	Feldarbeit im September		17,83	1,45	0,18	1,92	0,62	0,05	7,83		<= 384,00	181,41
39	Gesamtarbeit im Oktober		2,26	1,92		1,12	1,29	4,21	1,90	1,000	<= 352,00	352,00
40	Feldarbeit im Oktober		2,26	1,92		1,12	1,29	4,21	1,90		<= 352,00	149,41
41	Gesamtarbeit Nov. bis Feb.									4,000	<= 985,00	810,37
42					Arbeitsanpassungsfaktor für Feldarbeit [avf] (0,625 bis 1,375)						1,000	
43	Zielfunktion=Anbauumfänge [ha]		3,92	5,16	32,86	40,44	32,22	10,40	0,00	202,59	128.083,11	< RNB[5]
VI Ergebnisse												
44	Ackerflächenanteil [%]		3,13	4,13	26,29	32,35	25,77	8,32	0,00			
45	Ertrag [t/ha]		59,55	75,41	4,13	9,97	7,11	12,41	58,08		Betrieb	
46	Gesamtbodenrente [€]										103772,01	< BRB
47	Bodenrente [€/ha]		1863,99	1223,13	705,06	771,85	812,13	923,66	967,75		830,18	< MBR[6]
48	Gesamtkosten [€]										131.570,94	< K
49	Kosten4) [€/ha]		4091,19	1416,22	862,70	1023,18	752,13	1372,11	1355,45		1.052,57	< MK[7]
50	Sonst. Erwerbseinkommen [€]										24.311,10	<SEK[8]
51	Gesamteinkommen [€]										128.083,11	<GEK[9]
52	Gesamteinkommen [€/AK]										64.041,56	<AGE[10]
53	Herfindahl-Index:				0,25							

[1]) bezogen auf Mittelwert = 1; [2]) bei minimalem Nutzflächenanteil; [3]) bei Monokultur; [4]) als spezielle Intensitäten der Landnutzung;
[5]) Risikonutzen des Betriebes; [6]) Durchschnittliche Bodenrente je ha Ackerfläche; [7]) als mittlere Landnutzungsintensität des Betriebes
[8]) aus außerbetrieblichem Erwerb, [9]) Bodenrente + sonst. Erwerbseinkommen, [10]) Gesamteinkommen je Arbeitskraft (bei 2 AK)

ten. Bei der im Modell angenommenen Nutzflächenausstattung des Modellbetriebes von 125 ha (siehe Zeile 23) ergibt sich also für allgemeine Arbeiten ein Bedarf von 3 · 125 = 375 AKh. Subtrahiert man diesen Betrag von den eingangs errechneten 1360 AKh, ergeben sich die in Zeile 41 angegebenen 985 AKh, die für außerbetriebliche Arbeiten noch zur Verfügung stehen. Allgemein gilt deshalb für die für außerbetriebliche Arbeiten maximal verfügbare Arbeitszeit in den Monaten November bis Februar:

$$(8.9) \qquad VGA = ANZM \cdot AKM - AKha \cdot AF$$

Darin sind:

VGA	=	In den vegetationslosen Monaten November bis Februar maximal für außerlandwirtschaftliche Arbeit verfügbare Arbeitszeit, gemessen in Akh;
ANZM	=	Anzahl der vegetationslosen Monate;
AKM	=	maximal für außerbetriebliche Arbeit je Monat verfügbare Arbeitszeit, gemessen in AKh;
AKha	=	Arbeitsbedarf für allgemeine betriebliche Arbeiten, gemessen in AKh/ha LF;
AF	=	verfügbare landwirtschaftliche Nutzfläche (Ackerfläche) des Betriebes, gemessen in ha.

Zum anderen muss für eine sachgerechte Abbildung der außerbetrieblichen Erwerbstätigkeit im Modell der Übersicht 8.10 eine eigenständige Aktivität eingeführt werden. Das ist mit der Spalte x_8 „Sonstiger Erwerb" erfolgt. Dabei wurde davon ausgegangen, dass die Arbeitskräfte der Familie als ständige Teilzeitkräfte außerlandwirtschaftlich tätig werden können. Es ergeben sich dafür also Arbeitsverträge, die vorsehen, dass während des ganzen Jahres eine bestimmte monatliche Arbeitszeit (inkl. Urlaubszeit) erbracht wird. Dieser Sachverhalt wird im Modell dadurch abgebildet, dass der Arbeits-Input für den sonstigen Erwerb in jedem Monat eine AK und in den vier vegetationslosen Monaten insgesamt 4 AK umfasst. Diese Input-Output-Koeffizienten mit den Werten von 1,00 bzw. 4,00 sind in den Zeilen für die jeweilige monatliche Gesamtarbeitszeit aufgeführt. Wie aus den Zeilen für die jeweiligen Gesamtarbeitsstunden im Modell hervorgeht, sind nur solche Lösungen für das Landnutzungsprogramm und die außerbetriebliche Tätigkeit zulässig, bei denen die Summe der Arbeitsansprüche für die Landnutzungsverfahren und den außerbetrieblichen Erwerb die verfügbaren Gesamtarbeitsstunden nicht übersteigen. Zusätzlich sorgen die Begrenzungsungleichungen für die Feldarbeit in den Vegetationsmonaten dafür, dass nur solche Landnutzungsprogramme realisierbar sind, die mit den verfügbaren Feldarbeitsstunden im Höchstfalle bewältigt werden können.

Da eine Einheit für den sonstigen Erwerb monatlich eine 1 AKh und damit jährlich 12 AKh umfasst, beträgt die Entlohnung für diese Tätigkeit das Zwölffache des Stundenlohns. Wenn in dem Modell der Übersicht 8.10 in der Zeile 22 für den Risikonutzen ein Betrag von 120,00 € aufgeführt ist, dann bedeutet das, dass von einem Stundenlohn von 10,00 € ausgegangen wurde.

Zur Simulation unterschiedlich starker Nachfrage nach bisher in der Landwirtschaft tätigen Arbeitskräften wurde das Optimierungsmodell der Übersicht 8.10 mit Lohnsätzen von 0,00 bis 16,00 €/AKh in Schritten von 2,00 €/AKh gelöst. Dadurch erhält man zunächst die Entwicklung des Landnutzungsprogramms in Abhängigkeit zunehmender außerlandwirtschaftlicher Entlohnungssätze, bzw. eines zunehmend nachfragestarken außerlandwirtschaftlichen Arbeitsmarktes.

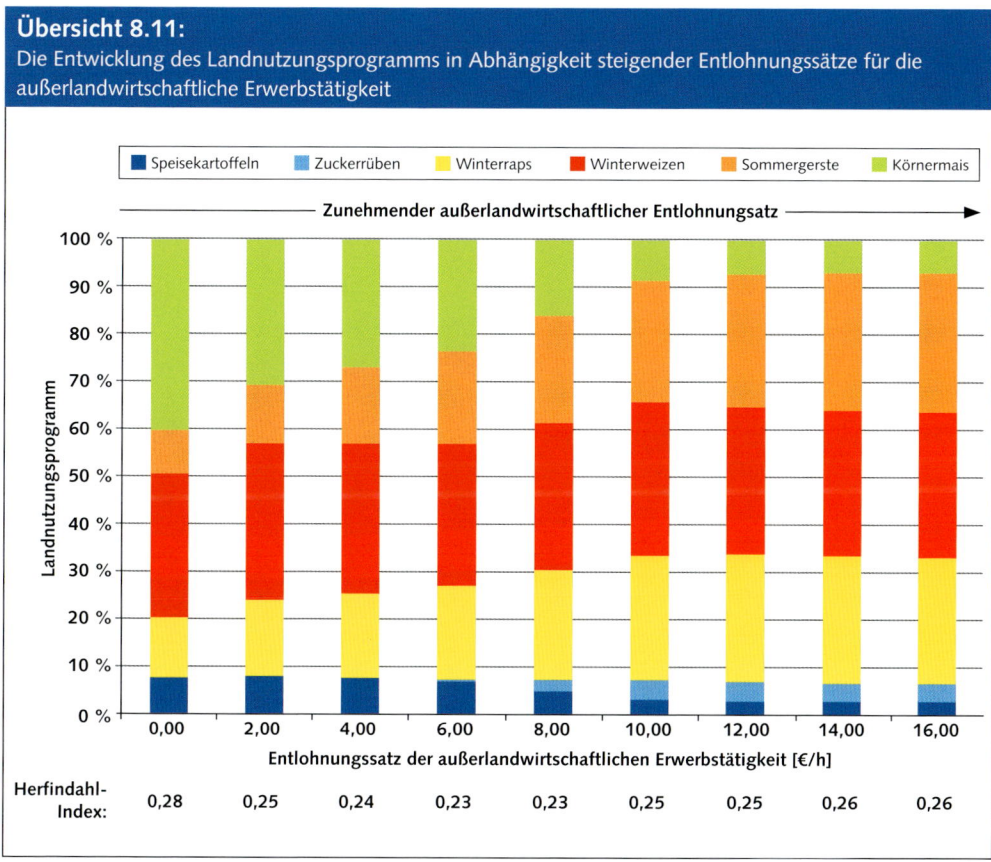

Übersicht 8.11:
Die Entwicklung des Landnutzungsprogramms in Abhängigkeit steigender Entlohnungssätze für die außerlandwirtschaftliche Erwerbstätigkeit

Aus Übersicht 8.11 geht hervor, dass zwar die Vielseitigkeit des Landnutzungsprogramms – gemessen durch den HERFINDAHL-Index – in dem Beispielsbetrieb mit steigenden Entlohnungssätzen für die außerlandwirtschaftliche Erwerbstätigkeit praktisch konstant bleibt, dass sich aber seine Zusammensetzung verändert. Mit zunehmenden Lohnsätzen für den außerbetrieblichen Erwerb werden die relativ intensiven Landnutzungsverfahren Speisekartoffeln, Zuckerrüben und Körnermais durch die relativ extensiven Verfahren Winterraps, Winterweizen und Sommergerste verdrängt. Die betriebliche Landnutzungsintensität dürfte damit also abnehmen.

Das betriebliche Landnutzungsprogramm wird mit zunehmenden Entlohnungssätzen für die außerlandwirtschaftliche Erwerbstätigkeit extensiver, d. h. insbesondere weniger arbeitsintensiv, weil der außerbetriebliche Arbeitseinsatz sukzessive relativ vorzüglicher wird. Das verdeutlicht Übersicht 8.12. In der Ausgangssituation mit einem außerbetrieblichen Entlohnungsniveau von 0,00 €/AKh können ca. 22 % der Familienarbeitskapazität für direkte Arbeiten bei den Landnutzungsverfahren (grüne Säulenabschnitte) und ca. 10 % der Arbeitskapazität für allgemeine betriebliche Arbeiten genutzt werden (gelbe Säulenabschnitte). Ca. 68 % der verfügbaren Arbeitskapazität können nicht genutzt werden (rote Säulenabschnitte). Eine außerbetriebliche Tätigkeit ist bei dem Entlohnungssatz von 0,00 €/AKh, d. h. bei einem nicht vorhandenen außerlandwirtschaftlichen Arbeitsmarkt, nicht wirtschaftlich. Große Teile der betrieblichen Arbeitskapazität bleiben mithin ungenutzt.

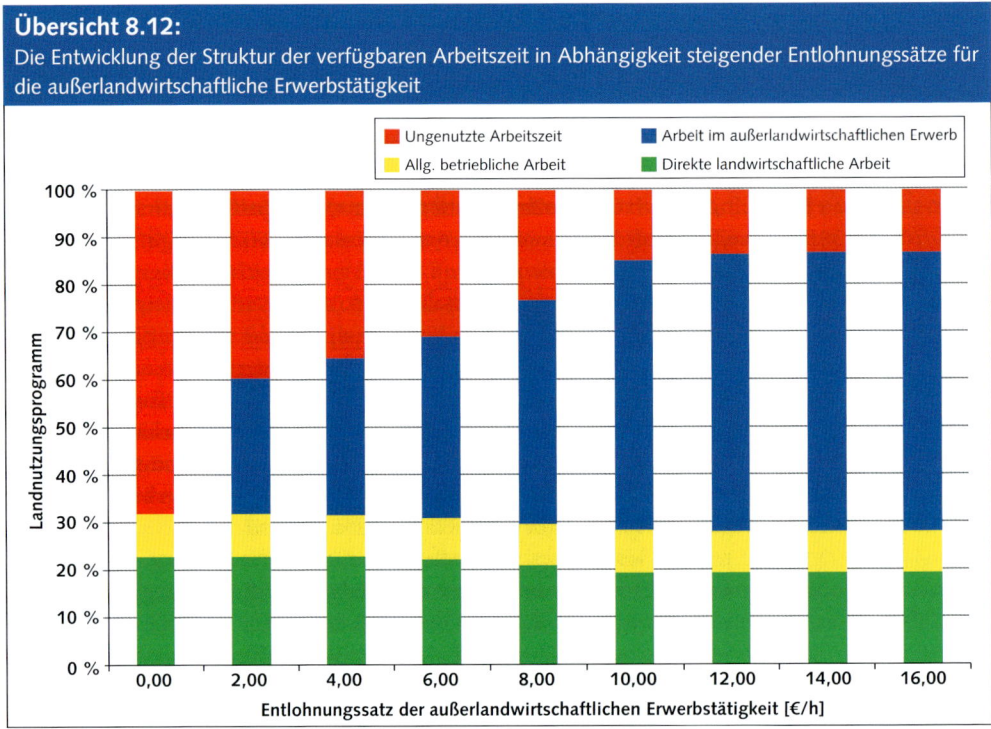

Übersicht 8.12:
Die Entwicklung der Struktur der verfügbaren Arbeitszeit in Abhängigkeit steigender Entlohnungssätze für die außerlandwirtschaftliche Erwerbstätigkeit

Mit zunehmenden Entlohnungssätzen für die außerlandwirtschaftliche Erwerbstätigkeit nimmt jedoch die außerlandwirtschaftliche Erwerbstätigkeit zu Lasten der bisher ungenutzten Arbeitszeit, aber auch zu Lasten der bisher direkt für die Nutzpflanzenerzeugung genutzten Arbeitsstunden zu. Bei einem Entlohnungsniveau für die außerlandwirtschaftliche Tätigkeit von 16,00 €/AKh ist der Anteil für die direkten betrieblichen Arbeiten bei gleich bleibendem Anteil für die allgemeinen betrieblichen Arbeiten von 22 % in der Ausgangssituation auf nur noch 19 % zurückgegangen. Die eingangs nicht genutzte Arbeitskapazität in Höhe von ca. 68 % der Gesamtkapazität hat sich auf nur noch ca. 13 % der Gesamtarbeitskapazität vermindert. Die Familie erreicht nahezu Vollbeschäftigung.

Die Entwicklungen des betrieblichen Landnutzungsprogramms und der Arbeitszeitstruktur bleiben nicht ohne Folgen für die Landnutzungsintensität, die Bodenrente und das Gesamteinkommen der Landwirtsfamilie.

Übersicht 8.13 zeigt, dass die Landnutzungsintensität – wie bereits angedeutet – mit steigendem außerbetrieblichen Arbeitseinsatz abnimmt. Im Beispiel geht sie von gut 1.300,00 € auf gut 1.000,00 € zurück. Mit der Extensivierung des Landnutzungsprogramms ist auch eine Tendenz zur Abnahme der Bodenrente verbunden. Im Beispiel geht sie von knapp 900,00 € um ca. 100,00 € auf nur noch gut 800,00 €/ha zurück. Die Bodenrente wird in dieser Übersicht als die (monetäre) Bodenproduktivität bezeichnet.

Umgekehrt steigt die Arbeitsproduktivität, gemessen als Summe von landwirtschaftlichen und außerlandwirtschaftlichen Einkommen je Arbeitskraft (im Beispiel sind – wie gesagt – zwei Arbeitskräfte angenommen), von ca. 55.000,00 auf ca. 71.000,00 € an.

Diese Aussagen lassen sich verallgemeinern: Mit zunehmender außerlandwirtschaftlicher Nachfrage nach Arbeitskräften, d. h. mit steigenden Entlohnungssätzen für eine nichtlandwirtschaftliche Erwerbstätigkeit, nimmt c. p. der betriebliche Arbeitseinsatz ab, wird die Ar-

Übersicht 8.13:
Entwicklung der Landnutzungsintensität sowie der (monetären) Boden- und Arbeitsproduktivität in Abhängigkeit steigender außerlandwirtschaftlicher Entlohnungssätze

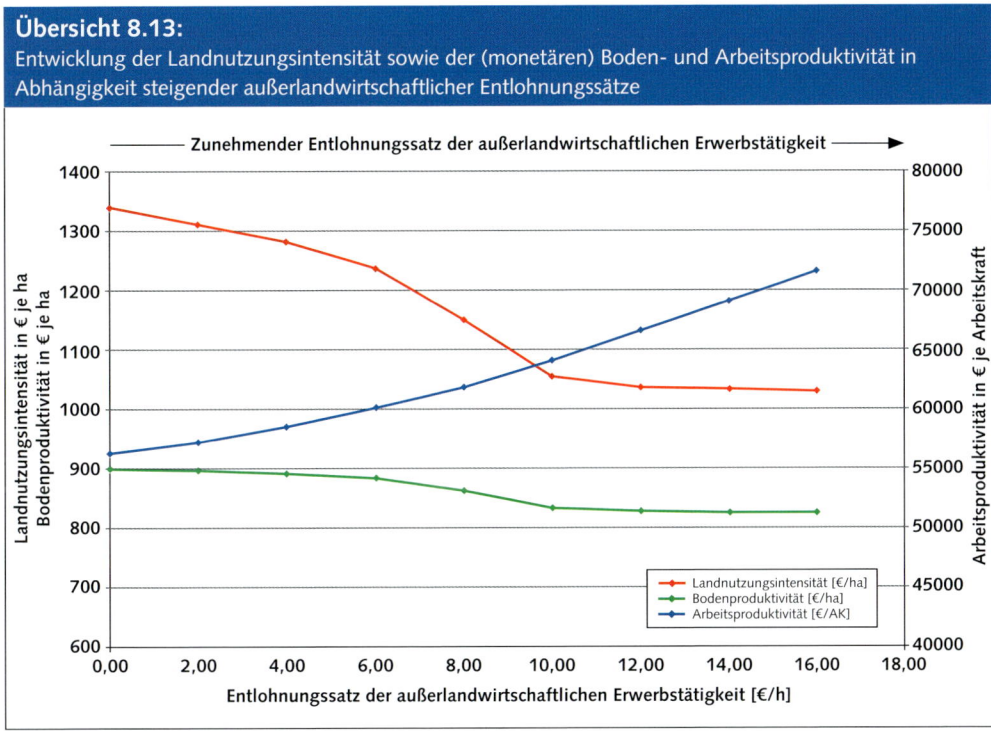

beitskapazität der Landwirtsfamilie zunehmend vollständiger genutzt, nimmt die Landnutzungsintensität ab, sinkt die (monetäre) Bodenproduktivität der landwirtschaftlichen Nutzfläche und steigt die Arbeitsproduktivität der Landwirtsfamilie.

Graduelle aber keine prinzipiellen Unterschiede ergeben sich jedoch für Betriebe mit anderen Nutzflächenausstattungen als hier angenommen. Hat ein Betrieb bei gleicher Familienarbeitskapazität eine vergleichsweise große Nutzflächenbasis, wird weniger Arbeit für den außerbetrieblichen Erwerb eingesetzt, bzw. wird ein gleicher Anteil für den außerbetrieblichen Erwerb erst bei höheren Lohnsätzen für diesen Erwerb erreicht. Umgekehrt gilt dies für Betriebe mit relativ geringen Nutzflächenausstattungen.

8.4.2   Der Einfluss des Arbeitsmarktes in Abhängigkeit von der Nutzflächenausstattung der Familienbetriebe

Im zweiten Schritt der Analyse soll deshalb untersucht werden, welche Entwicklungen sich für das Landnutzungsprogramm, die Landnutzungsintensität, die Aufteilung der Arbeit auf landwirtschaftliche und außerlandwirtschaftliche Erwerbstätigkeit sowie für die Boden- und Arbeitsproduktivität ohne und mit einem wirksamen Arbeitsmarkt in Abhängigkeit von zunehmenden betrieblichen Nutzflächenausstattungen ergeben.

Die Entwicklung der genannten Größen in Abhängigkeit einer zunehmenden betrieblichen Nutzflächenausstattung ohne die Möglichkeit einer außerbetrieblichen Erwerbstätigkeit wurde tatsächlich bereits in Abschnitt 4.4.3.3 des vierten Kapitels mittels des betrieblichen Optimierungsmodells untersucht. Die Analyse ist deshalb hier nur noch um den Fall eines gegebenen wirksamen Arbeitsmarktes zu ergänzen. Auch diese Analyse soll wieder mit

Übersicht 8.14:
Die Entwicklungen der Landnutzungsprogramme in Abhängigkeit einer zunehmenden Land-Arbeit-Relation in Familienbetrieben ohne und mit außerlandwirtschaftlicher Erwerbsmöglichkeit

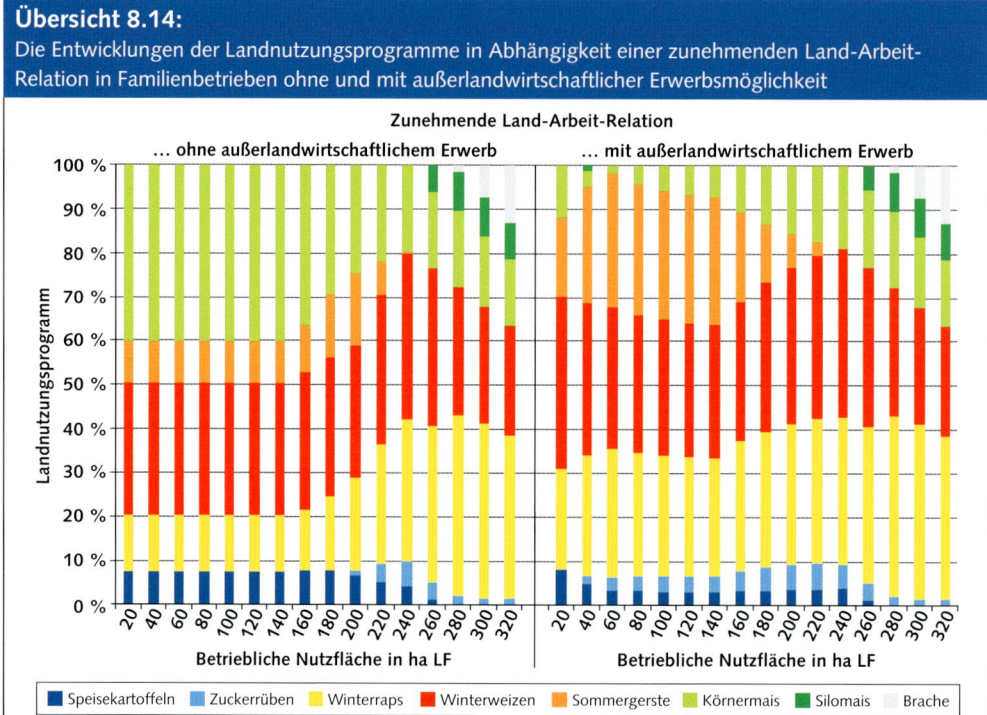

Übersicht 8.15:
Die Entwicklungen der Strukturen der verfügbaren Arbeitszeit in Abhängigkeit einer zunehmenden Land-Arbeit-Relation in Familienbetrieben ohne und mit außerlandwirtschaftlicher Erwerbsmöglichkeit

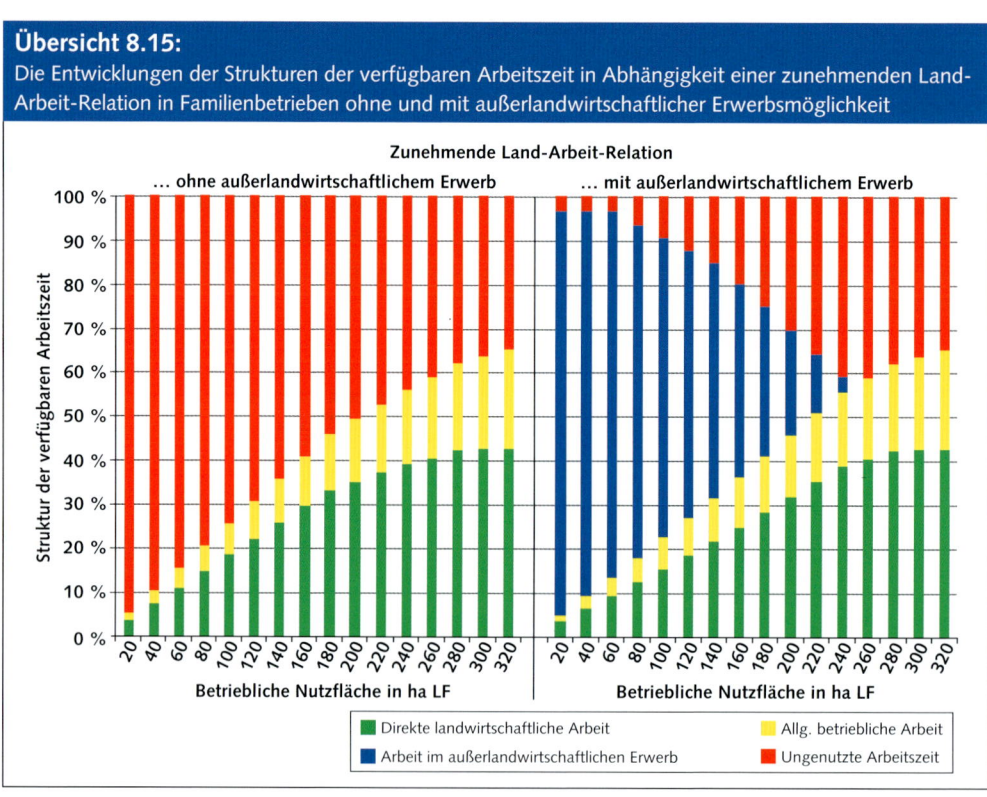

dem in Übersicht 8.10 dargestellten Optimierungsmodell durchgeführt werden. Nunmehr wird jedoch im Unterschied zur Analyse des vorhergehenden Abschnittes der außerbetriebliche Entlohnungssatz mit 15,00 €/AKh konstant gehalten, während die betriebliche Nutzflächenausstattung – wie im Übrigen schon in Abschnitt 4.4.3.3 – zwischen 20 und 320 ha in Schritten von 20 ha verändert wird. Mit anderen Worten: Es wird die Land-Arbeit-Relation variiert.

Als erstes Ergebnis zeigt Übersicht 8.14 die Entwicklung des betrieblichen Landnutzungsprogramms ohne und mit außerlandwirtschaftlichem Erwerb. Die Landnutzungsprogramme unterscheiden sich bis zu einer Nutzflächenausstattung von 240 ha, ab 260 ha wird in beiden Fällen das jeweils gleiche Landnutzungsprogramm realisiert.

Vor dieser Schwelle ist das Landnutzungsprogramm ohne außerlandwirtschaftlicher Erwerbsmöglichkeit durch vergleichsweise hohe Anteile der intensiveren Landnutzungsverfahren Speisekartoffeln und Körnermais gekennzeichnet. Mit der Möglichkeit zum außerlandwirtschaftlichen Erwerb wird also relativ extensiver gewirtschaftet. Die extensiveren Kulturen Raps und Sommergerste nehmen wesentlich höhere Flächenanteile ein. Mit zunehmender Nutzflächenausstattung gleichen sich die Landnutzungsprogramme jedoch sukzessive an, bis sie – wie gesagt – ab 260 ha identisch sind.

Die vor dieser Nutzflächenausstattung von 260 ha liegenden Unterschiede ergeben sich selbstverständlich dadurch, dass bei relativ kleinen Land-Arbeit-Relationen der außerbetriebliche Erwerb gegenüber einer verstärkten Nutzung von Arbeitsstunden durch die Ausdehnung der arbeitsintensiveren Kulturen wirtschaftlich vorzüglich ist. Die Kombination aus einem relativ extensiven Landnutzungsprogramm mit einer außerbetrieblichen Erwerbstätigkeit ist bei geringen Werten der Land-Arbeit-Relation der Verfolgung eines relativ intensiven Landnutzungsprogramms, aber ohne einen außerlandwirtschaftlichen Erwerb, offenbar wirtschaftlich überlegen.

Dazu zeigt der Vergleich der Strukturen der verfügbaren Arbeitszeit ohne und mit außerlandwirtschaftlicher Erwerbsmöglichkeit in Übersicht 8.15, dass die Familienarbeitskräfte bei gegebener außerlandwirtschaftlicher Erwerbsmöglichkeit im Beispielsbetrieb zunächst die bisher ungenutzten Arbeitszeiten für den außerlandwirtschaftlichen Erwerb einsetzen. Mit zunehmender Land-Arbeit-Relation nimmt jedoch der außerbetriebliche Arbeitseinsatz sukzessive ab und der Anteil an ungenutzter Arbeit wieder zu. Mit zunehmender Land-Arbeit-Relation ist es offenbar wirtschaftlich vorzüglich, Arbeitsstunden in Zeitspannen mit Arbeitsengpässen für die landwirtschaftlichen Arbeiten zu nutzen, auch wenn dafür in anderen Zeitspannen mehr Arbeitsstunden ungenutzt bleiben.

Erst ab einer Nutzflächenausstattung von 260 ha wird im Beispiel die Struktur der verfügbaren Arbeitszeiten in beiden Fällen wieder identisch. Die Land-Arbeit-Relation hat dann einen so hohen Wert, dass die ausschließlich landwirtschaftliche Tätigkeit jeder Kombination mit außerlandwirtschaftlichen Tätigkeiten wirtschaftlich überlegen wird.

Schließlich zeigt Übersicht 8.16 die Entwicklung der Landnutzungsintensität sowie der (monetären) Boden- und Arbeitsproduktivität in Abhängigkeit von der Land-Arbeit-Relation ohne und mit außerlandwirtschaftlicher Erwerbsmöglichkeit.

Erst ab der bereits genannten Nutzflächenausstattung von 260 ha (gekennzeichnet durch die gestrichelten Linien in der Übersicht) sind die Werte der eben genannten Größen identisch. Ohne außerlandwirtschaftliche Erwerbsmöglichkeit ist die Landnutzungsintensität im Beispiel – wie bereits angedeutet – substantiell höher als im Falle der gegebenen außerlandwirtschaftlichen Erwerbstätigkeit. Prinzipiell das Gleiche trifft für die Bodenrente bzw. die monetäre Bodenproduktivität zu.

Die Arbeitsproduktivität ist bei gegebener außerlandwirtschaftlicher Erwerbsmöglichkeit bei geringen Land-Arbeit-Relationen deutlich höher als bei nicht gegebener außerlandwirt-

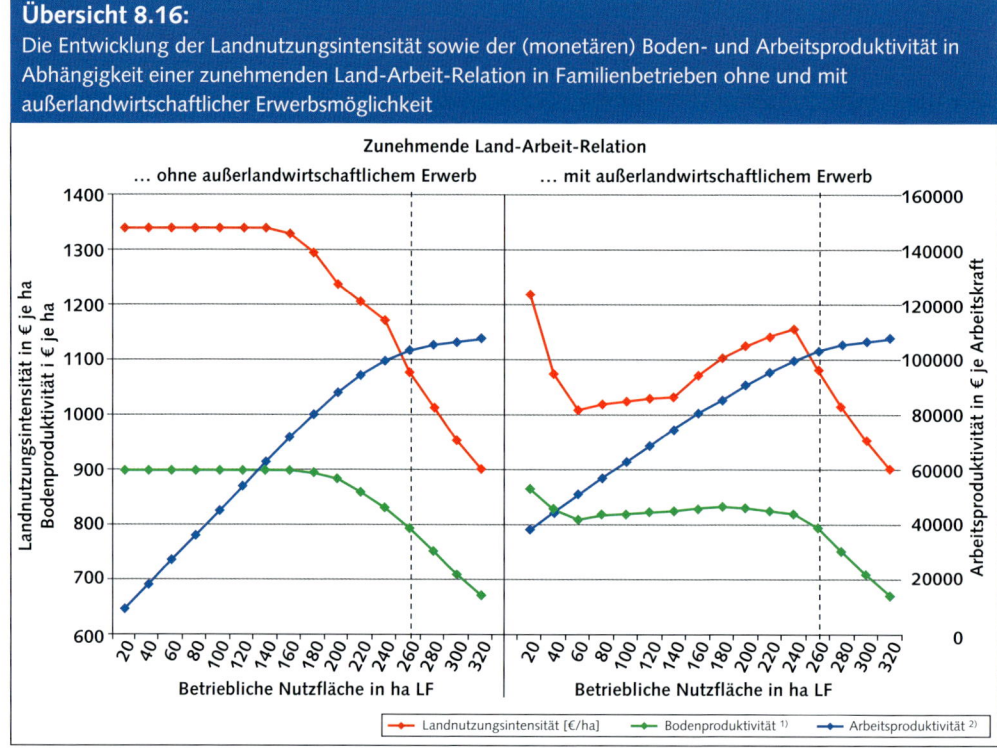

Übersicht 8.16:
Die Entwicklung der Landnutzungsintensität sowie der (monetären) Boden- und Arbeitsproduktivität in Abhängigkeit einer zunehmenden Land-Arbeit-Relation in Familienbetrieben ohne und mit außerlandwirtschaftlicher Erwerbsmöglichkeit

schaftlicher Erwerbsmöglichkeit. Die außerlandwirtschaftliche Erwerbsmöglichkeit trägt also gerade bei geringen betrieblichen Nutzflächenausstattungen substantiell zum Pro-Kopf-Einkommen der Landwirtsfamilie bei.

Insgesamt führt mithin eine gegebene außerlandwirtschaftliche Erwerbsmöglichkeit im Vergleich zur nicht gegebenen Erwerbsmöglichkeit bei relativ geringen Land-Arbeit-Relationen zu geringeren Landnutzungsintensitäten und ebenfalls geringeren Bodenproduktivitäten bei gleichzeitig deutlich höheren Arbeitsproduktivitäten. Die Familie des Landwirts kann damit ein höheres Pro-Kopf-Einkommen realisieren.

Andererseits spielt bei hohen Land-Arbeit-Relationen der außerlandwirtschaftliche Erwerb – bei realistischen Annahmen über die Höhe der außerlandwirtschaftlichen Entlohnungssätze – keine Rolle mehr. Eine hinreichende Landbasis ist die Voraussetzung für die wirtschaftliche Überlegenheit einer rein landwirtschaftlichen Tätigkeit.

Für die Ausgestaltung regionaler Landnutzungen lassen sich aus den vorstehenden Analysen zusammenfassend die folgenden allgemeinen Tendenzen ableiten:

(1) Die Ausgestaltung der Landnutzung in Regionen, die durch landwirtschaftliche Familienbetriebe (als Voll- und Teilerwerbsbetriebe) mit relativ geringen Land-Arbeit-Relationen geprägt sind, in denen die Familien der Landwirte also mit relativ geringen Nutzflächenausstattungen arbeiten müssen, wird durch die Wirksamkeit eines regionalen, außerlandwirtschaftlichen Arbeitsmarktes beeinflusst.

(2) Je wirksamer der regionale, außerlandwirtschaftliche Arbeitsmarkt ist, je höher also die gebotenen Entlohnungssätze für außerlandwirtschaftliche Tätigkeiten sind, desto geringer

wird die Landnutzungsintensität, ausgedrückt durch abnehmende Anteile relativ arbeitsaufwändiger Intensivkulturen am regionalen Landnutzungsmuster.

(3) Mit zunehmender Wirksamkeit des regionalen, außerlandwirtschaftlichen Arbeitsmarktes steigt zudem die Arbeitsproduktivität der Landwirtsfamilien und sinkt die Bodenproduktivität auf ihren Nutzflächen. Zu Gunsten der Ausdehnung der außerlandwirtschaftlichen Tätigkeiten werden bisher in der Landwirtschaft eingesetzte Arbeitskapazitäten durch Übergang von relativ arbeitsaufwändigen Intensivkulturen auf relativ arbeitsproduktive Extensivkulturen für außerbetriebliche Tätigkeiten freigesetzt.

(4) In Regionen, die durch landwirtschaftliche Familienbetriebe mit relativ hohen Land-Arbeit-Relationen geprägt sind, beeinflusst die Wirksamkeit des außerlandwirtschaftlichen, regionalen Arbeitsmarktes die Ausgestaltung der Landnutzung dagegen kaum oder gar nicht. Je besser die Land-Arbeit-Relation ist, desto weniger unterscheiden sich die Landnutzungsintensitäten und die Landnutzungsprogramme in Abhängigkeit von der Wirksamkeit des außerlandwirtschaftlichen, regionalen Arbeitsmarktes.

(5) Da Europa in vielen Regionen durch landwirtschaftliche Familienbetriebe mit relativ geringen Land-Arbeit-Relationen gekennzeichnet ist, sind die unterschiedlichen Entwicklungsstände der regionalen außerlandwirtschaftlichen Arbeitsmärkte eine Determinante für die Ausgestaltung der regionalen Landnutzungsmuster. Zunehmende Wirksamkeiten der außerlandwirtschaftlichen, regionalen Arbeitsmärkte führen c. p. zu sinkenden regionalen Landnutzungsintensitäten und abnehmenden Anteilen an relativ arbeitsaufwändigen Intensivkulturen an den Landnutzungsmustern.

8.5   Intensivierungsstufen der Landnutzung bei steigenden Agrarproduktpreisen

Am Ende dieses Kapitels soll nochmals auf Entwicklungen eingegangen werden, die in den Abschnitten 8.2.1 und 8.3.1 bereits angesprochen wurden, nämlich auf die Entwicklung der Landnutzungsprogramme in Abhängigkeit eines sukzessive ansteigenden Agrarpreisniveaus bzw. eines sukzessive ansteigenden Wertes der Faktorpreis-Produktpreis-Relation.

Langfristig steigende Agrarpreisniveaus treten im Verlauf der geschichtlichen Entwicklung von Wirtschaftsräumen auf, wenn die Nachfrage nach Agrarprodukten aufgrund wachsender Bevölkerung und steigender Pro-Kopf-Einkommen stärker zunimmt als das Angebot. Diese Phase lässt sich früher oder später in allen bedeutenden Wirtschaftsräumen beobachten. Der größte Teil Europas war vom 17. bis zum Beginn des 20. Jahrhunderts durch diese Entwicklung gekennzeichnet. Asien durchläuft diese Entwicklung seit dem Beginn des 20. Jahrhunderts bis hinein in die Gegenwart. Das Gleiche trifft auf Lateinamerika zu. Afrika steht am Beginn dieser Entwicklung. Lediglich die von Europäern relativ neu besiedelten Regionen Nordamerikas und Australiens bilden bisher eine gewisse Ausnahme.

Aus den Ergebnissen der Abschnitte 8.2.1 und 8.3.1 ging hervor, dass bei zunehmendem Produktpreisniveau und gleichzeitig weniger stark steigendem oder gleich bleibendem Kostenniveau, d. h. bei zunehmender Produktpreis-Faktorpreis-Relation, die erzielbaren Bodenrenten selbstverständlich ansteigen. Gleichzeitig verändern sich die Zusammensetzungen der Landnutzungsprogramme in Richtung auf steigende Anteile von Nutzpflanzenarten, die durch rela-

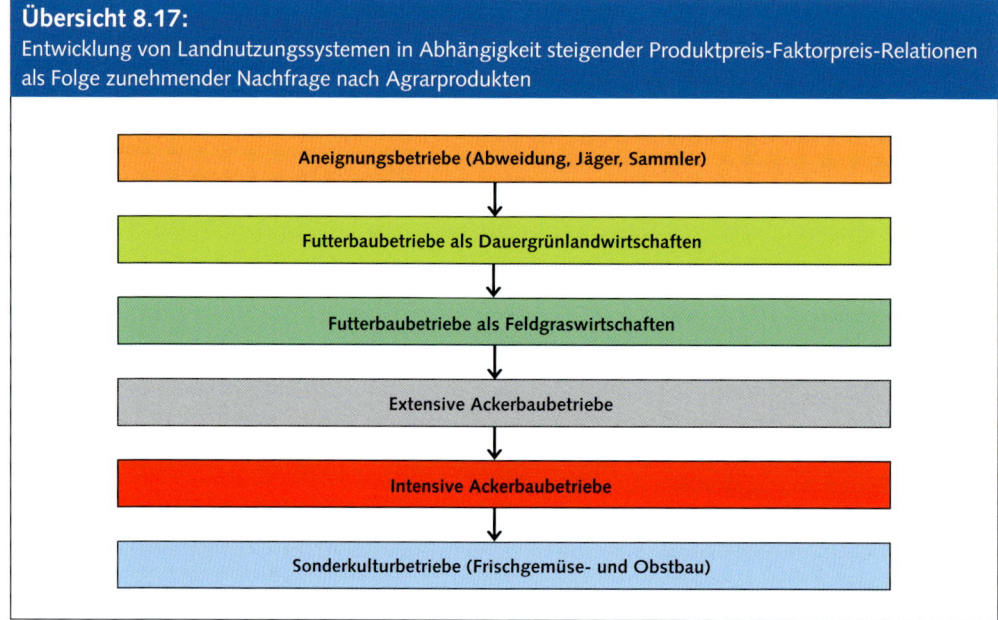

Übersicht 8.17:
Entwicklung von Landnutzungssystemen in Abhängigkeit steigender Produktpreis-Faktorpreis-Relationen als Folge zunehmender Nachfrage nach Agrarprodukten

Aneignungsbetriebe (Abweidung, Jäger, Sammler)

Futterbaubetriebe als Dauergrünlandwirtschaften

Futterbaubetriebe als Feldgraswirtschaften

Extensive Ackerbaubetriebe

Intensive Ackerbaubetriebe

Sonderkulturbetriebe (Frischgemüse- und Obstbau)

tiv hohe spezielle Intensitäten gekennzeichnet sind. Der Anstieg des Agrarpreisniveaus führt dazu, dass Landnutzungsverfahren mit relativ geringen speziellen Intensitäten sukzessive zugunsten von solchen mit relativ hohen und schließlich höchsten speziellen Intensitäten verdrängt werden. Kurzum: Je höher das Agrarpreisniveau bzw. die Produktpreis-Faktorpreis-Relation wird, desto stärker dominieren Landnutzungsverfahren mit hohen speziellen Intensitäten die Landnutzungsprogramme. Daraus ergibt sich unmittelbar, dass bei zunehmenden Werten der Produktpreis-Faktorpreis-Relation auch die betrieblichen Landnutzungsintensitäten ansteigen.

Betrachtet man eine solche Entwicklung steigender Produktpreis-Faktorpreis-Relationen über einen längeren Zeitraum, dann ergibt sich für die zugehörige Entwicklung der Landnutzungssysteme prinzipiell die in Übersicht 8.17 skizzierte Abfolge. Vergleicht man nun diese Abfolge der Landnutzungssysteme mit den in Abschnitt 7.1.8 dargestellten Landnutzungssystemen der THÜNEN'schen Ringe, dann wird die Übereinstimmung unmittelbar deutlich. Die in der Übersicht 8.17 skizzierte Entwicklung der Landnutzungssysteme in Abhängigkeit zunehmender Werte der Produktpreis-Faktorpreis-Relation entspricht der Abfolge der Landnutzungssysteme in Abhängigkeit einer zunehmenden Marktnähe.

Diese Übereinstimmung muss sich tatsächlich so ergeben. Mit zunehmender Nähe zum Markt steigen die Hoftor-Preise der Produkte, sie nähern sich den Marktpreisen an, weil die Transportkosten abnehmen. Insgesamt bedeutet diese positive Entwicklung der Hoftor-Preise aber, dass bei gleich bleibenden Produktionskosten die Produktpreis-Faktorpreis-Relation mit zunehmender Marktnähe ansteigt. Die räumliche Differenzierung der betrieblichen Landnutzungsprogramme und der regionalen Landnutzungsmuster in Abhängigkeit von der Marktnähe entspricht damit ihren zeitlichen Differenzierungen in Abhängigkeit einer zunehmenden Nachfrage nach Agrarprodukten, die sich in steigenden Werten der Produktpreis-Faktorpreis-Relation äußert.

9
Der Einfluss der fachlichen Befähigung des Landwirts auf das Landnutzungsprogramm, die Landnutzungsintensität und die Bodenrente

Im vorliegenden Kapitel wird unter Zuhilfenahme von Buchführungsergebnissen anhand von Modellrechnungen gezeigt, dass die Landnutzungsintensität und die Bodenrente mit zunehmender Befähigung der Landwirte ansteigen und sich die Landnutzungsprogramme in Richtung auf höhere Anteile von Nutzpflanzenarten mit relativ hohen speziellen Intensitäten verändern. Fachlich am stärksten befähigte Landwirte erzielen c. p. etwa die drei- bis vierfache Bodenrente ihrer fachlich am schwächsten befähigten Kollegen. Sie erzielen damit eine Befähigungsrente, die – im Unterschied zur Qualitäts- und Lagerente – keine Quasirente, sondern eine echte Rente ist. Sie kommt stets dem überdurchschnittlich erfolgreich wirtschaftenden Landwirt zugute.

9.1 Der Ein-Produkt-Fall

Aus Buchführungsergebnissen landwirtschaftlicher Betriebe lässt sich seit langem ablesen, dass fachlich am stärksten befähigte Landwirte mit ihren Landnutzungsverfahren Stückkosten erreichen, die sowohl bei den Arbeits- als auch bei den Sachkosten um rund 20 % unter den Stückkosten der durchschnittlich wirtschaftenden Landwirte liegen. Umgekehrt liegen die Stückkosten der fachlich am wenigsten befähigten Landwirte um ca. 20 % über dem Durchschnitt. Mit anderen Worten: Bezüglich der Kosteneffizienz ergeben sich zwischen den fachlich am stärksten und den am schwächsten befähigten Landwirten sehr deutliche Unterschiede. Der am schwächsten befähigte Landwirt wirtschaftet c. p. mit ca. 50 % höheren Stückkosten als ein fachlich am stärksten befähigter Kollege.

Auch bezüglich der Ertragseffizienz, bzw. der Effizienz der Nutzung der Ressource Boden, ergeben sich deutliche Unterschiede. Ebenfalls aus Buchführungsergebnissen lässt sich ableiten, dass der fachlich am stärksten befähigte Landwirt c. p. Erträge erreicht, die um rund 10 % über dem Durchschnitt liegen, während der fachlich am schwächsten befähigte Kollege nur Erträge erzielt, die um ca. 10 % unter dem Durchschnitt liegen. Der fachlich am stärksten befähigte Landwirt kann also eine Ertragseffizienz realisieren, die um fast ein Viertel über derjenigen liegt, die der fachlich am schwächsten befähigte Kollege erreicht.

Eine empirische Untermauerung dieser Aussagen erfolgt im abschließenden Abschnitt (9.4) des vorliegenden Kapitels.

Bezogen auf die genannten Kosten- und Ertragsunterschiede ergibt sich anhand des Beispiels Winterweizen das Bild der Übersicht 9.1. In dieser Übersicht sind die Bodenrentenfunktionen für den fachlich am stärksten befähigten, für den fachlich durchschnittlich befähigten und für den fachlich am schwächsten befähigten Landwirt in Abhängigkeit von der Qualität, d. h. von der Ertragsfähigkeit, natürlicher Standorte abgetragen. Den in der Übersicht 9.1 dargestellten Bodenrentenfunktionen liegt die Bodenrentengleichung für ein m-tes Landnutzungsverfahren in der folgenden Form zugrunde:

$$(9.1) \qquad BR_m = (py_m - MKV_m \cdot kaf) \cdot ef \cdot y_m - KVF_m \cdot kaf$$

Darin sind:

BR_m	=	Bodenrente, gemessen in €/ha;
py_m	=	Produktpreis, gemessen in €/t Produkt;
MKV_m	=	ertragsabhängige Kosten, gemessen in €/t Produkt;
y_m	=	Ertrag, gemessen in €/ha;
KVF	=	flächenabhängige Kosten, gemessen in €/ha;
sowie		
kaf	=	Kostenanpassungsfaktor;
ef	=	Ertragsanpassungsfaktor.

Konkret wurden für die Kostensätze und den Produktpreis die Beträge für den Winterweizen angenommen, die in der Übersicht 4.3 aufgeführt sind, nämlich MKV = 79,4898 €/t und KVF = 340,0451 €/ha. Der Kostenanpassungsfaktor hat die Werte 1,2, 1,0 und 0,8 zur Simulation der Kosteneffizienz der unterschiedlich fachlich befähigten Landwirte. Gleichzeitig hat der Ertragsanpassungsfaktor die Werte 1,1, 1,0 und 0,9 zur Simulation der Ertragseffizienzen der fachlich unterschiedlich befähigten Landwirte.

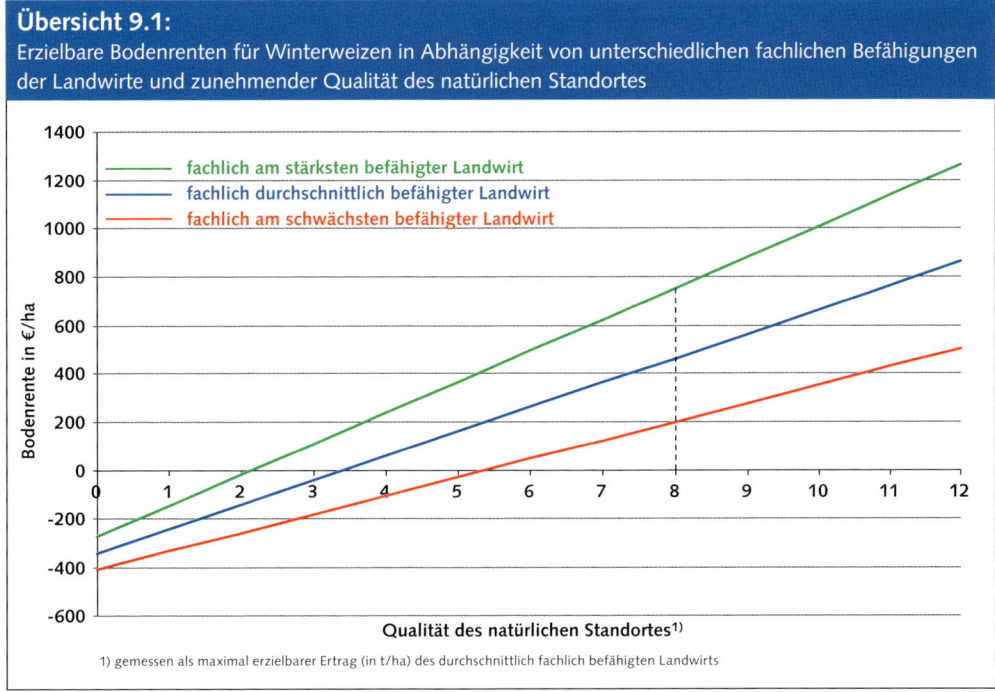

Übersicht 9.1:
Erzielbare Bodenrenten für Winterweizen in Abhängigkeit von unterschiedlichen fachlichen Befähigungen der Landwirte und zunehmender Qualität des natürlichen Standortes

Aus der *Übersicht 9.1* geht dann Folgendes hervor:

(1) Bei dem gegenwärtig in Deutschland an vielen natürlichen Standorten realisierbaren Ertragsniveau von ca. 8 t/ha für Winterweizen kann der fachlich am stärksten befähigte Landwirt aufgrund der geringeren Stückkosten und der höheren ha-Erträge eine Bodenrente erzielen, die die vom fachlich am schwächsten befähigten Landwirt erzielbare Bodenrente um mehr als das Dreifache überragt.

(2) Fachlich befähigte Landwirte können im Unterschied zu ihren fachlich weniger befähigten Kollegen noch auf ertragsschwächeren Standorten eine positive Bodenrente erzielen. Im Beispiel der Übersicht 9.1 benötigt der am schwächsten fachlich befähigte Landwirt einen Standort mit einem maximal realisierbaren Ertrag von mehr als 5 t/ha, wenn er eine positive Bodenrente erzielen möchte, während sein fachlich am stärksten befähigter Kollege schon auf Standorten mit einem maximal erzielbaren Ertrag von gut 2 t/ha eine positive Bodenrente realisieren kann.

(3) Die Unterschiede zwischen den Bodenrenten, die der fachlich am stärksten befähigte Landwirt und der fachlich am schwächsten befähigte Landwirt erzielen können, sind relativ umso größer, je geringer die Qualität des natürlichen Standortes ist. Im Beispiel erzielt der befähigte Landwirt – wie sich durch Einsetzen der Werte in Gleichung (9.1) leicht errechnen lässt – auf einem Standort mit einem maximal erzielbaren Ertrag von 6 t/ha eine Bodenrente, die mehr als das Zehnfache derjenigen seines fachlich am schwächsten befähigten Kollegen beträgt. Auf einem Standort mit einem maximal erzielbaren Ertrag von 9 t/ha beträgt der Unterschied dagegen nur noch das gut Dreifache.

9.2 Der Mehr-Produkt-Fall

Im Rahmen der Analyse des Ein-Produkt-Falls lassen sich naheliegenderweise keine Aussagen zur Gestalt des Landnutzungsprogramms in Abhängigkeit von der fachlichen Befähigung des Landwirts gewinnen. Erste Aussagen dazu können jedoch abgeleitet werden, wenn man bspw. drei Produkte gleichzeitig betrachtet. Das ist mit den in der Übersicht 9.2 dargestellten Gegebenheiten möglich. Den dort skizzierten Bodenrentenfunktionen für die drei Produkte Speisekartoffeln, Silomais und Winterweizen liegt prinzipiell wieder die Bodenrentengleichung (9.1) zugrunde. Ebenso wie bereits in Kapitel 5 (vgl. Abschnitt 5.2.2) können die Bodenrentenfunktionen für drei Produkte in Abhängigkeit vom Ertragsniveau aber nur abgetragen werden, wenn für die Erträge ein gemeinsamer Zähler – hier in Form der Getreideeinheiten (GE) – gilt. Die dafür relevante Bodenrentenfunktion wurde in Abschnitt 5.2.2 mit der Gleichung (5.11) abgeleitet. Durch Einsetzen des Kosten- und des Ertragsanpassungsfaktors (kaf und ef) gilt für die Bodenrentengleichung eines m-ten Landnutzungsverfahrens nunmehr:

$$(9.2) \qquad BR_m = \left(\frac{py_m}{gec_m} - \frac{MKV_m \cdot kaf}{gec_m} \right) \cdot ef \cdot yg\text{-}KVF_m \cdot kaf$$

Darin sind:

BR_m	=	Bodenrente, gemessen in €/ha;
py_m	=	Produktpreis, gemessen in €/ha;
MKV_m	=	ertragsabhängige Kosten, gemessen in €/t Produkt;
yg	=	Ertrag, gemessen in t GE/ha;
KVF_m	=	flächenabhängige Kosten, gemessen in €/ha;
gec_m	=	Quotient als Getreideeinheit je t Produktertrag;
kaf	=	Kostenanpassungsfaktor;
ef	=	Ertragsanpassungsfaktor.

Die Werte für die Anpassungsfaktoren wurden wieder mit kaf = 0,8 und kaf = 1,2 bzw. ef = 1,1 und ef = 0,9 für die Simulationen der Auswirkungen stärkerer oder schwächerer fachlicher Befähigungen der Landwirte angenommen. Die Kostenwerte und die Produktpreise für die drei Landnutzungsverfahren ergeben sich wieder aus der Übersicht 4.3. Die Werte für die Quotienten in Form der Getreideeinheiten je t Produktertrag (gec_m) betragen wie vorher (siehe Abschnitt 5.2.2) 1,07 für Winterweizen, 0,18 für Silomais und 0,22 für Speisekartoffeln.

Durch Einsetzen der genannten Werte in die Bodenrentengleichung (9.2) lassen sich die in Übersicht 9.2 dargestellten sechs Bodenrentenfunktionen für den fachlich am stärksten und den fachlich am schwächsten befähigten Landwirt grafisch abtragen.

Aus der Übersicht lässt sich Folgendes erkennen:

(1) Fachlich befähigte Landwirte können im Unterschied zu fachlich weniger befähigten Landwirten schon auf Standorten mit relativ geringen Ertragspotenzialen vergleichsweise vielseitige Landnutzungsprogramme mit Erfolg realisieren. Im Beispiel der Übersicht 9.2 kann der fachlich am stärksten befähigte Landwirt bereits auf einem Standort mit einem maximal erzielbaren Ertrag von yg = 5 t GE/ha sämtliche der drei möglichen Landnutzungsverfahren mit positiven Bodenrenten in die Tat umsetzen, während der fachlich am schwächsten befähigte

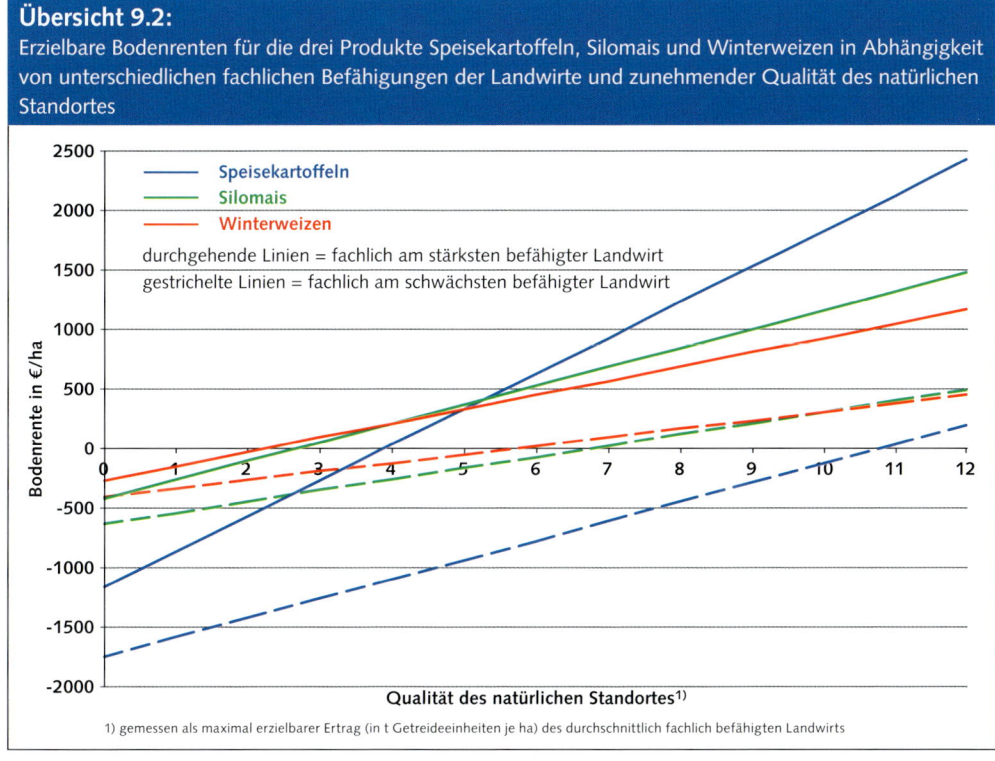

Übersicht 9.2:

Erzielbare Bodenrenten für die drei Produkte Speisekartoffeln, Silomais und Winterweizen in Abhängigkeit von unterschiedlichen fachlichen Befähigungen der Landwirte und zunehmender Qualität des natürlichen Standortes

1) gemessen als maximal erzielbarer Ertrag (in t Getreideeinheiten je ha) des durchschnittlich fachlich befähigten Landwirts

Landwirt auf einem solchen Standort keinen Ackerbau betreiben könnte, weil sämtliche infrage kommenden Produkte von ihm nicht mit positiven Bodenrenten erzeugt werden können.

Auch bei Standorten mit höheren Ertragsniveaus bleibt die Anzahl der anbauwürdigen Nutzpflanzenarten für den fachlich am schwächsten befähigten Landwirt kleiner als für seinen fachlich am stärksten befähigten Kollegen.

(2) Wie schon vorher bei der Betrachtung nur eines Produktes zeigt sich auch hier wieder, dass die vom fachlich am stärksten befähigten Landwirt erzielbaren Bodenrenten im relevanten Ertragsbereich – z. B. zwischen 6 und 10 t GE/ha – ein Mehrfaches der Bodenrenten betragen, die ein fachlich am schwächsten befähigter Landwirt realisieren könnte.

(3) Es ist deshalb auch unmittelbar einsichtig, dass der fachlich am stärksten befähigte Landwirt mit einer höheren Landnutzungsintensität arbeiten kann, weil die Landnutzungsverfahren mit den relativ hohen speziellen Intensitäten – hier Speisekartoffeln und Silomais – schon bei relativ geringwertigen natürlichen Standorten anbauwürdig werden.

9.3 Der Einfluss der fachlichen Befähigung des Landwirts auf das Landnutzungsprogramm, die Landnutzungsintensität und die Bodenrente unter Berücksichtigung der Betriebsfaktoren zur Einhaltung einer nachhaltigen Wirtschaftsweise

Für die bisherigen Analysen wurden die Betriebsfaktoren zur Einhaltung einer nachhaltigen Wirtschaftsweise nicht berücksichtigt. Das soll jetzt nachgeholt werden. Die Frage lautet also: Wie wirkt sich eine unterschiedliche fachliche Befähigung des Landwirts unter Berücksichtigung der Betriebsfaktoren zur Einhaltung einer nachhaltigen Wirtschaftsweise auf sein Landnutzungsprogramm, die Landnutzungsintensität und die Bodenrente aus?

Zur Beantwortung dieser Frage wird wieder das betriebliche Optimierungsmodell der Übersicht 5.24, allerdings mit einigen Erweiterungen, herangezogen. Die Erweiterungen beziehen sich auf die Möglichkeit zur Simulation unterschiedlicher fachlicher Befähigungen des Landwirts, ausgedrückt durch unterschiedliche Erträge und unterschiedliche Kosten.

Unterschiedliche Erträge können mit dem Modell der Übersicht 5.24 mittels des dort (oben rechts) aufgeführten Anpassungsfaktors zur Bestimmung des Ertragsniveaus (E-Faktor) bereits simuliert werden.

Zur Variation der ertrags- und flächenabhängigen Sach- und Arbeitskosten wurde der Kostenanpassungsfaktor (haf) eingeführt. Das so erweiterte Optimierungsmodell ist in der Übersicht 9.3 dargestellt. Zur Variation der Kosten wurden in den Zeilen 16, 17, 20 und 21 des Modells die Ankerwerte der Kosten eingeführt. Die zugehörigen konkreten Kostenwerte repräsentieren das Kostenniveau des durchschnittlich fachlich befähigten Landwirts. Durch Multiplikation dieser Ankerwerte mit dem Kostenanpassungsfaktor ergeben sich in den Zeilen 18, 19, 22 und 23 die jeweils relevanten ertrags- und flächenabhängigen Sach- und Arbeitskosten. Dafür gilt z. B. für die ertragsabhängigen Sachkosten:

(9.3) $MKVS = MKVSa \cdot kaf$

Darin sind:
MKVS =   Ertragsabhängige Sachkosten, gemessen in €/t Produkt;
MKVSa =   Ankerwert der ertragsabhängigen Sachkosten, gemessen in €/t Produkt;
kaf   =   Kostenanpassungsfaktor.

Analog dazu wurden auch die übrigen Kostenbestandteile bestimmt.

Variiert man nun zur Simulation unterschiedlicher fachlicher Befähigungen der Landwirte die Werte für den Kostenanpassungsfaktor von kaf = 0,8 bis kaf = 1,2 in Schritten von 0,05 und gleichzeitig den Ertragsanpassungsfaktor von ef = 0,9 bis ef = 1,1 in Schritten von 0,025, dann ergibt sich für das betriebliche Landnutzungsprogramm die in Übersicht 9.4 dargestellte Entwicklung.

Aus der Übersicht 9.4 geht im Einzelnen Folgendes hervor:

Mit zunehmender fachlicher Befähigung, ausgedrückt durch zunehmende ha-Erträge und abnehmende Stückkosten, ergibt sich für die Vielseitigkeit des Landnutzungsprogramms keine wesentliche Veränderung. Wesentliche Veränderungen ergeben sich allerdings bei der Zusammensetzung des Landnutzungsprogramms. Mit zunehmender fachlicher Befähigung des Landwirts

Übersicht 9.3:

Das mathematische Optimierungsmodell eines Ackerbaubetriebes zur Simulation der Auswirkungen unterschiedlicher Befähigungen des Landwirts auf das Landnutzungsprogramm, die Landnutzungsintensität und die betriebliche Bodenrente unter Berücksichtigung der Betriebsfaktoren zur Einhaltung einer nachhaltigen Wirtschaftsweise

Z.	Aktivitäten: / Bezeichnung:	Symbol	Speisekartoffeln x_1	Zuckerrüben x_2	Winterraps x_3	Winterweizen x_4	Sommergerste x_5	Körnermais x_6	Silomais x_7		
I Bestimmung des Ertragsniveaus											
1	Ankerwert des Ertrages[1] [t/ha]	yank	60,500	77,000	4,750	10,850	7,600	12,540	58,080	E-Faktor[2] [ef]	
2	Maximalertrag[3] [t/ha]	ymax	60,500	77,000	4,750	10,850	7,600	12,540	58,080	1,00	
II Bestimmung des Ertrages nach Maßgabe der Schädigungswirkung											
3	Maximalertrag [t/ha]	ymax	60,500	77,000	4,750	10,850	7,600	12,540	58,080	Depressionsanpassungsfaktor [df] (0,7 bis 1,3)	
4	Normertragsdepression (0-1)	ned	0,5000	0,5000	0,5000	0,2500	0,2500	0,1250	0,1250		
5	Angepasste Ertragsdepression	ed	0,5000	0,5000	0,5000	0,2500	0,2500	0,1250	0,1250		
6	Minimalertrag[4] [dt/ha]	ymin	30,25	38,50	2,38	8,14	5,70	10,97	50,82		
7	Ertrag [t/ha]	y	60,50	75,37	4,46	10,17	7,35	12,01	57,22	1,00	
III Bestimmung der Humuslieferung											
8	Ankerwert d. Humusabbaus [kg C/ha]	nhac	1000,0	1300,0	400,0	400,0	400,0	800,0	800,0	Humusabbauanpassungsfaktor [haf] (-0,3 bis +0,3)	
9	Ertragsabh. Humusabbau [kg C/ha]	ehac	1000,0	1300,0	400,0	400,0	400,0	800,0	800,0		
10	Angepasster Humusabbau [kg C/ha]	hac	1000,0	1300,0	400,0	400,0	400,0	800,0	800,0		
11	Haupt-:Nebenertrag-Verhältnis	hnv	0,0	0,7	1,7	0,8	0,7	1,0	0,8		
12	Humusgehalt [kg C/t-Ertrag]	hgnc	0,0	8,0	70,0	70,0	70,0	70,0	12,0		
13	Humuslieferung [kg C/ha]	hlc	0,0	422,1	530,6	569,7	360,2	840,9	549,3		
14	Humusbilanz [kg C/ha]	hbc	1000,0	877,9	-130,6	-169,7	39,8	-40,9	250,7	0,00	
IV Bestimmung der Bodenrente											
15	Produktpreis [€/t]	py	100,00	35,00	380,00	180,00	220,00	185,00	40,00	Kostenanpassungsfaktor [kaf] (1,2 bis 0,8)	
16	AW[10] Ertragsabh. Sachkosten [€/t]	MKVSa	46,57	13,95	159,80	75,57	65,50	77,20	15,37		
17	AW Ertragsabh. Arbeitskosten [€/t]	MKVAa	3,6525	0,5625	7,4104	3,9213	3,1169	3,8935	2,3011		
18	Ertragsabh. Sachkosten [€/t]	MKVS	46,5700	13,9520	159,7991	75,5685	65,4971	77,1975	15,3670		
19	Ertragsabh. Arbeitskosten [€/t]	MKVA	3,6525	0,5625	7,4104	3,9213	3,1169	3,8935	2,3011	1,00	
20	AW Flächenabh. Sachkosten [€/ha]	KVFSa	1317,86	364,1	203,42	269,58	286,43	414,12	462,93	Produktionsrisikoscheufaktor [prf] (0 bis 0,6)	
21	AW Flächenabh. Arbeitskosten [€/ha]	KVFAa	143,0575	41,4	58,1884	70,4608	67,7766	61,4744	68,35		
22	Flächenabh. Sachkosten [€/ha]	KVFS	1317,86	364,10	203,42	269,58	286,43	414,12	462,93		
23	Flächenabh. Arbeitskosten [€/ha]	KVFA	143,06	41,40	58,19	70,46	67,78	61,47	68,35		
24	Bodenrente [€/ha]	BR	1550,62	1138,48	687,19	682,45	758,64	772,71	746,54	0,30	
V Bestimmung des Risikonutzens											
21	Standardabweichung Ertrag[5]	sap	0,2294	0,0770	0,1497	0,0753	0,1144	0,0873	0,0796	Marktrisikoscheufaktor [mrf] (0 bis 0,6)	
22	Standardabweichung Preis[5]	sam	0,2720	0,0545	0,2497	0,3140	0,3123	0,2726	0,0488		
23	Ertragsrisikoprämie [€/ha]	RPP	416,36	60,94	76,09	41,37	55,50	58,21	54,66		
24	Preisrisikoprämie [€/ha]	RPM	493,68	43,13	126,92	172,49	151,52	181,76	33,51		
25	Risikonutzen [€/ha]	RN	640,58	1034,42	484,18	468,59	551,62	532,75	658,37	0,30	
VI Matrix der Begrenzungen										Verfügbar	Genutzt
26	Ackerfläche [ha]		1,0	1,0	1,0	1,0	1,0	1,0	1,0	<= 250,00	250,00
27	Humusbilanz [kg C/ha]		1000,0	877,9	-130,6	-169,7	39,8	-40,9	250,7	<= 0,00	-0,00
28	Zielfunktion = Anbauumfänge [ha]		0,00	10,59	30,65	62,39	32,76	83,98	29,64	137.348,20	< RNB[6]
VII Ergebnisse											
29	Ackerflächenanteil [%]		0,00	4,23	12,26	24,96	13,10	33,59	11,85		
30	Ertrag [t/ha]		60,50	75,37	4,46	10,17	7,35	12,01	57,22		
31	Bodenrente dse Betriebes [€]									187.561,26	< BRB
32	Bodenrente [€/ha]		1550,62	1138,48	687,19	682,45	758,64	772,71	746,54	750,25	< MBR[7]
33	Kosten des Betriebes [€]									313.994,95	< K
34	Kosten[8] [€/ha]		4499,38	1499,45	1007,17	1148,69	858,59	1449,78	1542,24	1.255,98	< MK[9]
35	Herfindahl-Index:					0,22					

[1]) hohes Ertragsniveau gemäß KTBL-Online,Kalkulationsdaten,erhöht um 10% wegen minimalen Anbauanteils; [2]) Anpassungsfaktor zur Bestimmung des Ertragsniveaus; [3]) bei minimalem Anbauanteil; [4]) bei Monokultur; [5]) bezogen auf Mittelwert = 1; [6]) Risikonutzen des Betriebes; [7]) durchschnittliche Bodenrente des Betriebes; [8]) als spezielle Intensitäten der Landnutzung; [9]) als durchschnittliche Landnutzungsintensität des Betriebes; [10]) AW=Ankerwert

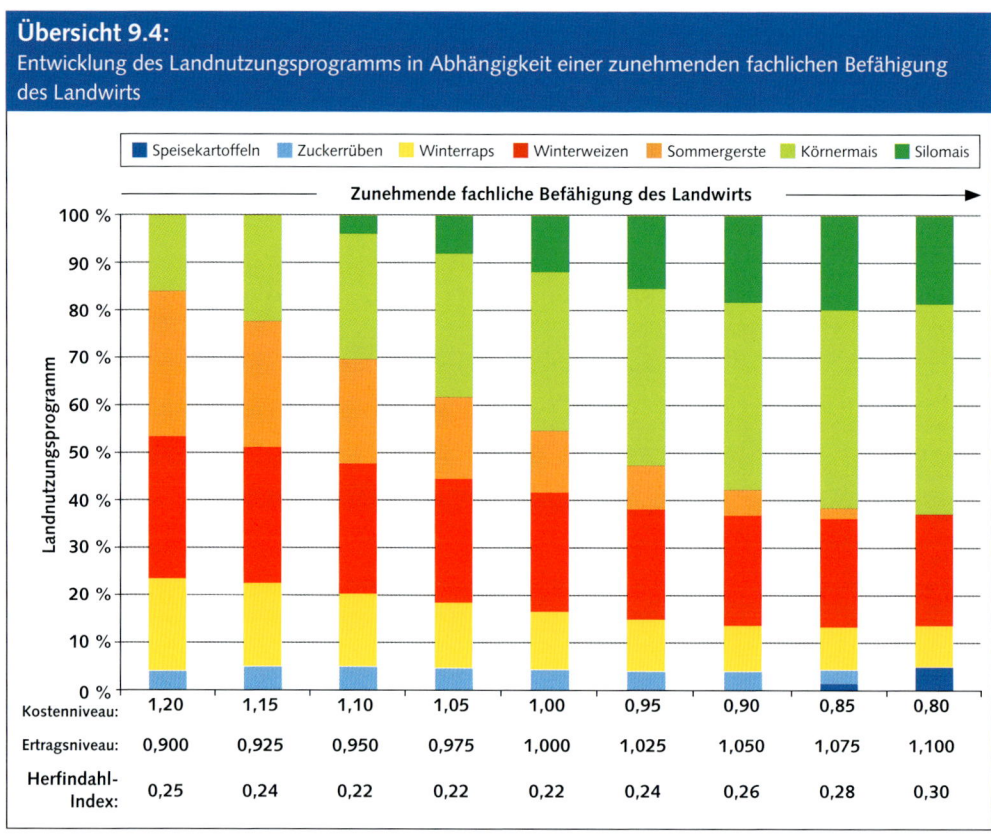

Übersicht 9.4:
Entwicklung des Landnutzungsprogramms in Abhängigkeit einer zunehmenden fachlichen Befähigung des Landwirts

werden die Landnutzungsverfahren mit den relativ geringen speziellen Intensitäten, nämlich im Beispiel Winterraps und Sommergerste, zugunsten der Landnutzungsverfahren mit relativ hohen speziellen Intensitäten, nämlich im Beispiel Körner- und Silomais sowie Speisekartoffeln, zurück gedrängt. Dadurch dürfte auch die betriebliche Landnutzungsintensität zunehmen.

Das bestätigt die Übersicht 9.5. Darin sind die betriebliche Landnutzungsintensität und die Bodenrente in Abhängigkeit der zunehmenden fachlichen Befähigung des Landwirts abgetragen. Die betriebliche Landnutzungsintensität nimmt – ausgehend vom fachlich am schwächsten befähigten Landwirt hin zum fachlich am stärksten befähigten Landwirt – im Beispiel von 1.081,00 auf 1.503,00 €/ha um ca. 40 % zu. Weit gravierender ist jedoch die Entwicklung der Bodenrente. Der fachlich am stärksten befähigte Landwirt erreicht im Beispiel mit 1.212,00 €/ha eine Bodenrente, die um fast dem dreifachen Wert über der Bodenrente des fachlich am schwächsten befähigten Landwirts mit 408,00 €/ha liegt.

Zusammenfassend können damit die folgenden Aussagen festgehalten werden:

Mit zunehmender fachlicher Befähigung des Landwirts verändert sich das betriebliche Landnutzungsprogramm in Richtung höherer Anteile von Nutzpflanzenarten mit relativ hohen speziellen Intensitäten. Dadurch steigt die betriebliche Landnutzungsintensität und noch stärker die betriebliche Bodenrente. Im Vergleich zum fachlich am schwächsten befähigten Landwirt kann der fachlich am stärksten befähigte Landwirt eine mehrfach höhere Bodenrente erzielen.

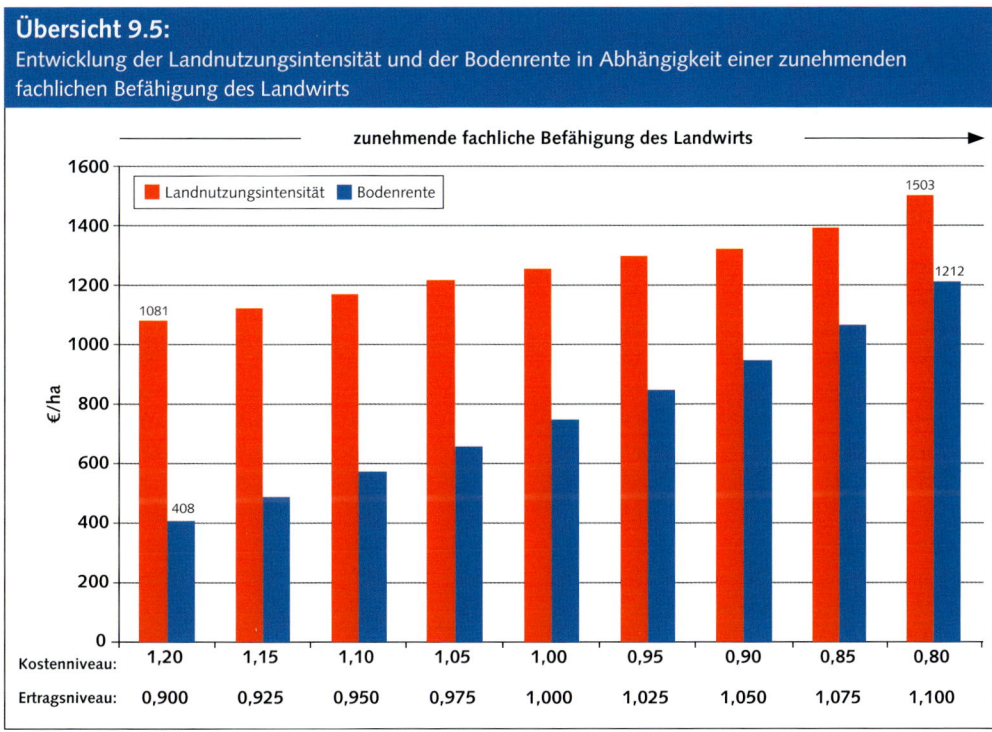

Übersicht 9.5:
Entwicklung der Landnutzungsintensität und der Bodenrente in Abhängigkeit einer zunehmenden fachlichen Befähigung des Landwirts

9.4 Empirische Untermauerung der Aussagen zur Entwicklung der Erträge, Kosten, Landnutzungsintensitäten und Bodenrenten in Abhängigkeit der fachlichen Befähigung des Landwirts

Eine empirische Untermauerung der in Abschnitt 9.1 gemachten Aussagen zum Ausmaß der Ertrags- und Stückkostendifferenzen zwischen den fachlich am stärksten und den fachlich am schwächsten befähigten Landwirten soll anhand von Buchführungsergebnissen hessischer Ackerbaubetriebe erfolgen. Dabei wird auch auf die Landnutzungsintensität und die betriebliche Bodenrente in Abhängigkeit von der fachlichen Befähigung der Landwirte eingegangen.

Übersicht 9.6 zeigt in den Spalten 3 und 4 Kennzahlen für zwei Gruppen hessischer Ackerbaubetriebe, nämlich die E-Betriebe und die W-Betriebe. Die in den Spalten enthaltenen Daten sind Mittelwerte aus den Wirtschaftsjahren 2009/10 bis 2011/12. Bei den E-Betrieben als den wirtschaftlich erfolgreichen Betrieben handelt es sich um das obere Viertel einer Stichprobe in Bezug auf die Netto-Rentabilität. Die Netto-Rentabilität ist ein wirtschaftlicher Erfolgsmaßstab, der im Prinzip angibt, inwieweit der betriebliche Gewinn die Lohnansprüche der nicht entlohnten (Familien-)Arbeitskräfte, der Zinsansprüche des Eigenkapitals und der Pachtansprüche der eigenen Nutzflächen abdeckt. Die W-Betriebe als die weniger erfolgreichen Betriebe repräsentieren das untere Viertel in Bezug auf die genannte Netto-Rentabilität.

Aus den Spalten 3 und 4 der Zeile 1 geht zunächst hervor, dass die E-Betriebe einen Vergleichswert von 830,40 €/ha und die W-Betriebe einen solchen von 869,80 €/ha aufweisen. Der Vergleichswert ist ein Maßstab für die Ertragsfähigkeit eines natürlichen Standortes. Damit wirtschaftet das obere Viertel der wirtschaftlich erfolgreichen Betriebe im Durchschnitt sogar auf einem etwas weniger ertragreichen natürlichen Standort als das untere Viertel der wirt-

Übersicht 9.6:						
Kennzahlen der Wirtschaftlichkeit hessischer Ackerbaubetriebe als Haupterwerbsbetriebe						
	Bezeichnung	Beträge			Prozentuale Abweichungen vom Mittelwert		E-Betriebe in % der W-Betriebe
		Dimension	E-Betriebe[1]	W-Betriebe[2]	E-Betriebe[1]	W-Betriebe[2]	
Z/S	1	2	3	4	5	6	7
1	Vergleichswert[3]	€/ha	830,4	869,8	-2,3	2,3	95,5
2	Arbeitsbesatz	AK/100ha	2,89	2,53			
3	Arbeitsaufwand[4]	Akh/ha	68,2	59,7			
4	Ertrag Weizen	t/ha	7,75	7,14	4,1	-4,1	108,5
5	Ertrag Zuckerrüben	t/ha	731,2	639,2	6,7	-6,7	114,4
6	Ertrag Raps	t/ha	44,3	36,6	9,5	-9,5	121,0
7	Betriebliche Erträge[5]	€/ha	2551	1613	22,5	-22,5	158,2
8	Material Pflanzenproduktion	€/ha	616	526	7,9	-7,9	117,2
9	Material Tierproduktion	€/ha	122	80	20,6	-20,6	151,9
10	Treib- u. Schmierstoffe	€/ha	152	146	2,1	-2,1	104,3
11	Unterhaltung Maschinen	€/ha	125	110	6,5	-6,5	114,0
12	Abschreibung Maschinen	€/ha	238	225	2,8	-2,8	105,8
13	Heizstoffe, Strom u. Wasser	€/ha	48	47	1,4	-1,4	102,9
14	Unterhaltung Bauten	€/ha	27	29	-4,1	4,1	92,0
15	Abschreibung Bauten	€/ha	98	106	-3,9	3,9	92,4
16	Betrieblicher Sachaufwand[6]	€/ha	1426	1268	5,9	-5,9	112,4
17	Bodenrente[7] (Z. 7 - Z. 16)	€/ha	1125	345	53,1	-53,1	326,4
18	Sachaufwand in % vom Betriebsertrag		55,9	78,6	-16,9	16,9	71,1
19	Arbeitskraftstunden je 1000 € Betriebsertrag		26,7	37,0	-16,1	16,1	72,2

[1] Erfolgreiche Betriebe = oberes Viertel der Betriebe in Bezug auf ihre Nettorentabilität; [2] Weniger erfolgreiche-Betriebe = unteres Viertel der Betriebe in Bezug auf ihre Nettorentabilität; [3] Kennzahl für die unterschiedliche Ertragsfähigkeit landwirtschaftlicher Standorte; [4] Aus Arbeitsbesatz mit 2380 Akh je AK berechnet; [5] ohne Zulagen u. Zuschüsse (Subventionen) u. ohne zeitraumfremde Erträge; [6] ohne zeitraumfremden Aufwand u. ohne Pachtaufwändungen; [7] nach bisheriger Definition für Familienbetriebe, d. h. ohne Arbeitskosten
Quelle: nach Daten der Buchführungsergebnisse landwirtschaftlicher Betriebe in Hessen als Mittelwerte der Wirtschaftsjahre 2009/10 bis 2011/12 für Ackerbaubetriebe als Haupterwerbsbetriebe berechnet

schaftlich weniger erfolgreichen Betriebe. Der natürliche Standort scheidet damit als eine mögliche Ursache für den unterschiedlichen Wirtschaftserfolg der Betriebe aus.

In den Zeilen 2 und 3 der Spalten 3 und 4 der Übersicht 9.6 sind Kennzahlen zur Arbeitsintensität aufgeführt. Die E-Betriebe setzen mit 68,2 AKh je ha LF rund 10 % mehr Arbeit ein als die W-Betriebe mit 59,7 AKh je ha LF.

Die Zeilen 4 bis 6 enthalten die ha-Erträge wichtiger in den Betrieben angebauter Nutzpflanzen. Aus den Spalten 5 und 6, die die prozentualen Abweichungen vom Mittelwert (als dem einfachen Durchschnitt aus den beiden Werten für die E- und die W-Betriebe) repräsentieren, geht hervor, dass die Weizen-, die Zuckerrüben- und die Rapserträge um 4,1, 6,7 und 9,5 % positiv und negativ vom Mittelwert abweichen.

Berücksichtigt man nun, dass sich diese Abweichungen auf die Durchschnittswerte des oberen und des unteren Viertels der Betriebe beziehen, dann lässt sich daraus ohne Weiteres schließen, dass die Abweichungen vom Mittelwert für den „besten" der E-Betriebe und den „schwächsten" der W-Betriebe erheblich größer sind. Die vorher gemachte Annahme der Abweichungen der Erträge um ± 10 % vom Mittelwert für den fachlich am stärksten und den fachlich am schwächsten befähigten Landwirt erscheint damit plausibel.

In den Spalten 3 und 4 der Zeilen 7 bis 17 der Übersicht 9.6 ist dann für die E- und die W-Betriebe die Berechnung der (Brutto-)Bodenrente im Prinzip so erfolgt, wie es für die bisherigen Modellrechnungen angenommen wurde. Insbesondere werden deshalb auch bei dieser Rechnung keine Zulagen und Zuschüsse (Subventionen), keine Zeitraum fremden Erträge und Aufwändungen und keine Pachtzahlungen berücksichtigt. Da es sich bei der Stichprobe der hessischen Ackerbaubetriebe um Familienbetriebe handelt, wurden für die Bestimmung der Bodenrente keine Arbeitskosten berücksichtigt.

Aus Zeile 17 geht hervor, dass die Gruppe der E-Betriebe mit 1.125,00 €/ha eine um gut dreimal so hohe Bodenrente erwirtschaftet wie die Gruppe der W-Betriebe. Die Abweichungen vom Mittelwert betragen jeweils gut 50 %.

Bedenkt man, dass es sich bei diesen Ergebnissen um Mittelwerte der Gruppen der E-Betriebe und der Gruppen der W-Betriebe handelt, dann lässt sich auch bezüglich der Höhe der Bodenrente sagen, dass die Differenz zwischen den wirtschaftlich am stärksten befähigten Landwirten in der Gruppe der E-Betriebe und den wirtschaftlich am schwächsten befähigten Landwirten in der Gruppe der W-Betriebe zum Mittelwert noch substantiell größer sein dürfte.

Darüber hinaus ist zu berücksichtigen, dass die Differenzen zwischen den Bodenrenten der beiden Betriebsgruppen prozentual noch größer wären, wenn die Arbeitskosten in die Rechnung einbezogen werden könnten.

In den Zeilen 18 und 19 werden zwei Kennzahlen für die Sach- und Arbeitskosteneffizienz berechnet, indem das Verhältnis aus Sachaufwand und Betriebsertrag und das Verhältnis aus Arbeitskraftstunden und Betriebsertrag gebildet wurden. In den Spalten 5 und 6 zeigt sich dabei, dass die Werte für die E-Betriebe und die W-Betriebe um ± 16,9 % für den Sachaufwand und um ± 16,1 % für den Arbeitsaufwand von den jeweiligen Gruppenmittelwerten abweichen.

Bedenkt man auch hier wieder, dass die Werte der „besten" E-Betriebe und der „schwächsten" W-Betriebe noch mehr oder weniger stark von den jeweiligen Gruppenmittelwerten abweichen, dann erscheint die eingangs gemachte Annahme von ± 20 % betragenden Schwankungen um den Durchschnittswert aller Landwirte bei den Sach- und Arbeitskosten als plausibel und gerechtfertigt.

Schließlich werden mit der Übersicht 9.6 auch die Modellergebnisse der höheren Landnutzungsintensität für den fachlich stärker befähigten Landwirt bestätigt. Aus Zeile 16, Spalten 3 und 4 der Übersicht 9.6 geht hervor, dass die E-Betriebe mit 1.426,00 €/ha einen um 158,00 €/ha höheren Sachaufwand betreiben als die W-Betriebe mit 1.268,00 €/ha. Aus der Zeile 3, Spalten 3 und 4, geht des Weiteren hervor, dass die E-Betriebe mit 68,2 AKh/ha einen um 8,5 AKh/ha höheren Arbeitseinsatz leisten als die W-Betriebe mit 59,7 AKh/ha. Unter der Annahme gleicher Lohnsätze folgt daraus, dass die E-Betriebe sowohl höhere Sachkosten als auch höhere Arbeitskosten aufweisen, woraus sich eine höhere Landnutzungsintensität der wirtschaftlich erfolgreichen Betriebe und damit auch eine höhere Landnutzungsintensität für die fachlich am stärksten befähigten Landwirte ergibt.

Die Intensitätsunterschiede zwischen den fachlich am stärksten und den fachlich am schwächsten befähigten Landwirten sind – der bisherigen Argumentation folgend – noch größer als die Unterschiede zwischen den Gruppenmittelwerten der E- und der W-Betriebe.

Insgesamt bestätigt damit die empirische Analyse anhand der Übersicht 9.6 die eingangs aufgestellten Hypothesen über die Ertrags- und Kostenabweichungen der fachlich am stärksten und der fachlich am schwächsten befähigten Landwirte sowie die daraus resultierenden Unterschiede bei den Bodenrenten und den Landnutzungsintensitäten. Je höher die fachliche Befähigung eines Landwirtes ist, desto höhere Erträge erzielt er und mit desto geringeren Stückkosten wirtschaftet er. Mit zunehmender fachlicher Befähigung des Landwirts steigt deshalb die von ihm verwirklichte betriebliche Landnutzungsintensität. Zudem erwirtschaftet er eine weit höhere Bodenrente.

9.5 Die Befähigungsrente als Differenzialrente

Aus den vorstehenden Analysen geht hervor, dass die auf einer Nutzfläche erzielbare Bodenrente mit zunehmender fachlicher Befähigung des diese Fläche nutzenden Landwirts nachhaltig ansteigt. Der fachlich stärker befähigte Landwirt erzielt also im Vergleich zu seinem fachlich schwächer befähigten Kollegen oder auch im Vergleich zum Durchschnitt aller Landwirte eine Differenzialrente, die in Abgrenzung zu den in den Abschnitten 5.7 und 7.1.9 dieses Buches abgeleiteten Qualitäts- und Lagerenten als Befähigungsrente bezeichnet werden kann.

Im Unterschied zur Qualitätsrente und zur Lagerente, bei denen es sich um Quasirenten handelt, ist die Befähigungsrente eine echte Rente. Sie wirkt sich nicht auf die Kauf- und Pachtpreise für landwirtschaftliche Nutzflächen aus, vielmehr bleibt sie stets bei dem relativ erfolgreich wirtschaftenden Landwirt.

Vergleicht man nun die Differenzen zwischen den Bodenrenten der am stärksten befähigten und den am schwächsten befähigten Landwirten mit den Differenzen, die sich zwischen „guten" und „schlechten" Werten der natürlichen Standortfaktoren sowie zwischen „guten" und „schlechten" Werten der strukturellen Standortfaktoren ergeben, dann kann man festhalten, dass eine hohe fachliche Befähigung eines Landwirts eventuelle natürliche und strukturelle Nachteile in seinem Betrieb mehr als kompensieren kann. Die Bodenrentendifferenzen zwischen den am stärksten und den fachlich am schwächsten befähigten Landwirten sind größer als diejenigen zwischen „guten" und „schlechten" Werten der natürlichen und der strukturellen Standortfaktoren. Auch die Werte der marktlichen Standortfaktoren, d. h. der Preis-Kosten-Verhältnisse, klaffen von Wirtschaftsraum zu Wirtschaftsraum nicht so weit auseinander, als dass sie die Wirkungen unterschiedlicher fachlichen Befähigung der Landwirte überdecken würden.

Abschließend bleibt indessen festzuhalten, dass es sich bei der fachlichen Befähigung im Unterschied zu den natürlichen und strukturellen Gegebenheiten sowie dem Stand der Agrartechnologie und dem marktlichen Umfeld nicht um einen Standortfaktor handelt. Die fachliche Befähigung eines Landwirtes beeinflusst deshalb zwar die Zusammensetzung und die Vielseitigkeit seines betrieblichen Landnutzungsprogramms sowie die Höhe der in seinem Betrieb realisierten Landnutzungsintensität und Bodenrente, nicht aber – wie es für die Standortfaktoren zutrifft – diese Größen bei allen Landwirten.

10
Der Einfluss agrarpolitischer Maßnahmen auf die Landnutzungsprogramme und die Landnutzungsintensitäten

In diesem Kapitel wird anhand ausgewählter Beispiele gezeigt, dass und wie agrarablaufpolitische Maßnahmen auf die Werte der Standortfaktoren einwirken und damit die Landnutzungsprogramme, Landnutzungsintensitäten und die Bodenrenten beeinflussen.

Soweit die Maßnahmen zu Ertragssteigerungen und damit in einem Wirtschaftsraum zu Angebotsausdehnungen für die Agrarprodukte führen, bewirken diese Maßnahmen Produktpreissenkungen, die bei der vorherrschend preisunelastischen Nachfrage nach Agrarprodukten negative Produzenten- und positive Konsumentenrenten zeitigen. Ertragssteigerungen kommen damit i. d. R. nur den Abnehmern der Agrarprodukte und bei funktionierenden Märkten letztlich nur den Verbrauchern wirtschaftlich zugute.

10.1   Überblick über Instrumente der Agrarablaufpolitik

Die Agrarpolitik besteht aus den beiden Hauptbereichen der Agrarordnungs- und der Agrarablaufpolitik. Während die Agrarordnungspolitik kaum unmittelbaren Einfluss auf die Gestaltung der Landnutzungsprogramme und Landnutzungsintensitäten ausübt, wurden im Rahmen der Agrarablaufpolitik verschiedene Instrumente entwickelt, mit denen die betrieblichen Landnutzungsprogramme und Landnutzungsintensitäten der Landwirte durchaus beeinflusst und zum Teil sogar gesteuert werden können. Dabei entfalten die ablaufpolitischen Instrumente indirekte Wirkungen, indem sie die Werte der übrigen Standortfaktoren und auch der Betriebsfaktoren beeinflussen. Deren veränderte Werte rufen dann Anpassungsentscheidungen der Landwirte in Bezug auf Veränderungen ihrer Landnutzungsprogramme und Landnutzungsintensitäten hervor, wenn sie weiterhin das Ziel der Maximierung der betrieblichen Bodenrente verfolgen wollen.

Eine Reihe von Instrumenten der Agrarablaufpolitik wurde allerdings nicht zur Beeinflussung der Landnutzungsprogramme und Landnutzungsintensitäten, sondern für einkommens- und sozialpolitische Zwecke entwickelt; in vielen Fällen hat ihre Anwendung jedoch – quasi als Nebeneffekt – auch Auswirkungen auf die Landnutzungsprogramme und die Landnutzungsintensitäten.

Zur Konkretisierung der Auswirkungen soll nachfolgend eine Auswahl wichtiger agrarablaufpolitischer Instrumente näher betrachtet werden. Diese Auswahl umfasst:

(1) Die Agrarpreisstabilisierung und Agrarpreisstützung durch Außenschutzmaßnahmen in Form von Einfuhrzöllen und Abschöpfungen sowie Ausfuhrerstattungen, verbunden mit inländischen Richtpreisen für einzelne Agrarprodukte und temporärer staatlich veranlasster Lagerhaltung;

(2) produktgebundene Subventionen und Steuern;

(3) faktorgebundene Subventionen und Steuern;

(4) direkte Mengensteuerungen bei einzelnen Produkten in Form von Kontingentierungen und Erzeugungsquoten, oft verbunden mit Produktpreisgarantien und Kompensationszahlungen für die Produktionsbeschränkungen;

(5) direkte Einkommensübertragungen in Form von allgemeinen Flächenprämien;

(6) direkte Einkommensübertragungen an die Landwirte, meistens in Form von Flächenprämien für von „der Natur benachteiligte Gebiete" (ertragsschwache und kostenträchtige natürliche Standorte);

(7) finanzielle Anreize für die Umsetzung bestimmter Wirtschaftsweisen durch die Landwirte (z. B. Ökolandbau).

Die verschiedenen Gebietskörperschaften als Träger der Agrarpolitik sind nicht nur für die Agrarordnungs- und Agrarablaufpolitik zuständig. Vielmehr übernehmen sie auch – teilweise oder ganz aus Steuermitteln finanziert – Aufgaben zur Entwicklung des ländlichen Humankapitals und der ländlichen physischen Infrastruktur. Dafür erbringen die Gebietskörperschaften die folgenden – sich letztlich ebenfalls auf die Landnutzungsprogramme und Landnutzungsintensitäten auswirkenden – Leistungen:

(8) die Flurneuordnung;

(9) die Fachausbildung und die Beratung der Landwirte;

(10) die Agrarforschung an Hochschulen sowie an Bundes- und Landesforschungsanstalten.

10.2   Wirkungen von Preisstabilisierungs- und Preisstützungsmaßnahmen

10.2.1   Wirkungen allgemeiner Preisstabilisierungsmaßnahmen

Die prinzipielle Wirkung von Preisstabilisierungsmaßnahmen besteht darin, dass die Volatilität der Produktpreise innerhalb eines Wirtschaftsraumes (z. B. der EU) durch teilweise oder vollständige Ausschaltung der Weltmarkteinflüsse über Zölle, Abschöpfungen, Ausfuhrerstattungen und temporäre Lagerhaltungen vermindert oder gar aufgehoben wird. Die durchweg risikoscheuen Landwirte, die mit den verminderten Produktpreisvolatilitäten rechnen können, werden deshalb für ihre Entscheidungen dementsprechend verminderte Preisrisikoprämien annehmen. Da das Ausmaß der Preisvolatilität und damit die Höhe der Preisrisikoprämie von Landnutzungsverfahren zu Landnutzungsverfahren variiert, ist zu erwarten, dass sich Preisstabilisierungsmaßnahmen auf die Zusammensetzung der Landnutzungsprogramme auswirken werden. Konkret sollen diese Auswirkungen am Beispiel des betrieblichen Optimierungsmodells in der Fassung der Übersicht 4.1 des 4. Kapitels zur Wirkung der Betriebsfaktoren verdeutlicht werden. Das Modell ist in Wiederholung der Übersicht 4.1 in der Übersicht 10.1 dargestellt.

Die Preisrisikoprämie für ein m-tes Landnutzungsverfahren wird in Zeile 21 dieser Übersicht gemäß der Gleichung (4.9) bestimmt, die hier als Gleichung (10.1) wiederholt wird:

(10.1) $RPM_m = py_m \cdot y_m \cdot sam_m \cdot mrf$

Darin sind:

RPM_m = Preisrisikoprämie, gemessen in €/ha;

py_m = Produktpreis, gemessen in €/t Produkt;

y_m = Ertrag, gemessen in t/ha;

sam_m = Standardabweichung der Produktpreisschwankungen im Zeitablauf als Maß der zeitabhängigen Volatilität des Produktpreises;

mrf = Marktrisikoscheufaktor.

Die Preisrisikoprämie wird also als Anteil der Leistung (Produktpreis · Ertrag) eines Landnutzungsverfahrens ausgewiesen. Dabei ist der Faktor, der die Höhe des Anteils festlegt, die

Standardabweichung als Maß für die Volatilität des zugehörigen Produktpreises. Um unterschiedliche Ausmaße der Risikoscheu von Landwirten simulieren zu können, wird der Anteil an der Leistung des Landnutzungsverfahrens mit dem Marktrisikoscheufaktor multipliziert.

Die zu abnehmenden Preisvolatilitäten führenden Preisstabilisierungsmaßnahmen bewirken nun, dass die Standardabweichung (sam_m) in Gleichung (10.1) abnimmt und bei vollständig stabilem Preis Null wird. Da in Gleichung (10.1) die einzelnen Maßgrößen jedoch multiplikativ miteinander verknüpft sind, lässt sich eine abnehmende Preisvolatilität, verbunden mit

Übersicht 10.1:

Das mathematische Optimierungsmodell eines Ackerbaubetriebes zur Bestimmung der Entwicklung des Landnutzungsprogramms, der Landnutzungsintensität und der betrieblichen Bodenrente in Abhängigkeit abnehmender Produktpreisvolatilitäten

Z.	Aktivitäten: Bezeichnung:	Symbol	Speise-kartoffeln x_1	Zucker-rüben x_2	Winter-raps x_3	Winter-weizen x_4	Sommer-gerste x_5	Körner-mais x_6	Silo-mais[8] x_7		
I Bestimmung des Ertrages nach Maßgabe der Schädigungswirkung											
1	Maximalertrag[2] [t/ha]	ymax	60,50	77,00	4,75	10,85	7,60	12,54	58,08	Depressions-anpassungs-faktor [df] (0,7 bis 1,3)	
2	Normertragsdepression[3] (0-1)	ned	0,5000	0,5000	0,5000	0,2500	0,2500	0,1250	0,1250		
3	Angep. Ertragsdepression[3]	ed	0,5000	0,5000	0,5000	0,2500	0,2500	0,1250	0,1250		
4	Minimalertrag[3] [dt/ha]	ymin	30,25	38,50	2,38	8,14	5,70	10,97	50,82		
5	Ertrag [t/ha]	y	60,50	76,89	4,38	10,18	7,42	12,16	56,20	1,00	
II Bestimmung der Humuslieferung											
6	Normhumusabbau [kg C/ha]	nhac	1000,0	1300,0	400,0	400,0	400,0	800,0	800,0	Humusabbau-anpassungs-faktor [haf] (-0,3 bis +0,3)	
7	Angep. Humusabbau [kg C/ha]	hac	1000,0	1300,0	400,0	400,0	400,0	800,0	800,0		
8	Haupt-:Nebenertrag-Verhältnis	hnv	0,0	0,7	1,7	0,8	0,7	1,0	0,8		
9	Humusgehalt [kg C/t-Ertrag]	hgnc	0,0	8,0	70,0	70,0	70,0	70,0	12,0		
10	Humuslieferung [kg C/ha]	hlc	0,0	430,6	521,4	569,9	363,6	851,4	539,5		
11	Humusbilanz [kg C/ha]	hbc	1000,0	869,4	-121,4	-169,9	36,4	-51,4	260,5	0,00	
III Bestimmung der Bodenrente											
12	Produktpreis [€/t]	py	100,00	35,00	380,00	180,00	220,00	185,00	40,00	Produktions-risikoscheu-faktor [prf] (0 bis 0,6)	
13	Ertragsabh. Sachkosten [€/t]	MKVS	46,57	13,95	159,80	75,57	65,50	77,20	15,37		
14	Ertragsabh. Arbeitskosten [€/t]	MKVA	3,6525	0,5625	7,4104	3,9213	3,1169	3,8935	2,3011		
15	Flächenabh. Sachkosten [€/ha]	KVFS	1317,86	364,10	203,42	269,58	286,43	414,12	462,93		
16	Flächenabh. Arbeitskosten [€/ha]	KVFA	143,06	41,40	58,19	70,46	67,78	61,47	68,35		
17	Bodenrente [€/ha]	BR	1550,62	1169,55	670,71	682,85	769,21	788,20	723,82	0,30	
IV Bestimmung des Risikonutzens											
18	Standardabweichung Ertrag[1]	sap	0,2294	0,0770	0,1497	0,0753	0,1144	0,0873	0,0796	Marktrisiko-scheu-faktor [mrf] (0 bis 0,6)	
19	Standardabweichung Preis[1]	sam	0,2720	0,0545	0,2497	0,3140	0,3123	0,2726	0,0488		
20	Ertragsrisikoprämie [€/ha]	RPP	416,36	62,16	74,77	41,38	56,03	58,93	53,68		
21	Preisrisikoprämie [€/ha]	RPM	987,36	88,00	249,44	345,12	305,91	368,02	65,82		
22	Risikonutzen [€/ha]	RN	146,90	1019,39	346,50	296,35	407,26	361,25	604,31	0,60	
V Matrix der Begrenzungen										Verfügbar	Genutzt
23	Ackerfläche [ha]		1,0	1,0	1,0	1,0	1,0	1,0	1,0	<=	250,00	250,00
24	Humusbilanz [kg C/ha]		1000,0	869,4	-121,4	-169,9	36,4	-51,4	260,5	<=	0,00	0,00
25	Zielfunktion=Anbauumfänge [ha]		0,00	0,74	38,80	62,03	23,57	60,20	64,66		103.002,71	< RNB[5]
VI Ergebnisse											
26	Ackerflächenanteil [%]		0,00	0,30	15,52	24,81	9,43	24,08	25,86			
27	Ertrag [t/ha]		60,50	76,89	4,38	10,18	7,42	12,16	56,20	Betrieb		
28	Bodenrente dse Betriebes [€]									181.628,86	< BRB	
29	Bodenrente [€/ha]		1550,62	1169,55	670,71	682,85	769,21	788,20	723,82	726,52	< MBR[6]	
30	Kosten des Betriebes [€]									317.888,27	< K	
31	Kosten[4] [€/ha]		4499,38	1521,46	994,22	1149,01	863,38	1461,87	1524,27	1.271,55	< MK[7]	
32	Herfindahl-Index:					0,22						

[1] bezogen auf Mittelwert = 1; [2] bei minimalem Nutzflächenanteil; [3] bei Monokultur; [4] als spezielle Intensitäten der Landnutzung; [5] Risikonutzen des Betriebes; [6] Durchschnittliche Bodenrente je ha Ackerfläche; [7] als Landnutzungsintensität des Betriebes; [8] Die Humuslieferung von Silomais ergibt sich wie folgt: 1t Silomais wird hier mit 32% TM angenommen, d. h. 1t Silomais enthält 320kg TM. Im Gärprozess in der Biogasanlage werden 75% der Trockenmasse abgebaut (in CH_4 und CO_2). In der Substratgülle verbleiben also 80kg TM je t Silomais. Bei einem Trockenmassegehalt von 10% in der Substratgülle führen die 80kg TM zu 0,8t Substratgülle je t Silomais. Der in Zeile 8 angegebene Faktor 0,8 ist also das Haupt-:Nebenertrag-Verhältnis von Silomais, wobei hier der Nebenertrag die Substratgülle ist. Der in Zeile 9 angegebene Humusgehalt [kg C/t-Ertrag] von 12 sagt also, dass eine 10% TS enthaltende Substratgülle 12kg Humus-C je t Substratgülle enthält.

einer sinkenden Preisrisikoprämie, auch dadurch sehr einfach simulieren, dass man nicht die Standardabweichung, sondern den Risikoscheufaktor vermindert. Bei einem Risikoscheufaktor mit dem Wert Null wird die Risikoprämie ebenso Null, wie bei einer Standardabweichung von Null.

Mit dem Modell der Übersicht 10.1 wurde deshalb der Marktrisikoscheufaktor (mrf) von 0,6 in Schritten von 0,1 bis auf den Endwert von 0,0 abgesenkt, um damit die Verminderung der Risikoprämie durch die Landwirte bei zunehmend stabileren Produktpreisen zu simulieren. Als Ergebnis zeigt Übersicht 10.2 die Wirkungen auf die Zusammensetzung und die Vielseitigkeit des betrieblichen Landnutzungsprogramms.

Lässt man zunächst die beiden stark humuszehrenden Landnutzungsverfahren Speisekartoffeln und Zuckerrüben außer Betracht, dann ergibt sich, dass sich die Zusammensetzung des Landnutzungsprogramms in Richtung auf höhere Anteile solcher Landnutzungsverfahren verändert, die in der Ausgangssituation ohne Preisstabilisierung (im Übrigen dargestellt mit der Modellkonstellation in Übersicht 10.1) wegen relativ hoher Preisvolatilitäten relativ hohe Preisrisikoprämien verursachen, zu Lasten von solchen Landnutzungsverfahren, die in der Ausgangssituation wegen relativ geringer Preisvolatilitäten relativ geringe Risikoprämien aufweisen. Aus Übersicht 10.2 geht hervor, dass Körnermais zu Lasten von Silomais und Sommergerste zu Lasten von Winterraps ausgedehnt wird.

Trotz der relativ geringen Risikoprämie in der Ausgangssituation werden die Zuckerrüben wegen des hohen Risikonutzens zunächst ausgedehnt, um dann bei vollständig stabilisierten Preisen teilweise von den Speisekartoffeln verdrängt zu werden. Die Speisekartoffeln kommen trotz ihrer hohen Bodenrente (siehe Zeile 17 der Übersicht 10.1) erst bei stabilen Preisen zum Zuge. Wegen der hohen Preisvolatilität dieses Landnutzungsverfahrens sind die Speisekartoffeln in der Aus-

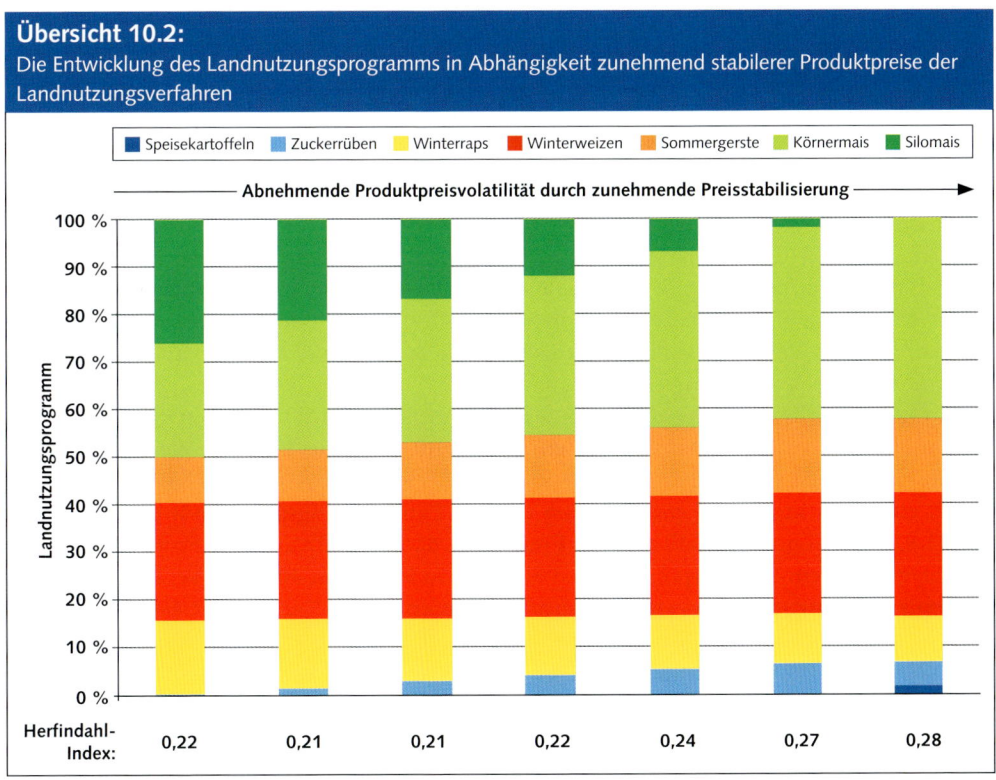

Übersicht 10.2:
Die Entwicklung des Landnutzungsprogramms in Abhängigkeit zunehmend stabilerer Produktpreise der Landnutzungsverfahren

gangssituation ohne die Preisstabilisierung mit einer so hohen Preisrisikoprämie belastet, dass der Risikonutzen geringer als bei allen anderen Landnutzungsverfahren ist. Erst bei vollständig stabilen Preisen können deshalb die Speisekartoffeln ihren Vorteil bei der Bodenrente voll „ausspielen".

Im Übrigen bleiben die Anteile der beiden Intensivblattfrüchte Speisekartoffeln und Zuckerrüben auch bei stabilen Preisen gering, weil der Zwang zum Humusausgleich höhere Anteile dieser „Humuszehrer" verhindert.

Schließlich ist aus der im Fuß der Übersicht 10.2 angegebenen Entwicklung des HERFINDAHL-Index abzulesen, dass die Vielseitigkeit des Landnutzungsprogramms mit zunehmender Preisstabilisierung abnimmt, weil durch die stabiler werdenden Produktpreise der Zwang zum Risikoausgleich mittels eines vielseitigen Landnutzungsprogramms gelockert wird.

10.2.2 Wirkungen von Preisstützungsmaßnahmen

In der bisherigen Analyse wurde davon ausgegangen, dass Preisstabilisierungsmaßnahmen ohne jede Preisstützung erfolgen, so dass sich zwar mit zunehmender Preisstabilisierung die Standardabweichungen, nicht aber die Erwartungswerte der Produktpreise bei zunehmender Preisstabilisierung verändern. In der Realität ist mit staatlichen Preisstabilisierungsmaßnahmen tatsächlich aber häufig auch eine mehr oder weniger ausgeprägte Preisstützung als einkommenspolitische Maßnahme zugunsten der Landwirte des Wirtschaftsraumes verbunden. Mit der Preisstützung wird also auf die Werte der marktlichen Standortfaktoren Einfluss genommen. Die Produktpreis-Faktorpreis-Relationen werden erhöht. Dabei werden oftmals die Produktpreis-Faktorpreis-Relationen bestimmter Landnutzungsverfahren stärker angehoben als diejenigen anderer Verfahren. Aus den Überlegungen im 8. Kapitel zu den marktlichen Standortfaktoren lässt sich ableiten, dass sich die Landnutzungsprogramme in Richtung auf höhere Anteile derjenigen Landnutzungsverfahren verändern, deren Produktpreise stärker gestützt, bzw. deren Produktpreis-Faktorpreis-Relationen relativ stark angehoben werden.

Eine besondere, eher indirekte Form der Preisstabilisierung und auch Preisstützung entsteht durch die staatliche Förderung der erneuerbaren Energien. Eine Form ist die Erzeugung von elektrischem Strom durch Biogas, welches mittels Biomasse in Biogasanlagen hergestellt wird. Der dabei staatlich garantierte Festpreis für den in Biogasanlagen erzeugten Strom bewirkt letztlich, dass auch die Rohstoffe in Form der verschiedenen Biomassen Festpreise haben. Damit entfällt für die Landwirte als den Erzeugern von Biomasse das Preisrisiko für diese Erzeugnisse. Anhand des z. Zt. weitaus wichtigsten Rohstoffes, nämlich des Silomaises, kann gezeigt werden, wie sich das entfallende Preisrisiko für dieses Produkt auf die Landnutzungsprogramme und die Landnutzungsintensität auswirkt.

Zur konkreten Darstellung anhand eines Zahlenbeispiels wird wieder auf das betriebliche Optimierungsmodell der Übersicht 4.1 zurückgegriffen. Daraus lässt sich ableiten, dass der Silomais bei einem Produktpreis von 40,00 €/t und einer mittleren Preisvolatilität (simuliert durch einen Marktrisikoscheufaktor von 0,3) im Landnutzungsprogramm einen Umfang von 11,87 % einnimmt. Entfällt nun das Preisrisiko, dann entfällt auch die Preisrisikoprämie. Bei unverändertem Produktpreis für den Silomais in Höhe von 40,00 €/t verändert sich das optimale Landnutzungsprogramm wie mit den beiden linken Säulen der Übersicht 10.3 gezeigt.

Zu Lasten der Zuckerrüben und der Sommergerste steigt der Nutzflächenanteil für Silomais deutlich an, nämlich im vorliegenden Beispiel exakt von 11,87 % auf 17,08 %. Gleichzeitig nimmt die Landnutzungsintensität leicht zu, wie aus den zugehörigen Werten im Fuß der Übersicht 10.3 hervorgeht.

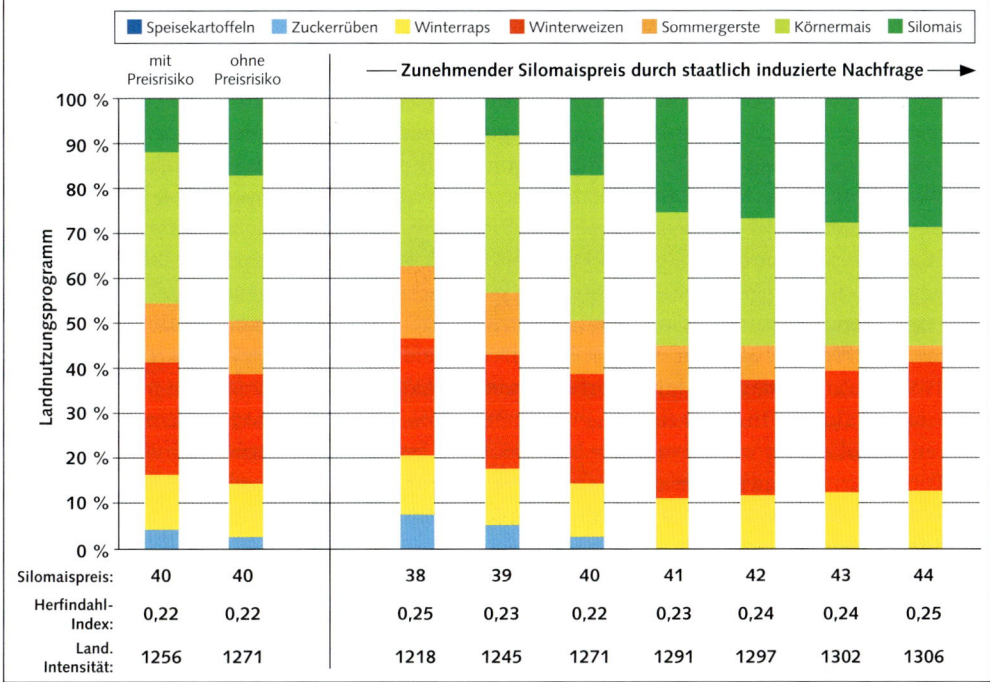

Übersicht 10.3:
Entwicklung des Landnutzungsprogramms und der Landnutzungsintensität in Abhängigkeit abnehmender Preisrisiken und zunehmender Produktpreise für den Silomais infolge staatlicher preisstabilisierender und preisstützender Maßnahmen zur Förderung der Energieproduktion mittels nachwachsender Rohstoffe.

Die staatliche Förderung der Stromerzeugung aus Biomasse hat aber nicht nur eine Preisstabilisierungs-, sondern auch eine mehr oder weniger ausgeprägte Preisstützungskomponente. Auf der Basis von Rechnungen mit dem betrieblichen Optimierungsmodell der Übersicht 4.1 zeigen die rechten Säulen der Übersicht 10.3, wie sich die Landnutzungsprogramme und die Landnutzungsintensitäten bei steigenden Festpreisen für den elektrischen Strom und damit auch für den Silomais, verbunden mit entfallendem Preisrisiko, entwickeln. Konkret wurde der Silomais von 38,00 bis 44,00 €/t in Schritten von 1,00 €/t variiert.

Mit zunehmendem Preis für den Silomais nimmt der Nutzflächenanteil des Silomaises zu Lasten der Nutzflächenanteile von Zuckerrüben, Sommergerste und Körnermais zu. Mit zunehmendem Silomaispreis entwickelt sich der Nutzflächenanteil für dieses Landnutzungsverfahren jedoch nur degressiv steigend. Insbesondere die Wirkungen der Betriebsfaktoren Schädigungsausgleich und Humusausgleich verhindern einen „ungebremsten" Anstieg des Nutzflächenanteils für Silomais.

Darüber hinaus wird die Vielseitigkeit des Landnutzungsprogramms mit steigendem Silomaispreis kaum verändert. Aufgrund des steigenden Silomaisanteils nimmt die Landnutzungsintensität jedoch zu. Im Beispiel steigt sie – wie Übersicht 10.3 ausweist – von 1.218,00 auf 1.306,00 €/ha um 7 % an.

Zusammenfassend lässt sich – vorsichtig verallgemeinernd auf der Grundlage dieses Zahlenbeispiels – Folgendes festhalten:

Werden die Produktpreise einzelner Landnutzungsverfahren durch agrarablaufpolitische Maßnahmen stabilisiert und gestützt, dann bewirkt bereits die Preisstabilisierung – ohne

Preisstützungskomponente –, dass sich die Landnutzungsprogramme in Richtung auf höhere Anteile des preisstabilisierten Landnutzungsverfahrens verändern. Durch eine mehr oder weniger hohe zusätzliche Preisstützung werden sich die Landnutzungsprogramme zusätzlich mehr oder weniger stark in Richtung auf steigende Nutzflächenanteile des preisgestützten Landnutzungsverfahrens verändern. Die Vielseitigkeit der Landnutzungsprogramme wird durch diese agrarablaufpolitischen Maßnahmen dagegen kaum beeinflusst. Die Landnutzungsintensität steigt jedoch in gewissem Umfang an.

Bei staatlichen Preisstabilisierungsmaßnahmen ist oft auch der Fall gegeben, dass nur die Produktpreise von sog. großen Kulturen („grandes cultures") wie etwa Getreide, Öl- und Eiweißpflanzen stabilisiert werden, wohingegen kleine Kulturen wie etwa Speisekartoffeln, Futterpflanzen und Feldgemüse preisvolatil bleiben. Es ist unmittelbar einsichtig, dass sich bei solchen Gegebenheiten die Landnutzungsprogramme c. p. in Richtung auf höhere Anteile der preisstabilisierten Landnutzungsverfahren verändern. Dieser Sachverhalt war bis vor wenigen Jahren durch die gemeinsame Agrarpolitik der EU gegeben. Das Ergebnis der Preisstabilisierung in Verbindung mit Preisstützung bei Getreide waren schließlich hohe innergemeinschaftliche Getreideüberschüsse, die nur mit hohen Exporterstattungen – sprich Steuergeldern – auf dem Weltmarkt mit seinem geringeren Preisniveau untergebracht werden konnten.

Darüber hinaus wurde seitens der EU mit Preisstabilisierungsmaßnahmen, verbunden mit starker Preisstützung und Abnahmegarantien, auch in den innergemeinschaftlichen Zuckermarkt eingegriffen und damit die marktlichen Standortfaktoren beeinflusst. Die Preisstabilisierung mit ihrer Verbesserung der Produktpreis-Faktorpreis-Relation führte dazu, dass das Landnutzungsverfahren der Zuckerrüben gegenüber alternativen Landnutzungen so stark an Wettbewerbsfähigkeit gewann, dass eine Marktüberschwemmung mit Zucker nur durch rigorose Erzeugungsquoten verhindert werden konnte.

10.3 Wirkungen produktgebundener Subventionen und Steuern

Eine weitere agrarablaufpolitische Maßnahme besteht darin, einzelne Agrarprodukte in ihrem Produktionsumfang entweder mit direkt an das einzelne Produkt gebundenen Subventionen (Prämien) zu fördern oder umgekehrt mit ebenso direkt an das einzelne Produkt gebundenen Steuern (Produktionsabgaben) zu behindern. Diese finanziellen Incentives bzw. Desincentives wirken sich auf die Werte der marktlichen Standortfaktoren aus, wobei die Subventionen zur Zunahme des Wertes der Produktpreis-Faktorpreis-Relation und die Steuern zur Abnahme des Wertes der Produktpreis-Faktorpreis-Relation für das betroffene Landnutzungsverfahren führen. Im ersten Fall gewinnt, im zweiten Fall verliert das Landnutzungsverfahren gegenüber alternativen Landnutzungen an Wettbewerbsfähigkeit.

Auch wenn die Wirkungen der Betriebsfaktoren zur Aufrechterhaltung einer nachhaltigen Wirtschaftsweise sprunghafte Veränderungen der betrieblichen Landnutzungsprogramme verhindern, ist doch zu erwarten, dass eine mehr oder weniger hohe produktgebundene Subvention zu mehr oder weniger starken Ausdehnungen des betroffenen Landnutzungsverfahrens und eine mehr oder weniger hohe produktgebundene Steuer zu mehr oder weniger starken Einschränkungen des betroffenen Landnutzungsverfahrens führen wird.

Konkret sollen die diesbezüglichen Auswirkungen am Beispiel des betrieblichen Optimierungsmodells der Übersicht 10.4 verdeutlicht werden. Dafür wurde von einer Subvention bzw. Steuer für Öl- und Eiweißpflanzen – hier in Form des Winterrapses – ausgegangen und zur Simulation der Auswirkungen in das Modell der Übersicht 10.1 eine neue Zeile 17 „Öl- und

Übersicht 10.4:

Das mathematische Optimierungsmodell eines Ackerbaubetriebes zur Bestimmung der Entwicklung des Landnutzungsprogramms, der Landnutzungsintensität und der betrieblichen Bodenrente in Abhängigkeit produktgebundener Abgaben/Prämien für Öl- und Eiweißpflanzen

Z.	Aktivitäten: Bezeichnung:	Sym-bol	Speise-kartoffeln x_1	Zucker-rüben x_2	Winter-raps x_3	Winter-weizen x_4	Sommer-gerste x_5	Körner-mais x_6	Silo-mais[8] x_7		
I Bestimmung des Ertrages nach Maßgabe der Schädigungswirkung											
1	Maximalertrag[2] [t/ha]	ymax	60,50	77,00	4,75	10,85	7,60	12,54	58,08	Depressions-anpassungs-faktor [df] (0,7 bis 1,3)	
2	Normertragsdepression[3] (0-1)	ned	0,5000	0,5000	0,5000	0,2500	0,2500	0,1250	0,1250		
3	Angep. Ertragsdepression[3]	ed	0,5000	0,5000	0,5000	0,2500	0,2500	0,1250	0,1250		
4	Minimalertrag[3] [dt/ha]	ymin	30,25	38,50	2,38	8,14	5,70	10,97	50,82		
5	Ertrag [t/ha]	y	60,50	75,37	4,46	10,17	7,35	12,01	57,22	1,00	
II Bestimmung der Humuslieferung											
6	Normhumusabbau [kg C/ha]	nhac	1000,0	1300,0	400,0	400,0	400,0	800,0	800,0	Humusabbau-anpassungs-faktor [haf] (-0,3 bis +0,3)	
7	Angep. Humusabbau [kg C/ha]	hac	1000,0	1300,0	400,0	400,0	400,0	800,0	800,0		
8	Haupt-:Nebenertrag-Verhältnis	hnv	0,0	0,7	1,7	0,8	0,7	1,0	0,8		
9	Humusgehalt [kg C/t-Ertrag]	hgnc	0,0	8,0	70,0	70,0	70,0	70,0	12,0		
10	Humuslieferung [kg C/ha]	hlc	0,0	422,1	530,6	569,7	360,2	840,9	549,3		
11	Humusbilanz [kg C/ha]	hbc	1000,0	877,9	-130,6	-169,7	39,8	-40,9	250,7	0,00	
III Bestimmung der Bodenrente											
12	Produktpreis [€/t]	py	100,00	35,00	380,00	180,00	220,00	185,00	40,00	Produktions-risikoscheu-faktor [prf] (0 bis 0,6)	
13	Ertragsabh. Sachkosten [€/t]	MKVS	46,57	13,95	159,80	75,57	65,50	77,20	15,37		
14	Ertragsabh. Arbeitskosten [€/t]	MKVA	3,6525	0,5625	7,4104	3,9213	3,1169	3,8935	2,3011		
15	Flächenabh. Sachkosten [€/ha]	KVFS	1317,86	364,10	203,42	269,58	286,43	414,12	462,93		
16	Flächenabh. Arbeitskosten [€/ha]	KVFA	143,06	41,40	58,19	70,46	67,78	61,47	68,35		
17	Öl- u. Eiweißpflanzenzahlung [€/ha]	gkp	***	***	0,00	***	***	***	***		
18	Bodenrente [€/ha]	BR	1550,62	1138,48	687,21	682,46	758,62	772,71	746,54	0,30	
IV Bestimmung des Risikonutzens											
19	Standardabweichung Ertrag[1]	sap	0,2294	0,0770	0,1497	0,0753	0,1144	0,0873	0,0796	Marktrisiko-scheu-faktor [mrf] (0 bis 0,6)	
20	Standardabweichung Preis[1]	sam	0,2720	0,0545	0,2497	0,3140	0,3123	0,2726	0,0488		
21	Ertragsrisikoprämie [€/ha]	RPP	416,36	60,94	76,09	41,37	55,50	58,21	54,66		
22	Preisrisikoprämie [€/ha]	RPM	493,68	43,13	126,93	172,49	151,52	181,75	33,51		
23	Risikonutzen [€/ha]	RN	640,58	1034,42	484,18	468,60	551,61	532,75	658,38	0,30	
V Matrix der Begrenzungen										Verfügbar	Genutzt
14	Ackerfläche [ha]		1,0	1,0	1,0	1,0	1,0	1,0	1,0	<= 250,00	250,00
25	Humusbilanz [kg C/ha]		1000,0	877,9	-130,6	-169,7	39,8	-40,9	250,7	<= 0,00	0,00
26	Zielfunktion=Anbauumfänge [ha]		0,00	10,59	30,64	62,39	32,77	83,98	29,63	137.348,19	< RNB[5]
VI Ergebnisse											
27	Ackerflächenanteil [%]		0,00	4,23	12,26	24,96	13,11	33,59	11,85		
28	Ertrag [t/ha]		60,50	75,37	4,46	10,17	7,35	12,01	57,22	Betrieb	
29	Bodenrente dse Betriebes [€]									187.562,01	< BRB
30	Bodenrente [€/ha]		1550,62	1138,48	687,21	682,46	758,62	772,71	746,54	750,25	< MBR[6]
31	Kosten des Betriebes [€]									313.990,68	< K
32	Kosten[4] [€/ha]		4499,38	1499,45	1007,18	1148,70	858,58	1449,78	1542,24	1.255,96	< MK[7]
33	Herfindahl-Index:					0,22					

[1]) bezogen auf Mittelwert = 1; [2]) bei minimalem Nutzflächenanteil; [3]) bei Monokultur; [4]) als spezielle Intensitäten der Landnutzung; [5]) Risikonutzen des Betriebes; [6]) Durchschnittliche Bodenrenteje ha Ackerfläche; [7]) als Landnutzungsintensität des Betriebes; [8]) Die Humuslieferung von Silomais ergibt sich wie folgt: 1t Silomais wird hier mit 32% TM angenommen, d. h. 1t Silomais enthält 320kg TM. Im Gärprozess in der Biogasanlage werden 75% der Trockenmasse abgebaut (in CH_4 und CO_2). In der Substratgülle verbleiben also 80kg TM je t Silomais. Bei einem Trockenmassegehalt von 10% in der Substratgülle führen die 80kg TM zu 0,8t Silomais. Der in Zeile 8 angegebene Faktor 0,8 ist also das Haupt-:Nebenertrag-Verhältnis von Silomais, wobei hier der Nebenertrag die Substratgülle ist. Der in Zeile 9 angegebene Humusgehalt [kg C/t-Ertrag] von 12 sagt also, dass eine 10% TS enthaltende Substratgülle 12kg Humus-C je t Substratgülle enthält.

Eiweißpflanzenzahlung [€/ha]" eingeführt. Die darin enthaltene Subvention (als positive Zahlung) bzw. Steuer (als negative Zahlung) wird dann bei der in Zeile 18 der Übersicht 10.4 bestimmten Bodenrente zusätzlich berücksichtigt. Subventionen steigern, Steuern senken die Bodenrente des Winterrapses. Damit steigt/sinkt auch der Risikonutzen des Winterrapses als dem Parameter für die Zielfunktion des Modells.

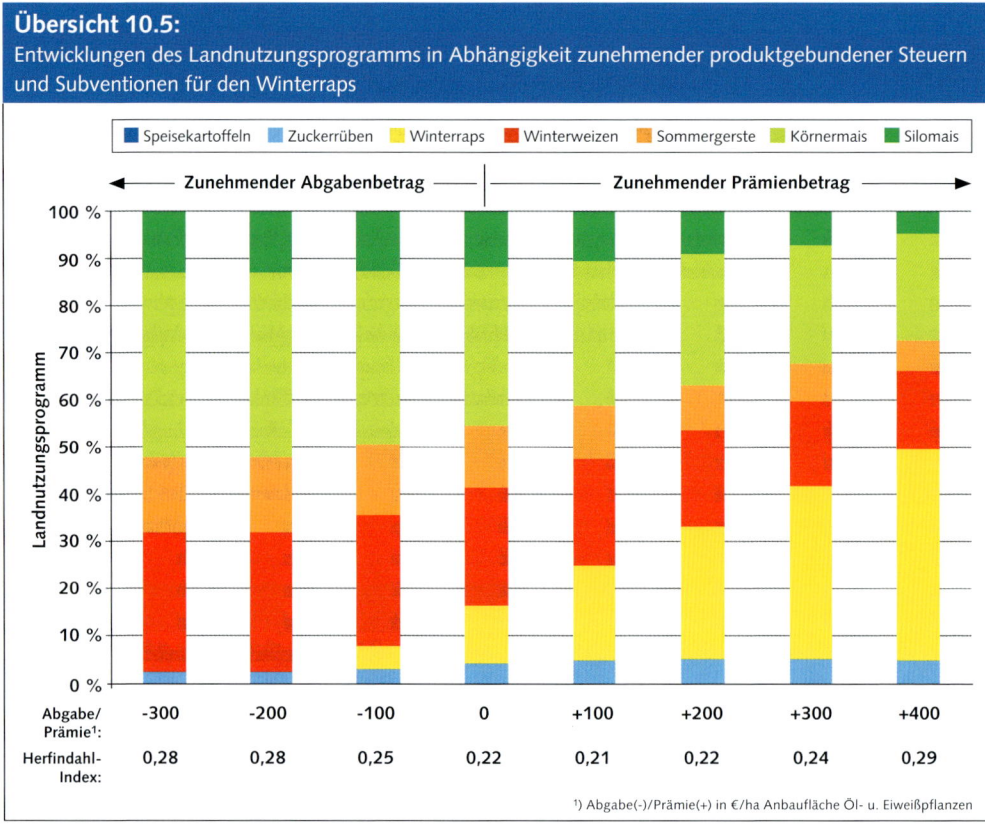

Übersicht 10.5:
Entwicklungen des Landnutzungsprogramms in Abhängigkeit zunehmender produktgebundener Steuern und Subventionen für den Winterraps

Legende: Speisekartoffeln ◼ Zuckerrüben ◼ Winterraps ◼ Winterweizen ◼ Sommergerste ◼ Körnermais ◼ Silomais

Zunehmender Abgabenbetrag ◀———— | ————▶ Zunehmender Prämienbetrag

Landnutzungsprogramm (y-Achse: 0 % – 100 %)

Abgabe/Prämie¹⁾:	-300	-200	-100	0	+100	+200	+300	+400
Herfindahl-Index:	0,28	0,28	0,25	0,22	0,21	0,22	0,24	0,29

¹⁾ Abgabe(-)/Prämie(+) in €/ha Anbaufläche Öl- u. Eiweißpflanzen

Übersicht 10.5 zeigt – im Vergleich zur Ausgangssituation (Zahlung = 0) – die Auswirkungen von Steuern in Höhe von 300,00, 200,00 und 100,00 €/ha (negatives Vorzeichen) ebenso wie die Auswirkungen von Subventionen in Höhe von 100,00, 200,00, 300,00 und 400,00 €/ha auf die Zusammensetzung der jeweils optimalen Landnutzungsprogramme. Man erkennt, dass der Flächenanteil des Winterrapses mit steigender Steuer auf dieses Produkt abnimmt und der Winterraps im vorliegenden Beispiel ab einer Höhe der Steuer von weniger als 200,00 €/ha nicht mehr im Landnutzungsprogramm vertreten ist. Umgekehrt wird deutlich, dass der Flächenanteil des Winterrapses mit zunehmender Subvention dieses Produktes zu Lasten des Getreide- und Maisanbaus ausgeweitet wird. Die im Fuß der Übersicht 10.5 angegebene Entwicklung des HERFINDAHL-Index zeigt schließlich, dass die Vielseitigkeit des Landnutzungsprogramms im Vergleich zur Ausgangssituation sowohl mit steigenden Abgaben als auch mit steigenden Prämien zurückgeht.

Zusammenfassend lässt sich festhalten, dass produktgebundene Prämien und Abgaben ein sehr wirkungsvolles Instrument der Mengensteuerung sein können. Sie beeinflussen die betrieblichen Landnutzungsprogramme, verbunden allerdings mit der Wirkung, dass die Vielseitigkeit der Programme in jedem Falle abnimmt.

10.4   Wirkungen faktorgebundener Subventionen und Steuern

10.4.1   Subventionierung und Besteuerung von Agrardiesel

In vielen Wirtschaftsräumen werden faktorgebundene Subventionen und Steuern durch den Staat zur Beeinflussung der Produktionskosten und damit zur Beeinflussung der marktlichen Standortfaktoren in Form der Produktpreis-Faktorpreis-Relationen und gleichzeitig der Faktorpreis-Relation zur Beeinflussung der Produktionsmengen eingesetzt. Ein relativ häufig auftretender Fall ist die Beeinflussung des Kraftstoffpreises (Dieselöl) entweder mit Subventionen zur Verbilligung der Produktionsprozesse und damit – über spätere Produktpreissenkungen als Folge von Produktionsausdehnungen – letztlich zum Vorteil der Konsumenten oder mit Steuern als Anreiz für eine sparsame Verwendung des fossilen Energieträgers.

Durch diese Subventionen bzw. Steuern verändert sich die Kostensituation der Landnutzungsverfahren allerdings unterschiedlich stark, weil die Landnutzungsverfahren unterschiedlich hohe Kraftstoffverbräuche aufweisen. Landnutzungsverfahren mit relativ hohem Kraftstoffbedarf gewinnen deshalb mit zunehmenden Subventionierungen dieses Produktionsfaktors an Wettbewerbsfähigkeit; umgekehrt verlieren sie mit zunehmenden Steuern an Wettbewerbsfähigkeit. Zu erwarten ist deshalb, dass derartige Subventionen bzw. Steuern nicht ohne Auswirkungen auf die Landnutzungsprogramme und die Landnutzungsintensitäten bleiben.

Welche Auswirkungen im konkreten Fall erwartet werden können, soll wieder mit dem betrieblichen Optimierungsmodell gezeigt werden. Gegenüber dem Modell der Übersicht 10.4 wurden zur Simulation unterschiedlicher Kraftstoffpreise jedoch einige Ergänzungen im Modell vorgenommen. Da der Preis für Dieselöl, den die Landwirte zahlen müssen, durch unterschiedlich hohe Subventionen bzw. Steuern variiert werden soll, müssen die Kraftstoffkosten, die bisher in den Sachkosten der Landnutzungsverfahren enthalten waren, isoliert werden. Dazu wurden auf der Basis der KTBL-Kalkulationsunterlagen für die betrachteten Landnut-

Übersicht 10.6:
Ertrags- und flächenabhängiger Dieselölbedarf von Landnutzungsverfahren

Landnutzungs-verfahren	Kennzahl	Dimen-sion	Ertragsniveau			Statistik		
			Niedrig	Mittel	Hoch	Abschnitt	Steigung	R^2
Speise-kartoffeln	Ertrag	t/ha	35,00	45,00	55,00	***	***	***
	Dieselöl	l/ha	88,49	130	136,45	10,4033	2,3980	0,8488
Zuckerrüben	Ertrag	t/ha	50,00	60,00	70,00	***	***	***
	Dieselöl	l/ha	69,53	88,89	95,27	7,3433	1,2870	0,9219
Winterraps	Ertrag	t/ha	2,87	3,35	4,31	***	***	***
	Dieselöl	l/ha	55,84	74,34	77,43	22,4817	13,3110	0,6987
Winterweizen	Ertrag	t/ha	5,92	7,89	9,86	***	***	***
	Dieselöl	l/ha	55,5	74,39	79,13	22,3534	5,9975	0,8932
Sommergerste	Ertrag	t/ha	3,94	5,92	6,91	***	***	***
	Dieselöl	l/ha	49,58	68,47	69,63	22,5951	7,1494	0,9226
Körnermais	Ertrag	t/ha	7,32	9,77	11,40	***	***	***
	Dieselöl	l/ha	57,84	75,82	81,05	16,3020	5,8197	0,9637
Silomais	Ertrag	t/ha	35,20	44,00	52,80	***	***	***
	Dieselöl	l/ha	88,2	107,3	121,65	22,0917	1,9006	0,9933

Quelle: n. Daten von KTBL-Online, Kalkulationsdaten, Stand Juli 2012 berechnet

zungsverfahren zunächst die Kraftstoffbedarfe, die dort für unterschiedliche Ertragsniveaus angegeben sind, ermittelt. Die Kraftstoffbedarfe der Landnutzungsverfahren für die Ertragsniveaus „niedrig", „mittel" und „hoch" sind in Übersicht 10.6 aufgeführt.

Da die Kraftstoffbedarfe ebenso wie die Gesamtkosten aus ertrags- und flächenabhängigen Anteilen bestehen, wurden – wie bereits im 3. Kapitel eingehend dargelegt – diese Anteile in Abhängigkeit von den Ertragsniveaus mittels Einfachregression bestimmt. Die Ergebnisse sind in den drei rechten Spalten der Übersicht 10.6 aufgeführt. Die (Achsen-)Abschnitte in den Einfachregressionen repräsentieren den flächenabhängigen Kraftstoffbedarf, gemessen in l/ha; die Steigungen repräsentieren den ertragsabhängigen Kraftstoffbedarf, gemessen in l/t Produkt.

Die so ermittelten Dieselölverbräuche wurden dann in dem betrieblichen Optimierungsmodell so berücksichtigt, dass daraus das in die neuen Zeilen 14 und 18 ergänzte Modell der Übersicht 10.7 entstand.

Da die in den Zeilen 13 und 17 dieses Modells aufgeführten Sachkosten für die übrigen Sachgüterverbräuche der Landnutzungsverfahren jetzt nicht mehr die Kraftstoffkosten enthalten dürfen, wurden die bisher verwendeten Sachkosten um die bisher darin enthaltenen Kraftstoffkosten bereinigt. Die bisherigen Kraftstoffkosten ergeben sich aus den Kraftstoffverbräuchen multipliziert mit dem bisher verwendeten Kraftstoffpreis von 1,00 €/l Dieselöl. Die in den Zeilen 13 und 17 aufgeführten Sachkosten unterscheiden sich deshalb von den in den Zeilen 13 und 15 der Übersicht 10.4 enthaltenen Sachkosten um diese Kraftstoffkosten.

Die im Modell der Übersicht 10.7 in den Zeilen 15 und 19 aufgeführten ertrags- und flächenabhängigen Dieselölkosten (edv und fdv) errechnen sich durch Multiplikation der Dieselölverbräuche mit dem (zu variierenden) Dieselölpreis (pdo). Dieser Preis ist in der rechten Spalte des Modells aufgeführt. Für die ertragsabhängigen Dieselölverbräuche eines m-ten Landnutzungsverfahrens gilt also:

$$(10.2) \qquad MKDL_m = edv_m \cdot pdo$$

Darin sind:
$MKDL_m$ = Ertragsabhängige Dieselkosten, gemessen in €/t Produkt;
edv_m = Dieselverbrauch, gemessen in l/t Produkt;
pdo = Preis des Dieselöls, gemessen in €/l.

Für die flächenabhängigen Dieselkosten eines m-ten Landnutzungsverfahrens gilt:

$$(10.3) \qquad KVFD_m = fdv_m \cdot pdo$$

Darin sind:
$KVFD_m$ = Flächenabhängige Dieselkosten, gemessen in €/ha;
fdv_m = flächenabhängiger Dieselverbrauch, gemessen in l/ha;
pdo = Preis des Dieselöls, gemessen in €/l.

Die Bodenrente eines m-ten Landnutzungsverfahrens errechnet sich dann unter Berücksichtigung des Tatbestandes, dass sowohl die ertragsabhängigen als auch die flächenabhängigen Sachkosten aus zwei Teilen bestehen, nämlich den Sachkosten ohne die Dieselkosten und den Dieselkosten. Das Modell der Übersicht 10.7 zeigt die Kostenstruktur und die optimale Lösung bei einem Preis des Dieselöls von – wie vorher stets verwendet – 1,00 €/l. Durch Vergleich mit dem Modell der Übersicht 10.4 wird die Übereinstimmung bezüglich der Parameter

Übersicht 10.7:

Das mathematische Optimierungsmodell eines Ackerbaubetriebes zur Bestimmung der Entwicklung des Landnutzungsprogramms, der Landnutzungsintensität und der betrieblichen Bodenrente in Abhängigkeit faktorgebundener Subventionen/Steuern für Dieselöl

Z.	Aktivitäten: Bezeichnung:	Symbol	Speise-kartoffeln x_1	Zucker-rüben x_2	Winter-raps x_3	Winter-weizen x_4	Sommer-gerste x_5	Körner-mais x_6	Silo-mais[8] x_7			
I Bestimmung des Ertrages nach Maßgabe der Schädigungswirkung												
1	Maximalertrag[2] [t/ha]	ymax	60,50	77,00	4,75	10,85	7,60	12,54	58,08		Depressions-anpassungs-faktor [df] (0,7 bis 1,3)	
2	Normertragsdepression[3] (0-1)	ned	0,5000	0,5000	0,5000	0,2500	0,2500	0,1250	0,1250			
3	Angep. Ertragsdepression[3]	ed	0,5000	0,5000	0,5000	0,2500	0,2500	0,1250	0,1250			
4	Minimalertrag[3] [dt/ha]	ymin	30,25	38,50	2,38	8,14	5,70	10,97	50,82			
5	Ertrag [t/ha]	y	60,50	75,37	4,46	10,17	7,35	12,01	57,22		1,00	
II Bestimmung der Humuslieferung												
6	Normhumusabbau [kg C/ha]	nhac	1000,0	1300,0	400,0	400,0	400,0	800,0	800,0		Humus-abbau-anpassungs-faktor [haf] (-0,3 bis +0,3)	
7	Angep. Humusabbau [kg C/ha]	hac	1000,0	1300,0	400,0	400,0	400,0	800,0	800,0			
8	Haupt-:Nebenertrag-Verhältnis	hnv	0,0	0,7	1,7	0,8	0,7	1,0	0,8			
9	Humusgehalt [kg C/t-Ertrag]	hgnc	0,0	8,0	70,0	70,0	70,0	70,0	12,0			
10	Humuslieferung [kg C/ha]	hlc	0,0	422,1	530,6	569,7	360,2	840,9	549,3			
11	Humusbilanz [kg C/ha]	hbc	1000,0	877,9	-130,6	-169,7	39,8	-40,9	250,7		0,00	
III Bestimmung der Bodenrente												
12	Produktpreis [€/t]	py	100,00	35,00	380,00	180,00	220,00	185,00	40,00		Dieselpreis [pdo] (€/l)	
13	Ertragsabh. Sachkosten[9] [€/t]	MKVS	44,12	12,64	146,22	69,45	58,20	71,26	13,43			
14	Ertragsabh. Dieselverbrauch [l/t]	edv	2,45	1,31	13,58	6,12	7,29	5,94	1,94			
15	Ertragsabh. Dieselkosten [€/t]	MKDL	2,45	1,31	13,58	6,12	7,29	5,94	1,94		1,00	
16	Ertragsabh. Arbeitskosten [€/t]	MKVA	3,6525	0,5625	7,4104	3,9213	3,1169	3,8935	2,3011		Produktions-risikoscheu-faktor [prf] (0 bis 0,6)	
17	Flächenabh. Sachkosten[9] [€/ha]	KVFS	1307,25	356,61	180,48	246,78	263,38	397,49	440,39			
18	Flächenabh. Dieselverbrauch [l/ha]	fdv	10,61	7,49	22,93	22,80	23,05	16,63	22,53			
19	Flächenabh. Dieselkosten [€/ha]	KVFD	10,61	7,49	22,93	22,80	23,05	16,63	22,53			
20	Flächenabh. Arbeitskosten [€/ha]	KVFA	143,06	41,40	58,19	70,46	67,78	61,47	68,35			
21	Bodenrente [€/ha]	BR	1550,62	1138,51	687,20	682,46	758,65	772,71	746,52		0,30	
IV Bestimmung des Risikonutzens												
22	Standardabweichung Ertrag[1]	sap	0,2294	0,0770	0,1497	0,0753	0,1144	0,0873	0,0796		Marktrisiko-scheu-faktor [mrf] (0 bis 0,6)	
23	Standardabweichung Preis[1]	sam	0,2720	0,0545	0,2497	0,3140	0,3123	0,2726	0,0488			
24	Ertragsrisikoprämie [€/ha]	RPP	416,36	60,94	76,09	41,37	55,50	58,21	54,66			
25	Preisrisikoprämie [€/ha]	RPM	493,68	43,13	126,93	172,50	151,52	181,76	33,51			
26	Risikonutzen [€/ha]	RN	640,58	1034,44	484,18	468,59	551,63	532,75	658,35		0,30	
V Matrix der Begrenzungen										Verfügbar	Genutzt
27	Ackerfläche [ha]		1,0	1,0	1,0	1,0	1,0	1,0	1,0	<=	250,00	250,00
28	Humusbilanz [kg C/ha]		1000,0	877,9	-130,6	-169,7	39,8	-40,9	250,7	<=	0,00	0,00
29	Zielfunktion=Anbauumfänge [ha]		0,00	10,58	30,64	62,39	32,75	83,98	29,66		137.348,26	< RNB[5]
VI Ergebnisse												
30	Ackerflächenanteil [%]		0,00	4,23	12,26	24,95	13,10	33,59	11,87			
31	Ertrag [t/ha]		60,50	75,37	4,46	10,17	7,35	12,01	57,22		Betrieb	
32	Bodenrente dse Betriebes [€]										187.559,11	< BRB
33	Bodenrente [€/ha]		1550,62	1138,51	687,20	682,46	758,65	772,71	746,52		750,24	< MBR[6]
34	Kosten des Betriebes [€]										291.161,95	< K
35	Kosten[4] [€/ha]		4340,79	1393,04	923,70	1063,67	781,94	1361,83	1408,77		1.164,65	< MK[7]
36	Herfindahl-Index:					0,22						

[1]) bezogen auf Mittelwert = 1; [2]) bei minimalem Nutzflächenanteil; [3]) bei Monokultur; [4]) als spezielle Intensitäten der Landnutzung; [5]) Risikonutzen des Betriebes; [6]) Durchschnittliche Bodenrente je ha Ackerfläche; [7]) als Landnutzungsintensität des Betriebes; [8]) Die Humuslieferung von Silomais ergibt sich wie folgt: 1 t Silomais wird hier mit 32 % TM angenommen, d. h. 1t Silomais enthält 320 kg TM. Im Gärprozess in der Biogasanlage werden 75 % der Trockenmasse abgebaut (in CH_4 und CO_2). In der Substratgülle verbleiben also 80 kg TM je t Silomais. Bei einem Trockenmassegehalt von 10 % in der Substratgülle führen die 80 kg TM zu 0,8 t Substratgülle je t Silomais. Der in Zeile 8 angegebene Faktor 0,8 ist also das Haupt-:Nebenertrag-Verhältnis von Silomais, wobei hier der Nebenertrag die Substratgülle ist. Der in Zeile 9 angegebene Humusgehalt [kg C/t-Ertrag] von 12 sagt also, dass eine 10 % TS enthaltende Substratgülle 12 kg Humus-C je t Substratgülle enthält. [9]) ohne Kosten für Dieselöl.

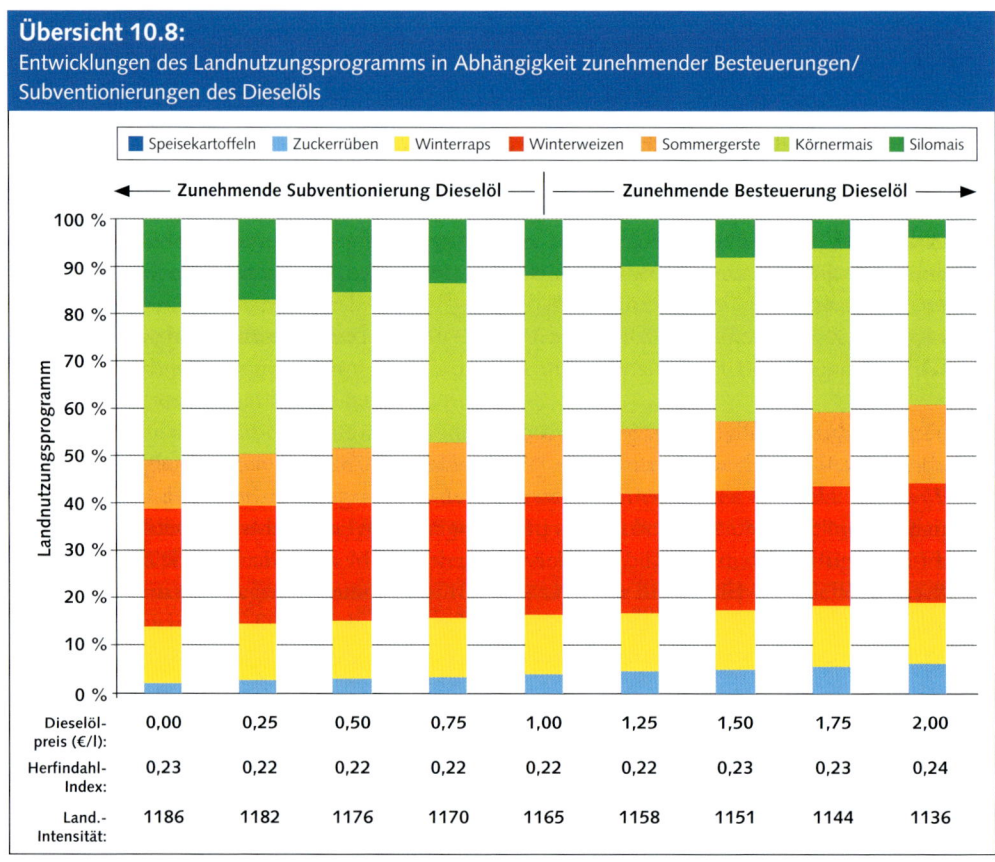

Übersicht 10.8:
Entwicklungen des Landnutzungsprogramms in Abhängigkeit zunehmender Besteuerungen/ Subventionierungen des Dieselöls

der Zielfunktionen deutlich. Die geringen Differenzen sind Rundungsfehlern geschuldet.

Unterschiede bei den Zielfunktionswerten ergeben sich jedoch in Abhängigkeit unterschiedlicher Preise für das Dieselöl. Um den Einfluss dieses Preises, bzw. der zugehörigen Steuern und Subventionen zu ermitteln, wurde der Dieselölpreis einerseits ausgehend von dem bisherigen Preis von 1,00 €/l in Schritten von 0,25 €/l abgesenkt. Damit wird eine zunehmende Subventionierung des Produktionsfaktors simuliert. Andererseits wurde der Dieselölpreis ausgehend vom bisherigen Preis von 1,00 €/t in Schritten von 0,25 €/l bis auf 2,00 €/l angehoben. Damit wird eine zunehmende Besteuerung des Produktionsfaktors simuliert.

Die zugehörigen Ergebnisse bezüglich der Entwicklung der Zusammensetzung des Landnutzungsprogramms, der Vielseitigkeit des Programms und der Landnutzungsintensität sind in Übersicht 10.8 für das konkrete Zahlenbeispiel des Modells der Übersicht 10.7 dargestellt. Selbstverständlich gelten die zahlenmäßigen Ergebnisse nur für die Preis- und Mengengerüste des Beispiels. Trotzdem können aus der Übersicht 10.8 wohl die folgenden Verallgemeinerungen abgeleitet werden:

(1) Mit zunehmender Subventionierung des Kraftstoffs verändert sich das Landnutzungsprogramm c. p. in Richtung auf höhere Anteile von Landnutzungsverfahren mit relativ hohem Kraftstoffbedarf je Nutzflächeneinheit. Im Beispiel wird Silomais mit einem relativ hohen Kraftstoffbedarf (vgl. Übersicht 10.6) zu Lasten der übrigen Landnutzungsverfahren ausgedehnt.

(2) Mit zunehmender Besteuerung des Kraftstoffs verändert sich das Landnutzungsprogramm umgekehrt in Richtung auf höhere Anteile von Landnutzungsverfahren mit relativ geringem Kraftstoffbedarf je Flächeneinheit. Im Beispiel werden insbesondere Winterweizen und Sommergerste zu Lasten von Silomais ausgedehnt.

(3) Die Vielseitigkeit des Landnutzungsprogramms – ausgedrückt durch den HERFINDAHL-Index – bleibt von den Veränderungen des Kraftstoffpreises nahezu unbeeinflusst.

(4) Mit abnehmender Subventionierung und zunehmender Besteuerung des Kraftstoffs nimmt die Landnutzungsintensität leicht ab. Im Zahlenbeispiel geht sie von 1.186,00 €/ha bei einem hoch subventionierten Kraftstoffpreis auf 1.136,00 €/ha bei einem hoch besteuerten Kraftstoffpreis zurück.

Mit finanziellen Incentives bzw. Desincentives in Form faktorgebundener Subventionen und Steuern lassen sich über die Veränderung der Werte marktlicher Standortfaktoren die Zusammensetzung der Landnutzungsprogramme und die Höhen der Landnutzungsintensitäten zwar prinzipiell beeinflussen, jedoch weit weniger effektiv als mit produktgebundenen Subventionen und Steuern.

10.4.2 Subventionierung von Frachtraten für Agrarprodukte

Eine wichtige agrarablaufpolitische Maßnahme besteht in vielen Ländern in der Subventionierung von Frachtraten zur „Verbesserung" der äußeren Verkehrslage marktfern liegender landwirtschaftlicher Betriebe. Dadurch steigt c. p. die Wettbewerbsfähigkeit von Standorten, die relativ weit entfernt von ihren Marktorten liegen. Die Subventionierung der Transportkosten, die sich in abgesenkten Frachtraten äußert, hat damit prinzipiell die gleiche Wirkung, wie die bereits im 7. Kapitel beschriebenen fortschrittsbedingten Absenkungen von Frachtraten.

Die Wirkungen fortschrittsbedingt abgesenkter Frachtraten wurden dort in den Abschnitten 7.1.2 und 7.1.3 eingehend analysiert. Analog dazu lässt sich deshalb zu den Wirkungen subventionsbedingt abgesenkter Frachtraten zusammenfassend Folgendes festhalten:

Subventionierung von Frachtraten kann zu Verschiebungen der Standorte für einzelne Nutzpflanzenarten führen. Dadurch können c. p. marktferne Standorte gegenüber marktnahen Standorten an Wettbewerbsfähigkeit gewinnen, insbesondere dann, wenn die Produktionskosten bestimmter Nutzpflanzenarten auf marktfernen Standorten aufgrund natürlicher Standortvorteile unterhalb derjenigen marktnaher Standorte liegen. Bei hohen Frachtraten sind die marktfernen Standorte gegenüber den marktnahen Standorten trotz der geringeren Produktionskosten dennoch nicht wettbewerbsfähig, weil die mit den hohen Frachtraten verbundenen hohen Transportkosten die Vorteile bei den Produktionskosten überkompensieren. Werden die Frachtraten jedoch subventioniert, d. h. werden die Transportkosten für den marktfernen Standort abgesenkt, ergeben sich ab gewissen Subventionsbeträgen Transportkosten, die geringer sind als die Differenz der Produktionskosten zwischen dem marktfernen und dem marktnahen Standort. Der marktferne Standort wird wettbewerbsfähig.

Ein treffendes Beispiel für diesen Sachverhalt ist die Subventionierung der Eisenbahnfrachten für Weizen aus der innerkanadischen Provinz Manitoba. Wegen der geringen Bevölkerungsdichte in dieser Provinz kann der dort produzierte Weizen nicht vor Ort verbraucht, sondern nur auf dem Weltmarkt abgesetzt werden. Trotz der sehr kostengünstigen Gegebenheiten für die Weizenproduktion in dem Gebiet wäre der Standort wegen der hohen Transportkosten für die Eisenbahnfracht bis zu den Pazifik- bzw. Atlantikhäfen am Weltmarkt nicht wettbewerbsfähig. Durch die Subventionierung der Eisenbahnfracht ändert sich die Situation jedoch. Aus der Sicht der Weizen produzierenden Landwirte in der Provinz Manitoba ist dadurch ihr Produktpreis ab Hoftor so stark gestiegen, dass der Weizen auf ihren Betrieben mindestens kostendeckend produziert werden kann.

10.5 Wirkungen direkter Mengensteuerungen für einzelne Agrarprodukte

In erster Linie als einkommenspolitische Maßnahme zugunsten der Landwirte wurden direkte Mengensteuerungen in Form von Erzeugungsquoten und -kontingentierungen bei einzelnen Produkten als Mittel gegen den „Produktpreisverfall" eingesetzt. Im Rahmen der gemeinsamen Agrarpolitik der EU wurden bzw. werden diese Maßnahmen u. a. bei Zuckerrüben und bei Milch angewandt.

Wenn aber die Produktionsvolumina durch den Staat im Rahmen solcher Maßnahmen begrenzt werden, dann wirkt sich das selbstverständlich unmittelbar auf die Zusammensetzung der Landnutzungsprogramme aus. Die Nutzflächenanteile der Landnutzungsverfahren, deren Produkte in ihrem Umfang begrenzt werden, nehmen je nach Stärke der Begrenzungen mehr oder weniger stark ab. Um bei den oben genannten Beispielen zu bleiben: Bei Zuckerrüben wirkt sich die Kontingentierung direkt in abnehmenden Landnutzungsanteilen für das Landnutzungsverfahren Zuckerrüben aus; bei Milch ergibt sich eine indirekte Wirkung über die Verminderung des Flächenanteils für Futterfrüchte der Wiederkäuerhaltung.

10.6 Wirkungen direkter Einkommensübertragungen mittels allgemeiner, „entkoppelter" Flächenprämien

Die gegenwärtig wohl wichtigste, da mit den höchsten fiskalischen Kosten verbundene, agrarablaufpolitische Maßnahme der gemeinsamen Agrarpolitik der EU besteht in der Gewährung von allgemeinen Flächenprämien an Landwirte. In Deutschland beträgt sie z. Zt. jährlich ca. 300,00 €/ha Nutzfläche. Ursprünglich wurde die Flächenprämie als Kompensation für die Deregulierung und damit de facto Absenkung der bis dahin stabilisierten und gestützten Preise für Getreide, Öl- und Eiweißpflanzen eingeführt. Inzwischen wird sie vornehmlich als Ausgleichszahlung dafür begründet, dass die Landwirte innerhalb der EU bei ihrer Wirtschaftstätigkeit strengere Umweltauflagen als ihre Kollegen in den Agrarexportländern außerhalb der EU beachten müssen. Diese strengeren Auflagen verursachen zusätzliche Produktionskosten, was zu Wettbewerbsnachteilen für die EU-Landwirte führt. Diese Nachteile sollen durch die Flächenprämien ausgeglichen werden.

Die Gewährung der Flächenprämien ist deshalb vor allem als umweltpolitische aber auch als einkommenspolitische Maßnahme anzusehen. Je nach ihrer konkreten Ausgestaltung kann sie jedoch auch Auswirkungen auf die Landnutzungsintensität und das Landnutzungsmuster ganzer Regionen haben. Gegenwärtig ist sie konkret so ausgestaltet, dass zu Beginn festgelegt wurde, dass die Flächenprämien nur für die zu diesem Zeitpunkt tatsächlich landwirtschaftlich genutzten Flächen gewährt werden. Damit sind Produktionsausdehnungen durch die zusätzliche Nutzung von bisher brach liegenden Flächen de facto ausgeschlossen.

Das hat zur Folge, dass dadurch keine Ausdehnungen der Produktmengen auftreten können. Stagnierende Produktmengen bedeuten aber, dass Produktpreissenkungen nicht durch die Prämiengewährung verursacht werden können. Die Prämien wirken damit lediglich wie Absenkungen der flächengebundenen Kosten, was bei den Landwirten – unabhängig von ihren gewählten Landnutzungsprogrammen – c. p. zu Steigerungen ihrer Bodenrenten in Höhe der gewährten Prämien führt.

Allerdings kommt dieser Bodenrentenvorteil den Landwirten auf Dauer nur insoweit voll umfänglich zugute, als sie Eigentümer ihrer bewirtschafteten Nutzflächen sind. Bei Pachtflächen werden die Landeigentümer aufgrund der um die Prämie gestiegenen Bodenrente über kurz oder lang Erhöhungen des Pachtzinses durchsetzen. Je nach Höhe der realisierten Pachtzinssteigerung verbleiben deshalb nur mehr oder weniger große Anteile der Flächenprämie bei den mit Pachtflächen wirtschaftenden Landwirten. In Deutschland trifft das inzwischen auf über 60 % des insgesamt gezahlten Prämienvolumens zu, weil es sich bei über 60 % der landwirtschaftlichen Nutzflächen um Pachtflächen handelt.

Denkbar wäre jedoch auch eine andere Ausgestaltung des Prämiensystems gewesen, etwa dergestalt, dass Prämien zu jedem Zeitpunkt für solche Flächen gewährt werden, die zu diesem Zeitpunkt landwirtschaftlich genutzt werden. Durch die damit verbundenen Absenkungen der flächengebundenen Kosten können ertragsschwache Standorte, die vorher keine positiven Bodenrenten abgeworfen haben, nunmehr mit positiven Bodenrenten bewirtschaftet werden. Die landwirtschaftliche Nutzung dieser ertragsschwachen Standorte würde dann jedoch zu Produktionsausdehnungen führen, was – je nach dem Wert der Preiselastizität der Nachfrage – mehr oder weniger ausgeprägte Produktpreissenkungen zur Folge hätte. Ob und inwieweit die Prämien dann noch zu Einkommensverbesserungen der Landwirte führen würden, ist damit durchaus fraglich und soll deshalb mit dem in Abschnitt 6.2.2 des 6. Kapitels entwickelten Modells (vgl. Übersicht 6.8) untersucht werden.

Im 6. Kapitel wurde das Modell zur Analyse der Auswirkungen ertragssteigernder Fortschritte eingesetzt, mit kleinen Änderungen kann es jedoch ebenso gut zur Untersuchung der Auswirkungen des eben beschriebenen Prämiensystems verwendet werden.

Ebenso wie in Abschnitt 6.2.2 soll hier davon ausgegangen werden, dass in einem geschlossenen Wirtschaftsraum nur der Weizen zur Befriedigung der Nahrungsbedürfnisse der inländischen Bevölkerung angebaut wird. Darüber hinaus verfüge der geschlossene Wirtschaftsraum auch hier nur über eine insgesamt für die Landbewirtschaftung nutzbare Fläche, die durch unterschiedlich ertragsreiche natürliche Standorte gekennzeichnet ist. Die Standorte mögen – auch hier zur Vereinfachung – über die Fläche gleich verteilt sein. Die Ertragsfähigkeit bewegt sich auf der insgesamt für die Landnutzung verfügbaren Fläche zwischen 0,0 t/ha auf dem ertragsschwächsten Standort und einem Höchstertrag (yhe) auf dem ertragsstärksten natürlichen Standort. Dieser Höchstertrag möge für das konkrete Zahlenbeispiel 8 t/ha betragen. Die insgesamt für die Landbewirtschaftung verfügbare Fläche möge auch bei dieser Modellanwendung 100 ha betragen.

In Übersicht 10.9 ist das Modell - quasi als Wiederholung des Modells der Übersicht 6.8 – dargestellt. Während jedoch im Modell der Übersicht 6.8 das Ertragsniveau variiert wurde (Zeile 2), wird hier die Flächenprämie – die im Modell der Übersicht 6.8 nicht auftrat – variiert. Dafür wurde die neue Zeile 13 in das Modell eingeführt. Die Flächenprämie wird dann bei der Berechnung der Bodenrente und der übrigen modellendogenen Größen als zusätzliche Leistung neben der eigentlichen Produktionsleistung (Ertrag · Produktpreis) berücksichtigt.

Die Flächenprämie wurde für die drei Teile des Modells mit ihren unterschiedlichen Preiselastizitäten der Nachfrage mit 300,00 €/ha angenommen. Ohne Produktpreisanpassung würde sich dadurch die in Spalte 4 dargestellte Ausgangssituation (ohne Flächenprämie) so

Übersicht 10.9:
Modell zur Bestimmung der Wirkungen entkoppelter Flächenprämien für einen geschlossenen Wirtschaftsraum bei unterschiedlichen Preiselastizitäten der Nachfrage

I	Bezeichnung	Dimension	Symbol	Ausgangs-situation	Verände-rung²	Elastische Nachfrage (ε>1,00) Iterationen				
Z/S	1	2	3	4	5	6	7	8	9	10
1	Preiselastizität		ε	***	***	3,00	3,00	3,00	3,00	3,00
2	Höchstertrag¹	t/ha	y_{he}	8,00	8,00	8,00	8,00	8,00	8,00	8,00
3	Produktpreis	€/t	p_y	180,00	180,00	127,24	126,87	126,87	126,87	126,87
4	Ertragsabhängige Stückkosten	€/t	MKV	79,4898	79,49	79,49	79,49	79,49	79,49	79,49
4	Stückbodenrente	€/t	MBR	40,77	90,97	38,21	38,32	38,32	38,32	38,32
6	Ertrag des Grenzstandortes	t/ha	y_0	3,38	0,40	0,84	0,85	0,85	0,85	0,85
7	Anteil der genutzten Fläche		fa	0,58	0,95	0,90	0,89	0,89	0,89	0,89
8	verfügbare Nutzfläche	ha	VNF	100,00	100,00	100,00	100,00	100,00	100,00	100,00
9	Genutzte Fläche	ha	NF	57,71	95,02	89,52	89,44	89,43	89,43	89,43
10	Durchschnittsertrag	t/ha	y_d	5,69	4,20	4,42	4,42	4,42	4,42	4,42
11	Produktmenge	t	AM	328,46	399,01	395,60	395,54	395,53	395,53	395,53
12	Flächenabhängige Kosten	€/ha	KVF	340,0451	340,05	340,05	340,05	340,05	340,05	340,05
13	Flächenprämie	€/ha	FPR		300,00	300,00	300,00	300,00	300,00	300,00
14	Mittlere Bodenrente	€/ha	BRd	232,02	382,02	170,97	169,51	169,49	169,49	169,49
15	Mittlere Landnutzungsintensität	€/ha	Kd	792,47	673,84	691,34	691,59	691,60	691,60	691,60
16	Bodenrente des Agrarsektors	€	BRs	13.389,80	36.299,29	15.304,80	15.159,79	15.158,02	15.158,00	15.158,00
17	Produzentenrente	€	PR	***	22.909,48	1.915,00	1.769,98	1.768,22	1.768,20	1.768,20
18	Konsumentenrente	€	CR	***	0,00	20.994,49	21.139,50	21.141,26	21.141,29	21.141,29

I	Bezeichnung	Dimension	Symbol	Ausgangs-situation	Veränderung²	Proportional elastische Nachfrage (ε=1,00) Iterationen				
Z/S	1	2	3	4	5	6	7	8	9	10
1	Preiselastizität		ε	***	***	1,00	1,00	1,00	1,00	1,00
2	Höchstertrag¹	t/ha	y_{he}	8,00	8,00	8,00	8,00	8,00	8,00	8,00
3	Produktpreis	€/t	p_y	180,00	180,00	122,58	122,39	122,39	122,39	122,39
4	Ertragsabhängige Stückkosten	€/t	MKV	79,4898	79,49	79,49	79,49	79,49	79,49	79,49
4	Stückbodenrente	€/t	MBR	40,77	90,97	33,56	33,93	33,94	33,94	33,94
6	Ertrag des Grenzstandortes	t/ha	y_0	3,38	0,40	0,93	0,93	0,93	0,93	0,93
7	Anteil der genutzten Fläche		fa	0,58	0,95	0,88	0,88	0,88	0,88	0,88
8	verfügbare Nutzfläche	ha	VNF	100,00	100,00	100,00	100,00	100,00	100,00	100,00
9	Genutzte Fläche	ha	NF	57,71	95,02	88,38	88,33	88,33	88,33	88,33
10	Durchschnittsertrag	t/ha	y_d	5,69	4,20	4,46	4,47	4,47	4,47	4,47
11	Produktmenge	t	AM	328,46	399,01	394,60	394,55	394,55	394,55	394,55
12	Flächenabhängige Kosten	€/ha	KVF	340,0451	340,05	340,05	340,05	340,05	340,05	340,05
13	Flächenprämie	€/ha	FPR		300,00	300,00	300,00	300,00	300,00	300,00
14	Mittlere Bodenrente	€/ha	BRd	232,02	382,02	152,35	151,58	151,58	151,58	151,58
15	Mittlere Landnutzungsintensität	€/ha	Kd	792,47	673,84	694,94	695,10	695,10	695,10	695,10
16	Bodenrente des Agrarsektors	€	BRs	13.389,80	36.299,29	13.465,70	13.389,81	13.389,80	13.389,80	13.389,80
17	Produzentenrente	€	PR	***	22.909,48	75,89	0,00	0,00	0,00	0,00
18	Konsumentenrente	€	CR	***	0,00	22.833,59	22.909,48	22.909,48	22.909,48	22.909,48

I	Bezeichnung	Dimension	Symbol	Ausgangs-situation	Verände-rung²	Unlastische Nachfrage (ε<1,00) Iterationen				
Z/S	1	2	3	4	5	6	7	8	9	10
1	Preiselastizität		ε	***	***	0,80	0,80	0,80	0,80	0,80
2	Höchstertrag¹	t/ha	y_{he}	8,00	8,00	8,00	8,00	8,00	8,00	8,00
3	Produktpreis	€/t	p_y	180,00	180,00	120,98	120,87	120,87	120,87	120,87
4	Ertragsabhängige Stückkosten	€/t	MKV	79,4898	79,49	79,49	79,49	79,49	79,49	79,49
4	Stückbodenrente	€/t	MBR	40,77	90,97	31,95	32,44	32,45	32,45	32,45
6	Ertrag des Grenzstandortes	t/ha	y_0	3,38	0,40	0,97	0,97	0,97	0,97	0,97
7	Anteil der genutzten Fläche		fa	0,58	0,95	0,88	0,88	0,88	0,88	0,88
8	verfügbare Nutzfläche	ha	VNF	100,00	100,00	100,00	100,00	100,00	100,00	100,00
9	Genutzte Fläche	ha	NF	57,71	95,02	87,93	87,90	87,90	87,90	87,90
10	Durchschnittsertrag	t/ha	y_d	5,69	4,20	4,48	4,48	4,48	4,48	4,48
11	Produktmenge	t	AM	328,46	399,01	394,18	394,15	394,15	394,15	394,15
12	Flächenabhängige Kosten	€/ha	KVF	340,0451	340,05	340,05	340,05	340,05	340,05	340,05
13	Flächenprämie	€/ha	FPR		300,00	300,00	300,00	300,00	300,00	300,00
14	Mittlere Bodenrente	€/ha	BRd	232,02	382,02	145,93	145,48	145,49	145,49	145,49
15	Mittlere Landnutzungsintensität	€/ha	Kd	792,47	673,84	696,37	696,47	696,47	696,47	696,47
16	Bodenrente des Agrarsektors	€	BRs	13.389,80	36.299,29	12.831,89	12.788,45	12.788,71	12.788,70	12.788,70
17	Produzentenrente	€	PR	***	22.909,48	-557,91	-601,35	-601,10	-601,10	-601,10
18	Konsumentenrente	€	CR	***	0,00	23.467,39	23.510,84	23.510,58	23.510,58	23.510,58

¹) Höchstertrag = maximal erzielbarer Ertrag des ertragsstärksten natürlichen Standorts; ²) Einführung einer Flächenprämie ohne Anpassung des Produktpreises

verändern, wie in Spalte 5 aufgeführt. Vergleicht man nun die Werte der Spalte 5 mit denjenigen der Spalte 4, dann wird deutlich, dass die Einführung der Flächenprämien, die – wie gesagt – für sämtliche, jeweils landwirtschaftlich genutzte Flächen gezahlt wird, ohne Produktpreisanpassung dazu führen würde, dass sich die landwirtschaftlich genutzte Fläche im Beispiel des Modells der Übersicht 10.9 von 57,71 auf 95,02 ha erhöhen würde (Zeile 9), weil durch die Flächenprämie auf ertragsschwächeren Standorten positive Bodenrenten erzielt werden können mit dem Ergebnis, dass diese Standorte dann auch genutzt würden. Die zusätzliche Nutzung dieser ertragsschwachen Standorte würde zwar dazu führen, dass der im Wirtschaftsraum erzielte Durchschnittsertrag von 5,69 auf 4,20 t/ha sinkt (Zeile 10); wegen der ausgedehnten Flächennutzung würde aber die Gesamtproduktion im Wirtschaftsraum von 328,46 auf 399,01 t ansteigen (Zeile 11).

Dieser Produktionsanstieg würde jedoch Veränderungen, nämlich Absenkungen, des Produktpreises hervorrufen, die je nach dem Wert der Preiselastizität der Nachfrage unterschiedlich hoch wären. Welche Konsequenzen sich im Einzelnen ergeben, zeigen die Iterationen in den Spalten 6 bis 10 der drei Teile der Übersicht 10.9 für elastische (Teil I), proportional elastische (Teil II) und unelastische (Teil III) Werte der Preiselastizität der Nachfrage. Die sich jeweils ab der Spalte 10 stabilisierenden Werte zeigen Folgendes:

(1) Die Einführung einer an die Landbewirtschaftung gekoppelte Flächenprämie bewirkt zunächst unabhängig vom Wert der Preiselastizität der Nachfrage c. p., dass die landwirtschaftlich genutzte Fläche in Richtung auf die zusätzliche Nutzung ertragsschwacher Standorte ausgedehnt wird. Dadurch steigt die insgesamt im Wirtschaftsraum erzeugte Produktmenge an, was bei unveränderter Nachfrage zu Absenkungen des Produktpreises führt.

(2) Im preiselastischen Bereich der Nachfrage (Teil I der Übersicht 10.9) bewirkt die Einführung der Flächenprämie c. p. einen Anstieg der Bodenrente des Agrarsektors, der jedoch geringer ist als die Summe der Transferzahlungen in Form der Flächenprämien. Dadurch ergeben sich bereits im preiselastischen Bereich nur geringe Produzentenrenten und im Vergleich dazu sehr hohe Konsumentenrenten. Bereits bei preiselastischer Nachfrage würden dadurch die Transferzahlungen in den Agrarsektor praktisch ausschließlich den Konsumenten zugute kommen.

(3) Im proportional elastischen Bereich der Nachfrage (Teil II der Übersicht 10.9) bleibt die Bodenrente des Agrarsektors trotz der Prämienzahlungen c. p. konstant, so dass nur die Konsumenten von den Prämien profitieren.

(4) Im preisunelastischen Bereich der Nachfrage (Teil III der Übersicht 10.9) – wie es für Agrarprodukte durchweg der Fall ist – nimmt die Bodenrente des Agrarsektors durch die Transferzahlungen c. p. sogar ab, so dass die Produzentenrente negativ wird. Durch die Transferzahlungen in Form der an die Landbewirtschaftung gebundenen Flächenprämien würden nicht nur die gesamten Transfers, sondern auch noch Teile der bisher im Agrarsektor erzielten Bodenrenten an die Konsumenten durchgereicht.

Diese Übertragung von ursprünglich den Landwirten zugedachten Transferzahlungen an die Konsumenten hängt außer vom Wert der Preiselastizität der Nachfrage auch von der Höhe der Transferzahlungen ab. Bei einem (unelastischen) Wert der Preiselastizität der Nachfrage von $\varepsilon=0{,}8$ ergeben Simulationsrechnungen mit dem Modell der Übersicht 10.9 in Abhängigkeit steigender Flächenprämien von 0,0 auf 300,00 €/ha in Schritten von 50,00 €/ha die in Übersicht 10.10 zahlenmäßig dargestellten Entwicklungen.

Übersicht 10.10:
Entwicklung der wirtschaftlichen Situation des Agrarsektors in Abhängigkeit steigender Transferzahlungen in Form an die Landbewirtschaftung gebundener Flächenprämien bei preisunelastischer Nachfrage nach Agrarprodukten

Z.	Kennzahl	Dimension	Beträge						
1	Flächenprämie	€/ha	0,00	50,00	100,00	150,00	200,00	250,00	300,00
2	Genutzte Fläche	ha	57,71	60,33	63,44	67,24	72,05	78,49	87,90
3	Durchschnittsertrag	t/ha	5,69	5,59	5,46	5,31	5,12	4,86	4,48
4	Produktmenge	t	328,46	337,04	346,53	357,07	368,76	381,49	394,15
5	Produktpreis	€/t	180,00	170,88	161,56	152,00	142,13	131,82	120,87
6	Bodenrente	€	13.389,80	13.303,65	13.211,62	13.112,74	13.006,83	12.895,50	12.788,70
7	Produzentenrente	€	0,00	-86,06	-178,18	-277,06	-382,47	-494,30	-601,10
8	Konsumentenrente	€	0,00	3.127,02	6.571,02	10.332,69	14.412,31	18.808,25	23.510,58
9	Transferzahlung	€	0,00	3.016,50	6.344,00	10.068,00	14.410,00	19.622,50	26.370,00
10	Produktpreis	€/t	180,00	170,88	161,56	152,00	142,13	131,82	120,87
11	Stückprämie[1]	€/t	0,00	8,95	18,31	28,20	39,08	51,45	66,96
12	Stückkosten[1]	€/t	139,27	140,28	141,80	143,53	145,87	149,46	155,46
13	Srückbodenrente[1]	€/t	40,77	39,47	38,13	36,72	35,27	33,80	32,45
14	Bodenrente[1]	€/ha	232,02	220,53	208,26	195,02	180,52	164,29	145,49
15	Landnutzungsintensität[1]	€/ha	792,47	784,15	774,25	762,17	746,87	726,40	696,47

[1] als Durchschnittswerte für die landwirtschaftlich genutzten Flächen des Wirtschaftsraumes

Die Zeile 2 der Übersicht zeigt, dass die genutzte Fläche im Zahlenbeispiel in Abhängigkeit steigender Flächenprämien von 57,71 ha ohne Flächenprämie auf 87,90 ha bei einer Prämie von 300,00 €/ha ansteigt.

Da die genutzte Fläche sukzessive in Richtung auf ertragsschwächere Standorte ausgedehnt wird, sinkt der im Wirtschaftsraum erzielte Durchschnittsertrag von 5,69 auf 4,48 t/ha ab (Zeile 3). Da jedoch die Fläche stärker ausgedehnt wird als der Durchschnittsertrag abnimmt, steigt die im Wirtschaftsraum erzeugte Produktmenge von 328,46 auf 394,15 t an (Zeile 4). Dieser Anstieg bewirkt bei einer Preiselastizität der Nachfrage von $\varepsilon=0,8$, dass der Produktpreis von ursprünglich 180,00 €/t bei einer Flächenprämie von 300,00 €/ha um ca. ein Drittel auf 120,87 €/t zurückgeht (Zeile 5).

Diese Preisentwicklung bleibt nicht ohne Folgen für die sektorale Bodenrente sowie für die Produktions- und die Konsumentenrente. Aus den Zeilen 6 bis 8 der Übersicht 10.10 geht hervor, dass die Bodenrente des Agrarsektors in Abhängigkeit steigender Flächenprämien sukzessive abnimmt und sich daraus zunehmend negative Produzentenrenten ergeben, während gleichzeitig die Konsumentenrenten nachhaltig ansteigen.

Aus einem Vergleich der Werte in den Zeilen 8 und 9 geht jedoch hervor, dass die Transfersumme noch rascher zunimmt als die Konsumentenrente. Ein relativ geringer Teil der Transferzahlungen wird somit nicht an die Konsumenten weitergereicht. Dieser Teil wird zur Abdeckung der steigenden Stückkosten der landwirtschaftlichen Produktion verwendet.

Das wird deutlich, wenn man die Zeilen 10 bis 13 der Übersicht 10.10 betrachtet. In Zeile 13 ist dort die Stückbodenrente aufgeführt. Sie ergibt sich, wenn man dem Produktpreis (Zeile 10) die Stückprämie (als Prämie je t Produkt in Zeile 11) hinzufügt und die Stückkosten (Zeile 12) von dem erhaltenen Wert subtrahiert.

Es zeigt sich, dass die steigende Stückprämie die Abnahme des Produktpreises und die Zunahme der Stückkosten nicht voll kompensieren kann, so dass die Stückbodenrente in Abhängigkeit steigender Flächenprämien sukzessive abnimmt.

Die steigenden Stückkosten bedeuten nun, dass ein Teil der Transferzahlungen und der sektoralen Bodenrente mit zunehmender Flächenprämie nicht an die Konsumenten in Form der Konsumentenrente fließt, sondern zur Beschaffung zusätzlicher Produktionsfaktoren – angezeigt durch die steigenden Stückkosten – verwendet wird.

Schließlich ist darauf hinzuweisen, dass – wie die Zeilen 14 und 15 der Übersicht 10.10 zeigen –, die durchschnittlich auf den genutzten Flächen erzielte Bodenrente, gemessen in €/ha, mit zunehmender Flächenprämie rasch abnimmt und sich die durchschnittlich auf den genutzten Flächen einstellende Landnutzungsintensität, gemessen als Kosten je ha, mit zunehmender Flächenprämie ebenfalls zurückgeht.

Insgesamt lässt sich aus den Zahlen des Modells der Übersicht 10.9 ablesen, dass einkommenspolitische Maßnahmen in Form von an die Bewirtschaftung gebundenen Flächenprämien ihr Ziel verfehlen, weil sie aufgrund der Produktpreissenkungen nicht den Landwirten, sondern den Konsumenten und – zu einem geringeren Teil – auch den Lieferanten der Produktionsfaktoren für die Landwirte zugute kämen.

Diese Form der Flächenprämie würde je nach der Höhe ihres Betrages jedoch zu mehr oder weniger gravierenden Veränderungen des Landnutzungsmusters im Wirtschaftsraum führen. Vergleichsweise ertragsschwache und/oder kostenträchtige natürliche Standorte, die ohne eine Flächenprämie wegen ihrer negativen Bodenrenten nicht genutzt würden, würden durch die Flächenprämie in eine landwirtschaftliche Nutzung überführt und zwar umso stärker und auf umso weniger vorteilhaften natürlichen Standorten, je höher die Flächenprämie ist.

10.7 Wirkungen direkter Einkommensübertragungen in Form von Flächenprämien an die Landwirte in den „von der Natur benachteiligten Gebieten"

Eingangs des vorhergehenden Abschnittes 10.6 wurde darauf hingewiesen, dass die allgemeine Flächenprämie, die die Landwirte in der Europäischen Union derzeit erhalten, so ausgestaltet ist, dass sie keine angebotssteigernde Wirkung entfaltet und deshalb die Produktpreise nicht beeinflusst.

Tatsächlich liegt aber die vorher beschriebene Ausgestaltung der Flächenprämie den Zahlungen an die Landwirte in den „von der Natur benachteiligten Gebieten" zugrunde. Diese Transferzahlungen werden mit dem Ziel an die Landwirte gewährt, dass sie in den von der Natur benachteiligten Gebieten die Landbewirtschaftung aufrechterhalten. Die Prämien verhindern somit das Brachfallen, weil die Standorte durch die Prämien wieder mit positiven Bodenrenten genutzt werden können. Die Bewirtschaftung dieser Flächen führt aber zu zusätzlichen Produktmengen, d. h. zu Angebotsausdehnungen, die c. p. auf das Niveau der Produktpreise drücken und damit prinzipiell die Konsequenzen zeitigen, die im vorhergehenden Abschnitt anhand des Zahlenbeispiels mit den Übersichten 10.9 und 10.10 dargestellt wurden. Das Produktpreisniveau sinkt, wodurch sich bei der preisunelastischen Nachfrage nach Agrarprodukten die sektorale Bodenrente vermindert und die Transferzahlungen zum großen Teil den Konsumenten und zum kleinen Teil den Vorlieferanten für Produktionsfaktoren zugute kommen. Die Transferzahlungen an die Landwirte in den von der Natur benachteiligten Gebieten sichern zwar die Landnutzung in diesen Regionen, sie schmälern aber die Bodenrenten aller Landwirte und insbesondere auch derjenigen, die außerhalb der von der Natur benachteiligten Gebiete tätig sind.

Dieser Sachverhalt trifft insbesondere auf die Milch erzeugenden Landwirte zu. Da die von der Natur benachteiligten Gebiete – vornehmlich in Mittelgebirgen liegend – vornehmlich für die

Rindviehhaltung zur Milcherzeugung auf der Grundlage von Dauergrünland genutzt werden, drücken die dort infolge der Prämienzahlungen zusätzlich anfallenden Milchmengen auf den Milchpreis, was bekanntlich immer wieder zu Protesten der betroffenen Milcherzeuger Anlass gibt.

10.8 Wirkungen finanzieller Anreize für die Umsetzung bestimmter Wirtschaftsweisen

Die Europäische Union setzt gegenwärtig bestimmte finanzielle Anreize in Form von zusätzlichen Flächenprämien für eine Umstellung der Wirtschaftsweise auf den sog. Ökologischen Landbau ein. Diese Wirtschaftsweise ist generell dadurch gekennzeichnet, dass dabei keine Mineraldüngemittel und – außer einigen einfachen Molekülen wie etwa Kupfer- und Schwefelverbindungen – keine chemischen Pflanzenschutzmittel eingesetzt werden dürfen. Das hat zur Folge, dass die Erträge der pflanzlichen Produkte im ökologischen Landbau deutlich unter denjenigen liegen, die im konventionellen Landbau erzielt werden. Übersicht 10.11 zeigt auf der Grundlage von Daten des Testbetriebsnetzes für den Agrarbericht der Bundesrepublik Deutschland in den Spalten 2 und 3 die Erträge wichtiger Ackerfrüchte, die in den konventionellen und den ökologischen Haupterwerbsbetrieben in Deutschland im Durchschnitt der Wirtschaftsjahre 2010/11 bis 2012/13 erzielt wurden. Aus Spalte 4 geht hervor, dass die Erträge im ökologischen Landbau mit Ausnahme der Zuckerrüben bei etwa der Hälfte der Erträge liegen, die im konventionellen Landbau erzielt werden.

Da jedoch – wie die Spalten 5 bis 7 der Übersicht 10.11 zeigten – die Erzeugerpreise im ökologischen Landbau zwischen 21 und 238 % über denjenigen des konventionellen Landbaus liegen, kann der ökologische Landbau ebenfalls mit durchaus positiven Bodenrenten betrieben werden.

Die relativ geringen Erträge im ökologischen Landbau verursachen eine besondere Problematik für den Betriebsfaktor Humusausgleich. Da der Humusabbau praktisch unabhängig vom Ertragsniveau erfolgt, die Höhe der Nachlieferung an organischer Substanz durch Erntenebenprodukte (Stroh, Blatt, etc.) aber vom Ertragsniveau abhängt, kann – anders als im konventionellen Landbau – die Humusversorgung nicht allein durch Erntenebenprodukte sichergestellt werden. Dafür wird die zusätzliche Erzeugung von organischer Substanz durch Gründüngung und bestimmte Futterpflanzen benötigt.

Überdies bereitet der Nährstoffausgleich im ökologischen Landbau vergleichsweise gravierende Probleme. Stickstoff kann hier nicht über Mineraldüngermittel, sondern muss durch Leguminosen und/oder durch eine organischen Düngermittel erzeugende Viehhaltung bereitge-

Übersicht 10.11:
Naturalerträge und Erzeugerpreise wichtiger Agrarprodukte im konventionellen und ökologischen Landbau

	Landnutzungs-verfahren	Erträge in t/ha		Relativertrag in %[1]	Erzeugerpreise in €/t		Relativpreis in %[2]
		Konventioneller Landbau	ökologischer Landbau		Konventioneller Landbau	ökologischer Landbau	
Z/S	1	2	3	4	5	6	7
1	Weizen	7,06	3,46	49,01	203,10	376,17	185,21
2	Gerste	6,16	3,41	55,36	183,70	317,63	172,91
3	Raps	3,54	1,79	50,56	406,27	492,20	121,15
4	Kartoffeln	40,30	21,14	52,46	122,53	414,07	337,93
5	Zuckerrüben	70,37	59,00	83,84	44,27	95,07	214,75

[1] Erträge im ökologischen Landbau in % der Erträge im konventionellen Landbau; [2] Erzeugerpreise im ökologischen Landbau in % der Erzeugerpreise im konventionellen Landbau; Quelle: n. Daten des Testbetriebsnetzes des Agrarberichts der Bundesrepublik Deutschland für die Haupterwerbsbetriebe im konventionellen und ökologischen Landbau

stellt werden. Da eine ganze Reihe von Pflanzenschädlingen und Pflanzenkrankheiten nicht wie im konventionellen Landbau mittels chemischer Pflanzenschutzmittel bekämpft werden kann, spielt schließlich auch der Betriebsfaktor des Schädigungsausgleichs eine besonders wichtige Rolle im ökologischen Landbau.

Insgesamt lässt sich aus diesen Gegebenheiten folgern, dass der relativ starke Zwang zum Humus-, Nährstoff- und Schädigungsausgleich im ökologischen Landbau dazu führt, dass der ökologische im Vergleich zum konventionellen Landbau im Allgemeinen wesentlich vielseitigere Landnutzungsprogramme aufweist.

Anhaltspunkte für die Landnutzungsintensität des ökologischen Landbaus im Vergleich zum konventionellen Landbau lassen sich aus Daten des KTBL für die Landnutzungsverfahren des ökologischen Landbaus gewinnen. In Übersicht 10.12 sind die flächenabhängigen und die ertragsabhängigen Kosten für fünf der bisher stets betrachteten Landnutzungsverfahren – berechnet auf der Grundlage von KTBL-Daten – dargestellt. Die Werte für den konventionellen Landbau wurden aus der Übersicht 4.3 übernommen. Dort wurden die flächen- und ertragsabhängigen Kosten mittels Einfachregression als Abschnitt (= flächenabhängige Kosten je ha LF) und Steigung (= ertragsabhängige Kosten je t Produkt) bestimmt. Auf die gleiche Weise wurden die Werte für den ökologischen Landbau aus Datensätzen des KTBL für ökologische Landnutzungsverfahren ermittelt.

Aus den Spalten 3 bis 5 sowie 7 bis 9 der Übersicht 10.12 geht dann hervor, dass die flächenabhängigen Kosten im ökologischen Landbau – vornehmlich wegen des höheren vorwiegend flächenabhängigen Arbeitseinsatzes – diejenigen des konventionellen Landbaus bei den fünf aufgeführten Landnutzungsverfahren durchweg deutlich übertreffen. Umgekehrt sind die ertragsabhängigen Kosten – vornehmlich wegen des höheren Nährstoff- und Pflanzenschutzeinsatzes – im konventionellen Landbau durchweg deutlich höher als im ökologischen Landbau.

Zur Berechnung der Gesamtkosten als Maß für die Landnutzungsintensität wurden die in den Spalten 2 und 6 der Übersicht 10.12 aufgeführten Erträge aus der vorhergehenden Übersicht 10.11 übernommen. Die in den Spalten 5 und 9 der Übersicht 10.12 aufgeführten Landnutzungsintensitäten errechnen sich dann als Summe aus den flächenabhängigen Kosten und den mathematischen Produkten aus den Erträgen und den ertragsabhängigen Kostensätzen.

Die Werte für die Landnutzungsintensitäten zeigen ein uneinheitliches Bild. Während bei den Intensivblattfrüchten Kartoffeln und Zuckerrüben die Landnutzungsintensität des ökologischen Landbaus diejenige des konventionellen Landbaus deutlich übersteigt, ist es bei den Mähdruschfrüchten Raps, Weizen und Gerste umgekehrt. Grosso modo lässt sich jedoch festhalten, dass sich die Landnutzungsintensitäten im konventionellen und im ökologischen Landbau nicht gravierend unterscheiden.

Übersicht 10.12:
Flächen- und ertragsabhängige Kosten sowie Landnutzungsintensitäten im konventionellen und ökologischen Landbau

	Landnutzungs-verfahren	Konventioneller Landbau				Ökologischer Landbau			
		Erträge in t/ha	Flächenabhängige Kosten in €/ha	Ertragsabhängige Kosten in €/t	Landnutzungsintensität (Kosten) in €/ha	Erträge in t/ha	Flächenabhängige Kosten in €/ha	Ertragsabhängige Kosten in €/t	Landnutzungsintensität (Kosten) in €/ha
Z/S	1	2	3	4	5	6	7	8	9
1	Speisekartoffeln	40,30	1460,92	50,22	3484,89	21,14	4195,37	45,69	5161,31
2	Zuckerrüben	70,37	405,50	14,51	1426,89	59,00	2028,17	5,19	2334,36
3	Winterraps	3,54	261,60	167,21	853,53	1,79	488,99	74,11	621,64
4	Winterweizen	7,06	340,05	79,49	901,24	3,46	665,21	27,27	759,57
5	Sommergerste	6,16	354,20	68,61	776,87	3,41	464,86	45,55	620,20

Quellen: Erträge übernommen aus Übersicht 10.11, Datenquelle s. dort; Kosten n. nach Daten von KTBL-Online, Kalkulationsdaten, Stand 2013 berechnet

10.9 Wirkungen von Flurneuordnungen durch die Öffentliche Hand

Flurneuordnungen durch die Öffentliche Hand werden vorrangig in Gebieten mit zersplitterten Feldfluren durchgeführt. In diesen Gebieten finden sich relativ kleine Schlaggrößen. Die Schläge eines Betriebes liegen in Streulage und sind relativ weit vom Hof entfernt. Mit Flurneuordnungsmaßnahmen sollen deshalb Verbesserungen der Werte der strukturellen Standortfaktoren „Hof-Feld-Entfernung" und „Feldstückstrukturen (Schlaggröße)," erreicht werden.

Die generellen Wirkungen unterschiedlicher Hof-Feld-Entfernungen und Schlaggrößen wurden bereits im 7. Kapitel (Abschnitt 7.2) abgeleitet. Als Ergänzung sollen die Wirkungen von Flurneuordnungen nachfolgend anhand eines konkreten Beispiels gezeigt werden:

In der Ausgangssituation möge eine landwirtschaftlich geprägte Gemarkung durch eine extrem ungünstige Struktur mit Schlaggrößen von 1 ha und mittleren Hof-Feld-Entfernungen von 5 km gekennzeichnet sein. Ein Flurneuordnungsplan habe ergeben, dass durch Arrondierungen der Nutzflächen um die einzelnen Betriebe bei gleichzeitigen Schlagvergrößerungen die mittlere Hof-Feld-Entfernung von 5 auf 1 km gesenkt und die Schlaggrößen von 1 auf 5 ha erhöht werden können.

Für die beiden Situationen vor und nach der Flurneuordnung sollen nun mit dem betrieblichen Optimierungsmodell das optimale Landnutzungsprogramm sowie die zugehörigen Kennzahlen zur Vielseitigkeit des Landnutzungsprogramms, zur Landnutzungsintensität und zur Bodenrente bestimmt werden. Um diese Rechnung durchführen zu können, müssen die Kosten der Landnutzungsverfahren für beide Situationen bestimmt und dann in ihre ertrags- und flächenabhängigen Bestandteile zerlegt werden.

Das Kuratorium für Technik und Bauwesen in der Landwirtschaft (KTBL) gibt die Kosten für beide Situationen an. Übersicht 10.13 zeigt für die Situation vor und nach der Flurneuordnung am Beispiel des Winterweizens die Leistungen, die Kosten und die Bodenrente für drei unterschiedliche Ertragsniveaus. Aus diesen Angaben können – wie bereits mit Übersicht 4.3 im Einzelnen erläutert – mittels Einfachregression die Kosten in ihre flächen- und ertragsabhängigen Bestandteile zerlegt werden. Die drei rechten Spalten zur Statistik in Übersicht 10.13 zeigen mit den „Abschnitten" die flächenabhängigen Kosten je ha LF und mit den „Steigungen" die ertragsabhängigen Kosten je t Produkt.

Führt man sodann für sämtliche der im betrieblichen Optimierungsmodell enthaltenen Landnutzungsverfahren die am Beispiel der Übersicht 10.13 gezeigte Rechnung durch und setzt dann die erhaltenen Werte in die Zeilen 13 bis 16 des betrieblichen Optimierungsmodells (in der ursprünglichen Fassung der Übersicht 4.1) ein, dann ergibt sich für die Situation vor der Flurneuordnung das Optimum im Bild der Übersicht 10.14.

Berechnet man nun mit dem Optimierungsmodell und den Kostensätzen nach der Flurneuordnung das dann zutreffende Optimum, lässt sich ein Wirtschaftlichkeitsvergleich für die Situation vor und nach der Flurneuordnung durchführen.

Übersicht 10.15 zeigt dann die Ergebnisse für die Ausgangssituation „Schlaggröße 1 ha, Hof-Feld-Entfernung 5 km" und für die Situation nach der Flurneuordnung „Schlaggröße 5 ha, Hof-Feld-Entfernung 1 km".

Im vorliegenden Zahlenbeispiel bestünde das Landnutzungsprogramm in beiden Situationen aus den fünf Landnutzungsverfahren „Winterraps", „Winterweizen", „Sommergerste", „Körnermais" und „Silomais". Die Landnutzungsprogramme vor und nach der Flurneuordnung unterscheiden sich nur geringfügig, die Flächenanteile der Landnutzungsverfahren weichen nur wenig voneinander ab. Das hat zur Folge, dass sich auch der Grad der Vielseitigkeit der Landnutzungsprogramme – ausgedrückt durch den HERFINDAHL-Index (vgl. Zeile 7 der

Übersicht 10.13:
Ertrags- und flächenabhängige Kosten des Landnutzungsverfahrens Winterweizen bei unterschiedlichen Schlaggrößen und Hof-Feld-Entfernungen

I. Schlaggröße: 1 ha; Mittlere Hof-Feld-Entfernung: 5 km; Landnutzungsverfahren: Winterweizen

Bezeichnung	Dimension	Ertragsniveau			Statistik		
		Niedrig	Mittel	Hoch	Abschnitt	Steigung	R²
Ertrag	t/ha	5,92	7,89	9,86	***	***	***
Produktpreis	€/t	180,00	180,00	180,00	***	***	***
Leistung	€/ha	1.065,60	1.420,20	1.774,80	0,0000	180,0000	1,0000
Arbeitskosten	€/ha	168,45	173,40	186,15	140,5551	4,4924	0,9392
Sachkosten	€/ha	975,17	1.177,05	1.358,80	402,1063	97,3680	0,9991
Kosten	€/ha	1.143,62	1.350,45	1.544,95	542,6614	101,8604	0,9997
Bodenrente	€/ha	-78,02	69,75	229,85	-542,6614	78,1396	***

II. Schlaggröße: 5 ha; Mittlere Hof-Feld-Entfernung: 1 km; Landnutzungsverfahren: Winterweizen

Bezeichnung	Dimension	Ertragsniveau			Statistik		
		Niedrig	Mittel	Hoch	Abschnitt	Steigung	R²
Ertrag	t/ha	5,92	7,89	9,86	***	***	***
Produktpreis	€/t	180,00	180,00	180,00	***	***	***
Leistung	€/ha	1.065,60	1.420,20	1.774,80	0,0000	180,0000	1,0000
Arbeitskosten	€/ha	95,85	100,80	111,30	71,7108	3,9213	0,9588
Sachkosten	€/ha	847,25	1.036,24	1.215,35	295,8124	93,4264	0,9998
Kosten	€/ha	943,10	1.137,04	1.326,65	367,5232	97,3477	1,0000
Bodenrente	€/ha	122,50	283,16	448,15	-367,5232	82,6523	***

Quelle: n. Daten von KTBL-Online, Kalkulationsdaten, Stand April 2014, berechnet. Spezifikationen: Konventioneller Anbau; wendende, gezogene Bodenbearbeitung, Mechanisierung mit 102 kw-Schlepper als Leitmaschine

Übersicht 10.15) – vor und nach der Flurneuordnung mit Werten von 0,28 bzw. 0,27 kaum verändert. Durchaus gravierende Veränderungen aufgrund der unterschiedlichen Kosten für die beiden Situationen ergeben sich jedoch für die Landnutzungsintensität und die Bodenrente. Die Landnutzungsintensität nimmt im Zahlenbeispiel um 181,84 €/ha oder 11,2 % von 1.621,57 €/ha vor der Flurneuordnung auf 1.439,73 €/ha nach der Flurneuordnung ab. Umgekehrt steigt die Bodenrente um 175,92 €/ha oder 39,4 % von 445,44 €/ha vor der Flurneuordnung auf 620,92 €/ha nach der Flurneuordnung.

Die Änderung der Bodenrente liefert auch eine Aussage zur Wirtschaftlichkeit von Flurneuordnungen. Da die Flurneuordnung beträchtliche Kosten verursacht, wäre sie nur dann wirtschaftlich vertretbar, wenn sich diese Kosten – in Form der investierten Geldsumme – mit einem bestimmten Zinssatz rentieren würde. Geht man davon aus, dass die Flurneuordnung zu einem quasi „ewigen" Wirtschaftlichkeitsvorteil führt, dann lässt sich mittels des Ausdrucks für die ewige Rente und die Annahme einer bestimmten Mindestverzinsung ermitteln, wie hoch die Kosten der Flurneuordnung als deren Kapitalwert höchstens sein dürften. Der Ausdruck zur Bestimmung des Kapitalwertes einer ewigen Rente lautet:

$$(10.4) \qquad Kw = \frac{\Delta BR}{i}$$

Darin sind:

Kw	=	Kapitalwert = Kosten der Flurneuordnung in Form der je ha Neuordnungsfläche aufzuwendenden Geldsumme;
ΔBR	=	Differenz der vor und nach der Flurneuordnung erzielbaren Bodenrente, gemessen in €/ha Neuordnungsfläche;
i	=	Zinssatz (in %/100), mit dem sich die Geldsumme für die Flurneuordnung mindestens verzinsen soll.

Übersicht 10.14:

Das mathematische Optimierungsmodell eines Ackerbaubetriebes zur Bestimmung des Landnutzungsprogramms, der Landnutzungsintensität und der betrieblichen Bodenrente unter Berücksichtigung der Betriebsfaktoren zur Einhaltung einer nachhaltigen Wirtschaftsweise bei 1 ha Schlaggröße und 5 km Hof-Feld-Entfernung

Z.	Aktivitäten: / Bezeichnung:	Symbol	Speisekartoffeln x_1	Zuckerrüben x_2	Winterraps x_3	Winterweizen x_4	Sommergerste x_5	Körnermais x_6	Silomais[8] x_7			
I Bestimmung des Ertrages nach Maßgabe der Schädigungswirkung												
1	Maximalertrag[2] [t/ha]	ymax	60,50	77,00	4,75	10,85	7,60	12,54	58,08		Depressions-anpassungs-faktor [df] (0,7 bis 1,3)	
2	Normertragsdepression[3] (0-1)	ned	0,5000	0,5000	0,5000	0,2500	0,2500	0,1250	0,1250			
3	Angep. Ertragsdepression[3]	ed	0,5000	0,5000	0,5000	0,2500	0,2500	0,1250	0,1250			
4	Minimalertrag[3] [dt/ha]	ymin	30,25	38,50	2,38	8,14	5,70	10,97	50,82			
5	Ertrag [t/ha]	y	60,50	77,00	4,41	10,29	7,59	11,93	56,19		1,00	
II Bestimmung der Humuslieferung												
6	Normhumusabbau [kg C/ha]	nhac	1000,0	1300,0	400,0	400,0	400,0	800,0	800,0		Humusabbau-anpassungs-faktor [haf] (-0,3 bis +0,3)	
7	Angep. Humusabbau [kg C/ha]	hac	1000,0	1300,0	400,0	400,0	400,0	800,0	800,0			
8	Haupt-:Nebenertrag-Verhältnis	hnv	0,0	0,7	1,7	0,8	0,7	1,0	0,8			
9	Humusgehalt [kg C/t-Ertrag]	hgnc	0,0	8,0	70,0	70,0	70,0	70,0	12,0			
10	Humuslieferung [kg C/ha]	hlc	0,0	431,2	525,0	576,3	372,0	835,2	539,5			
11	Humusbilanz [kg C/ha]	hbc	1000,0	868,8	-125,0	-176,3	28,0	-35,2	260,5		0,00	
III Bestimmung der Bodenrente												
12	Produktpreis [€/t]	py	100,00	35,00	380,00	180,00	220,00	185,00	40,00		Produktions-risikoscheu-faktor [prf] (0 bis 0,6)	
13	Ertragsabh. Sachkosten [€/t]	MKVS	60,86	15,79	194,76	97,37	88,18	84,79	15,37			
14	Ertragsabh. Arbeitskosten [€/t]	MKVA	4,2525	0,7425	9,7545	4,4924	2,9654	3,6662	3,6648			
15	Flächenabh. Sachkosten [€/ha]	KVFS	1624,59	402,18	336,37	402,11	417,67	563,72	462,93			
16	Flächenabh. Arbeitskosten [€/ha]	KVFA	230,79	71,90	111,01	140,56	135,72	116,78	97,55			
17	Bodenrente [€/ha]	BR	255,61	947,76	326,78	261,55	424,93	471,38	617,83		0,30	
IV Bestimmung des Risikonutzens												
18	Standardabweichung Ertrag[1]	sap	0,2294	0,0770	0,1497	0,0753	0,1144	0,0873	0,0796		Marktrisiko-scheu-faktor [mrf] (0 bis 0,6)	
19	Standardabweichung Preis[1]	sam	0,2720	0,0545	0,2497	0,3140	0,3123	0,2726	0,0488			
20	Ertragsrisikoprämie [€/ha]	RPP	416,36	62,25	75,29	41,85	57,32	57,81	53,68			
21	Preisrisikoprämie [€/ha]	RPM	493,68	44,06	125,58	174,51	156,49	180,52	32,91			
22	Risikonutzen [€/ha]	RN	-654,43	841,44	125,92	45,19	211,12	233,05	531,24		0,30	
V Matrix der Begrenzungen											Verfügbar	Genutzt
23	Ackerfläche [ha]		1,0	1,0	1,0	1,0	1,0	1,0	1,0	<=	250,00	250,00
24	Humusbilanz [kg C/ha]		1000,0	868,8	-125,0	-176,3	28,0	-35,2	260,5	<=	0,00	0,00
25	Zielfunktion=Anbauumfänge [ha]		0,00	0,00	35,63	51,43	1,02	97,01	64,91		64.116,99	< RNB[5]
VI Ergebnisse												
26	Ackerflächenanteil [%]		0,00	0,00	14,25	20,57	0,41	38,80	25,97			
27	Ertrag [t/ha]		60,50	77,00	4,41	10,29	7,59	11,93	56,19		Betrieb	
28	Bodenrente dse Betriebes [€]										111.359,41	< BRB
29	Bodenrente [€/ha]		255,61	947,76	326,78	261,55	424,93	471,38	617,83		445,44	< MBR[6]
30	Kosten des Betriebes [€]										405.392,53	< K
31	Kosten[4] [€/ha]		5794,39	1747,24	1349,59	1591,00	1245,37	1736,00	1629,97		1.621,57	< MK[7]
32	Herfindahl-Index:					0,28						

[1]) bezogen auf Mittelwert = 1; [2]) bei minimalem Nutzflächenanteil; [3]) bei Monokultur; [4]) als spezielle Intensitäten derLandnutzung; [5]) Risikonutzen des Betriebes; [6]) Durchschnittliche Bodenrente je ha Ackerfläche; [7]) als Landnutzungsintensität des Betriebes; [8]) Die Humuslieferung von Silomais ergibt sich wie folgt: 1 t Silomais wird hier mit 32% TM angenommen, d. h. 1 t Silomais enthält 320 kg TM. Im Gärprozess werden in der Biogasanlage 75% der Trockenmasse abgebaut (in CH_4 und CO_2). In der Substratgülle verbleiben also 80 kg TM je t Silomais. Bei einem Trockenmassegehalt von 10 % in der Substratgülle führen die 80 kg TM zu 0,8 t Substratgülle je t Silomais. Der in Zeile 8 angegebene Faktor 0,8 ist also das Haupt-:Nebenertrag-Verhältnis von Silomais, wobei hier der Nebenertrag die Substratgülle ist. Der in Zeile 9 angegebene Humusgehalt [kg C/t-Ertrag] von 12 sagt also, dass eine 10 % TS enthaltene Substratgülle 12 kg Humus-C je t Substratgülle enthält.

Im vorliegenden Beispiel beträgt die Bodenrentendifferenz ΔBR = 175,92 €/ha. Bei Annahme eines langfristig gültigen Zinssatzes von i = 0,06 (entsprechend 6 %) ergeben sich maximale Kosten für die Flurneuordnung in Höhe von K = 2.932,00 €/ha. Der Betrag schwankt selbstverständlich mit dem angenommenen Zinssatz. Wie sich aus der Gleichung (10.4) unmittelbar ablesen lässt, steigen/sinken die maximal möglichen Flurneuordnungskosten mit sinkendem/steigendem Zinssatz.

Übersicht 10.15:
Wirkungen von Flurneuordnungen auf das Landnutzungsprogramm, die Landnutzungsintensität und die Bodenrente

Z.	Bezeichnung	Dimension	Schlaggröße: 1 ha Hof-Feld-Entfernung: 5 km	Schlaggröße: 5 ha Hof-Feld-Entfernung: 1 km
1	Winterraps	% der LF	14,25	12,68
2	Winterweizen	% der LF	20,57	19,24
3	Sommergerste	% der LF	0,41	4,43
4	Körnermais	% der LF	38,80	39,39
5	Silomais	% der LF	25,97	24,26
6	Summe	% der LF	100,00	100,00
7	Herfindahl-Index		0,28	0,27
8	Landnutzungsintensität	€/ha	1.621,57	1.439,73
9	Bodenrente	€/ha	445,44	620,92

Würde nun die Öffentliche Hand sämtliche Kosten der Flurneuordnung tragen, dann würde sich aus deren Sicht die Flurneuordnung nur dann wirtschaftlich „lohnen", wenn sich für sie die investierte Summe mit dem angenommenen Zinssatz tatsächlich verzinst, wenn also z. B. die Landwirte diese Zinsen jährlich in Form zusätzlicher Einkommenssteuern abführen würden.

Da Flurneuordnungsverfahren gegenwärtig außer dem Hauptziel der gestiegenen Wirtschaftlichkeit der Agrarproduktion noch zahlreichen Nebenzielen – vornehmlich für den Ressourcen- und Landschaftsschutz – dienen, ist die genannte Rentabilitätsschwelle in vielen Fällen nicht gegeben. Für das öffentliche Gut des verbesserten Ressourcen- und Landschaftsschutzes verzichtet die Öffentliche Hand häufig auf eine hinreichende Verzinsung von Flurneuordnungsmaßnahmen.

Zusammenfassend lässt sich – das Zahlenbeispiel vorsichtig verallgemeinernd – festhalten, dass staatlich geförderte Flurneuordnungen in den betroffenen Gemarkungen zu tendenziell steigenden Bodenrenten führen, wohingegen der Grad der Vielseitigkeit der betrieblichen Landnutzungsprogramme kaum beeinflusst wird.

10.10   Wirkungen zunehmend intensiver Fachausbildung und -beratung eines wachsenden Anteils der Landwirte

In den meisten Staaten sorgen die Öffentlichen Hände für die Fachausbildung und die Beratung der Landwirte. Zunehmend intensivere Ausbildungen und Beratungen steigern die fachliche Befähigung der Landwirte. Sie wirtschaften damit effizienter und nutzen ihre Ressourcen vollkommener.

Aus der empirischen Analyse im 9. Kapitel (Abschnitt 9.4) ging hervor, dass die fachlich am stärksten befähigten Landwirte c. p. etwa um 10 % höhere Erträge und etwa um 20 % geringere Kosten erreichen als der Durchschnitt ihrer Fachkollegen. Umgekehrt wirtschaften die fachlich am geringsten befähigten Landwirte c. p. mit etwa um 10 % niedrigeren Erträgen und um etwa 20 % höheren Kosten als der Durchschnitt ihrer Fachkollegen.

Daraus kann geschlossen werden, dass eine sukzessive intensivere Fachausbildung und -beratung für eine zunehmende Zahl von Landwirten in einem Wirtschaftsraum zu steigenden Erträgen und sinkenden Produktionskosten für die Landwirtschaft in diesem Raum führen wird. Aufgrund der vorher genannten Zahlen kann man zusätzlich davon ausgehen, dass die Kosten im Verlaufe dieser Entwicklung prozentual etwa doppelt so rasch sinken wie die Erträge steigen. Damit würden z. B. bei Ertragssteigerungen um 10 % die Kosten um 20 % abnehmen.

Welche Wirkungen derart verursachte Ertragssteigerungen und Kostensenkungen auf die Landnutzungsprogramme, die Landnutzungsintensität und die Bodenrenten in einem Wirtschaftsraum ausüben können, kann prinzipiell mit dem betrieblichen Optimierungsmodell in der Fassung der Übersicht 9.3 gezeigt werden. Das Modell ist in der Übersicht 10.16 – zur Wiederholung – dargestellt. Zur Vereinfachung wird für die Modellanalyse von einem natürlichen Standort ausgegangen, der in der Ausgangssituation, d. h. vor den Wirkungen zunehmender Fachausbildung und -beratung, durch die in Zeile 2 aufgeführten Maximalerträge gekennzeichnet ist. Des Weiteren wird für die Ausgangssituation von einem Stand der Technologie und Werten der strukturellen Standortfaktoren ausgegangen, die sich konkret in den Ankerwerten für die Kosten in den Zeilen 16, 17, 20 und 21 der Übersicht 10.16 äußern. Schließlich wird zunächst angenommen, dass das Preisgerüst der Produktion vom Stand der fachlichen Befähigung der Landwirte unbeeinflusst bleibt.

Konkret ist mit der Übersicht 10.16 die Ausgangssituation – wie gesagt – ohne die Wirkungen zusätzlicher Fachausbildungen und -beratungen dargestellt. Der oben rechts angegebene Ertragsfaktor („E-Faktor"), mit dem steigende Erträge simuliert werden können, hat deshalb den Wert ef = 1,00. Der in der rechten Spalte des Modells weiter unten ebenfalls aufgeführte Kostenanpassungsfaktor, mit dem sinkende Kosten simuliert werden können, hat deshalb in der Ausgangssituation ebenfalls den Wert kaf = 1,00.

Zunehmende fachliche Befähigungen der Landwirte, verursacht durch zunehmende Fachausbildung und -beratung einer wachsenden Zahl von Landwirten, wird formal dadurch im Modell abgebildet, dass der Wert des Ertragsfaktors schrittweise erhöht und der Wert des Kostenanpassungsfaktors gleichzeitig schrittweise abgesenkt wird. Steigert man z. B. den Wert des Ertragsfaktors in Schritten von 0,025 von 1,000 auf 1,200 und senkt man gleichzeitig den Wert des Kostenanpassungsfaktors um (absolut) doppelte Beträge in Schritten von 0,05 von 1,00 auf 0,6, dann ergibt sich für die Entwicklung des Landnutzungsprogramms das Bild der Übersicht 10.17.

Aus der Übersicht 10.17 geht hervor, dass das Landnutzungsprogramm mit zunehmender fachlicher Befähigung der Landwirte in Richtung auf höhere Flächenanteile von Landnutzungsverfahren mit relativ hohen speziellen Intensitäten zu Lasten von Landnutzungsverfahren mit relativ geringen speziellen Intensitäten verändert wird. Der Flächenanteil für die Intensivblattfrüchte Zuckerrüben und Speisekartoffeln nimmt zu, umgekehrt wird der relativ extensive Braugerstenanbau zunächst eingeschränkt und schließlich aufgegeben. Dadurch verändert sich die Anzahl der angebauten Früchte mit dem Ergebnis, dass die Vielseitigkeit des Landnutzungsprogramms abnimmt. Der HERFINDAHL-Index – angegeben im Fuß der Übersicht 10.17 – steigt von 0,22 auf 0,33.

Die Veränderungen des Landnutzungsprogramms in Richtung auf relativ intensive Landnutzungsverfahren in Kombination mit den steigenden Erträgen und den sinkenden Kosten wirken sich selbstverständlich auch auf die Entwicklung der Landnutzungsintensität in und der Bodenrente aus. Übersicht 10.18 zeigt, dass die Landnutzungsintensität in dem Fallbeispiel von 1.256,00 auf 1.650,00 €/ha um ca. 31 % ansteigt, gleichzeitig nimmt die Bodenrente sogar von 750,00 auf 1.807,00 €/ha um ca. 141 % zu.

Übersicht 10.16:
Das mathematische Optimierungsmodell eines Ackerbaubetriebes zur Simulation der Auswirkungen zunehmend intensiver Fachausbildung und -beratung eines wachsenden Anteils der Landwirte eines Wirtschaftsraumes auf die Landnutzungsprogramme, die Landnutzungsintensität und die Bodenrente unter Berücksichtigung der Betriebsfaktoren zur Einhaltung einer nachhaltigen Wirtschaftsweise

Z.	Aktivitäten: Bezeichnung:	Symbol	Speise-kartoffeln x_1	Zucker-rüben x_2	Winter-raps x_3	Winter-weizen x_4	Sommer-gerste x_5	Körner-mais x_6	Silo-mais x_7		
I Bestimmung des Ertragsniveaus											
1	Ankerwert des Ertrages[1] [t/ha]	yank	60,500	77,000	4,750	10,850	7,600	12,540	58,080	E-Faktor[2] [ef]	
2	Maximalertrag[3] [t/ha]	ymax	60,500	77,000	4,750	10,850	7,600	12,540	58,080	1,00	
II Bestimmung des Ertrages nach Maßgabe der Schädigungswirkung											
3	Maximalertrag [t/ha]	ymax	60,500	77,000	4,750	10,850	7,600	12,540	58,080	Depressions-anpassungs-faktor [df] (0,7 bis 1,3)	
4	Normertragsdepression (0-1)	ned	0,5000	0,5000	0,5000	0,2500	0,2500	0,1250	0,1250		
5	Angepasste Ertragsdepression	ed	0,5000	0,5000	0,5000	0,2500	0,2500	0,1250	0,1250		
6	Minimalertrag[4] [dt/ha]	ymin	30,25	38,50	2,38	8,14	5,70	10,97	50,82		
7	Ertrag [t/ha]	y	60,50	75,37	4,46	10,17	7,35	12,01	57,22	1,00	
III Bestimmung der Humuslieferung											
8	Ankerwert d. Humusabbaus [kg C/ha]	nhac	1000,0	1300,0	400,0	400,0	400,0	800,0	800,0	Humus-abbau-anpassungs-faktor [haf] (-0,3 bis +0,3)	
9	Ertragsabh. Humusabbau [kg C/ha]	ehac	1000,0	1300,0	400,0	400,0	400,0	800,0	800,0		
10	Angepasster Humusabbau [kg C/ha]	hac	1000,0	1300,0	400,0	400,0	400,0	800,0	800,0		
11	Haupt-:Nebenertrag-Verhältnis	hnv	0,0	0,7	1,7	0,8	0,7	1,0	0,8		
12	Humusgehalt [kg C/t-Ertrag]	hgnc	0,0	8,0	70,0	70,0	70,0	70,0	12,0		
13	Humuslieferung [kg C/ha]	hlc	0,0	422,1	530,6	569,7	360,2	840,9	549,3		
14	Humusbilanz [kg C/ha]	hbc	1000,0	877,9	-130,6	-169,7	39,8	-40,9	250,7	0,00	
IV Bestimmung der Bodenrente											
15	Produktpreis [€/t]	py	100,00	35,00	380,00	180,00	220,00	185,00	40,00	Kosten-anpassungs-faktor [kaf] (1,2 bis 0,8)	
16	AW[10] Ertragsabh. Sachkosten [€/t]	MKVSa	46,57	13,95	159,80	75,57	65,50	77,20	15,37		
17	AW Ertragsabh. Arbeitskosten [€/t]	MKVAa	3,6525	0,5625	7,4104	3,9213	3,1169	3,8935	2,3011		
18	Ertragsabh. Sachkosten [€/t]	MKVS	46,5700	13,9520	159,7991	75,5685	65,4971	77,1975	15,3670		
19	Ertragsabh. Arbeitskosten [€/t]	MKVA	3,6525	0,5625	7,4104	3,9213	3,1169	3,8935	2,3011	1,00	
20	AW Flächenabh. Sachkosten [€/ha]	KVFSa	1317,86	364,1	203,42	269,58	286,43	414,12	462,93	Produktions-risikoscheu-faktor [prf] (0 bis 0,6)	
21	AW Flächenabh. Arbeitskosten [€/ha]	KVFAa	143,0575	41,4	58,1884	70,4608	67,7766	61,4744	68,35		
22	Flächenabh. Sachkosten [€/ha]	KVFS	1317,86	364,10	203,42	269,58	286,43	414,12	462,93		
23	Flächenabh. Arbeitskosten [€/ha]	KVFA	143,06	41,40	58,19	70,46	67,78	61,47	68,35		
24	Bodenrente [€/ha]	BR	1550,62	1138,49	687,19	682,46	758,64	772,71	746,54	0,30	
V Bestimmung des Risikonutzens											
21	Standardabweichung Ertrag[5]	sap	0,2294	0,0770	0,1497	0,0753	0,1144	0,0873	0,0796	Marktrisiko-scheu-faktor [mrf] (0 bis 0,6)	
22	Standardabweichung Preis[5]	sam	0,2720	0,0545	0,2497	0,3140	0,3123	0,2726	0,0488		
23	Ertragsrisikoprämie [€/ha]	RPP	416,36	60,94	76,09	41,37	55,50	58,21	54,66		
24	Preisrisikoprämie [€/ha]	RPM	493,68	43,13	126,93	172,49	151,52	181,75	33,51		
25	Risikonutzen [€/ha]	RN	640,58	1034,42	484,18	468,60	551,62	532,75	658,37	0,30	
VI Matrix der Begrenzungen										Verfügbar	Genutzt
26	Ackerfläche [ha]		1,0	1,0	1,0	1,0	1,0	1,0	1,0	<=	250,00	250,00
27	Humusbilanz [kg C/ha]		1000,0	877,9	-130,6	-169,7	39,8	-40,9	250,7	<=	0,00	0,00
28	Zielfunktion=Anbauumfänge [ha]		0,00	10,59	30,65	62,39	32,76	83,98	29,64	137.348,20	< RNB[6]	
VII Ergebnisse											
29	Ackerflächenanteil [%]		0,00	4,23	12,26	24,96	13,10	33,59	11,85		
30	Ertrag [t/ha]		60,50	75,37	4,46	10,17	7,35	12,01	57,22	Betrieb	
31	Bodenrente dse Betriebes [€]									187.561,46	< BRB
32	Bodenrente [€/ha]		1550,62	1138,49	687,19	682,46	758,64	772,71	746,54	750,25	< MBR[7]
33	Kosten des Betriebes [€]									313.995,88	< K
34	Kosten[8] [€/ha]		4499,38	1499,45	1007,17	1148,70	858,59	1449,78	1542,24	1.255,98	< MK[9]
35	Herfindahl-Index:					0,22					

[1] hohes Ertragsniveau gemäß KTBL-Online,Kalkulationsdaten,erhöht um 10 % wegen minimalen Anbauanteils; [2] Anpassungsfaktor zur Bestimmung des Ertrags-niveaus; [3] bei minimalem Anbauanteil; [4] bei Monokultur; [5] bezogen auf Mittelwert = 1; [6] Risikonutzen des Betriebes; [7] durchschnittliche Bodenrente des Betriebes; [8] als spezielle Intensitäten der Landnutzung; [9] als durchschnittliche Landnutzungsintensität des Betriebes; [10] AW=Ankerwert

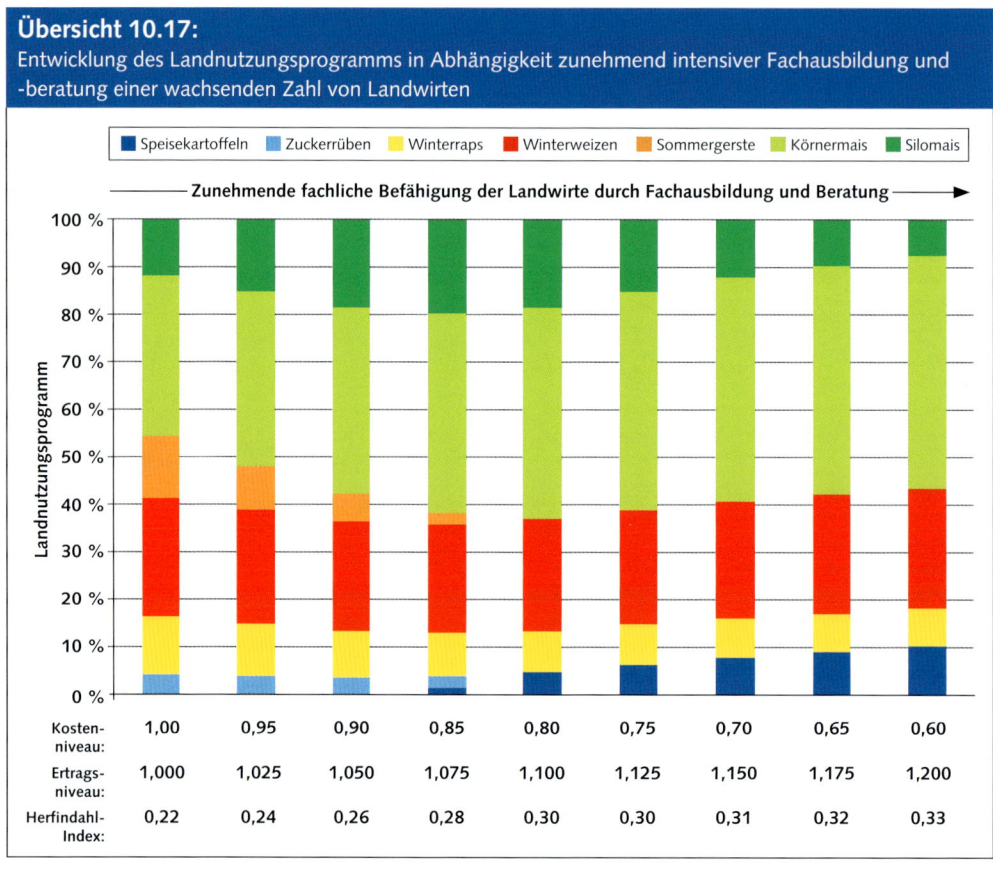

Übersicht 10.17:
Entwicklung des Landnutzungsprogramms in Abhängigkeit zunehmend intensiver Fachausbildung und -beratung einer wachsenden Zahl von Landwirten

Diese Entwicklungen ergeben sich jedoch unter der bisherigen Annahme der unbeeinflusst bleibenden Produktpreise. Durch die Ertragssteigerungen und die Veränderungen der Zusammensetzung des Landnutzungsprogramms verändern sich jedoch die Angebotsmengen der Produkte. Bei einigen Produkten fallen die Angebotsmengen, bei anderen steigen sie umso stärker an. Bezogen auf einen ganzen Wirtschaftsraum werden diese Veränderungen der Angebotsmengen jedoch mehr oder weniger große Auswirkungen auf die Produktpreise haben. Veränderte Produktpreise, d. h. Veränderungen der Werte der marktlichen Standortfaktoren, erfordert von den Landwirten jedoch wieder Anpassungsentscheidungen in Bezug auf ihre Landnutzungsprogramme, wenn sie weiterhin das Ziel der größtmöglichen Bodenrente erreichen wollen.

Die vorher abgeleiteten Aussagen zur Veränderung des Landnutzungsprogramms, der Landnutzungsintensität und der Bodenrente können deshalb nur als allgemeine Tendenzaussagen verstanden werden. Unter Berücksichtigung dieser Einschränkung lassen sich aus den Modellergebnissen – vorsichtig verallgemeinernd – jedoch zusammenfassend die folgenden Tendenzaussagen ableiten:

Zunehmende fachliche Befähigungen der Landwirte eines Wirtschaftsraumes, verursacht durch zunehmend intensivere Fachausbildung und -beratung für einen zunehmenden Teil der Landwirte des Wirtschaftsraumes, führen tendenziell zu

(1) steigenden Produktionsvolumina;

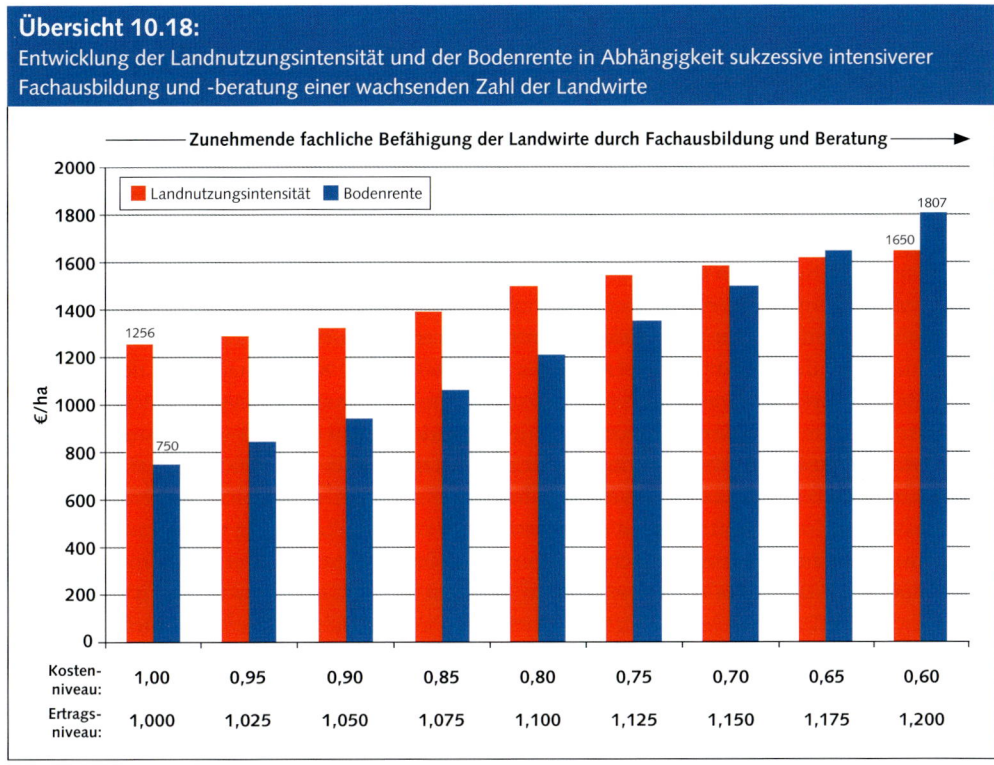

Übersicht 10.18:
Entwicklung der Landnutzungsintensität und der Bodenrente in Abhängigkeit sukzessive intensiverer Fachausbildung und -beratung einer wachsenden Zahl der Landwirte

(2) zu Veränderungen der Landnutzungsprogramme in Richtung höherer Flächenanteile der „Intensivkulturen";

(3) zu steigenden Landnutzungsintensitäten und

(4) zu steigenden Bodenrenten für die Landwirte.

Der Anstieg der Bodenrente wird jedoch entscheidend durch die Werte der Preiselastizitäten der Nachfrage für die einzelnen Produkte beeinflusst. Je geringer deren Werte sind, desto stärker preissenkend wirken sich die Angebotssteigerungen aus, desto geringer dürfte c. p. der Anstieg der Bodenrente sein. Damit dürfte auch die staatlich geförderte Intensivierung der Fachausbildung und -beratung einer zunehmenden Zahl von Landwirten dazu führen, dass Konsumentenrenten entstehen. Die staatliche Förderung setzt zwar bei den Landwirten an, sie kommt aber nicht nur ihnen, sondern auch den Abnehmern ihrer Produkte und damit bei funktionierenden Märkten letztlich den Konsumenten wirtschaftlich zugute.

10.11 Wirkungen staatlicher Förderung der Agrarforschung

Die Ergebnisse von Forschungstätigkeiten für die Landwirtschaft bewirken, dass sich die Werte der technologischen Standortfaktoren verändern, konkret, dass von den Landwirten boden- und arbeitssparende Fortschritte genutzt werden können. Die Nutzung dieser Fortschritte führt dazu, dass je Produkteinheit weniger Nutzfläche bzw. weniger menschliche Arbeitszeit aufgewendet werden muss. Bei gegebener landwirtschaftlicher Nutzfläche in einem Wirtschaftsraum führt die Nutzung bodensparender Fortschritte durch die Landwirte zu Produktionssteigerungen und damit zu Angebotsausdehnungen bei den Agrarprodukten. Im Unterschied dazu wirkt sich die Nutzung arbeitssparender Fortschritte durch die Landwirte nicht auf die Produktionsvolumina aus.

Die daraus resultierenden Wirkungen der beiden Fortschrittsarten auf die Landnutzungsintensität und die Bodenrente sowie auf die Produzenten- und die Konsumentenrenten wurden im 6. Kapitel im Einzelnen abgeleitet. Aus den dortigen Ausführungen lassen sich unmittelbar die folgenden Konsequenzen staatlicher Agrarforschungsförderung ableiten:

Forschungsförderungen zur Erzielung bodensparenden Fortschritte bewirken Angebotssteigerungen bei den Agrarprodukten und als Folge davon c. p. Rückgänge der realen Produktpreise. Bei der vorherrschenden preisunelastischen Nachfrage nach Agrarprodukten sinken die Produktpreise im Zuge der mehr oder weniger kontinuierlich verfügbaren bodensparenden Fortschritte nach und nach so stark, dass sich je Nutzflächeneinheit sukzessive sinkende Bodenrenten und als Folge davon negative Produzentenrenten bei gleichzeitig sukzessive steigenden (positiven) Konsumentenrenten einstellen. Die staatliche Förderung von Forschungen zur Gewinnung bodensparender Fortschritte kommt deshalb c. p. allein den Abnehmern der Agrarprodukte und damit bei funktionierenden Märkten letztlich den Konsumenten zugute, wohingegen die Einkommen je landwirtschaftlichem Erwerbstätigen sukzessive abnehmen.

Die gleichzeitige Förderung von Forschungen zur Gewinnung von arbeitssparenden Fortschritten kann dagegen bewirken, dass Erwerbstätige aus dem Agrarsektor abwandern, wodurch der Einkommensrückgang für die jeweils im Agrarsektor verbleibenden Erwerbstätigen abgeschwächt oder sogar ganz verhindert wird.

Am Beispiel 50-jähriger hochaggregierter Daten für Deutschland (1960 – 2010) konnte im 6. Kapitel allerdings gezeigt werden, dass die tatsächliche Nutzung der arbeitssparenden Fortschritte durch die Landwirte bisher nicht ausreichte, den jeweils im Sektor verbleibenden Landwirten eine mit den Entwicklungen in anderen Sektoren der Volkswirtschaft vergleichbare Entwicklung ihrer Einkommen zu sichern. Vielmehr konnte eine mit anderen Sektoren vergleichbare Entwicklung der landwirtschaftlichen Pro-Kopf-Einkommen in dem das letzte halbe Jahrhundert umfassenden Zeitraum nur durch zunehmende Transferzahlungen in den Agrarsektor sichergestellt werden.

Insgesamt lässt sich damit festhalten: Durch Agrarforschung im Zeitablauf entstehende und von den Landwirten genutzte bodensparende Fortschritte führen c. p. zu sukzessive steigenden Konsumentenrenten. Sie dienen damit dem Wohl der Verbraucher.

Durch Agrarforschung im Zeitablauf entstehende und von den Landwirten genutzte arbeitssparende Fortschritte führen zur sukzessiven Abwanderung von Erwerbstätigen aus dem Agrarsektor und dienen damit dem Wohl der im Sektor jeweils verbleibenden Landwirte.

Ergänzt werden soll, dass diese Entwicklungen nur dann eintreten, wenn sich die Fortschritte jeweils auf breiter Front bei mehr oder weniger allen Landwirten durchsetzen. Nur dann entfalten die bodensparenden Fortschritte ihre angebotssteigernde und damit preissenkende Wirkung. Für die jeweils früh den Fortschritt übernehmenden Landwirte ergibt sich jedoch ein anderes Bild. In diesem Stadium treten nur marginale Produktmengenausdehnungen und damit kaum Produktpreissenkungen ein. Für die Frühaufnehmer führen bodensparende Fortschritte deshalb zu steigenden Bodenrenten, die in Verbindung mit der frühzeitigen Nutzung arbeitssparender Fortschritte zu steigenden Realeinkommen für diese Gruppe der Landwirte führen.

Literatur

ANDREAE, B. (1985): Allgemeine Agrargeographie. Berlin (Sammlung Göschen; 2624)

ANDREAE, B. UND E. GREISER (1978): Strukturen deutscher Agrarlandschaft, Landbaugebiete und Fruchtfolgezonen in der Bundesrepublik Deutschland, 2. Aufl., Trier

BAULE, B. (1916): Mitscherlichs Gesetz der physiologischen Beziehungen, Landw. Jb. (54), 363-385

BRINKMANN, TH. (1922): Ökonomik des landwirtschaftlichen Betriebes. In: Grundriss der Sozialökonomik, Tübingen

COCHRANE, W. (1958): Farm Prices: Myth and Reality, New York

DUNN, E. S. (1967): The Location of Agricultural Production. University of Florida Press, Gainesville

EGGERS, H.W. (1958): Zur Theorie des landwirtschaftlichen Standortes, Berichte über Landwirtschaft (36), 355-378,

– (1958): Einige statische und dynamische Aspekte der Theorie des landwirtschaftlichen Standortes, Berichte über Landwirtschaft (36), 803 - 816

HACKBUSCH, W. (1993): Iterative Lösung großer schwach besetzter Gleichungssysteme, Stuttgart

HENRICHSMEYER, W. (1988): Agrarwirtschaft: räumliche Verteilung. Handwörterbuch der Wirtschaftswissenschaft (HdWW)

HENRICHSMEYER, W., H.P. WITZKE, (1991): Agrarpolitik, Band 1, Agrarökonomische Grundlagen, UTB 1651, Stuttgart

HERLEMANN, H.-H. (1961): Grundlagen der Agrarpolitik. Berlin

KOESTER, U. (2010): Grundzüge der landwirtschaftlichen Marktlehre, 4. Aufl., München

KRUMPHOLZ, M. (2012): Auswirkungen agrarordnungs- und -finanzpolitischer Maßnahmen auf die regionale Landnutzung. Analyse und Prognose mit Hilfe des bio-ökonomischen Simulationsmodells ProLand, (Dissertation)

KUHLMANN, F. (2003): Potenziale, Probleme und Umsetzungsstrategien der Vergrößerung ackerbaulicher Bewirtschaftungseinheiten aus organisatorisch-ökonomischer Sicht. In: Landwirtschaftliche Rentenbank (Hrsg.), Aktuelle Probleme der landwirtschaftlichen Flächennutzung

KUHLMANN, F. (2004): Land Use Developments and Options: A European Perspective. Proceedings of the 2004 Triennial Conference, Change in Rural America, Social and Management Challenges. Lexington, KY/USA

KUHLMANN, F. (2010): Produktionsfunktionen für die Nutzpflanzenversorgung – Substitutionalität oder Komplementarität der Produktionsfaktoren? Berichte über Landwirtschaft (88), 322-360

KUHLMANN, F. (2014): Boden- und arbeitssparende Fortschritte: Wie beeinflussen sie die Einkommensentwicklung in der Landwirtschaft? Berichte über Landwirtschaft, Band 91, (1) 1 – 20

KUHLMANN, F., BRODERSEN, C. (2001): Information Technology and Farm Management: Developments and Perspectives. Computers and Electronics in Agriculture 30, 71 – 83

KUHLMANN, F., MÖLLER, D., WEINMANN, B. (2002): Modellierung der Landnutzung: Regionshöfe oder Raster-Landschaft? Berichte über Landwirtschaft 80 (3), 351 – 392

KURATORIUM FÜR TECHNIK UND BAUWESEN IN DER LANDWIRTSCHAFT (KTBL) (2010): Betriebsplanung Landwirtschaft 2010/11, KTBL-Datensammlung, Darmstadt

KURATORIUM FÜR TECHNIK UND BAUWESEN IN DER LANDWIRTSCHAFT (KTBL) (2009): Faustzahlen. Biogas, 2. Aufl., Darmstadt

KURATORIUM FÜR TECHNIK UND BAUWESEN IN DER LANDWIRTSCHAFT (KTBL): KTBL-online, Kalkulationsdaten

Lfl.bayern.de: Humusbilanzierung – Boden -, Bayerische Landesanstalt für Landwirtschaft

Landesbetrieb für Statistik und Kommunikationstechnologie Niedersachsen, Fachgebiet 324 – Landwirtschaft

MITSCHERLICH, E.A. (1909): Das Gesetz des Minimums und dem Gesetz des abnehmenden Bodenertrages, Landw. Jb. (38), 537-552

MÖLLER, D., FOHRER, N., STEINER, N. (2002): Quantifizierung regionaler Multifunktionalität land- und forstwirtschaftlicher Nutzungssysteme. Berichte über Landwirtschaft 80 (3), 393 – 418

MÖLLER, D., FOHRER, N., WEBER, A. (1999): Methodological Aspects of Integrated Modelling in Land Use Planning. European Federation for Information Technology in Agriculture, Food and the Environment EFITA Sep. 27- 30, 1999, Bonn, Germany. In: Schiefer, G., Helbig, R., Rickert, U. (Hrsg.), Perspectives of modern information and communication systems in agriculture, food production and environmental control. Vol. A, 109 – 118

MÖLLER, D., WEINMANN, B. (2001): Multifunktionalität von Landschaften: Räumlich differenzierte Landnutzungsprognosen als Informationsgrundlage zur Abschätzung von Umweltwirkungen. Berichte der Gesellschaft für Informatik in der Land-, Forst- und Ernährungswirtschaft, Band 14, 93 – 96

MÖLLER, D., WEINMANN, B., KIRSCHNER, M., KUHLMANN, F. (1999): Auswirkungen von Politik und Strukturmaßnahmen auf die räumliche Verteilung und Erfolgskennzahlen der Landnutzung: GIS-basierte Simulation mit ProLand. Zeitschrift für Kulturtechnik und Landentwicklung, 40 (5/6), 197 – 201

MÖLLER, D., WEINMANN, B., KIRSCHNER, M., KUHLMANN, F. (2000): Modelling regional trade offs using a true position land use prognosis approach economic outputs versus landscape aesthetics versus groundwater recharge. In: Peters, G. H., Pingali, P. (Eds): Tomorrow's Agriculture: Incentives, Institutions, Infrastructure and Innovations. Proceedings of the 24th International Conference of Agricultural Economists 766

MÖLLER, D., WEINMANN, B., KIRSCHNER, M., KUHLMANN, F. (2000): Zur Bedeutung von Umweltauflagen für die räumliche Verteilung land- und forstwirtschaftlicher Nutzungssysteme: GIS-basierte Modellierung mit ProLand. Schriften der Gesellschaft für Wirtschafts- und Sozialwissenschaften des Landbaus ‚Agrarwissenschaft auf dem Weg in die Informationsgesellschaft', Band 36, 213 – 220

PLATA, A. (2012): Quantitative, räumlich explizite Analyse der Wettbewerbsfähigkeit des Energiepflanzenanbaus (Dissertation Gießen)

RICARDO, D. (1817): Principles of Political Economy and Taxation, London

SCHULTZ, T.W. (1945): Agricultures in an Unstable Economy, New York

SHERIDAN, P. (2010): Das Landnutzungsmodell ProLand – Erweiterungen, Operationalisierungen, Anwendungen (Dissertation Gießen)

SHERIDAN, P., WALDHARDT, R. (2006): Spatially explicit approaches in integrated land use and phytodiversity modeling at multiple scales. In: Meyer, B.C. (Hrsg.), Sustainable Land Use in Intensively Used Agricultural Regions, Landscape Europe, Wageningen, Alterra Report No. 1338

BUNDESMINISTERIUM FÜR ERNÄHRUNG UND LANDWIRTSCHAFT (Hrsg.): Stat. Jh. über Ernährung, Landwirtschaft und Forsten, versch. Jg.

THÜNEN, J. H. v. (1921): Der isolierte Staat in Beziehung auf Landwirtschaft und Nationalökonomie, 2. Aufl., Jena

WEBER, A., FOHRER, N., MÖLLER, D. (2001): Long-term land use changes in a mesoscale watershed due to socio-economic factors – effects on landscape structures and functions. Ecological Modelling 140, 125 – 140

WEINMANN, B. (2002): Mathematische Konzeption und Implementierung eines Modells zur Simulation regionaler Landnutzungsprogramme. Agrarwirtschaft, Sonderheft 174

WEINMANN, B., BORRESCH, R., KUHLMANN, F., SCHMITZ, M. (2005): Model Based Assessment of Multifunctionality. Proceedings of the Joint EFITA/WCCA conference, CD-ROM (ISBN: 972-669-646-1)

WEINMANN, B., KUHLMANN, F. (2004): Neue Herausforderungen der Landnutzungsmodellierung: Standorttheoretische Überlegungen zur Abbildung der Multifunktionalität von Landschaften. Schriften der Gesellschaft für Wirtschafts- und Sozialwissenschaften des Landbaues e. V. 39

WEINMANN, B., SCHROERS, J. O., SHERIDAN, P. (2005): Spatially explicit land use modelling as basis for multifunctional land use evaluation. International Conference Multifunctional land use – meeting future demands for landscape goods and services, Tartu, Estland

WEINMANN, B., SCHROERS, J. O., SHERIDAN, P., KUHLMANN, F. (2005): Die Auswirkungen der Reform der gemeinsamen Agrarpolitik auf die regionale Landnutzung. Schriften der Gesellschaft für Wirtschafts- und Sozialwissenschaften des Landbaues e. V. 41

WEINMANN, B., SCHROERS, J. O., SHERIDAN, P., KUHLMANN, F. (2005): Modelling the CAP reform at the regional level with ProLand. Proceedings of the European Association of Agricultural Economists (EAAE) Congress 2005 at the Royal Veterinary and Agricultural University in Copenhagen, Denmark

WEINSCHENCK, G. UND W. HENRICHSMEYER (1966): Zur Theorie und Ermittlung des räumlichen Gleichgewichts der landwirtschaftlichen Produktion. Berichte über Landwirtschaft. (44), 201-242

wikipedia.org/wiki/Herfindahl-Index: Herfindahl-Index-Wikipedia

WÖHLKEN, E. (1991): Einführung in die landwirtschaftliche Marktlehre, 3. Aufl., Stuttgart

www.destatis.de: online Datenbank des Statischen Bundesamtes, Stand Frühjahr 2014

Prof. Dr. Dr. h.c. Friedrich Kuhlmann

Friedrich Kuhlmann (* 14. Februar 1939 in Soltau) ist ein deutscher Agrarökonom und emeritierter Professor für landwirtschaftliche Betriebslehre an der Justus-Liebig-Universität in Gießen

Friedrich Kuhlmann studierte von 1962 bis 1966 Agrarwissenschaften und Wirtschaftswissenschaften an der Universität Gießen und an der TU Berlin. Er schloss das Studium als Diplom-Agraringenieur ab. 1968 wurde er mit der Arbeit „Modelle zum Wirtschaftswachstum – eine theoretische und empirische Studie unter besonderer Berücksichtigung des Wirtschaftsbereiches Landwirtschaft" promoviert. 1971 habilitierte er sich für das Fach Agrarökonomik mit der Schrift „Entnahmefähiges Einkommen in wachsenden landwirtschaftlichen Unternehmen", nachdem er von 1966 bis 1971 als wissenschaftlicher Assistent am Institut für landwirtschaftliche Betriebslehre der JLU Gießen tätig war.

Nach einem Forschungsaufenthalt mit Zusatzstudium System Science an der Michigan State University in den USA wurde Friedrich Kuhlmann 1973 auf die Professor für landwirtschaftliche Betriebslehre an der Universität Gießen berufen und zum Leiter eines landwirtschaftlichen Lehr- und Versuchsbetriebes bestellt. Er weilte als Gastprofessor an der Michigan State University (1978/79), an der Nordwest-Universität in der VR China (1981) und an der Humboldt-Universität zu Berlin (1990/91). In den Jahren 1973 bis 1986 war er mit über 20 Kurzeinsätzen für die Deutsche Entwicklungszusammenarbeit als Projektplaner und -evaluierer in Afrika, Südamerika und dem Vorderen Orient tätig. 1985 verlieh ihm die Universität Gödöllö (Ungarn) die Würde eines Ehrendoktors. Ehrenvolle Rufe an die TU München (1986) und die Humboldt-Universität zu Berlin (1993) hat er abgelehnt. 2007 wurde Friedrich Kuhlmann emeritiert.

Friedrich Kuhlmann war Vizepräsident der Universität Gießen (1981–1983), Mitglied des wissenschaftlichen Beirats beim Bundesminister für Ernährung, Landwirtschaft und Forsten (1994–2001), Mitglied des Vorstandes (1983–2006) und Vizepräsident (2000–2006) der Deutschen Landwirtschafts-Gesellschaft (DLG) und Vorsitzender der Gesellschaft für Wirtschafts- und Sozialwissenschaften des Landbaus (1999–2002). Er ist Ehrenmitglied beider Gesellschaften. 2006 wurde er von der DLG mit der Max-Eyth-Denkmünze in Gold und 2013 von der Universität Bonn mit dem Theodor-Brinkmann-Preis geehrt.

Kuhlmanns wissenschaftliches Werk umfasst mehr als 200 Zeitschriften- und Buchveröffentlichungen sowie über 250 Vorträge zur Theorie landwirtschaftlicher Unternehmen, zu IT-basierten Entscheidungs-Unterstützungs-Systemen für landwirtschaftliche Betriebe und ländliche Regionen sowie zur landwirtschaftlichen Standorttheorie. Er hat als Erstbetreuer 106 junge Akademiker zur Promotion geführt, 14 davon sind inzwischen ebenfalls Hochschullehrer.